합격률 및 시험 일정 안내

2024년 합격률 알아보기

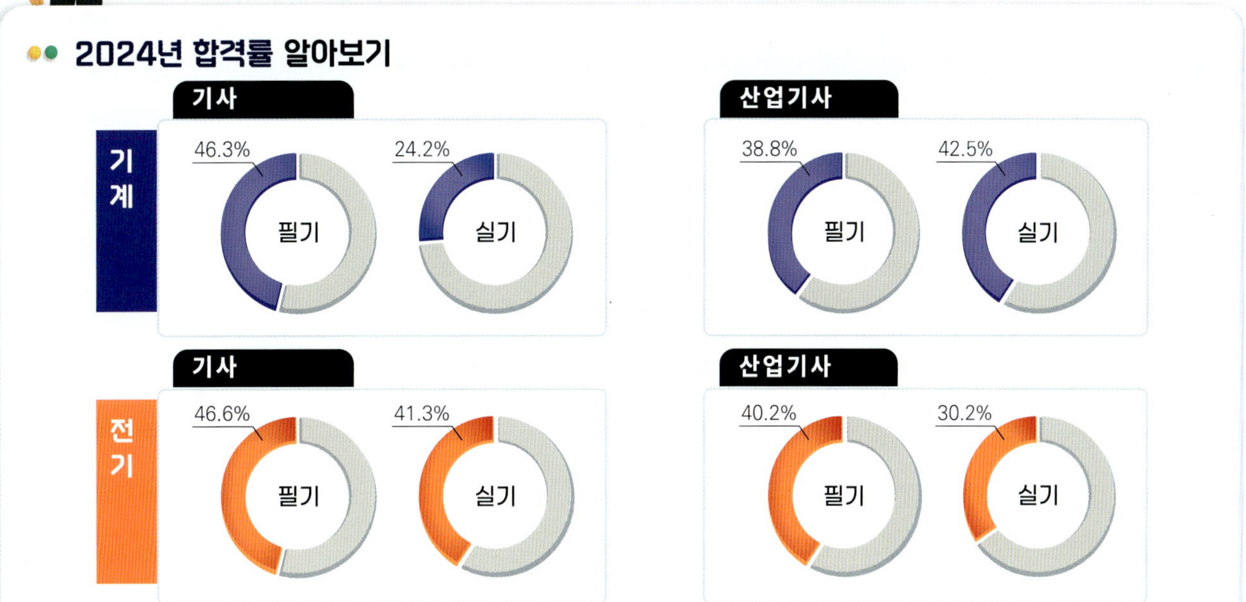

2026년 시험일정 예상하기

	제 1회	제 2회	제 3회
접수	1월 12일(월) ~ 15일(목)	4월 13일(월) ~ 16일(목)	7월 20일(월) ~ 23일(목)
시험	2월 6일(금) ~ 3월 6일(금)	5월 8일(금) ~ 29일(금)	8월 8일(토) ~ 9월 1일(화)

※ 정확한 시험 일정과 관련된 정보는 한국산업인력공단(Q-Net)에서 확인하시길 바랍니다.

합격으로 입증할 오직 초격차만의 가치

3회독 시스템

1회독

단계별 학습

목표 설정 및 전체적인 내용 이해

2026년 대비 최신출제경향 분석

2026년 시험 대비를 위해 최신출제경향을 분석하고 과목별 7개년 출제경향을 완벽 분석하였습니다.

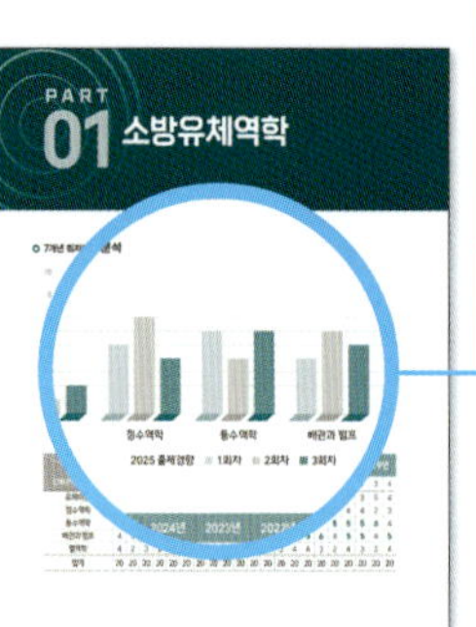

학습 목표와 단원별 마인드맵

단원의 전체 내용을 한눈에 파악할 수 있습니다.

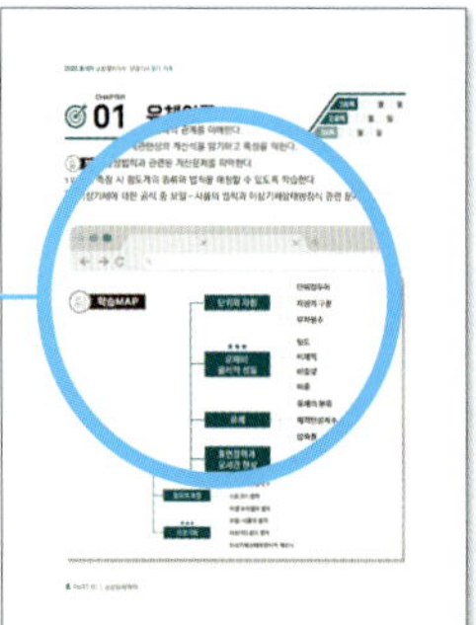

심화 학습 및 문제 적용

핵심 포인트로 초압축

표나 그림으로 표현한 핵심사항들을 쉽고 정확하게 이해할 수 있습니다.

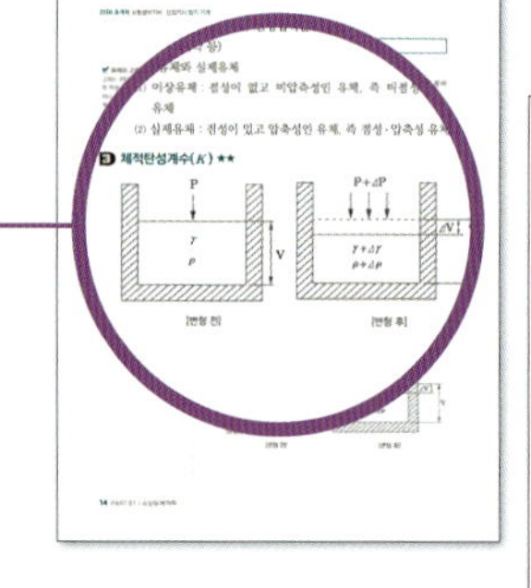

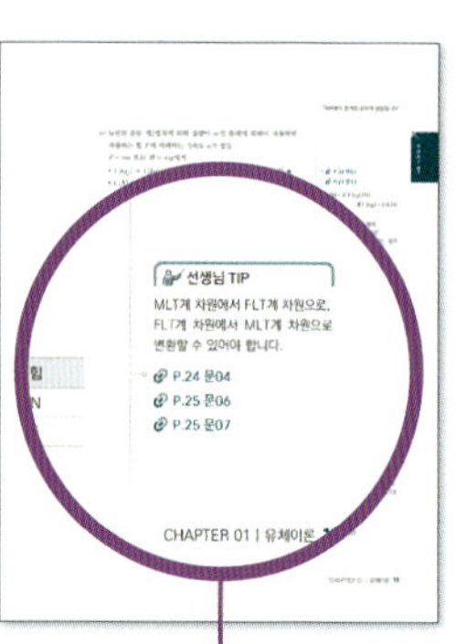

Upgrade!

이해를 돕는 보조단 구성

초격차가 제시하는 다양한 꿀팁을 본문과 함께 확인하여 효과적으로 학습할 수 있습니다.

암기 : 암기법 제시
선생님팁 : 학습 시 알아두면 좋은 선생님만의 팁
용어, 개념 설명 : 용어와 개념의 정의
문제링크 : 이론과 연관된 예상문제 페이지 안내
*자주 출제되는 문제 위주로 배치

2회독

3회독

심화 학습 및 **문제 적용**

OX 퀴즈와 예상문제

다양한 문제뿐만 아니라 풍부한 해설로 이론을 완벽하게 마스터할 수 있습니다.

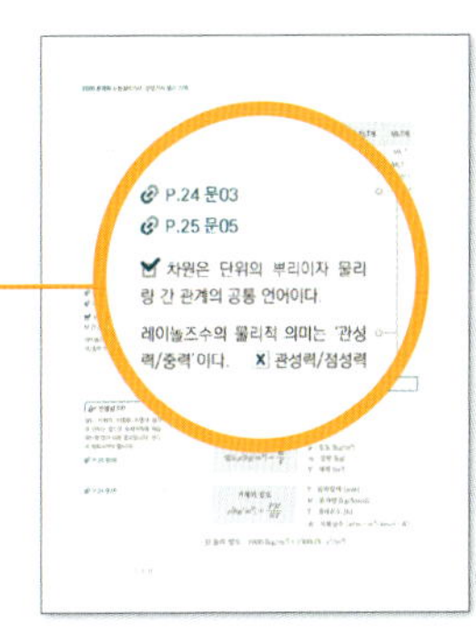

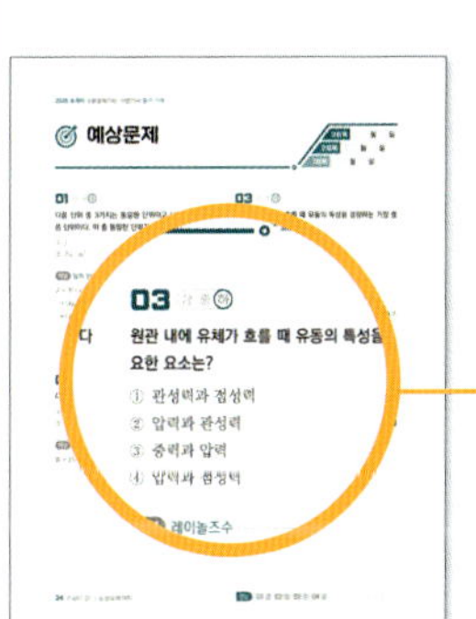

신유형 문제 & 문제별 난이도

2025년 신유형 문제와 다양한 난이도의 문제에 적응하고 대비할 수 있습니다.

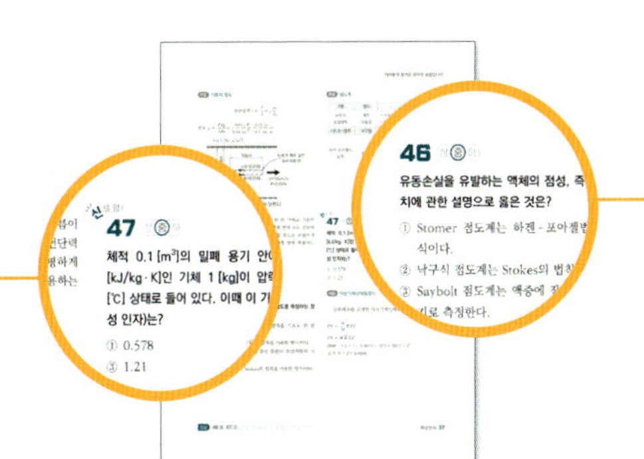

복습 및 강화

다회독으로 마스터하기

다회독에 최적화된 초격차만의 구성으로 편리한 반복학습이 가능합니다.

+ 책속의 책

핵심 내용만 압축해서 정리하였으며, 자주 출제되는 빈출지문을 따로 정리하여 수월하고 빠르게 학습을 마무리할 수 있도록 하였습니다.

초격차로 압도적인 합격의 격차를 만들다!

- <초격차>로 공부했던 선배 합격생들의 리얼 합격 스토리 -

"시작부터 마지막까지 함께하는 초격차!"

기존에 막연했던 이론 공부의 어려움을 초격차의 깔끔하게 정리된 개념을 보면서 극복할 수 있었습니다. 팁과 암기법 등이 부담감을 많이 줄여주었습니다. 특히 책 속의 책에 핵심요약과 중요빈출지문이 잘 정리되어 있어서 도움이 많이 됐습니다. 책속의 책을 보면서 시험에 나올 핵심 내용을 마지막으로 점검하고 시험장에 들어갔습니다. 초격차 덕분에 끝까지 잘 정리해서 합격할 수 있었습니다.

2025년 2회 합격자 안○○

2025년 2회 합격자 장○○

"핵심이론-기출-다회독으로 끝내는 초격차!"

이론을 어떻게 어떤 식으로 외워야하는지, 중요한 것은 무엇인지 핵심 정리가 잘 되어 있어서 좋았습니다. 이론 학습 후 챕터별 예상문제를 바로 풀면서 배운 내용을 다시 복습하고 과년도 기출문제로 넘어갔습니다. 이 순서대로 3회차까지 보았는데 회독 날짜를 보니 점점 시간이 단축되는게 보여서 자신감이 많이 붙었습니다. 그 결과가 합격으로 이어진 것 같아 감사드립니다.

"비전공자도 이해할 수 있는 초격차!"

비전공자라 전반적인 이해가 부족해 독학이 어려웠는데 교재를 따라 공부하다보니 문제나 공식도 점차 이해할 수 있었습니다. 기출문제를 풀 때 상세한 해설 덕분에 문제 풀이 과정을 명확하게 알 수 있었던 점이 좋았습니다. 단순한 정답 암기가 아니라 왜 틀리고 왜 맞는지 이해할 수 있었습니다. 7개년 기출문제를 반복 학습하며 자연스럽게 문제 유형에 익숙해진 것도 합격하는데 큰 도움이 되었습니다.

2025년 1회 합격자 김○○

2025년 1회 합격자 오○○

"효율적인 학습이 가능한 초격차!"

방대한 양의 소방설비기사 내용을 모두 공부하기보다 초격차 교재의 구성에 따라 중요한 부분에 집중했습니다. 이론 공부할 땐 특히 암기법이 도움이 많이 되었습니다. 헷갈리는 부분도 암기법을 통해 외우니 오래 기억할 수 있었습니다. 단원별로 정리된 문제를 풀면서 문제에 대한 적응도가 많이 좋아졌고 과년도 기출문제를 풀면서 반복적으로 등장하는 문제들을 정복할 수 있었습니다. 초격차 덕분에 단기간에 합격이라는 목표를 달성할 수 있었습니다.

소방유체역학 / 소방기계시설의 구조 및 원리

2026

초超 격格 차差

황모아 · 이지원

2024-2025 출제경향 분석

[소방유체역학]

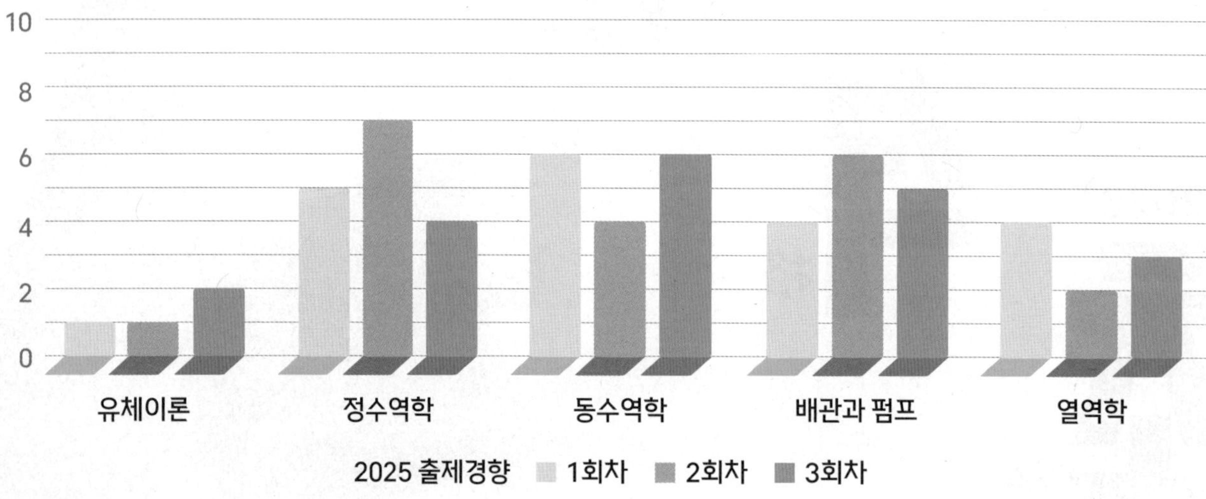

연도 및 회차 \ CHAPTER		유체이론	정수역학	동수역학	배관과 펌프	열역학	합계
2025년	1	1	5	6	4	4	20
	2	1	7	4	6	2	20
	3	2	4	6	5	3	20
2024년	1	2	3	8	5	2	20
	2	6	3	3	6	2	20
	4	3	2	5	6	4	20

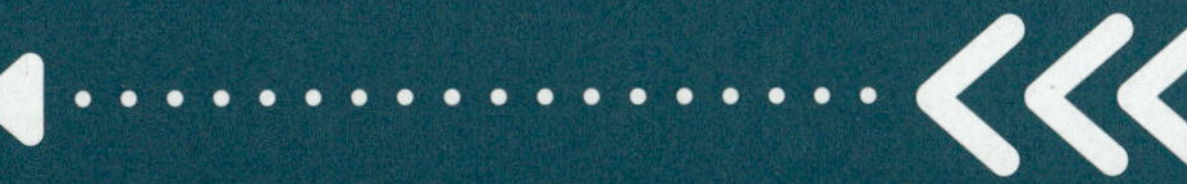

격차를 뛰어넘어 압도적인 격차를 만들다

[소방기계시설의 구조 및 원리]

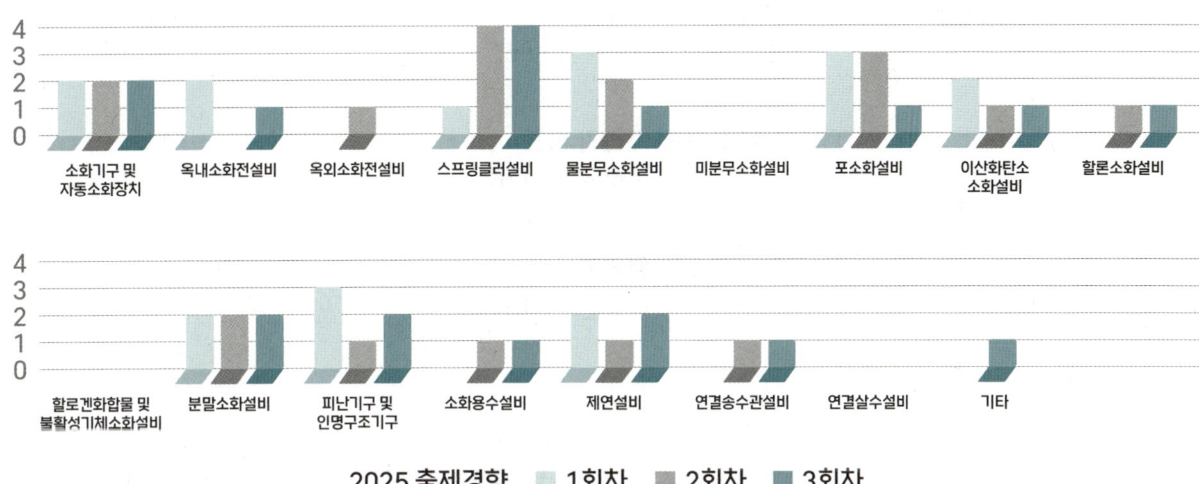

CHAPTER / 연도 및 회차		소화기구 및 자동 소화장치	옥내 소화전 설비	옥외 소화전 설비	스프링 클러 설비	물분무 소화 설비	미분무 소화 설비	포소화 설비	이산화 탄소 소화 설비	할론 소화 설비	할로겐 화합물 및 불활성기체 소화설비	분말 소화 설비	피난기구 및 인명 구조기구	소화 용수 설비	제연 설비	연결 송수관 설비	연결 살수 설비	기타	합계
2025년	1	2	2	0	1	3	0	3	2	0	0	2	3	0	2	0	0	0	20
	2	2	0	1	4	2	0	3	1	1	0	2	1	1	1	1	0	0	20
	3	2	1	0	4	1	0	1	1	1	0	2	2	1	2	1	0	1	20
2024년	1	1	1	1	2	2	0	2	2	1	0	2	2	0	2	1	0	1	20
	2	1	1	0	2	0	1	2	1	1	1	2	2	2	2	1	1	0	20
	4	2	1	1	3	1	0	2	1	1	1	1	2	2	1	1	0	0	20

CONTENTS

PART 01 소방유체역학

PART 02 소방기계시설의 구조 및 원리

PART
02

소방기계 시설의 구조 및 원리

PART 01

소방유체역학

7개년 회차별 출제빈도 분석

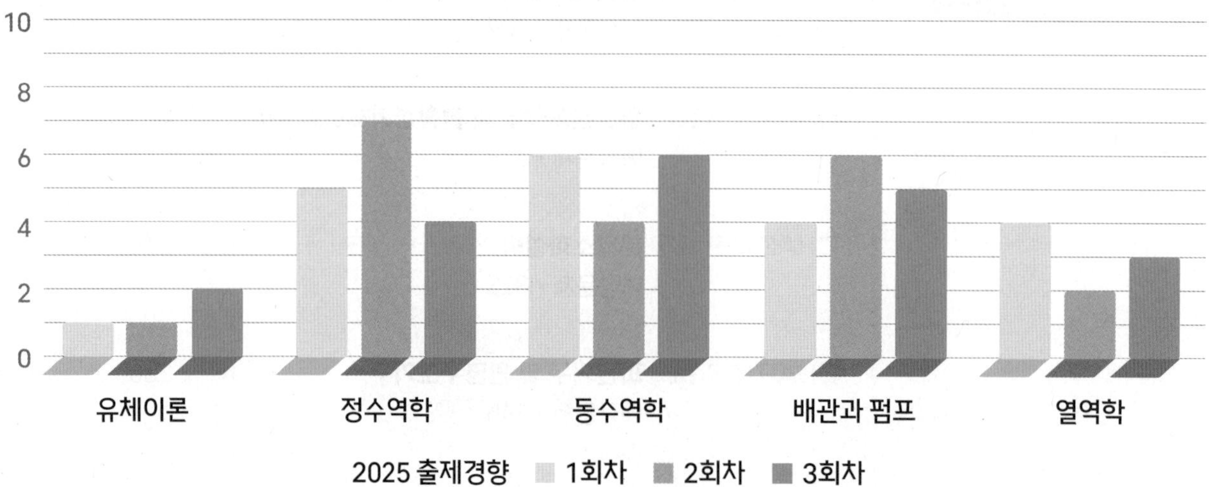

CHAPTER / 연도 및 회차	2025년			2024년			2023년			2022년			2021년			2020년			2019년		
	1	2	3	1	2	3	1	2	4	1	2	4	1	2	4	1,2	3	4	1	2	4
유체이론	1	1	2	2	6	3	4	4	3	5	4	3	4	3	2	3	3	2	3	5	4
정수역학	5	7	4	3	3	2	3	3	2	4	3	6	3	3	5	4	3	4	4	2	3
동수역학	6	4	6	8	3	5	5	4	6	2	5	5	6	5	4	4	8	5	5	6	4
배관과 펌프	4	6	5	5	6	6	5	5	5	6	5	4	4	5	5	6	4	5	5	4	5
열역학	4	2	3	2	2	4	3	4	4	3	3	2	3	4	4	3	2	4	3	3	4
합계	20	20	20	20	20	20	20	20	20	20	20	20	20	20	20	20	20	20	20	20	20

격차를 뛰어넘어 압도적인 격차를 만들다

출제경향 및 학습방법

소방유체역학은 누구에게나 쉽지 않은 과목이라 과락이 빈번하게 나타나는 과목이다. 따라서 전략적으로 과락을 면하는 것을 목표로 해야 할 수도 있다. 그러나 공식을 통해 문제를 해결하는 유형들이 지배적이기 때문에 그동안 많이 출제되었던 공식들을 하나씩 익히고 암기하여 계산 문제를 많이 풀어본다면 과락을 면하는 것은 물론 실기시험에서도 출제가 되는 부분이므로 필기시험 준비할 때 확실하게 해둘 것을 권한다.

CHAPTER
01 유체이론

3회독	월	일
2회독	월	일
1회독	월	일

학습목표

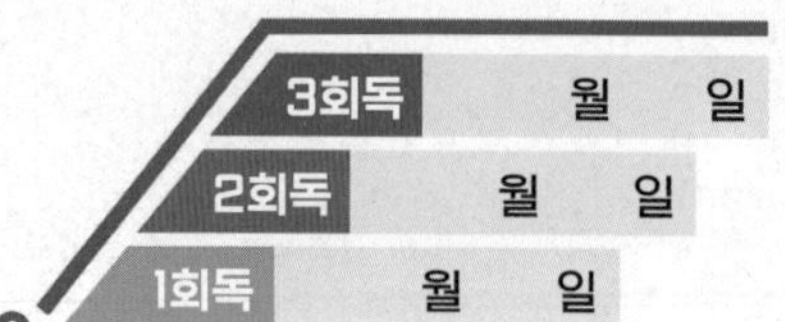

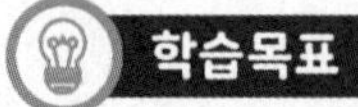

1 유체의 물리적 성질 4가지와 단위를 파악한다.
2 체적탄성계수와 압축률과의 관계를 이해한다.
3 표면장력과 모세관현상의 계산식을 암기하고 특성을 익힌다.
4 뉴턴의 점성법칙과 관련된 계산문제를 파악한다.
5 점도 측정 시 점도계의 종류와 법칙을 매칭할 수 있도록 학습한다.
6 이상기체에 대한 공식 중 보일－샤를의 법칙과 이상기체상태방정식 관련 문제는 반드시 익힌다.

학습MAP

- 단위와 차원
  - 단위접두어
  - 차원의 구분
  - 무차원수
- ★★★ 유체의 물리적 성질
  - 밀도
  - 비체적
  - 비중량
  - 비중
- 유체
  - 유체의 분류
    - 압축성에 따른 분류
    - 점성의 유무에 따른 분류
    - 점성 유체의 분류
    - 이상 유체와 실제 유체
  - 체적탄성계수
  - 압축률
- 표면장력과 모세관 현상
- ★ 점성
  - 뉴턴의 점성법칙과 전단응력
  - 점성계수와 동점성계수
- 점도의 측정
  - 뉴턴의 점성법칙 ★
  - 스토크스 법칙
  - 하겐 포아젤의 법칙
- ★★★ 이상기체
  - 보일-샤를의 법칙
  - 아보가드로의 법칙
  - 이상기체상태방정식의 계산식

01 단위

1 단위와 단위계의 정의

1) 단위 : 물리량의 크기를 나타내는 척도

※ 물리량 : 물질의 성질이나 상태를 나타내는 양(질량, 길이, 시간, …)

2) 단위계 : 물리량을 정량적으로 표현하기 위해 '기준이 되는 크기(단위)'를 정하고, 그 단위를 이용하여 다른 물리량을 표현하는 방식이다. 단위계는 기본단위와 이로부터 정의되는 유도단위로 구성된다.

2 기본단위와 유도단위

구분	설명
기본단위 (Fundamental Unit)	가장 기본이 되는 물리량의 단위로, 서로 독립적이다. 예 길이(m), 질량(kg), 시간(s) 등
유도단위 (Derived Unit)	기본단위를 조합하여 만들어진 단위이다. 예 속도(m/s), 힘(N), 압력(Pa) 등

3 절대단위계와 중력단위계

단위계는 무엇을 기본 물리량으로 삼느냐에 따라 크게 절대단위계와 중력단위계로 구분된다.

1) 절대단위계(Absolute System of Units)

(1) 기본단위 : 질량, 길이, 시간

(2) 힘은 이들 기본단위로부터 유도됨

예 뉴턴의 운동 제2법칙 F = ma를 통해 힘(N)을 유도함

단위계	기본단위	유도단위 예시
MKS 절대단위계	길이(m), 질량(kg), 시간(s)	힘(N), 속도(m/s), 가속도(m/s^2)
CGS 절대단위계	길이(cm), 질량(g), 시간(s)	힘(dyne), 속도(cm/s), 가속도(cm/s^2)

MKS 단위계
Meter-Kilogram-Second 단위계
CGS 단위계
Centimeter-Gram-Second 단위계

2) 중력단위계(Gravitational System of Units)

(1) 기본단위 : 힘, 길이, 시간

(2) 주로 중량단위(kg_f, g_f)를 기준으로 사용하며, 중력가속도 g의 값에 의존함

단위계	기본단위	유도단위 예시
MKS 중력단위계	길이(m), 힘(kg_f), 시간(s)	질량($kg_f \cdot s^2/m$), 압력(kg_f/m^2), 속도(m/s)
CGS 중력단위계	길이(cm), 힘(g_f), 시간(s)	질량($g_f \cdot s^2/cm$), 압력(g_f/cm^2), 속도(cm/s)

선생님 TIP

필기시험에는 국제단위계로 출제되므로 주요단위는 잘 알아둡시다.

4 국제단위계(SI단위 : International System of Units)

1) 국제적으로 통일시킨 단위체계

2) SI 기본단위 7개

물리량	길이 ★	질량 ★	시간 ★	전류	온도	물질의 양	광도
기호	m	kg	s	A	K	mol	cd
이름	미터	킬로그램	초	암페어	켈빈	몰	칸델라

P.24 문02

3) SI 유도단위 중 주요단위 4개

유도량	힘 ★	압력 ★	일, 에너지, 열량 ★	일률, 동력 ★
기호	N	Pa	J	W
이름	뉴턴	파스칼	줄	와트

5 단위 접두어 ★★★

10^{12}	10^9	10^6	10^3	10
T (Tera)	G (Giga)	M (Mega)	k (kilo)	D (Deca)
10^{-2}	10^{-3}	10^{-6}	10^{-9}	10^{-12}
c (centi)	m (milli)	μ (micro)	n (nano)	p (pico)

단위 접두어 예시

$1\,[Pa] = 1\,[N/m^2]$

$10\,[kPa] = 10 \times 10^3\,[Pa]$
$= 10^4\,[Pa]$

$10\,[MPa] = 10 \times 10^6\,[Pa]$
$= 10^7\,[Pa] = 10^4\,[kPa]$

6 질량과 중량

1) 질량(Mass)

(1) 장소나 상태에 따라 달라지지 않는 물질의 고유한 양

(2) 단위 : kg_m 또는 kg

2) 중량(Weight)

(1) 중력이 물체를 끌어당기는 힘의 크기

(2) 단위 : kg_f (kg중) 또는 N

(3) $1\,[kg_f]$ = 질량 $1\,[kg]$인 물체에 중력가속도 $9.8\,[m/s^2]$이 작용할 때의 무게

$1\,[N]$ = 질량 $1\,[kg]$인 물체를 $1\,[m/s^2]$의 가속시키는 데 필요한 힘

(4) 뉴턴의 운동 제2법칙에 의해 질량이 m인 물체에 외력이 작용하면 작용하는 힘 F에 비례하는 가속도 a가 생김

$F = ma$ 또는 $W = mg$에서

- $1\,[kg_f] = 1\,[kg] \times 9.8\,[m/s]^2 = 9.8\,[kg \cdot m/s^2] = 9.8\,[N]$ ★
- $1\,[N]$

  $= 1\,[kg] \times 1\,[m/s]^2 = 1000\,[g] \times 100\,[cm/s^2] = 10^5\,[g \cdot cm/s^2]$

  $= 10^5\,[dyne]$

따라서 $1\,[kg_f] = 9.8\,[N]\,(= kg \cdot m/s^2)$

$= 9.8 \times 10^5\,[dyne]\,(= g \cdot cm/s^2)$

P.24 문01
P.27 문13

1 [N] = 9.8 [kg_f]이다.
☒ 1 [kg_f] = 9.8 [N]

질량과 중량의 차이
- 질량은 "물체 자체의 양"
- 중량은 "질량에 작용하는 중력의 힘"

7 일량(W) ★

1) 물체에 힘을 가했을 때 힘과 힘이 가해진 방향으로 움직인 거리를 곱한 물리량

   W = 힘 × 거리 = $F \cdot S\,[N \cdot m = J]$

2) 단위 : [J] (줄)

8 동력(= 일률 : P) ★

1) 단위시간당 행한 일량

   $P = \frac{\text{일량}}{\text{시간}} = \frac{F \cdot S}{t}\,[J/s = W]$

2) 단위 : [W] (와트)

일량은 "얼마나 많이 일했는가", 동력은 "얼마나 빨리 일했는가"를 나타낸다.

02 차원

1 차원의 정의

1) 기본 물리량과의 관계를 기호로 표시한 것
2) 절대단위계(MLT계)와 중력단위계(FLT계)의 각각 기본단위의 조합

2 차원의 구분 ★★★

1) MLT계 차원 : 질량(M), 길이(L), 시간(T)을 기본차원으로 함
2) FLT계 차원 : 힘(F), 길이(L), 시간(T)을 기본차원으로 함

구분	질량	길이	시간	힘
단위	kg	m	s	N
기호	M	L	T	F

선생님 TIP
MLT계 차원에서 FLT계 차원으로, FLT계 차원에서 MLT계 차원으로 변환할 수 있어야 합니다.

P.24 문04
P.25 문06
P.25 문07

3) 각종 물리량의 차원

물리량 \ 차원	FLT계	MLT계	물리량 \ 차원	FLT계	MLT계
힘 ★	F	MLT^{-2}	밀도 ★	$FL^{-4}T^2$	ML^{-3}
길이	L	L	운동량	FT	MLT^{-1}
질량	$FL^{-1}T^2$	M	회전력	FL	ML^2T^{-2}
시간	T	T	압력 ★	FL^{-2}	$ML^{-1}T^{-2}$
면적	L^2	L^2	동력 ★	FLT^{-1}	ML^2T^{-3}
속도	LT^{-1}	LT^{-1}	점성계수	$FL^{-2}T$	$ML^{-1}T^{-1}$
각속도	T^{-1}	T^{-1}	동점성계수	L^2T^{-1}	L^2T^{-1}
비중량	FL^{-3}	$ML^{-2}T^{-2}$	일, 에너지, 열량 ★	FL	ML^2T^{-2}

3 무차원수 ★★

P.24 문03
P.25 문05

1) 차원, 즉 단위가 없는 수

2) 어떠한 2가지 특성을 비교하여 그 정도를 숫자로 표시

구분	레이놀즈수 ★	프루드수	웨버수	오일러수	마하수
무차원수	$\frac{관성력}{점성력}$	$\frac{관성력}{중력}$	$\frac{관성력}{표면장력}$	$\frac{압축력}{관성력}$	$\frac{관성력}{탄성력}$

☑ 차원은 단위의 뿌리이자 물리량 간 관계의 공통 언어이다.

레이놀즈수의 물리적 의미는 '관성력/중력'이다. ☒ 관성력/점성력

03 유체의 물리적 성질 ★★★

선생님 TIP

밀도, 비체적, 비중량, 비중의 정의와 단위는 앞으로 유체역학을 학습하는 데 있어 너무 중요합니다. 반드시 체화시켜야 합니다!

1 밀도(ρ)

1) 단위체적당 질량

2) 계산식

P.25 문08

$$밀도\ \rho[kg/m^3] = \frac{m}{V}$$

ρ : 밀도 [kg/m³]
m : 질량 [kg]
V : 체적 [m³]

P.26 문09

기체의 밀도

$$\rho[kg/m^3] = \frac{PM}{RT}$$

P : 절대압력 [atm]
M : 분자량 [kg/kmol]
T : 절대온도 [K]
R : 기체상수 $[atm \cdot m^3/kmol \cdot K]$

3) 물의 밀도 : 1000 [kg/m³] = 1000 [N · s²/m⁴]

2 비체적(V_s)

1) 밀도의 역수로 단위질량당 체적
2) 계산식

$$비체적\ V_s[m^3/kg] = \frac{V}{m} = \frac{1}{\rho}$$

V_s : 비체적 [m^3/kg]
ρ : 밀도 [kg/m^3]
m : 질량 [kg]
V : 체적 [m^3]

3 비중량(γ)

1) 단위체적당 중량(= 무게 = 힘)

P.26 문11

2) 계산식

$$비중량\ \gamma = \rho g = \frac{W}{V} = \frac{mg}{V}$$

γ : 비중량 [N/m^3, kg_f/m^3]
ρ : 밀도 [kg/m^3]
g : 중력가속도 [m/s^2]
W : 중량[N, kg_f]
m : 질량 [kg]
V : 체적 [m^3]

3) 물의 비중량 : 1000 [kg_f/m^3] = 9800 [N/m^3]

4 비중(S)

1) 비중 $S = \frac{어떤\ 물질의\ 비중량(\gamma)}{4℃에서\ 물의\ 비중량(\gamma_w)} = \frac{어떤\ 물질의\ 밀도(\rho)}{4℃에서\ 물의\ 밀도(\rho_w)}$

P.26 문10
P.26 문12
P.27 문14

2) 계산식

$$비중\ S = \frac{\gamma}{\gamma_w} = \frac{\rho}{\rho_w}$$

S : 비중 [무차원수]
ρ : 어떤 물질의 밀도 [kg/m^3]
ρ_w : 물의 밀도 [kg/m^3]
γ : 어떤 물질의 비중량 [N/m^3]
γ_w : 물의 비중량 [N/m^3]

비중(S)이 주어졌을 때 비중량(γ)과 밀도(ρ)
비중량 $\gamma = S \cdot \gamma_w$
밀도 $\rho = S \cdot \rho_w$

3) 물의 비중 : 1

04 유체

✔ 유체와 고체의 차이점
고체는 전단력을 받아도 변형이 일정 이상 더 이상 진행되지 않음. 그러나 유체는 전단력이 작용하는 한 계속 흐름

1 유체의 정의

1) 아무리 작은 외력(외부로부터 작용하는 전단력)이라도 저항하지 못하고 계속하여 변형하는 물질
2) 물질의 상태인 고체, 액체, 기체 중 액체와 기체를 유체라고 함

P.29 문20

2 유체의 분류 ★

P.29 문21

1) 압축성에 따른 분류
   (1) 압축성 유체 : 압력 변화에 대하여 변수[밀도(ρ), 비중량(γ), 체적(V) 등]의 변화를 무시할 수 없는 유체, 즉 변하는 유체(기체)
   (2) 비압축성 유체 : 압력 변화에 대하여 변수[밀도(ρ), 비중량(γ), 체적(V) 등]의 변화를 무시할 수 있는 유체, 즉 변하지 않는 유체(물)
2) 점성의 유무에 따른 분류
   (1) 점성 유체 : 점성을 갖고 있는 모든 유체
   (2) 비점성 유체 : 점성을 무시할 수 있는 유체
3) 점성 유체의 분류
   (1) 뉴턴유체 : 뉴턴의 점성법칙을 만족하는 유체(물, 공기 등)
   (2) 비뉴턴유체 : 뉴턴의 점성법칙을 만족하지 않는 유체(플라스틱, 페인트, 치약 등)
4) 이상유체와 실제유체
   (1) 이상유체 : 점성이 없고 비압축성인 유체, 즉 비점성·비압축성인 유체
   (2) 실제유체 : 점성이 있고 압축성인 유체, 즉 점성·압축성 유체

이상유체는 높은 압력에서 밀도가 변화하는 유체이다.
☒ 변화하지 않는

3 체적탄성계수(K) ★★

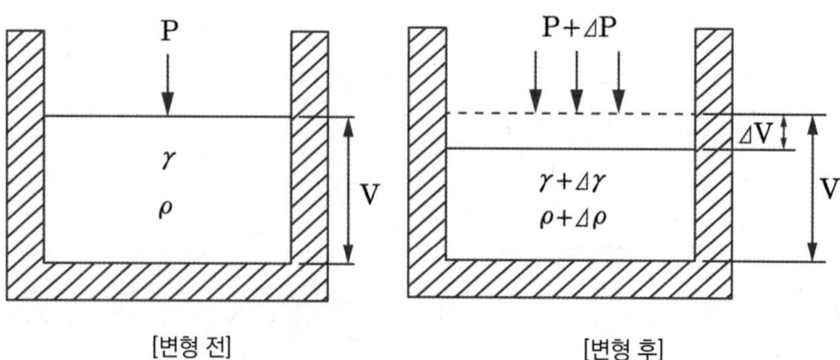

[변형 전] [변형 후]

1) 체적변화율에 대한 압력변화
2) 비압축성의 척도로 체적탄성계수(K)가 클수록 압축이 어려움
3) 계산식

$$K[N/m^2] = \frac{\Delta P}{-\frac{\Delta V}{V}} = \frac{\Delta P}{\frac{\Delta \gamma}{\gamma}} = \frac{\Delta P}{\frac{\Delta \rho}{\rho}}$$

K : 체적탄성계수 [Pa]
ΔP : 압력차 [Pa]
$-\frac{\Delta V}{V}$: 체적변화율

체적의 감소율($-\frac{\Delta V}{V}$) = 비중량의 증가율($\frac{\Delta \gamma}{\gamma}$) = 밀도의 증가율($\frac{\Delta \rho}{\rho}$)

4) 특징
(1) 압력의 차원과 동일
(2) 체적탄성계수와 압축률은 반비례 관계
(3) 액체 속에서 등온변화 취급을 하므로 체적탄성계수(K)는 절대압력(P)과 같은 값

P.29 문23

TIP 압력을 많이 줘야 작아지는 물질(부피가 잘 줄지 않음) → 체적탄성계수 큼

4 압축률(β)

1) 체적탄성계수(K)의 역수, 즉 압력변화에 대한 체적변화율
2) 압축성의 척도로 압축률(β)이 클수록 압축이 용이
3) 계산식

$$\text{압축률 } \beta [m^2/N] = \frac{1}{K} = \frac{-\frac{\Delta V}{V}}{\Delta P}$$

β : 압축률 [m^2/N]
K : 체적탄성계수 [Pa]
ΔP : 압력차 [Pa]
$-\frac{\Delta V}{V}$: 체적변화율

P.29 문22

체적탄성계수와 압축률은 반비례 관계이다. O

5 음속(a 또는 c : 전파속도)

1) 유체 내에서 물체가 움직이면 물체에 의해서 유체가 교란되어 압력파가 생기고, 그 압력파는 주위에 전달됨. 그 전파속도를 음속이라 함
2) 액체 속에서의 음속(등온변화, 즉 K = P)

$$\text{액체 속에서의 음속 } c[m/s] = \sqrt{\frac{K}{\rho}}$$

c : 음속 [m/s]
K : 체적탄성계수 [N/m^2]
ρ : 밀도 [$N \cdot s^2/m^4$]

음속(Speed of Sound)
소리(압력파)가 매질을 통해 전달되는 속도

P.31 문30

3) 공기 중에서의 음속(단열변화, 즉 K = kP)

공기 중에서의 음속 $c[m/s] = \sqrt{kRT}$

k : 비열비
R : 기체상수 [J/kg·K]
T : 절대온도 [K]
※ $c \propto \sqrt{T}$

05 표면장력과 모세관현상

1 표면장력 정의

응집력과 부착력
- 응집력 : 같은 분자 간에 서로 잡아당기는 힘(분자 간의 결합력)
- 부착력 : 서로 다른 분자 간에 잡아당기는 힘(물체와의 접촉력)

1) 단위 길이당 작용하는 장력(단위 : N/m)
2) 액체 내부의 분자는 분자 간의 인력(응집력)으로 인하여 평형 상태에 있음. 그러나 자유표면(액체와 기체가 접한 경계면)의 분자는 외부로부터 인력(응집력)을 받지 않기 때문에 액체의 안쪽으로 수축하려는 장력이 작용

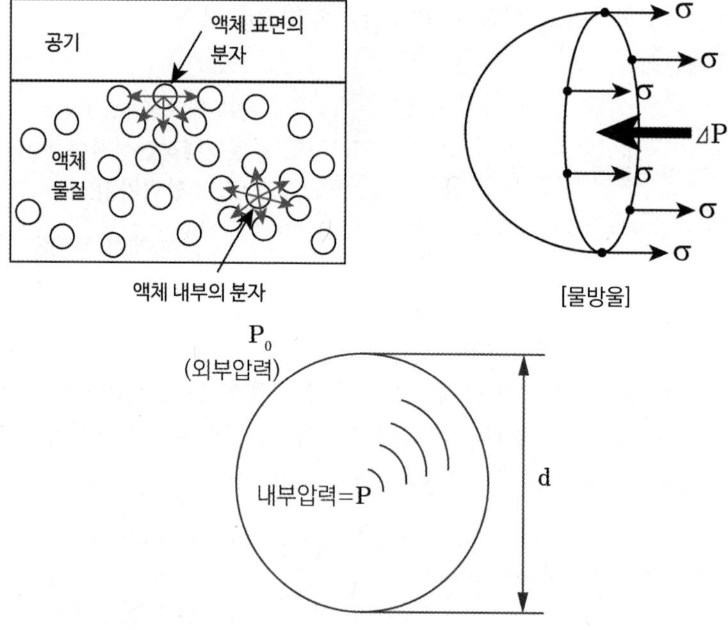

2 표면장력 계산식 ★

표면장력 $\sigma = \dfrac{\Delta Pd}{4}\ [N/m]$

(비눗방울의 표면장력 $\sigma = \dfrac{\Delta Pd}{8}[N/m]$)

σ : 표면장력 [N/m]
ΔP : 물방울 내부와 외부의 압력차 [N/m^2]
($\Delta P = P - P_0$ = 내부초과압력)
d : 지름 [m]

P.32 문32

3 표면장력 특성 ★

1) 온도상승 : 분자 간 응집력 감소에 의한 표면장력 감소
2) 온도저하 : 분자 간 응집력 증가에 의한 표면장력 증가

4 모세관현상의 정의 ★

1) 액체 속에 가는 관을 세우면 관 내 액체가 관을 따라 상승하거나 하강하는 현상
2) 응집력 < 부착력 → 모세관 내 액면 상승(물)
   응집력 > 부착력 → 모세관 내 액면 하강(수은)

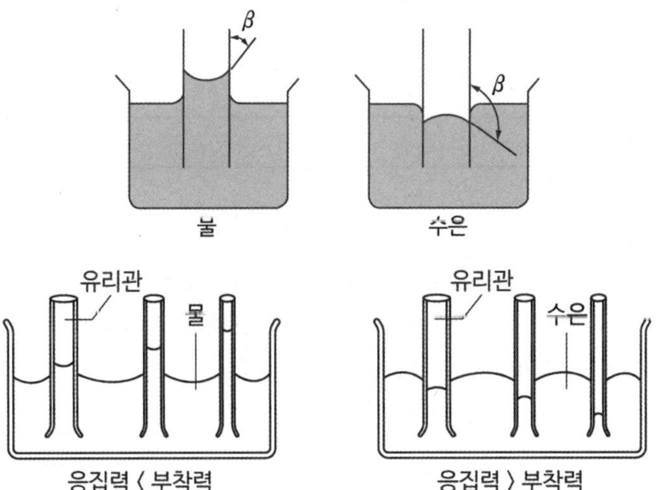

- 표면장력은 액체와 공기의 경계면에서 액체분자의 응집력보다 공기분자와 액체분자 사이의 부착력이 클 때 발생된다.
  ☒ 부착력이 작을 때 발생

P.31 문28
P.33 문34
P.33 문35

모세관현상에 의한 수면 상승 높이는 모세관의 직경에 비례한다. ☒ 반비례

5 모세관현상 계산식 ★★

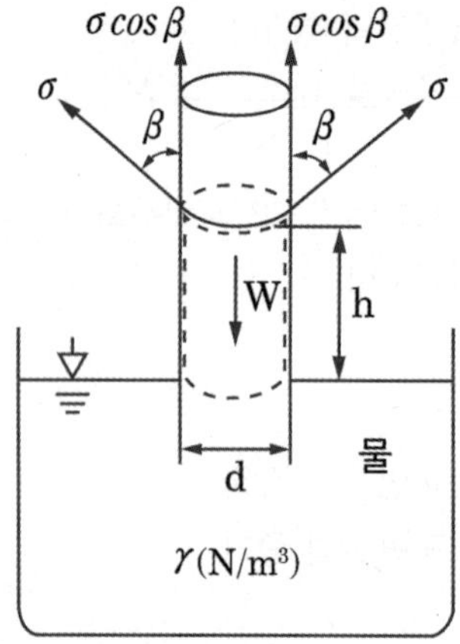

$$\text{상승높이}\ h = \frac{4\sigma\cos\beta}{\gamma d}\ [m]$$

h : 액면 상승높이 [m]
σ : 표면장력 [N/m]
β : 액면 접촉각 [°]
γ : 액체의 비중량 [N/m^3]
d : 관의 내경 [m]
W : 무게 [N]

6 모세관현상 특성

1) 관 내에서 '표면장력에 의한 수직분력'과 '상승한 액체의 중량'이 평형을 이룸
2) 관이 경사가 지더라도 액면 상승높이는 변함이 없음

06 점성

점성
유체가 흐르려는 성질을 방해하는 내부 저항력을 의미한다.

P.34 문36

액체의 점성은 온도 상승 시 점도 감소한다. ⓞ

1 점성의 정의

1) 유체가 유동할 때 서로 인접하고 있는 층 사이에 상대운동이 생김
   이때 두 개의 층 사이에 상대운동을 방해하는 유체마찰이 생기는데, 이러한 유체마찰(전단저항)이 생기는 유체의 성질
2) 액체의 점성 : 온도 상승 시 점도 감소(액체 분자의 응집력이 감소하기 때문)
   기체의 점성 : 온도 상승 시 점도 증가(분자의 운동량이 온도 상승에 따라 증가하기 때문)
3) 유체의 점성과 관계 있는 것
   (1) 분자의 운동
   (2) 분자 간 운동량 교환
   (3) 분자의 응집력

2 뉴턴의 점성법칙 ★★

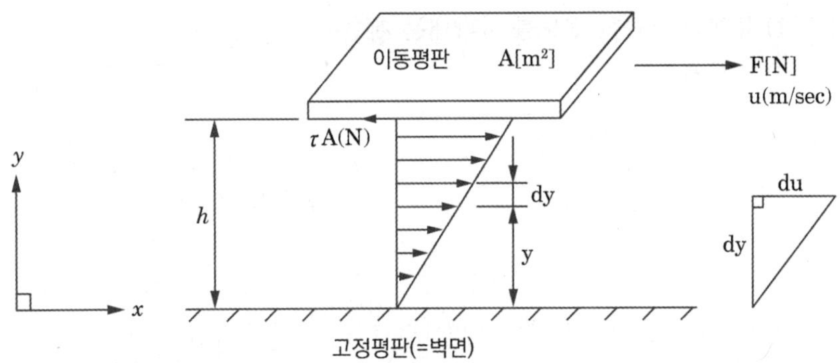

1) 위 그림과 같이 평행한 두 평판 사이에 점성 유체가 있을 때 상부평판을 일정한 속도 u로 이동시킬 때 필요한 힘 F는 상부에 있는 이동평판의 면적 A와 이동속도 u에는 비례하고 두 평판(상부, 하부) 사이의 수직거리 h에는 반비례함($F \propto \dfrac{uA}{h}$)

P.30 문26

2) 상부에 있는 이동평판과 접촉하고 있는 유체의 속도는 u의 값을 가짐
하부에 있는 고정평판과 접촉하고 있는 유체의 속도는 0과 같음
따라서 고정평판 쪽에서 이동평판 쪽으로 속도분포는 선형적인(직선적인) 변화를 함

3 전단응력(τ) ★★★

1) 전단응력 계산식

$$전단응력\ \tau[N/m^2] = \mu \frac{du}{dy}$$

τ : 전단응력 [N/m²]
μ : 점성계수 [N · s/m²]
$\dfrac{du}{dy}$: 속도구배
(속도구배 = 전단변형률
= 각변형률 = 속도기울기)

P.34 문38
P.35 문39
P.35 문40

전단응력
면에 평행하게 작용하는 힘이 단위면적에 걸리는 정도이며, 유체에서는 속도 차이(마찰)에 의해 생겨나고 고체에서는 변형의 원인이 된다.

2) 유체 내에 발생하는 전단응력(τ) : 유체의 속도구배($\dfrac{du}{dy}$)에 비례

P.34 문37

유체 내에 발생하는 전단응력은 유체의 속도구배에 비례한다. O

3) 층류에서 전단응력(τ)의 크기 : 벽면 > 중앙

4) 벽면의 속도기울기($\dfrac{du}{dy}$) : 난류 > 층류

P.35 문41

4 점성계수(μ) ★

1) 유체의 끈끈한 정도를 나타내는 계수
2) 점성계수 계산식

점성계수

$$\mu[N \cdot s/m^2] = \frac{\tau}{du/dy}$$

μ : 점성계수 [kg/m·s, $N \cdot s/m^2$]
ρ : 밀도 [kg/m³]

3) $1\,[N \cdot s/m^2] = 1\,[N \cdot s/m^2] \times \frac{10^5\,[dyne]}{1\,[N]} \times \frac{1\,[m^2]}{10^4\,[cm^2]}$

$= 10\,[dyne \cdot s/cm^2] = 10\,[poise]$

즉, $1\,[poise] = 1\,[dyne \cdot s/cm^2] = 1\,[g/cm \cdot s] = \frac{1}{10}\,[N \cdot s/m^2]$

4) 단위

구분	MKS	CGS
MLT계	kg/m·s	g/cm·s (= poise)
FLT계	N·s/m²	dyne·s/cm²

5 동점성계수(ν) ★

1) 점성계수를 유체의 밀도로 나눈 것
2) 동점성계수 계산식

동점성계수를 유체의 밀도로 나눈 것이 점성계수이다.
☒ 점성계수를 유체의 밀도로 나눈 것이 동점성계수이다.

$$\text{동점성계수 } \nu[m^2/s] = \frac{\mu}{\rho}$$

ν : 동점성계수 [m²/s]
μ : 점성계수 [kg/m·s]
ρ : 밀도 [kg/m³]

3) $1\,[m^2/s] = 10^4\,[cm^2/s] = 10^4\,[stokes]$

즉, $1\,[stokes] = 1\,[cm^2/s]$

4) 단위

구분	MKS	CGS
MLT 계	m²/s	cm²/s (= stokes)
FLT 계	m²/s	cm²/s

07 점도의 측정 ★★

구분	측정원리	점도계 종류	특징
뉴턴의 점성법칙	회전원통법	• 스토머(Stomer) 점도계 • 맥미셸(Macmichael) 점도계	
스토크스 법칙	낙구법	• 낙구식 점도계	• 점성계수(μ) $\propto \frac{1}{낙구의\ 속도(V)}$
하겐 포아젤의 법칙	세관법	• 오스왈트(Ostwald)점도계 • 세이볼트(Saybolt)점도계 • 앵글러(Engler)점도계 • 바베이(Barbey)점도계 • 레드우드(Redwood)점도계	

암기 뉴회스맥, 스토크낙, 하오세

P.35 문42
P.36 문43
P.36 문44

08 이상기체

1 보일 – 샤를의 법칙 ★★

1) 보일의 법칙

기체의 온도가 일정할 때 기체의 체적은 절대압력에 반비례

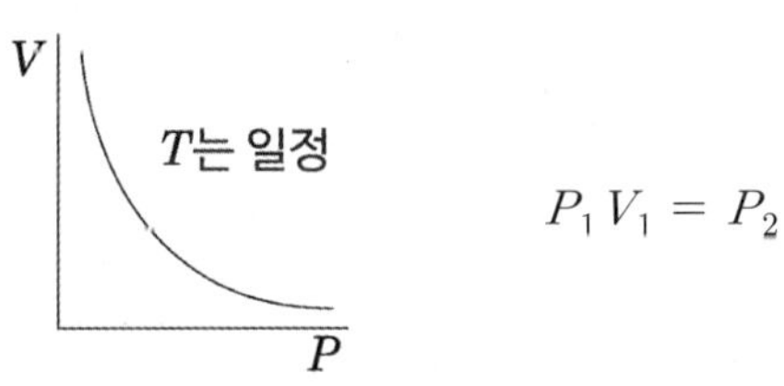

$$P_1 V_1 = P_2 V_2$$

암기 보온(보일의 법칙은 온도 일정)

2) 샤를의 법칙

기체의 압력이 일정할 때 기체의 체적은 절대온도에 비례

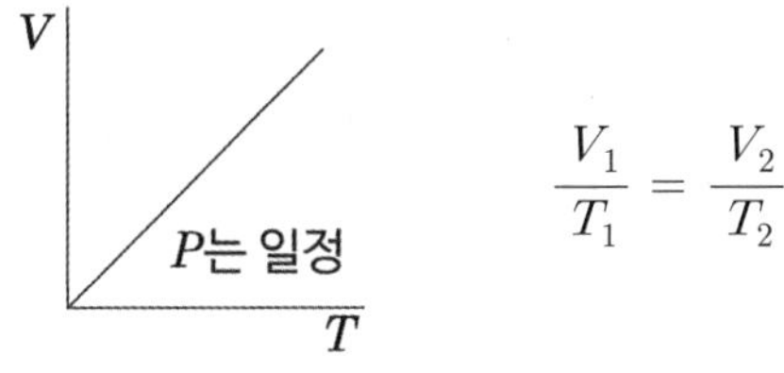

$$\frac{V_1}{T_1} = \frac{V_2}{T_2}$$

암기 샤압(샤를의 법칙은 압력 일정)

P.39 문51
P.39 문52

3) 보일 - 샤를의 법칙

기체의 체적은 절대압력에 반비례하고 절대온도에 비례

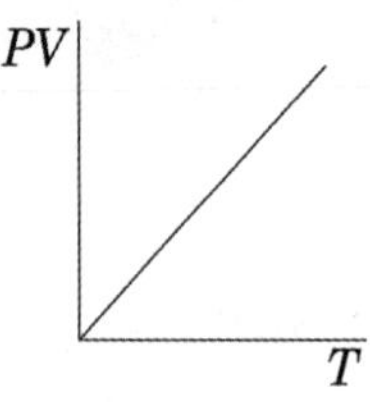

$$\frac{P_1 V_1}{T_1} = \frac{P_2 V_2}{T_2}$$

P : 절대압력
V : 부피
T : 절대온도 [K]

2 아보가드로의 법칙 ★

1) 기체는 온도(T)와 압력(P)이 같을 때 같은 부피 속에 같은 수의 분자 수를 포함하며, 기체의 종류와 무관함. 즉, 이상기체의 부피(V)는 기체 몰 수(n)에 비례함($V \propto n$)
2) 0 [℃], 1 [atm]에서 이상기체 22.4 [L] 속에는 6.02×10^{23}개의 분자 수(1 [mol])가 존재함

3 이상기체의 가정

P.39 문53

1) 기체분자가 차지하는 부피는 무시
2) 기체분자들은 무질서한 운동
3) 기체분자 상호 간 인력과 반발력 무시(작용하는 힘이 없다)
4) 분자들이 충돌할 때 완전 탄성충돌
5) 분자의 평균 운동에너지는 절대온도에 비례

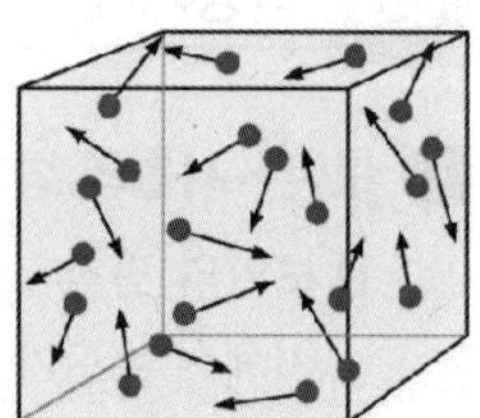

09 이상기체상태방정식 ★★★

1 계산식

암기 일반기체상수 R = 8.314 [kPa·m³/kmol·K] = 0.082 [atm·m³/kmol·K]

P.40 문56

$$PV = nRT = \frac{W}{M}RT$$

P : 절대압력 [kPa]
V : 부피 [m^3]
W : 질량 [kg]
n : 몰수 [kmol]
T : 절대온도 [K]
M : 분자량 [kg/kmol]
R : 일반기체상수 [kPa·m^3/kmol·K]
= [kJ/kmol·K]

2 기체상수에 따른 방정식 적용

1) 압축성 인자(Z)가 없는 경우

P.37 문47
P.38 문48
P.38 문49

$$PV = W\bar{R}T$$

$$PV = \frac{W}{M}RT$$

$$= W\left(\frac{R}{M}\right)T = W\bar{R}T$$

P : 절대압력 [kPa]
V : 부피 [m^3]
W : 질량 [kg]
R : 일반기체상수 [kPa · m^3/kmol · K]
= [kJ/kmol · K]
$\bar{R}$: 특정기체상수 [kPa · m^3/kg · K]
= [kJ/kg · K]
T : 절대온도 [K]

2) 압축성 인자(Z)가 있는 경우

$$PV = W\bar{R}TZ$$

P : 절대압력 [kPa]
V : 부피 [m^3]
W : 질량 [kg]
$\bar{R}$: 특정기체상수 [kPa · m^3/kg · K]
= [kJ/kg · K]
T : 절대온도 [K]
Z : 압축성인자

3 이상기체의 변화

P.40 문55

구분	내용
정압과정	V/T = 일정
정적과정	P/T = 일정
등온과정	PV = 일정
단열과정	PV^k = 일정
폴리트로픽과정	PV^n = 일정

01 상 중 하

다음 단위 중 3가지는 동일한 단위이고 나머지 하나는 다른 단위이다. 이 중 동일한 단위가 아닌 것은?

① J ② N·s
③ Pa·m^3 ④ kg·m^2/s^2

해설 일의 단위

$J = N \times m$

$= (kg \cdot m/s^2) \times m = kg \cdot m^2/s^2$

$= (Pa \cdot m^2) \times m = Pa \cdot m^3$

02 상 중 하

다음 중 동력의 단위가 아닌 것은?

① J/s ② W
③ kg·m^2/s ④ N·m/s

해설 동력 단위

W = J/s = N·m/s

03 상 중 하

원관 내에 유체가 흐를 때 유동의 특성을 결정하는 가장 중요한 요소는?

① 관성력과 점성력
② 압력과 관성력
③ 중력과 압력
④ 압력과 점성력

해설 레이놀즈수

- 유체가 흐를 때 유동의 특성을 결정하는 가장 중요한 요소는 레이놀즈수
- $Re = \frac{\text{관성력}}{\text{점성력}}$

04 상 중 하

일률(시간당 에너지)의 차원을 기본 차원인 M(질량), L(길이), T(시간)로 올바르게 표시한 것은?

① L^2T^{-2} ② $MT^{-2}L^{-1}$
③ ML^2T^{-2} ④ ML^2T^{-3}

해설 일률의 차원

동력(일률) $W = J/s$
$= N \cdot m/s$
$= (kg \cdot m/s^2) \cdot m/s$
$= kg \cdot m^2/s^3$

∴ 차원 $= ML^2T^{-3}$

정답 01 ② 02 ③ 03 ① 04 ④

05 상 중 하

프루드(Froude)수의 물리적인 의미는?

① 관성력/탄성력
② 관성력/중력
③ 압축력/관성력
④ 관성력/점성력

해설 프루드수

유체 흐름의 중력에 대한 관성력의 비

$$F_r = \frac{v}{\sqrt{gL}} = \frac{\text{관성력}}{\text{중력}}$$

06 상 중 하

다음 중 동점성계수의 차원을 옳게 표현한 것은? (단, 질량 M, 길이 L, 시간 T로 표시한다)

① $ML^{-1}T^{-1}$　② L^2T^{-1}
③ $ML^{-2}T^{-2}$　④ $ML^{-1}T^{-2}$

해설 동점성계수와 점성계수 차원

구분	절대단위	차원
점성계수	kg/m·s	$ML^{-1}T^{-1}$
동점성계수	m^2/s	L^2T^{-1}

07 상 중 하

유체의 거동을 해석하는 데 있어서 점성계수 μ의 차원으로 옳은 것은? (단, M은 질량, L은 길이, T는 시간이다)

① $ML^{-1}T^{-1}$　② MLT
③ $M^{-2}L^{-1}T$　④ MLT^2

해설 동점성계수와 점성계수 차원

구분	절대단위	차원
점성계수	kg/m·s	$ML^{-1}T^{-1}$
동점성계수	m^2/s	L^2T^{-1}

08 상 중 하

비중이 0.8인 액체가 한 변이 10 [cm]인 정육면체 모양 그릇의 반을 채울 때 액체의 질량 [kg]은?

① 0.4　② 0.8
③ 400　④ 800

해설 액체의 질량

$$\text{밀도 } \rho[kg/m^3] = \frac{m}{V}$$

$$\text{질량 } m[kg] = \rho V = (S \cdot \rho_w) V$$

$$= (0.8 \times 1000) \times \frac{0.1^3}{2} = 0.4[kg]$$

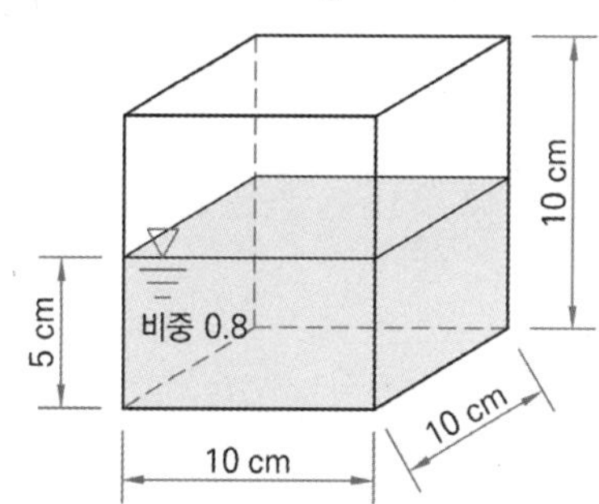

ρ : 밀도 [kg/m^3], V : 체적 [m^3]

정답 05 ② 06 ② 07 ① 08 ①

09 상 중 하

압력이 100 [kPa]이고 온도가 20 [℃]인 이산화탄소를 완전기체라고 가정할 때 밀도(kg/m³)는? (단, 이산화탄소의 기체상수는 188.95 [J/kg · K]이다)

① 1.1 ② 1.8
③ 2.56 ④ 3.8

해설 기체 밀도

이상기체상태방정식 $PV=nRT=\frac{W}{M}RT=W\overline{R}T$

밀도 $\rho=\frac{P}{\overline{R}T}=\frac{100\times10^3\,[Pa]}{188.95\,[J/kg\cdot K]\times(273+20)\,[K]}$

$=1.806\,[kg/m^3]$

10 상 중 하

수은의 비중이 13.6일 때 수은의 비체적은 몇 [m³/kg]인가?

① $\frac{1}{13.6}$ ② $\frac{1}{13.6}\times10^{-3}$
③ 13.6 ④ 13.6×10^{-3}

해설 수은의 비체적

1) 밀도 $\rho=S\times\rho_w=13.6\times1000\,[kg/m^3]$

2) 비체적 $V_s=\frac{1}{\rho}=\frac{1}{13.6}\times10^{-3}\,[m^3/kg]$

11 상 중 하

비중병의 무게가 비었을 때는 2 [N]이고 액체로 충만되어 있을 때는 8 [N]이다. 액체의 체적이 0.5 [L]이면 이 액체의 비중량은 약 몇 [N/m³]인가?

① 11000 ② 11500
③ 12000 ④ 12500

해설 액체의 비중량

비중량 $\gamma=\frac{W}{V}$

$=\frac{(8-2)\,[N]}{0.5\times10^{-3}\,[m^3]}=12{,}000\,[N/m^3]$

12 상 중 하

체적이 10 [m³]인 기름의 무게가 30000 [N]이라면 이 기름의 비중은 얼마인가? (단, 물의 밀도는 1000 [kg/m³]이다)

① 0.153 ② 0.306
③ 0.459 ④ 0.612

해설 기름의 비중

1) 비중량

$\gamma=\frac{W}{V}=\frac{30000}{10}=3000\,[N/m^3]$

2) 비중

$s=\frac{\gamma}{\gamma_w}=\frac{\rho}{\rho_w}=\frac{3{,}000}{9{,}800}=0.306$

정답 09 ② 10 ② 11 ③ 12 ②

13 상(중)하

호주에서 무게가 20 [N]인 어떤 물체를 한국에서 재어 보니 19.8 [N]이었다면 한국에서의 중력가속도는 약 몇 [m/s²]인가? (단, 호주에서의 중력가속도는 9.82 [m/s²]이다)

① 9.72 ② 9.75
③ 9.78 ④ 9.82

해설 한국에서 중력가속도(비례식 이용)

$W = mg$이므로 $W \propto g$

$9.82[m/s^2] : 20[N] = x[m/s^2] : 19.8[N]$

$\therefore x = 9.72[m/s^2]$

W : 무게 [N]
m : 질량 [kg]
g : 중력가속도 [m/s²]

14 상(중)하

중력가속도가 2 [m/s²]인 곳에서 무게가 8 [kN]이고 부피가 5 [m³]인 물체의 비중은 약 얼마인가?

① 0.2 ② 0.8
③ 1.0 ④ 1.6

해설 물체의 비중

$$\text{비중량 } \gamma = \frac{W}{V} = \rho g$$

1) 밀도 $\rho = \frac{\gamma}{g} = \frac{8000/5[N/m^3]}{2[m/s^2]}$
$= 800[N \cdot s^2/m^4] = 800[kg/m^3]$

2) 비중 $s = \frac{\rho}{\rho_w} = \frac{800[kg/m^3]}{1000[kg/m^3]} = 0.8$

보충 ▶ 물의 밀도 ρ_w : 1000 [kg/m³]

15 상(중)하

다음 중 동일한 액체의 물성치를 나타낸 것이 아닌 것은?

① 비중이 0.8
② 밀도가 800 [kg/m³]
③ 비중량이 7840 [N/m³]
④ 비체적이 1.25 [m³/kg]

해설 액체의 물성치

비중 0.8일 때 밀도, 비중량, 비체적을 구해보면

1) 밀도 ρ
$\rho = S\rho_w = 0.8 \times 1000[kg/m^3]$
$= 800[kg/m^3]$

2) 비중량 γ
$\gamma = S\gamma_w = 0.8 \times 9800[N/m^3]$
$= 7840[N/m^3]$

3) 비체적 V_s
$V_s = \frac{V}{m} = \frac{1}{\rho}$
$V_s = \frac{1}{\rho} = \frac{1}{800[kg/m^3]} = 1.25 \times 10^{-3}[m^3/kg]$

따라서 "④ 비체적이 1.25 [m³/kg]"인 액체는 동일한 액체가 아니다.

보충 ▶ $\gamma = S \times \gamma_w$, $\rho = S \times \rho_w$

16 상(중)하

표준대기압하에서 온도가 20 [℃]인 공기의 밀도 [kg/m³]는? (단, 공기의 기체상수는 287 [J/kg · K]이다)

① 0.012 ② 1.2
③ 17.6 ④ 1000

정답 13 ① 14 ② 15 ④ 16 ②

해설 기체 밀도

이상기체상태방정식 $PV=nRT=\frac{W}{M}RT=W\overline{R}T$

$PV=W\overline{R}T \Rightarrow \frac{W}{V}=\frac{P}{\overline{R}T}$

밀도 $\rho=\frac{P}{\overline{R}T}$

$=\frac{101325\,[Pa]}{287\,[J/kg\cdot K]\times(273+20)\,[K]}$

$=1.2\,[kg/m^3]$

17 상중하

비중이 0.89이며, 중량이 35 [N]인 유체의 체적은 약 몇 [m³]인가?

① 0.13×10^{-3}　② 2.43×10^{-3}
③ 3.03×10^{-3}　④ 4.01×10^{-3}

해설 유체의 체적

비중량 $\gamma=\frac{W}{V}=\rho g$

1) 비중량 γ

$\gamma=S\times\gamma_w$

$=0.89\times9800\,[N/m^3]=8722\,[N/m^3]$

2) 체적 V

$\gamma[N/m^3]=\frac{W[N]}{V[m^3]}$

$8722\,[N/m^3]=\frac{35\,[N]}{V[m^3]}$

$V[m^3]=\frac{35}{8722}=4.01\times10^{-3}\,[m^3]$

보충 ▶ $\gamma=S\times\gamma_w,\ \rho=S\times\rho_w$

18 상중하

중력가속도가 10.6 [m/s²]인 곳에서 어떤 금속체의 중량이 100 [N]이었다. 중력가속도가 1.67 [m/s²]인 달 표면에서 이 금속체의 중량 [N]은?

① 13.1　② 14.2
③ 15.8　④ 17.2

해설 금속체의 중량(비례식 이용)

뉴턴의 제2법칙 $F=ma$에서 중력가속도를 적용하여 $W=mg$라는 식을 얻을 수 있다.
여기서 중력가속도 g와 무게(중량) W는 비례 관계이므로
$g_1[m/s^2]:W_1[N]=g_{달}[m/s^2]:W_{달}[N]$
이라는 비례식을 세울 수 있다.
따라서
$10.6[m/s^2]:100[N]=1.67[m/s^2]:W_{달}[N]$

$W_{달}=\frac{100\times1.67}{10.6}=15.8\,[N]$

19 상중하

물의 체적탄성계수가 2.5 [GPa]일 때 물의 체적을 1 [%] 감소시키기 위해서 얼마의 압력(MPa)을 가하여야 하는가?

① 20　② 25
③ 30　④ 35

해설 체적탄성계수

체적탄성계수 $K=-\frac{\Delta P}{\Delta V/V_1}$

$2500\,[MPa]=-\frac{\Delta P}{\left(\frac{-1}{100}\right)}$

$\Delta P=25\,[MPa]$

※ $\frac{\Delta V}{V_1}$가 (-)인 이유 : 체적이 감소하기 때문

정답 17 ④ 18 ③ 19 ②

20 (상 중 하)

유체의 거동을 해석하는 데 있어서 비점성 유체에 대한 설명으로 옳은 것은?

① 실제유체를 말한다.
② 전단응력이 존재하는 유체를 말한다.
③ 유체유동 시 마찰저항이 속도 기울기에 비례하는 유체이다.
④ 유체유동 시 마찰저항을 무시한 유체를 말한다.

해설 유체의 유동

- 유체유동 시 마찰저항을 무시할 수 있는 유체
- 점성이 클수록 마찰저항이 크다.

21 (상 중 하)

유체에 관한 설명으로 틀린 것은?

① 실제유체는 유동할 때 마찰로 인한 손실이 생긴다.
② 이상유체는 높은 압력에서 밀도가 변화하는 유체이다.
③ 유체에 압력을 가하면 체적이 줄어드는 유체는 압축성 유체이다.
④ 전단력을 받았을 때 저항하지 못하고 연속적으로 변형하는 물질을 유체라 한다.

해설 유체의 특성

이상유체는 압력 변화에 따라 밀도가 변하지 않는다.

22 (상 중 하)

물의 체적을 5 [%] 감소시키려면 얼마의 압력(kPa)을 가하여야 하는가? (단, 물의 압축률은 5×10^{-10} [m^2/N]이다)

① 1 ② 10^2
③ 10^4 ④ 10^5

해설 압축률

$$\text{압축률 } \beta = -\frac{\Delta V/V_1}{\Delta P} = -\frac{\frac{(V_2 - V_1)}{V_1}}{\Delta P}$$

$$\beta = -\frac{\Delta V/V}{\Delta P}$$

$$5 \times 10^{-10} = -\frac{-0.05}{\Delta P}$$

$$\Delta P = 10^8\,[Pa] = 10^5\,[kPa]$$

23 (상 중 하)

0.02 [m^3]의 체적을 갖는 액체가 강체의 실린더 속에서 730 [kPa]의 압력을 받고 있다. 압력이 1,030 [kPa]로 증가되었을 때 액체의 체적이 0.019 [m^3]으로 축소되었다. 이때 이 액체의 체적탄성계수는 약 몇 [kPa]인가?

① 3000 ② 4000
③ 5000 ④ 6000

해설 체적탄성계수

$$\text{체적탄성계수 } K = -\frac{\Delta P}{\Delta V/V_1} = -\frac{P_2 - P_1}{\frac{(V_2 - V_1)}{V_1}}$$

$$K = -\frac{\Delta P}{\Delta V/V_1}$$

$$= -\frac{(1030-730)[kPa]}{\frac{(0.019-0.02)[m^3]}{0.02[m^3]}} = 6000\,[kPa]$$

정답 20 ④ 21 ② 22 ④ 23 ④

24 상중하

체적탄성계수가 2 × 10^9 [Pa]인 물의 체적을 3 [%] 감소시키려면 몇 [MPa]의 압력을 가하여야 하는가?

① 25 ② 30
③ 45 ④ 60

해설 체적탄성계수

$$체적탄성계수\ K = -\frac{\Delta P}{\Delta V / V_1} = -\frac{P_2 - P_1}{\frac{(V_2 - V_1)}{V_1}}$$

$$\Delta P = -K \times \frac{\Delta V}{V_1}$$

$$= -2 \times 10^9 \times \left(\frac{-3}{100}\right)$$

$$= 60 \times 10^6 [Pa] = 60 [MPa]$$

25 상중하

다음 기체, 유체, 액체에 대한 설명 중 옳은 것만을 모두 고른 것은?

ⓐ 기체 : 매우 작은 응집력을 가지고 있으며, 자유표면을 가지지 않고 주어진 공간을 가득 채우는 물질
ⓑ 유체 : 전단응력을 받을 때 연속적으로 변형하는 물질
ⓒ 액체 : 전단응력이 전단변형률과 선형적인 관계를 가지는 물질

① ⓐ, ⓑ ② ⓐ, ⓒ
③ ⓑ, ⓒ ④ ⓐ, ⓑ, ⓒ

해설 뉴턴유체

전단응력이 전단변형률과 선형적인 관계를 가지는 물질

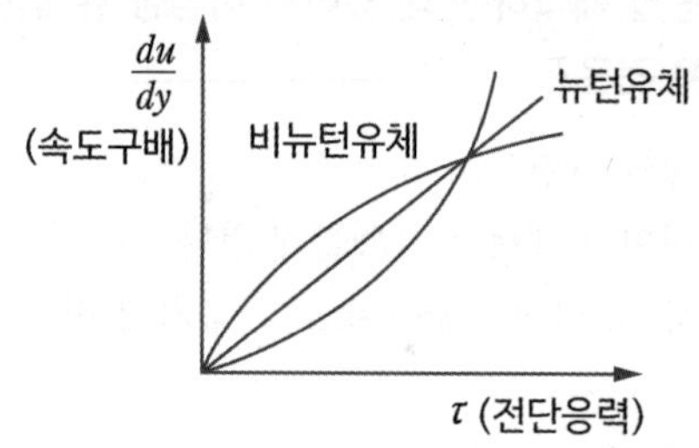

ⓒ는 "액체"에 대한 설명이 아닌 "뉴턴유체"에 대한 설명이므로 틀림

26 상중하

Newton의 점성법칙에 대한 옳은 설명으로 모두 짝지은 것은?

㉮ 전단응력은 점성계수와 속도기울기의 곱이다.
㉯ 전단응력은 점성계수에 비례한다.
㉰ 전단응력은 속도기울기에 반비례한다.

① ㉮, ㉯ ② ㉯, ㉰
③ ㉮, ㉰ ④ ㉮, ㉯, ㉰

해설 뉴턴의 점성법칙(전단응력)

- 점성계수와 속도구배의 곱
- 속도기울기에 비례
- 점성계수에 비례
- 속도구배가 0이면 전단응력은 0

정답 24 ④ 25 ① 26 ①

27 상 중 하

기체의 체적탄성계수에 관한 설명으로 옳지 않은 것은?

① 체적탄성계수는 압력의 차원을 가진다.
② 체적탄성계수가 큰 기체는 압축하기가 쉽다.
③ 체적탄성계수의 역수를 압축률이라 한다.
④ 이상기체를 등온압축시킬 때 체적탄성계수는 절대압력과 같은 값이다.

해설 체적탄성계수

- 압력의 차원과 동일
- 체적탄성계수와 압축률은 반비례 관계
- 압축률 $\beta = 1/K$
- 이상기체 등온압축 시 체적탄성계수(K)는 절대압력(P)과 같은 값

28 상 중 하

지름의 비가 1 : 2인 2개의 모세관을 물속에 수직으로 세울 때 모세관현상으로 물이 관 속으로 올라가는 높이의 비는?

① 1 : 4 ② 1 : 2
③ 2 : 1 ④ 4 : 1

해설 모세관현상

상승높이 $h \propto \frac{1}{d}$이므로

$$h_1 : h_2 = \frac{1}{d_1} : \frac{1}{d_2} = \frac{1}{1} : \frac{1}{2}$$

$$h_1 : h_2 = 2 : 1$$

29 상 중 하

유체에 관한 설명 중 옳은 것은?

① 실제유체는 유동할 때 마찰손실이 생기지 않는다.
② 이상유체는 높은 압력에서 밀도가 변화하는 유체이다.
③ 유체에 압력을 가하면 체적이 줄어드는 유체는 압축성 유체이다.
④ 압력을 가해도 밀도변화가 없으며, 점성에 의한 마찰손실만 있는 유체가 이상유체이다.

해설 유체의 정의

- 유체 : 전단응력하에서 연속적으로 변형되는 물질(액체, 기체)
- 이상유체 : 비압축성 · 비점성 유체(밀도가 일정)
- 실제유체 : 압축성 · 점성 유체(밀도가 변함)

30 상 중 하

공기의 온도 T_1에서의 음속 c_1과 이보다 20 [K] 높은 온도 T_2에서의 음속 c_2의 비가 $c_2/c_1 = 1.05$이면 T_1은 약 몇 도인가?

① 97 [K] ② 195 [K]
③ 273 [K] ④ 300 [K]

해설 공기 중에서의 음속과 온도

- $c \propto \sqrt{T} \rightarrow \frac{c_2}{c_1} = \sqrt{\frac{T_2}{T_1}}$
- 초기온도 T_1

$$1.05 = \sqrt{\frac{T_2}{T_1}} = \sqrt{\frac{T_1 + 20}{T_1}}$$

$$T_1 = \frac{20}{(1.05^2 - 1)} = 195\,[K]$$

c_1 : 초기음속 [m/s], c_2 : 나중음속 [m/s]
T_1 : 초기온도 [K], T_2 : 나중온도 [K]

정답 27 ② 28 ③ 29 ③ 30 ②

31 상중하

액체 분자들 사이의 응집력과 고체면에 대한 부착력의 차이에 의하여 관 내 액체표면과 자유표면 사이에 높이 차이가 나타나는 것과 가장 관계가 깊은 것은?

① 관성력
② 점성
③ 뉴턴의 마찰법칙
④ 모세관현상

해설 모세관현상

액체분자들 사이의 응집력과 고체면에 대한 부착력의 차이의 의하여 관 내 액체표면과 자유표면 사이에 높이 차이가 나타나는 현상

32 상중하

표면장력에 관련된 설명 중 옳은 것은?

① 표면장력의 차원은 힘/면적이다.
② 액체와 공기의 경계면에서 액체분자의 응집력보다 공기분자와 액체분자 사이의 부착력이 클 때 발생된다.
③ 대기 중의 물방울은 크기가 작을수록 내부압력이 크다.
④ 모세관현상에 의한 수면 상승 높이는 모세관의 직경에 비례한다.

해설 표면장력

- 액 표면적을 최소화하기 위해 작용하는 장력
- 표면장력의 차원은 힘/길이이다.
- 액체와 공기의 경계면에서 액체분자의 응집력보다 공기분자와 액체분자 사이의 부착력이 작을 때 발생된다.
- 표면장력 $\sigma = \dfrac{\Delta Pd}{4}$ $[N/m]$ $\left(d \propto \dfrac{1}{\Delta P}\right)$
- 상승높이 $h = \dfrac{4\sigma\cos\beta}{\gamma d}$ $[m]$ $\left(h \propto \dfrac{1}{d}\right)$

33 상중하

그림과 같이 매끄러운 유리관에 물이 채워져 있을 때 모세관 상승높이 h는 약 몇 [m]인가?

[조건]
(1) 액체의 표면장력 $\sigma = 0.073$ [N/m]
(2) R = 1 [mm]
(3) 매끄러운 유리관의 접촉각 $\theta \approx 0^\circ$

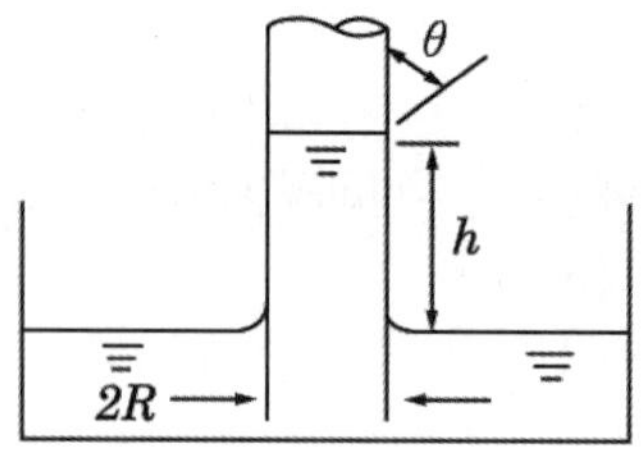

① 0.007
② 0.015
③ 0.07
④ 0.15

해설 모세관현상

모세관 상승높이 $h\,[m] = \dfrac{4\sigma\cos\theta}{\gamma d}$

$$h[m] = \frac{4\sigma\cos\theta}{\gamma d} = \frac{4 \times 0.073[N/m] \times \cos 0}{9800[N/m^3] \times 0.002[m]} = 0.015[m]$$

정답 31 ④ 32 ③ 33 ②

34 상중하

수직유리관 속의 물기둥의 높이를 측정하여 압력을 측정할 때 모세관현상에 의한 영향이 0.5 [mm] 이하가 되도록 하려면 관의 반경은 최소 몇 [mm]가 되어야 하는가? (단, 물의 표면장력은 0.0728 [N/m], 물-유리-공기 조합에 대한 접촉각은 0°로 한다)

① 2.97　　② 5.94
③ 29.7　　④ 59.4

해설 모세관현상

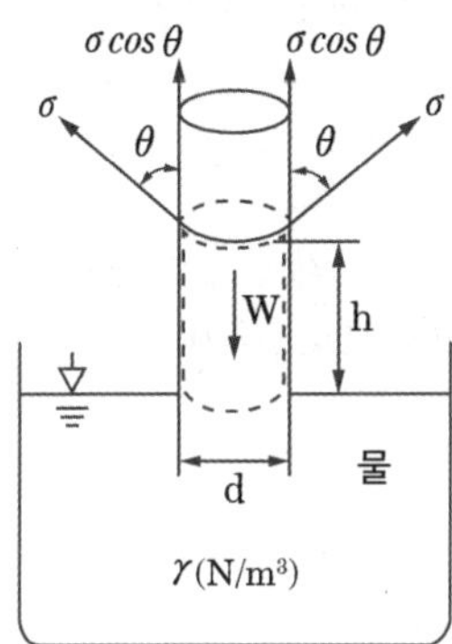

모세관 상승높이 $h\,[m] = \dfrac{4\sigma\cos\theta}{\gamma d}$

1) 직경 d

$$d - \frac{4\sigma\cos\theta}{\gamma h}$$
$$= \frac{4 \times 0.0728\,[N/m] \times \cos 0}{9800\,[N/m^3] \times (0.5 \times 10^{-3})\,[m]}$$
$$= 0.0594\,[m] = 59.4\,[mm]$$

2) 반경 $r = \dfrac{d}{2} = \dfrac{59.4}{2} = 29.7\,[mm]$

35 상중하

비중이 0.88인 벤젠에 안지름 1 [mm]의 유리관을 세웠더니 벤젠이 유리관을 따라 9.8 [mm]를 올라갔다. 유리와의 접촉각이 0°라 하면 벤젠의 표면장력은 몇 [N/m]인가?

① 0.021　　② 0.042
③ 0.084　　④ 0.128

해설 표면장력(모세관현상 공식 이용)

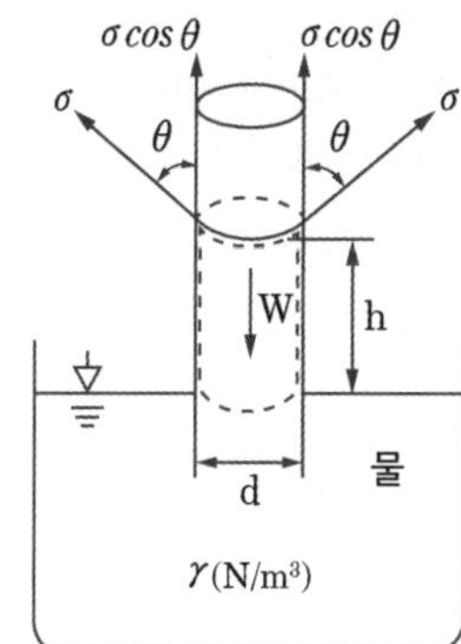

모세관 상승높이 $h\,[m] = \dfrac{4\sigma\cos\theta}{\gamma d}$

$$h = \frac{4\sigma\cos\theta}{\gamma d}$$

$$9.8 \times 10^{-3} = \frac{4 \times \sigma \times \cos 0}{(9800 \times 0.88) \times (1 \times 10^{-3})}$$

∴ 표면장력 $\sigma = 0.021\,[N/m]$

정답 34 ③ 35 ①

36 상 중 (하)

점성에 관한 설명으로 틀린 것은?

① 액체의 점성은 분자 간 결합력에 관계된다.
② 기체의 점성은 분자 간 운동량 교환에 관계된다.
③ 온도가 증가하면 기체의 점성은 감소된다.
④ 온도가 증가하면 액체의 점성은 감소된다.

해설 점성 특징

- 온도가 증가하면 기체의 점성은 증가
  ⇒ 온도가 증가하면 기체의 저항이 증가
- 온도가 증가하면 액체의 점성은 감소

37 상 (중) 하

원형 단면을 가진 관 내에 유체가 완전 발달된 비압축성 층류유동으로 흐를 때 전단응력은?

① 중심에서 0이고 중심선으로부터 거리에 비례하여 변한다.
② 관벽에서 0이고 중심선에서 최대이며 선형분포한다.
③ 중심에서 0이고 중심선으로부터 거리의 제곱에 비례하여 변한다.
④ 전 단면에 걸쳐 일정하다.

해설 층류로 흐를 때 전단응력(τ)의 분포

- 관 중심에서 0, 관벽에서 최댓값
- 관 중심에서 관 벽으로 직선적인 변화(거리에 비례하여 변화)를 함

보충 ▶ 완전발달흐름 : 입구영역을 지나 경계층의 형성으로 관 속의 속도 분포가 완전하게 형성된 흐름을 의미함

38 (상) 중 하

유체가 평판 위를 u(m/s) = 500y − 6y^{2}의 속도분포로 흐르고 있다. 이때 y(m)는 벽면으로부터 측정된 수직거리일 때 벽면에서의 전단응력은 약 몇 [N/m^2]인가? (단, 점성계수는 1.4 × 10^{-3} [Pa · s]이다)

① 14	② 7
③ 1.4	④ 0.7

해설 전단응력

$$\text{전단응력 } \tau = \mu \frac{du}{dy}$$

- 속도구배 $\frac{du}{dy} = \frac{d(500y - 6y^2)}{dy}$
  $= [500 - 12y]_{y=0} = 500$
  (벽면이므로 $y = 0$)
- 전단응력 $\tau = \mu \frac{du}{dy}\,[N/m^2]$
  $= 1.4 \times 10^{-3}[N \cdot s/m^2] \times 500[1/s]$
  $= 0.7[N/m^2]$

※ 기본 미분 공식
1) 상수 함수의 미분 : $\frac{d}{dx}[c] = 0$
상수 c는 변화하지 않기 때문에 미분은 0이 됨
2) 거듭제곱 함수의 미분 : $\frac{d}{dx}[x^n] = nx^{n-1}$
미분을 하면 지수가 하나 줄어들고 원래의 지수 값이 앞에 곱해짐

정답 36 ③ 37 ① 38 ④

39 상중하

지름이 10 [cm]인 실린더 속에 유체가 흐르고 있다. 벽면으로부터 가까운 곳에서 수직거리가 y [m]인 위치에서 속도가 u = 5y − y^2 [m/s]로 표시된다면 벽면에서의 마찰 전단응력은 몇 [Pa]인가? (단, 유체의 점성계수 μ = 3.82 × 10^{-2} [N · s/m^2])

① 0.191　② 0.38
③ 1.95　④ 3.82

해설 전단응력(뉴턴의 점성법칙)

$$\text{전단응력 } \tau = \mu \frac{du}{dy}$$

- $\frac{du}{dy} = \frac{d(5y - y^2)}{dy}$
  $= [5 - 2y]_{y=0} = 5$ (벽면이므로 $y = 0$)
- $\tau = 3.82 \times 10^{-2} [N \cdot s/m^2] \times 5 [1/s]$
  $= 0.191 [N/m^2] = 0.191 [Pa]$

※ 기본 미분 공식
1) 상수 함수의 미분 : $\frac{d}{dx}[c] = 0$
상수 c는 변화하지 않기 때문에 미분은 0이 됨
2) 거듭제곱 함수의 미분 : $\frac{d}{dx}[x^n] = nx^{n-1}$
미분을 하면 지수가 하나 줄어들고, 원래의 지수 값이 앞에 곱해짐

40 상중하

뉴턴의 점성법칙과 직접적으로 관계없는 것은?

① 압력　② 전단응력
③ 속도구배　④ 점성계수

해설 전단응력(뉴턴의 점성법칙)

$$\text{전단응력 } \tau = \mu \frac{du}{dy}$$

여기서 μ : 점성계수, $\frac{du}{dy}$: 속도구배

41 상중하

어떤 오일의 동점성계수가 2 × 10^{-4} [m^2/s]이고, 비중이 0.9라면 점성계수는 약 몇 [kg/m · s]인가?

① 1.2　② 2.0
③ 0.18　④ 1.8

해설 점성계수

$$\text{동점성계수 } \nu = \frac{\mu}{\rho}$$

$\mu = \nu \times \rho = \nu \times (S \times \rho_w)$
$= 2 \times 10^{-4} \times (0.9 \times 1000) = 0.18$

μ : 점성계수 [kg/m · s]
ρ_w : 물의 밀도 1000 [kg/m^3]
ρ : 밀도 [kg/m^3], S : 비중

42 상중하

다음 중 뉴턴(Newton)의 점성법칙을 이용하여 만든 회전 원통식 점도계는?

① 세이볼트(Saybolt) 점도계
② 오스왈트(Ostwald) 점도계
③ 레드우드(Redwood) 점도계
④ 맥미첼(MacMichael) 점도계

정답 39 ① 40 ① 41 ③ 42 ④

해설 점도계

구분	원리	종류
뉴턴의 점성법칙	회전 원통법	• 스토머 점도계 • 맥미셸 점도계
스토크스법칙	낙구법	• 낙구식 점도계
하겐 포아젤의 법칙	세관법	• 오스왈트 점도계 • 세이볼트 점도계 • 앵글러 점도계 • 바베이 점도계 • 레드우드 점도계

암기 뉴회스맥, 낙스토크, 하오세

43 상 중 하

낙구식 점도계는 어떤 법칙을 이론적 근거로 하는가?

① Stokes의 법칙
② 열역학 제1법칙
③ Hagen - Poiseuille의 법칙
④ Boyle의 법칙

해설 점도계

구분	원리	종류
뉴턴의 점성법칙	회전 원통법	• 스토머 점도계 • 맥미셸 점도계
스토크스법칙	낙구법	• 낙구식 점도계
하겐 포아젤의 법칙	세관법	• 오스왈트 점도계 • 세이볼트 점도계 • 앵글러 점도계 • 바베이 점도계 • 레드우드 점도계

암기 뉴회스맥, 낙스토크, 하오세

44 상 중 하

다음 중 Stokes의 법칙과 관계되는 점도계는?

① Ostwald 점도계
② 낙구식 점도계
③ Saybolt 점도계
④ 회전식 점도계

해설 점도계

구분	원리	종류
뉴턴의 점성법칙	회전 원통법	• 스토머 점도계 • 맥미셸 점도계
스토크스법칙	낙구법	• 낙구식 점도계
하겐 포아젤의 법칙	세관법	• 오스왈트 점도계 • 세이볼트 점도계 • 앵글러 점도계 • 바베이 점도계 • 레드우드 점도계

암기 뉴회스맥, 낙스토크, 하오세

45 상 중 하

2 [cm] 떨어진 두 수평한 판 사이에 기름이 차 있고, 두 판 사이의 정중앙에 두께가 매우 얇은 한 변의 길이가 10 [cm]인 정사각형 판이 놓여 있다. 이 판을 10 [cm/s]의 일정한 속도로 수평하게 움직이는 데 0.02 [N]의 힘이 필요하다면 기름의 점도는 약 몇 [N·s/m^2]인가? (단, 정사각형 판의 두께는 무시한다)

① 0.1　② 0.2
③ 0.01　④ 0.02

정답 43 ① 44 ② 45 ①

해설 기름의 점도

$$전단응력\ \tau = \frac{F}{A} = \mu\frac{du}{dy}$$

$$점도\ \mu = \frac{Fdy}{Adu} = \frac{0.01\,[N] \times 0.01\,[m]}{0.01\,[m]^2 \times 0.1\,[m/s]}$$

$$= 0.1\,[N \cdot s/m^2]$$

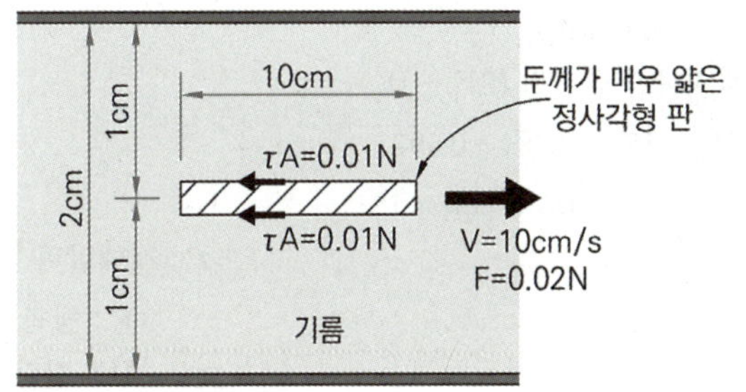

[두 수평한 판 사이의 단면도]

※ F에 $0.01N$을 대입하는 이유
한 변의 길이가 10 [cm]인 정사각형 판 위, 아래로 기름이 차 있기 때문에 판을 움직이게 되면 양쪽 면에 모두 전단력이 작용하게 됨. 따라서 이 판을 일정한 속도로 수평하게 움직이는 데 0.02 [N]이 필요하다면 한쪽 면에 작용하는 전단력(τA)은 0.01 [N]이 됨

46 상중하

유동손실을 유발하는 액체의 점성, 즉 점도를 측정하는 장치에 관한 설명으로 옳은 것은?

① Stomer 점도계는 하겐-포아젤법칙을 기초로 한 방식이다.
② 낙구식 점도계는 Stokes의 법칙을 이용한 방식이다.
③ Saybolt 점도계는 액중에 잠긴 원판의 회전저항의 크기로 측정한다.
④ Ostwald 점도계는 Stokes의 법칙을 이용한 방식이다.

해설 점도계

구분	원리	종류
뉴턴의 점성법칙	회전 원통법	• 스토머 점도계 • 맥미셸 점도계
스토크스법칙	낙구법	• 낙구식 점도계
하겐 포아젤의 법칙	세관법	• 오스왈트 점도계 • 세이볼트 점도계 • 앵글러 점도계 • 바베이 점도계 • 레드우드 점도계

암기 뉴회스맥, 낙스토크, 하오세

신유형!

47 상중하

체적 0.1 [m³]의 밀폐 용기 안에 기체상수가 0.4615 [kJ/kg·K]인 기체 1 [kg]이 압력 2 [MPa], 온도 250 [℃] 상태로 들어 있다. 이때 이 기체의 압축계수(또는 압축성 인자)는?

① 0.578 ② 0.828
③ 1.21 ④ 1.73

해설 이상기체상태방정식

압축계수를 고려한 이상기체상태방정식 $PV = nRTZ$

$PV = \frac{W}{M}RTZ$

$PV = W\overline{R}TZ$

$2000 \times 0.1 = 1 \times 0.4615 \times (273 + 250) \times Z$

압축계수 $Z = 0.8286$

정답 46 ② 47 ②

48 상 중 하

초기에 비어 있는 체적이 0.1 [m³]인 견고한 용기 안에 공기(이상기체)를 서서히 주입한다. 공기 1 [kg]을 넣었을 때 용기 안의 온도가 300 [K]가 되었다면 이때 용기 안의 압력(kPa)은? (단, 공기의 기체상수는 0.287 [kJ/kg · K]이다)

① 287 ② 300
③ 448 ④ 861

해설 용기 안의 압력(이상기체상태방정식)

$$\text{이상기체상태방정식 } PV = nRT = \frac{W}{M}RT = W\overline{R}T$$

$PV = W\overline{R}T$

$P \times 0.1 = 1 \times 0.287 \times 300$

$\therefore P = 861\,[kPa]$

49 상 중 하

부피가 0.3 [m³]으로 일정한 용기 내의 공기가 원래 300 [kPa](절대압력), 400 [K]의 상태였으나 일정 시간 동안 출구가 개방되어 공기가 빠져나가 200 [kPa](절대압력), 350 [K]의 상태가 되었다. 빠져나간 공기의 질량은 약 몇 [g]인가? (단, 공기는 이상기체로 가정하며, 기체상수는 287 [J/kg · K]이다)

① 74 ② 187
③ 295 ④ 388

해설 공기질량 계산

$$\text{이상기체상태방정식 } PV = nRT = \frac{W}{M}RT = W\overline{R}T$$

$PV = W\overline{R}T$

$W = \dfrac{PV}{\overline{R}T}$

1) 초기 공기량 W_1

$$W_1 = \frac{300\,[kPa] \times 0.3\,[m^3]}{0.287\,[kJ/kg \cdot K] \times 400\,[K]} = 0.784\,[kg]$$

2) 나중 공기량 W_2

$$W_2 = \frac{200\,[kPa] \times 0.3\,[m^3]}{0.287\,[kJ/kg \cdot K] \times 350\,[K]} = 0.597\,[kg]$$

3) 빠져나간 공기량 $(W_1 - W_2)$

$W_1 - W_2 = 0.784 - 0.597$

$= 0.187\,[kg] = 187\,[g]$

P : 절대압력 $[kPa]$
V : 체적 $[m^3]$
W : 질량 $[kg]$
$\overline{R}$: 특정기체상수 $[kJ/kg \cdot K]$
T : 절대온도 $[K]$

50 상 중 하

공기 10 [kg]과 수증기 1 [kg]이 혼합되어 10 [m³]의 용기 안에 들어 있다. 이 혼합 기체의 온도가 60 [℃]라면 이 혼합 기체의 압력은 약 몇 [kPa]인가? (단, 수증기 및 공기의 기체상수는 각각 0.462 및 0.287 [kJ/kg · K]이고, 수증기는 모두 기체 상태이다)

① 95.6 ② 111
③ 126 ④ 145

해설 혼합기체의 압력(이상기체상태방정식)

돌턴의 분압법칙에 의해 혼합기체의 전체 압력 P와 각 기체의 분압 P_1, P_2 사이에는 다음과 같은 관계식이 성립한다.

$$P = P_1 + P_2$$

정답 48 ④ 49 ② 50 ②

1) 공기의 압력 P_1

$$P_1 = \frac{W_1 \overline{R_1} T}{V}$$
$$= \frac{10[kg] \times 0.287[kJ/kg \cdot K] \times (273+60)[K]}{10[m^3]}$$
$$= 95.57[kPa]$$

2) 수증기 압력 P_2

$$P_2 = \frac{W_2 \overline{R_2} T}{V}$$
$$= \frac{1[kg] \times 0.462[kJ/kg \cdot K] \times (273+60)[K]}{10[m^3]}$$
$$= 15.38[kPa]$$

3) 혼합기체의 압력 P

$$P = P_1 + P_2 = 95.57 + 15.38$$
$$= 110.95 \fallingdotseq 111[kPa]$$

51 상중하

압력의 변화가 없을 경우 0 [℃]의 이상기체는 약 몇 [℃]가 되면 부피가 2배로 되는가?

① 273 [℃]　② 373 [℃]
③ 546 [℃]　④ 646 [℃]

해설 이상기체의 온도[샤를의 법칙]

보일 - 샤를의 법칙 $\frac{P_1 V_1}{T_1} = \frac{P_2 V_2}{T_2}$

압력이 일정하므로 $\frac{V_1}{T_1} = \frac{V_2}{T_2}$가 성립한다.

1) 온도 $T_1 = (273+0)[K] = 273[K]$

2) 온도 $T_2 = \frac{V_2}{V_1} \times T_1 = \frac{2 \times V_1}{V_1} \times 273$

$$= 546[K] = 273[℃]$$

52 상중하

고속주행 시 타이어의 온도가 20 [℃]에서 80 [℃]로 상승하였다. 타이어의 체적이 변화하지 않고, 타이어 내의 공기를 이상기체로 하였을 때 압력 상승은 약 몇 [kPa]인가? (단, 온도 20 [℃]에서의 게이지압력은 0.183 [MPa], 대기압은 101.3 [kPa]이다)

① 37　② 58
③ 286　④ 345

해설 타이어의 압력 상승[보일 - 샤를의 법칙]

보일 - 샤를의 법칙 $\frac{P_1 V_1}{T_1} = \frac{P_2 V_2}{T_2}$

$\frac{P_1 V_1}{T_1} = \frac{P_2 V_2}{T_2}$에서 $V_1 = V_2$이므로

$\frac{P_1}{T_1} = \frac{P_2}{T_2}$이 성립한다.

$$\frac{P_2}{P_1} = \frac{T_2}{T_1}$$

$$\frac{P_2}{284.3[kPa]} = \frac{273+80[K]}{273+20[K]}$$

$$P_2 = 342.5[kPa]$$

$$\therefore P_2 - P_1 = 342.5 - 284.3 = 58[kPa]$$

53 상중하

이상기체의 운동에 대한 설명으로 옳은 것은?

① 분자 사이에 인력이 항상 작용한다.
② 분자 사이에 척력이 항상 작용한다.
③ 분자가 충돌할 때 에너지의 손실이 있다.
④ 분자 자신의 체적은 거의 무시할 수 있다.

정답 51 ① 52 ② 53 ④

해설 이상기체의 운동론

- 분자 자신의 체적을 거의 무시할 수 있다.
- 분자 상호 간의 인력과 척력을 무시한다.
- 분자가 충돌할 때 완전탄성충돌한다.
- 아보가드로법칙을 만족하는 기체이다.

54 상 중 하

초기에 비어 있는 체적이 0.1 [m^3]인 견고한 용기 안에 공기(이상기체)를 서서히 주입한다. 이때 주위온도는 300 [K]이다. 공기 1 [kg]을 주입하면 압력 [kPa]이 얼마인가? (단, 기체상수 = 0.287 [kJ/kg · K]이다)

① 287 ② 300
③ 348 ④ 861

해설 이상기체상태방정식

이상기체상태방정식 $PV = nRT = \frac{W}{M}RT = W\overline{R}T$

$PV = W\overline{R}T$

$P = \frac{W\overline{R}T}{V} = \frac{1 \times 0.287 \times 300}{0.1}$

$= 861\ [kJ/m^3] = 861\ [kPa]$

55 상 중 하

이상기체의 정압과정에 해당하는 것은? (단, P는 압력, T는 절대온도, V는 비체적, k는 비열비를 나타낸다)

① P/T = 일정 ② PV = 일정
③ PV^k = 일정 ④ V/T = 일정

해설 이상기체

- 정압과정 : V/T = 일정
- 정적과정 : P/T = 일정
- 등온과정 : PV = 일정
- 단열과정 : PV^k = 일정

56 상 중 하

10 [kg]의 액화 이산화탄소가 15 [℃]의 대기(표준대기압) 중으로 방출되었을 때 이산화탄소의 부피 [m^3]는? (단, 일반기체상수는 8.314 [kJ/kmol · K]이다)

① 5.4 ② 6.2
③ 7.3 ④ 8.2

해설 이상기체상태방정식

이상기체상태방정식 $PV = nRT = \frac{W}{M}RT = W\overline{R}T$

$PV = \frac{W}{M}RT$

$V = \frac{WRT}{PM}$

$= \frac{10\ [kg] \times 8.314\ [kJ/kmol \cdot K] \times (273+15)\ [K]}{101.325k\ [Pa] \times 44\ [kg/kmol]}$

$= 5.4\ [m^3]$

정답 54 ④ 55 ④ 56 ①

CHAPTER 02 정수역학

3회독	월	일
2회독	월	일
1회독	월	일

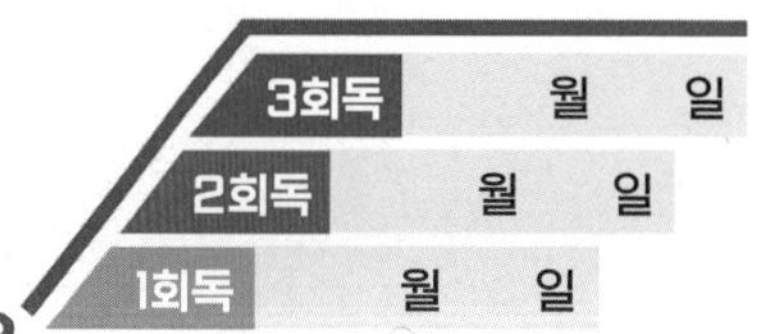

학습목표

1 정지유체의 기본성질을 파악하고 파스칼의 원리를 통한 계산문제를 익힌다.

2 표준대기압을 암기하고 게이지압력, 진공압, 절대압력에 대한 내용을 학습한다.

3 액주계 문제는 난도가 높지 않으므로 반드시 섭렵한다.

4 평면, 곡면에 작용하는 전압력 공식을 암기하고 문제에 적용한다.

5 부력 관련한 공식을 암기하고 문제에 적용한다.

학습MAP

- **정수역학의 개념과 압력**
  - 정지유체의 기본성질
  - 파스칼의 원리 ★★★
- **압력**
  - 대기압의 구분
  - 표준대기압
  - 게이지압력, 진공압, 절대압력 ★★★
- ★ **액주계**
  - 액수계의 원리
  - 단순액주계(피에조미터)
    - 피에조미터
    - 경사액주계
    - U자형 액주계
  - 시차액주계(차압액주계)
    - U자형 시차액주계
    - 역U자형 시차액주계
    - 벤츄리미터
  - 경사미압계
- ★ **평면에 작용하는 유체의 전압력(힘)**
  - 유체의 전압력(=정수력)
  - 수평면에 작용하는 유체의 전압력
    - 전압력의 크기
    - 작용점의 위치
  - 경사면에 작용하는 유체의 전압력
    - 전압력의 크기
    - 작용점의 위치
- ★ **곡면에 작용하는 전압력(힘)**
  - 수평분력
  - 수직분력
- **부력**
  - 유체 위에 떠 있는 경우의 부력
  - 유체 속에 잠긴 경우의 부력
- **수평 등가속도 운동을 받는 유체**
  - 유체 액면의 기울기(=경사도)

01 정수역학의 개념과 압력

1 정지유체의 기본성질

1) 정지유체 내의 압력은 모든 면에 수직으로 작용
2) 정지된 유체 속 임의의 한 점에 작용하는 압력의 크기는 모든 방향에서 동일
3) 밀폐된 용기 내 유체에 압력을 가하면 이 압력은 모든 방향에서 같은 크기로 전달(파스칼의 원리) ★
4) 개방된 용기 내 유체의 압력(P)은 유체의 깊이(h)와 비중량(γ), 밀도(ρ)에 비례

   $P = \gamma h = \rho g h$ ★
5) 정지된 유체의 동일 수평면상의 압력은 동일(액주계의 원리) ★

> 정지유체
> 공간상에서 속도가 0, 즉 흐르지 않고 정지된 상태에 있는 유체를 말한다. 이 상태에서는 유체 내부에 전단응력(Shear Stress)이 존재하지 않으며, 오직 압력만이 작용한다.

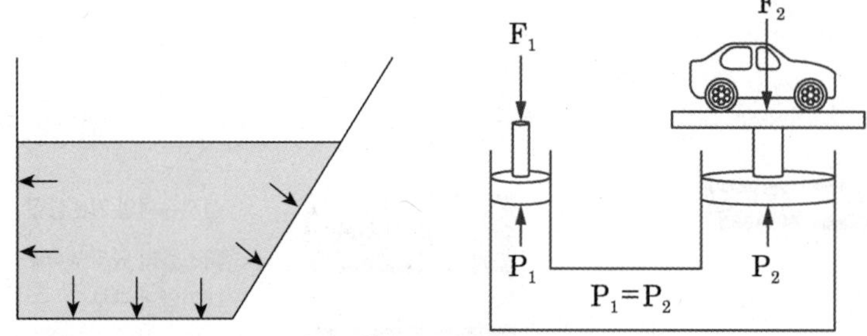

2 파스칼의 원리 ★★★

P.53 문01
P.53 문02
P.54 문04

> 파스칼의 원리 적용 조건
> 폐쇄된(밀폐된) 유체일 것

1) 밀폐된 용기 내 유체에 압력을 가하면 이 압력은 모든 방향에서 같은 크기로 전달
2) 작용하는 힘은 면적에 비례($F \propto A$)하고 피스톤 직경의 제곱에 비례($F \propto D^2$)

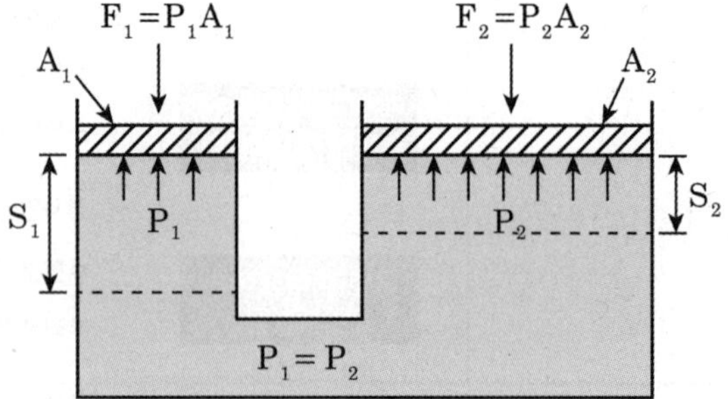

$$P_1 = P_2 \quad \Rightarrow \quad \frac{F_1}{A_1} = \frac{F_2}{A_2}$$

$$\therefore F_1 = F_2 \times \left(\frac{A_1}{A_2}\right) = F_2 \times \left(\frac{D_1^2}{D_2^2}\right)$$

$$F_2 = F_1 \times \left(\frac{A_2}{A_1}\right) = F_1 \times \left(\frac{D_2^2}{D_1^2}\right)$$

3) 각 피스톤의 이동거리를 S_1, S_2라고 하면 각 실린더에서의 유체의 이동량은 같아야 하므로 체적은 동일함. 따라서 각 피스톤이 하는 일도 동일함

P.53 문03
P.54 문05

$$A_1 \times S_1 = A_2 \times S_2, \qquad \frac{F_1}{A_1} = \frac{F_2}{A_2} \quad \Rightarrow$$

$$F_2 = F_1 \times \left(\frac{A_2}{A_1}\right) = F_1 \times \left(\frac{S_1}{S_2}\right)$$

$$\therefore F_1 \times S_1 = F_2 \times S_2$$

02 압력 ★★★

1 압력의 정의

1) 단위 면적당 작용하는 힘
2) 정지유체 속에서는 위치의 고저에 따라 압력이 변함
   (아래로 갈수록 압력이 증가, 위로 갈수록 압력이 감소)

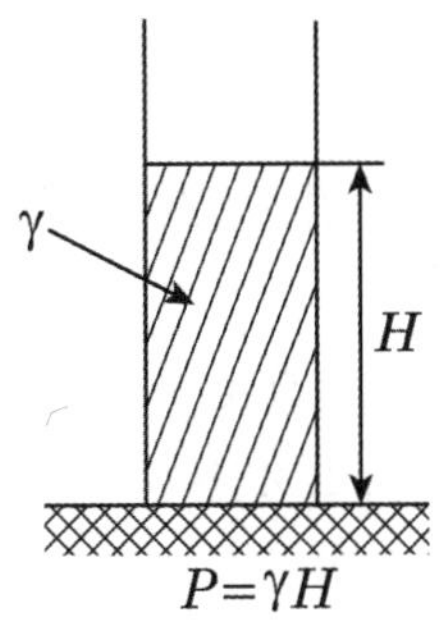

단위 체적당 작용하는 힘을 압력이라 한다.
☒ 단위 면적당 작용하는 힘

P.57 문15

정지유체 속에서는 위치의 고저에 따라 압력이 변한다. O

2 계산식

$$압력\ P[Pa] = \gamma H = \rho g H = S \cdot \gamma_w \cdot H$$

P : 게이지압력 [Pa]
γ : 비중량 [N/m^3]
H : 높이 [m]
ρ : 밀도 [kg/m^3]
S : 비중
g : 중력가속도 [9.8 m/s^2]
γ_w : 물의 비중량 [N/m^3]

3 대기압의 구분

대기압이란 지구를 둘러싼 공기(대기)에 의하여 누르는 압력으로, 기압계로 측정한 압력

1) 표준대기압 : 해발고도가 0인 해면에서 국소대기압의 평균치
2) 국소대기압 : 표준대기압을 제외한 모든 임의의 대기압(지구의 위도에 따라 변함)

4 표준대기압

P.55 문09

101.325 [kPa] = 760 [mmAq]이다. X 760 [mmHg]

1 [atm] = 760 [mmHg] = 76 [cmHg]
= 10.332 [mAq] = 10332 [mmAq]
= 101325 [Pa] = 101.325 [kPa] = 0.101325 [MPa] (Pa = [N/m^2])
= 1.01325 [bar] = 1013.25 [mbar] (1 [bar] = 10^5 [Pa])
= 1.0332 [kg$_f$/cm^2] = 10332 [kg$_f$/m^2]
= 14.7 [psi]

5 게이지압력, 진공압, 절대압력

P.55 문06
P.55 문08
P.56 문10

암기 절대게 절대마진

1) 게이지압력(= 계기압력) : 압력계로 측정한 압력으로 대기압을 기준으로 그 이상의 압력
2) 진공압(= 진공게이지압) : 진공계로 측정한 압력으로 대기압을 기준으로 그 이하의 압력
3) 절대압력 : 완전진공을 기준으로 측정한 압력
   (1) 절대압력 = 대기압 + 게이지압력
   (2) 절대압력 = 대기압 − 진공압

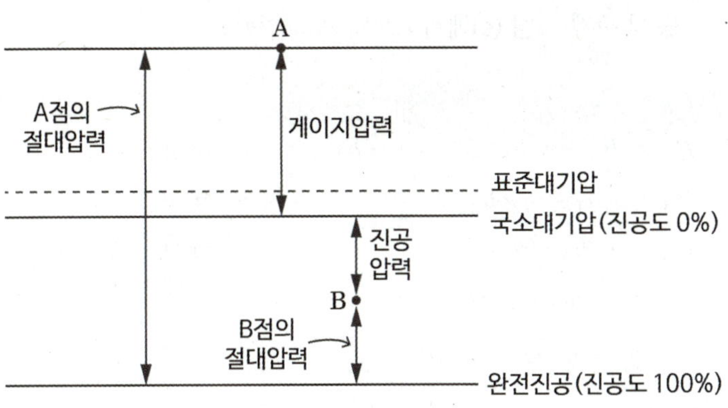

[절대압력과 게이지압력]

- 게이지압력
'대기압보다 얼마나 높은가'를 나타낸 압력
- 진공압
'대기압보다 얼마나 낮은가'를 나타낸 압력

PART 1

03 액주계(Manometer)

1 액주계의 원리

1) 압력은 위에서 아래로 작용
2) 동일 수평면상의 압력은 동일
3) 대기압은 무시(문제에 주어지면 더해줌)

2 단순액주계(피에조미터) ★★★

탱크나 용기 속에 있는 유체의 압력을 측정하는 계기

1) 피에조미터(그림 (a)에서 A점의 계기압력)

$$P_A = \gamma \cdot h$$

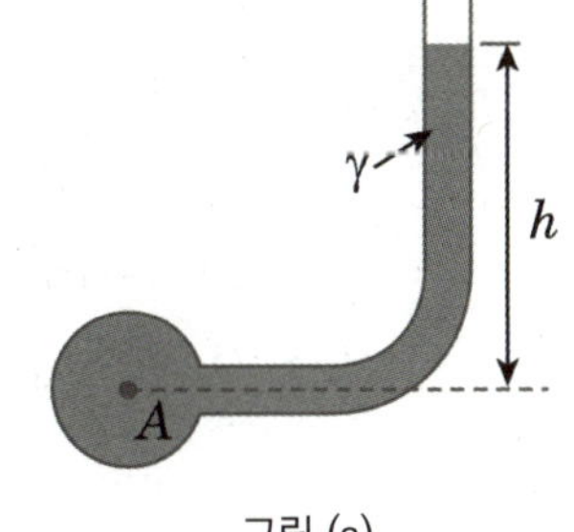

그림 (a)

2) 경사액주계(그림 (b)에서 A점의 계기압력)

$$P_A = \gamma \cdot h = \gamma \cdot (\ell \cdot \sin\theta)$$

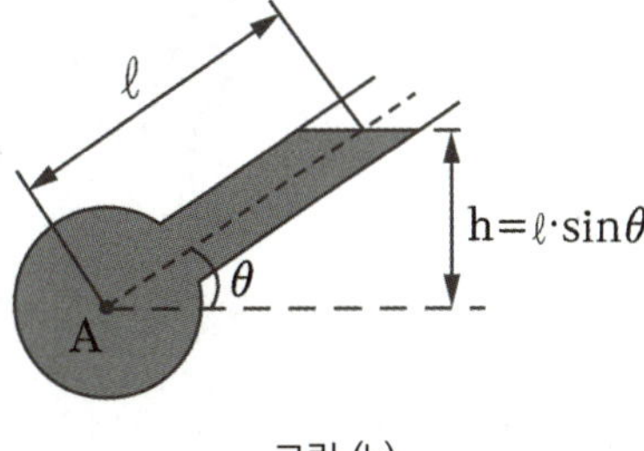

그림 (b)

액주계
유체의 압력을 측정하기 위해 액체 기둥(액주)을 사용하는 장치이다. 기본 원리는 액체의 높이 차를 이용해 압력차를 계산하는 것이다.

P.59 문19

3) U자형 액주계(그림 (c)에서 A점의 계기압력)

$$P_B = P_C$$
$$P_B = P_A + \gamma_1 h_1,\ P_C = \gamma_2 \cdot h_2$$
$$P_A + \gamma_1 h_1 = \gamma_2 \cdot h_2$$
$$P_A = \gamma_2 h_2 - \gamma_1 h_1$$
$$= \rho_2 g h_2 - \rho_1 g h_1$$
$$= S_2 \gamma_w h_2 - S_1 \gamma_w h_1$$

P : 압력 [Pa]
γ : 비중량 [N/m^3]
h : 유체의 높이 [m]
ρ : 유체의 밀도 [kg/m^3]

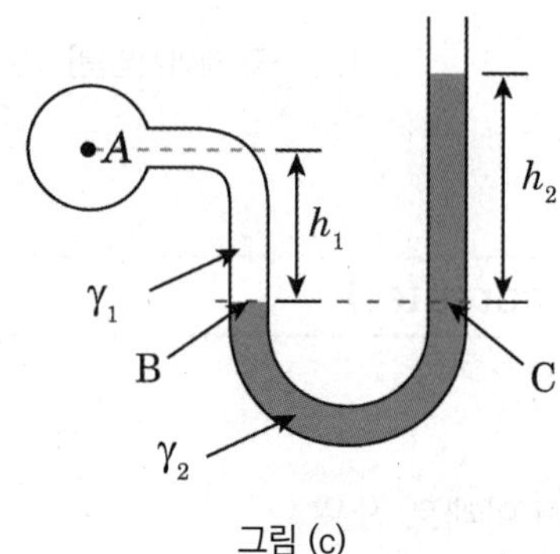

그림 (c)

3 시차액주계(차압액주계) ★★★

P.59 문20
P.60 문22

두 개의 탱크나 관 속에 있는 유체의 압력차를 측정하는 계기

1) U자형 시차액주계(그림 (a)에서 A점과 B점의 압력차)

$$P_C = P_D$$
$$P_C = P_A + \gamma_1 h_1,$$
$$P_D = P_B + \gamma_3 h_3 + \gamma_2 h_2$$
$$P_A + \gamma_1 h_1 = P_B + \gamma_3 h_3 + \gamma_2 h_2$$
$$P_A - P_B = \gamma_3 h_3 + \gamma_2 h_2 - \gamma_1 h_1$$

P : 압력 [Pa]
γ : 비중량 [N/m^3]
h : 유체의 높이 [m]

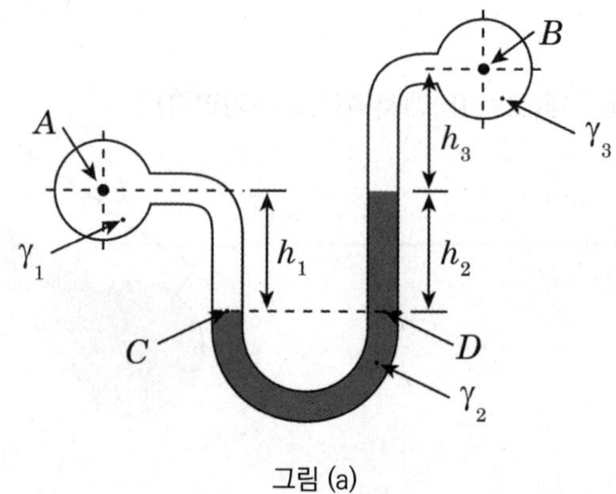

그림 (a)

2) 역U자형 시차액주계(그림 (b)에서 A점과 B점의 압력차)

P.60 문21
P.61 문23

$$P_C = P_D$$
$$P_C = P_A - \gamma_1 h_1 - \gamma_2 h_2,$$
$$P_D = P_B - \gamma_3 h_3$$
$$P_A - \gamma_1 h_1 - \gamma_2 h_2 = P_B - \gamma_3 h_3$$
$$P_A - P_B = \gamma_1 h_1 + \gamma_2 h_2 - \gamma_3 h_3$$

P : 압력 [Pa]
γ : 비중량 [N/m³]
h : 유체의 높이 [m]

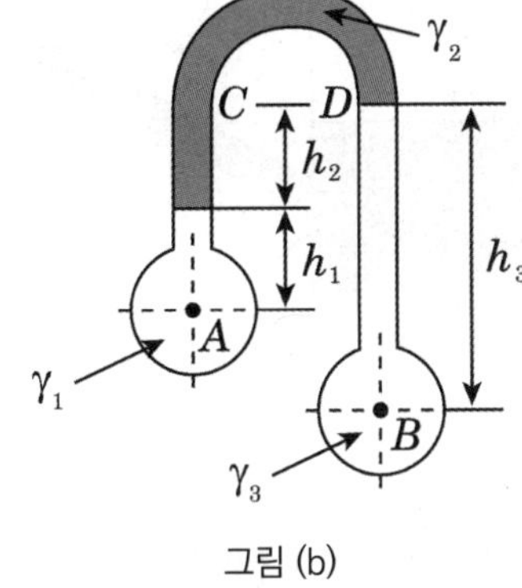

그림 (b)

3) 벤츄리미터(그림 (c)에서 A점과 B점의 압력차)

P.62 문25
P.62 문27

$$P_C = P_D$$
$$P_C = P_A + \gamma_1 (k + h)$$
$$= P_A + \gamma_1 k + \gamma_1 h$$
$$P_D = P_B + \gamma_1 k + \gamma_2 h$$
$$P_A + \gamma_1 k + \gamma_1 h = P_B + \gamma_1 k + \gamma_2 h$$
$$P_A - P_B = \gamma_2 h - \gamma_1 h$$
$$= (\gamma_2 - \gamma_1) h$$

P : 압력 [Pa]
γ_1 : 배관 내 유체 비중량 [N/m³]
γ_2 : U자관 내 유체 비중량 [N/m³]
h, k : 유체의 높이 [m]

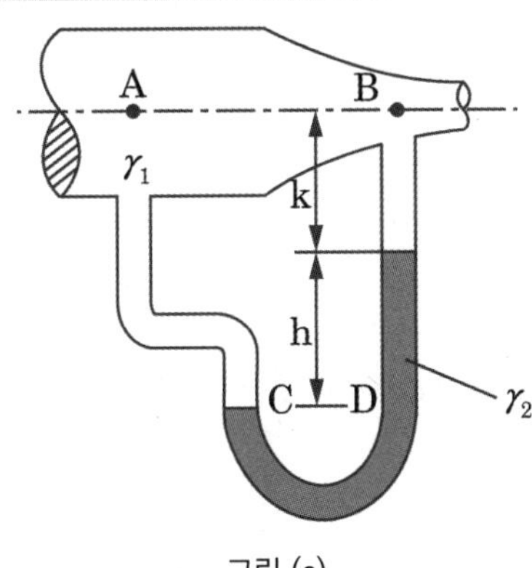

그림 (c)

4 경사미압계

두 지점의 압력 차이가 아주 작은 경우 액주계의 높이 차이가 너무 낮아 정확한 측정이 어려울 때, 경사시킴에 의해 긴 길이를 가지도록 하여 좀 더 정확한 압력 차이를 측정할 수 있는 계측기기

$$P_C - P_D = \gamma h = \gamma \cdot y \cdot \sin\theta$$

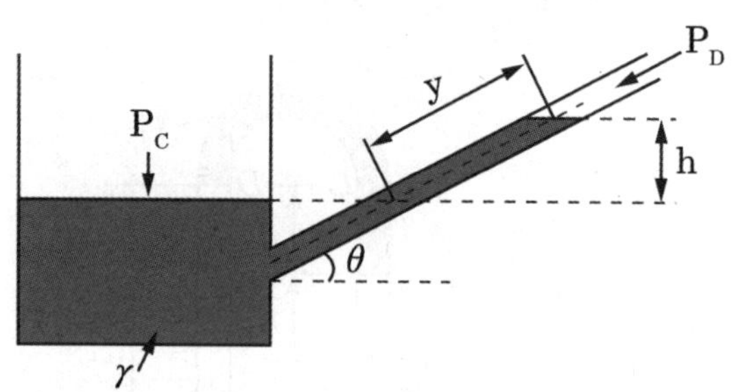

04 평면에 작용하는 유체의 전압력(힘)

1 유체의 전압력(= 정수력)

유체에 잠겨 있는 면에 작용하는 정압에 의한 힘

2 수평면에 작용하는 유체의 전압력 ★★★

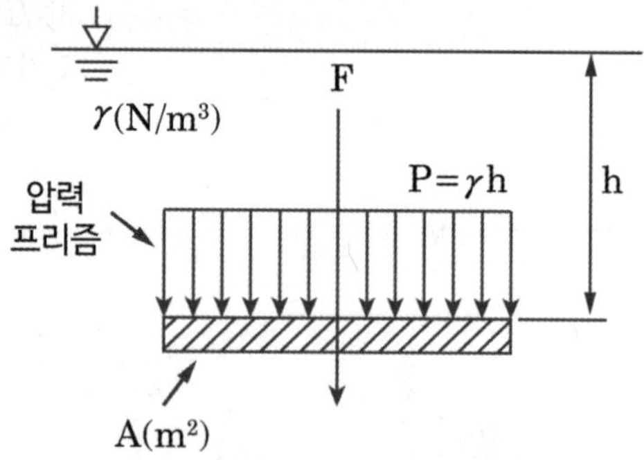

[수평면에 작용하는 유체의 전압력]

P.64 문30
P.64 문31
P.65 문33

1) 전압력의 크기

$$\text{전압력}\,F[N] = PA = \gamma hA = \rho ghA = S\gamma_w hA$$

2) 작용점의 위치

(1) 전압력의 작용점(= 압력 중심)

(2) 전압력은 압력프리즘의 도심점에 위치함

> 압력프리즘
> 정지유체가 평면에 가하는 압력의 분포를 도식화한 것으로, 이 도형의 면적은 전체 압력, 무게 중심은 압력 작용점(압력 중심)을 나타낸다.

3 경사면에 작용하는 유체의 전압력 ★

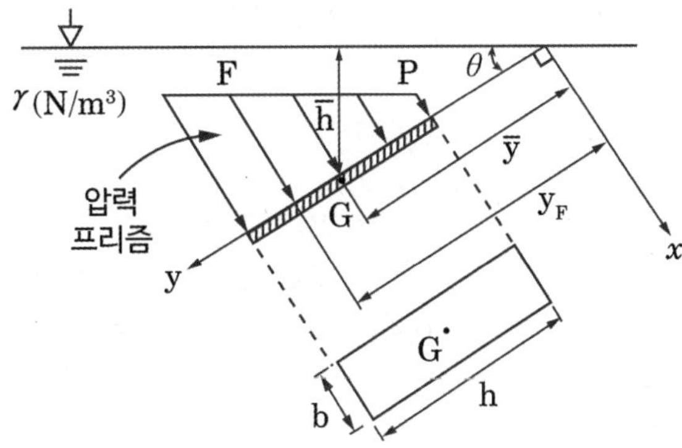

[경사면에 작용하는 유체의 전압력]

1) 전압력의 크기

P.63 문29
P.64 문32
P.65 문34

전압력 $F[N]$ = 평판의 도심점에 작용하는 압력$(\gamma\bar{h})$ × 평판의 단면적(A)

$$= \gamma\bar{h}A = \gamma(\bar{y}\cdot\sin\theta)A$$

※ 만약 $\theta = 90°$라면 $\gamma\bar{h}A = \gamma\bar{y}A$ $(\because \bar{h} = \bar{y})$

2) 작용점의 위치(압력 중심) : y_F

작용점의 위치 $y_F = \bar{y} + \dfrac{I_G}{A \times \bar{y}}$ (단, I_G : 도심축의 단면2차 모멘트)

※ 도심축의 단면2차 모멘트 : I_G

> 도심축 단면2차 모멘트
> 구조나 유체의 중심 축을 기준으로 면적이 얼마나 퍼져 있는지를 수치로 나타낸 것

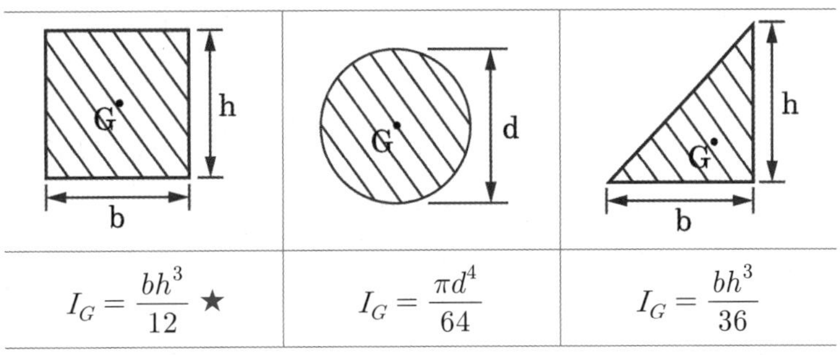

$I_G = \dfrac{bh^3}{12}$ ★	$I_G = \dfrac{\pi d^4}{64}$	$I_G = \dfrac{bh^3}{36}$

05 곡면에 작용하는 전압력(힘) ★★★

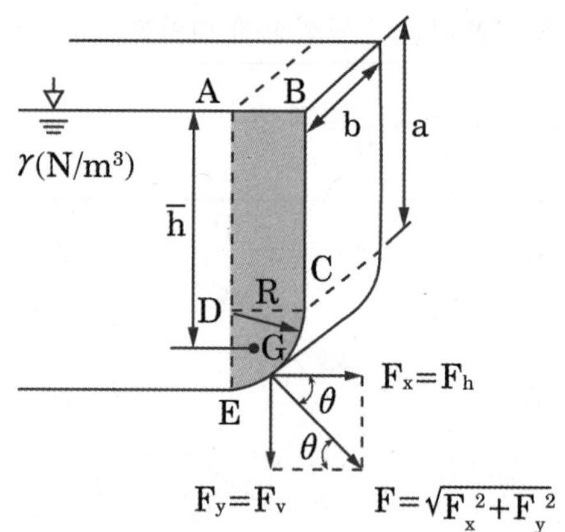

1 수평분력

P.68 문38
P.68 문39
P.69 문40

도심점
도형이 균형을 이루는 기하학적 중심으로 도형의 형상과 면적 분포에 따라 계산되며, 구조 해석 및 물리적 계산의 기준점 역할을 한다.

곡면을 수평으로 투영했을 때 생기는 투영면의 도심점 압력($\gamma\bar{h}$) × 투영면적(A)

$$수평분력\ F_h = \gamma\bar{h}A = \gamma\left(a + \frac{R}{2}\right)A$$

F_h : 수평분력 [N]
γ : 비중량 [N/m³]
h : 투영면의 도심점까지 높이 [m]
A : 투영면적 [m²]
a : 곡면상부의 높이 [m]
R : 곡면의 반지름 [m]

2 수직분력

P.66 문35
P.67 문37

곡면의 연직상방향에 실린 액체의 무게

※ 곡면의 연직상방향에 액체가 실려 있지 않다면 곡면 위에 실려 있는 가상의 액체 무게와 같게 봄

수직분력

$$F_v = \gamma V = \gamma(V_{ABCD} + V_{CDE}) = \gamma\left(Rab + \frac{\pi}{4}R^2 b\right)$$

F_v : 수직분력 [N]
γ : 비중량 [N/m³]
V : 곡면 연직상방향의 체적 [m³]
R : 곡면의 반지름 [m]
a : 곡면상부의 높이 [m]
b : 곡면의 폭 [m]

PART 1

06 부력 F_B

1 부력의 정의

1) 정지한 유체 속에 잠겨 있거나 떠 있는 물체가 유체로부터 받는 수직상 방의 힘
2) 물체가 밀어낸 부피만큼의 액체 무게

P.70 문43

2 유체 위에 떠 있는 경우의 부력 ★★★

P.69 문42

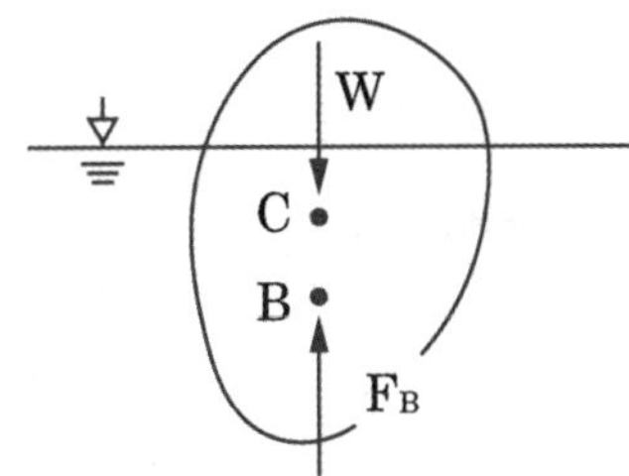

여기서,
C : 무게 중심점
B : 부력 중심점

① F_B(부력)= W(공기 중에서 물체의 무게)

② $\gamma_{유체} \times V_{잠긴} = \gamma_{물체} \times V_{전체}$

③ $S_{유체} \times \gamma_w \times V_{잠긴} = S_{물체} \times \gamma_w \times V_{전체}$

④ $S_{유체} \times V_{잠긴} = S_{물체} \times V_{전체}$

F_B : 부력 [N]
W : 공기 중에서 물체의 무게 [N]
γ : 비중량 [N/m^3]
γ_w : 물의 비중량 [N/m^3]
V : 체적 [m^3]

3 유체 속에 잠긴 경우의 부력 ★★★

P.69 문41
P.70 문44

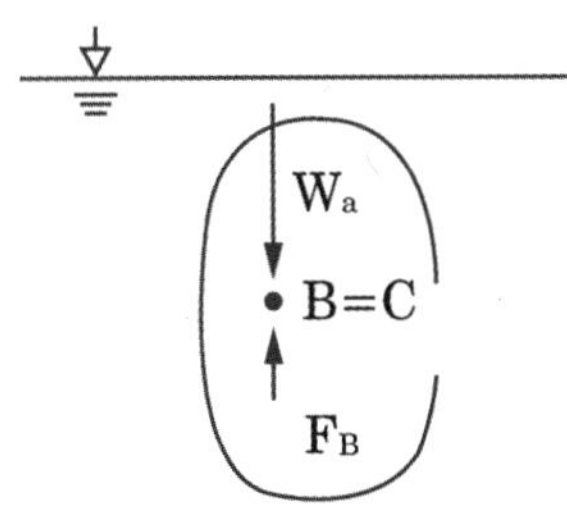

여기서,
C : 무게 중심점
B : 부력 중심점

① F_B(부력)= $W_a - W$

② $\gamma_{유체} \times V_{전체} = W_a - W$

F_B : 부력 [N]
W_a : 공기 중에서 물체의 무게 [N]
W : 유체 속에서 물체의 무게 [N]
γ : 비중량 [N/m^3]
V : 물체의 잠긴 체적(= 전체 체적) [m^3]

부력(Buoyancy)
유체 속에 잠긴 물체가 아래에서 위로 받는 힘(부상하려는 힘)을 말하며, 이는 물체가 밀어낸 유체의 무게와 같다. 이 원리는 고대 그리스의 아르키메데스 원리로부터 유래되었다.

07 수평 등가속도 운동을 받는 유체

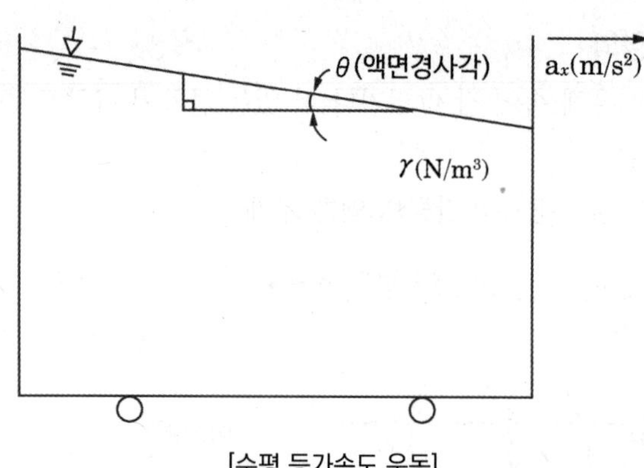

[수평 등가속도 운동]

유체 액면의 기울기
유체가 가속 운동(특히 회전 또는 직선 가속)을 할 때 자유 액면이 수평면에 대해 기울어지는 정도를 의미한다.

P.71 문46

1 유체 액면의 기울기(= 경사도)

$$\text{액면의 기울기 } \tan\theta = \frac{a_x}{g}$$

a_x : 가속도 [m/s²]
g : 중력가속도 [m/s²]

예상문제

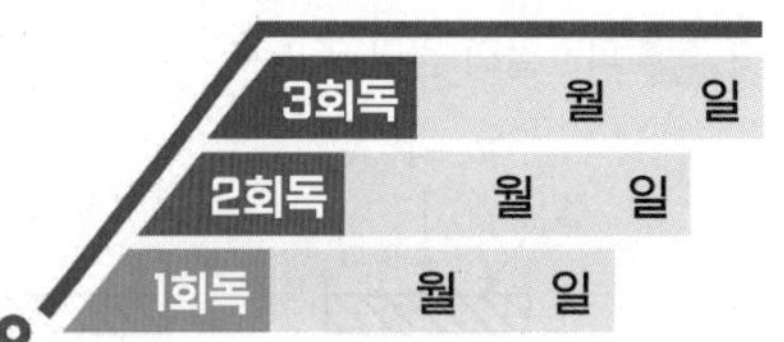

01 상(중)하

지름이 다른 두 개의 피스톤이 그림과 같이 연결되어 있다. "1" 부분의 피스톤의 지름이 "2" 부분의 2배일 때 각 피스톤에 작용하는 힘 F_1과 F_2의 크기의 관계는?

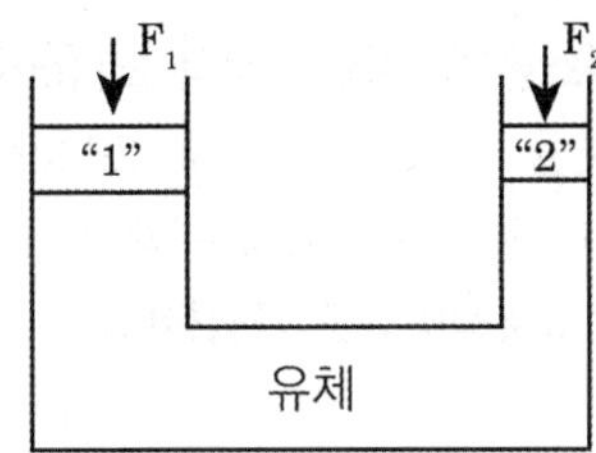

① $F_1 = F_2$　② $F_1 = 2F_2$
③ $F_1 = 4F_2$　④ $4F_1 = F_2$

해설 피스톤의 작용하는 힘(파스칼의 원리)

$$P_1 = P_2 \Rightarrow \frac{F_1}{A_1} = \frac{F_2}{A_2}$$

$$F_1 A_2 = F_2 A_1$$

$$F_1 D_2^2 = F_2 D_1^2$$

$$F_1 D_2^2 = F_2 (2D_2)^2$$

$$F_1 = F_2 \times 2^2$$

$$\therefore F_1 = 4F_2$$

02 상(중)하

피스톤의 지름이 각각 10 [mm], 50 [mm]인 두 개의 유압장치가 있다. 두 피스톤에 안에 작용하는 압력은 동일하고 큰 피스톤이 1000 [N]의 힘을 발생시킨다고 할 때, 작은 피스톤에서 발생시키는 힘은 약 몇 [N]인가?

① 40　② 400
③ 25000　④ 245000

해설 피스톤에서 힘(파스칼의 원리)

$$\frac{F_1}{A_1} = \frac{F_2}{A_2}$$

$$F_1 = \left(\frac{A_1}{A_2}\right) \times F_2 = \left(\frac{\frac{\pi}{4}10^2}{\frac{\pi}{4}50^2}\right) \times 1000[N]$$

$$= 40[N]$$

03 상(중)하

그림에서 두 피스톤의 지름이 각각 30 [cm]와 5 [cm]이다. 큰 피스톤이 1 [cm] 아래로 움직이면 작은 피스톤은 위로 몇 [cm] 움직이는가?

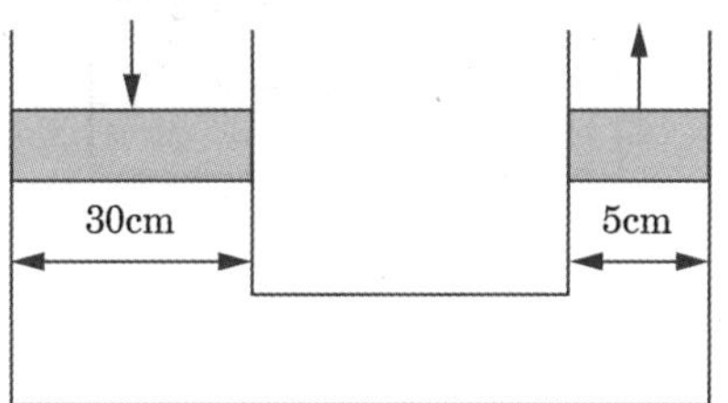

① 1 [cm]　② 5 [cm]
③ 30 [cm]　④ 36 [cm]

정답 01 ③ 02 ① 03 ④

해설 파스칼의 원리

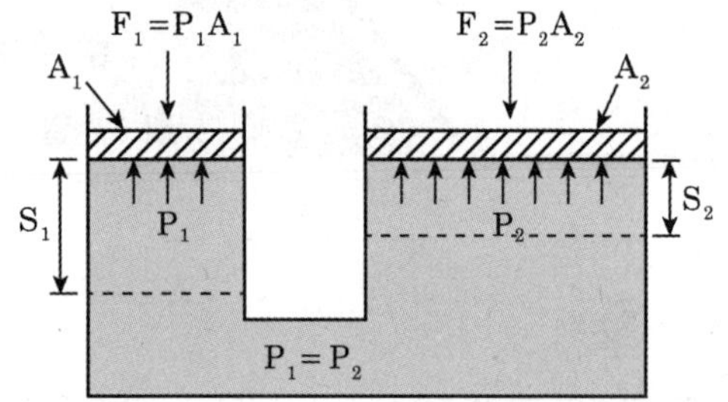

1) 각 피스톤의 이동거리를 S_1, S_2라고 하면 각 실린더에서 유체의 이동량은 같아야 하므로 이동한 체적은 동일함

2) $A_1S_1 = A_2S_2$

$$S_2 = \frac{A_1}{A_2}S_1 = \frac{\frac{\pi}{4}d_1^2}{\frac{\pi}{4}d_2^2}S_1 = \frac{d_1^2}{d_2^2}S_1$$

$$= \frac{30^2}{5^2} \times 1 = 36\ [cm]$$

S_1, S_2 : 피스톤이 움직인 거리 [cm]

A_1, A_2 : 피스톤의 면적 $[cm^2]$

04 상 중 하

피스톤 A_2의 반지름이 A_1의 반지름의 2배이고 A_1과 A_2 사이에 작용하는 압력을 각각 P_1, P_2라 하면 두 피스톤이 같은 높이에서 평형을 이룰 때 P_1과 P_2 사이의 관계는?

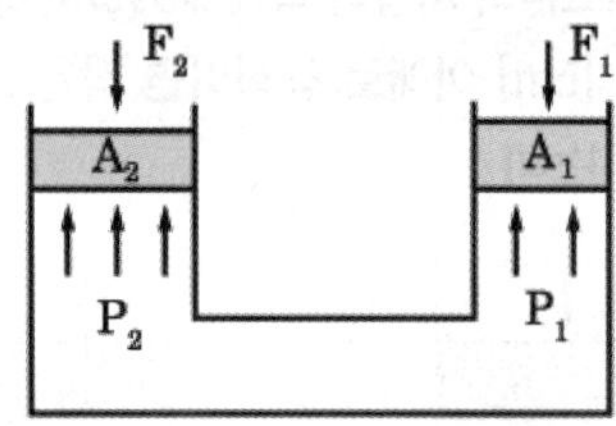

① $P_1 = 2P_2$
② $P_2 = 4P_1$
③ $P_1 = P_2$
④ $P_2 = 2P_1$

해설 파스칼의 원리

밀폐된 용기 내 유체에 압력을 가하면 이 압력은 모든 방향에서 같은 크기로 전달

$P_1 = P_2$

P_1, P_2 : 압력[Pa]

05 상 중 하

그림과 같이 피스톤의 지름이 각각 25 [cm]와 5 [cm]이다. 작은 피스톤을 화살표 방향으로 20 [cm]만큼 움직일 경우 큰 피스톤이 움직이는 거리는 약 몇 [mm]인가? (단, 누설은 없고, 비압축성이라고 가정한다)

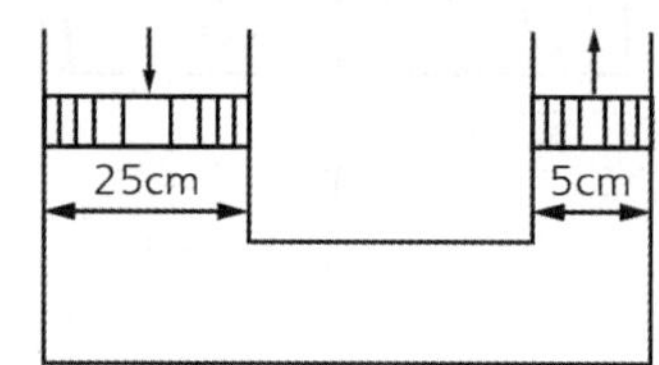

① 2
② 4
③ 8
④ 10

해설 피스톤이 움직인 거리(파스칼의 원리)

1) 각 피스톤의 이동거리를 S_1, S_2라고 하면, 각 실린더에서 유체의 이동량은 같아야 하므로 이동한 체적은 동일함

2) $A_1S_1 = A_2S_2$

$$S_2 = \frac{A_1}{A_2}S_1 = \frac{\frac{\pi}{4}d_1^2}{\frac{\pi}{4}d_2^2}S_1 = \frac{d_1^2}{d_2^2}S_1$$

$$= \frac{5^2}{25^2} \times 20 = 0.8\ [cm] = 8\ [mm]$$

S_1, S_2 : 피스톤이 움직인 거리 [cm]

A_1, A_2 : 피스톤의 면적 $[cm^2]$

정답 04 ③ 05 ③

06 상중하

240 [mmHg]의 절대압력은 계기압력으로 약 몇 [kPa]인가? (단, 대기압은 760 [mmHg]이고, 수은의 비중은 13.6이다)

① -32.0 ② 32.0
③ -69.3 ④ 69.3

해설 절대압력

- 절대압 = 대기압 + 계기압
  240 [mmHg] = 760 [mmHg] + 계기압
  ∴ 계기압 = -520 [mmHg]
- 단위환산

$$-520\,[mmHg] \times \frac{101.325\,[kPa]}{760\,[mmHg]}$$
$$= -69.3\,[kPa]$$

암기▶ 절대게 절대마진

07 상중하

단면적이 A와 2A인 U사형 관에 밀도가 d인 기름이 담겨져 있다. 단면적이 2A인 관에 관벽과는 마찰이 없는 물체를 놓았더니 그림과 같이 평형을 이루었다. 이때 이 물체의 질량은?

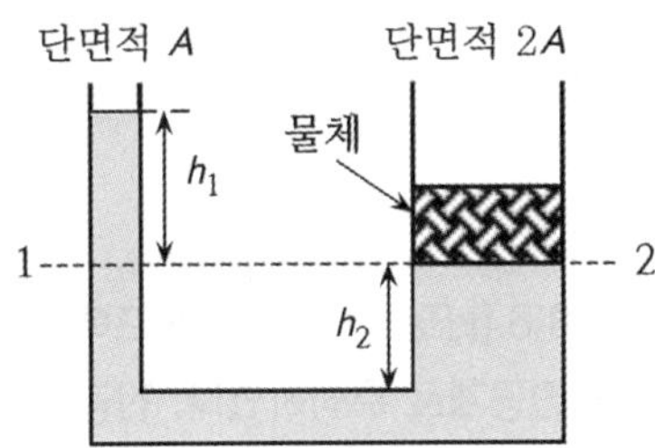

① $2Ah_1d$ ② Ah_1d
③ $A(h_1 + h_2)d$ ④ $A(h_1 - h_2)d$

해설 물체의 질량

1지점의 압력 $P_1 = \gamma \cdot h_1 = (d \cdot g) \cdot h_1$

2지점의 압력 $P_2 = \dfrac{F_2}{2A}$

$F_2 = m \cdot g$이므로 $P_2 = \dfrac{mg}{2A}$

$P_1 = P_2$이므로 $d \cdot g \cdot h_1 = \dfrac{m \cdot g}{2A}$

$m = 2A \cdot h_1 \cdot d$

보충▶ 힘 $F = ma$ (무게 $W = mg$)

08 상중하

대기의 압력이 1.08 [kg_f/cm^2]였다면 게이지 압력이 12.5 [kg_f/cm^2]인 용기에서 절대압력 [kg_f/cm^2]은?

① 12.50 ② 13.58
③ 11.42 ④ 14.50

해설 절대압력

절대압 = 대기압 + 계기압(게이지압)
$= 1.08\,[kg_f/cm^2] + 12.5\,[kg_f/cm^2]$
$= 13.58\,[kg_f/cm^2]$

암기▶ 절대게 절대마진

09 상중하

다음 중 표준대기압인 1기압에 가장 가까운 것은?

① 860 [mmHg] ② 10.33 [mAq]
③ 101.325 [bar] ④ 1.0332 [kg_f/m^2]

정답 06 ③ 07 ① 08 ② 09 ②

해설 표준대기압

1 [atm] = 760 [mmHg]
= 10.332 [mAq] = 10332 [mmAq]
= 101325 [Pa] = 101.325 [kPa]
= 0.101325 [MPa]
= 1.01325 [bar] = 1.0332 [kg_f/cm^2]

10 상 중 하

계기압력이 730 [mmHg]이고 대기압이 101.3 [kPa]일 때 절대압력은 약 몇 [kPa]인가? (단, 수은의 비중은 13.6이다)

① 198.6 ② 100.2
③ 214.4 ④ 93.2

해설 절대압력

• 환산 $P = 730[mmHg] \times \dfrac{101.325[kPa]}{760[mmHg]}$
$= 97.3[kPa]$

• 절대압 = 대기압 + 계기압(게이지압)
$= 101.3 + 97.3 = 198.6[kPa]$

암기 절대게 절대마진

11 상 중 하

수두 100 [mmAq]로 표시되는 압력은 몇 [Pa]인가?

① 0.098 ② 0.98
③ 9.8 ④ 980

해설 압력단위 환산

$P = 100[mmAq] \times \dfrac{101325[Pa]}{10332[mmAq]}$
$= 980[Pa]$

12 상 중 하

그림과 같이 물이 담겨 있는 어느 용기에 진공펌프가 연결된 파이프를 세워 두고 펌프를 작동시켰더니 파이프 속의 물이 6.5 [m]까지 올라갔다. 물기둥 윗부분의 공기압은 절대압력으로 몇 [kPa]인가? (단, 대기압은 101.3 [kPa]이다)

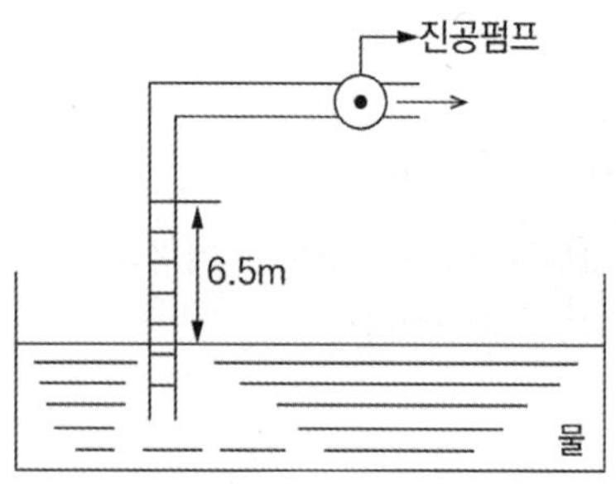

① 37.6 ② 47.6
③ 57.6 ④ 67.6

해설 공기의 절대압력

대기압(절대압) = 물기둥 절대압 + 공기의 절대압
공기의 절대압 = 대기압(절대압) - 물기둥 절대압

$= 101.3[kPa] - \left(6.5[mAq] \times \dfrac{101.325[kPa]}{10.332[mAq]}\right)$
$= 37.6kPa$

※ 국소대기압이 101.3 [kPa]일 때 물기둥의 높이 6.5 [mAq]는 펌프 흡입 측 배관 내 물기둥의 절대압

13 상 중 하

국소대기압이 98.6 [kPa]인 곳에서 펌프에 의하여 흡입되는 물의 압력을 진공계로 측정하였다. 진공계가 7.3 [kPa]을 가리켰을 때 절대압력은 몇 [kPa]인가?

① 0.93 ② 9.3
③ 91.3 ④ 105.9

정답 10 ① 11 ④ 12 ① 13 ③

해설 절대압력

- 절대압 = 대기압 + 계기압(게이지압)
  = 대기압 - 진공압
- 절대압 = 98.6 - 7.3 = 91.3 [kPa]

암기 ▶ 절대게 절대마진

14 상 중 하

대기압이 100 [kPa]인 지역에서 이론적으로 펌프로 물을 끌어올릴 수 있는 최대 높이 [m]는?

① 8.8 ② 10.2
③ 12.6 ④ 14.1

해설 압력단위환산

$$100\,[kPa] \times \frac{10.332\,[m]}{101.325\,[kPa]} = 10.2\,[m]$$

15 상 중 하

비중이 0.85인 가연성 액체가 직경 20 [m], 높이 15 [m]인 탱크에 저장되어 있을 때 탱크 최저부에서의 액체에 의한 압력 [kPa]은?

① 147 ② 12.7
③ 125 ④ 14.7

해설 액체에 의한 압력

$P = \gamma H = (S \times \gamma_w) \times H$

$= (0.85 \times 9.8[kN/m^3]) \times 15\,[m]$

$= 124.95 \risingdotseq 125\,[kPa]$

보충 ▶ $\gamma = S \times \gamma_w,\ \ \rho = S \times \rho_w$

16 상 중 하

표준대기압 상태인 어떤 지방의 호수 밑 72.4 [m]에 있던 공기의 기포가 수면으로 올라오면 기포의 부피는 최초 부피의 몇 배가 되는가? (단, 기포 내의 공기는 보일의 법칙을 따른다)

① 2 ② 4
③ 7 ④ 8

해설 기포의 부피(보일의 법칙)

$P_1 V_1 = P_2 V_2$

$(P_a + P_{1g})\, V_1 = (P_a + P_{2g})\, V_2$

$(101.325 + 709.52) \times 1 = 101.325 \times V_2$

$\therefore\ V_2 = 8$

1) 표준대기압 $= 101.325\,[kPa]$

2) $P_{1g} = \gamma H$

$= 9.8\,[kN/m^3] \times 72.4\,[m]$

$= 709.52\,[kPa]$

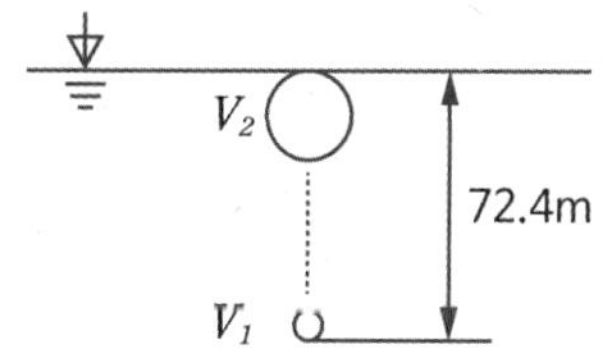

정답 14 ② 15 ③ 16 ④

17 (상)(중)(하)

다음 그림에서 A, B점의 압력차(kPa)는? (단, A는 비중 1의 물, B는 비중 0.899의 벤젠이다)

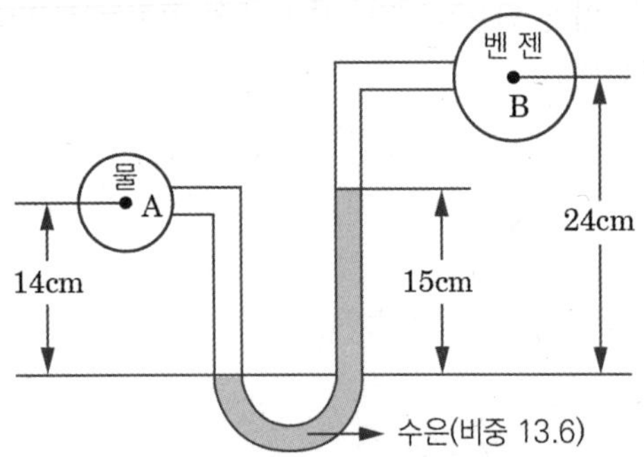

① 278.7 ② 191.4
③ 23.07 ④ 19.4

해설 시차 액주계 압력차

$P_A + \gamma_1 h_1 = P_B + \gamma_3 h_3 + \gamma_2 h_2$

$P_A - P_B = \gamma_3 h_3 + \gamma_2 h_2 - \gamma_1 h_1$

$= S_3 \gamma_w h_3 + S_2 \gamma_w h_2 - \gamma_w h_1$

$= (0.899 \times 9.8\,[kN/m^3] \times 0.09\,[m])$

$\quad + (13.6 \times 9.8\,[kN/m^3] \times 0.15\,[m])$

$\quad - (9.8\,[kN/m^3 \times 0.14\,[m])$

$= 19.4\,[kPa]$

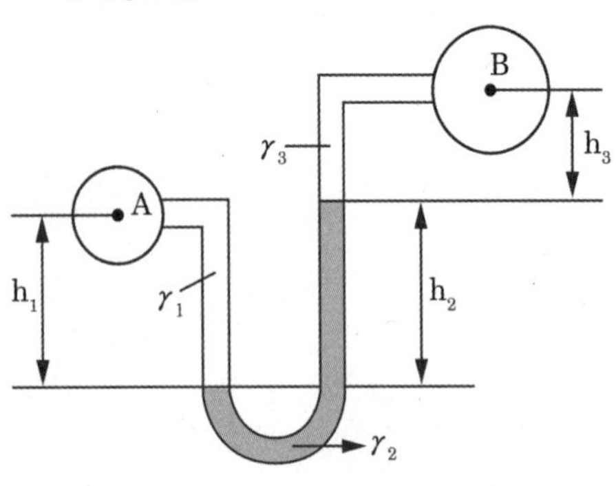

보충 ▶ $\gamma = S \times \gamma_w$, $\rho = S \times \rho_w$

18 (상)(중)(하)

그림과 같이 수은 마노미터를 이용하여 물의 유속을 측정하고자 한다. 마노미터에서 측정한 높이차(h)가 30 [mm]일 때 오리피스 전후의 압력(kPa) 차이는? (단, 수은의 비중은 13.6이다)

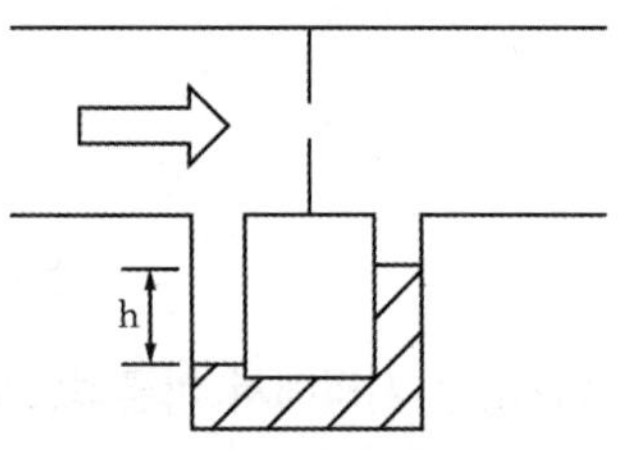

① 3.4 ② 3.7
③ 3.9 ④ 4.4

해설 마노미터 압력차 $\triangle P$

$\triangle P = (\gamma_{수은} - \gamma_w)h$

$= (S_{수은}\gamma_w - \gamma_w)h$

$= (13.6 \times 9.8[kN/m^3] - 9.8[kN/m^3]) \times 0.03[m]$

$= 3.7\,[kPa]$

$\gamma_{수은}$: 수은의 비중량 [kN/m³]
γ_w : 물의 비중량 [kN/m³]
h : 유체 높이 차 [m]
S : 비중

보충 ▶ $\gamma = S \times \gamma_w$, $\rho = S \times \rho_w$

정답 17 ④ 18 ②

19 상중하

그림과 같이 비중이 0.8인 기름이 흐르고 있는 관에 U자관이 설치되어 있다. A점에서의 계기압력이 200 [kPa]일 때 높이 h [m]는 얼마인가? (단, U자관 내의 유체의 비중은 13.6이다)

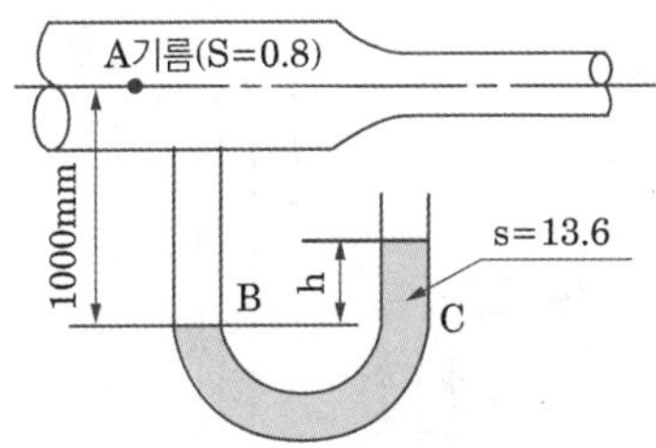

① 1.42　② 1.56
③ 2.43　④ 3.20

해설 U자관에서의 높이

$P_A + \gamma_{기름} h_{기름} = \gamma_{수은} h_{수은}$

$P_A + S_{기름}\gamma_w h_{기름} = S_{수은}\gamma_w h_{수은}$

$200 + 0.8 \times 9.8 \times 1 = 13.6 \times 9.8 \times h_{수은}$

$\therefore h_{수은} = 1.56\,[m]$

보충 ▶ $\gamma = S \times \gamma_w$, $\rho = S \times \rho_w$

20 상중하

그림과 같은 U자관 차압 액주계에서 A와 B에 있는 유체는 물이고, 그 중간에 유체는 수은(비중 13.6)이다. 또한 그림에서 h_1 = 20 [cm], h_2 = 30 [cm], h_3 = 15 [cm]일 때 A의 압력(P_A)와 B의 압력(P_B)의 차이($P_A - P_B$)는 약 몇 [kPa]인가?

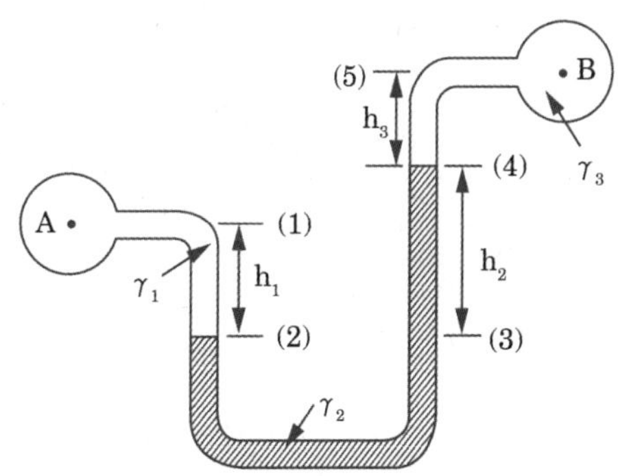

① 35.4　② 39.5
③ 44.7　④ 49.8

해설 시차 액주계 압력차

$P_A + \gamma_1 h_1 = P_B + \gamma_3 h_3 + \gamma_2 h_2$

$P_A - P_B = \gamma_3 h_3 + \gamma_2 h_2 - \gamma_1 h_1$

$= \gamma_w h_3 + S_2 \gamma_w h_2 - \gamma_w h_1$

$= (9.8\,[kN/m^3] \times 0.15\,[m])$

$+ (13.6 \times 9.8\,[kN/m^3] \times 0.3\,[m])$

$- (9.8\,[kN/m^3] \times 0.2\,[m])$

$= 39.5\,[kPa]$

보충 ▶ $\gamma = S \times \gamma_w$, $\rho = S \times \rho_w$

정답 19 ② 20 ②

21 (상 중 하)

그림의 역U자관 마노미터에서 압력 차($P_x - P_y$)는 약 몇 [Pa]인가?

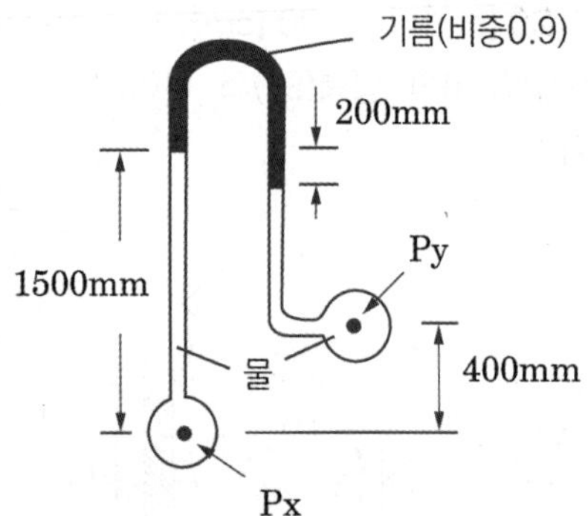

① 3215
② 4116
③ 5045
④ 6826

해설 역U자관 마노미터 압력차

$P_X - \gamma_1 h_1 = P_Y - \gamma_2 h_2 - \gamma_3 h_3$

$P_X - P_Y = \gamma_1 h_1 - \gamma_2 h_2 - \gamma_3 h_3$

$= \gamma_w h_1 - S_2 \gamma_w h_2 - \gamma_w h_3$

$= (9800\,[N/m^3] \times 1.5\,[m])$

$-(0.9 \times 9800\,[N/m^3] \times 0.2\,[m])$

$-(9800\,[N/m^3] \times 0.9\,[m])$

$= 4116\,[Pa]$

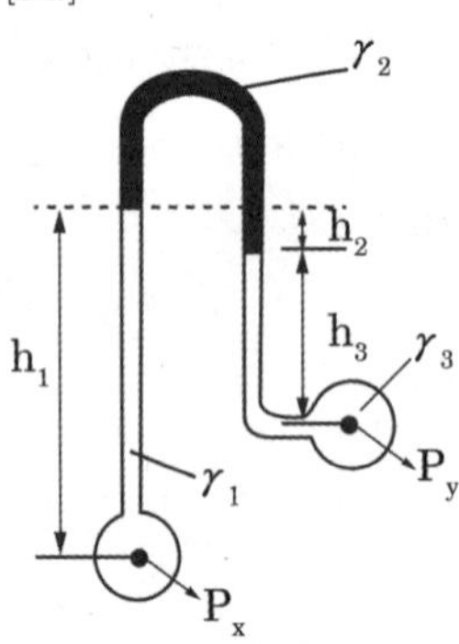

보충 $\gamma = S \times \gamma_w$, $\rho = S \times \rho_w$

22 (상 중 하)

그림에서 $h_1 = 120$ [mm], $h_2 = 180$ [mm], $h_3 = 100$ [mm]일 때 A에서의 압력과 B에서의 압력의 차이($P_A - P_B$)를 구하면? (단, A, B 속의 액체는 물이고, 차압액주계에서의 중간 액체는 수은 [비중 13.6]이다)

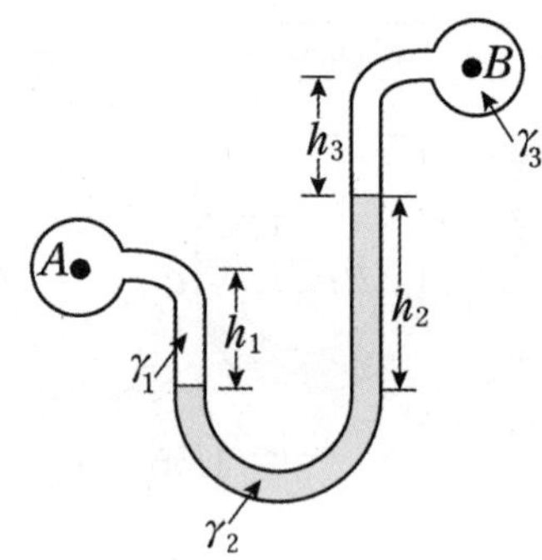

① 20.4 [kPa]
② 23.8 [kPa]
③ 26.4 [kPa]
④ 29.8 [kPa]

해설 U자형 시차액주계

$P_A + \gamma_1 h_1 = P_B + \gamma_2 h_2 + \gamma_3 h_3$

$P_A - P_B = \gamma_2 h_2 + \gamma_3 h_3 - \gamma_1 h_1$

$= S_2 \gamma_2 h_2 + \gamma_w h_3 - \gamma_w h_1$

$= (13.6 \times 9.8\,[kN/m^3] \times 0.18\,[m])$

$+(9.8\,[kN/m^3] \times 0.1\,[m])$

$-(9.8\,[kN/m^3] \times 0.12\,[m])$

$= 23.8\,[kPa]$

정답 21 ② 22 ②

23 상중하

그림과 같은 거꾸로 된 마노미터에서 물과 기름, 수은이 채워져 있다. a = 10 [cm], c = 25 [cm]이고, A의 압력이 B의 압력보다 80 [kPa] 작을 때 b의 길이는 약 몇 [cm]인가? (단, 수은의 비중량은 133100 [N/m³], 기름의 비중은 0.90이다)

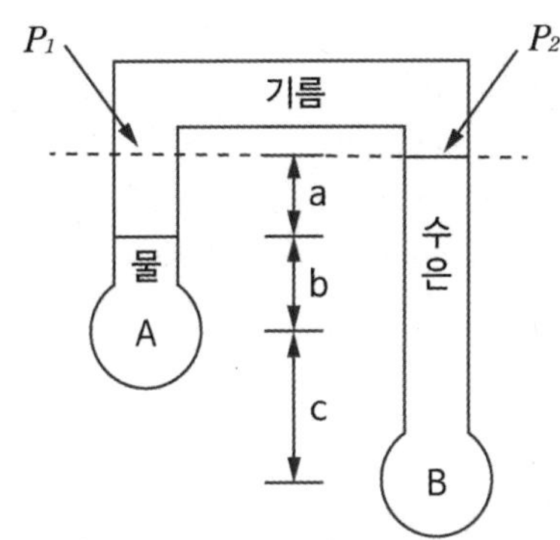

① 17.8　　② 27.8
③ 37.8　　④ 47.8

해설 역 시차 액주계($P_1 = P_2$)

1) P_1

$P_1 = P_A - \gamma_w b - S_{기름}\gamma_w a$

$P_1 = P_A - (9800 \times b) - (0.9 \times 9800 \times 0.1)$

$= P_A - (9800 \times b) - 882$

$= (P_B - 80000) - (9800 \times b) - 882$

2) P_2

$P_2 = P_B - \gamma_{수은} \times (c + b + a)$

$P_2 = P_B - 133100 \times (0.25 + b + 0.1)$

$= P_B - 133100 \times (b + 0.35)$

$= P_B - 133100 \times b + 133100 \times 0.35$

$= P_B - 133100 \times b - 46585$

3) $P_1 = P_2$

$(P_B - 80000) - (9800 \times b) - 882$

$= P_B - 133100 \times b - 46585$

$\therefore b = 0.2781[m] = 27.8[cm]$

신유형!

24 상중하

그림과 같이 수평면에 대하여 60° 기울어진 경사관에 비중(S)이 13.6인 수은이 채워져 있으며, A와 B에는 물이 채워져 있다. A의 압력이 250 [kPa], B의 압력이 200 [kPa]일 때 길이 L은 약 몇 [cm]인가?

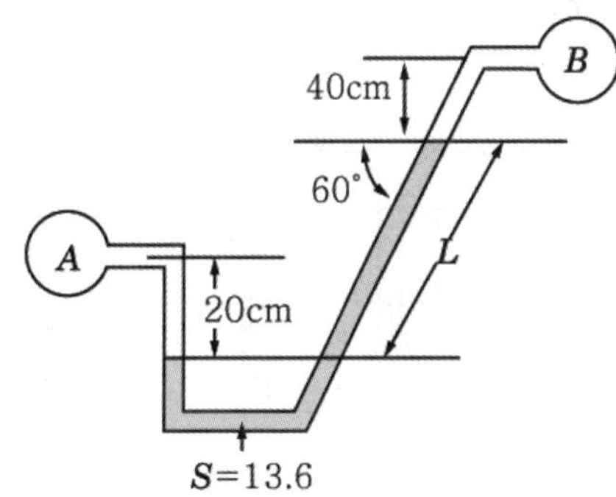

① 33.3　　② 38.2
③ 41.6　　④ 45.1

해설 시차액주계의 길이

1) h_2

$P_A + \gamma_1 h_1 = P_B + \gamma_3 h_3 + \gamma_2 h_2$

$250 + (9.8 \times 0.2) = 200 + (9.8 \times 0.4) + (13.6 \times 9.8 \times h_2)$

$\therefore h_2 = 0.3604[m]$

2) L

$L = \dfrac{h_2}{\sin 60°} = \dfrac{0.3604}{\sin 60°}$

$= 0.416[m] = 41.6[cm]$

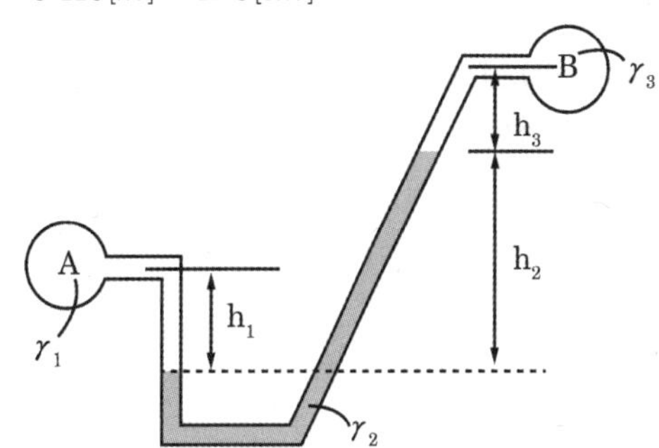

정답 23 ② 24 ③

25 상중하

그림과 같이 기름이 흐르는 관에 오리피스가 설치되어 있고, 그 사이의 압력을 측정하기 위해 U자형 차압 액주계가 설치되어 있다. 이때 두 지점 간의 압력차($P_x - P_y$)는 약 몇 [kPa]인가?

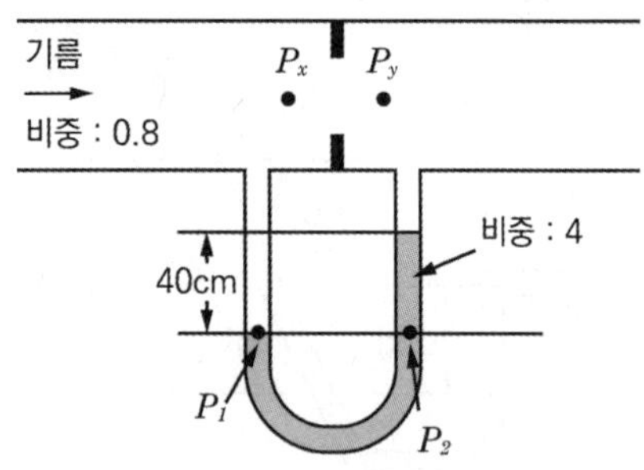

① 28.8 ② 15.7
③ 12.5 ④ 3.14

해설 마노미터 압력차 $\triangle P$

$$\triangle P = (\gamma_{유체} - \gamma_{기름})h$$
$$= (S_{유체}\gamma_w - S_{기름}\gamma_w)h$$
$$= (4 \times 9.8 - 0.8 \times 9.8)[kN/m^3] \times 0.4[m]$$
$$= 12.5\,[kPa]$$

26 상중하

국소대기압이 102 [kPa]인 곳의 기압을 비중 1.59, 증기압 13 [kPa]인 액체를 이용한 기압계로 측정하면 기압계에서 액주의 높이는?

① 5.71 [m] ② 6.55 [m]
③ 9.08 [m] ④ 10.4 [m]

해설 기압계 액주의 높이

1) 액주의 높이 = $H = \dfrac{P}{\gamma}$

2) 액체의 비중량 γ

$$\gamma = S\gamma_w = 1.59 \times 9.8[kN/m^3]$$
$$= 15.582[kN/m^3]$$

3) 기압계 액체의 절대압력 P

= 대기압 - 비중이 1.59인 액체의 증기압

= 102 - 13 = 89 [kPa]

$$\therefore H = \frac{P}{\gamma} = \frac{89[kPa]}{15.582[kN/m^3]}$$
$$= 5.71\,[m]$$

27 상중하

U자관 액주계가 오리피스 유량계에 설치되어 있다. 액주계 내부에는 비중 13.6인 수은으로 채워져 있으며, 유량계에는 비중 1.6인 유체가 유동하고 있다. 액주계에서 수은의 높이 차이가 200 [mm]이라면 오리피스 전후의 압력차 [kPa]는 얼마인가?

① 13.5 ② 23.5
③ 33.5 ④ 43.5

해설 마노미터 압력차

압력차 $\Delta P = P_A - P_B = (\gamma_2 - \gamma_1)h$
$$= (S_2 \cdot \gamma_w - S_1 \cdot \gamma_w) \times h$$
$$= (13.6 \times 9.8 - 1.6 \times 9.8) \times 0.2$$
$$= 23.5\,[kPa]$$

γ : 유체 비중량 [kN/m³]
h : 높이 [m]

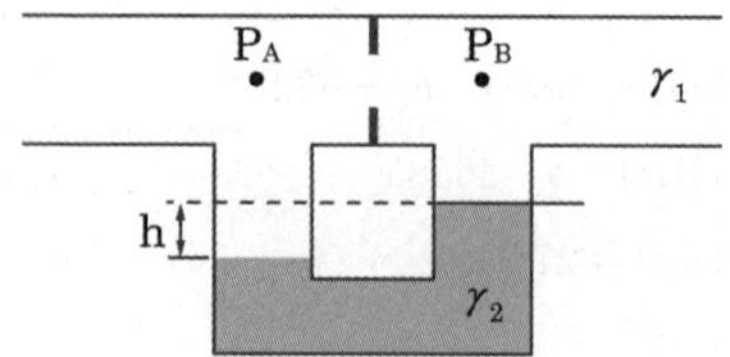

보충 $\gamma = S \times \gamma_w$, $\rho = S \times \rho_w$

정답 25 ③ 26 ① 27 ②

28 상 중 하

그림과 같이 평형 상태를 유지하고 있을 때 오른쪽 관에 있는 유체의 비중(S)은? (단, 물의 밀도는 1000 [kg/m^3] 이다)

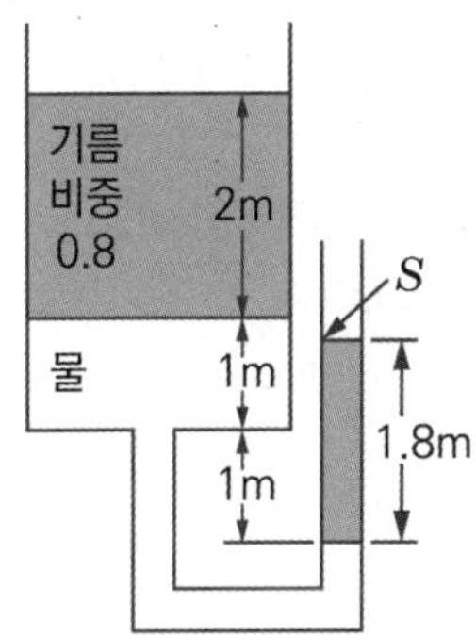

① 0.9 ② 1.8
③ 2.0 ④ 2.2

해설 유체의 비중

$P_1 = P_2$

$\gamma_w h_w + \gamma_{기름} h_{기름} = \gamma_{유체} h_{유체}$

$(\gamma_w \times 2) + (\gamma_{기름} \times 2) = (\gamma_{유체} \times 1.8)$

$(\gamma_w \times 2) + (S_{기름} \cdot \gamma_w \times 2) = (S \cdot \gamma_w \times 1.8)$

$(9800 \times 2) + (0.8 \times 9800 \times 2) = (S \times 9800 \times 1.8)$

$\therefore\ S = 2$

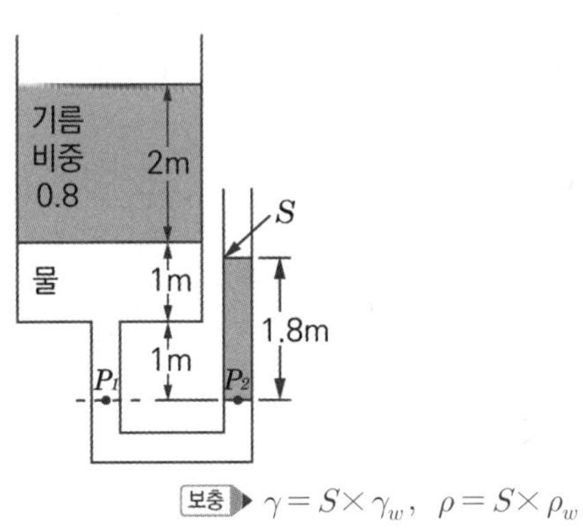

보충 ▶ $\gamma = S \times \gamma_w,\ \rho = S \times \rho_w$

29 상 중 하

그림과 같이 30°로 경사진 0.5 [m] × 3 [m] 크기의 수문 평판 AB가 있다. A 지점에서 힌지로 연결되어 있을 때 이 수문을 열기 위하여 B점에서 수문에 직각방향으로 가해야 할 최소 힘은 약 몇 [N]인가? (단, 힌지 A에서의 마찰은 무시한다)

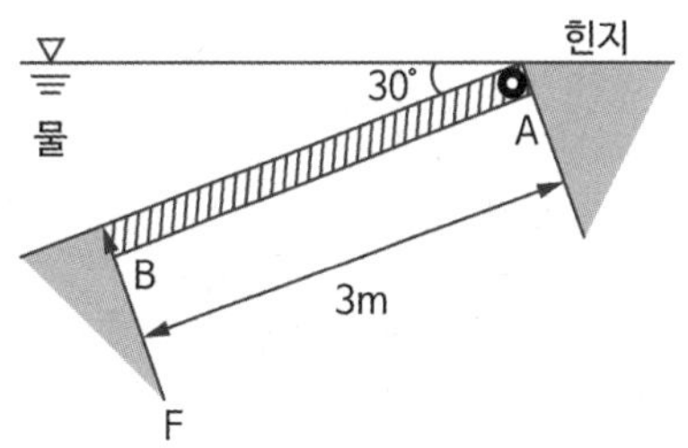

① 7350 ② 7355
③ 14700 ④ 14710

해설 수문의 개방력

1) 유체의 전압력 F_1

$$F_1 = \gamma \bar{h} A$$
$$= 9800[N/m^3] \times (1.5[m] \times \sin 30) \times (0.5 \times 3)[m^2]$$
$$= 11025\,[N]$$

2) 작용점의 위치 y_F

$$y_F = \bar{y} + \frac{I_G}{A \times \bar{y}}$$
$$= 1.5 + \frac{\frac{0.5 \times 3^3}{12}}{(0.5 \times 3) \times 1.5} = 2[m]$$

3) 수문의 개방력

$$F_2 = \frac{F_1 \times L_1}{L_2} = \frac{11025[N] \times 2[m]}{3[m]}$$
$$= 7350[N]$$

$\bar{h}$: 수면에서 수문의 도심점까지 수직거리
$\bar{y}$: 수면에서 수문의 도심점까지 직선거리
I^G : 단면2차모멘트(사각형 : $bh^3/12$)
L_1 : 힌지에서 작용점의 위치까지 거리
L_2 : 힌지에서 힘을 가할 지점까지 거리
A : 수문의 단면적

정답 28 ③ 29 ①

30 상중하

아래 그림과 같은 탱크에 물이 들어 있다. 물이 탱크의 밑면에 가하는 힘은 약 몇 [N]인가? (단, 물의 밀도는 1000 [kg/m³], 중력가속도는 10 [m/s²]로 가정하며, 대기압은 무시한다. 또한 탱크의 폭은 전체가 1 [m]로 동일하다)

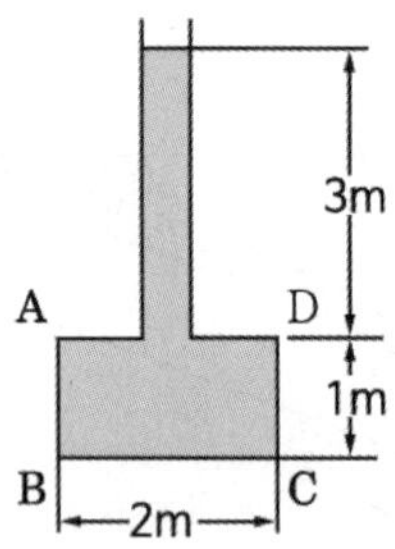

① 40000 ② 20000
③ 80000 ④ 60000

해설 탱크 밑면에 가하는 힘

평면에 작용하는 전압력 $F = \gamma hA$

$F = \gamma hA = \rho ghA$
$= (1000[N \cdot s^2/m^4] \times 10[m/s^2]) \times 4[m] \times (2 \times 1)[m^2]$
$= 80000[N]$

31 상중하

그림과 같이 수조에 비중이 1.03인 액체가 담겨 있다. 이 수조의 바닥면적이 4 [m²]일 때의 수조바닥 전체에 작용하는 힘은 약 몇 [kN]인가? (단, 대기압은 무시한다)

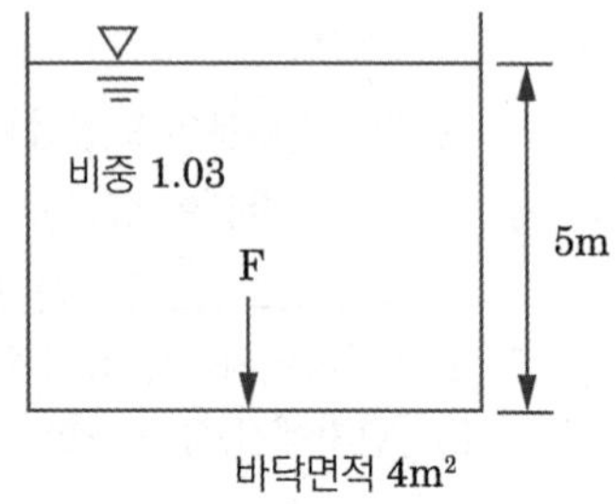

① 98 ② 51
③ 156 ④ 202

해설 수조바닥에 작용하는 힘

평면에 작용하는 전압력 $F = \gamma hA$

1) 비중량
$\gamma = S\gamma_w = 1.03 \times 9800[N/m^3]$
$= 10094[N/m^3]$

2) 수조 밑에 작용하는 힘 F
$F = \gamma hA = 10094[N/m^3] \times 5[m] \times 4[m^2]$
$= 201880[N] \fallingdotseq 202\,[kN]$

보충 ▶ $\gamma = S \times \gamma_w$, $\rho = S \times \rho_w$

32 상중하

그림과 같이 수족관에 직경 3 [m]의 투시경이 설치되어 있다. 이 투시경에 작용하는 힘은 약 몇 [kN]인가?

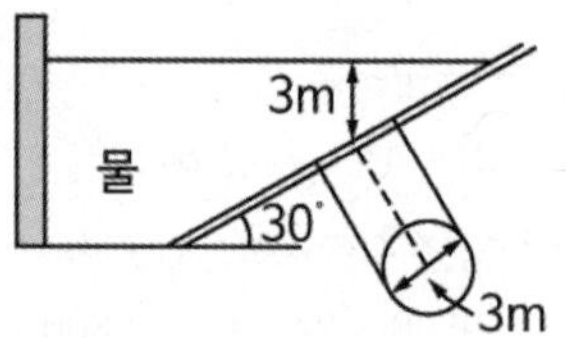

① 207.8 ② 123.9
③ 87.1 ④ 52.4

해설 투시경에 작용하는 힘

경사면에 작용하는 전압력 $F = \gamma \bar{h} A$

$F = \gamma \bar{h} A = \gamma \times \bar{h} \times \frac{\pi}{4} d^2$

$= 9.8[kN/m^3] \times 3[m] \times \frac{\pi}{4} \times 3^2[m^2]$

$= 207.8\,[kN]$

정답 30 ③ 31 ④ 32 ①

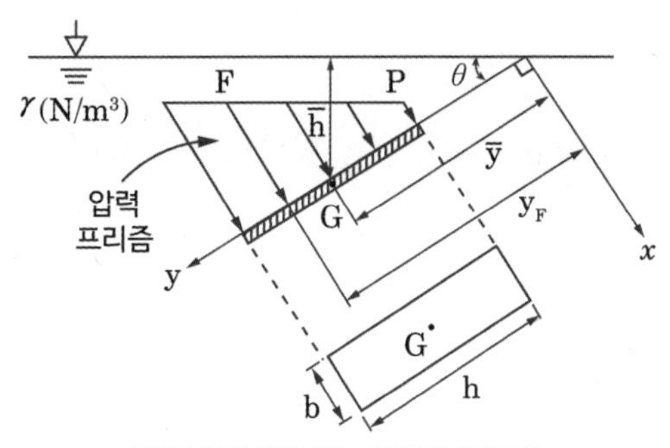

[경사면에 작용하는 유체의 전압력]

33 상㊥하

2 [m] 깊이로 물(비중량 9.8 [kN/m³])이 채워진 직육면체 모양의 열린 물탱크 바닥에 지름 20 [cm]의 원형 수문을 달았을 때 수문이 받는 정수력의 크기는 약 몇 [kN]인가?

① 0.411　② 0.616
③ 0.784　④ 2.46

해설 수문이 받는 정수력

평면에 작용하는 전압력 $F=\gamma hA$

$F=\gamma hA$

$=9.8\times 2\times\left(\frac{\pi}{4}\times 0.2^2\right)=0.616\,[kN]$

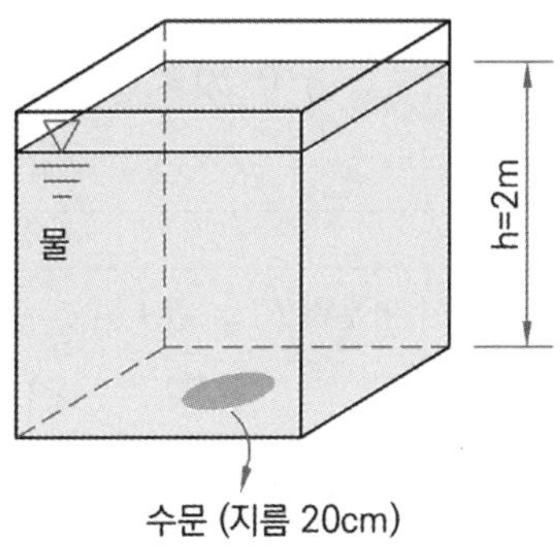

34 상㊥하

밑면은 한 변의 길이가 2 [m]인 정사각형이고 높이가 4 [m]인 직육면체 탱크에 비중이 0.8인 유체를 가득 채웠다. 유체에 의해 탱크의 한쪽 측면에 작용하는 힘 [kN]은?

① 125.4　② 169.2
③ 178.4　④ 186.2

해설 한쪽 측면에 작용하는 힘

경사면에 작용하는 전압력 $F=\gamma\bar{h}A$

$F=\gamma\bar{h}A=(S\times\gamma_w)\times\bar{h}\times A$

$=(0.8\times 9.8)\times\frac{4}{2}\times(4\times 2)$

$\fallingdotseq 125.4\,[kN]$

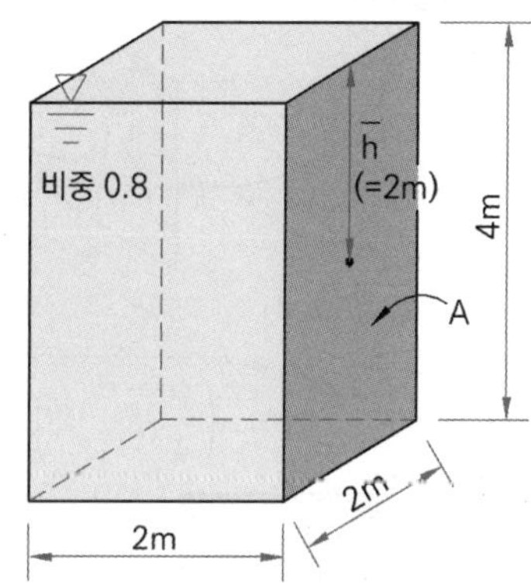

γ : 유체의 비중량 [kN/m³]
γ_w : 물의 비중량 [kN/m³]
S : 유체의 비중
$\bar{h}$: 평판의 도심점으로부터 액면까지 연직 상방의 거리 [m]
A : 평판의 단면적 [m²]

보충 ▶ $\gamma=S\times\gamma_w$, $\rho=S\times\rho_w$

정답 33 ② 34 ①

35 상중하

그림과 같이 반지름이 1 [m], 폭(y방향) 2 [m]인 곡면 AB에 작용하는 물에 의한 힘의 수직성분(z방향) F_z와 수평성분(x방향) F_x와의 비(F_z/F_x)는 얼마인가?

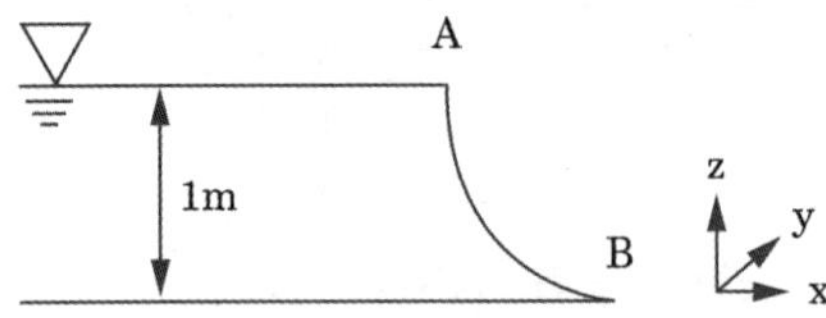

① $\pi/2$　② $2/\pi$
③ 2π　④ $1/2\pi$

해설 수평분력과 수직분력

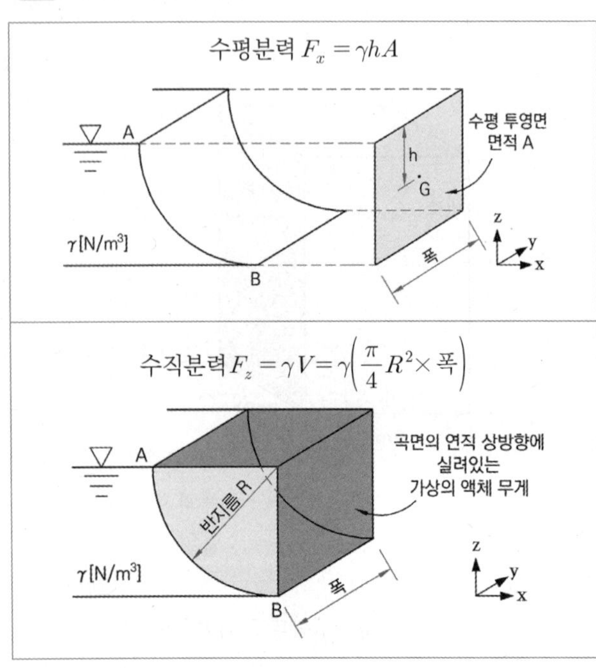

1) 수평분력 F_x

$$F_x = \gamma hA = \gamma \times \frac{R}{2} \times (R \times 폭)$$

$$= \gamma \times \frac{1}{2} \times (1 \times 2) = \gamma$$

2) 수직분력 F_z

$$F_z = \gamma V = \gamma\left(\frac{\pi}{4}R^2 \times 폭\right)$$

$$= \gamma\left(\frac{\pi}{4} \times 1^2 \times 2\right) = \gamma\frac{\pi}{2}$$

3) F_z와 F_x와의 비 $\left(\frac{F_z}{F_x}\right)$

$$\frac{F_z}{F_x} = \frac{\left(\gamma\frac{\pi}{2}\right)}{\gamma} = \frac{\pi}{2}$$

γ : 비중량
h : 투영면의 도심점까지 높이
A : 투영면적
R : 곡면의 반지름
V : 곡면 연직상방향의 체적

36 상중하

그림에서 물에 의하여 점 B에서 힌지된 사분원 모양의 수문이 평형을 유지하기 위하여 수면에서 수문을 잡아 당겨야 하는 힘 T는 약 몇 [kN]인가? (단, 수문의 폭 1 [m], 반지름($r = \overline{OB}$)은 2 [m], 4분원의 중심은 O점에서 왼쪽으로 4r/3π인 곳에 있다)

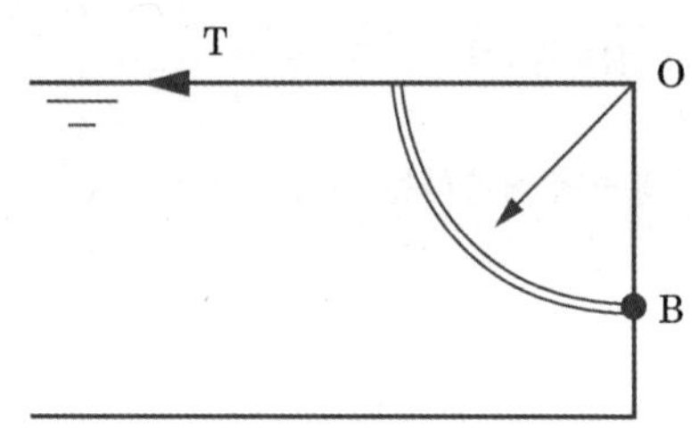

① 1.96　② 9.8
③ 19.6　④ 29.4

해설 수평분력

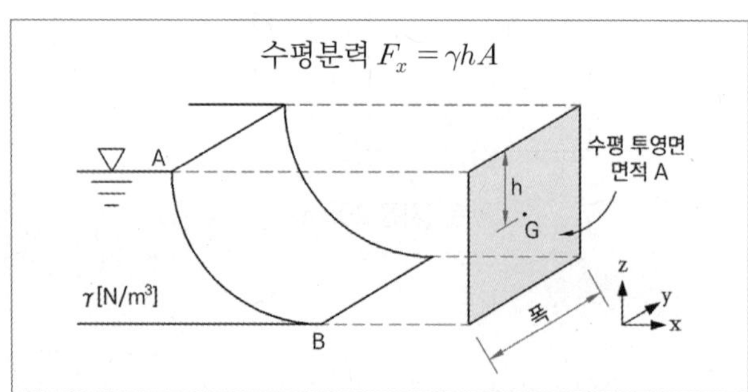

정답 35 ① 36 ③

[풀이 1]

수평분력 $F=\gamma hA$

$$=9.8\times\frac{2}{2}\times(1\times2)=19.6\ [kN]$$

[풀이 2]

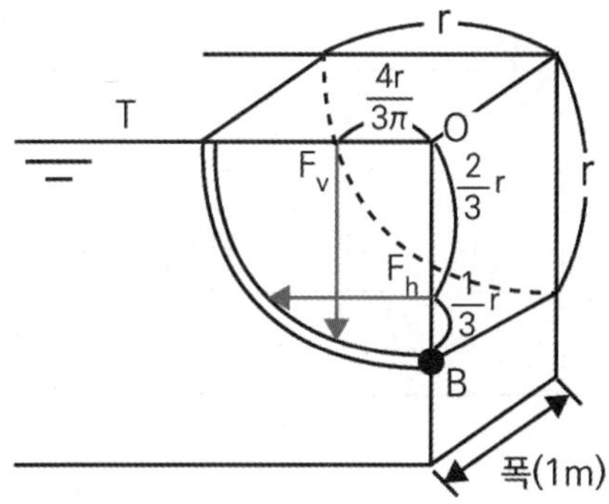

수문이 평형을 유지하기 위해서는 모멘트의 합이 서로 같아야 한다.

$$T\times r=F_h\times\left(r\times\frac{1}{3}\right)+F_V\times\left(\frac{4r}{3\pi}\right)$$

$$T=\frac{F_h\times\left(r\times\frac{1}{3}\right)+F_V\times\left(\frac{4r}{3\pi}\right)}{r}$$

$$=F_h\times\left(\frac{1}{3}\right)+F_V\times\left(\frac{4}{3\pi}\right)$$

$$=\gamma_w\frac{r}{2}(r\times\text{폭})\times\frac{1}{3}+\gamma_w\frac{\pi}{4}r^2\times\text{폭}\times\left(\frac{4}{3\pi}\right)$$

$$=\gamma_w\frac{r^2}{6}\text{폭}+\gamma_w\frac{r^2}{3}\text{폭}$$

$$=\gamma_w\frac{r^2}{2}\text{폭}$$

$$=\gamma_w\times\frac{r}{2}\times(r\times\text{폭})$$

$$=\gamma_w\times h\times A$$

$$=9.8\times\frac{2}{2}\times(1\times2)=19.6\ [kN]$$

37 상중하

폭이 4 [m]이고 반경이 1 [m]인 그림과 같은 1/4원형 모양으로 설치된 수문 AB가 있다. 이 수문이 받는 수직방향 분력 F_V의 크기(N)는?

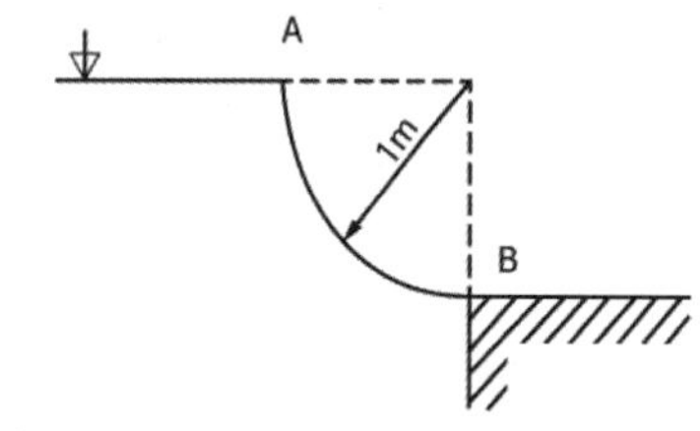

① 7613 ② 9801
③ 30787 ④ 123000

해설 수직분력

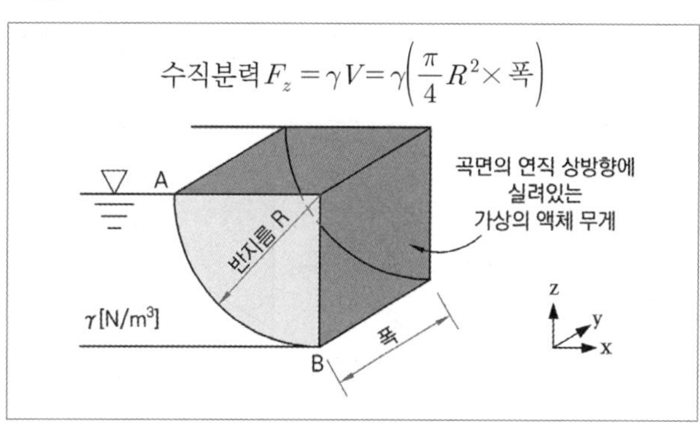

$$F_v=\gamma V=\gamma\left(\frac{\pi}{4}R^2\times\text{폭}\right)$$

$$=9800\times\left(\frac{\pi}{4}\times1^2\times4\right)=30787.6\ [N]$$

정답 37 ③

38 상중하

아래 그림과 같은 반지름이 1 [m]이고, 폭이 3 [m]인 곡면의 수문 AB가 받는 수평분력은 약 몇 [N]인가?

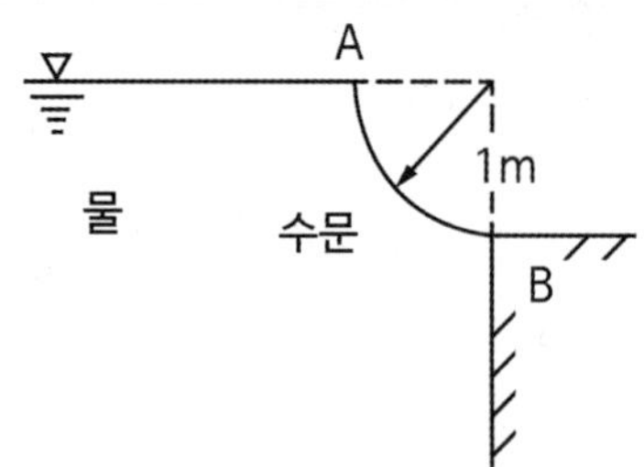

① 7350 ② 14700
③ 23900 ④ 29400

해설 수평분력

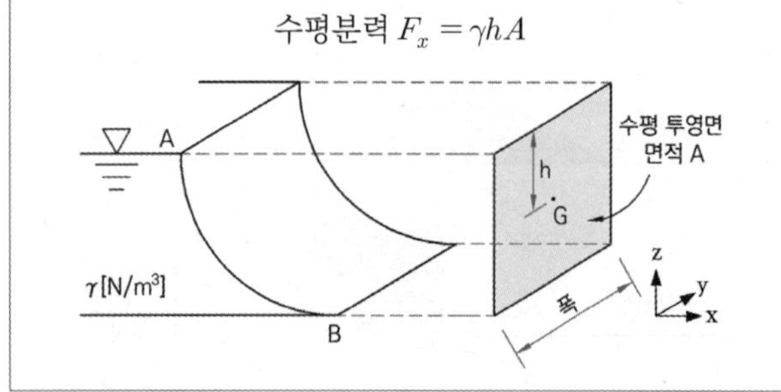

$$F_h = \gamma h A$$
$$= 9800 \times \frac{1}{2} \times (1 \times 3)$$
$$= 14700\,[N]$$

39 상중하

그림과 같이 반지름이 0.8 [m]이고 폭이 2 [m]인 곡면 AB가 수문으로 이용된다. 물에 의한 힘의 수평성분의 크기는 약 몇 [kN]인가? (단, 수문의 폭은 2 [m]이다)

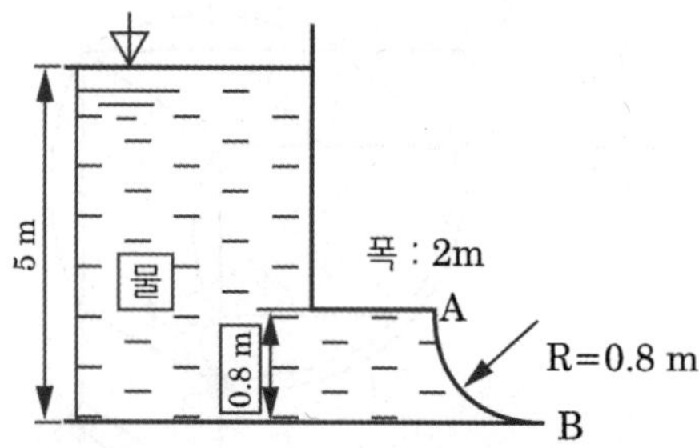

① 72.1 ② 84.7
③ 90.2 ④ 95.4

해설 수평분력

수평분력 F_x(또는 F_h) $= \gamma h A$

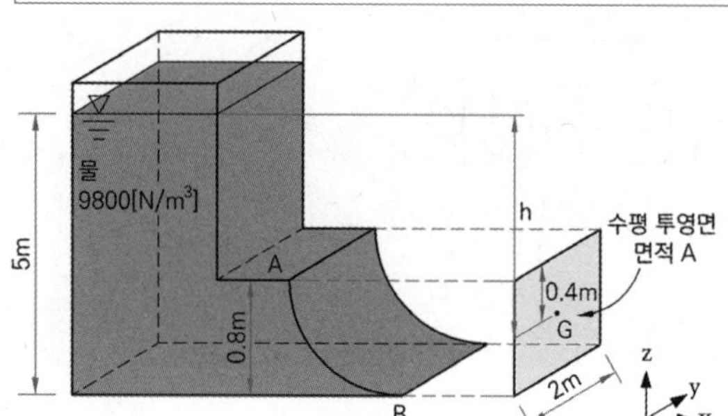

1) 높이 $h = \left(5 - \frac{0.8}{2}\right)[m] = 4.6[m]$

2) 단면적 $A = 0.8[m] \times 2[m] = 1.6[m^2]$

3) 수평분력 $F_h = \gamma h A$

$$= 9.8[kN/m^3] \times 4.6[m] \times 1.6[m^2]$$
$$= 72.128[kN] \fallingdotseq 72.1[kN]$$

정답 38 ② 39 ①

40 상중하

그림과 같이 반경 2 [m], 폭(y방향) 4 [m]의 곡면 AB가 수문으로 이용된다. 이 수문에 작용하는 물에 의한 힘의 수평성분(x방향)의 크기는 약 얼마인가?

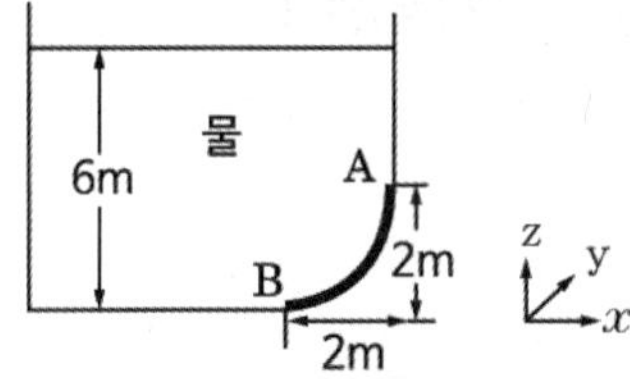

① 337 [kN] ② 392 [kN]
③ 437 [kN] ④ 492 [kN]

해설 수평분력

수평분력 $F_x = \gamma h A$

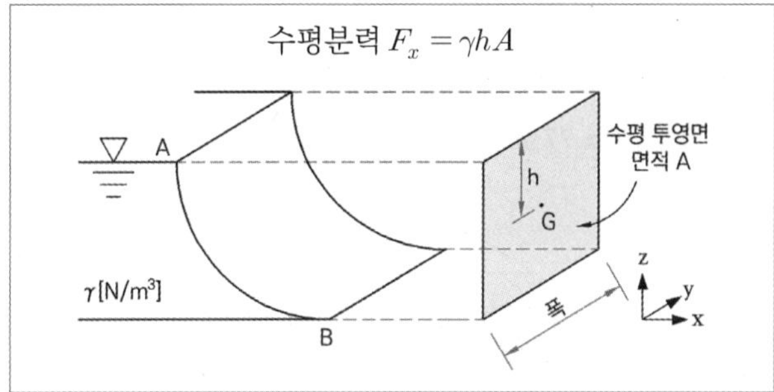

1) 높이 $h = \left(6 - \frac{2}{2}\right)[m] = 5[m]$

2) 수문단면적 $A = 2 \times 4 = 8[m^2]$

3) 수평분력 $F_h = \gamma h A$

$= 9.8 \times 5 \times 8 = 392\,[kN]$

41 상중하

공기 중에서 무게가 941 [N]인 돌이 물속에서 500 [N]이라면 이 돌의 체적 [m³]은? (단, 공기의 부력은 무시한다)

① 0.012 ② 0.028
③ 0.034 ④ 0.045

해설 물체의 부력

부력 ① $F_B = \gamma V$

② F_B = 공기 중 무게 - 물속 무게

= $941 - 500 = 441\,N$

체적 $V = \frac{F_B}{\gamma} = \frac{441}{9800} = 0.045\,m^3$

γ : 비중량 [N/m³]

V : 부피 [m³]

42 상중하

비중이 1.03인 바닷물에 비중 0.9인 빙산이 떠 있다. 전체 부피의 몇 [%]가 해수면 위로 올라와 있는가?

① 12.6 ② 10.8
③ 7.2 ④ 6.3

해설 빙산의 체적(부력)

$W = F_B$

$\gamma_{물체} \times V_{전체} = \gamma_{유체} \times V_{잠긴}$

$S_{물체}\gamma_w \times V_{전체} = S_{유체}\gamma_w \times V_{잠긴}$

$S_{물체} \times V_{전체} = S_{유체} \times V_{잠긴}$

$0.9 \times 100 = 1.03 \times V_{잠긴}$

$V_{잠긴} = 87.37\,[\%]$

∴ 해수면 위로 올라온 체적 = 100 - 87.37 = 12.6 [%]

정답 40 ② 41 ④ 42 ①

43 상 중 하

수면에 잠긴 무게가 490 [N]인 매끈한 쇠구슬을 줄에 매달아서 일정한 속도로 내리고 있다. 쇠구슬이 물속으로 내려갈수록 들고 있는 데 필요한 힘은 어떻게 되는가? (단, 물은 정지된 상태이며, 쇠구슬은 완전한 구형체이다)

① 적어진다.
② 동일하다.
③ 수면 위보다 커진다.
④ 수면 바로 아래보다 커진다.

해설 부력(아르키메데스)의 원리

유체에 물체가 완전 또는 일부가 잠긴 경우 잠긴 체적과 동일한 유체체적에 해당 무게가 그 물체를 밀어내려 하는 힘

44 상 중 하

한 변의 길이가 10 [cm]인 정육면체의 금속 무게를 공기 중에서 달았더니 77 [N]이었고, 어떤 액체 중에서 달아보니 70 [N]이었다. 이 액체의 비중량은 몇 [N/m³]인가?

① 7700 ② 7300
③ 7000 ④ 6300

해설 유체 속에 잠긴 경우 부력

부력
① $F_B = \gamma V$, ② F_B = 공기 중 무게 - 물속 무게

1) $V_{잠긴} = (10\,[cm])^3 = 10^3\,[cm^3] = 10^{-3}\,[m^3]$
2) 부력 = 공기 중에서 무게 − 유체 속에서 무게
$F_B = 77\,[N] - 70\,[N] = 7\,[N]$
3) $F_B = \gamma_{유체} \times V_{잠긴}$

$$\gamma_{유체} = \frac{F_B}{V_{잠긴}} = \frac{7N}{10^{-3}\,[m^3]} = 7000\,[N/m^3]$$

45 상 중 하

비중이 0.6이고 길이 20 [m], 폭 10 [m], 높이 3 [m]인 직육면체 모양의 소방정 위에 비중이 0.9인 포소화약제 5톤을 실었다. 바닷물의 비중이 1.03일 때 바닷물 속에 잠긴 소방정의 깊이는 몇 [m]인가?

① 3.54 ② 2.5
③ 1.77 ④ 0.6

해설 물체의 잠긴 깊이 계산

1) $W = F_B$

$\gamma_{물체} V_{전체} + m_{약제} g = \gamma_{유체} V_{잠긴}$

$S_{물체} \gamma_w V_{전체} + m_{약제} g = S_{유체} \gamma_w V_{잠긴}$

$0.6 \times 9800 \times (20 \times 10 \times 3) + 5000 \times 9.8$
$= 1.03 \times 9800 \times V_{잠긴}$

2) $V_{잠긴} = 354.37\,[m^3] = 20 \times 10 \times h_{잠긴높이}$

$h_{잠긴높이} = 1.77\,[m]$

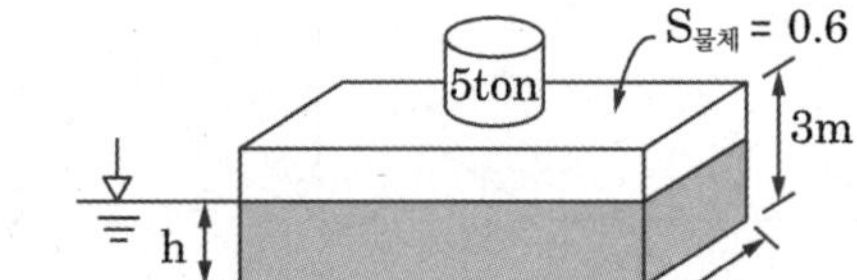

보충 ▶ 1 [ton] = 1000 [kg]

정답 43 ② 44 ③ 45 ③

46 (상 중 하)

그림과 같이 폭(b)이 1 [m]이고 깊이(h_0) 1 [m]로 물이 들어 있는 수조가 트럭 위에 실려 있다. 이 트럭이 7 [m/s²]의 가속도로 달릴 때 물의 최대 높이(h_2)와 최소 높이(h_1)는 각각 몇 [m]인가?

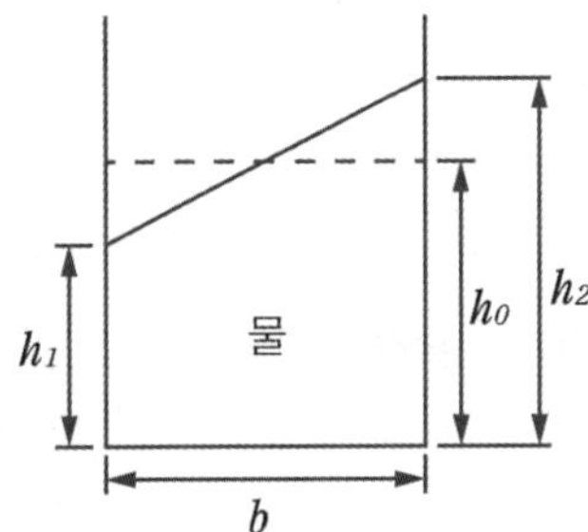

① h_1 = 0.643 [m], h_2 = 1.413 [m]
② h_1 = 0.643 [m], h_2 = 1.357 [m]
③ h_1 = 0.676 [m], h_2 = 1.413 [m]
④ h_1 = 0.676 [m], h_2 = 1.357 [m]

해설 수평등가속도 운동을 받는 유체

수평등가속도 운동을 받는 유체에서 액면의 기울기 $\tan\theta = \frac{a_x}{g}$

$$\tan\theta = \frac{y}{b} = \frac{a_x}{g}$$

$$y = \frac{b \times a_x}{g} = \frac{1 \times 7}{9.8} = 0.714\,m$$

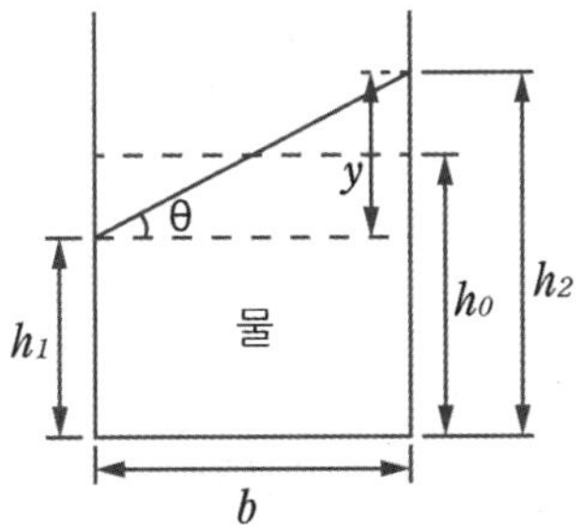

최소높이 $h_1 = h_0 - \frac{0.714}{2}$

$$= 1 - \frac{0.714}{2} = 0.643\,m$$

최대높이 $h_2 = h_0 + \frac{0.714}{2}$

$$= 1 + \frac{0.714}{2} = 1.357\,m$$

y : 액면의 기울기로 이루어진 삼각형의 높이 $[m]$
a_x : 가속도 $[m/s^2]$
g : 중력가속도 $[9.8m/s^2]$

정답 46 ②

CHAPTER 03 동수역학

3회독 월 일
2회독 월 일
1회독 월 일

학습목표

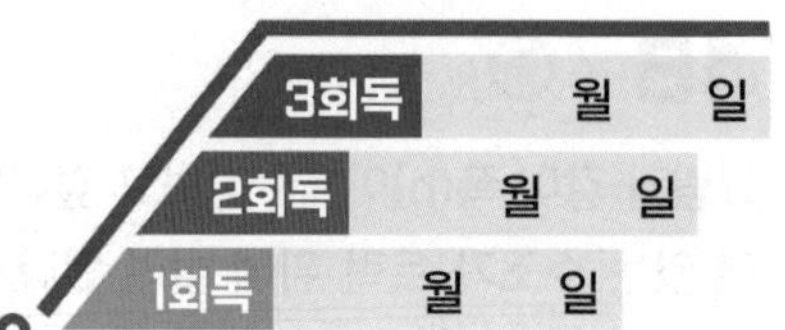

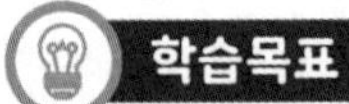

1 유체의 유동과 관련된 용어를 익힌다.
2 연속방정식을 파악하고 문제에 적용한다.
3 베르누이방정식을 파악하고 문제에 적용한다.
4 토리첼리의 정리에 대한 유체의 유출 유속 공식과 피토관의 관 내 유속 공식을 문제에 적용한다.
5 운동량방정식에서 특히 고정평판에 작용하는 힘에 대해 익힌다.
6 레이놀즈수의 정의와 공식을 파악하고, 수평원관에서 층류로 유동 시 특징을 익힌다.

학습MAP

- 유체의 유동
  - 유동의 상태
    - 정상류
    - 비정상류
  - 유선, 유관, 유적선, 유맥선의 정의
- 연속방정식 및 응용
  - 연속방정식 ★★★
    - 1차원 연속방정식
    - 2차원 및 3차원 연속방정식
  - 소화수조 방출시간
  - 옥내소화전 방수량
  - 분사헤드 방수량
- ★★★ 베르누이방정식
  - 베르누이방정식 전제조건
  - 계산식
    - 베르누이방정식
    - 마찰손실을 고려한 수정베르누이방정식
    - 펌프의 전양정을 고려한 수정베르누이방정식
- ★★★ 베르누이방정식 응용
  - 에너지선과 동수경사선
  - 토리첼리의 정리
  - 피토관
    - 피토관의 유속
    - 피토정압관의 유속
- ★ 운동량방정식
  - 평판에 작용하는 힘
    - 고정평판에 작용하는 힘
    - 이동평판에 작용하는 힘
  - 탱크에 달려 있는 노즐에 의한 추진
  - 소방 노즐의 반발력, 반동력(= 플랜지볼트에 작용하는 힘)
- ★ 레이놀즈수
  - 레이놀즈수 계산식
  - 레이놀즈수에 의한 유체의 분류
    - 압축성에 따른 분류
    - 점성의 유무에 따른 분류
    - 점성 유체의 분류
  - 수평원관에서 점성 유체가 층류상태로 정상유동할 때
    - 압축성에 따른 분류
    - 점성의 유무에 따른 분류

01 유체의 유동

1 유동의 상태 ★★★

1) 정상류 : 유체특성[압력(P), 속도(V), 밀도(ρ), 온도(T)]이 유동장 내의 임의의 한 점에서 시간의 변화에 따라 변화하지 않는 흐름
2) 비정상류 : 유체특성[압력(P), 속도(V), 밀도(ρ), 온도(T)]이 유동장 내의 임의의 한 점에서 시간의 변화에 따라 변화하는 흐름

P.85 문01

임의의 시각에 유로 내 모든 점의 속도벡터가 일정한 흐름을 정상류라고 한다.
[X] 유동장 내의 임의의 한 점에서 시간의 변화에 따라 변화하지 않는 흐름을 정상류

2 유선, 유관, 유적선, 유맥선의 정의 ★★★

1) 유선 : 유동장 내에서 유체 입자가 곡선을 따라 움직인다고 할 때 그 곡선이 갖는 접선과 유체입자의 속도벡터 방향이 일치하도록 운동 해석을 할 때의 그 가상 곡선을 유선이라 함. 하나의 유선은 다른 유선과 교차하지 않음
2) 유관 : 유선으로 이루어진 관(= 유선관)
   유동장 속에서 폐곡선을 통과하는 유선들에 의해 형성된 공간
3) 유적선 : 한 유체입자가 일정한 기간 내에 이동한 경로(궤적, 자취, 흔적)
4) 유맥선 : 공간 내의 한 점을 지나는 모든 유체입자들의 순간궤적
   예 담배연기
5) 정상류 흐름에서 유선, 유적선, 유맥선이 일치함

P.85 문02

정상류 흐름에서 유선, 유적선, 유맥선이 일치하지 않는다.
[X] 유선, 유적선, 유맥선이 일치

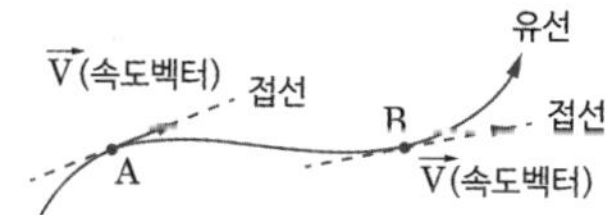

[유선(Steam Line)]

02 연속방정식

1 연속방정식 ★★★

1) 관로나 수로와 같은 유동장에 흐르는 유체에 질량보존의 법칙을 적용시켜 얻은 방정식
2) 어느 위치에서나 유입질량과 유출질량이 같으므로 일정한 관 내에 축적된 질량은 유속과 무관하게 일정

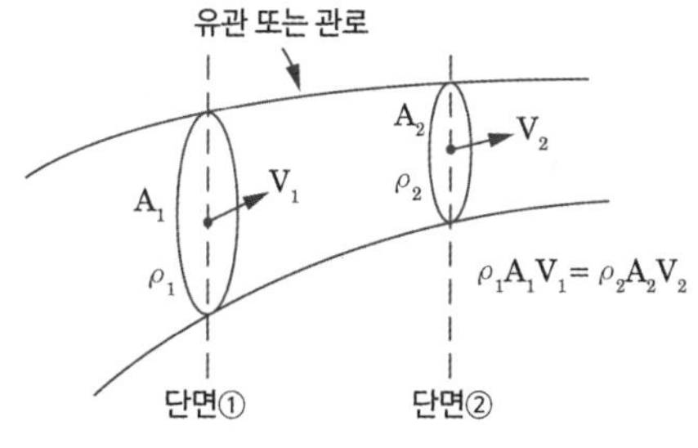

P.85 문04

질량유량은 '비중량 × 단면적 × 유속'이다. [X] 밀도 × 단면적 × 유속

2 1차원 연속방정식 ★★★

1) 질량유량($\dot{M}$) : 단위시간당 통과한 유체의 질량

$$\dot{M}[kg/s] = \rho A V = \rho \cdot \dot{Q}$$

$\dot{M}$: 질량유량 [kg/s]
ρ : 밀도 [kg/m^3]
A : 단면적 [m^2]
V : 유속 [m/s]

여기서 ① ~ ② 단면에 적용 시 $\rho_1 A_1 V_1 = \rho_2 A_2 V_2$

2) 중량유량($\dot{G}$) : 단위시간당 통과한 유체의 중량

$$\dot{G}[N/s, kg_f/s] = \gamma A V = \gamma \cdot \dot{Q}$$

$\dot{G}$: 중량유량 [N/s , kg$_f$/s]
γ : 비중량 [N/m^3, kg$_f$/m^3]
A : 단면적 [m^2]
V : 유속 [m/s]

여기서 ① ~ ② 단면에 적용 시 $\gamma_1 A_1 V_1 = \gamma_2 A_2 V_2$

P.85 문03
P.86 문05
P.86 문06
P.86 문07
P.87 문08
P.87 문09
P.87 문10

3) 체적유량($\dot{Q}$) : 단위시간당 통과한 유체의 체적

$$\dot{Q}[m^3/s] = A V$$

$\dot{Q}$: 체적유량 [m^3/s]
A : 단면적 [m^2]
V : 유속 [m/s]

여기서 비압축성 유동을 가정한다면

$\rho_1 = \rho_2$, $\gamma_1 = \gamma_2$이므로 ① ~ ② 단면에 적용 시 $A_1 V_1 = A_2 V_2$

3 2차원 및 3차원 연속방정식

P.90 문21

1) 3차원 정상류, 비압축성 유동의 연속방정식

$$\frac{\partial u}{\partial x} + \frac{\partial v}{\partial y} + \frac{\partial w}{\partial z} = 0$$

u : x축 방향의 속도 성분
v : y축 방향의 속도 성분
w : z축 방향의 속도 성분

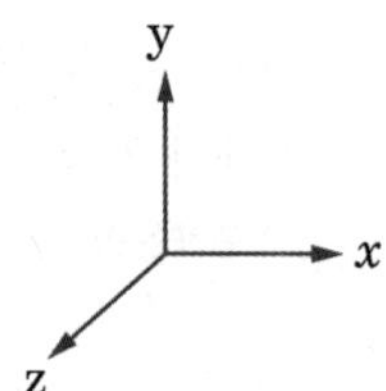

2) 2차원 정상류, 비압축성 유동의 연속방정식

$$\frac{\partial u}{\partial x}+\frac{\partial v}{\partial y}=0$$

u : x축 방향의 속도 성분
v : y축 방향의 속도 성분

1차원 vs 2차원·3차원 연속방정식의 차이
- 1차원 : 단면적, 속도 등 한 방향(축)에서의 흐름만 고려
- 2차원·3차원 : 흐름이 평면 또는 공간 전체에서 퍼지는 경우로, 방향마다 성분을 따로 고려해야 함

03 연속방정식의 응용

1 소화수조 방출시간

$$방출시간\, t[s]=\frac{V_t}{Q}$$

t : 소화수조 방출시간 [s]
V_t : 소화수조 체적 [m^3]
Q : 유량 [m^3/s]

2 옥내소화전 방수량 ★★★

$$Q[L/\min]=2.086\times D^2\times\sqrt{P}$$

Q : 방수량 [L/min]
D : 구경 [mm]
P : 방수압 [MPa]

P.91 문25
P.91 문26
P.91 문27

3 분사헤드 방수량 ★★★

$$Q[L/\min]=K\sqrt{10P}$$

Q : 스프링클러헤드 방수량 [L/min]
K : 방출계수
P : 방수압 [MPa]

선생님 TIP
옥내소화전 방수량 공식과 분사헤드 방수량 공식은 실기시험에서도 많이 사용되므로 단위를 유의해서 외워둡시다!

P.92 문28

04 베르누이방정식 ★★★

1 베르누이방정식 개념

1) 오일러의 운동방정식을 유선 전체에 대하여 적분하여 얻은 식
2) 베르누이방정식은 유체역학에서의 에너지보존의 법칙
   즉, 배관 내 모든 위치에서 일정한 에너지를 가짐

P.92 문30

두 개의 가벼운 공을 그림과 같이 실로 매달아 놓았다. 두 개의 공 사이로 공기를 불어 넣으면 공은 베르누이법칙에 따라 서로 가까워진다. O

베르누이방정식 전제조건 중 하나는 압축성 유체여야 한다.
[X] 비압축성 유체

2 베르누이방정식 전제조건

1) 유체입자는 유선을 따라 흐름
2) 정상류
3) 비점성 유체(유체입자는 마찰이 없다)
4) 비압축성 유체

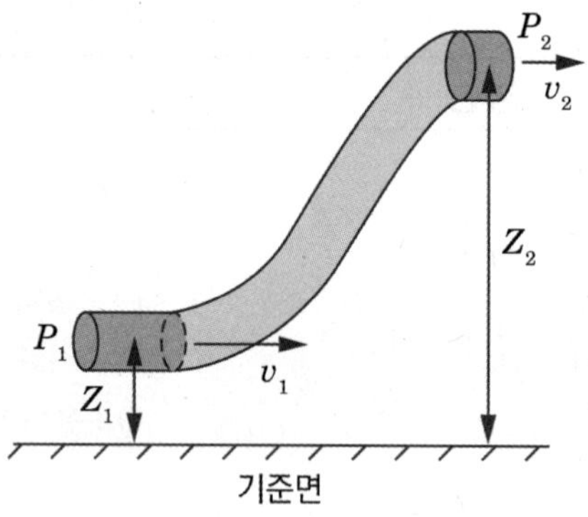

3 계산식

P.92 문31
P.93 문32

1) 베르누이방정식

$$\frac{P_1}{\gamma}+\frac{V_1^2}{2g}+Z_1=\frac{P_2}{\gamma}+\frac{V_2^2}{2g}+Z_2$$

$$\text{즉, } H=\frac{P}{\gamma}+\frac{V^2}{2g}+Z=const$$

P_1, P_2 : 압력 [N/m²]
γ : 비중량 [N/m³]
V_1, V_2 : 유속 [m/s]
g : 중력가속도 [m/s²]
Z_1, Z_2 : 위치수두 [m]
H : 전수두 [m]

2) 마찰손실수두를 고려한 수정 베르누이방정식

$$\frac{P_1}{\gamma}+\frac{V_1^2}{2g}+Z_1=\frac{P_2}{\gamma}+\frac{V_2^2}{2g}+Z_2+h_L$$

h_L : 배관의 마찰손실수두 [m]

3) 펌프의 전양정을 고려한 수정 베르누이방정식

$$\frac{P_1}{\gamma}+\frac{V_1^2}{2g}+Z_1+h_P=\frac{P_2}{\gamma}+\frac{V_2^2}{2g}+Z_2+h_L$$

h_P : 펌프의 전양정 [m]
h_L : 배관의 마찰손실수두 [m]

- 압력수두 : 유체가 받은 압력의 크기 (압력 에너지)
- 속도수두 : 유체가 가지는 운동 에너지
- 위치수두 : 유체가 놓인 위치에 따른 위치 에너지

→ 이 세 가지 에너지는 서로 전환되지만 총합은 변하지 않음

05 베르누이방정식 응용

1 에너지선과 동수경사선 ★★

1) 비점성 유동에서는 모든 점에서 에너지선이 일정
2) 점성 유동에서는 마찰손실수두만큼 에너지선이 하강 기울기를 갖게 됨
3) 에너지선(전수두선) : $\dfrac{P}{\gamma}+\dfrac{V^2}{2g}+Z$
4) 수력구배선(수력기울기 = 동수경사선) : $\dfrac{P}{\gamma}+Z$
5) 수력구배선은 에너지선보다 항상 속도수두$\left(\dfrac{V^2}{2g}\right)$만큼 아래에 있음

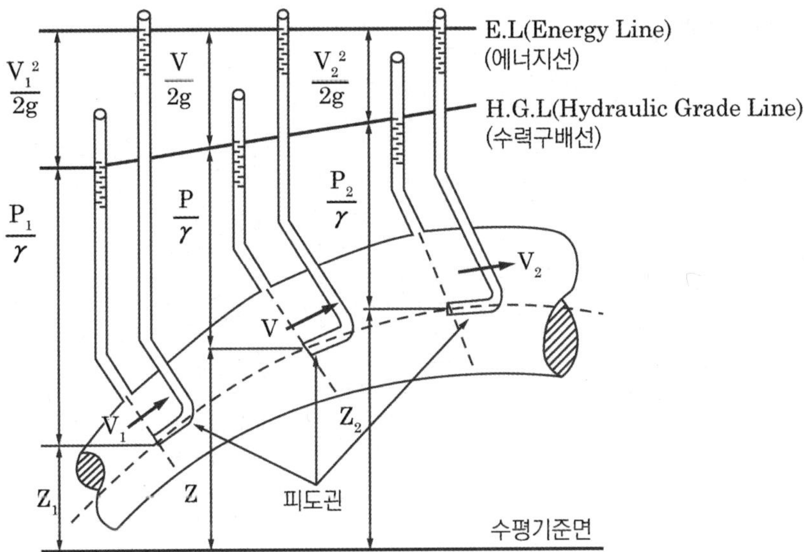

- 비점성 유동에서는 모든 점에서 에너지선이 일정하다. O
- 점성 유동에서는 마찰손실수두만큼 에너지선이 하강 기울기를 갖게 된다. O

비점성 유동
점성이 없는 유체가 흐른다고 이상적으로 가정한 유동
점성 유동
실제 유체처럼 점성(마찰 저항)이 존재하는 유동

2 토리첼리의 정리 ★★★

$$V_2 = C_v\sqrt{2gh} = C_v\sqrt{2g\left(\frac{P}{\gamma}\right)}$$

V_2 : 유출속도 [m/s]
C_v : 속도계수
g : 중력가속도 [m/s^2]
h : 높이 [m]
P : 압력 [N/m^2]
γ : 비중량 [N/m^3]

P.93 문34
P.95 문38
P.96 문44

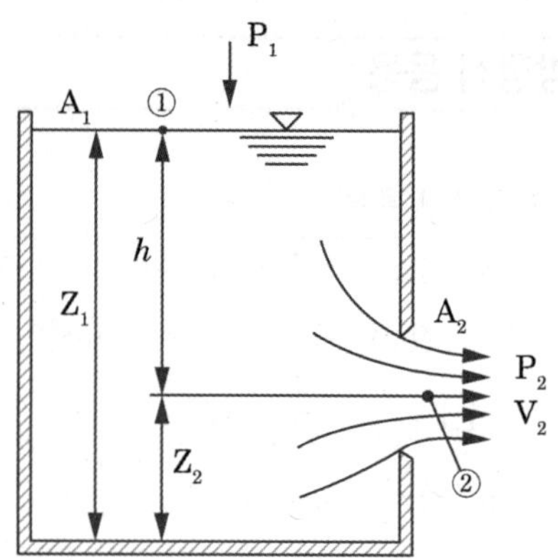

3 피토관 ★★★

P.93 문33
P.94 문36

1) 피토관의 유속

$$V_1 = \sqrt{2gh}$$

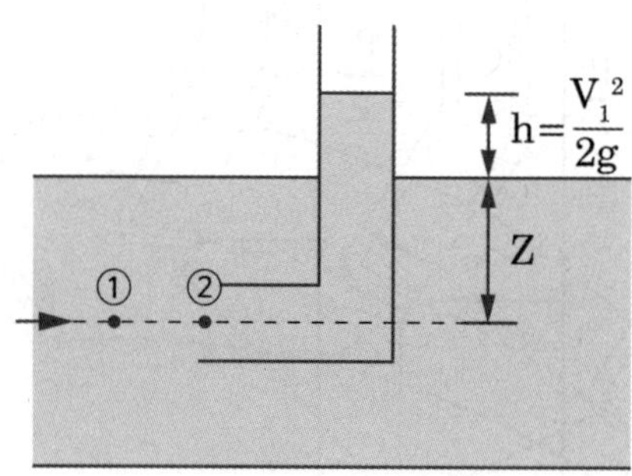

P.94 문35
P.94 문37

2) 피토정압관의 유속

$$V_1 = \sqrt{2gh\left(\frac{\gamma_2}{\gamma_1} - 1\right)}$$

V_1 : 유속 [m/s]
g : 중력가속도 [m/s^2]
γ_1 : 배관 액체의 비중량 [N/m^3]
γ_2 : U자관 액체 비중량 [N/m^3]
h : 높이 [m]

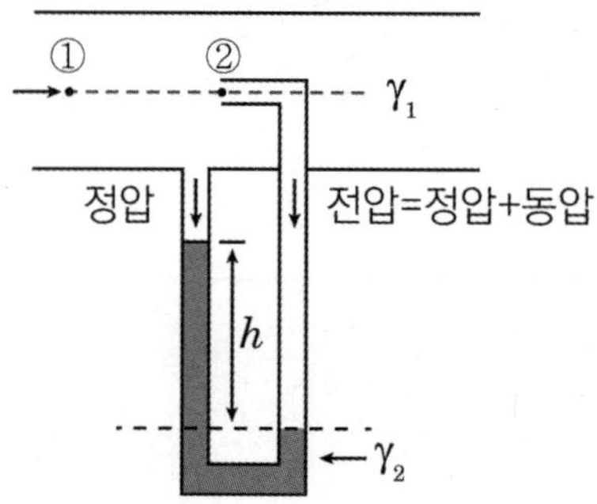

전압, 정압, 동압

- 전압(= 정체압) : 유체의 흐름을 정면으로 막는 정체점에 걸리는 압력(정압 + 동압)
- 정압 : 유체 자체의 압력으로 교란되지 않은 압력
- 동압 : 유체의 운동에 의한 압력으로 유속 측정에 이용

Q·심화 벤츄리미터

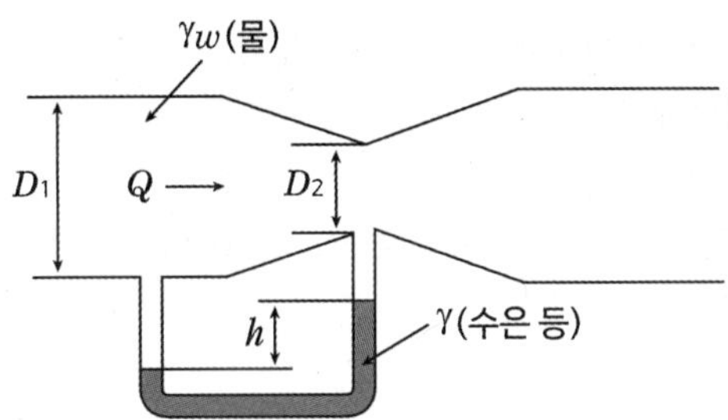

1) 벤츄리미터의 이론 유속

$$V_2 = \frac{1}{\sqrt{1-\left(\frac{A_2}{A_1}\right)^2}}\sqrt{2g\left(\frac{P_1-P_2}{\gamma_w}\right)} = \frac{1}{\sqrt{1-\left(\frac{D_2}{D_1}\right)^4}}\sqrt{2gh\left(\frac{\gamma}{\gamma_w}-1\right)}$$

V_2 : 이론 유속 [m/s]
A_2 : 오리피스 단면적 [m^2]
D_2 : 오리피스 직경 [m]
D_1 : 배관의 직경 [m]
g : 중력가속도 [m/s^2]
γ : 유체 비중량 [N/m^3]
γ_w : 물의 비중량 [N/m^3]
h : 높이 [m]

2) 벤츄리미터의 이론 유량

$$Q = \frac{A_2}{\sqrt{1-\left(\frac{D_2}{D_1}\right)^4}}\sqrt{2gh\left(\frac{\gamma}{\gamma_w}-1\right)}$$

Q : 이론 유량 [m^3/s]
A_2 : 오리피스 단면적 [m^2]
D_2 : 오리피스 직경 [m]
D_1 : 배관의 직경 [m]
g : 중력가속도 [m/s^2]
γ : 유체 비중량 [N/m^3]
γ_w : 물의 비중량 [N/m^3]
h : 높이 [m]

3) 벤츄리미터의 실제 유량

실제 유체의 흐름에서는 관로의 형상변화, 마찰 저항 등에 따른 손실로 인하여 유량이 이론값보다 작아진다. 이러한 손실들을 실험적으로 얻어지는 보정계수를 곱하여 실제 유량을 구할 수 있다.

$$Q= C_d \cdot \frac{A_2}{\sqrt{1-\left(\frac{D_2}{D_1}\right)^4}}\sqrt{2gh\left(\frac{\gamma}{\gamma_w}-1\right)}$$

Q : 실제 유량 [m^3/s]
C_d : 방출계수(속도계수 C_V × 수축계수 C_C)
A_2 : 오리피스 단면적 [m^2]
D_2 : 오리피스 직경 [m]
D_1 : 배관의 직경 [m]
g : 중력가속도 [m/s^2]
γ : 유체 비중량 [N/m^3]
γ_w : 물의 비중량 [N/m^3]
h : 높이 [m]

※ 방출계수 C_d

방출계수 C_d는 속도계수 C_V와 수축계수 C_C의 곱, $C_d = C_V \times C_C$이다.

- 오리피스 유량계에서 C_d

  오리피스 유량계에서는 급격한 유동 면적 변화에 의해 선회유동이 발생하며, 압력손실이 크게 나타난다. Re가 큰(Re > 30000)유동에 대해 C_d는 0.61로 일정한 값이 된다.

- 벤츄리 유량계에서 C_d

  유로가 점진적으로 축소와 확대가 되므로 유동 박리와 선회류가 생기지 않고, 내측면에서 마찰손실만이 존재한다. C_d가 0.95 ~ 0.99로 매우 크다(Re가 클수록 C_d도 커짐).

06 운동량방정식

1 평판 ★★★

P.97 문47
P.97 문48

1) 고정평판에 작용하는 힘

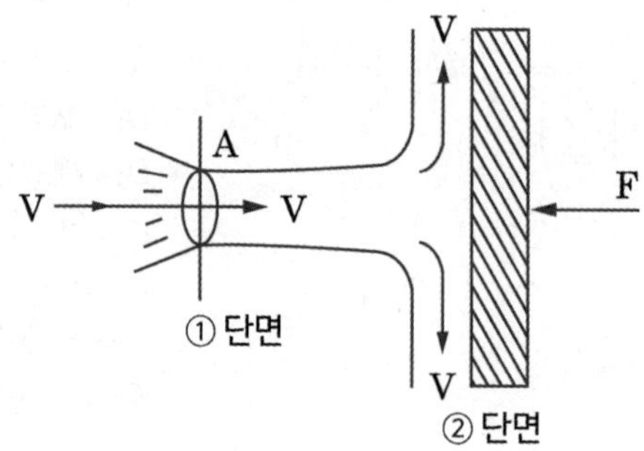

$$F = \rho Q \Delta V = \rho Q V = \rho A V^2$$

F : 힘 [N]
ρ : 유체의 밀도 [kg/m^3]
Q : 유량 [m^3/s]
* 유량 $Q = AV$:
노즐의 단면적 × 절대속도
ΔV : 속도 차 [m/s]
V : 노즐에서 유속 [m/s]
A : 노즐의 단면적 [m^2]

2) 이동평판에 작용하는 힘

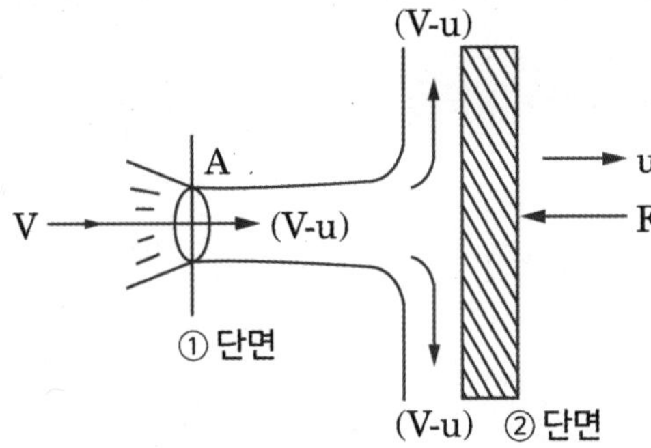

$$F = \rho Q(V-u) = \rho A(V-u)^2$$

F : 힘 [N]
ρ : 유체의 밀도 [kg/m^3]
Q : 유량 [m^3/s]
 * 유량 $Q = A(V-u)$: 노즐의 단면적 × 상대속도
V : 노즐에서 유속 [m/s]
u : 평판의 이동속도 [m/s]
A : 노즐의 단면적 [m^2]

2 탱크에 달려 있는 노즐에 의한 추진

탱크 후미에 노즐을 설치하여 분사압력의 힘으로 추진될 때의 힘을 '추력'이라 함

P.99 문52

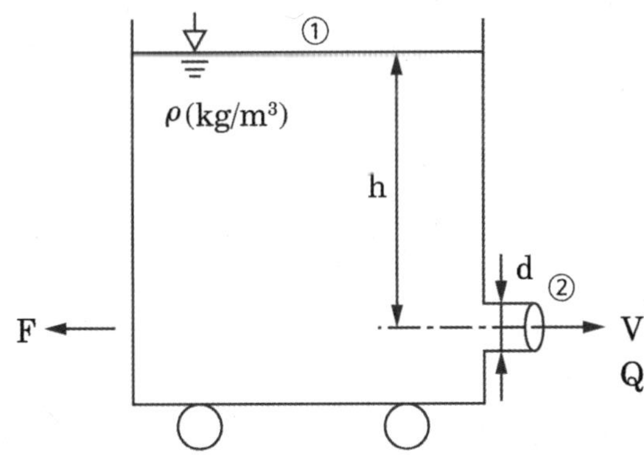

$$F = \rho QV = \rho A V^2 = \rho A(\sqrt{2gh})^2$$

F : 추력 [N]
ρ : 유체의 밀도 [kg/m^3]
Q : 노즐에서 유량 [m^3/s]
V : 노즐에서 유출 유속 [m/s]

3 소방 노즐의 반발력, 반동력(= 플랜지볼트에 작용하는 힘)

$$F= P_1 \times A_1 - \rho \times Q \times \Delta V$$

F : 노즐의 반발력, 반동력[N]
P_1 : 호스에서 압력 [Pa]
A_1 : 호스의 단면적 [m^2]
ρ : 유체의 밀도 [kg/m^3]
(물 : 1000 [kg/m^3])
Q : 방수량 [m^3/s]
ΔV : 호스와 노즐의 유속 차 [m/s]

07 레이놀즈수(Reynold's Number) ★★★

1 레이놀즈수의 정의

P.99 문53

1) 층류와 난류(즉, 유체의 흐름)를 구분하는 척도가 되는 값으로 무차원수
2) $Re = \frac{관성력}{점성력}$

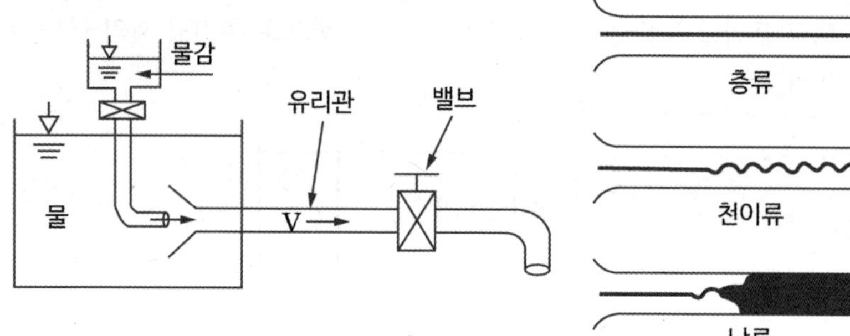

2 레이놀즈수 계산식

레이놀즈수가 작으면 층류, 크면 난류로 구분

P.100 문57
P.101 문58

$$레이놀즈수\ Re = \frac{\rho VD}{\mu} = \frac{VD}{\nu}$$

ρ : 밀도 [kg/m^3]
V : 유속 [m/s]
D : 직경 [m]
μ : 점성계수 [$N \cdot s/m^2$]
ν : 동점성계수 [m^2/s]

3 레이놀즈수에 의한 유체의 분류

구분	층류	천이류(임계영역)	난류
Re수 범위	Re < 2100	2100 < Re < 4000	Re > 4000

하임계레이놀즈수 : 난류에서 층류로 바뀌는 임계값 (Re = 2100)
상임계레이놀즈수 : 층류에서 난류로 바뀌는 임계값 (Re = 4000)

P.99 문54
P.100 문55
P.100 문56
P.101 문59

1) 층류
  (1) 유체가 규칙적으로 층상을 이루며 흐르는 유동
  (2) 관 마찰계수 : 레이놀즈수만의 함수 $\left(f = \dfrac{64}{Re}\right)$
  (3) 평균유속(u) = $\dfrac{\text{최대유속}(u_{\max})}{2}$

층류유동일 때 평균 유속은 '최대유속/2'이다. O

2) 천이류(임계영역)
  (1) 층류와 난류가 상호 전환되는 유동
  (2) 관 마찰계수 : 레이놀즈수와 상대조도와의 함수
3) 난류
  (1) 유체가 불규칙적으로 난동을 이루며 흐르는 유동
  (2) 관 마찰계수
    ① 거친 관에서 : 상대조도만의 함수
    ② 매끈한 관에서 : 레이놀즈수만의 함수

P.101 문60

4 수평원관에서 점성 유체가 층류 상태로 정상유동할 때

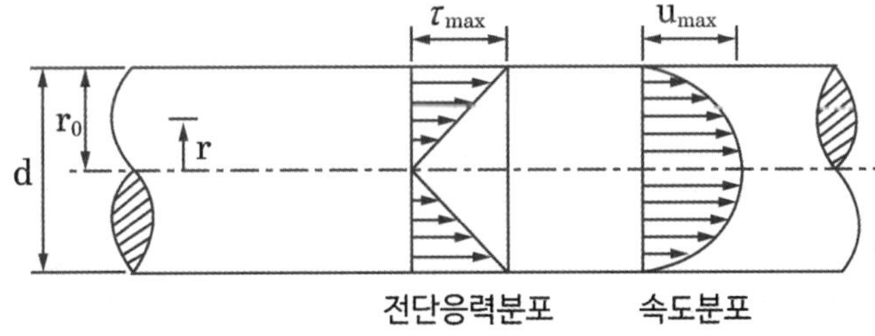

r_0 : 반지름
d : 지름
r : 관 중심으로부터 임의의 반경
τ : 임의의 반경 r에서의 전단응력

1) 전단응력(τ)의 분포
  (1) 관 중심에서 0, 관벽에서 최댓값
  (2) 관 중심에서 관벽으로 직선적인 변화를 함

전단응력은 벽에 가까울수록 큼, 중심에서는 없음

수평원관에서 점성 유체가 층류 상태로 정상유동할 때 전단응력의 분포는 관 중심에서 0, 관 벽에서 최댓값을 가진다. O

✔ 벽면($r = r_0$)일 때 : $u = 0$

2) 속도(u) 분포

(1) 관벽에서 0, 관 중심에서 최댓값

(2) 관벽에서 관 중심으로 비선형적(2차 포물선) 변화를 함

(3) 평균유속(u) = $\frac{최대유속(u_{max})}{2}$

(4) $u = u_{max}\left\{1 - \left(\frac{r}{r_0}\right)^2\right\}$

즉, r = 0일 때 $u = u_{max}$

예상문제

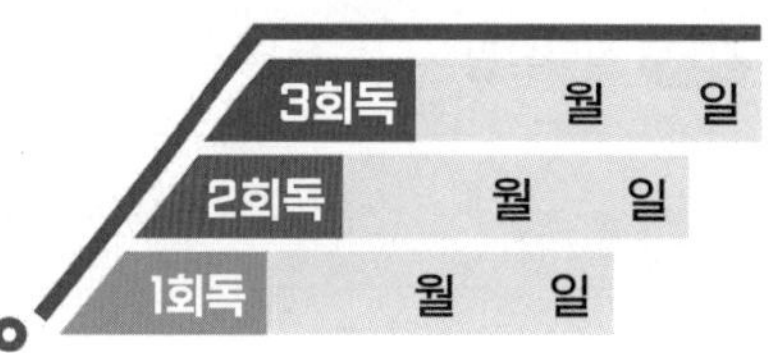

01 상 중 (하)

흐르는 유체에서 정상류의 의미로 옳은 것은?

① 흐름의 임의의 점에서 흐름특성이 시간에 따라 일정하게 변하는 흐름
② 흐름의 임의의 점에서 흐름특성이 시간에 관계없이 항상 일정한 상태에 있는 흐름
③ 임의의 시각에 유로 내 모든 점의 속도벡터가 일정한 흐름
④ 임의의 시각에 유로 내 각점의 속도벡터가 다른 흐름

해설 정상류

② 흐름의 임의의 점에서 흐름특성이 시간에 관계없이 항상 일정한 상태에 있는 흐름, 즉 시간의 변화에 따라 흐름 특성이 변화하지 않는 흐름

02 상 중 (하)

유체의 흐름에 있어서 유선에 대한 설명으로 옳은 것은?

① 유동단면의 중심을 연결한 선이다.
② 유체의 흐름에 있어서 위치벡터에 수직한 방향을 갖는 연속적인 선이다.
③ 모든 점에서 유체흐름의 속도벡터의 방향을 갖는 연속적인 선이다.
④ 정상류에서만 존재하고 난류에서는 존재하지 않는다.

해설 유체의 흐름(유선)

모든 점에서 유체흐름의 속도벡터의 방향을 갖는 연속적인 선

03 상 (중) 하

직경이 D인 소방 호스 끝에 직경이 D/2인 노즐이 연결되어 있다. 노즐에서 유출되는 유체의 평균속도는 호스에서의 평균속도에 얼마인가?

① 1/4 ② 1/2
③ 2배 ④ 4배

해설 노즐에서 유속(Q = AV공식)

체적유량 $Q = AV$

$A_{호스} V_{호스} = A_{노즐} V_{노즐}$

$\frac{\pi}{4} D^2 \times V_{호스} = \frac{\pi}{4}\left(\frac{D}{2}\right)^2 \times V_{노즐}$

$\therefore\ V_{노즐} = 4 \times V_{호스}$

따라서 노즐에서 유출되는 유체의 평균속도는 호스에서의 평균속도의 4배이다.

Q : 유량
A : 단면적, V : 유속

04 상 (중) 하

할론 1301이 밀도 1.4 [g/cm^3], 속도 15 [m/s]로 지름 50 [mm] 배관을 통해 정상류로 흐르고 있다. 이때 할론 1301의 질량 유량은 약 몇 [kg/s]인가?

① 20.4 ② 30.6
③ 41.2 ④ 52.5

정답 01 ② 02 ③ 03 ④ 04 ③

해설 질량유량

질량유량 $M = \rho A V$

1) 밀도 ρ

$$\rho = 1.4\,[g/cm^3] \times \frac{1\,[kg]}{1000\,[g]} \times \frac{10^6\,[cm^3]}{1\,[m^3]}$$

$$= 1400\,[kg/m^3]$$

2) 질량 유량 M

$$M = \rho A V$$

$$= 1400\,[kg/m^3] \times \frac{\pi}{4} \times 0.05^2\,[m^2] \times 15\,[m/s]$$

$$= 41.2\,[kg/s]$$

05 상 중 (하)

평균유속 2 [m/s]로 50 [L/s] 유량의 물을 흐르게 하는 데 필요한 관의 안지름은 약 몇 [mm]인가?

① 158　② 168
③ 178　④ 188

해설 관의 지름

체적유량 $Q = A V$

$$Q[m^3/s] = A[m^2] \times V[m/s]$$

$$\frac{50}{1000} = \frac{\pi}{4} \times D^2 \times 2$$

$$\therefore\ D = 0.178\,[m] = 178\,[mm]$$

06 상 중 (하)

안지름이 65 [mm]인 관 내를 유량 0.24 [m^3/ min]로 물이 흘러간다면 평균 유속은 약 몇 [m/s]인가?

① 1.2　② 2.4
③ 3.6　④ 4.8

해설 물의 유속(Q = AV 공식)

체적유량 $Q = A V$

$$Q[m^3/s] = A[m^2] \times V[m/s]$$

$$\frac{0.24}{60} = \frac{\pi}{4} \times 0.065^2 \times V$$

$$\therefore\ V = 1.2\,[m/s]$$

07 상 중 (하)

그림과 같이 단면 A에서 정압이 500 [kPa]이고, 10 [m/s]로 난류의 물이 흐르고 있을 때 단면 B에서의 유속 [m/s]은?

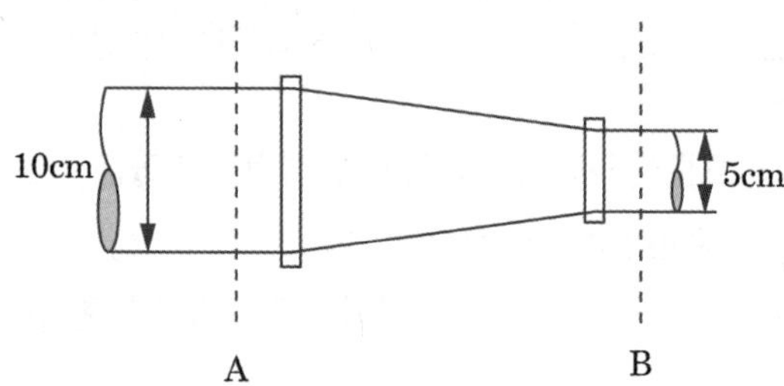

① 20　② 40
③ 60　④ 80

정답 05 ③ 06 ① 07 ②

해설 연속방정식 체적유량

체적유량 $Q = AV$

$A_1V_1 = A_2V_2$

$$V_2 = \frac{A_1V_1}{A_2} = \frac{D_1^2V_1}{D_2^2} = \frac{10^2[m^2] \times 10[m/s]}{5^2[m^2]} = 40\,[m/s]$$

08 (상 중 하)

내경이 D인 배관에 비압축성 유체인 물이 V의 속도로 흐르다가 갑자기 내경이 3D가 되는 확대관으로 흘렀다. 확대된 배관에서 물의 속도는 어떻게 되는가?

① 변화 없다. ② 1/3로 줄어든다.
③ 1/6로 줄어든다. ④ 1/9로 줄어든다.

해설 확대관에서 물의 속도(Q = AV)

$A_1V_1 = A_2V_2$

$1^2 \times V_1 = 3^2 \times V_2$

$\therefore\ V_2 = \frac{1}{9}V_1$

09 (상 중 하)

물이 안지름 600 [mm]의 파이프를 통하여 평균 3 [m/s]의 속도로 흐를 때 유량은 약 몇 [m³/s]인가?

① 0.34 ② 0.85
③ 1.82 ④ 2.88

해설 체적유량(Q = AV)

$$Q = AV = \frac{\pi}{4} \times 0.6^2 \times 3 = 0.85\,[m^3/s]$$

10 (상 중 하)

유량이 0.75 [m³/min]인 소화설비 배관의 안지름이 100 [mm]일 때 배관 속을 흐르는 물의 평균 유속은 약 몇 [m/s]인가?

① 0.8 ② 1.1
③ 1.4 ④ 1.6

해설 물의 유속(Q = AV 이용)

체적유량 $Q = AV$

$Q = AV$

$$\frac{0.75}{60} = \frac{\pi}{4} \times 0.1^2 \times V$$

$\therefore\ V = 1.6\,[m/s]$

신유형!

11 (상 중 하)

깊이 1 [m]까지 물을 넣은 물탱크의 밑에 오리피스가 있다. 수면에 대기압이 작용할 때의 초기 오리피스에서의 유속 대비 2배 유속으로 물을 유출시키려면 수면에는 몇 [kPa]의 압력을 더 가하면 되는가? (단, 손실은 무시한다)

① 9.8 ② 19.6
③ 29.4 ④ 39.2

해설 수면에서 추가압력

1) 유속 $V(Q = AV)$

$V = \sqrt{2 \times 9.8 \times 1} = 4.43\,[m/s]$

2) 2배 유속일 때 물탱크 밑면으로부터 수면까지 높이

$$H = \frac{(2 \times 4.43)^2}{2 \times 9.8} = 4\,[m]$$

3) 추가압력 $[kPa]$

$$P = (4-1)\,[m] \times \frac{101.325\,[kPa]}{10.332\,[m]}$$

$= 29.4\,[kPa]$

정답 08 ④ 09 ② 10 ④ 11 ③

12 상중하

출구 지름이 1 [cm]인 노즐이 달린 호스로 20 [L]의 생수통에 물을 채운다. 생수통을 채우는 시간이 50초가 걸린다면 노즐 출구에서의 물의 평균 속도는 몇 [m/s]인가?

① 5.1　② 7.2
③ 11.2　④ 20.4

해설 평균 속도(Q = AV 공식)

$Q = AV[m^3/s]$

$\frac{0.02}{50} = \frac{\pi}{4} \times 0.01^2 \times V$

$\therefore\ V = 5.1\,[m/s]$

13 상중하

노즐 내의 유체의 질량 유량을 0.06 [kg/s], 출구에서의 비체적을 7.8 [m³/kg], 출구에서의 평균 속도를 80 [m/s]라고 하면 노즐 출구의 단면적은 약 몇 [cm²]인가?

① 88.5　② 78.5
③ 68.5　④ 58.5

해설 노즐 출구 단면적

질량유량 $M = \rho A V$

1) 밀도 ρ

$\rho = \frac{1}{V_s} = \frac{1}{7.8} = 0.128\,[kg/m^3]$

2) 질량유량 M

$M = \rho A V$

$0.06 = 0.128 \times A \times 80$

$A = 0.00585\,[m^2] = 58.5\,[cm^2]$

14 상중하

안지름 1000 [mm]의 원통형 수조에 들어 있는 물을 안지름 150 [mm]인 관을 통해 평균유속 3 [m/s]로 배출한다. 이때 수조 내 수면의 강하속도는 약 몇 [cm/s]인가?

① 3.24　② 1.423
③ 6.75　④ 14.13

해설 강하속도(Q = AV 공식 사용)

유량 $Q = A_1 V_1 = A_2 V_2$

$1^2 \times V_1 = 0.15^2 \times 3$

$V_1 = 0.0675\,[m/s] = 6.75\,[cm/s]$

15 상중하

어떤 관 속의 정압(절대압력)은 294 [kPa], 온도는 27 [℃], 공기의 기체상수는 287 [J/kg·K]일 경우 안지름이 250 [mm]인 관 속을 흐르고 있는 공기의 평균 유속이 50 [m/s]이면 공기는 매초 약 몇 [kg]이 흐르는가?

① 8.4　② 9.5
③ 10.7　④ 12.5

해설 연속방정식(질량유량)

이상기체상태방정식 $PV = nRT = \frac{W}{M}RT = W\overline{R}T$

1) 밀도 $\rho = \frac{P}{\overline{R}T}$

$= \frac{294000\,[Pa]}{287\,[J/kg\cdot K] \times (273+27)\,[K]}$

$= 3.41\,[kg/m^3]$

2) 질량유량 $M = \rho A V$

$= 3.41 \times \frac{\pi}{4} \times 0.25^2 \times 50$

$\fallingdotseq 8.4\,[kg/s]$

정답 12 ① 13 ④ 14 ③ 15 ①

16 상 중 하

지름 20 [cm]의 소화용 호스에 물이 질량유량 80 [kg/s]로 흐를 때 평균유속은 약 몇 [m/s]인가?

① 0.58 ② 2.55
③ 5.97 ④ 25.48

해설 물의 유속(질량유량)

질량유량 $M = \rho A V$

$$V = \frac{M}{\rho A} = \frac{80}{1000 \times \frac{\pi}{4} \times 0.2^2} = 2.55[m/s]$$

17 상 중 하

직경 7.62 [cm], 길이가 10 [m]인 소방호스에 1.67 × 10^{-3} [m^3/s]의 물이 흐르고 있을 때 평균유속은 약 몇 [m/s]인가?

① 0.27 ② 0.37
③ 0.47 ④ 0.57

해설 물의 유속(Q = AV 공식)

체적유량 $Q = AV$

$$Q[m^3/s] = A[m^2] \times V[m/s]$$

$$1.67 \times 10^{-3} = \frac{\pi}{4} \times 0.0762^2 \times V$$

∴ 유속 $V = 0.37\,[m/s]$

18 상 중 하

안지름이 15 [cm]인 소화용 호스에 물이 질량유량 100 [kg/s]로 흐르는 경우 평균유속은 약 몇 [m/s]인가?

① 1 ② 1.41
③ 3.18 ④ 5.66

해설 연속방정식(질량유량)

질량유량 $M = \rho A V$

$$M = \rho \cdot A \cdot V$$

$$유속\ V = \frac{M}{\rho \frac{\pi}{4} d^2} = \frac{100}{1000 \times \frac{\pi}{4} \times 0.15^2}$$

$$= 5.66\,[m/s]$$

19 상 중 하

그림과 같은 관에 비압축성 유체가 흐를 때 A 단면의 평균속도가 V_1이라면 B단면에서의 평균속도 V_2는? (단, A 단면의 지름은 d_1이고 B단면의 지름은 d_2이다)

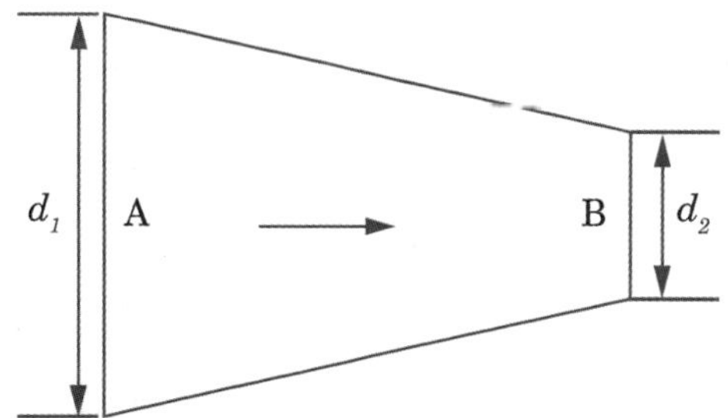

① $V_2 = \left(\frac{d_1}{d_2}\right) V_1$ ② $V_2 = \left(\frac{d_1}{d_2}\right)^2 V_1$
③ $V_2 = \left(\frac{d_2}{d_1}\right) V_1$ ④ $V_2 = \left(\frac{d_2}{d_1}\right)^2 V_1$

정답 16 ② 17 ② 18 ④ 19 ②

해설 평균속도

$Q = A_1 V_1 = A_2 V_2 \rightarrow d_1^2 V_1 = d_2^2 V_2$

$\therefore\ V_2 = \left(\dfrac{d_1}{d_2}\right)^2 \times V_1$

20 상 중 하

단면 크기가 가로 0.3 [m], 세로 0.5 [m]인 덕트 속을 공기가 흐르고 있다. 덕트 속에 흐르는 공기의 유량이 0.45 [m³/s]일 때 공기의 질량유량은 몇 [kg/s]인가? (단, 공기의 밀도는 2 [kg/m³]이다)

① 0.7 ② 0.8
③ 0.9 ④ 1

해설 연속방정식(질량유량)

질량유량 $M = \rho A V$

1) 체적유량

$Q = AV [m^3/s] = 0.45 [m^3/s]$

2) 질량유량

$M = \rho A V = \rho Q [kg/s]$

$= 2 \times 0.45 = 0.9 [kg/s]$

21 상 중 하

다음 중 연속방정식이 아닌 것은?

① $\rho_1 A_1 V_1 = \rho_2 A_2 V_2$

② $A_1 V_1 = A_2 V_2$

③ $\dfrac{\delta u}{\delta x} + \dfrac{\delta v}{\delta y} + \dfrac{\delta w}{\delta z} = 0$

④ $\dfrac{\delta x}{u} = \dfrac{\delta y}{v} = \dfrac{\delta z}{w}$

해설 연속방정식

① 질량유량에 대한 연속방정식
1지점의 질량유량($\dot{M_1}$) = 2지점의 질량유량($\dot{M_2}$)

② 체적유량에 대한 연속방정식
1지점의 체적유량($\dot{Q_1}$) = 2지점의 체적유량($\dot{Q_2}$)

③ 3차원 정상류, 비압축성 유동일 때 연속방정식

22 상 중 하

내경 40 [cm]인 관에 유속 0.5 [m/s]로 물이 흐르고 있다면 유량 [m³/s]은 얼마인가?

① 0.06 ② 0.63
③ 1.6 ④ 16

해설 연속방정식(체적유량)

유량 $Q = AV = \dfrac{\pi}{4} \times 0.4^2 \times 0.5 = 0.06 [m^3/s]$

23 상 중 하

유체에서의 연속방정식과 관련이 없는 것은?

① $A_1 V_1 = A_2 V_2$

② $\rho_1 A_1 V_1 = \rho_2 A_2 V_2$

③ $\gamma_1 A_1 V_1 = \gamma_2 A_2 V_2$

④ $\tau = \mu \dfrac{du}{dy}$

해설 연속방정식

① 체적유량에 대한 연속방정식($\dot{Q_1} = \dot{Q_2}$)

② 질량유량에 대한 연속방정식($\dot{M_1} = \dot{M_2}$)

③ 중량유량에 대한 연속방정식($\dot{G_1} = \dot{G_2}$)

④ 전단응력

정답 20 ③ 21 ④ 22 ① 23 ④

24 상중하

지름이 10 [mm]인 노즐에서 물이 방사되는 방사압(계기압력)이 392 [kPa]라면 방수량은 약 몇 [m³/min]인가?

① 0.402 ② 0.220
③ 0.132 ④ 0.012

해설 노즐에서 방사량

방수량 $Q=2.086D^2\sqrt{P}$

$Q=2.086D^2\sqrt{P}$
$=2.086\times10^2\sqrt{0.392}$
$=130.6\,[L/\min]=0.131\,[m^3/\min]$

Q : 방수량 [L/min]
D : 노즐 직경 [mm], P : 방수압 [MPa]

25 상중하

지름이 13 [mm]인 옥내소화전 노즐에서 10분간 방사된 물의 양이 1.7 [m³]이었다면 노즐의 방사압력(계기압력)은 몇 [kPa]인가?

① 17 ② 27
③ 228 ④ 456

해설 소화전 방수량

방수량 $Q=2.086D^2\sqrt{P}$

$Q=2.086D^2\sqrt{P}$
$\dfrac{1.7\times1000}{10}=2.086\times13^2\sqrt{P}$
$P=0.232\,[MPa]=232\,[kPa]$

Q : 방수량 [L/min]
D : 노즐 직경 [mm], P : 방수압 [MPa]

26 상중하

방수노즐로부터 방수압력(계기압력) 255 [kPa]로 물을 방사할 때 방수량을 측정한 결과 0.1 [m³/min]이었다면 사용한 노즐의 구경은 약 몇 [mm]인가?

① 10 ② 12
③ 14 ④ 16

해설 노즐의 구경

방수량 $Q=2.086D^2\sqrt{P}$

방수량 $Q=2.086\times D^2\sqrt{P}$
$0.1\times1000=2.086\times D^2\times\sqrt{0.255}$
$\therefore D=9.74\fallingdotseq10\,[mm]$

Q : 방수량 [L/min]
D : 노즐 직경 [mm], P : 방수압 [MPa]

27 상중하

옥내소화전 노즐선단에서 물 제트의 방사량이 0.1 [m³/min], 노즐선단 내경이 25 [mm]일 때 방사압력(계기압력)은 약 몇 [kPa]인가?

① 3.27 ② 4.41
③ 5.32 ④ 5.88

해설 소화전 방수량식

방수량 $Q=2.086D^2\sqrt{P}$

$Q=2.086\times D^2\sqrt{P}$
$0.1\times1000=2.086\times25^2\sqrt{P}$
$P=0.00588\,[MPa]=5.88\,[kPa]$

Q : 방수량 [L/min]
D : 노즐 직경 [mm], P : 방수압 [MPa]

정답 24 ③ 25 ③ 26 ① 27 ④

28 상중하

스프링클러헤드의 방수압이 4배가 되면 방수량은 몇 배가 되는가?

① $\sqrt{2}$배　　② 2배
③ 4배　　④ 8배

해설 스프링클러헤드 방수량

$Q_1 = K\sqrt{10P}$

$Q_2 = K\sqrt{10(4P)} = 2K\sqrt{10P} = 2 \cdot Q_1$

∴ 방수량은 2배가 된다.

※ $Q = K\sqrt{10P}$이므로 $Q \propto \sqrt{P} = \sqrt{4}$

29 상중하

기준면에서 7.5 [m] 높은 곳에서 유속이 6.5 [m/s]인 물이 흐르고 있을 때 압력이 55 [kPa]이었다. 전수두는 약 몇 [m]인가?

① 15.3　　② 17.4
③ 19.1　　④ 23.5

해설 전수두

$$\text{전수두 } H = \frac{P}{\gamma} + \frac{V^2}{2g} + Z$$

$$= \frac{55}{9.8} + \frac{6.5^2}{2 \times 9.8} + 7.5 = 15.3\,[m]$$

30 상중하

두 개의 가벼운 공을 그림과 같이 실로 매달아 놓았다. 두 개의 공 사이로 공기를 불어넣으면 공은 어떻게 되겠는가?

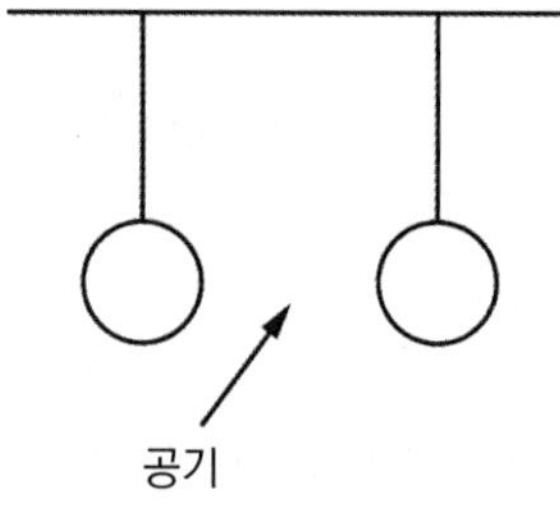

① 파스칼의 법칙에 따라 벌어진다.
② 파스칼의 법칙에 따라 가까워진다.
③ 베르누이의 법칙에 따라 벌어진다.
④ 베르누이의 법칙에 따라 가까워진다.

해설 베르누이법칙

- 속도수두, 압력수두, 위치수두의 합은 일정하다.
- 기류를 불어넣으면 위치수두는 일정, 속도가 증가하여 공 사이의 압력이 감소하므로 가까워진다.

31 상중하

펌프의 일과 손실을 고려할 때 베르누이수정방정식을 바르게 나타낸 것은? (단, H_P와 H_L은 펌프의 수두와 손실수두를 나타내며, 하첨자 1, 2는 각각 펌프의 전후 위치를 나타낸다)

① $\frac{v^2}{2g} + \frac{P_1}{\gamma} + z_1 = \frac{v_2^2}{2g} + \frac{P_2}{\gamma} + H_L$

② $\frac{v_1^2}{2g} + \frac{P_1}{\gamma} + z_1 + H_P = \frac{v_2^2}{2g} + \frac{P_2}{\gamma} + H_L$

③ $\frac{v_1^2}{2g} + \frac{P_1}{\gamma} + H_P = \frac{v_2^2}{2g} + \frac{P_2}{\gamma} + z_2 + H_L$

④ $\frac{v_1^2}{2g} + \frac{P_1}{\gamma} + z_1 + H_P = \frac{v_2^2}{2g} + \frac{P_2}{\gamma} + z_2 + H_L$

정답 28 ② 29 ① 30 ④ 31 ④

해설 수정베르누이방정식

$$\frac{P_1}{\gamma}+\frac{V_1^2}{2g}+Z_1+H_P=\frac{P_2}{\gamma}+\frac{V_2^2}{2g}+Z_2+H_L$$

H_P : 펌프의 수두

H_L : 손실수두

32 상 중 (하)

그림과 같은 수평 관로에서 유체가 ①에서 ②로 흐르고 있다. ①, ②에서의 압력과 속도를 각각 P_1, V_1 및 P_2, V_2라 하고 손실수두를 H_L이라 할 때 에너지방정식은?

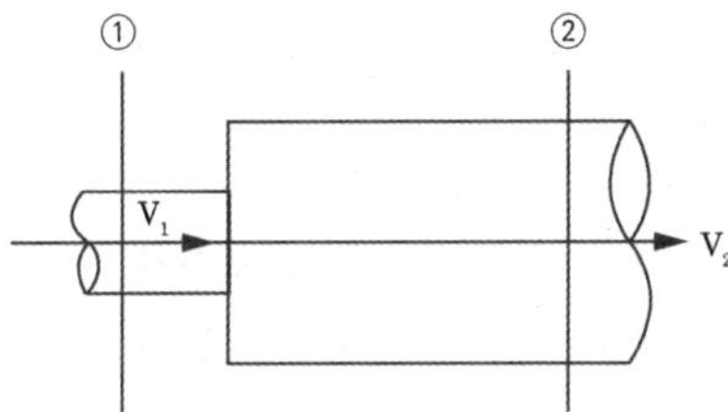

① $\frac{P_1}{\gamma}+\frac{V_1^2}{2g}=\frac{P_2}{\gamma}+\frac{V_2^2}{2g}+H_l$

② $\frac{P_1}{\gamma}+\frac{V_1^2}{2g}+H_l=\frac{P_2}{\gamma}+\frac{V_2^2}{2g}$

③ $\frac{P_1}{\gamma}+\frac{V_1^2}{2g}=\frac{P_2}{\gamma}+\frac{V_2^2}{2g}$

④ $\frac{P_1}{\gamma}+\frac{P_2}{\gamma}-\frac{V_1^2}{2g}+\frac{V_2^2}{2g}=H_l$

해설 베르누이방정식

$$\frac{P_1}{\gamma}+\frac{V_1^2}{2g}+Z_1=\frac{P_2}{\gamma}+\frac{V_2^2}{2g}+Z_2+H_L$$

H_L : 손실수두

33 상 (중) 하

그림과 같은 단순 피토관에서 물의 유속 [m/s]은?

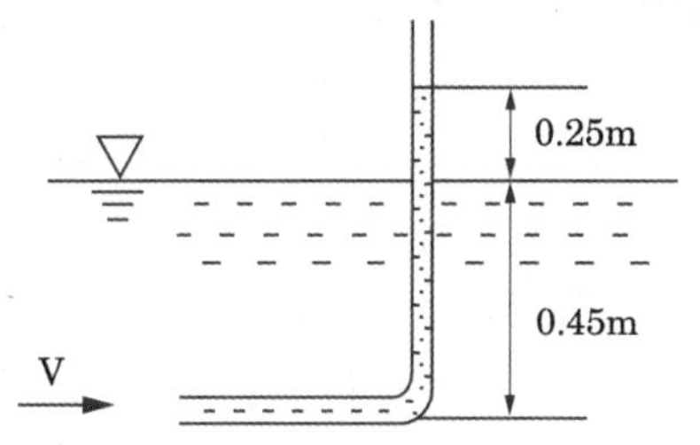

① 1.71 ② 1.98

③ 2.21 ④ 3.28

해설 피토관에서 물의 유속

유속 $V=\sqrt{2gH}=\sqrt{2\times9.8\times0.25}$

$=2.21\,m/s$

34 상 (중) 하

그림과 같이 수조의 밑 부분에 구멍을 뚫고 물을 유량 Q로 방출시키고 있다. 손실을 무시할 때 수위가 처음 높이의 1/2로 되었을 때 방출되는 유량은 어떻게 되는가?

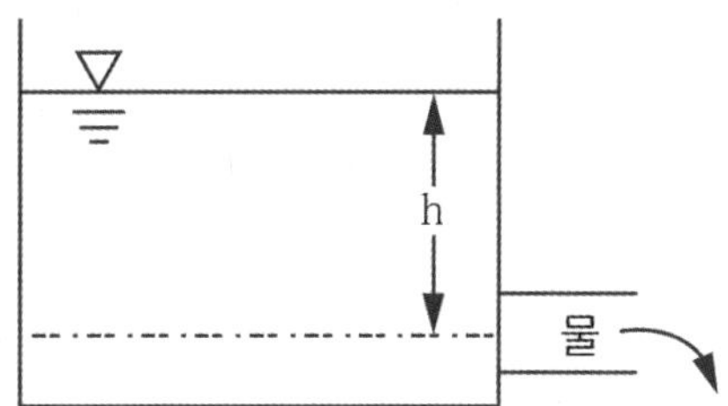

① $\frac{1}{\sqrt{2}}Q$ ② $\frac{1}{2}Q$

③ $\frac{1}{\sqrt{3}}Q$ ④ $\frac{1}{3}Q$

정답 32 ① 33 ③ 34 ①

해설 수조의 유량

유량 $Q = AV = A\sqrt{2gH}$

$Q \propto \sqrt{H}$

처음 높이였을 때 방출유량 : Q

처음 높이의 $\frac{1}{2}$로 되었을 때 방출유량 : Q_2

$Q : Q_2 = \sqrt{H_1} : \sqrt{H_2}$

$Q : Q_2 = \sqrt{H_1} : \sqrt{\frac{H_1}{2}}$

$Q_2 \times \sqrt{H_1} = Q \times \sqrt{\frac{H_1}{2}}$

따라서 $Q_2 = \frac{1}{\sqrt{2}} Q$

35 상 중 하

배연설비의 배관을 흐르는 공기의 유속을 피토정압관으로 측정할 때 정압단과 정체압단에 연결된 U자관의 수은 기둥 높이차가 0.03 [m]이었다. 이때 공기의 속도는 약 몇 [m/s]인가? (단, 공기의 비중은 0.00122, 수은의 비중 13.6이다)

① 81　　② 86
③ 91　　④ 96

해설 공기의 유속

유속 $V = \sqrt{2gH\left(\frac{S_2}{S_1} - 1\right)}$

$= \sqrt{2 \times 9.8 \times 0.03 \times \left(\frac{13.6}{0.00122} - 1\right)}$

$= 80.9578 = 81 [m/s]$

36 상 중 하

옥내소화전 설비의 배관 유속이 3 [m/s]인 위치에 피토정압관을 설치하였을 때 정체압과 정압의 차를 수두로 나타내면 몇 [m]가 되겠는가?

① 0.46　　② 4.6
③ 0.92　　④ 9.2

해설 피토정압관 수두(토리첼리식)

$V = \sqrt{2gH}$

$3 = \sqrt{2 \times 9.8 \times H}, \ H = 0.46 m$

37 상 중 하

지름이 15 [cm]인 관에 질소가 흐르는데, 피토관에 의한 마노미터는 4 [cmHg]의 차를 나타냈다. 유속은 약 몇 [m/s]인가? (단, 질소의 비중은 0.00114, 수은의 비중은 13.6, 중력가속도는 9.8 [m/s²]이다)

① 76.5　　② 85.6
③ 96.7　　④ 105.6

해설 피토관의 유속

유속 $V = \sqrt{2gH\left(\frac{S_2}{S_1} - 1\right)}$

$= \sqrt{2 \times 9.8 \times 0.04 \times \left(\frac{13.6}{0.00114} - 1\right)}$

$= 96.7067 = 96.7 [m/s]$

정답 35 ① 36 ① 37 ③

38 상중하

그림과 같이 수조측면에 구멍이 나 있다. 이 구멍을 통하여 흐르는 유속은 약 몇 [m/s]인가?

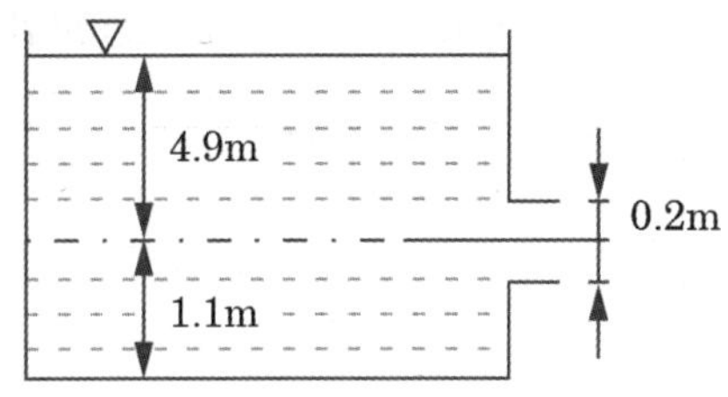

① 6.9 ② 3.09
③ 9.8 ④ 13.8

해설 유속(토리첼리식)

$V=\sqrt{2gH}=\sqrt{2\times9.8\times4.9}=9.8\,[m/s]$

39 상중하

유속이 0.99 [m/s]이고 비중이 0.85인 기름이 흐르고 있는 곳에 피토관을 세웠을 때 피토관에서 기름의 상승높이 H는 약 몇 [mm]인가?

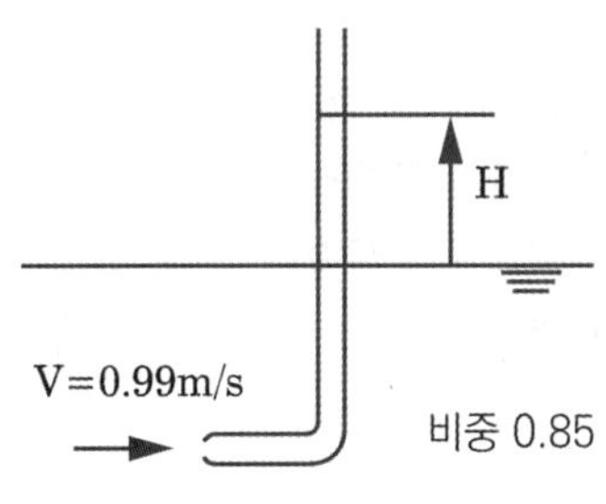

① 50 ② 5
③ 42 ④ 4.2

해설 피토관 상승높이

유속 $V=\sqrt{2gH}$

$0.99=\sqrt{2\times9.8\times H}$

$\therefore H=0.05\,[m]=50\,[mm]$

40 상중하

피토관으로 파이프 중심선에서의 유속을 측정할 때 피토관의 액주높이가 5.2 [m], 정압튜브의 액주높이가 4.2 [m]를 나타낸다면 유속은 약 몇 [m/s]인가? (단, 물의 밀도 1000 [kg/m^3]이다)

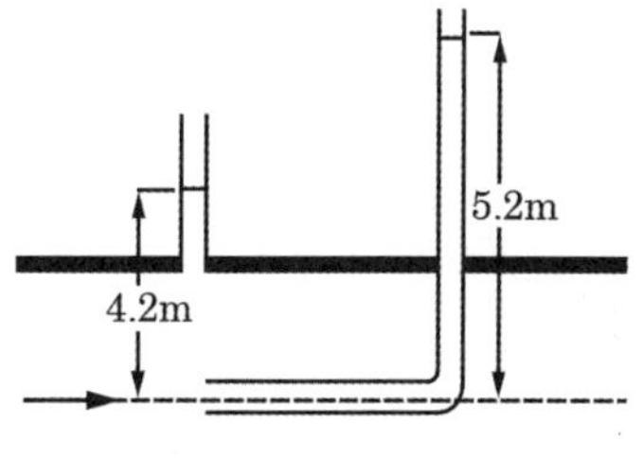

① 2.8 ② 3.5
③ 4.4 ④ 5.8

해설 피토관 유속

유속 $V=\sqrt{2gH}$

$=\sqrt{2\times9.8\times(5.2-4.2)}$

$=4.4\,[m/s]$

41 상중하

노즐에서 10 [m/s]로서 수직방향으로 물을 분사할 때 최대 상승높이는 약 몇 [m]인가? (단, 저항은 무시한다)

① 5.10 ② 6.34
③ 3.22 ④ 2.65

해설 물의 상승높이(토리첼리식)

유속 $V=\sqrt{2gH}$

$10=\sqrt{2\times9.8\times H},\ H=5.1\,[m]$

정답 38 ③ 39 ① 40 ③ 41 ①

42 상중하

수두가 9 [m]일 때 오리피스에서 물의 유속이 11 [m/s]이다. 속도계수는 약 얼마인가?

① 0.81 ② 0.83
③ 0.95 ④ 0.97

해설 속도계수(토리첼리식)

유속 $V = C_v\sqrt{2gH}$

$11 = C_v\sqrt{2\times 9.8\times 9}$

속도계수 $C_v = 0.83$

43 상중하

피토관을 물이 흐르는 관 속에 넣었을 때 10 [cm]의 높이까지 올라가 정지되었다. 관의 단면적이 0.05 [m²]이라면 1분 동안 흘러간 물은 몇 [m³]인가?

① 4.2 ② 4.9
③ 5.2 ④ 5.9

해설 흘러간 물의 양(체적)

- 유속 $V = \sqrt{2gH}$
  $= \sqrt{2\times 9.8\times 0.1} = 1.4\,[m/s]$
- 유량 $Q = AV$
  $Q[m^3/s] = 0.05\times 1.4$
  $\therefore Q = 0.07[m^3/s]$
  $= 0.07[m^3/s]\times\dfrac{60[s]}{1[\min]} = 4.2[m^3/\min]$

$\therefore$ 1분 동안 흘러간 물 $x = 4.2\,[m^3]$

44 상중하

그림과 같은 수조에 0.3 [m] × 1.0 [m] 크기의 사각 수문을 통하여 유출되는 유량은 몇 [m³/s]인가? (단, 마찰손실은 무시하고 수조의 크기는 매우 크다고 가정한다)

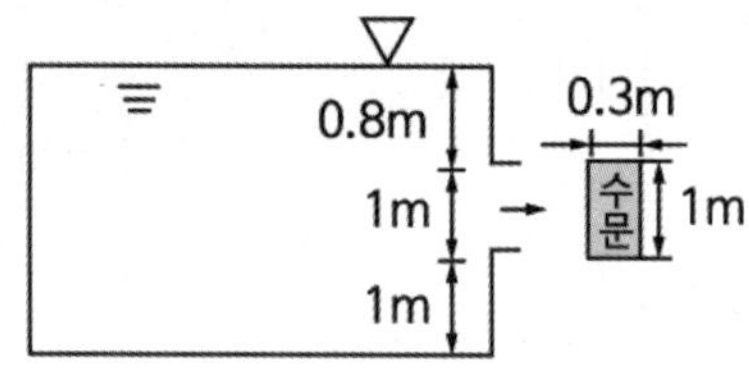

① 1.3 ② 1.5
③ 1.7 ④ 1.9

해설 수문으로 유출되는 유량

- 유속 $V = \sqrt{2\times 9.8\times(0.8+0.5)}$
  $= 5.05[m/s]$
- 단면적 $A = 0.3\times 1 = 0.3[m^2]$
- 유량 $Q = 0.3\times 5.05 = 1.515[m^3/s]$

보충 토리첼리의 정리($V = \sqrt{2gh}$)를 적용할 때 방출구의 중심을 기준으로 h를 산정함

45 상중하

대기 중으로 방사되는 물 제트에 피토관의 흡입구를 갖다 대었을 때 피토관의 수직부에 나타나는 수주의 높이가 0.6 [m]라고 하면 물 제트의 유속은 약 몇 [m/s]인가? (단, 모든 손실은 무시한다)

① 0.25 ② 1.55
③ 2.75 ④ 3.43

해설 물 제트의 유속(토리첼리식)

유속 $V = \sqrt{2gH}$
$= \sqrt{2\times 9.8\times 0.6} = 3.43\,[m/s]$

정답 42 ② 43 ① 44 ② 45 ④

46 상중하

피토관으로 파이프 중심선에서 흐르는 물의 유속을 측정할 때 피토관의 액주높이가 5.2 [m], 정압튜브의 액주높이가 4.2 [m]를 나타낸다면 유속 [m/s]은? (단, 속도계수(C_v)는 0.97이다)

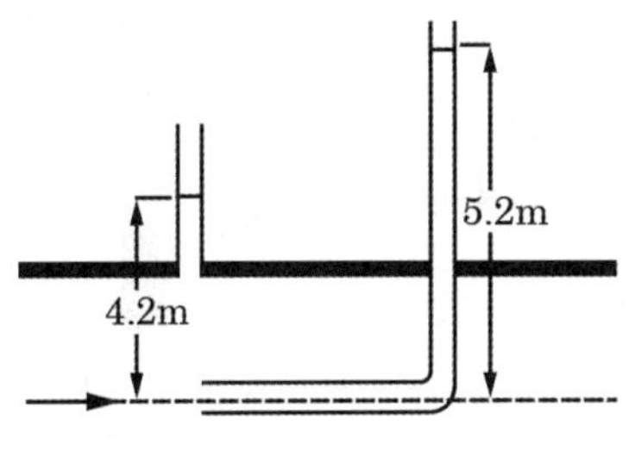

① 4.3 ② 3.5
③ 2.8 ④ 1.9

해설 피토관의 유속 (토리첼리식)

유속 $V = C_v \sqrt{2gh}$

$= 0.97\sqrt{2 \times 9.8 \times 1} = 4.3\ [m/s]$

47 상중하

4 [kg/s]의 물 제트가 평판에 수직으로 부딪힐 때 평판을 고정시키기 위하여 60 [N]의 힘이 필요하다면 물 제트의 분출속도 [m/s]는?

① 3 ② 7
③ 15 ④ 30

해설 물 제트의 분출속도

고정평판에 작용하는 힘 $F = \rho QV = \rho A V^2$

힘 $F = \rho QV = \dot{M}V$

$60 = 4 \times V$, ∴ 유속 $V = 15\ [m/s]$

F : 평판이 받는 힘 [N], Q : 유량 [m^3/s]
ρ : 물의 밀도 (1000 [kg/m^3]), V : 유속 [m/s]

48 상중하

지름 10 [cm]의 원형노즐에서 물이 50 [m/s]의 속도로 분출되어 벽에 수직으로 충돌할 때 벽이 받는 힘의 크기는 약 몇 [kN]인가?

① 19.6 ② 33.9
③ 57.1 ④ 79.3

해설 벽이 받는 힘

고정평판에 작용하는 힘 $F = \rho QV = \rho A V^2$

힘 $F = \rho QV\ [N]$

$= 1000 \times (\frac{\pi}{4} \times 0.1^2 \times 50) \times 50$

$= 19635\ [N] = 19.6\ [kN]$

F : 평판이 받는 힘 [N], Q : 유량 [m^3/s]
ρ : 물의 밀도 (1000 [kg/m^3]), V : 유속 [m/s]

49 상중하

그림과 같이 수직 평판에 속도 2 [m/s]로 단면적이 0.01 [m^2]인 물 제트가 수직으로 세워진 벽면에 충돌하고 있다. 벽면의 오른쪽에서 물 제트를 왼쪽 방향으로 쏘아 벽면의 평형을 이루게 하려면 물 제트의 속도를 약 몇 [m/s]로 해야 하는가? (단, 오른쪽에서 쏘는 물 제트의 단면적은 0.005 [m^2]이다)

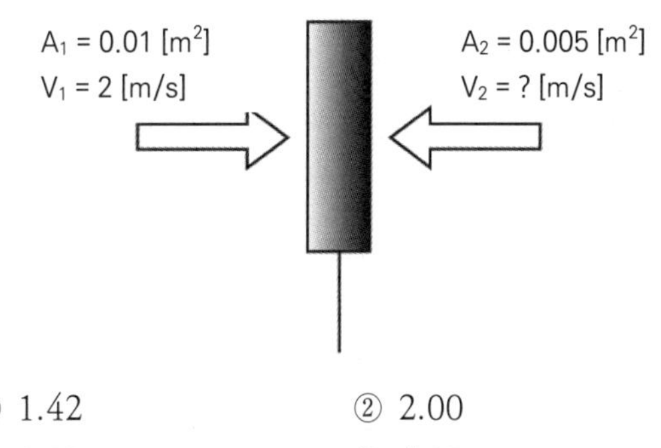

① 1.42 ② 2.00
③ 2.83 ④ 4.00

정답 46 ① 47 ③ 48 ① 49 ③

해설 평판이 받는 힘

고정평판에 작용하는 힘 $F=\rho QV=\rho AV^2$

$F_1=F_2$이므로

$\rho_1 A_1 V_1^{\,2}=\rho_2 A_2 V_2^{\,2}$

$0.01\times 2^2=0.005\times V_2^{\,2}(\because \rho_1=\rho_2$이므로)

$V_2=2.83\,[m/s]$

50 상중하

노즐에서 분사되는 물의 속도가 12 [m/s]이고, 분류에 수직인 평판은 속도 u = 4 [m/s]로 움직일 때 평판이 받는 힘은 약 몇 [N]인가? (단, 노즐(분류)의 단면적은 0.01 [m²]이다)

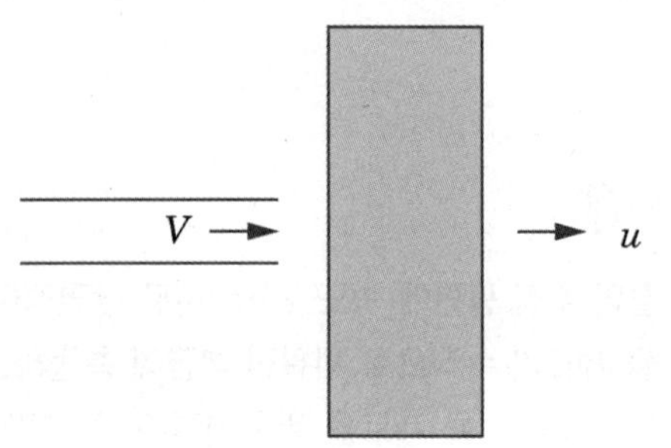

① 640　② 960
③ 1280　④ 1440

해설 평판이 받는 힘

고정평판에 작용하는 힘 $F=\rho QV=\rho AV^2$

힘 $F=\rho AV^2=1000\times 0.01\times (12-4)^2$
$=640\,[N]$

F : 힘 [N]
ρ : 밀도 [kg/m³]
A : 면적 [m²]
V : 유속 [m/s]

51 상중하

출구단면적이 0.0004 [m²]인 소방호스로부터 25 [m/s]의 속도로 수평으로 분출되는 물 제트가 수직으로 세워진 평판과 충돌한다. 평판을 고정시키기 위한 힘(F)은 몇 [N]인가?

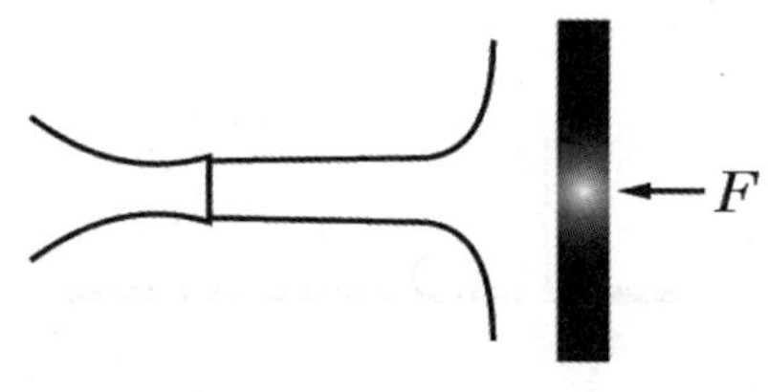

① 150　② 200
③ 250　④ 300

해설 고정평판에 작용하는 힘

고정평판에 작용하는 힘 $F=\rho QV=\rho AV^2$

힘 $F=\rho QV=\rho AV^2\,[N]$
$=1000\times 0.0004\times 25^2=250\,[N]$

F : 힘 [N]
ρ : 밀도 [kg/m³]
A : 면적 [m²]
V : 유속 [m/s]

정답 50 ① 51 ③

52 상 중 하

그림에서 물 탱크차가 받는 추력은 약 몇 [N]인가? (단, 노즐의 단면적은 0.03 [m²]이며, 탱크 내의 계기압력은 40 [kPa]이다. 또한 노즐에서 마찰 손실은 무시한다)

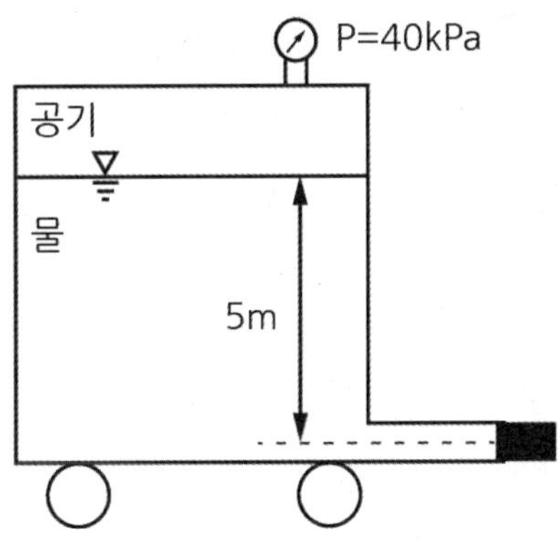

① 812 ② 1489
③ 2709 ④ 5343

해설 물탱크가 받는 추진력

추력 $F=\rho A V^2=\rho A(\sqrt{2gh})^2$

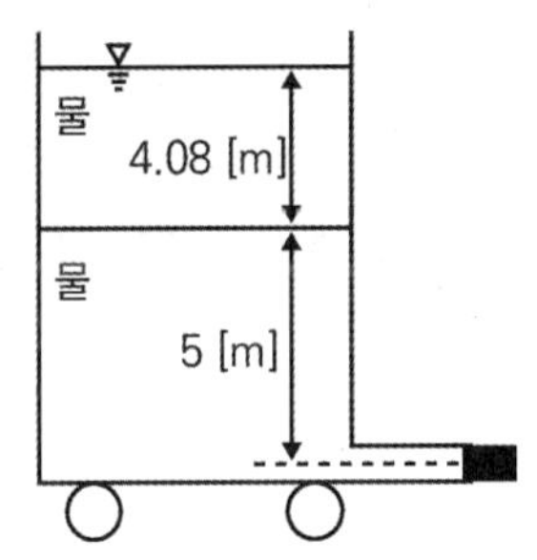

[공기압 40 kPa을 물의 높이[m]로 환산]

1) 수두 h

공기의 압력을 수두[m]로 환산하여 노즐 중심으로부터 수면까지의 높이 h를 구한다.

(1) 공기의 압력 [kPa] → 수두 [mAq]

$$40\,[kPa]\times\frac{10.332\,[mAq]}{101.325\,[kPa]}=4.08\,[m]$$

(2) 전체 물의 높이 h

h = 원래 물의 높이 + 공기압력을 수두로 환산한 높이

$=5+4.08=9.08$

2) 유속 V

$$V=\sqrt{2gh}=\sqrt{2\times9.8\times9.08}=13.34\,[m/s]$$

3) 추력 F

$$F=\rho A V^2=\rho A(\sqrt{2gh})^2$$
$$=1000\times0.03\times13.34^2\fallingdotseq5338.668\,[N]$$

F : 힘 [N]
ρ : 밀도 [kg/m³]
A : 면적 [m²]
V : 유속 [m/s]

53 상 중 하

관 내에 흐르는 유체의 흐름을 구분하는 데 사용되는 레이놀즈수의 물리적인 의미는?

① 관성력/중력
② 관성력/탄성력
③ 관성력/압축력
④ 관성력/점성력

해설 레이놀즈수

유체의 흐름을 구분하는 무차원수

$$Re=\frac{\rho VD}{\mu}=\frac{VD}{\nu}=\frac{\text{관성력}}{\text{점성력}}$$

54 상 중 하

지름 1 [m]인 곧은 수평원관에서 층류로 흐를 수 있는 유체의 최대 평균 속도는 몇 [m/s]인가? (단, 임계 레이놀즈(Reynolds)수는 2000이고, 유체의 동점성계수는 4 × 10⁻⁴ [m²/s]이다)

① 0.4 ② 0.8
③ 40 ④ 80

정답 52 ④ 53 ④ 54 ②

해설 레이놀즈수

$$\text{레이놀즈수 } Re = \frac{\rho VD}{\mu} = \frac{VD}{\nu}$$

$Re = \frac{VD}{\nu}$

$2000 = \frac{V \times 1}{4 \times 10^{-4}}$

$\therefore\ V = 0.8 m/s$

Re : 레이놀즈수
D : 직경 [m]
V : 유속 [m/s]
ν : 동점성계수 [m^2/s]

55 상중하

안지름 50 [mm]인 관에 동점성계수 2×10^{-3} [cm^2/s]인 유체가 흐르고 있다. 층류로 흐를 수 있는 최대량은 약 얼마인가? (단, 임계 레이놀즈수는 2100으로 한다)

① 16.5 [cm^3/s] ② 33 [cm^3/s]
③ 49.5 [cm^3/s] ④ 66 [cm^3/s]

해설 층류로 흐를 수 있는 최대유량

$$\text{레이놀즈수 } Re = \frac{\rho VD}{\mu} = \frac{VD}{\nu}$$

1) 유속 $V = \frac{Re \cdot \nu}{D}$ (레이놀즈수공식)

$= \frac{2100 \times 2 \times 10^{-3} [cm^2/s]}{5 [cm]}$

$= 0.84 [cm/s]$

2) 유량 $Q = A \times V = \frac{\pi}{4} d^2 \times V$

$= \frac{\pi}{4} \times 5^2 \times 0.84 = 16.5 [cm^3/s]$

56 상중하

20 [℃]의 물이 안지름 2 [cm]인 원관 속을 흐르고 있는 경우 평균 속도는 약 몇 [m/s]인가? (단, 레이놀즈수는 2100, 동점성계수는 1.006×10^{-6} [m^2/s]이다)

① 0.106 ② 1.067
③ 2.003 ④ 0.703

해설 물의 속도(레이놀즈수 공식 사용)

$$\text{레이놀즈수 } Re = \frac{\rho VD}{\mu} = \frac{VD}{\nu}$$

레이놀즈수 $Re = \frac{VD}{\nu}$

$2100 = \frac{V \times 0.02}{1.006 \times 10^{-6}}$

$\therefore\ V = 0.106 [m/s]$

57 상중하

지름 4 [cm]인 관에 동점성계수 5×10^{-2} [cm^2/s]인 유체가 평균 속도 2 [m/s]로 흐르고 있을 때 레이놀즈수는 얼마인가?

① 14000 ② 16000
③ 18000 ④ 20000

해설 레이놀즈수 Re

$$\text{레이놀즈수 } Re = \frac{\rho VD}{\mu} = \frac{VD}{\nu}$$

$Re = \frac{VD}{\nu} = \frac{2 \times 0.04}{5 \times 10^{-2} \times 10^{-4}} = 16000$

ν : 동점성계수 [m^2/s]

정답 55 ① 56 ① 57 ②

58 상 중 하

20 [℃]의 물이 안지름 20 [cm]인 원관 내를 1 [m^3/s]의 유량으로 흐르고 있을 때 레이놀즈수(Re)는 약 얼마인가? (단, 동점성계수 1.2 × 10^{-4} [m^2/s]이다)

① 2841 ② 5305
③ 28412 ④ 53052

 해설 레이놀즈수 Re

$$레이놀즈수\ Re = \frac{\rho VD}{\mu} = \frac{VD}{\nu}$$

1) 유속 V

$$V = \frac{Q}{A} = \frac{4Q}{\pi D^2} = \frac{4\times 1}{\pi \times 0.2^2} = 31.8309[m/s]$$

2) 레이놀즈수

$$Re = \frac{VD}{\nu} = \frac{31.8309\times 0.2}{1.2\times 10^{-4}} = 53052$$

59 상 중 하

임계 레이놀즈수가 2100일 때 지름이 10 [cm]인 원관에서 실체유체가 층류로 흐를 수 있는 최대 평균유속은 몇 [m/s] 인가? (단, 관에는 동점성계수 ν = 1.8 × 10^{-6} [m^2/s]인 물이 흐른다)

① 3.78 × 10^{-1} ② 3.78 × 10^{-2}
③ 2.46 × 10^{-1} ④ 2.46 × 10^{-2}

해설 평균유속(레이놀즈수 공식)

$$레이놀즈수\ Re = \frac{\rho VD}{\mu} = \frac{VD}{\nu}$$

$$Re = \frac{VD}{\nu}$$

$$2100 = \frac{V\times 0.1}{1.8\times 10^{-6}}$$

$$\therefore\ V = 0.0378\,[m/s] = 3.78\times 10^{-2}[m/s]$$

60 상 중 하

파이프 내에 정상 비압축성 유동에 있어서 관 마찰계수는 어떤 변수들의 함수인가?

① 절대조도와 관지름
② 절대조도와 상대조도
③ 레이놀즈수와 상대조도
④ 마하수와 코우시수

해설 관 마찰계수 영향인자

1) 층류 : 레이놀즈수
2) 천이영역 : 레이놀즈수와 상대조도
3) 난류
- 거친 관에서 : 상대조도
- 매끈한 관에서 : 레이놀즈수

정답 58 ④ 59 ② 60 ③

CHAPTER 04 배관과 펌프

3회독	월	일
2회독	월	일
1회독	월	일

학습목표

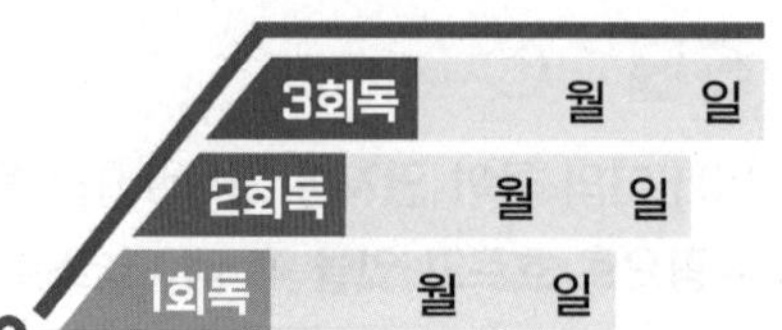

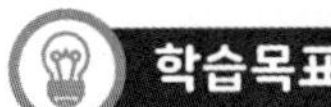

1 배관의 주손실 공식(달시 바이스바하, 하젠 윌리엄스, 하겐 포아젤)을 문제에 적용한다.
2 비원형관일 때 수력반경과 수력직경을 구하는 방법을 익힌다.
3 배관의 부차적 손실 공식을 암기하고 문제에 적용한다.
4 펌프의 동력과 송풍기의 동력 구하는 공식을 파악하고 상사의 법칙을 익힌다.
5 펌프의 이상현상에 대한 발생원인과 방지대책을 이해한다.
6 유체의 계측장치에 대한 내용을 암기한다.

학습MAP

- 배관의 마찰손실
  - 주 손실 ★★★
    - 달시 바이스바하 공식
    - 하젠 윌리엄스 공식
    - 하겐 포아젤 방정식
    - 비원형관에서의 손실수두(수력반경 및 수력직경)
  - 부차적 손실
    - 부차적 손실수두
    - 돌연 확대관 손실수두
    - 돌연 축소관 손실수두
    - 관의 상당길이(등가길이)
- ★★★ 펌프
  - 원심펌프
    - 볼류트 펌프
    - 터빈 펌프
  - 펌프의 직렬운전과 병렬운전
  - 펌프의 전양정
- ★★★ 펌프(송풍기)의 동력과 상사법칙
  - 펌프와 송풍기의 동력
    - 수동력
    - 축동력
    - 전동기동력
  - 펌프의 상사법칙
- ★ NPSH
  - 유효흡입수두와 필요흡입수두
  - NPSH와 공동현상(Cavitation)과의 관계
- 비속도
- ★★★ 펌프의 이상현상
  - 공동현상(Cavitation)
  - 맥동현상(Surging)
  - 수격현상(Water Hammering)
- 유체 계측
  - 유량측정장치
  - 유속측정장치
  - 정압측정장치

01 배관의 마찰손실 ★★★

1 주 손실

배관 내 유체가 흐를 때 직관에서 발생하는 손실

2 부차적 손실

주 손실 이외의 손실

1) 배관의 급격한 확대 및 축소에 의한 손실
2) 배관의 급격한 방향 전환에 따른 손실
3) 입구와 출구 부분에 대한 손실
4) 각종 Fitting류 및 Valve류 등에 의한 손실

P.116 문01
P.116 문02

02 배관의 주 손실

1 달시 바이스바하 공식 ★★★

1) 층류와 난류에 모두 적용
2) 계산식

$$h_L[m] = f \times \frac{L}{D} \times \frac{V^2}{2g}$$

h_L : 마찰손실 [m], P : 압력 [N/m²]
γ : 비중량 [N/m³], f : 마찰손실계수
L : 길이 [m], D : 직경 [m]
V : 유속 [m/s], g : 중력가속도 [m/s²]

P.116 문03
P.117 문04

f(마찰계수)는 층류/난류 상태, 관 거칠기, 레이놀즈수에 따라 달라짐

- 층류(Re < 2000) : $f = \frac{64}{Re}$
- 난류(Re > 4000) : Moody chart 또는 Colebrook 공식 등으로 구한

→ 시험에는 층류의 경우가 출제된다.

2 하젠 윌리엄스 공식 ★

1) 난류에 적용(유체가 물이며 물의 온도 범위가 7.2 ~ 24 [℃]일 때 적용함)
2) 계산식

$$\triangle P[MPa] = 6.053 \times 10^4 \times \frac{Q^{1.85}}{C^{1.85} \times D^{4.87}} \times L$$

ΔP : 압력손실 [MPa]
Q : 유량 [L/min]
C : 조도, D : 직경 [mm]
L : 길이 [m]

하젠 윌리엄스 조도계수 C
C는 관의 거칠기를 반영하는 계수로, 작을수록 마찰손실이 크고, 클수록 유량 손실이 적다.

P.121 문18
P.122 문20

3 하겐 포아젤 방정식 ★★★

1) 층류에 적용
2) 계산식

① 압력손실 $\Delta P[Pa] = \dfrac{128\mu LQ}{\pi D^4}$

② 마찰손실 $h_L[m] = \dfrac{128\mu LQ}{\gamma\pi D^4}$

ΔP : 압력손실 [Pa]
μ : 점성계수 [N · s/m^2]
L : 길이 [m]
Q : 유량 [m^3/s]
D : 직경 [m]
h_L : 마찰손실수두 [m]
γ : 비중량 [N/m^3]

4 비원형관에서의 손실수두(수력반경 및 수력직경) ★★

P.119 문12
P.120 문13
P.123 문21

수력반경의 4배는 수력직경이다. O

1) 배관의 단면이 원형관이 아닌 경우 마찰손실 계산 시 직경 대신 수력직경(수력반경 × 4)을 적용
2) 수력반경

수력반경 $R_h = \dfrac{A}{L}$

A : 유동단면적
L : 접수길이(물과 벽면이 접하는 길이)

구분		수력반경(R_h)	수력직경(D_h)
원관	D	$R_h = \dfrac{\left(\dfrac{\pi D^2}{4}\right)}{\pi D} = \dfrac{D}{4}$	$D_h = 4 \times R_h$
사각관	b, a	$R_h = \dfrac{a \times b}{2a+2b}$ (a : 가로, b : 세로)	$D_h = \dfrac{4ab}{2a+2b}$
사각관 개수로	h, b	$R_h = \dfrac{b \times h}{b+2h}$ (b : 폭, h : 높이)	$D_h = \dfrac{4 \cdot b \cdot h}{b+2h}$
이중 동심관	d, D	$R_h = \dfrac{1}{4}(D-d)$	$D_h = D-d$

03 배관의 부차적 손실

1 부차적 손실 계산식 ★★

1) 부차적 손실수두

P.125 문26

$$h_L = K\frac{V^2}{2g}$$

h_L : 부차적 손실수두 [m]
K : 손실계수
($K = K_1 + K_2 + \cdots + K_n$)
V : 유속 [m/s]
g : 중력가속도 [m/s²]

2) 돌연 확대관 손실수두

$$h_L = \frac{(V_1 - V_2)^2}{2g} = K\frac{V_1^2}{2g}$$

h_L : 부차적 손실수두 [m]
K : 손실계수
$\left[K = \left(1 - \frac{A_1}{A_2}\right)^2\right]$
V : 유속 [m/s]
g : 중력가속도 [m/s²]

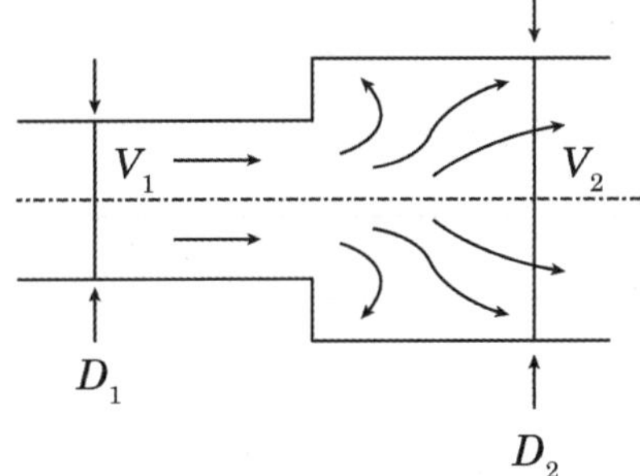

돌연 확대관 손실
유체가 갑자기 넓은 관으로 흐를 때 발생하는 구조로, 속도 감소에 의한 운동에너지 손실과 와류 형성으로 인해 부차적 손실이 발생

P.124 문24

3) 돌연 축소관 손실수두

$$h = \frac{(V_0 - V_2)^2}{2g} = K\frac{V_2^2}{2g}$$

h_L : 부차적 손실수두 [m]
K : 손실계수
$\left[K = \left(\frac{A_2}{A_0} - 1\right)^2 = \left(\frac{1}{C_c} - 1\right)^2\right]$
C_c : 수축계수
$\left[C_c = \frac{A_0}{A_2}\right]$
V : 유속 [m/s]
g : 중력가속도 [m/s²]

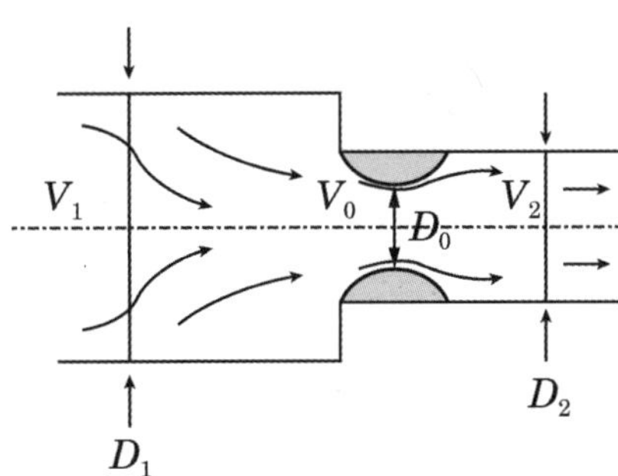

돌연 축소관 손실
흐름이 좁은 단면으로 수축되면서 수축지점(Vena Contracta)가 형성됨. 이후 재팽창하며 난류와 와류 발생 → 손실수두 증가

2 관의 상당길이(등가길이) ★★★

1) 관 부속물에 유체가 흐를 때 발생되는 마찰 손실과 같은 크기의 마찰 손실을 가지는 동일 구경의 직관의 길이

2) 임의의 부차적 손실수두 $\left(h_L = K\frac{V^2}{2g}\right)$와 관마찰에 의한 손실수두 $\left(h_L = f \cdot \frac{L}{D} \cdot \frac{V^2}{2g}\right)$를 같게 했을 때 관의 길이

$$K\frac{V^2}{2g} = f \cdot \frac{L}{D} \cdot \frac{V^2}{2g} \quad \rightarrow \quad K = f \cdot \frac{L}{D}$$

$$L_e = \frac{KD}{f}$$

L_e : 등가길이 [m]
K : 부차적 손실계수
D : 지름 [m]
f : 관 마찰계수 (층류일 때 : $\frac{64}{Re}$)

☑ 복잡한 부위에서의 손실을 직선 관의 길이로 바꿔서 달시 바이스바하 공식과 같이 원형관의 마찰손실공식에 적용하기 위해 사용된다.

P.124 문23
P.124 문25
P.125 문27

04 펌프

1 원심펌프의 개념 ★★★

1) 개념 : 임펠러의 회전으로 속도에너지를 압력에너지로 변환하는 방식의 펌프

2) 종류 및 특성

구분	볼류트펌프	터빈펌프
안내날개	없음	있음
유량	대유량	소유량
양정	저양정	고양정

원심펌프 중 터빈펌프는 안내날개가 없고, 저양정에 적합하다.
☒ 볼류트펌프는 안내날개가 없고, 저양정에 적합

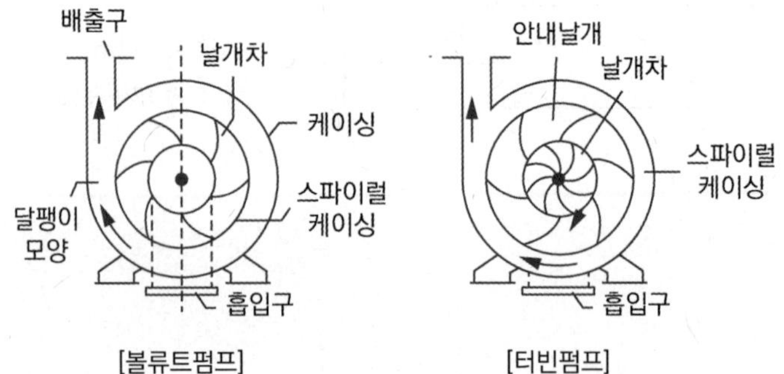

[볼류트펌프] [터빈펌프]

2 속도 삼각형

1) 펌프의 성능 해석에 사용되는 속도 삼각형
2) 계산식

$$\vec{V} = \vec{W} + \vec{U}$$

$\vec{V}$: 절대속도
$\vec{W}$: 상대속도
$\vec{U}$: 날개(원주)속도

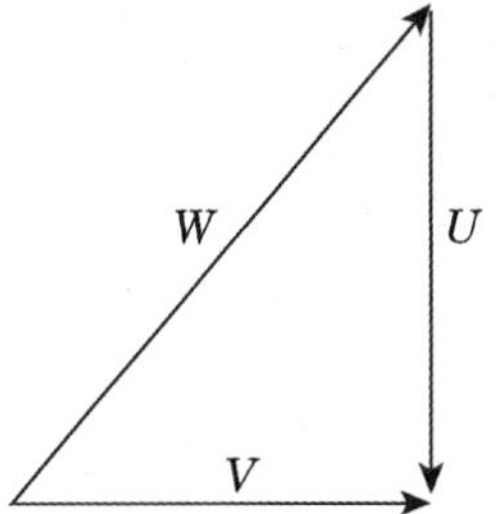

속도 삼각형
터보기계에서 유체의 절대속도, 상대속도, 날개속도의 벡터 관계를 도식화한 것이다.
날개에서의 유체 입출구 각도, 유속 변화, 에너지 교환량을 정밀하게 해석할 수 있는 도구이며 터빈, 송풍기, 펌프 등에서 핵심적인 해석 수단이다.

05 펌프의 운전 및 펌프의 전양정

1 펌프의 운전 ★★★

1) 펌프 2대의 직렬 운전
   (1) 동일 성능의 펌프를 직렬로 연결하여 운전
   (2) 유량은 거의 변화 없고 양정만 2배 정도 증가
2) 펌프 2대의 병렬 운전
   (1) 동일 성능의 펌프를 병렬로 연결하여 운전
   (2) 양정은 거의 변화 없고 유량만 2배 정도 증가

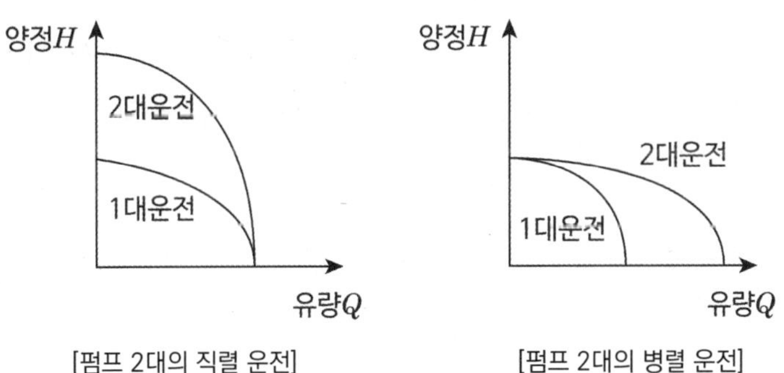

[펌프 2대의 직렬 운전] [펌프 2대의 병렬 운전]

P.130 문39

동일한 성능의 펌프를 2대 병렬 운전했을 때 유량은 거의 변화 없고 양정만 2배 정도 증가한다.
X 양정은 거의 변화 없고 유량만 2배 정도 증가

☑ 펌프 3대의 직렬 운전
유량은 거의 변화 없고, 양정만 3배 정도 증가

☑ 펌프 3대의 병렬 운전
양정은 거의 변화 없고, 유량만 3배 정도 증가

❷ 펌프의 전양정 ★★★

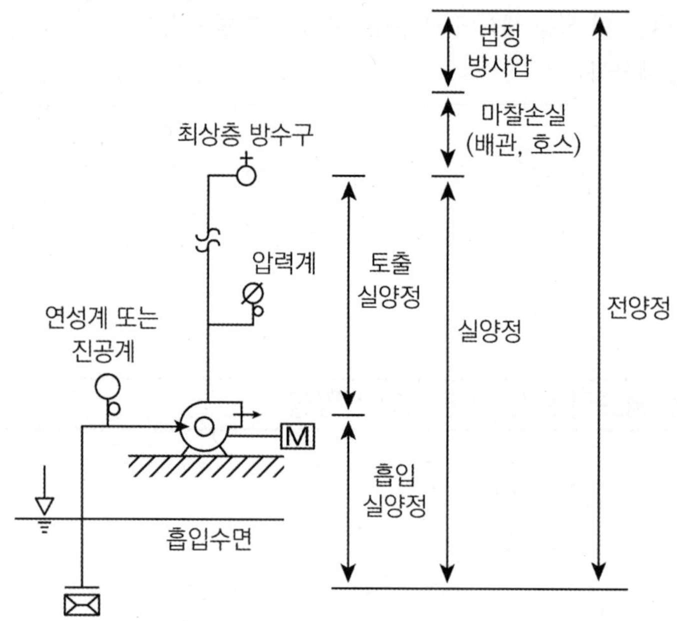

P.128 문35

암기 실마방

1) 전양정 = 실양정(낙차) + 마찰손실(배관, 호스) + 법정 방사압
2) 실양정(낙차) = 흡입 실양정 + 토출 실양정
   (1) 흡입 실양정 : 풋밸브에서 펌프 중심까지 흡입 측 수직거리(부압식인 경우)
   (2) 토출 실양정 : 펌프 중심에서 최상층 토출 측 방수구까지 수직거리
3) 마찰손실수두 : 주손실과 부차적 손실의 합으로 배관 내 물에 의해 발생하는 마찰손실
4) 법정 방사압
   특정 압력이 요구될 경우 해당 압력을 수두로 환산한 값
   (소방 펌프라면 노즐 말단에서 요구되는 압력을 수두 [m]로 환산)

법정 방사압
(1) 스프링클러설비
0.1 [MPa] → 10 [m]
(2) 옥내소화전설비
0.17 [MPa] → 17 [m]
(3) 옥외소화전설비
0.25 [MPa] → 25 [m]

06 펌프(송풍기)의 동력과 상사법칙

1 펌프의 동력 ★★★

1) 수동력 : 펌프에 의해 유체에 주어지는 동력

$$수동력\ P[kW] = \gamma QH$$

γ : 물의 비중량 (9.8 [kN/m^3])
Q : 유량 [m^3/s]
H : 전양정 [m]

2) 축동력 : 전동기에 의해 펌프에 주어지는 동력

$$축동력\ P[kW] = \frac{\gamma QH}{\eta}$$

γ : 물의 비중량 (9.8 [kN/m^3])
Q : 유량 [m^3/s]
H : 전양정 [m]
η : 효율

※ 펌프의 효율 : $\eta = \eta_h \times \eta_v \times \eta_m$
(η_h : 수력효율, η_v : 체적효율, η_m : 기계효율)

3) 전동기동력(= 전달동력) : 실제 운전에 필요한 소요 동력

$$전동력\ P[kW] = \frac{\gamma QH}{\eta} \times K$$

γ : 물의 비중량 (9.8 [kN/m^3])
Q : 유량 [m^3/s]
H : 전양정 [m]
η : 효율
K : 전달계수

펌프의 동력
펌프가 유체를 일정한 높이로 들어 올리거나 압력을 가해 이동시키는 데 필요한 에너지(일률)

P.125 문28
P.126 문30
P.127 문33
P.129 문37
P.130 문38

2 송풍기의 동력 ★★★

$$P[kW] = \frac{P_t Q}{102\eta} \times K$$

P_t : 전압(풍압) [mmAq]
Q : 풍량 [m^3/s]
η : 효율
K : 전달계수

$$P[kW] = \frac{P_t Q}{\eta} \times K$$

P_t : 전압(풍압) [kPa]
Q : 유량 [m^3/s]
η : 효율
K : 전달계수

송풍기의 동력
공기 또는 기체를 이동시키고 압력을 상승시키기 위해 송풍기가 소비하는 기계적 에너지(일률)를 의미한다.

P.127 문32

✔ 상사법칙은 시험에서 속도 변화 또는 임펠러 직경 변경 시 유량·양정·동력 변화량을 예측하는 데 사용된다.

P.126 문29
P.131 문43
P.133 문49
P.135 문54

3 펌프의 상사법칙 ★★★

1) 개념 : 회전수와 임펠러 지름에 따라 유량, 양정, 축동력 사이 일정한 관계식이 성립하는데, 이를 상사법칙 또는 비례법칙이라고 함

2) 계산식

① $Q_2 = \left(\frac{N_2}{N_1}\right)^1 \times \left(\frac{D_2}{D_1}\right)^3 \times Q_1$

② $H_2 = \left(\frac{N_2}{N_1}\right)^2 \times \left(\frac{D_2}{D_1}\right)^2 \times H_1$

③ $L_2 = \left(\frac{N_2}{N_1}\right)^3 \times \left(\frac{D_2}{D_1}\right)^5 \times L_1$

Q_1, Q_2 : 유량 [m^3/s]
H_1, H_2 : 양정 [m]
L_1, L_2 : 축동력 [kW]
N_1, N_2 : 임펠러의 회전수 [rpm]
D_1, D_2 : 임펠러의 직경 [m]

07 NPSH

1 $NPSH_{av}$(유효흡입수두) ★★

1) 개념

(1) 펌프 중심으로 유입되는 액체의 절대압력

(2) 유효흡입양정은 흡입조건에 의해 결정됨

(3) 펌프와 흡입배관의 설치된 환경조건에 의해 정해지는 값

2) 계산식

$$NPSH_{av} = H_0 - H_f - H_v \pm h$$

$NPSH_{av}$: 유효흡입수두 [m]
H_0 : 대기압 환산수두 [m]
H_f : 마찰손실수두 [m]
H_v : 포화증기압수두 [m]
h : 낙차 [m]

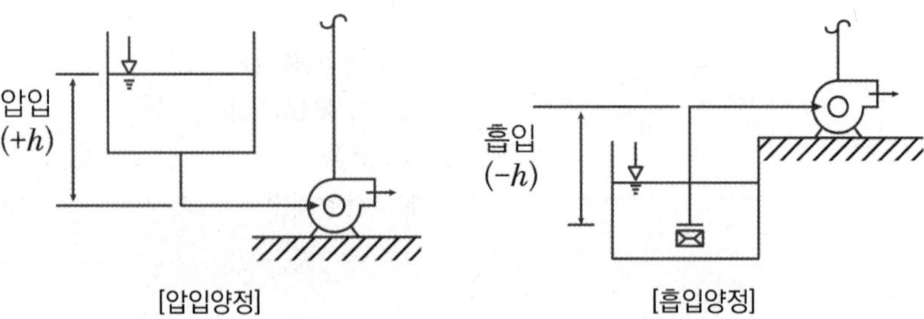

[압입양정] [흡입양정]

2 $NPSH_{re}$(필요흡입수두)

1) 펌프가 공동현상을 일으키지 않고 정상작동되기 위해서 필요로 하는 흡입유체의 절대압력
2) 필요흡입양정은 펌프 자체 내부조건에 의해 정해지는 값
3) 펌프의 고유특성으로 펌프의 제작 및 출고 시 정해짐

NPSH
Net Positive Suction Head

P.135 문55

3 NPSH와 공동현상(Cavitation)과의 관계 ★★

상관관계	공동현상 발생 여부
$NPSH_{av} > NPSH_{re}$	발생 안 함
$NPSH_{av} = NPSH_{re}$	발생한계
$NPSH_{av} < NPSH_{re}$	발생

08 비속도

1 비속도 개념

1) 여러 가지 펌프 및 팬의 특성을 비교하기 위하여 수치로 정량화한 것으로 그 특성은 회전수, 토출량, 전양정 등에 의해 영향을 받음
2) 1 [m^3/min]의 유량을 1 [m] 송수하는 데 필요한 펌프의 회전수

2 비속도 계산식 ★

$$Ns = \frac{N\sqrt{Q}}{\left(\frac{H}{n}\right)^{\frac{3}{4}}}$$

N_S : 비속도 [rpm · m^3/min · m]
N : 회전수 [rpm]
Q : 유량 [m^3/min]
H : 양정 [m]
n : 단수

비속도가 클수록 유량↑ 양정↓, 작을수록 양정↑ 유량↓

P.135 문56

09 펌프의 이상현상 ★★★

❶ 공동현상(Cavitation)

P.137 문59
P.137 문61
P.138 문63

1) 개념

급격한 유속 변화로 인해 소화수의 압력이 증기압 이하로 낮아져서 기포가 발생하는 현상

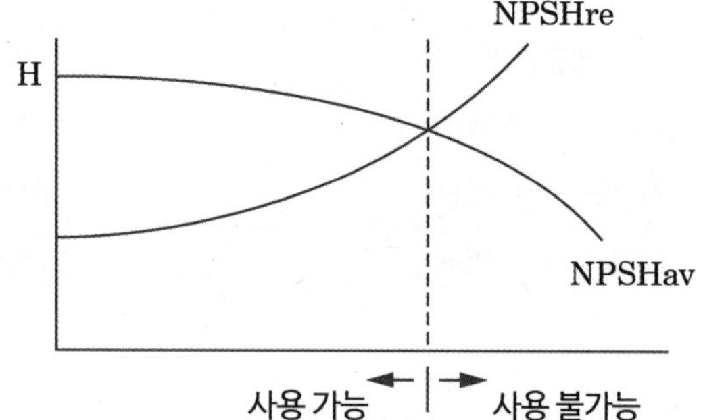

2) 문제점

(1) 임펠러 침식에 따른 부식 발생

(2) 소음과 진동 발생

(3) 펌프의 토출량과 양정 저하

3) 발생원인 및 대책

구분	발생원인	방지대책
흡입 측 마찰손실	크다	작게 한다
흡입배관 길이	길다	짧게 한다
흡입배관 관경	작다	크게 한다
흡입 측 유속	빠르다	느리게 한다

공동현상의 방지대책으로 흡입 측 유속을 빠르게 한다. [X] 느리게

❷ 맥동현상(Surging)

P.136 문58
P.139 문66

1) 개념

(1) 터보형 기계를 저유량 영역에서 운전 시 유량과 압력이 주기적으로 변화하는 현상

(2) 펌프 운전 중 송출 유량이 주기적으로 변하면서 펌프 입구의 진공계와 출구의 압력계 지침이 흔들리고 진동과 소음을 수반하는 현상

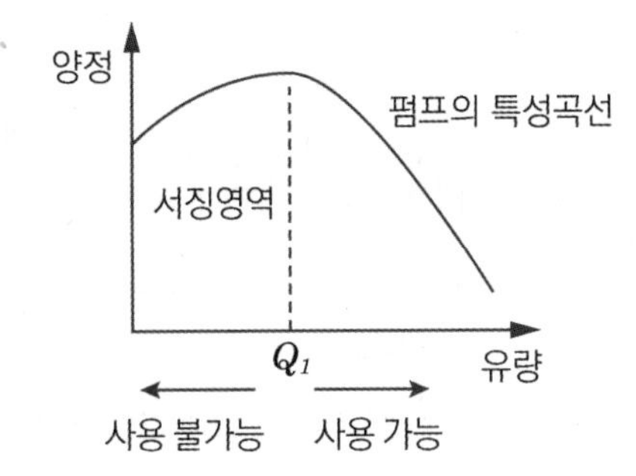

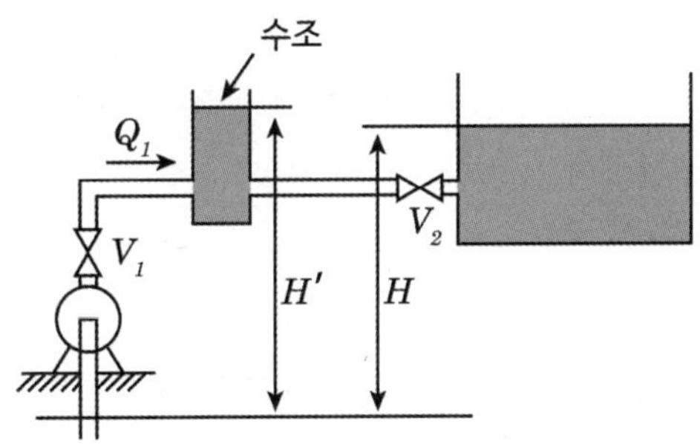

2) 발생원인 및 방지대책

발생원인	방지대책
펌프의 H－Q 곡선이 우상향 특성	펌프의 H－Q 곡선이 우하향 특성
배관 중에 수조나 공기조가 있을 때	배관 중에 수조나 공기조 제거
토출량이 Q_1 범위 이내에서 운전할 때	바이패스배관으로 서징 범위 이외 운전
유량조절밸브가 탱크 뒤쪽에 설치	유량조절밸브 펌프 토출 측 직후에 설치

✔ 유량이 설계 유량 이하로 작아질 때 : 팬이나 압축기의 특성 곡선에서 불안정한 영역 진입

3 수격현상(Water Hammering)

1) 개념

(1) 펌프 토출 측에서 속도변화로 충격파가 전달되는 현상

(2) 유수의 속도차로 압력차와 힘의 차가 발생하는 현상

P.137 문62
P.138 문64

2) 발생원인

(1) 펌프의 순간기동이나 급정지

(2) 터빈의 출력변화

(3) 배관의 급격한 굴곡

(4) 밸브의 급개폐 조작

(5) 속도변화가 있는 곳은 모두 수격 발생

플라이휠(Flywheel)
관성 모멘트를 이용하여 회전 에너지를 저장하는 장치로, 회전체가 회전하려는 관성을 유지시켜 펌프의 급정지를 방지하고, 펌프 회전수를 서서히 줄여 수격현상을 완화하는 역할을 한다.

수격현상의 방지대책으로 밸브를 급격하게 개폐하지 않는다. O

3) 방지대책

구분	방지대책
속도차 대책	배관 내 유속 느리게 제어
	펌프에 플라이휠 설치(펌프의 급격한 속도 변화방지)
압력차 대책	공기밸브 설치
	서지탱크(조압수조) 및 에어챔버 설치
	자동수압 조절밸브 설치
	릴리프밸브 및 스모렌스키 체크밸브 설치
힘의 차 대책	토출 측에 수격방지기 설치

10 유체 계측

1 측정장치 ★★★

P.139 문67
P.139 문68
P.139 문69
P.140 문70
P.140 문71
P.140 문72
P.140 문73

유량 측정장치	유속 측정장치	정압 측정장치
오리피스 노즐 벤츄리미터 로터미터 위어	피토관 피토정압관 열선풍속계 시차액주계	피에조미터 정압관 부르돈(관) 압력계 마노미터 (마이크로 마노미터)

1) 위어 : 개수로에서의 유량 측정장치

(1) 사각위어 : 대유량, 중간유량 측정

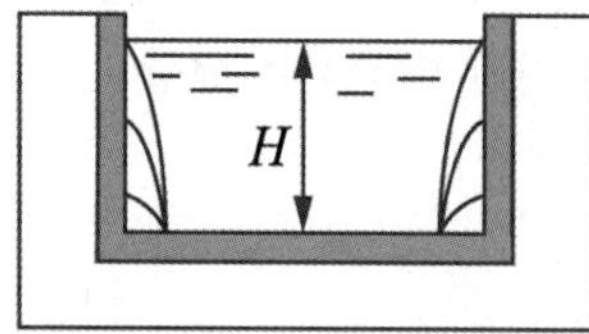

유량 $Q \propto H^{\frac{3}{2}}$

(2) 삼각위어(V - 놋치위어) : 소유량 측정

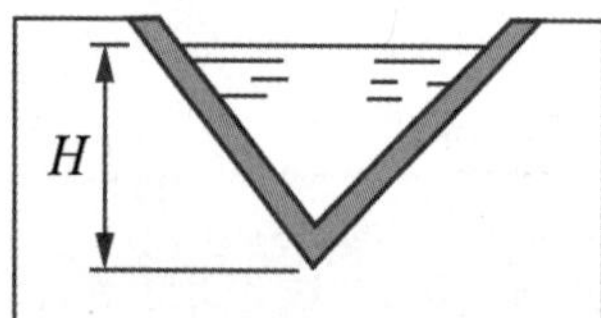

유량 $Q \propto H^{\frac{5}{2}}$

2) 로터미터 : 부자(Float)의 오르내림에 의해 배관 내의 유량을 측정하는 장치
3) 부르돈(관) 압력계 : 타원형 단면의 금속관이 팽창하는 원리를 이용한 압력 측정장치
4) 마이크로 마노미터 : A, B 두 원관 속을 기체가 미소한 압력차로 흐르고 있을 때 이 압력차를 측정하는 장치

☑ 부르돈(관) 압력계

1) 압력의 차이를 측정하는 장치로, 계기 내 부르돈관의 신축을 계기판에 나타내는 장치
2) 배관 등의 관로 또는 탱크에 구멍을 뚫어 유체의 압력과 대기압의 차를 나타낸다.
3) 정압(+)을 측정한다.

[내부사진]

[외부사진]

예상문제

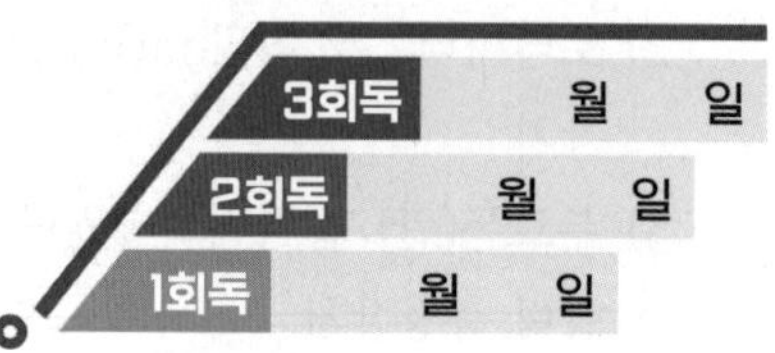

01 상 중 하

일반적인 배관 시스템에서 발생되는 손실을 주 손실과 부차적 손실로 구분할 때 다음 중 주 손실에 속하는 것은?

① 직관에서 발생하는 마찰 손실
② 파이프 입구와 출구에서의 손실
③ 단면의 확대 및 축소에 의한 손실
④ 배관부품(엘보, 리턴밴드, 티, 리듀서, 유니언, 밸브 등)에서 발생하는 손실

해설 배관에서의 손실

- 주 손실 : 직관(직선 원관)에서의 손실
- 부차적 손실 : 주 손실 이외의 손실

02 상 중 하

관 내의 흐름에서 부차적인 손실에 해당하지 않는 것은?

① 곡선부에 의한 손실
② 직선 원관 내의 손실
③ 유동단면의 장애물에 의한 손실
④ 관 단면의 급격한 확대에 의한 손실

해설 배관에서의 손실

- 주 손실 : 직관(직선 원관)에서의 손실
- 부차적 손실 : 주 손실 이외의 손실

03 상 중 하

원관에서 길이가 2배, 속도가 2배가 되면 손실수두는 원래의 몇 배가 되는가? (단, 두 경우 모두 완전발달 난류유동에 해당되며, 관 마찰계수는 일정하다)

① 동일하다. ② 2배
③ 4배 ④ 8배

해설 손실수두(달시방정식)

원래 손실수두 $H_1 = f \times \frac{L}{D} \times \frac{V^2}{2g}$

원관에서 길이가 2배, 속도가 2배가 되면
$L \rightarrow 2L,\ V \rightarrow 2V$가 되므로

나중 손실수두 $H_2 = f \times \frac{2L}{D} \times \frac{(2V)^2}{2g}$

$$= 8 \times \left(f \times \frac{L}{D} \times \frac{V^2}{2g}\right)$$
$$= 8 \times H_1$$

따라서 나중 손실수두는 원래의 8배

정답 01 ① 02 ② 03 ④

04 상중하

원관 속의 흐름에서 관의 직경, 유체의 속도, 유체의 밀도, 유체의 점성계수가 각각 D, V, ρ, μ로 표시될 때 층류 흐름의 마찰계수(f)는 어떻게 표현될 수 있는가?

① $f=\frac{64\mu}{DV\rho}$ ② $f=\frac{64\rho}{DV\mu}$

③ $f=\frac{64D}{V\rho\mu}$ ④ $f=\frac{64}{DV\rho\mu}$

해설 관 마찰계수(층류)

층류유동일 때 관 마찰계수 $f=\frac{64}{Re}$

레이놀즈수 $Re=\frac{\rho VD}{\mu}$이므로

$$f=\frac{64}{Re}=\frac{64}{\frac{\rho VD}{\mu}}$$

$$\therefore f=\frac{64\mu}{DV\rho}$$

05 상중하

점성계수가 0.101 [N·s/m^2], 비중이 0.85인 기름이 내경 300 [mm], 길이 3 [km]의 주철관 내부를 0.0444 [m^3/s]의 유량으로 흐를 때 손실수두 [m]는?

① 7.1 ② 7.7

③ 8.1 ④ 8.9

해설 배관 손실수두 계산

손실수두(달시공식) $H_L=f\times\frac{L}{D}\times\frac{V^2}{2g}$ [m]

1) 유속 $V(Q=AV)$

$$0.0444=\frac{\pi}{4}\times0.3^2\times V$$

$$\therefore V=0.63\,[m/s]$$

2) 레이놀즈수 Re

$$Re=\frac{\rho VD}{\mu}=\frac{850\times0.63\times0.3}{0.101}=1590$$

$Re<2100$이므로 층류유동

3) 관 마찰계수 f

$$f=\frac{64}{Re}=\frac{64}{1590}=0.04$$

4) 손실수두 H_L(달시방정식)

$$H_L[m]=f\times\frac{L}{D}\times\frac{V^2}{2g}$$

$$=0.04\times\frac{3000}{0.3}\times\frac{0.63^2}{2\times9.8}=8.1\,[m]$$

06 상중하

안지름 10 [cm]의 관로에서 마찰손실수두가 속도수두와 같다면 그 관로의 길이는 약 몇 [m]인가? (단, 관 마찰계수는 0.03이다)

① 1.58 ② 2.54

③ 3.33 ④ 4.52

해설 관로의 길이(달시방정식)

마찰손실수두 $H_L=f\frac{L}{D}\frac{V^2}{2g}$

속도수두 $H_v=\frac{V^2}{2g}$

마찰손실수두 H_L = 속도수두 H_v

$$f\frac{L}{D}\frac{V^2}{2g}=\frac{V^2}{2g}$$

$$f\frac{L}{D}=1$$

$\therefore$ 관로의 길이 $L=\frac{D}{f}=\frac{0.1}{0.03}=3.333\,[m]$

정답 04 ① 05 ③ 06 ③

07 상중하

수평관 길이가 100 [m]이고, 안지름이 100 [mm]인 소화설비 배관 내를 평균유속 2 [m/s]로 물이 흐를 때 마찰손실수두는 약 몇 [m]인가? (단, 관의 마찰계수는 0.05이다)

① 9.2　　② 10.2
③ 11.2　　④ 12.2

해설 배관 마찰손실수두(달시방정식)

$$\text{손실수두 } H_L = f \times \frac{L}{D} \times \frac{V^2}{2g}$$

$$H_L = f \times \frac{L}{D} \times \frac{V^2}{2g}$$

$$= 0.05 \times \frac{100}{0.1} \times \frac{2^2}{2 \times 9.8} = 10.2\,[m]$$

08 상중하

거리가 1000 [m] 되는 곳에 안지름 20 [cm]의 관을 통하여 물을 수평으로 수송하려 한다. 한 시간에 800 [m^3]를 보내기 위해 필요한 압력[kPa]는? (단, 관의 마찰계수는 0.03이다)

① 1370　　② 2010
③ 3750　　④ 4580

해설 관에 필요한 압력(달시공식)

$$\text{손실수두 } H_L = f \times \frac{L}{D} \times \frac{V^2}{2g}$$

1) 유속 $V(Q = AV)$

$$V = \frac{Q}{A} = \frac{800\,[m^3/h] \times \frac{1\,[h]}{3600\,[s]}}{\frac{\pi}{4} \times 0.2^2\,[m^2]} = 7.07\,[m/s]$$

2) 손실수두 H_L

$$H_L = f \times \frac{L}{D} \times \frac{V^2}{2g}$$

$$= 0.03 \times \frac{1000}{0.2} \times \frac{7.07^2}{2 \times 9.8} = 382.54\,[m]$$

3) 수두 [m] → 압력 [kPa]

$$382.54\,[m] \times \frac{101.325\,[kPa]}{10.332\,[mAq]} = 3751.54\,[kPa]$$

09 상중하

지름이 150 [mm]인 원관에 비중이 0.85, 동점성계수가 1.33 × 10^{-4} [m^2/s] 기름이 0.01 [m^3/s]의 유량으로 흐르고 있다. 이때 관 마찰계수는? (단, 임계 레이놀즈수는 2100이다)

① 0.10　　② 0.14
③ 0.18　　④ 0.22

해설 관 마찰계수

$$\text{레이놀즈수 } Re = \frac{\rho VD}{\mu} = \frac{VD}{\nu}$$

1) 유속 V

$$V = \frac{Q}{A} = \frac{0.01}{\frac{\pi}{4} \times 0.15^2} = 0.57\,[m/s]$$

2) 레이놀즈수 Re

$$Re = \frac{VD}{\nu} = \frac{0.57 \times 0.15}{1.33 \times 10^{-4}} = 638.12$$

$Re < 2100$ 이므로 층류유동

3) 관 마찰계수 f

$$f = \frac{64}{Re} = \frac{64}{638.12} = 0.1$$

정답 07 ② 08 ③ 09 ①

10 상 중 하

저장용기로부터 20 [℃]의 물을 길이 300 [m], 지름 900 [mm]인 콘크리트 수평 원관을 통하여 공급하고 있다. 유량이 1 [m^3/s]일 때 원관에서의 압력강하는 약 몇 [kPa]인가? (단, 관 마찰계수는 약 0.023이다)

① 3.57　　② 9.47
③ 14.3　　④ 18.8

해설 원관에서의 압력강하

[풀이 1]

1) 유속 ($Q = AV$공식)

$$V = \frac{4Q}{\pi D^2} = \frac{4\times 1}{\pi \times 0.9^2} = 1.572\,[m/s]$$

2) 마찰손실(달시식)

$$\triangle H[m] = \frac{\triangle P[kPa]}{\gamma[kN/m^3]} = f\frac{L}{D}\frac{V^2}{2g}$$

$$\triangle P = \gamma \times f\frac{L}{D}\frac{V^2}{2g}$$

$$\triangle P = 9.8\times 0.023\times \frac{300}{0.9}\times \frac{1.572^2}{2\times 9.8}$$

$$= 9.47\,[kPa]$$

[풀이 2]

1) 유속 ($Q = AV$공식)

$$V = \frac{4Q}{\pi D^2} = \frac{4\times 1}{\pi \times 0.9^2} = 1.572\,[m/s]$$

2) 마찰손실(달시식)

$$H_L[m] = f\times \frac{L}{D}\times \frac{V^2}{2g}$$

$$= 0.023\times \frac{300}{0.9}\times \frac{1.572^2}{2\times 9.8} = 0.9666\,[m]$$

3) 단위변환($mAq \Rightarrow kPa$)

$$0.9666\,[m]\times \frac{101.325\,[kPa]}{10.332\,[mAq]} \fallingdotseq 9.479\,[kPa]$$

11 상 중 하

유체가 매끈한 원관 속을 흐를 때 레이놀즈수가 1200이라면 관 마찰계수는 얼마인가?

① 0.0254　　② 0.00128
③ 0.0059　　④ 0.053

해설 관 마찰계수

층류유동일 때 관 마찰계수 $f = \dfrac{64}{Re}$

마찰계수 $f = \dfrac{64}{Re} = \dfrac{64}{1200} = 0.053$

12 상 중 하

길이가 400 [m]이고 유동단면이 20 [cm] × 30 [cm]인 직사각형 관에 물이 가득 차서 평균속도 3 [m/s]로 흐르고 있다. 이때 손실수두는 약 몇 [m]인가? (단, 관 마찰계수는 0.01이다)

① 2.38　　② 4.76
③ 7.65　　④ 9.52

해설 손실수두(달시 바이스바하 식)

손실수두 $h = f\dfrac{L}{D_h}\dfrac{V^2}{2g}$ (여기서, D_h : 수력직경)

1) 유동단면적 $A = (0.2\times 0.3)[m^2] = 0.06[m^2]$
2) 접수길이 $L = 2(0.2+0.3)[m] = 1[m]$
3) 수력직경 $D_h = 4R_h = 4\dfrac{A}{L}$

$$= 4\times \frac{0.06}{1} = 0.24\,[m]$$

4) 손실수두(달시 바이스바하 식)

$$h = f\frac{L}{D_h}\frac{V^2}{2g}$$

$$= 0.01\times \frac{400}{0.24}\times \frac{3^2}{2\times 9.8} = 7.65\,[m]$$

정답 10 ② 11 ④ 12 ③

13 상중하

직사각형 단면의 덕트에서 가로와 세로가 각각 a 및 1.5a이고, 길이가 L이며, 이 안에서 공기가 V의 평균속도로 흐르고 있다. 이때 손실수두를 구하는 식으로 옳은 것은? (단, f는 이 수력지름에 기초한 마찰계수이고, g는 중력가속도를 의미한다)

① $f\frac{L}{a}\frac{V^2}{2.4g}$　　② $f\frac{L}{a}\frac{V^2}{2g}$

③ $f\frac{L}{a}\frac{V^2}{1.4g}$　　④ $f\frac{L}{a}\frac{V^2}{g}$

해설 덕트 손실수두(달시 식 이용)

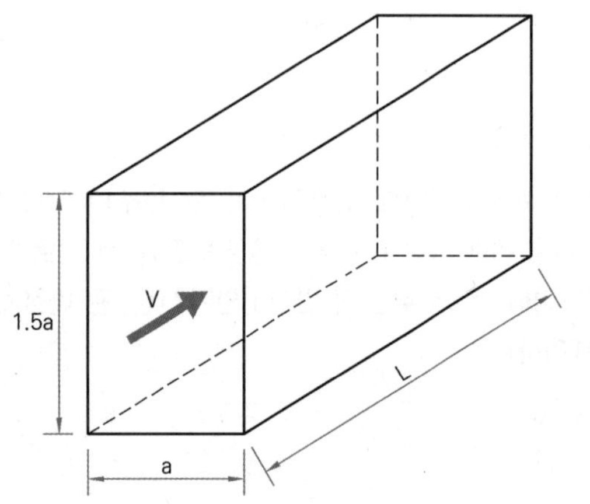

손실수두 $h = f\frac{L}{D_h}\frac{V^2}{2g}$ (여기서, D_h : 수력직경)

1) 유동 단면적 A = 가로 × 세로

$= a \times 1.5a = 1.5a^2$

2) 접수길이 $L = 2(a + 1.5a) = 5a$

3) 수력직경 D_h

$$D_h = 4R_h = 4\frac{A}{L} = 4 \times \frac{1.5a^2}{5a} = 1.2a$$

4) 손실수두 h(달시식)

$$h = f\frac{L}{D_h}\frac{V^2}{2g} = f\frac{L}{1.2a}\frac{V^2}{2g} = f\frac{L}{a}\frac{V^2}{2.4g}$$

14 상중하

안지름 300 [mm], 길이 200 [m]인 수평 원관을 통해 유량 0.2 [m³/s]의 물이 흐르고 있다. 관의 양 끝단에서의 압력 차이가 500 [mmHg]이면 관의 마찰계수는 약 얼마인가? (단, 수은의 비중은 13.6이다)

① 0.017　　② 0.025

③ 0.038　　④ 0.041

해설 관 마찰계수

손실수두 $H_L = f \times \frac{L}{D} \times \frac{V^2}{2g}$

1) 단위 변환

$$P = 500[mmHg] \times \frac{10.332[mAq]}{760[mmHg]}$$
$$= 6.797[mAq]$$

2) 유속 V($Q = AV$ 공식)

$$V = \frac{Q}{A} = \frac{0.2}{\frac{\pi}{4} \times 0.3^2} = 2.83[m/s]$$

3) 관 마찰계수 f

$$H = f\frac{L}{D}\frac{V^2}{2g}$$

$$6.797 = f\frac{200}{0.3}\frac{2.83^2}{2 \times 9.8}$$

$\therefore f = 0.025$

15 상중하

길이 1200 [m], 안지름 100 [mm]인 매끈한 원관을 통해서 0.01 [m³/s]의 유량으로 기름을 수송한다. 이때 관에서 발생하는 압력손실은 약 몇 [kPa]인가? (단, 기름의 비중은 0.8, 점성계수는 0.06 [N·s/m²]이다)

① 163.2　　② 201.5

③ 293.4　　④ 349.7

정답 13 ① 14 ② 15 ③

해설 압력손실(하겐 포아젤 방정식)

하겐 포아젤 공식 $\triangle P[Pa] = \dfrac{128\mu LQ}{\pi D^4}$

압력손실 $\triangle P = \dfrac{128\mu L Q}{\pi D^4}$

$= \dfrac{128 \times 0.06 \times 1200 \times 0.01}{\pi \times 0.1^4}$

$= 293354.3911[Pa] = 293.35[kPa]$

Q : 유량 [m^3/s]

μ : 점성계수 [$N \cdot s/m^2$]

L : 관의 길이 [m]

D : 관의 내경 [m]

16 상 ㉾중 하

150 [mm] 관을 통해 소방용수가 흐르고 있다. 평균유속이 5 [m/s]이고, 50 [m] 떨어진 두 지점 사이의 수두손실이 10 [m]라고 하면 이 관의 마찰계수는?

① 0.0235 ② 0.0315
③ 0.0351 ④ 0.0472

해설 관 마찰계수

손실수두 $H_L = f \times \dfrac{L}{D} \times \dfrac{V^2}{2g}$

$H = f \times \dfrac{L}{D} \times \dfrac{V^2}{2g}$

관 마찰계수 $f = \dfrac{2gDH}{LV^2}$

$= \dfrac{2 \times 9.8 \times 0.15 \times 10}{50 \times 5^2}$

$= 0.0235$

17 상 중 하

안지름이 0.1 [m]인 관 내를 평균유속 5 [m/s]로 물이 흐르고 있다. 길이 10 [m] 사이에서 나타나는 손실수두는 약 몇 [m]인가? (단, 관 마찰계수는 0.013이다)

① 0.7 ② 1
③ 1.5 ④ 1.7

해설 손실수두(달시 바이스바하 식)

손실수두 $H_L = f \times \dfrac{L}{D} \times \dfrac{V^2}{2g}$

손실수두 $H = f\dfrac{L}{D}\dfrac{V^2}{2g} = \dfrac{0.013 \times 10 \times 5^2}{0.1 \times 2 \times 9.8}$

$= 1.7\,[m]$

18 상 중 하

기름이 0.02 [m^3/s]의 유량으로 직경 50 [cm]인 주철관 속을 흐르고 있다. 길이 1000 [m]에 대한 손실수두는 약 몇 [m]인가? (단, 기름의 점성계수는 0.103 [$N \cdot s/m^2$], 비중은 0.9이다)

① 0.15 ② 0.3
③ 0.45 ④ 0.6

해설 배관 손실수두 계산

[풀이 1] (달시 웨버 공식 풀이)

손실수두 $H_L[m] = f \times \dfrac{L}{D} \times \dfrac{V^2}{2g}$

$H_L[m] = f \times \dfrac{L}{D} \times \dfrac{V^2}{2g}$

1) 유속 V ($Q = AV$ 공식 사용)

$V = \dfrac{Q}{A} = \dfrac{0.02}{\dfrac{\pi}{4} \times 0.5^2} = 0.1\,[m/s]$

정답 16 ① 17 ④ 18 ①

2) 레이놀즈수 Re

$$Re = \frac{\rho VD}{\mu} = \frac{900 \times 0.1 \times 0.5}{0.103} = 437$$

3) 관 마찰계수 $f = \frac{64}{Re} = \frac{64}{437} = 0.15$

4) 손실수두 H

$$H = f\frac{L}{D}\frac{V^2}{2g} = \frac{0.15 \times 1000 \times 0.1^2}{0.5 \times 2 \times 9.8}$$

$$= 0.15\,[m]$$

[풀이 2] (하겐 포아젤 공식 풀이)

하겐 포아젤 공식 $P[Pa] = \frac{128\mu LQ}{\pi D^4}$

층류유동으로 가정하고 [하겐 포아젤 공식]을 사용한다.

$$H[m] = \frac{P}{\gamma} = \frac{128\mu LQ}{\gamma \times \pi D^4} = \frac{128 \times \mu \times L \times Q}{(S \times \gamma_w) \times \pi D^4}$$

$$= \frac{128 \times 0.103 \times 1000 \times 0.02}{(0.9 \times 9800) \times \pi \times 0.5^4}$$

$$= 0.15\,[m]$$

보충 $\gamma = S \times \gamma_w$, $\rho = S \times \rho_w$

$\gamma_w = 9800\,[N/m^3]$, $\rho_w = 1000\,[kg/m^3]$

19 상중하

동점성계수가 0.1 × 10⁻⁵ [m²/s]인 유체가 안지름 10 [cm]인 원관 내에 1 [m/s]로 흐르고 있다. 관의 마찰계수가 f = 0.022이며, 등가길이가 200 [m]일 때의 손실수두 몇 [m]인가? (단, 비중량은 9800 [N/m³]이다)

① 2.24 ② 6.58
③ 11.0 ④ 22.0

해설 손실수두(달시 바이스바하 식)

손실수두 $H_L[m] = f \times \frac{L}{D} \times \frac{V^2}{2g}$

손실수두 $H = f\frac{L}{D}\frac{V^2}{2g}$

$$= \frac{0.022 \times 200 \times 1^2}{0.1 \times 2 \times 9.8} = 2.24\,[m]$$

20 상중하

비중이 0.85이고 동점성계수가 3 × 10⁻⁴ [m²/s]인 기름이 직경 10 [cm]의 수평 원형 관 내에 20 [L/s]으로 흐른다. 이 원형 관의 100 [m] 길이에서의 수두손실 [m]은? (단, 정상 비압축성 유동이다)

① 16.6 ② 25.0
③ 49.8 ④ 82.2

해설 배관 손실수두 계산

[풀이 1] (달시 웨버 공식 풀이)

손실수두 $H_L[m] = f \times \frac{L}{D} \times \frac{V^2}{2g}$

1) 유속 $V\,(Q = AV)$

$$0.02 = \frac{\pi}{4} \times 0.1^2 \times V$$

$\therefore\ V = 2.55\,[m/s]$

2) 레이놀즈수 Re

$$Re = \frac{VD}{\nu} = \frac{2.55 \times 0.1}{3 \times 10^{-4}} = 850$$

3) 관 마찰계수 f

$$f = \frac{64}{Re} = \frac{64}{850} = 0.075$$

4) 마찰손실수두 H_L

$$H_L[m] = f \times \frac{L}{D} \times \frac{V^2}{2g}$$

$$= 0.075 \times \frac{100}{0.1} \times \frac{2.55^2}{2 \times 9.8} = 24.88$$

정답 19 ① 20 ②

[풀이 2] (하겐 포아젤 공식 풀이)

$$\text{하겐 포아젤 공식 } P[Pa] = \frac{128\mu LQ}{\pi D^4}$$

층류유동으로 가정하고 [하겐 포아젤 공식]을 사용한다.

$$H[m] = \frac{P}{\gamma} = \frac{128\mu LQ}{\gamma \times \pi D^4} = \frac{128 \times (\rho \times \nu) \times L \times Q}{(S \times \gamma_w) \times \pi D^4}$$

$$= \frac{128 \times (S \times \rho_w \times \nu) \times L \times Q}{(S \times \gamma_w) \times \pi D^4}$$

$$= \frac{128 \times (0.85 \times 1000 \times 3 \times 10^{-4}) \times 100 \times \frac{20}{1000}}{(0.85 \times 9800) \times \pi \times 0.1^4}$$

$$= 24.945[m]$$

보충 ▶ $\gamma = S \times \gamma_w$, $\rho = S \times \rho_w$

$\gamma_w = 9800[N/m^3]$, $\rho_w = 1000[kg/m^3]$

21 (상 중 ㉻)

한 변의 길이가 L인 정사각형 단면의 수력지름(Hydraulic Diameter)은?

① L/4　　② L/2
③ L　　④ 2L

해설 수력지름(수력직경)

$$\text{수력직경 } D_h = 4R_h$$
$$\text{수력반경 } R_h = \frac{\text{유동단면적 } A}{\text{접수길이 } S}$$

1) 유동단면적 $A = L \times L = L^2$
2) 접수길이 $S = 2(L+L) = 4L$
3) 수력직경

$$D_h = 4R_h = \frac{4A}{S} = \frac{4 \times L^2}{4L} = L$$

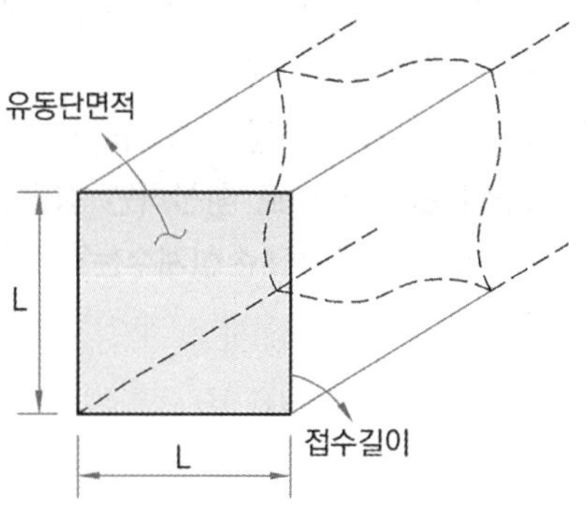

22 (상 ㊥ 하)

관의 길이가 l이고, 지름이 d, 관 마찰계수가 f일 때 총 손실수두 H [m]를 식으로 바르게 나타낸 것은? (단, 입구 손실계수가 0.5, 출구 손실계수가 1.0, 속도수두는 V²/2 [g]이다)

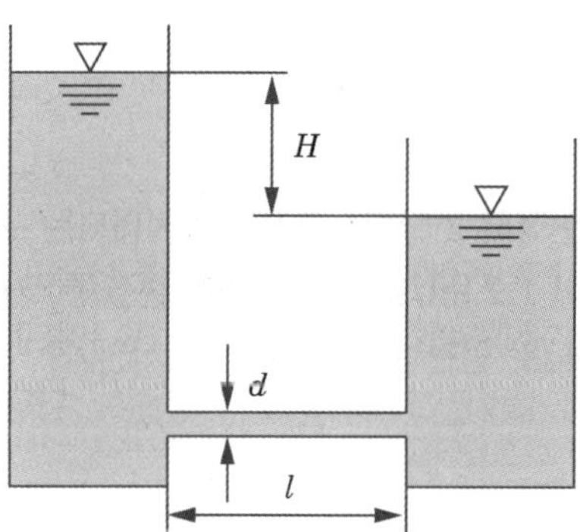

① $\left(1.5 + f\frac{l}{d}\right)\frac{V^2}{2g}$　　② $\left(f\frac{l}{d} + 1\right)\frac{V^2}{2g}$

③ $\left(0.5 + f\frac{l}{d}\right)\frac{V^2}{2g}$　　④ $\left(f\frac{l}{d}\right)\frac{V^2}{2g}$

해설 총 손실수두 계산

총손실 H=관손실 + 입출구손실

$$H = f\frac{l}{d}\frac{V^2}{2g} + (K_{\text{입구}} + K_{\text{출구}})\frac{V^2}{2g}$$

$$H = f\frac{l}{d}\frac{V^2}{2g} + (0.5 + 1)\frac{V^2}{2g}$$

$$= \left(1.5 + f\frac{l}{d}\right)\frac{V^2}{2g}$$

정답 21 ③ 22 ①

23 상중하

글로브밸브에 의한 손실을 지름이 10 [cm]이고, 관 마찰계수가 0.025인 관의 길이로 환산하면 상당길이가 40 [m]가 된다. 이 밸브의 부차적 손실계수는?

① 0.25　② 1
③ 2.5　④ 10

해설 관의 상당길이

$$K = f\frac{L_e}{D} = 0.025 \times \frac{40}{0.1} = 10$$

보충 ▶ 상당길이(등가길이) :
관 부속물에 유체가 흐를 때 발생되는 마찰 손실과
같은 크기의 마찰 손실을 가지는
동일 구경의 직관의 길이

24 상중하

파이프 단면적이 2.5배로 급격하게 확대되는 구간을 지난 후의 유속이 1.2 [m/s]이다. 부차적 손실계수가 0.36이라면 급격 확대로 인한 손실수두는 몇 [m]인가?

① 0.0264　② 0.0661
③ 0.165　④ 0.331

해설 돌연확대관 손실

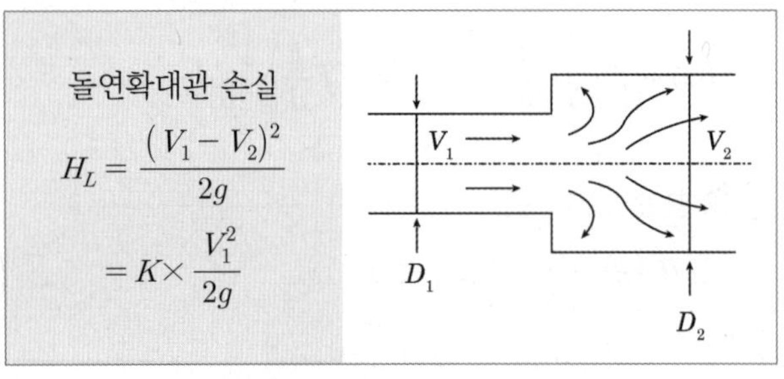

1) 유속 V_1

$$A_1 V_1(\text{확대 전}) = A_2 V_2(\text{확대 후})$$

$$V_1 = \frac{A_2}{A_1} \times V_2 = \frac{2.5}{1} \times 1.2 = 3[m/s]$$

2) 손실수두 H_L

$$H_L = K \times \frac{V_1^2}{2g} = 0.36 \times \frac{3^2}{2 \times 9.8} = 0.165[m]$$

H_L : 부차적 손실수두 [m]

K : 손실계수 $\left[K = \left(1 - \frac{A_1}{A_2}\right)^2\right]$

V : 유속 [m/s]

g : 중력가속도 [m/s^2]

25 상중하

어떤 밸브가 장치된 지름 20 [cm]인 원관에 4 [℃]의 물이 2 [m/s]의 평균속도로 흐르고 있다. 밸브의 앞과 뒤에서의 압력 차이가 7.6 [kPa]일 때 이 밸브의 부차적 손실계수 K와 등가길이 L_e은? (단, 관의 마찰계수는 0.02이다)

① K = 3.8 [L_e] = 38 [m]
② K = 7.6 [L_e] = 38 [m]
③ K = 38 [L_e] = 3.8 [m]
④ K = 38 [L_e] = 7.6 [m]

해설 밸브의 부차적 손실과 등가길이

[풀이 1]

1) 손실계수 K

$$H = \frac{P}{\gamma} = K \cdot \frac{V^2}{2g}$$

$$K = \frac{2gP}{\gamma V^2}$$

$$= \frac{2 \times 9.8[m/s^2] \times 7.6[kN/m^2]}{9.8[kN/m^3] \times (2[m/s]^2)}$$

$$= 3.8$$

정답 23 ④ 24 ③ 25 ①

2) 배관의 상당(등가)길이 L_e

$$L_e = \frac{KD}{f} = \frac{3.8 \times 0.2[m]}{0.02} = 38[m]$$

[풀이 2]

1) 배관의 상당(등가)길이 L_e

$$H_L = \frac{P}{\gamma} = f\frac{L_e}{D}\frac{V^2}{2g}$$

$$\frac{7.6[kPa]}{9.8[kN/m^3]} = 0.02 \times \frac{L_e}{0.2} \times \frac{2^2}{2 \times 9.8}$$

$\therefore L_e = 38[m]$

2) 손실계수 K

$$H_L = f\frac{L_e}{D}\frac{V^2}{2g} = K\frac{V^2}{2g}$$

$$(\because K = f\frac{L_e}{D})$$

$$K = f\frac{L_e}{D} = 0.02 \times \frac{38[m]}{0.2[m]} = 3.8$$

26 상 중 하

부차적 손실계수 K = 40인 밸브를 통과할 때의 수두손실이 2 [m]일 때 이 밸브를 지나는 유체의 평균 유속은 약 몇 [m/s]인가?

① 0.49 ② 0.99

③ 1.98 ④ 9.81

해설 유체의 평균 유속

$$\text{부차적 손실 } h_L = K\frac{V^2}{2g}$$

$$h_L = K\frac{V^2}{2g}$$

$$2 = 40 \times \frac{V^2}{2 \times 9.8}$$

$\therefore V = 0.99[m/s]$

27 상 중 하

직경 4 [cm]이고, 관 마찰계수가 0.02인 원관에 부차적 손실계수가 4인 밸브가 장치되어 있을 때 이 밸브의 등가길이(상당길이)는 몇 [m]인가?

① 4 ② 6

③ 8 ④ 10

해설 관의 상당길이(등가길이)

$$\text{등가길이 } L_e = \frac{KD}{f} = \frac{4 \times 0.04}{0.02} = 8[m]$$

28 상 중 하

펌프의 입구에서 진공계의 계기압력은 −160 [mmHg], 출구에서 압력계의 계기압력은 300 [kPa], 송출 유량은 10 [m³/min]일 때 펌프의 수동력 [kW]은? (단, 진공계와 압력계 사이의 수직거리는 2 [m]이고, 흡입관과 송출관의 직경은 같으며 손실은 무시한다)

① 5.7 ② 56.8

③ 557 ④ 3400

해설 펌프의 수동력

$$\text{수동력 } P[kW] = \gamma[kN/m^3] \times Q[m^3/s] \times H[m]$$

1) 전양정 $H[m]$

H = 흡입양정 + 토출양정 + 진공계와 압력계 사이 실양정

(1) 흡입양정

$$160[mmHg] \times \frac{10.332[mAq]}{760[mmHg]} = 2.2[m]$$

(2) 토출양정

$$300[kPa] \times \frac{10.332[mAq]}{101.325[kPa]} = 30.6[m]$$

$\therefore H = 2.2[m] + 30.6[m] + 2[m] = 34.8[m]$

정답 26 ② 27 ③ 28 ②

2) 유량 $Q = \frac{10}{60}[m^3/s]$

3) 수동력 P

$$P[kW] = \gamma QH$$
$$= 9.8[kN/m^3] \times \frac{10}{60}[m^3/s] \times 34.8[m]$$
$$= 56.84[kW]$$

γ : 물의 비중량 [9.8 kN/m³]
Q : 유량 [m³/s]
H : 전양정 [m]

29 상 (중) 하

회전속도 N [rpm]일 때 송출량 Q [m³/min], 전양정 H [m]인 원심펌프를 상사한 조건에서 회전속도를 1.4N [rpm]으로 바꾸어 작동할 때 (ㄱ) 유량과 (ㄴ) 전양정은?

① (ㄱ) 1.4Q, (ㄴ) 1.4H
② (ㄱ) 1.4Q, (ㄴ) 1.96H
③ (ㄱ) 1.96Q, (ㄴ) 1.4H
④ (ㄱ) 1.96Q, (ㄴ) 1.96H

해설 펌프 상사법칙

① 유량 $Q_2 = \left(\frac{N_2}{N_1}\right)^1 \times \left(\frac{D_2}{D_1}\right)^3 \times Q_1$

② 양정 $H_2 = \left(\frac{N_2}{N_1}\right)^2 \times \left(\frac{D_2}{D_1}\right)^2 \times H_1$

③ 동력 $L_2 = \left(\frac{N_2}{N_1}\right)^3 \times \left(\frac{D_2}{D_1}\right)^5 \times L_1$

1) 유량 $\frac{Q_2}{Q_1} = (\frac{N_2}{N_1})$

$$Q_2 = Q_1 \times \frac{1.4N_1}{N_1} = 1.4Q_1$$

2) 양정 $\frac{H_2}{H_1} = (\frac{N_2}{N_1})^2$

$$H_2 = H_1 \times (\frac{1.4N_1}{N_1})^2 = 1.96H_1$$

30 상 중 (하)

원심펌프를 이용하여 0.2 [m³/s]로 저수지의 물을 2 [m] 위의 물탱크로 퍼 올리고자 한다. 펌프의 효율이 80 [%]라고 하면 펌프에 공급해야 하는 동력 [kW]은?

① 1.96
② 3.14
③ 3.92
④ 4.90

해설 펌프의 축동력

축동력 $P = \frac{\gamma QH}{\eta}$

축동력 $P = \frac{\gamma QH}{\eta} = \frac{9.8 \times 0.2 \times 2}{0.8}$
$= 4.9\,[kW]$

P : 동력 [kW]
γ : 비중량 [9.8 kN/m³]
Q : 유량 [m³/s]
H : 전양정[m]

31 상 (중) 하

터보팬을 6000 [rpm]으로 회전시킬 경우 풍량은 0.5 [m³/min], 축동력은 0.049 [kW]이었다. 만약 터보팬의 회전수를 8000 [rpm]으로 바꾸어 회전시킬 경우 축동력 [kW]은?

① 0.0207
② 0.207
③ 0.116
④ 1.161

해설 상사법칙(축동력)

$$P_2 = P_1\left(\frac{N_2}{N_1}\right)^3 [kW]$$
$$= 0.049\left(\frac{8000}{6000}\right)^3 = 0.116\,[kW]$$

정답 29 ② 30 ④ 31 ③

32 상㊥하

12층 건물의 지하 1층에 제연설비용 배연기를 설치하였다. 이 배연기의 풍량은 500 [m^3/min]이고, 풍압이 290 [Pa]일 때 배연기의 동력 [kW]은? (단, 배연기의 효율은 60 [%]이다)

① 3.55 ② 4.03
③ 5.55 ④ 6.11

해설 송풍기 동력

[풀이 1]

$$동력\ P[kW] = \frac{P_t[mmAq] \times Q[m^3/s]}{102\eta}$$

$$= \frac{(290[Pa] \times \frac{10332[mmAq]}{101325[Pa]}) \times \frac{500}{60}[m^3/s]}{102 \times 0.6}$$

$$= 4.03[kW]$$

[풀이 2]

$$동력\ P[kW] = \frac{P_t[kPa] \times Q[m^3/s]}{\eta}$$

$$= \frac{0.290[kPa] \times \frac{500}{60}[m^3/s]}{0.6}$$

$$= 4.03[kW]$$

신유형!

33 상㊥하

안지름 25 [mm], 길이 10 [m]의 수평 파이프를 통해 비중 0.8, 점성계수는 5 × 10^{-3} [kg/m · s]인 기름을 유량 0.2 × 10^{-3} [m^3/s]로 수송하고자 할 때 필요한 펌프의 최소 동력은 약 몇 [W]인가?

① 0.21 ② 0.58
③ 0.77 ④ 0.81

해설 펌프의 동력

$$P[W] = \frac{\gamma[N/m^3] \times Q[m^3/s] \times H[m]}{\eta} \times K$$

※ 동력을 구할 때 조건상 효율(η)이나 전달계수(K)가 주어져 있지 않다면 효율과 전달계수를 제외하고 산출한다.

[풀이 1] (달시 바이스바하 공식 풀이)

$$손실수두\ H_L[m] = f \times \frac{L}{D} \times \frac{V^2}{2g}$$

1) 양정 H

$$H = f\frac{L}{D}\frac{V^2}{2g} = 0.039\frac{10}{0.025}\frac{0.407^2}{2 \times 9.8} = 0.1318[m]$$

2) $V = \frac{Q}{A} = \frac{0.2 \times 10^{-3}}{\frac{\pi}{4} \times 0.025^2} = 0.407[m/s]$

3) $Re = \frac{\rho VD}{\mu}$

$$= \frac{(0.8 \times 1000) \times 0.407 \times 0.025}{5 \times 10^{-3}} = 1628$$

Re < 2100이므로 층류유동

4) $f = \frac{64}{Re} = \frac{64}{1628} = 0.039$

5) 동력 $P[W] = \gamma[N/m^3] \times Q[m^3/s] \times H[m]$

$$= S\gamma_w QH$$

$$= 0.8 \times 9800 \times 0.2 \times 10^{-3} \times 0.1318$$

$$= 0.21[W]$$

정답 32 ② 33 ①

[풀이 2] (하겐 포아젤 공식 풀이)

하겐 포아젤 공식 $P[Pa]=\dfrac{128\mu LQ}{\pi D^4}$

층류유동으로 가정하고 [하겐 - 포아젤 공식]을 사용한다.

1) 압력손실 $H=\dfrac{128\mu LQ}{\gamma\pi D^4}$

$$=\frac{128\mu LQ}{(S\gamma_w)\pi D^4}$$

$$=\frac{128\times(5\times10^{-3})\times10\times(0.2\times10^{-3})}{(0.8\times9800)\times\pi\times0.025^4}$$

$$≒0.133[m]$$

2) 동력 $P[W]=\gamma[N/m^3]\times Q[m^3/s]\times H[m]$

$$=S\gamma_w QH$$

$$=(0.8\times9800)\times0.2\times10^{-3}\times0.133$$

$$=0.208≒0.21[W]$$

γ : 비중량 [N/m³]
Q : 유량 [m³/s]
H : 전양정 [m]
η : 효율
K : 전달계수

34 상 중 (하)

원심식 송풍기에서 회전수를 변화시킬 때 동력변화를 구하는 식으로 옳은 것은? (단, 변화 전후의 회전수는 각각 N_1, N_2, 동력은 L_1, L_2이다)

① $L_2=L_1\times(\dfrac{N_1}{N_2})^3$ ② $L_2=L_1\times(\dfrac{N_1}{N_2})^2$

③ $L_2=L_1\times(\dfrac{N_2}{N_1})^3$ ④ $L_2=L_1\times(\dfrac{N_2}{N_1})^2$

해설 상사법칙(동력)

동력 $L_2=L_1\times\left(\dfrac{N_2}{N_1}\right)^3$

35 상 (중) 하

펌프 중심으로부터 2 [m] 아래에 있는 물을 펌프 중심으로부터 15 [m] 위에 있는 송출수면으로 양수하려 한다. 관로의 전 손실수두가 6 [m]이고, 송출수량이 1 [m³/min]이라면 필요한 펌프의 동력은 약 몇 [W]인가?

① 2777 ② 3103
③ 3430 ④ 3757

해설 펌프의 수동력

$P[W]=\dfrac{\gamma[N/m^3]\times Q[m^3/s]\times H[m]}{\eta}\times K$ ※ 동력을 구할 때 조건상 효율(η)이나 전달계수(K)가 주어져 있지 않다면 효율과 전달계수를 제외하고 산출한다.

1) 전양정 $H[m]$

$H=2+15+6=23\ [m]$

2) 유량 $Q=1[m^3/\min]=\dfrac{1}{60}[m^3/s]$

3) 동력 $P=\gamma QH$

$$=9800[N/m^3]\times\frac{1}{60}[m^3/s]\times23[m]$$

$$=3756.66≒3757[W]$$

γ : 비중량 [N/m³]
Q : 유량 [m³/s]
H : 전양정 [m]
η : 효율
K : 전달계수

정답 34 ③ 35 ④

신유형!

36 (상)중 하

펌프의 입구 및 출구 측에 연결된 진공계와 압력계가 각각 25 [mmHg]와 260 [kPa]을 가리켰다. 이 펌프의 배출 유량이 0.15 [m³/s]가 되려면 펌프의 동력은 약 몇 [kW]가 되어야 하는가? (단, 펌프의 입구와 출구의 높이차는 없고 입구 측 안지름은 20 [cm], 출구 측 안지름은 15 [cm]이다)

① 3.95　② 4.32
③ 39.5　④ 43.2

해설 펌프 수동력

$$P[kW] = \frac{\gamma[kN/m^3] \times Q[m^3/s] \times H_P[m]}{\eta} \times K$$

※ 동력을 구할 때 조건상 효율(η)이나 전달계수(K)가 주어져 있지 않다면 효율과 전달계수를 제외하고 산출한다.

1) 펌프 전양정 H_P[m]

$$\frac{P_1}{\gamma} + \frac{V_1^2}{2g} + Z_1 + H_P = \frac{P_2}{\gamma} + \frac{V_2^2}{2g} + Z_2$$

펌프의 입구와 출구의 높이차가 없으므로 입구와 출구의 위치수두는 서로 같고($Z_1 = Z_2$), 입구 유속과 출구 유속을 알아야 위 베르누이방정식에 대입이 가능하므로 입구 유속(V_1), 출구 유속(V_2)을 먼저 구한다.

[아래 '2) 유속 V'에서 V_1, V_2 구한 뒤, 베르누이방정식에 대입한다.]

$$H_P = \frac{P_2}{\gamma} - \frac{P_1}{\gamma} + \frac{V_2^2}{2g} - \frac{V_1^2}{2g}$$
$$= \frac{260}{9.8} m - (-25mmHg \times \frac{10.332mAq}{760mmHg})$$
$$+ \frac{8.49^2}{2 \times 9.8} - \frac{4.77^2}{2 \times 9.8}$$
$$= 29.387 \fallingdotseq 29.39[m]$$

2) 유속 $V(Q = AV)$

$$0.15 = \frac{\pi}{4} \times 0.2^2 \times V_1, \quad \therefore V_1 = 4.77[m/s]$$

$$0.15 = \frac{\pi}{4} \times 0.15^2 \times V_2, \quad \therefore V_2 = 8.49[m/s]$$

3) 동력 P

$$P = \gamma Q H_P = 9.8 \times 0.15 \times 29.39 = 43.2[kW]$$

γ : 물의 비중량 [9.8 kN/m³]
Q : 유량 [m³/s]
H_P : 전양정 [m]
η : 효율
K : 전달계수

37 상 중 (하)

전양정이 60 [m], 유량이 6 [m³/min], 효율이 60 [%]인 펌프를 작동시키는 데 필요한 동력(kW)는?

① 44　② 60
③ 98　④ 117

해설 펌프의 축동력

$$\text{축동력 } P = \frac{\gamma Q H}{\eta}$$

$$P = \frac{\gamma Q H}{\eta}$$
$$= \frac{9.8 \times \frac{6}{60} \times 60}{0.6} = 98[kW]$$

P : 동력 [kW]
γ : 비중량 [9.8 kN/m³]
Q : 유량 [m³/s]
H : 전양정[m]

정답 36 ④ 37 ③

38 상 중 하

펌프에 의하여 유체에 실제로 주어지는 동력은? (단, L_w는 동력(kW), r는 물의 비중량(N/m^3), Q는 토출량(m^3/min), H는 전양정(m), g는 중력가속도(m/s^2)이다)

① $L_w = \dfrac{\gamma QH}{102 \times 60}$

② $L_w = \dfrac{\gamma QH}{1000 \times 60}$

③ $L_w = \dfrac{\gamma QHg}{102 \times 60}$

④ $L_w = \dfrac{\gamma QHg}{1000 \times 60}$

해설 펌프의 수동력

동력 $L_w = \dfrac{\gamma QH}{1000 \times 60}$

L_w : 펌프의 동력 [kW]
γ : 비중량 [9800 N/m^3]
Q : 유량 [m^3/min]
H : 전양정 [m]

TIP ▶ 문제에 주어진 값의 단위를 유의한다.

39 상 중 하

성능이 같은 3대의 펌프를 병렬로 연결하였을 경우 양정과 유량은 얼마인가? (단, 펌프 1대에서 유량은 Q, 양정은 H 라고 한다)

① 유량은 9Q, 양정은 H
② 유량은 9Q, 양정은 3H
③ 유량은 3Q, 양정은 3H
④ 유량은 3Q, 양정은 H

해설 펌프 2대의 직/병렬 운전

구분	직렬 운전	병렬 운전
개념도	P P	P P
$H-Q$ 곡선	양정H, 2대운전, 1대운전, 유량Q	양정H, 2대운전, 1대운전, 유량Q
특징	① 유량 : Q ② 양정 : $2H$	① 유량 : $2Q$ ② 양정 : H

※ 펌프 3대의 병렬 운전 시
① 유량 : $3Q$
② 양정 : H

40 상 중 하

지름 0.4 [m]인 관에 물이 0.5 [m^3/s]로 흐를 때 길이 300 [m]에 대한 동력손실은 60 [kW]였다. 이때 관 마찰계수 f는 약 얼마인가?

① 0.015 ② 0.020
③ 0.025 ④ 0.030

해설 관 마찰손실

압력손실(손실수두) $H[m] = f \times \dfrac{L}{D} \times \dfrac{V^2}{2g}$

1) 손실양정 H(손실수두)

$P[kW] = \gamma QH$
$60 = 9.8 \times 0.5 \times H$
$\therefore\ H = 12.24[m]$

2) 유속

$V = \dfrac{4Q}{\pi D^2} = \dfrac{4 \times 0.5}{\pi \times 0.4^2} = 3.98[m/s]$

정답 38 ② 39 ④ 40 ②

3) 관 마찰계수 f

$$H = f\frac{L}{D}\frac{V^2}{2g}$$

$$12.24 = f \times \frac{300}{0.4} \times \frac{3.98^2}{2 \times 9.8}$$

$$f = 0.02$$

f : 관 마찰계수
L : 배관의 길이 [m]
D : 관경 [m]
V : 유속 [m/s]
g : 중력가속도 [m/s²]

41 상 중 (하)

효율이 50 [%]인 펌프를 이용하여 저수지의 물을 1초에 10 [L]씩 30 [m] 위 쪽에 있는 논으로 퍼 올리는 데 필요한 동력은 약 몇 [kW]인가?

① 18.83　② 10.48
③ 2.94　④ 5.88

해설 펌프 축동력

$$축동력\ P = \frac{\gamma QH}{\eta}$$

$$P = \frac{\gamma QH}{\eta} = \frac{9.8 \times 0.01 \times 30}{0.5} = 5.88[kW]$$

P : 동력 [kW]
γ : 비중량 [9.8 kN/m³]
Q : 유량 [m³/s]
H : 전양정 [m]

42 상 (중) 하

펌프를 이용하여 10 [m] 높이 위에 있는 물탱크로 유량 0.3 [m³/min]의 물을 퍼 올리려고 한다. 관로 내 마찰손실수두가 3.8 [m]이고, 펌프의 효율이 85 [%]일 때 펌프에 공급해야 하는 동력은 약 몇 [W]인가?

① 128　② 796
③ 677　④ 219

해설 펌프의 동력

$$축동력\ P = \frac{\gamma QH}{\eta}$$

$$P = \frac{\gamma QH}{\eta} = \frac{9.8 \times \frac{0.3}{60} \times (10 + 3.8)}{0.85}$$
$$= 0.79552[kW] \fallingdotseq 796[W]$$

P : 동력 [kW]
γ : 비중량 [9.8 kN/m³]
Q : 유량 [m³/s], H : 전양정 [m]

43 상 중 (하)

회전속도 1000 [rpm]일 때 송출량 Q [m³/min], 전양정 H [m]인 원심펌프가 상사한 조건에서 송출량이 1.1Q [m³/min]가 되도록 회전속도를 증가시킬 때 전양정은 어떻게 되는가?

① 0.91 H　② H
③ 1.1 H　④ 1.21 H

해설 펌프의 상사법칙

① 유량 $Q_2 = \left(\frac{N_2}{N_1}\right)^1 \times \left(\frac{D_2}{D_1}\right)^3 \times Q_1$

② 양정 $H_2 = \left(\frac{N_2}{N_1}\right)^2 \times \left(\frac{D_2}{D_1}\right)^2 \times H_1$

③ 동력 $L_2 = \left(\frac{N_2}{N_1}\right)^3 \times \left(\frac{D_2}{D_1}\right)^5 \times L_1$

정답 41 ④ 42 ② 43 ④

1) 회전수 비 $\frac{N_2}{N_1}$

$$\frac{N_2}{N_1}=\frac{Q_2}{Q_1}$$

여기서 $Q_2=1.1\times Q_1$이므로

$$\frac{N_2}{N_1}=\frac{Q_2}{Q_1}=\frac{1.1Q_1}{Q_1}=1.1 \text{ (회전수비 = 유량비)}$$

2) 회전속도 증가 후 양정 H_2

$$H_2=\left(\frac{N_2}{N_1}\right)^2 H_1=(1.1)^2H_1=1.21H_1$$

44 상중하

유량이 0.6 [m³/min]일 때 손실수두가 5 [m]인 관로를 통하여 10 [m] 높이 위에 있는 저수조로 물을 이송하고자 한다. 펌프의 효율이 85 [%]라고 할 때 펌프에 공급해야 하는 전력은 약 몇 [kW]인가?

① 0.58　② 1.15
③ 1.47　④ 1.73

해설 펌프의 동력

$$P[W]=\frac{\gamma[N/m^3]\times Q[m^3/s]\times H[m]}{\eta}\times K$$

※ 동력을 구할 때 조건상 효율(η)이나 전달계수(K)가 주어져 있지 않다면 효율과 전달계수를 제외하고 산출한다.

1) 전양정 $H=$ 높이 $+$ 손실 $=10+5=15\,[m]$

2) 동력 $P=\frac{\gamma QH}{\eta}\times K$

$$=\frac{9.8\times\frac{0.6}{60}\times 15}{0.85}=1.73\,[kW]$$

γ : 비중량 [N/m³], Q : 유량 [m³/s]
H : 전양정 [m], η : 효율
K : 전달계수

45 상중하

65 [%]의 효율을 가진 원심펌프를 통하여 물을 1 [m³/s]의 유량으로 송출 시 필요한 펌프수두가 6 [m]이다. 이때 펌프에 필요한 축동력은 약 몇 [kW]인가?

① 40 [kW]　② 60 [kW]
③ 80 [kW]　④ 90 [kW]

해설 펌프의 축동력

$$\text{축동력 } P=\frac{\gamma QH}{\eta}$$

$$P=\frac{\gamma QH}{\eta}=\frac{9.8\times1\times6}{0.65}=90\,[kW]$$

P : 동력 [kW]
γ : 비중량 [9.8 kN/m³]
Q : 유량 [m³/s], H : 전양정[m]

46 상중하

분당 토출량이 1600 [L], 전양정이 100 [m]인 물 펌프의 회전수를 1000 [rpm]에서 1400 [rpm]으로 증가하면 전동기 소요동력은 약 몇 [kW]가 되어야 하는가? (단, 펌프의 효율은 65 [%]이고, 전달계수는 1.1이다)

① 441　② 82.1
③ 121　④ 142

해설 전동기 동력

$$\text{동력 } P[kW]=\frac{\gamma[kN/m^3]\times Q[m^3/s]\times H[m]}{\eta}\times K$$

1) 전동기 동력

$$P_1=\frac{\gamma QH}{\eta}\times K$$

$$=\frac{9.8\times\frac{1.6}{60}\times100}{0.65}\times1.1=44.22\,[kW]$$

정답 44 ④ 45 ④ 46 ③

2) 소요동력(상사법칙)

$$P_2 = P_1\left(\frac{N_2}{N_1}\right)^3$$

$$= 44.22 \times \left(\frac{1400}{1000}\right)^3 = 121\,[kW]$$

47 (상 중 하)

전양정 80 [m], 토출량 500 [L/min]인 물을 사용하는 소화펌프가 있다. 펌프효율 65 [%], 전달계수(K) 1.1인 경우 필요한 전동기의 최소 동력은 약 몇 [kW]인가?

① 9 [kW] ② 11 [kW]
③ 13 [kW] ④ 15 [kW]

해설 펌프의 동력

$$\text{동력 } P = \frac{\gamma QH}{\eta} \times K$$

$$P = \frac{\gamma QH}{\eta} \times K$$

$$= \frac{9.8 \times \frac{0.5}{60} \times 80}{0.65} \times 1.1 = 11\,[kW]$$

P : 동력 [kW]
γ : 비중량 [9.8 kN/m^3]
Q : 유량 [m^3/s], H : 전양정[m]

48 (상 중 하)

동일한 성능의 두 펌프를 직렬 또는 병렬로 연결하는 경우의 주된 목적은?

① 직렬 : 유량 증가, 병렬 : 양정 증가
② 직렬 : 유량 증가, 병렬 : 유량 증가
③ 직렬 : 양정 증가, 병렬 : 유량 증가
④ 직렬 : 양정 증가, 병렬 : 양정 증가

해설 펌프 2대의 직/병렬 운전

구분	직렬 운전	병렬 운전
개념도	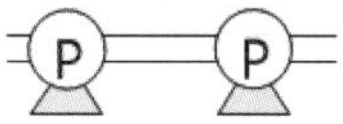	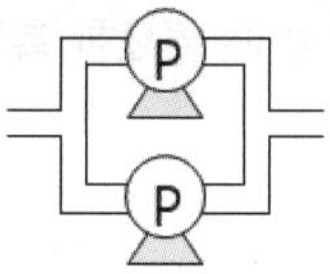
$H-Q$ 곡선	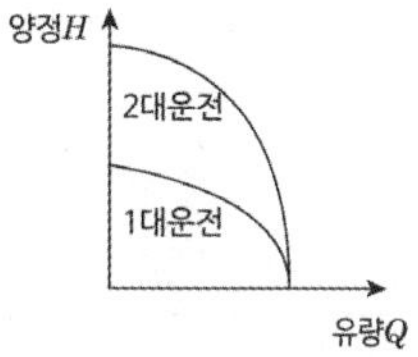	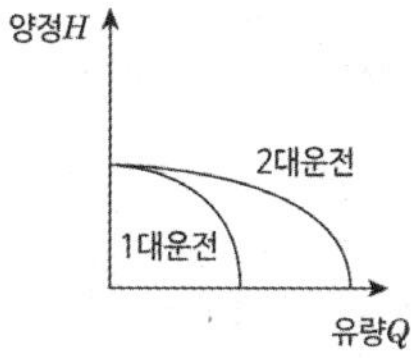
특징	① 유량 : Q ② 양정 : $2H$	① 유량 : $2Q$ ② 양정 : H

49 (상 중 하)

구조가 상사한 2대의 펌프에서 유동 상태가 상사할 경우 2대의 펌프 사이에 성립하는 상사법칙이 아닌 것은? (단, 비압축성 유체인 경우이다)

① 유량에 관한 상사법칙
② 전양정에 관한 상사법칙
③ 축동력에 관한 상사법칙
④ 밀도에 관한 상사법칙

해설 펌프의 상사법칙

• 유량 : $\frac{Q_2}{Q_1} = \left(\frac{N_2}{N_1}\right) \times \left(\frac{D_2}{D_1}\right)^3$

• 양정 : $\frac{H_2}{H_1} = \left(\frac{N_2}{N_1}\right)^2 \times \left(\frac{D_2}{D_1}\right)^2$

• 축동력 : $\frac{L_2}{L_1} = \left(\frac{N_2}{N_1}\right)^3 \times \left(\frac{D_2}{D_1}\right)^5$

정답 47 ② 48 ③ 49 ④

50 (상 중 하)

송풍기의 풍량 15 [m^3/s], 전압 540 [Pa], 전압효율이 55 [%]일 때 필요한 축동력은 몇 [kW]인가?

① 2.23 ② 4.46
③ 8.1 ④ 14.7

해설 송풍기 축동력

[풀이 1]

$$축동력\ P[kW] = \frac{P_t[mmAq] \times Q[m^3/s]}{102\eta}$$

$$= \frac{(540[Pa] \times \frac{10332[mmAq]}{101325[Pa]}) \times 15[m^3/s]}{102 \times 0.55}$$

$$= 14.7\ [kW]$$

[풀이 2]

$$축동력\ P[kW] = \frac{P_t[kPa] \times Q[m^3/s]}{\eta}$$

$$= \frac{0.54[kPa] \times 15[m^3/s]}{0.55} = 14.7\ [kW]$$

51 (상 중 하)

소화펌프의 회전수가 1450 [rpm]일 때 양정이 25 [m], 유량이 5 [m^3/min]이었다. 펌프의 회전수를 1740 [rpm]으로 높일 경우 양정 [m]과 유량 [m^3/min]은? (단, 회전차의 직경은 일정하다)

① 양정 : 17 유량 : 4.2
② 양정 : 21 유량 : 5
③ 양정 : 30.2 유량 : 5.2
④ 양정 : 36 유량 : 6

해설 펌프의 상사법칙

① 유량 $Q_2 = \left(\frac{N_2}{N_1}\right)^1 \times \left(\frac{D_2}{D_1}\right)^3 \times Q_1$

② 양정 $H_2 = \left(\frac{N_2}{N_1}\right)^2 \times \left(\frac{D_2}{D_1}\right)^2 \times H_1$

③ 동력 $L_2 = \left(\frac{N_2}{N_1}\right)^3 \times \left(\frac{D_2}{D_1}\right)^5 \times L_1$

• 변경 후 양정 H_2

$$H_2 = \left(\frac{N_2}{N_1}\right)^2 H_1 = \left(\frac{1740}{1450}\right)^2 \times 25$$

$$= 36[m]$$

• 변경 후 유량 Q_2

$$Q_2 = \left(\frac{N_2}{N_1}\right) Q_1 = \left(\frac{1740}{1450}\right) \times 5$$

$$= 6[m^3/\min]$$

52 (상 중 하)

펌프에서 기계효율이 0.8, 수력효율이 0.85, 체적효율이 0.75인 경우 전효율은 얼마인가?

① 0.51 ② 0.68
③ 0.8 ④ 0.9

해설 펌프의 전효율

전효율 = 기계효율 × 수력효율 × 체적효율
= 0.8 × 0.85 × 0.75 = 0.51

정답 50 ④ 51 ④ 52 ①

53 상 중 하

유량이 0.6 [m³/min]일 때 손실수두가 7 [m]인 관로를 통하여 10 [m] 높이 위에 있는 저수조로 물을 이송하고자 한다. 펌프의 효율이 90 [%]라고 할 때 펌프에 공급해야 하는 전력은 몇 [kW]인가?

① 0.45 ② 1.85
③ 2.27 ④ 136

해설 펌프의 축동력

$$\text{축동력 } P = \frac{\gamma QH}{\eta}$$

$$P = \frac{\gamma QH}{\eta} = \frac{9.8 \times \frac{0.6}{60} \times (7+10)}{0.9}$$
$$= 1.85 [kW]$$

P : 동력 [kW]
γ : 비중량 [9.8 kN/m³]
Q : 유량 [m³/s], H : 전양정[m]

54 상 중 하

소방펌프의 회전수를 2배로 증가시키면 소방펌프 동력은 몇 배로 증가하는가? (단, 기타 조건은 동일)

① 2 ② 4
③ 6 ④ 8

해설 펌프 상사법칙(동력)

$$P_2 = P_1\left(\frac{N_2}{N_1}\right)^3 = P_1(2)^3 = 8P_1 = 8\text{배}$$

55 상 중 하

저수조의 소화수를 빨아올릴 때 펌프의 유효흡입양정(NPSH)으로 적합한 것은? (단, P_a : 흡입수면의 대기압, P_v : 포화증기압, γ : 비중량, H_a : 흡입실양정, H_L : 흡입손실수두)

① $NPSH = P_a/\gamma + P_V/\gamma - H_a - h_L$
② $NPSH = P_a/\gamma - P_V/\gamma + H_a - h_L$
③ $NPSH = P_a/\gamma - P_V/\gamma - H_a - h_L$
④ $NPSH = P_a/\gamma - P_V/\gamma - H_a + h_L$

해설 펌프의 유효흡입양정

$$NPSII_{av} = \frac{P_0}{\gamma} - \frac{P_v}{\gamma} - II_f \perp h$$

$NPSH_{av}$: 유효흡입양정 [m]
P_0 : 대기압 [Pa]
P_v : 포화수증기압 [Pa]
γ : 비중량 [N/m³]
h : 실양정 흡입 시(-), 압입 시(+) [m]
H_f : 손실수두 [m]

56 상 중 하

원심 팬이 1700 [rpm]으로 회전할 때의 전압은 1520 [Pa], 풍량은 240 [m³/min]이다. 이 팬의 비교회전도는 약 몇 [m³/min · m · rpm]인가? (단, 공기 밀도는 1.2 [kg/m³]이다)

① 502 ② 652
③ 687 ④ 827

정답 53 ② 54 ④ 55 ③ 56 ③

해설 비속도(비교회전도)

$$\text{비속도 } N_s = \frac{N\sqrt{Q}}{\left(\frac{H}{n}\right)^{\frac{3}{4}}}$$

비속도란 1 [m³/min]의 유량을 1 [m] 송수하는 데 필요한 펌프의 회전수이다.

1) 양정 H

$$H = \frac{P}{\gamma} = \frac{P}{\rho \cdot g}$$

$$= \frac{1520}{1.2 \times 9.8} = 129.2517[m]$$

2) 비속도 $N_s = \frac{N\sqrt{Q}}{\left(\frac{H}{n}\right)^{\frac{3}{4}}}$

$$= \frac{1700 \times \sqrt{240}}{(129.2517)^{\frac{3}{4}}}$$

$$= 687\ [m^3/\text{min}\cdot m\cdot rpm]$$

N_s : 비속도(비교회전도) [m^3/min · m · rpm]
N : 회전수 [rpm]
Q : 유량 [m^3/min]
H : 양정 [m]
n : 단수

57 상중하

다음 (ㄱ), (ㄴ)에 알맞은 것은?

> 파이프 속을 유체가 흐를 때 파이프 끝의 밸브를 갑자기 닫으면 유체의 (ㄱ)에너지가 압력으로 변환되면서 밸브 직전에서 높은 압력이 발생하고 상류로 압축파가 전달되는 (ㄴ)현상이 발생한다.

① (ㄱ) 운동, (ㄴ) 서징
② (ㄱ) 운동, (ㄴ) 수격작용
③ (ㄱ) 위치, (ㄴ) 서징
④ (ㄱ) 위치, (ㄴ) 수격작용

해설 수격작용

- 배관에 유체 속도가 급격히 변화 시 발생
- 유체의 과도한 압력 변화가 배관에 충격
- 급격한 운동에너지가 압력에너지로 변화

58 상중하

펌프가 운전 중에 한숨을 쉬는 것과 같은 상태가 되어 펌프 입구의 진공계 및 출구의 압력계 지침이 흔들리고 송출유량도 주기적으로 변화하는 이상현상을 무엇이라고 하는가?

① 공동현상(Cavitation)
② 수격작용(Water Hammering)
③ 맥동현상(Surging)
④ 언밸런스(Unbalance)

해설 펌프 이상현상

- 맥동현상(Surging) : 압력계가 흔들리고, 송출유량이 주기적으로 변하는 현상
- 공동현상(Cavitation) : 관 속 압력이 유체 포화수증기압보다 낮아져 유체에 기포가 발생하는 현상
- 수격현상(Water Hammering) : 유체가 흐를 때 급격한 속도변화로 내부압력에 급변화가 생기는 현상

정답 57 ② 58 ③

59 상 중 하

물의 온도에 상응하는 증기압보다 낮은 부분이 발생하면 물은 증발되고, 물속에 있던 공기와 물이 분리되어 기포가 발생하는 펌프의 현상은?

① 피드백(Feed Back)
② 서징현상(Surging)
③ 공동현상(Cavitation)
④ 수격작용(Water Hammering)

해설 펌프 이상현상

- 맥동현상(Surging) : 압력계가 흔들리고 송출유량이 주기적으로 변하는 현상
- 공동현상(Cavitation) : 관 속 압력이 유체 포화수증기압보다 낮아져 유체에 기포가 발생하는 현상
- 수격현상(Water Hammering) : 유체가 흐를 때 급격한 속도변화로 내부압력에 급변화가 생기는 현상

60 상 중 하

수격작용에 대한 설명으로 옳은 것은?

① 관로가 변할 때 물의 급격한 압력 저하로 인해 수중에서 공기가 분리되어 기포가 발생하는 것을 말한다.
② 펌프의 운전 중에 송출압력과 송출유량이 주기적으로 변동하는 현상을 말한다.
③ 관로의 급격한 온도 변화로 인해 응결되는 현상을 말한다.
④ 흐르는 물을 갑자기 정지시킬 때 수압이 급격히 변화하는 현상을 말한다.

해설 펌프의 이상현상

- 맥동현상 : 압력계가 흔들리고 송출유량이 주기적으로 변하는 현상
- 공동현상 : 관 속 압력이 유체 포화수증기압보다 낮아져 유체에 기포가 발생하는 현상
- 수격현상 : 유체가 흐를 때 급격한 속도 변화로 내부압력에 급변화가 생기는 현상

61 상 중 하

펌프의 캐비테이션을 방지하기 위한 방법으로 틀린 것은?

① 펌프의 설치 위치를 낮추어서 흡입 양정을 작게 한다.
② 흡입관을 크게 하거나 밸브, 플랜지 등을 조정하여 흡입손실수두를 줄인다.
③ 펌프의 회전속도를 높여 흡입 속도를 크게 한다.
④ 2대 이상의 펌프를 사용한다.

해설 공동현상(Cavitation)

- 개념
  급격한 유속변화로 인해 소화수의 압력이 증기압 이하로 낮아져서 기포가 발생하는 현상
- 방지대책
  ① 펌프의 위치를 수원보다 낮게 한다.
  ② 흡입배관의 구경을 크게 한다.
  ③ 펌프의 회전수를 낮춘다.
  ④ 양흡입펌프를 사용한다.

62 상 중 하

펌프 운전 중 발생하는 수격작용의 발생을 예방하기 위한 방법에 해당되지 않는 것은?

① 밸브를 가능한 펌프 송출구에서 멀리 설치한다.
② 서지탱크를 관로에 설치한다.
③ 밸브의 조작을 천천히 한다.
④ 관 내의 유속을 낮게 한다.

해설 수격작용(Water Hammering)

- 정의
  펌프 토출 측에서 속도 변화에 의해 충격파가 전달되는 현상
- 방지대책
  ① 구경을 크게 하여 배관 내 유속 낮춤
  ② 밸브를 서서히 개폐
  ③ 펌프에 플라이휠(Flywheel)을 설치
  ④ 조압수조(Surge Tank)를 설치
  ⑤ 수격방지기를 설치

정답 59 ③ 60 ④ 61 ③ 62 ①

63 상 중 하

펌프의 공동현상(Cavitation)을 방지하기 위한 방법이 아닌 것은?

① 펌프의 설치 위치를 되도록 낮게 하여 흡입 양정을 짧게 한다.
② 단흡입펌프보다는 양흡입펌프를 사용한다.
③ 펌프의 흡입 관경을 크게 한다.
④ 펌프의 회전수를 크게 한다.

해설 공동현상(Cavitation)

- 개념
  급격한 유속변화로 인해 압력이 증기압 이하로 낮아져 기포가 발생하는 현상
- 방지대책
  ① 펌프의 위치를 수원보다 낮게 한다.
  ② 흡입배관의 구경을 크게 한다.
  ③ 펌프의 회전수를 낮춘다.
  ④ 양흡입펌프를 사용한다.
  ⑤ 펌프의 흡입 측을 가압한다.

64 상 중 하

물의 압력파에 의한 수격작용을 방지하기 위한 방법으로 옳지 않은 것은?

① 펌프의 속도가 급격히 변화하는 것을 방지한다.
② 관로 내의 관경을 축소시킨다.
③ 관로 내 유체의 유속을 낮게 한다.
④ 밸브 개폐시간을 가급적 길게 한다.

해설 수격작용(Water Hammering)

- 정의
  펌프 토출 측에서 속도변화에 의해 충격파가 전달되는 현상
- 방지대책
  ① 구경을 크게 하여 배관 내 유속 낮춤
  ② 밸브를 서서히 개폐
  ③ 펌프에 플라이휠(Flywheel)을 설치
  ④ 조압수조(Surge Tank)를 설치
  ⑤ 수격방지기를 설치

65 상 중 하

공동현상(Cavitation)의 발생 원인과 가장 관계가 먼 것은?

① 관 내의 수온이 높을 때
② 펌프의 흡입 양정이 클 때
③ 펌프의 설치 위치가 수원보다 낮을 때
④ 관 내의 물의 정압이 그때의 증기압보다 낮을 때

해설 공동현상(Cavitation)

- 개념
  급격한 유속변화로 인해 압력이 증기압 이하로 낮아져 기포가 발생하는 현상
- 발생원인
  ① 펌프의 설치 위치가 수원보다 높을 때
  ② 관 내의 수온이 높을 때
  ③ 펌프의 흡입 양정이 클 때
  ④ 관 내의 물의 정압이 그때의 증기압보다 낮을 때

정답 63 ④ 64 ② 65 ③

66 상 중 하

펌프 운전 중에 펌프 입구와 출구에 설치된 진공계, 압력계의 지침이 흔들리고 동시에 토출 유량이 변화하는 현상으로 송출압력과 송출유량 사이에 주기적인 변동이 일어나는 현상은?

① 수격현상 ② 맥동현상
③ 공동현상 ④ 와류현상

해설 펌프의 이상현상

- 맥동현상 : 압력계가 흔들리고, 송출유량이 주기적으로 변하는 현상
- 공동현상 : 관 속 압력이 유체 포화수증기압보다 낮아져 유체에 기포가 발생하는 현상
- 수격현상 : 유체가 흐를 때 급격한 속도 변화로 내부압력에 급변화가 생기는 현상

67 상 중 하

다음 중 배관의 유량을 측정하는 계측 장치가 아닌 것은?

① 로터미터(Rotameter)
② 유동노즐(Flow Nozzle)
③ 마노미터(Manometer)
④ 오리피스(Orifice)

해설 유체의 측정

구분	측정기기
유량	벤추리미터, 오리피스, 로터미터, 위어
압력(정압)	피에조미터, 정압관, 부르돈(관) 압력계, 마노미터
유속(동압)	피토관, 피토정압관, 시차액주계, 열선풍속계

68 상 중 하

다음 중 금속의 탄성변형을 이용하여 기계적으로 압력을 측정할 수 있는 것은?

① 부르돈관 압력계
② 수은 기압계
③ 맥라우드 진공계
④ 마노미터 압력계

해설 유체의 측정

구분	측정기기
유량	벤추리미터, 오리피스, 로터미터, 위어
압력(정압)	피에조미터, 정압관, 부르돈(관) 압력계, 마노미터
유속(동압)	피토관, 피토정압관, 시차액주계, 열선풍속계

69 상 중 하

텅스텐, 백금 또는 백금 – 이리듐 등을 전기적으로 가열하고 통과 풍량에 따른 열 교환양으로 속도를 측정하는 것은?

① 열선 풍속계
② 도플러 풍속계
③ 컵형 풍속계
④ 포토디텍터 풍속계

해설 유체의 측정

구분	측정기기
유량	벤추리미터, 오리피스, 로터미터, 위어
압력(정압)	피에조미터, 정압관, 부르돈(관) 압력계, 마노미터
유속(동압)	피토관, 피토정압관, 시차액주계, 열선풍속계

정답 66 ② 67 ③ 68 ① 69 ①

70 상 중 하

배관 내 유체의 유량 또는 유속 측정법이 아닌 것은?

① 마노미터에 의한 방법
② 오리피스에 의한 방법
③ 벤츄리관에 의한 방법
④ 피토관에 의한 방법

해설 유체의 측정

구분	측정기기
유량	벤추리미터, 오리피스, 로터미터, 위어
압력(정압)	피에조미터, 정압관, 부르돈(관) 압력계, 마노미터
유속(동압)	피토관, 피토정압관, 시차액주계, 열선풍속계

71 상 중 하

부자(Float)의 오르내림에 의해서 배관 내의 유량을 측정하는 기구의 명칭은?

① 피토관(Pitot Tube)
② 로터미터(Rotameter)
③ 오리피스(Orifice)
④ 벤추리미터(Venturi Meter)

해설 유체의 측정

구분	측정기기
유량	벤추리미터, 오리피스, 로터미터, 위어
압력(정압)	피에조미터, 정압관, 부르돈(관) 압력계, 마노미터
유속(동압)	피토관, 피토정압관, 시차액주계, 열선풍속계

72 상 중 하

파이프 속을 흐르는 유체의 압력을 측정하기 위한 계기가 아닌 것은?

① 부르돈 압력계
② 마노미터
③ 위어
④ 피에조미터

해설 유체의 측정

구분	측정기기
유량	벤추리미터, 오리피스, 로터미터, 위어
압력(정압)	피에조미터, 정압관, 부르돈(관) 압력계, 마노미터
유속(동압)	피토관, 피토정압관, 시차액주계, 열선풍속계

73 상 중 하

A, B 두 원관 속을 기체가 미소한 압력차로 흐르고 있을 때 이 압력차를 측정하려면 다음 중 어떤 압력계를 쓰는 것이 가장 적절한가?

① 간섭계
② 오리피스
③ 마이크로마노미터
④ 부르돈 압력계

해설 유체의 측정

구분	측정기기
유량	벤추리미터, 오리피스, 로터미터, 위어
압력(정압)	피에조미터, 정압관, 부르돈(관) 압력계, 마노미터
유속(동압)	피토관, 피토정압관, 시차액주계, 열선풍속계

정답 70 ① 71 ② 72 ③ 73 ③

74 상㊥하

다음 계측기 중 측정하고자 하는 것으로 다른 것은?

① Bourdon 압력계
② U자관 마노미터
③ 피에조미터
④ 열선풍속계

해설 유체의 측정

구분	측정기기
유량	벤추리미터, 오리피스, 로터미터, 위어
압력(정압)	피에조미터, 정압관, 부르돈(관) 압력계, 마노미터
유속(동압)	피토관, 피토정압관, 시차액주계, 열선풍속계

75 상㊥하

타원형 단면의 금속관이 팽창하는 원리를 이용하는 압력 측정장치는?

① 액주계 ② 수은기압계
③ 경사미압계 ④ 부르돈 압력계

해설 유체의 측정

구분	측정기기
유량	벤추리미터, 오리피스, 로터미터, 위어
압력(정압)	피에조미터, 정압관, 부르돈(관) 압력계, 마노미터
유속(동압)	피토관, 피토정압관, 시차액주계, 열선풍속계

※ 부르돈(관) 압력계
1) 압력의 차이를 측정하는 장치로 계기 내 부르돈관의 신축을 계기판에 나타내는 장치이다.
2) 배관 등의 관로 또는 탱크에 구멍을 뚫어 유체의 압력과 대기압의 차를 나타낸다.
3) 정압(+)을 측정한다.

[내부 사진]

[외부 사진]

정답 74 ④ 75 ④

CHAPTER

05 열역학

3회독 월 일
2회독 월 일
1회독 월 일

학습목표

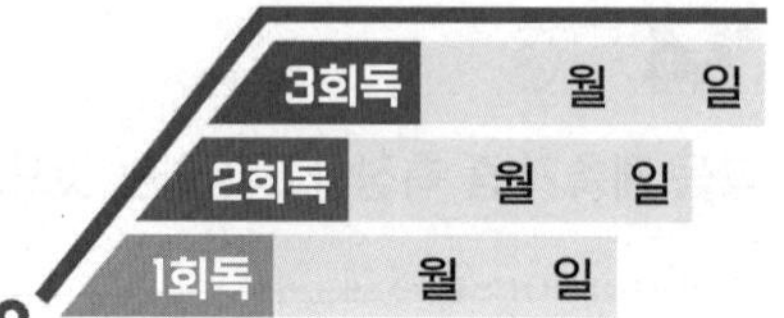

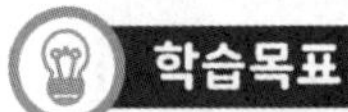

1 열전달과 관련된 공식을 암기하고 문제에 적용한다.
2 열역학법칙과 내용을 익힌다.
3 정적비열, 정압비열, 비열비와의 관계를 파악한다.
4 카르노사이클의 열효율, 역카르노사이클의 성적계수를 구하는 공식을 파악하고 문제에 적용한다.
5 정압하에서 순수물질을 증발시킬 때 과정에 대해 파악한다.

학습MAP

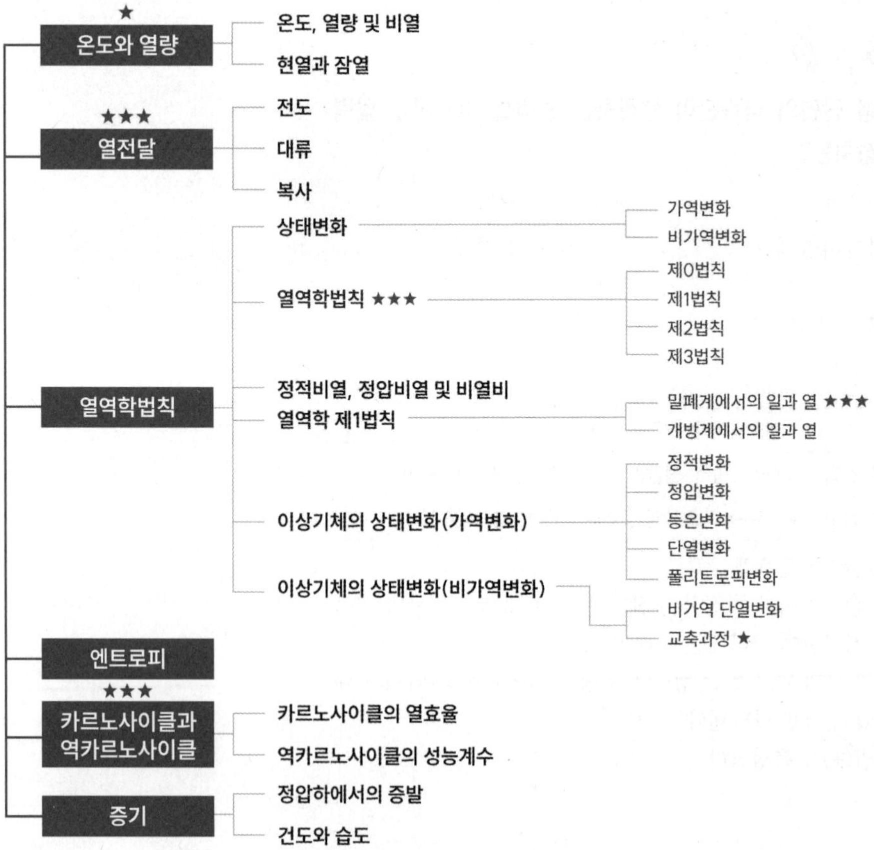

★ 온도와 열량
온도, 열량 및 비열
현열과 잠열
★★★ 열전달
전도
대류
복사
열역학법칙
상태변화
가역변화
비가역변화
열역학법칙 ★★★
제0법칙
제1법칙
제2법칙
제3법칙
정적비열, 정압비열 및 비열비
열역학 제1법칙
밀폐계에서의 일과 열 ★★★
개방계에서의 일과 열
이상기체의 상태변화(가역변화)
정적변화
정압변화
등온변화
단열변화
폴리트로픽변화
이상기체의 상태변화(비가역변화)
비가역 단열변화
교축과정 ★
엔트로피
★★★ 카르노사이클과 역카르노사이클
카르노사이클의 열효율
역카르노사이클의 성능계수
증기
정압하에서의 증발
건도와 습도

01 온도와 열량

1 온도

1) 섭씨온도 [℃] : 1기압 물의 융점 0 [℃] 비등점을 100 [℃]로 정하고, 그 사이를 100등분하여 온도 측정

P.155 문06

2) 화씨온도 [℉] : 1기압 물의 융점 32 [℉] 비등점을 212 [℉]로 정하고, 그 사이를 180등분하여 온도 측정
3) 켈빈온도 [K] : 물의 내부에너지가 0일 때 -273 [℃]를 기준으로 정한 온도
4) 랭킨온도 [R] : 물의 내부에너지가 0일 때 -460 [℉]를 기준으로 정한 온도

구분	계산식
섭씨온도	℃ = $\frac{5}{9}$×(℉ - 32)
화씨온도	℉ = $\frac{9}{5}$×℃ + 32
켈빈온도	K = ℃ + 273
랭킨온도	R = ℉ + 460

2 열량(Q)과 비열(C)

1) 열량(Q)

(1) 열을 에너지의 양으로 나타낸 것

(2) 열량의 단위

구분	주요내용
1 [kcal]	순수한 물 1 [kg]의 온도를 14.5 [℃]에서 15.5 [℃]까지 상승시키는 데 필요한 열량($1\,[kcal] \fallingdotseq 4.18\,[kJ]$)
1 [BTU]	순수한 물 1 [lb]의 온도를 1 [℉] 상승시키는 데 필요한 열량
1 [CHU]	순수한 물 1 [lb]의 온도를 1 [℃] 상승시키는 데 필요한 열량

BTU(British Thermal Unit)
1 [BTU] ≒ 1055 [J]
CHU(Centigrade Heat Unit)
1 [BTU] ≒ 1899 [J]

2) 비열(C) ★★

(1) 어떤 물질 단위질량(m)을 단위온도($\triangle T$)만큼 상승시키는 데 필요한 열량

(2) 물의 비열

$C = 1\,[kcal/kg \cdot ℃] = 4.18\,[kJ/kg \cdot K]\,(kJ/kg \cdot ℃)$

3) 열량(Q)과 비열(C)의 관계식

$$Q[kJ] = m \times C \times \Delta T$$

Q : 열량 [kJ]
m : 질량 [kg]
C : 비열 [kJ/kg·K]
ΔT : 온도차 [K]

3 현열과 잠열 ★★★

P.154 문01
P.154 문02
P.155 문04
P.155 문07

1) 현열

(1) 물질의 온도변화에 필요한 열량

(2) 계산식

$$Q[kJ] = m \times C \times \Delta T$$

Q : 열량 [kJ]
m : 질량 [kg]
C : 비열 [kJ/kg·K]
ΔT : 온도차 [K]

일정한 압력하에서 고체가 상변화를 일으켜 액체로 변화할 때 필요한 열을 융해열(융해 잠열)이라 한다. O

2) 잠열

(1) 물질의 상태변화에 필요한 열량

(2) 계산식

$$Q[kJ] = m \times r$$

Q : 열량 [kJ]
r : 잠열 [kJ/kg]
m : 질량 [kg]

02 열전달 ★★★

1 열전달 개념

1) 온도 차에 의한 에너지 전달로 전도, 대류, 복사 3가지 형태로 구분

2) 전달되는 단위면적당 열전달률을 열유속[$\dot{Q}''$]이라고 한다.

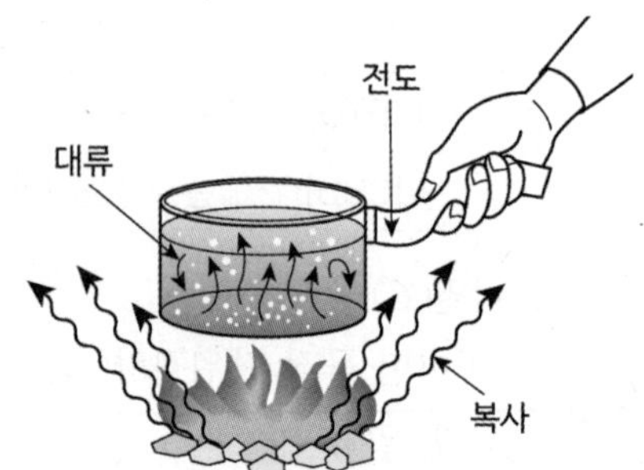

2 열전달 메커니즘

P.156 문08
P.156 문09
P.156 문10

1) 전도

(1) 물질이 직접 이동하지 않고 물체에 이웃한 분자들의 연속적인 충돌로 열이 전달

PART 1

(2) 푸리에의 열전도법칙

$$\dot{Q}[W] = \frac{k}{l} \times A \times (T_1 - T_2)$$

k : 열전도도 [W/m · K]
l : 물질의 두께 [m]
A : 표면적 [m^2]
T_1, T_2 : 물질의 온도 [K]

2) 대류

(1) 액체나 기체 상태의 분자가 직접 이동하면서 열을 전달

(2) 뉴턴의 냉각법칙

$$\dot{Q}[W] = h \times A \times (T_1 - T_2)$$

h : 열전달계수 [W/m^2 · K]
A : 표면적 [m^2]
T_1, T_2 : 물질의 온도 [K]

3) 복사

(1) 물질의 도움 없이 전자파 형태로 열이 전달

(2) 스테판 볼츠만의 법칙

$$\dot{Q}''[W/m^2] = \varnothing \times \xi \times \sigma \times T^4$$

$\varnothing$: 형태계수
ε : 방사율 (흑체일 때 $\varepsilon = 1$)
σ : 스테판 볼츠만 계수
($5.67 \times 10^{-8} [W/m^2 \cdot K^4]$)
T : 절대온도 [K]

P.157 문13
P.157 문14
P.158 문15

열유속(Heat Flux)
단위 면적당 단위 시간에 전달되는 열에너지의 양 [W/m^2]

P.157 문12
P.158 문16

표면적이 같은 두 물체가 있다. 표면온도가 2000 [K]인 물체가 내는 복사에너지는 표면온도가 1000 [K]인 물체가 내는 복사에너지의 8배이다.

☒ 16배$\left(= \left(\frac{2000[K]}{1000[K]}\right)^4\right)$

03 열역학법칙

1 상태변화

1) 가역변화

(1) 한 상태에서 다른 상태로 변할 경우 그 변화를 반대 방향으로 해도 아무런 변화를 남기지 않고 원래 상태로 되돌아갈 수 있다는 변화

(2) 어떤 마찰도 수반하지 않음

(3) 실제로 존재하지 않음

2) 비가역변화

(1) 자연계에서 일어나는 모든 실제 과정

(2) 마찰을 수반함

(3) 완전가스의 비가역변화

가역변화(Reversible Process)
에너지 손실 없이 되돌릴 수 있는 이상적 변화

비가역변화(Irreversible Process)
실제 모든 변화처럼 손실과 엔트로피 증가를 수반하여 되돌릴 수 없는 변화

P.160 문22
P.161 문25

- 일은 열로 변환시킬 수 있고, 열은 일로 변환시킬 수 있다는 것은 열역학 제2법칙에 대한 설명이다. ☒ 열역학 제1법칙
- 열역학 제0법칙에 대한 설명으로 열평형 상태에 있는 물체의 온도는 같다. ⓞ

2 종류 ★★★

열역학법칙	내용
제0법칙	• 열평형의 법칙 • 온도는 높은 곳에서 낮은 곳으로 흐름 • 온도계의 원리
제1법칙	• 에너지보존의 법칙(엔탈피의 법칙) • 가역법칙 • 열량은 일량으로, 일량은 열량으로 환산 가능 • 밀폐계에서의 에너지방정식 열량 = 내부에너지의 변화량 + 일량($_1Q_2 = \Delta U + {_1W_2}$) • 개방계에서의 에너지방정식 엔탈피 = 내부에너지 + 유동에너지($H = U + PV$)
제2법칙	• 손실의 법칙(엔트로피의 법칙) • 에너지의 방향성과 비가역성을 설명 • 열은 저온에서 고온으로 흐르지 않음 • 자발적인 변화는 비가역적 • 열을 완전히 일로 바꿀 수 있는 열기관은 만들 수 없음
제3법칙	• 물체의 온도를 절대영도(0 [K])까지 내릴 수 없음 • 절대영도(0 [K])는 모든 입자들의 운동에너지가 0이 되는 특정 온도

3 정적비열(C_v), 정압비열(C_p) 및 비열비(k) ★★★

1) 정적비열(C_v) : 기체의 체적이 일정한 상태에서 1 [kg]의 가스의 온도를 1 [℃] 상승시키는 데 필요한 열량

즉, $C_v = \left(\frac{\partial q}{\partial T}\right)_v = \left(\frac{du}{dT}\right)_v$

여기서, 내부에너지 변화량(du)은 $du[kJ/kg] = C_v dT$

$$\Delta U[kJ] = mC_v \Delta T$$

ΔU : 내부에너지 변화량 [kJ]
m : 질량 [kg]
C_v : 정적비열 [kJ/kg · K]
ΔT : 온도차 [K]

2) 정압비열(C_p) : 기체의 압력이 일정한 상태에서 1 [kg]의 가스의 온도를 1 [℃] 상승시키는 데 필요한 열량

즉, $C_p = \left(\frac{\partial q}{\partial T}\right)_p = \left(\frac{dh}{dT}\right)_p$

여기서, 엔탈피 변화량(dh)은 $dh[kJ/kg] = C_p dT$

$$\triangle H[kJ] = mC_p \triangle T$$

$\triangle H$: 엔탈피 변화량 [kJ]
m : 질량 [kg]
C_p : 정압비열 [kJ/kg·K]
$\triangle T$: 온도차 [K]

3) 비열비(k) : 정압비열(C_p)과 정적비열(C_v) 의 비

P.154 문03
P.155 문05

즉, $k = \dfrac{C_p}{C_v}$

여기서, C_p가 C_v보다 항상 크다. ($C_p > C_v$)

따라서 비열비(k)는 항상 1보다 크다. ($k > 1$)

비열비(k)는 항상 1보다 크다. O

4) 기체상수($\overline{R}$) : 정압비열(C_p)과 정적비열(C_v) 의 차

정적비열(C_v)	정압비열(C_p)	비열비(k)	기체상수($\overline{R}$)
$C_v = \dfrac{\overline{R}}{k-1}$	$C_p = \dfrac{k\overline{R}}{k-1}$	$k = \dfrac{C_p}{C_v}(k>1)$	$\overline{R} = C_p - C_v = \dfrac{R}{M}$

C_v : 정적비열 [kJ/kg·K], C_p : 정압비열 [kJ/kg·K]
$\overline{R}$: 특정기체상수, R : 일반기체상수
k : 비열비(공기의 경우 k = 1.4)

4 열역학 제1법칙 – 밀폐계에서의 일과 열 ★★★

1) 밀폐계의 일량($_1W_2$)

(1) 밀폐계 : 밀폐의 조건이 요구되는 계, 계의 경계를 통해 질량의 유동이 없는 계

(2) 밀폐계의 일량 = 절대일
(= 비유동일 = 팽창일 = 가역일)

(3) 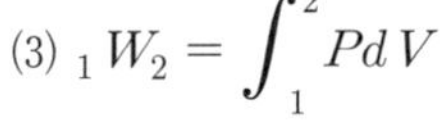
$_1W_2 = \int_1^2 PdV$

P.159 문21

2) 밀폐계의 열량($_1Q_2$)

P.160 문23
P.160 문24
P.161 문26

(1) 외부로부터 열량(Q)를 받고 외부에 일량(W)를 행하였을 시 에너지보존의 법칙에 의해 "유입에너지 = 유출에너지"임

즉, $U_1 + {_1Q_2} = U_2 + {_1W_2}$

$_1Q_2 = U_2 - U_1 + {_1W_2}$

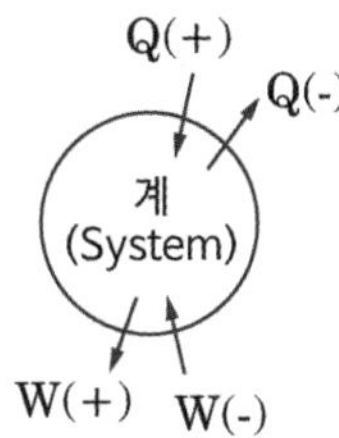

$$_1Q_2 = \Delta U + {_1W_2}$$ ★★★
(미분형 : $\delta Q = dU + PdV$)

$_1Q_2$: 열량 [kJ]
ΔU : 내부에너지 변화량 [kJ]
$_1W_2$: 절대일 [kJ]

$$_1Q_2 = \Delta U + {_1W_2} = mC_v\Delta T + \int_1^2 PdV$$

※ 등온과정일 경우

$_1Q_2 = \Delta U + {_1W_2}$ 에서

$\Delta T = 0$이므로 $\Delta U = mC_v\Delta T = 0$이 됨

$\therefore {_1Q_2} = {_1W_2}$

$_1Q_2$: 열량 , ΔU : 내부에너지 변화량
$_1W_2$: 절대일, C_v : 정적비열, ΔT : 온도변화

> 내부에너지(U)
> 물체가 가지고 있는 총에너지에서 역학적 에너지와 전기적 에너지를 뺀 나머지의 에너지로 분자 간 운동의 활발성을 나타내는 값
>
> **내부에너지의 변화량(ΔU)**
> - 가역사이클 : $\Delta U > 0$
> - 비가역사이클 : $\Delta U = 0$

5 열역학 제1법칙 – 개방계에서의 일과 열

1) 개방계의 일량(W_t)

(1) 개방계 : 개방의 조건이 요구되는 계, 계의 경계를 통해 질량의 유동이 있는 계

(2) 개방계의 일량 = 공업일
(= 유동일 = 압축일 = 정상류일 = 가역일)

(3) $W_t = -\int_1^2 VdP$

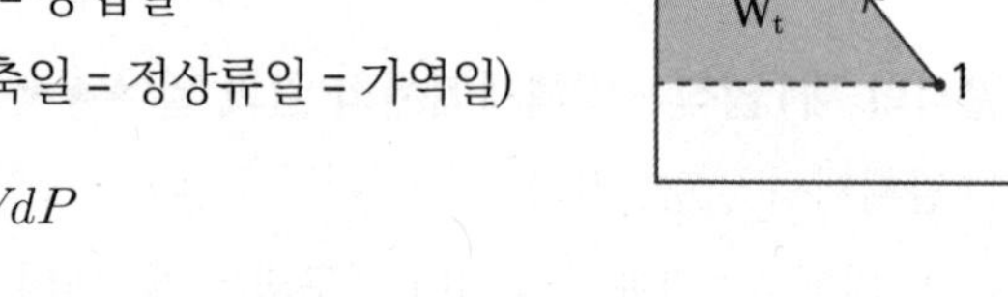

2) 개방계의 열량($_1Q_2$)

$H = U + PV$에서 양변을 미분하면

$dH = dU + d(PV)$

$dH = dU + PdV + VdP$ (여기서, $dU + PdV = \delta Q$)

$dH = \delta Q + VdP$

$\delta Q = dH - VdP$

다시 양변을 적분하면 $\int_1^2 \delta Q = \int_1^2 dH - \int_1^2 VdP$

$$_1Q_2 = (H_2 - H_1) - \int_1^2 VdP$$

$$_1Q_2 = \Delta H + W_t$$
(미분형 : $\delta Q = dH - VdP$)

$_1Q_2$: 열량 [kJ]
ΔH : 엔탈피 변화량 [kJ]
W_t : 공업일 [kJ]

> 엔탈피(H) ★
> 열량을 공급받는 동작유체에서 내부에너지(U)와 유동에너지(PV)의 합
> $H[kJ] = U + PV$
> H : 엔탈피 [kJ], U : 내부에너지 [kJ], P : 압력 [kPa], V : 체적 [m^3]
>
> P.164 문36
>
> 엔탈피란 내부에너지와 유동에너지의 합이다. O

6 이상기체의 상태변화(가역변화)

1) 정적변화 ★

(1) P, V, T의 관계 : $\frac{P}{T} = C$

(2) 절대일($_1W_2$) = 0

(3) 열량($_1Q_2$) = 내부에너지 변화량($\triangle U$)

2) 정압변화 ★

(1) P, V, T의 관계 : $\frac{V}{T} = C$

(2) 공업일(W_t) = 0

(3) 열량($_1Q_2$) = 엔탈피 변화량($\triangle H$)

3) 등온변화 ★

(1) P, V, T의 관계 : $PV = C$

(2) $\triangle U$ = $\triangle H$ = 0

(3) 열량($_1Q_2$) = 절대일($_1W_2$) = 공업일(W_t)

4) 단열변화

(1) 외부와 열 출입이 없으므로(열의 이동이 없으므로) $\delta Q = 0$

(2) 절대일

$$_1W_2 = -\triangle U = -mC_v\triangle T = mC_v(T_1 - T_2) = m\frac{R}{k-1}(T_1 - T_2)$$

(3) 공업일

$$W_t = -\triangle H = -mC_p\triangle T = mC_p(T_1 - T_2) = m\frac{kR}{k-1}(T_1 - T_2)$$

(4) 단열 지수 관계 ★★

$$\frac{T_2}{T_1} = \left(\frac{v_1}{v_2}\right)^{k-1} = \left(\frac{P_2}{P_1}\right)^{\frac{k-1}{k}}$$

T : 절대온도 [K]
v : 비체적 [m^3/kg]
P : 압력 [kPa]
k : 비열비

P.161 문27
P.163 문33
P.163 문34

5) 폴리트로픽 변화

P.162 문31

(1) 기체의 다양한 변화를 모두 포함한 실제적인 변화

(2) P, V, T의 관계 : $PV^n = C$

(3) 절대일 : $_1W_2 = m\frac{R}{n-1}(T_1 - T_2)$

(4) 공업일 : $W_t = m\frac{nR}{n-1}(T_1 - T_2) = n \times {}_1W_2$

이상기체의 폴리트로픽 변화 'PV의 n승 = 일정'에서 n = 1인 경우 단열과정에 속한다.
X 등온과정에 속한다.

(5) 폴리트로픽 지수관계

$$\frac{T_2}{T_1} = \left(\frac{v_1}{v_2}\right)^{n-1} = \left(\frac{P_2}{P_1}\right)^{\frac{n-1}{n}}$$

T : 절대온도 [K]
v : 비체적 [m^3/kg]
P : 압력 [kPa]
n : 폴리트로픽 지수

(6) 폴리트로픽 지수(n) ★★

$PV^n = C$ 이므로

상태변화	폴리트로픽 지수(n)
등압변화	n = 0
등온변화	n = 1
단열변화	n = k
정적변화	n = ∞

7 이상기체의 상태변화(비가역변화)

1) 비가역 단열변화 : 노즐 속 또는 관로 속을 고속의 가스가 흐르게 될 때 외부와 열의 차단이 있어도(단열적이어도) 내부 마찰열이 있기 때문에 비가역 단열변화가 됨

2) 교축과정 ★

P.164 문37

이상적인 교축과정(Throttling Process)은 엔탈피가 변하지 않는다. O

(1) 가스가 좁은 통로(밸브나 오리피스 등)를 흐를 때 마찰이나 난류 등으로 인해 압력이 급격히 강하되는 현상

(2) 엔탈피 일정($h_1 = h_2$), 엔트로피 증가($\triangle S > 0$), 압력 감소($p_1 > p_2$)

04 엔트로피(= 무질서도)

1 엔트로피(S)

1) 개념

(1) 계로 출입하는 열량의 이용가치를 나타내는 열적 상태량 (단위 : kJ/K)

(2) 비가역과정(에너지 변환 시 손실이 발생하여 열과 일 상호변환이 어려운 과정)

2) 계산식

$$dS = \frac{\delta Q}{T}$$

S : 엔트로피 [kJ/K]
Q : 열량 [kJ]
T : 온도 [K]

$dS = \frac{\delta Q}{T} = \frac{mCdT}{T}$ 양변을 적분하면, $\therefore \Delta S = mC\ln\frac{T_2}{T_1}$

같은 열을 받더라도 온도가 낮을수록 엔트로피는 더 많이 증가함

P.162 문29

2 엔트로피 변화 ★★★

1) 가역 단열 상태 : $\Delta S = 0$
2) 비가역 단열 상태 : $\Delta S > 0$

P.162 문28
P.163 문32
P.163 문35

가역단열과정은 엔트로피가 증가하는 과정이다. ☒ 엔트로피가 일정

05 카르노사이클과 역카르노사이클

1 카르노사이클 ★★

1) 열기관에서 최고 열효율을 갖는 가역 이상 사이클(실제로 운전 불가능)
2) 이상기체를 대상으로 한 가역사이클로 2개의 등온과정(등온팽창, 등온압축)과 2개의 단열과정(단열팽창, 단열압축)으로 이루어진 이론적 사이클

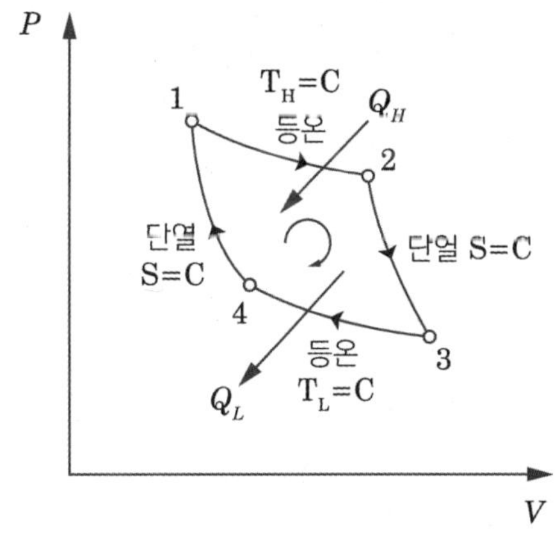

열기관
고열원으로부터 열을 공급받아 기계적인 일로 전환시키는 것이 목적

P.162 문30
P.164 문39

P.164 문38

2 카르노사이클의 열효율 ★★

$$\eta_c = \frac{W}{Q_H} = \frac{Q_H - Q_L}{Q_H} = 1 - \frac{Q_L}{Q_H} = 1 - \frac{T_L}{T_H}$$

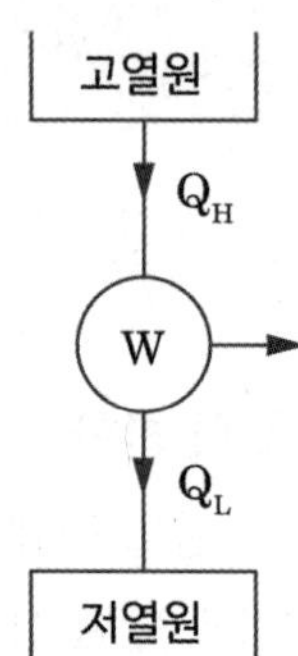

Q_H : 공급열량(가열량)
Q_L : 방출열량
W : 유효열량($W = Q_H - Q_L = \eta \times Q_H$)
T_L : 저온, T_H : 고온

3 역카르노사이클(= 냉동기의 이상사이클)

냉동기
저열원으로부터 열을 빼앗는 것이 목적

1) 열기관의 이상사이클인 카르노사이클을 역방향으로 하면 냉동기의 이상사이클인 역카르노사이클이 됨
2) 2개의 등온과정(등온팽창, 등온압축)과 2개의 단열과정(단열팽창, 단열압축)으로 구성

4 역카르노사이클의 성능계수(성적계수)

$$\varepsilon = \frac{Q_L}{W_C} = \frac{Q_L}{Q_H - Q_L} = \frac{T_L}{T_H - T_L}$$

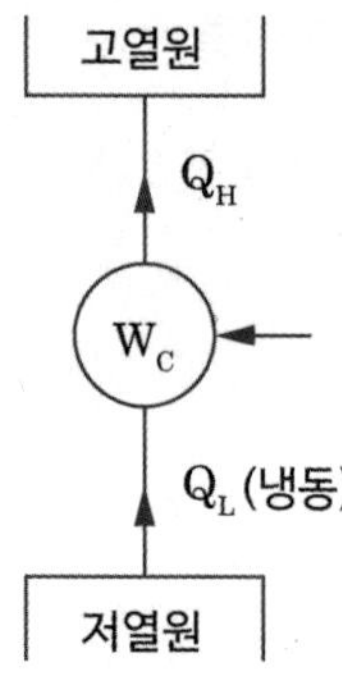

ε : 냉동기의 성적(성능) 계수
Q_H : 고열원으로 버리는 열량
Q_L : 저열원으로부터 흡수하는 열량
W_C : 압축기의 소요열($W_C = Q_H - Q_L$)
T_L : 저온, T_H : 고온

06 증기

1 정압하에서의 증발 ★★

순수물질인 물을 밀폐된 실린더 속에 넣고 일정한 압력 상태에서 가열하면 온도가 상승하면서 물이 수증기로 증발하여 아래와 같은 과정으로 변화함(모든 순수물질은 동일한 일반적 거동을 나타냄)

구분					
명칭	압축수 (과냉액체)	포화수 (포화액)	습증기 (= 습포화증기)	건포화증기 (= 포화증기)	과열증기
건도 (x)	$x=0$	$x=0$	$0<x<1(100[\%])$	$x=1(100[\%])$	$x=1(100[\%])$

2 명칭

1) 압축수

P.165 문40

포화온도 이하의 액체이며, 물이 아닌 액체일 때는 '압축액' 또는 '과냉액체'라 함

2) 포화수

포화온도에 도달한 물로서 증발 직전의 상태. 물이 아닌 액체일 때는 '포화액'이라 하며, 이때 포화수의 압력과 온도를 포화압력, 포화온도라 함

3) 습증기(= 습포화증기)

액체의 일부가 증발하여 액체와 증기가 공존하는 상태. 습증기구역에서는 온도와 압력이 항상 일정

4) 건포화증기(= 포화증기)

액체가 모두 증기가 된 상태이며, 이때의 온도는 포화온도이고 증기만 존재

5) 과열증기

건포화증기를 다시 가열하면 포화온도 이상의 증기가 되는데 이 상태의 증기를 '과열증기'라 함

3 건도와 습도

1) 건도(= 건조도) : x

P.165 문41
P.166 문42

습증기구역하에서 건포화증기의 함유량을 백분율로 나타낸 값

2) 습도(= 습기도) : $1-x$

습증기구역하에서 포화수의 함유량을 백분율로 나타낸 값

예상문제

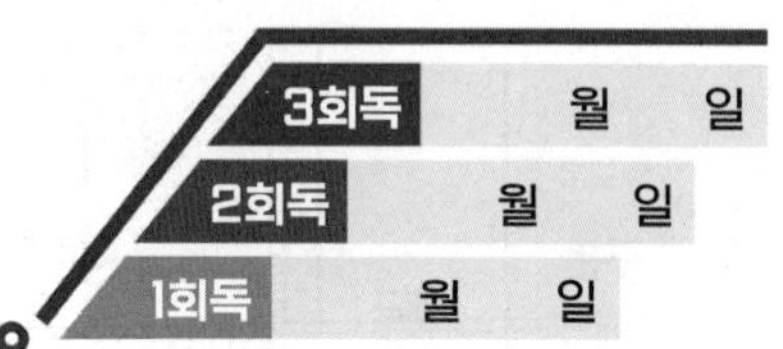

01 상 중 하

대기압하에서 10 [℃]의 물 2 [kg]이 전부 증발하여 100 [℃]의 수증기로 되는 동안 흡수되는 열량(kJ)은 얼마인가? (단, 물의 비열은 4.2 [kJ/kg·K], 기화열은 2250 [kJ/kg]이다)

① 756　② 2638
③ 5256　④ 5360

해설 물 상태변화에 필요한 열량

열량 $Q = mC\Delta T + m\gamma$

$= 2 \times 4.2 \times (100-10) + 2 \times 2250$

$= 5256\ [kJ]$

m : 질량 [kg], C : 물의 비열
ΔT : 온도차, γ : 물의 증발잠열(기화열)

02 상 중 하

20 [℃] 물 100 [L]를 화재현장의 화염에 살수하였다. 물이 모두 끓는 온도(100 [℃])까지 가열되는 동안 흡수하는 열량은 약 몇 [kJ]인가? (단, 물의 비열은 4.2 [kJ/kg·K]이다)

① 500　② 2000
③ 8000　④ 33600

해설 열량

$Q = mc\Delta t$

$= 100\,[\mathrm{kg}] \times 4.2\,[\mathrm{kJ/kg \cdot K}] \times 80\,[\mathrm{K}]$

$= 33600\,[\mathrm{kJ}]$

03 상 중 하

이상기체의 정압비열 C_P와 정적비열 C_V와의 관계로 옳은 것은? (단, R은 기체 상수이고, k는 비열이다)

① $C_p = \frac{1}{2} Cv$

② $C_p < C_V$

③ $C_P - C_v = R$

④ $\frac{C_v}{C_p} = k$

해설 정압비열과 정적비열 관계

- 정압비열과 정적비열의 차이
  $R = C_P - C_V$

R : 기체상수 [kJ/kg·K]
C_P : 정압비열 [kJ/kg·K]
C_V : 정적비열 [kJ/kg·K]

- 비열비 k : 정압비열과 정적비열의 비
  $C_P > C_V$이므로 k는 반드시 1보다 크다.
  $k = C_P / C_V$

정답 01 ③ 02 ④ 03 ③

04 상 중 하

다음 열역학적 용어에 대한 설명으로 틀린 것은?

① 물질의 3중점(Triple Point)은 고체, 액체, 기체의 3상이 평형 상태로 공존하는 상태의 지점을 말한다.
② 일정한 압력하에서 고체가 상변화를 일으켜 액체로 변화할 때 필요한 열을 융해열(융해 잠열)이라 한다.
③ 고체가 일정한 압력하에서 액체를 거치지 않고 직접 기체로 변화하는 데 필요한 열을 승화열이라 한다.
④ 포화액체를 정압하에서 가열할 때 온도 변화 없이 포화증기로 상변화를 일으키는 데 사용되는 열을 현열이라 한다.

해설 물질의 상태 변화(잠열)

잠열 : 포화액체를 정압하에서 가열할 때 온도 변화 없이 포화증기로 상변화를 일으키는 데 사용되는 열

05 상 중 하

이상기체 1 [kg]를 35 [℃]로부터 65 [℃]까지 정적과정에서 가열하는 데 필요한 열량이 118 [kJ]이라면 정압비열은? (단, 이 기체의 분자량은 4이고, 일반기체상수는 8.314 [kJ/ kmol · K]이다)

① 2.11 [kJ/kg · K] ② 3.93 [kJ/kg · K]
③ 5.23 [kJ/kg · K] ④ 6.01 [kJ/kg · K]

해설 정압비열

• 정적비열(C_V)

$$C_V = \frac{Q}{m \cdot \Delta T} = \frac{118\,[kJ]}{1\,[kg] \times (65-35)\,[K]} = 3.933\,[kJ/kg \cdot K]$$

• 기체상수($\overline{R}$)

$$\overline{R} = \frac{R}{M} = \frac{8.314\,[kJ/kmol \cdot K]}{4\,[kg/kmol]} = 2.078\,[kJ/kg \cdot K]$$

• 정압비열(C_P)

$$C_P = \overline{R} + C_V = 2.078\,[kJ/kg \cdot K] + 3.933\,[kJ/kg \cdot K] = 6.01\,[kJ/kg \cdot K]$$

06 상 중 하

화씨온도 200 [°F]는 섭씨온도 [℃]로 약 얼마인가?

① 93.3 [℃] ② 186.6 [℃]
③ 279.9 [℃] ④ 392 [℃]

해설 섭씨온도 [℃]

$$℃ = \frac{5}{9}(°F - 32) = \frac{5}{9} \times (200-32) = 93.3\,[℃]$$

07 상 중 하

물질의 온도 변화 형태로 나타나는 열에너지는 무엇인가?

① 현열 ② 잠열
③ 비열 ④ 증발열

해설 현열

상태 변화 없이 물질의 온도 변화에 필요한 열

정답 04 ④ 05 ④ 06 ① 07 ①

08 상중하

온도 차이가 $\triangle$T, 열전도율이 k_1, 두께 x인 벽을 통한 열유속(Heat Flux)과 온도 차이가 2$\triangle$T, 열전도율이 k_2, 두께 0.5x인 벽을 통한 열유속이 서로 같다면 두 재질의 열전도율비 k_1/k_2의 값은?

① 1 ② 2
③ 4 ④ 8

해설 푸리에 열전도법칙

$$\text{전도열량 } \dot{Q}[W] = \frac{k \times A \times \triangle T}{l}$$
$$\text{열유속 } \dot{Q}'[W/m^2] = \frac{k \times \triangle T}{l}$$

$$\dot{Q}'_1 = \dot{Q}'_2$$

$$k_1 \times \frac{\triangle T}{x} = k_2 \times \frac{2\triangle T}{0.5x}$$

$$\frac{k_1}{k_2} = \frac{2}{0.5} = 4$$

09 상중하

열전달 면적이 A이고 온도 차이가 10 [℃], 벽의 열전도율이 10 [W/m · K], 두께 25 [cm]인 벽을 통한 열류량은 100 [W]이다. 동일한 열전달 면적에서 온도 차이가 2배, 벽의 열전도율이 4배가 되고 벽의 두께가 2배가 되는 경우 열류량 [W]은 얼마인가?

① 50 ② 200
③ 400 ④ 800

해설 푸리에 열전도법칙

$$\text{전도열량 } \dot{Q}[W] = \frac{k \times A \times \triangle T}{l}$$

$$\dot{Q}_1 = \frac{k}{l} \times A \times \triangle T = 100[W]$$

$$\dot{Q}_2 = \frac{4k}{2l} \times A \times 2\triangle T$$
$$= 4 \times \left(\frac{k}{l} \times A \times \triangle T\right)$$
$$= 4 \times (100[W]) = 400[W]$$

10 상중하

온도차이 20 [℃], 열전도율 5 [W/(m · K)], 두께 20 [cm]인 벽을 통한 열유속(Heat Flux)과 온도 차이 40 [℃], 열전도율 10 [W/(m · K)], 두께 t인 같은 면적을 가진 벽을 통한 열유속이 같다면 두께 t는 약 몇 [cm]인가?

① 10 ② 20
③ 40 ④ 80

해설 벽의 두께(푸리에 열전도법칙)

$$\text{전도열량 } \dot{Q}[W] = \frac{k \times A \times \triangle T}{l}$$
$$\text{열유속 } \dot{Q}'[W/m^2] = \frac{k \times \triangle T}{l}$$

$$k_1 \times \frac{\triangle T_1}{l_1} = k_2 \times \frac{\triangle T_2}{l_2}$$

$$5 \times \frac{20}{20} = 10 \times \frac{40}{l_2}$$

$$\therefore l_2 = 80\,[cm]$$

정답 08 ③ 09 ③ 10 ④

11 상 중 하

외부표면의 온도가 24 [℃], 내부표면의 온도가 24.5 [℃]일 때 높이 1.5 [m], 폭 1.5 [m], 두께 0.5 [cm]인 유리창을 통한 열전달률은 약 몇 [W]인가? (단, 유리창의 열전도계수는 0.8 [W/m · K]이다.

① 180　　② 200
③ 1800　　④ 2000

해설 열전달율 Q(푸리에 열전도법칙)

전도열량 $\dot{Q}[W]=\frac{k\times A\times \Delta T}{l}$

$$Q=k\times A\times \frac{\Delta T}{l}[W]$$
$$=0.8\times(1.5\times1.5)\times\frac{24.5-24}{0.005}$$
$$=180[W]$$

12 상 중 하

표면석이 같은 두 물체가 있다. 표면온도가 2000 [K]인 물체가 내는 복사에너지는 표면온도가 1000 [K]인 물체가 내는 복사에너지의 몇 배인가?

① 4　　② 8
③ 16　　④ 32

해설 복사에너지(스테판 볼츠만법칙)

단위 면적당 복사열량 $\dot{Q}''[W/m^2]=\varepsilon\times\sigma\times T^4$

복사에너지는 절대온도의 4승에 비례

$$\frac{T_1^4}{T_2^4}=\frac{2000^4}{1000^4}=16$$

ε : 방사율(흑체일 때 $\varepsilon=1$)
σ : 스테판 볼츠만 계수$[W/m^2\cdot K^4]$
T : 절대온도 [K]

13 상 중 하

지름 10 [cm]인 금속구가 대류에 의해 열을 외부공기로 방출한다. 이때 발생하는 열전달량이 40 [W]이고, 구 표면과 공기 사이의 온도차가 50 [℃]라면 공기와 구 사이의 대류 열전달계수 [W/m^2 · K]는 약 얼마인가?

① 25　　② 50
③ 75　　④ 100

해설 대류열전달

대류열량 $\dot{Q}[W]=hA\Delta T=hA(T_2-T_1)$

$$h=\frac{\dot{Q}}{A\Delta T}=\frac{40}{(4\times\pi\times0.05^2)\times50}$$
$$=25.46[W/m^2\cdot K]$$

h : 대류열전달계수 [W/m^2 · K]
A : 면적 [m^2] (구의 면적 $4\pi r^2$)
$\Delta T(T_2-T_1)$: 온도차 [K]

14 상 중 하

100 [cm] × 100 [cm]이고, 300 [℃]로 가열된 평판에 25 [℃]의 공기를 불어준다고 할 때 열전달량은 약 몇 [kW]인가? (단, 대류열전달계수는 30 [W/ (m^2 · K)]이다)

① 2.98　　② 5.34
③ 8.25　　④ 10.91

해설 대류열 전달

대류열량 $Q=hA\Delta T$

$$\dot{Q}[W]=hA\Delta T$$
$$=30[W/m^2\cdot K]\times1[m^2]\times(573-298)[K]$$
$$=8250[W]=8.25[kW]$$

정답 11 ① 12 ③ 13 ① 14 ③

신유형!

15 상 중 하

지름 2 [cm]의 금속 공은 선풍기를 켠 상태에서 냉각하고, 지름 4 [cm]의 금속 공은 선풍기를 끄고 냉각할 때 동일 시간당 발생하는 대류 열전달량의 비(2 [cm] 공 : 4 [cm] 공)는? (단, 두 경우 온도차는 같고, 선풍기를 켜면 대류 열전달계수가 10배가 된다고 가정한다)

① 1 : 0.3375　② 1 : 0.4
③ 1 : 5　④ 1 : 10

해설 대류 열전달

대류열량 $Q = hA\Delta T$

- 구의 표면적 $A = 4\pi r^2$
- 온도 차가 같으므로 $\Delta T = \Delta T_1 = \Delta T_2$

1) 지름 2 [cm] 금속 공의 대류열량 Q_1
(선풍기를 켠 상태로 냉각 → $h_1 = 10 \times h_2$)
$Q_1 = h_1 A_1 \Delta T = h_1(4\pi r_1^2)\Delta T$
$= (10 \times h_2) \times (4 \times \pi \times 1^2) \times \Delta T = 40\pi h_2 \Delta T$

2) 지름 4 [cm] 금속 공의 대류열량 Q_2(선풍기를 끄고 냉각)
$Q_2 = h_2 A_2 \Delta T = h_2(4\pi r_2^2)\Delta T$
$= h_2 \times (4 \times \pi \times 2^2) \times \Delta T = 16\pi h_2 \Delta T$

3) 열전달량 비율
$Q_1 : Q_2 = 40 : 16 = 1 : 0.4$

16 상 중 하

표면적이 A, 절대온도가 T_1인 흑체와 절대 온도가 T_2인 흑체 주위 밀폐 공간 사이의 열전달량은?

① $T_1 - T_2$에 비례한다.
② $T_1^2 - T_2^2$에 비례한다.
③ $T_1^3 - T_2^3$에 비례한다.
④ $T_1^4 - T_2^4$에 비례한다.

해설 스테판 볼츠만의 법칙

복사열은 절대온도의 4승에 비례

17 상 중 하

서로 다른 재질로 만든 평관의 양쪽 온도가 다음과 같을 때 동일한 면적 및 두께를 통한 열류량이 모두 동일하다면 어느 것이 단열계로서 성능이 가장 우수한가?

① 30 ~ 10 [℃]　② 10 ~ -10 [℃]
③ 20 ~ 10 [℃]　④ 40 ~ 10 [℃]

해설 푸리에 열전도법칙

전도열량 $\dot{Q}[W] = \dfrac{k \times A \times \Delta T}{l}$

열전도율 $k = \dfrac{\dot{Q} \times l}{A \times (T_2 - T_1)} \Rightarrow k \propto \dfrac{1}{\Delta T}$

① $k = \dfrac{1}{(30-10)} = 0.05$

② $k = \dfrac{1}{10-(-10)} = 0.05$

③ $k = \dfrac{1}{(20-10)} = 0.1$

④ $k = \dfrac{1}{(40-10)} = 0.033$

→ 열전도율이 작으면 열전달이 안 되어서 단열효과가 크다.

정답 15 ② 16 ④ 17 ④

18 상중하

열전도도가 0.08 [W/m · K]인 단열재의 고온부가 75 [℃], 저온부가 20 [℃]이다. 단위 면적당 열손실이 200 [W/m²]인 경우의 단열재 두께는 몇 [mm]인가?

① 22　　② 45
③ 55　　④ 80

해설 푸리에 열전도법칙

- 온도차 $\triangle T$

$T_1 = (273+75)[K] = 348[K]$

$T_2 = (273+20)[K] = 293[K]$

$\triangle T = (348-293)[K] = 55[K]$

- 두께

$$x = \frac{k\triangle T}{\dot{q}''} = \frac{0.08[W/m\cdot K]\times 55[K]}{200[W/m^2]}$$

$$= 0.022[m] = 22[mm]$$

19 상중하

단면이 1 [m²]인 단열 물체를 통해서 5 [kW]의 열이 전도되고 있다. 이 물체의 두께는 5 [cm]이고 열전도도는 0.3 [W/m · ℃]이다. 이 물체 양면의 온도차는 몇 [℃]인가?

① 35　　② 237
③ 506　　④ 833

해설 푸리에 열전도법칙

$$\text{전도열량 } \dot{Q}[W] = \frac{k\times A\times \triangle T}{l}$$

$$\dot{Q} = \frac{k\times A\times (T_2 - T_1)}{l}$$

$$5000 = \frac{0.3\times 1\times (T_2 - T_1)}{0.05}$$

$\therefore\ T_2 - T_1 = 833\,[℃]$

20 상중하

열전도계수가 0.7 [W/m · ℃]인 5 [m] x 6 [m] 벽돌 벽의 안팎의 온도가 20 [℃], 5 [℃]일 때 열손실을 1 [kW] 이하로 유지하기 위한 벽의 최소 두께는 몇 [cm]인가?

① 1.05　　② 2.10
③ 31.5　　④ 64.3

해설 푸리에 열전도법칙

$$\text{전도열량 } \dot{Q}[W] = \frac{k\times A\times \triangle T}{l}$$

$$\text{두께 } l = \frac{kA(T_2 - T_1)}{Q}$$

$$= \frac{0.7\times (5\times 6)\times (20-5)}{1000}$$

$$= 0.315[m] = 31.5[cm]$$

21 상중하

어떤 밀폐계가 압력 200 [kPa], 체적 0.1 [m³]인 상태에서 100 [kPa], 0.3 [m³]인 상태까지 가역적으로 팽창하였다. 이 과정이 P－V 선도에서 직선으로 표시된다면 이 과정 동안에 계가 한 일 [kJ]은?

① 20　　② 30
③ 45　　④ 60

해설 밀폐계가 한 일(절대일)

$$\text{밀폐계의 한 일의 양(절대일) } {}_1W_2 = \int_1^2 PdV$$

밀폐계의 일량은 P－V 그래프에서 V축으로 투영한 면적과 같다.

정답 18 ① 19 ④ 20 ③ 21 ②

$${}_1W_2 = \frac{(200-100)\times(0.3-0.1)}{2} + 100\times(0.3-0.1)$$
$$= 30\ [kJ]$$

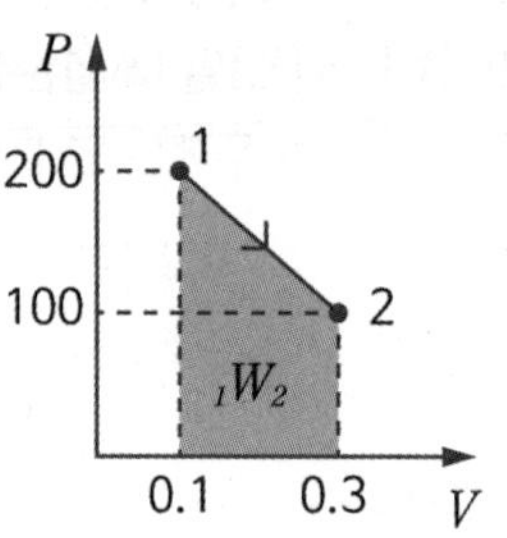

P : 절대압력 [kPa]
V : 부피 [m^3]

22 상 중 (하)

다음 중 열역학 제1법칙에 관한 설명으로 옳은 것은?

① 열은 그 자신만으로 저온에서 고온으로 이동할 수 없다.
② 일은 열로 변환시킬 수 있고, 열은 일로 변환시킬 수 있다.
③ 사이클과정에서 열이 모두 일로 변화할 수 없다.
④ 열평형 상태에 있는 물체의 온도는 같다.

해설 열역학 제1법칙

에너지보존의 법칙(가역과정, 엔탈피의 법칙)
열을 일로 변환, 일을 열로 변환

23 상 (중) 하

질량 m [kg]의 어떤 기체로 구성된 밀폐계가 Q [kJ]의 열을 받아 일을 하고, 이 기체의 온도가 △T [℃] 상승하였다면 이 계가 외부에 한 일 [W]은? (단, 이 기체의 정적비열은 C_v [kJ/kg · K], 정압비열은 C_p [kJ/kg · K]이다)

① $W = Q - mC_v\Delta T$
② $W = Q + mC_v\Delta T$
③ $W = Q - mC_p\Delta T$
④ $W = Q + mC_p\Delta T$

해설 외부에 한 일

$$Q = \Delta U + W$$
$$W = Q - \Delta U$$
$$W = Q - mC_v\Delta T$$

24 상 (중) 하

질량 4 [kg]의 어떤 기체로 구성된 밀폐계가 열을 받아 100 [kJ]의 일을 하고, 이 기체의 온도가 10 [℃] 상승하였다면 이 계가 받은 열은 몇 [kJ]인가? (단, 이 기체의 정적비열은 5 [kJ/kg · K], 정압비열은 6 [kJ/kg · K]이다)

① 200 ② 240
③ 300 ④ 340

해설 밀폐계의 열량

$${}_1Q_2 = \Delta U + {}_1W_2$$
$${}_1Q_2 = mC_V\Delta T + {}_1W_2$$
$$= (4[kg]\times 5[kJ/kg\cdot K])\times 10[K] + 100[kJ]$$
$$= 300[kJ]$$

ΔU : 내부에너지[kJ], m : 질량 [kg]
C_V : 정적비열 [kJ/kg · K]
ΔT : 온도차 [K]

정답 22 ② 23 ① 24 ③

25 상 중 하

두 물체를 접촉시켰더니 잠시 후 두 물체가 열평형 상태에 도달하였다. 이 열평형 상태는 무엇을 의미하는가?

① 두 물체의 비열은 다르나 열용량이 서로 같아진 상태
② 두 물체의 열용량은 다르나 비열이 서로 같아진 상태
③ 두 물체의 온도가 서로 같으며, 더 이상 변화하지 않는 상태
④ 한 물체에서 잃은 열량이 다른 물체에서 얻은 열량과 같은 상태

해설 열역학 제0법칙(열평형의 법칙)

온도가 높은 물체에서 낮은 물체로 열이 이동하여 두 물체의 온도는 평형을 이룸

26 상 중 하

회전날개를 이용하여 용기 속에서 두 종류의 유체를 섞었다. 이 과정 동안 날개를 통해 입력된 일은 5090 [kJ]이며, 탱크의 방열량은 1500 [kJ]이다. 용기 내부에너지 변화량 [kJ]은?

① 3590 ② 5090
③ 6590 ④ 15000

해설 내부에너지 변화량

$_1Q_2 = \varDelta U + {_1W_2}$

$\varDelta U = {_1Q_2} - {_1W_2}$

$= -1500 - (-5090)$

$= 3590\ [kJ]$

Q : 열량 [kJ]
ΔU : 내부에너지 변화량 [kJ]
W : 일량 [kJ]

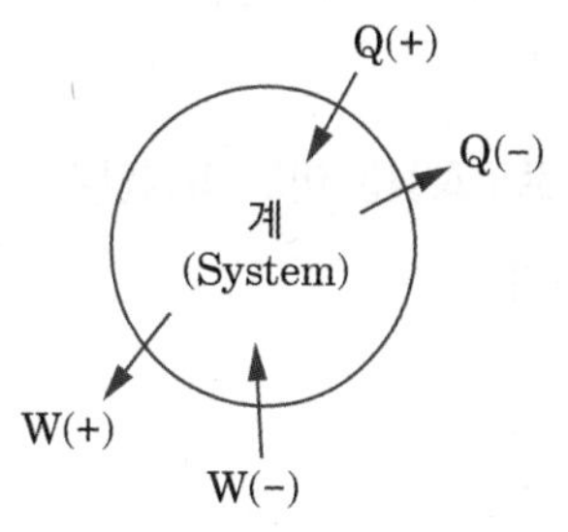

27 상 중 하

−10 [℃], 6기압의 이산화탄소 10 [kg]이 분사노즐에서 1기압까지 가역 단열팽창하였다면 팽창 후의 온도는 몇 [℃]가 되겠는가? (단, 이산화탄소의 비열비는 1.289이다)

① -85 ② -97
③ -105 ④ -115

해설 단열과정에서 상태변화

단열 지수 관계 $\dfrac{T_2}{T_1} = \left(\dfrac{V_1}{V_2}\right)^{k-1} = \left(\dfrac{P_2}{P_1}\right)^{\frac{k-1}{k}}$

$\dfrac{T_2}{T_1} = (\dfrac{P_2}{P_1})^{\frac{k-1}{k}}$

$\dfrac{(T_2+273)}{(-10+273)} = (\dfrac{1}{6})^{\frac{1.289\ \ 1}{1.289}}$

$\therefore\ T_2 = -97\,[℃]$

정답 25 ③ 26 ① 27 ②

28 상 중 ㊍하

다음 중 등엔트로피과정은 어느 과정인가?

① 가역 단열과정
② 가역 등온과정
③ 비가역 단열과정
④ 비가역 등온과정

해설 엔트로피 변화

구분	엔트로피 변화
가역 단열 상태	$\Delta S = 0$
비가역 단열 상태	$\Delta S > 0$

29 ㊍상 중 하

대기압에서 10 [℃]의 물 10 [kg]을 70 [℃]까지 가열할 경우 엔트로피 증가량[kJ/K]은? (단, 물의 정압비열은 4.18 [kJ/kg · K]이다)

① 0.43　　② 8.03
③ 81.3　　④ 2508.1

해설 엔트로피 증가량

$$\Delta S = m C_p \ln \frac{T_2}{T_1}$$
$$= 10 \times 4.18 \times \ln\left(\frac{273+70}{273+10}\right)$$
$$= 8.03\ [kJ/K]$$

30 상 ㊍중 하

이상적인 카르노사이클의 과정인 단열압축과 등온압축의 엔트로피 변화에 관한 설명으로 옳은 것은?

① 등온압축의 경우 엔트로피 변화는 없고, 단열압축의 경우 엔트로피 변화는 감소한다.
② 등온압축의 경우 엔트로피 변화는 없고, 단열압축의 경우 엔트로피 변화는 증가한다.
③ 단열압축의 경우 엔트로피 변화는 없고, 등온압축의 경우 엔트로피 변화는 감소한다.
④ 단열압축의 경우 엔트로피 변화는 없고, 등온압축의 경우 엔트로피 변화는 증가한다.

해설 카르노사이클 엔트로피 변화

- 단열압축의 경우 엔트로피 변화는 없음
- 등온압축의 경우 엔트로피 변화는 감소

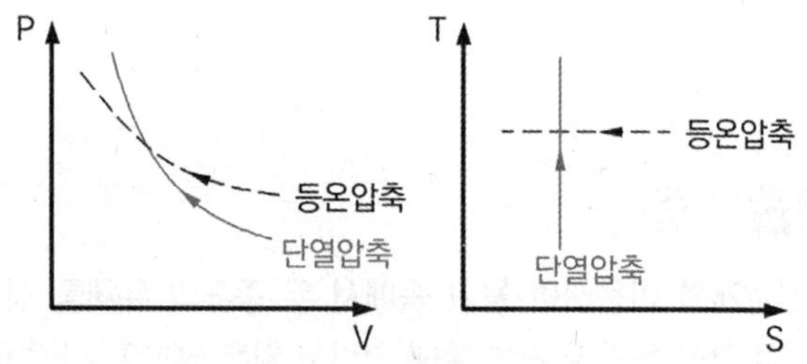

31 상 ㊍중 하

이상기체의 폴리트로픽 변화 'PVⁿ = 일정'에서 n = 1인 경우 어느 변화에 속하는가? (단, P는 압력, V는 부피, n은 폴리트로픽 지수를 나타낸다)

① 단열변화　　② 등온변화
③ 정적변화　　④ 정압변화

해설 폴리트로픽 지수 n

폴리트로픽 지수	n = 0	n = 1	n = k	n = ∞
변화	등압	등온	단열	정적

정답 28 ① 29 ② 30 ③ 31 ②

32 상 중 하

물질의 열역학적 변화에 대한 설명으로 틀린 것은?

① 마찰은 비가역성의 원인이 될 수 있다.
② 열역학 제1법칙은 에너지보존에 대한 것이다.
③ 이상기체는 이상기체상태방정식을 만족한다.
④ 가역 단열과정은 엔트로피가 증가하는 과정이다.

해설 가역 단열과정

가역 단열과정은 엔트로피가 일정한 과정

33 상 중 하

초기 상태에서 압력 100 [kPa], 온도 15 [℃]인 공기가 있다. 공기의 부피가 초기 부피의 1/20이 될 때까지 단열압축할 때 압축 후의 온도는 약 몇 [℃]인가? (단, 공기의 비열비는 1.4이다)

① 54　② 348
③ 682　④ 912

해설 단열압축 시 온도

단열 지수 관계 $\frac{T_2}{T_1} = \left(\frac{V_1}{V_2}\right)^{k-1} = \left(\frac{P_2}{P_1}\right)^{\frac{k-1}{k}}$

$$\frac{T_2}{T_1} = \left(\frac{V_1}{V_2}\right)^{k-1}$$

$$\frac{T_2}{15+273} = \left(\frac{V_1}{0.05\times V_1}\right)^{1.4-1}$$

$$T_2 = 954.56\,[K] = 682\,[℃]$$

34 상 중 하

초기온도와 압력이 각각 50 [℃], 600 [kPa]인 이상기체를 100 [kPa]까지 가역 단열팽창시켰을 때 온도는 약 몇 [K]인가? (단, 이 기체의 비열비는 1.4이다)

① 194　② 216
③ 248　④ 262

해설 단열팽창 시 온도

단열 지수 관계 $\frac{T_2}{T_1} = \left(\frac{V_1}{V_2}\right)^{k-1} = \left(\frac{P_2}{P_1}\right)^{\frac{k-1}{k}}$

$$\frac{T_2}{T_1} = \left(\frac{P_2}{P_1}\right)^{\frac{k-1}{k}}$$

$$\frac{T_2}{50+273} = \left(\frac{100}{600}\right)^{\frac{1.4-1}{1.4}}$$

$$\therefore\ T_2 = 194\,[K]$$

35 상 중 하

이상기체의 등엔트로피과정에 대한 설명 중 틀린 것은?

① 폴리트로픽과정의 일종이다.
② 가역 단열과정에서 나타난다.
③ 온도가 증가하면 압력이 증가한다.
④ 온도가 증가하면 비체적이 증가한다.

해설 등엔트로피과정(가역 단열과정)

1) 기체가 압축 또는 팽창되는 과정에서 엔트로피의 변화가 없어서 주변과의 열 교환이 없는 상태이다.
2) 단열이므로 온도가 증가하면 압력이 증가하고, 비체적은 감소한다.

정답 32 ④ 33 ③ 34 ① 35 ④

36 상중하

압력 0.1 [MPa], 온도 250 [℃] 상태인 물의 엔탈피가 2974.33 [kJ/kg]이고, 비체적은 2.40604 [m³/kg]이다. 이 상태에서 물의 내부에너지(kJ/kg)는?

① 2733.7　② 2974.1
③ 3214.9　④ 3582.7

해설 물의 내부에너지

비내부에너지 $u[kJ/kg] = h - pv$

$$u = h[kJ/kg] - p[kPa] \times v[m^3/kg]$$
$$= 2974.33 - (0.1 \times 10^3) \times 2.40604$$
$$= 2733.7[kJ/kg]$$

h : 비엔탈피 [kJ/kg]
u : 비내부에너지 [kJ/kg]
v : 비체적 [m³/kg], p : 압력 [kPa]

37 상중하

이상적인 교축과정(Throttling Process)에 대한 설명 중 옳은 것은?

① 압력이 변하지 않는다.
② 온도가 변하지 않는다.
③ 엔탈피가 변하지 않는다.
④ 엔트로피가 변하지 않는다.

해설 이상적인 교축과정

- 교축과정 : 엔탈피가 변하지 않는 과정
- 엔탈피 : 내부에너지와 유동에너지의 합

38 상중하

Carnot 사이클이 800 [K]의 고온 열원과 500 [K]의 저온 열원 사이에서 작동한다. 이 사이클에 공급하는 열량이 사이클당 800 [kJ]이라 할 때 한 사이클당 외부에 하는 일은 약 몇 [kJ]인가?

① 200　② 300
③ 400　④ 500

해설 출력(카르노사이클 일)

$$\text{출력 } W = Q_H\left(1 - \frac{T_L}{T_H}\right)$$
$$= 800 \times \left(1 - \frac{500}{800}\right)$$
$$= 300[kJ]$$

W : 일 [kJ], Q_H : 고온 열량 [kJ]
T_L : 저온 [K], T_H : 고온 [K]

39 상중하

다음 보기는 열역학적 사이클에서 일어나는 여러 가지의 과정이다. 이들 중 카르노(Carnot) 사이클에서 일어나는 과정을 모두 고른 것은?

㉠ 등온압축	㉡ 단열팽창
㉢ 정적압축	㉣ 정압팽창

① ㉠　② ㉠, ㉡
③ ㉡, ㉢, ㉣　④ ㉠, ㉡, ㉢, ㉣

해설 카르노사이클

- 정의 : 이상기체를 대상으로 한 가역사이클로 2개의 등온과정과 2개의 단열과정으로 이루어진 이론적 사이클

정답 36 ① 37 ③ 38 ② 39 ②

• 카르노사이클 열효율 η_c

$$\eta_c = 1 - \frac{T_L}{T_H} = \frac{Q_L}{Q_H}$$

η_c : 카르노사이클 열효율, T_L : 저온[K]
T_H : 고온[K], Q_L : 저온열량 [kcal]
Q_H : 고온열량 [kcal]

구분	(그림)	(그림)
명칭	건포화증기 (= 포화증기)	과열증기
건도(x)	$x = 1(100\,[\%])$	$x = 1(100\,[\%])$

40 상중하

과열증기의 대한 설명으로 틀린 것은?

① 과열증기의 압력은 해당온도에서의 포화압력보다 높다.
② 과열증기의 온도는 해당압력에서의 포화온도보다 높다.
③ 과열증기의 비체적은 해당온도에서의 포화증기의 비체적보다 크다.
④ 과열증기의 엔탈피는 해당압력에서의 포화증기의 엔탈피보다 크다.

해설 과열증기

정압하에서 포화증기를 가열한 증기로 과열증기의 압력은 해당 온도에서의 포화압력과 같다.
※ 정압하에서의 증발
순수물질인 물을 밀폐된 실린더 속에 넣고 일정한 압력 상태에서 가열하면, 온도가 상승하면서 물이 수증기로 증발하여 아래와 같은 과정으로 변화함(모든 순수물질은 동일한 일반적 거동을 나타냄)

구분	(그림)	(그림)	(그림) x, $1-x$
명칭	압축수 (과냉액체)	포화수 (포화액)	습증기 (= 습포화증기)
건도(x)	$x = 0$	$x = 0$	$0 < x < 1(100\,[\%])$

41 상중하

압력 2 [MPa]인 수증기 건도가 0.2일 때 엔탈피는 몇 [kJ/kg]인가? (단, 포화증기 엔탈피는 2780.5 [kJ/kg]이고, 포화액의 엔탈피는 910 [kJ/kg]이다)

① 1284 ② 1466
③ 1845 ④ 2406

해설 습증기 비엔탈피 h

h = 포화증기 비엔탈피 + 포화액 비엔탈피
$= (0.2 \times 2780.5) + (1 - 0.2) \times 910$
$= 1284\,[kJ/kg]$

h : 비엔탈피 [kJ/kg]

정답 40 ① 41 ①

신유형!

42 상 중 하

1 [MPa]에서 작동하는 장치 내로 포화액 상태의 물 m [kg]이 유입되어 건도 x의 습증기로 유출될 때 필요한 열량[kJ]을 구하는 식으로 옳은 것은? (단, 1 [MPa]에 해당하는 포화액의 엔탈피는 h_f [kJ/kg]이고, 포화증기의 엔탈피는 h_g [kJ/kg]이다)

① $m(1-x)(h_g - h_f)$

② mxh_g

③ $m(h_g - h_f)$

④ $mx(h_g - h_f)$

해설 습증기의 엔탈피 H

- '포화액'에서 '건도x의 습증기'가 될 때까지 필요한 열량[kJ]은 '습증기 엔탈피[kJ] - 포화액 엔탈피[kJ]'이다.
- 건도x의 습증기의 엔탈피[kJ]

$$H_x = m \cdot x \cdot h_g + m \cdot (1-x) \cdot h_f$$
$$= mxh_g + mh_f - mxh_f$$

- 포화액의 엔탈피[kJ]

$$H_f = mh_f$$

- 습증기 엔탈피[kJ] - 포화액 엔탈피[kJ]

$$H = H_x - H_f$$
$$= (mxh_g + mh_f - mxh_f) - mh_f$$
$$= mxh_g - mxh_f$$
$$= mx(h_g - h_f)$$

정답 42 ④

MOAG

PART 02 소방기계시설의 구조 및 원리

7개년 회차별 출제빈도 분석

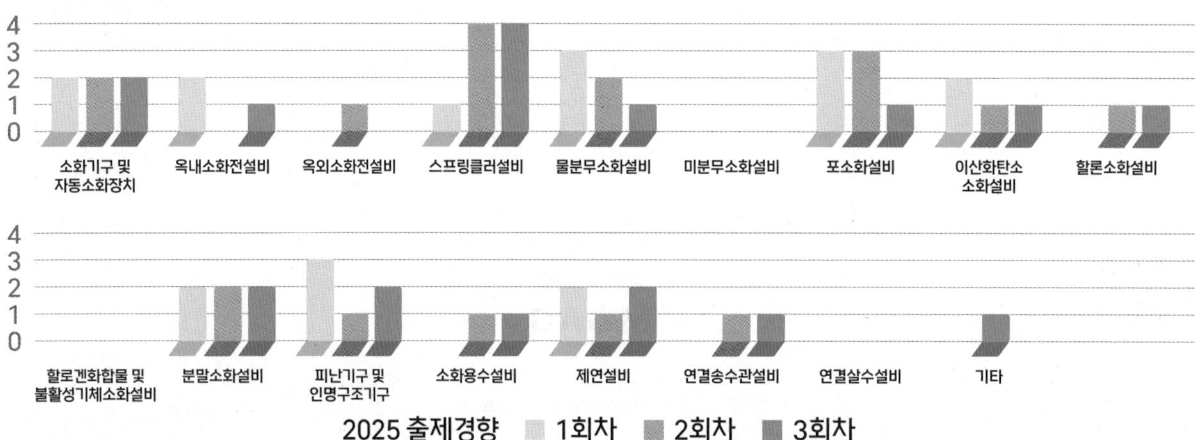

연도 및 회차 / CHAPTER	2025년			2024년			2023년			2022년			2021년			2020년			2019년		
	1	2	3	1	2	3	1	2	4	1	2	4	1	2	4	1,2	3	4	1	2	4
소화기구 및 자동소화장치	2	2	2	1	1	2	2	3	2	2	0	2	3	2	2	2	2	3	2	2	1
옥내소화전설비	2	0	1	1	1	1	0	1	0	0	1	0	1	3	1	0	1	1	1	1	1
옥외소화전설비	0	1	0	1	0	1	1	0	0	1	1	1	0	0	0	1	0	0	0	0	0
스프링클러설비	1	4	4	2	2	3	3	3	2	3	3	6	3	2	3	3	3	3	4	3	4
물분무소화설비	3	2	1	2	0	1	1	1	2	1	1	2	2	2	3	2	1	0	1	2	2
미분무소화설비	0	0	0	0	1	0	1	1	0	1	1	1	0	1	0	0	0	2	0	0	0
포소화설비	3	3	1	2	2	2	2	2	3	2	2	3	2	2	2	2	2	2	2	2	2
이산화탄소소화설비	2	1	1	2	1	1	1	1	0	0	1	1	1	1	1	1	2	0	1	1	2
할론소화설비	0	1	1	1	1	1	0	0	1	2	1	0	0	1	1	1	0	1	1	1	0
할로겐화합물 및 불활성기체소화설비	0	0	0	0	1	1	1	0	1	0	0	0	1	0	0	0	0	1	0	0	0
분말소화설비	2	2	2	2	2	1	2	2	1	2	2	0	2	2	1	2	2	2	2	2	2
피난기구 및 인명구조기구	3	1	2	2	2	2	2	1	2	2	3	1	2	1	2	2	2	2	2	2	1
소화용수설비	0	1	1	0	2	2	1	1	1	2	0	1	2	1	1	2	1	2	2	2	2
제연설비	2	1	2	2	2	1	2	3	2	2	2	2	1	1	1	1	2	0	1	2	2
연결송수관설비	0	1	1	1	1	1	0	0	1	0	0	0	0	0	1	0	0	0	0	0	0
연결살수설비	0	0	0	0	1	0	0	1	1	0	0	0	0	1	0	1	0	0	0	0	0
기타	0	0	1	1	0	0	1	0	1	0	2	0	0	0	1	0	2	1	1	0	1
합계	20	20	20	20	20	20	20	20	20	20	20	20	20	20	20	20	20	20	20	20	20

격차를 뛰어넘어 압도적인 격차를 만들다

출제경향 및 학습방법

실기시험과 연관성이 높은 과목인 소방기계시설의 구조 및 원리는 필기시험을 준비할 때 확실하게 학습하는 것이 필요하다. 암기가 필요한 과목이지만 적정한 이해가 수반되어야 학습이 원활할 수 있다. 이 과목은 모든 챕터에서 골고루 출제가 되고 있는데, 출제되는 부분은 정해져 있으므로 책에 강조 표시된 부분을 잘 참조하여 학습하는 것이 효율적이다.

CHAPTER

01 소화기구 및 자동소화장치

3회독 월 일
2회독 월 일
1회독 월 일

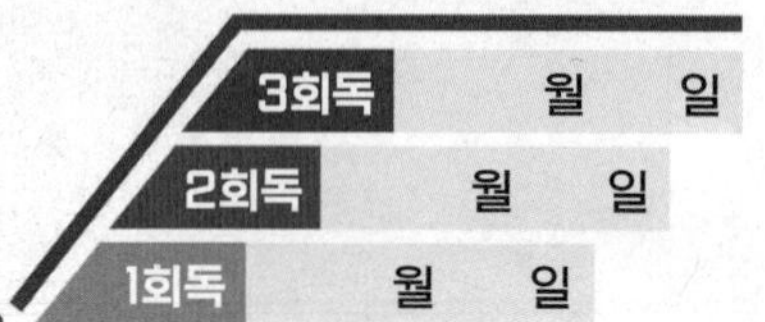

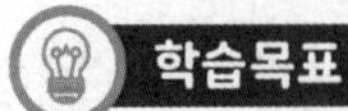

학습목표

1 소화기의 능력단위에 의한 분류를 파악한다.
2 특정소방대상물에 따른 소화기구의 능력단위기준을 암기한다.
3 부속용도별 추가해야 할 소화기구 및 자동소화장치를 암기한다.

학습MAP

- **소화기구 및 자동소화장치의 종류와 설치대상**
  - **소화기구의 종류**
    - 소화기
    - 자동확산소화기
    - 간이소화용구
  - **자동소화장치의 정의 및 종류 ★**
    - 주거용 주방자동소화장치
    - 상업용 주방자동소화장치
    - 캐비닛형 자동소화장치
    - 가스자동소화장치
    - 고체에어로졸자동소화장치
    - 분말자동소화장치
- **소화기구**
  - **소화기의 능력단위에 의한 분류**
  - **소화기의 가압방식에 의한 분류**
    - 축압식
    - 가압식
  - **소화기구 설치기준**
  - **이산화탄소 또는 할로겐화합물을 방사하는 소화기구 설치가 불가능한 장소**
  - **특정소방대상물에 따른 소화기구 능력단위기준 ★★★**
  - **부속용도별 추가해야 할 소화기구 및 자동소화장치 ★★★**
  - **소화기구의 소화약제별 적응성**
- **자동소화장치**
- **소화기의 형식승인 및 제품검사의 기술기준**

01 용어의 정의

1) 거실 : 거주·집무·작업·집회·오락 그 밖에 이와 유사한 목적을 위하여 사용하는 방을 말한다. 등에 설치)
2) 일반화재(A급 화재) : 나무, 섬유, 종이, 고무, 플라스틱류와 같은 일반 가연물이 타고 나서 재가 남는 화재를 말한다. 일반화재에 대한 소화기의 적응 화재별 표시는 'A'로 표시한다.
3) 유류화재(B급 화재) : 인화성 액체, 가연성 액체, 석유 그리스, 타르, 오일, 유성도료, 솔벤트, 래커, 알코올 및 인화성 가스와 같은 유류가 타고 나서 재가 남지 않는 화재를 말한다. 유류화재에 대한 소화기의 적응 화재별 표시는 'B'로 표시한다.
4) 전기화재(C급 화재) : 전류가 흐르고 있는 전기기기, 배선과 관련된 화재를 말한다. 전기화재에 대한 소화기의 적응 화재별 표시는 'C'로 표시한다.
5) 주방화재(K급 화재) : 주방에서 동식물유를 취급하는 조리기구에서 일어나는 화재를 말한다. 주방화재에 대한 소화기의 적응 화재별 표시는 'K'로 표시한다.
6) 금속화재(D급 화재) : 마그네슘 합금 등 가연성 금속에서 일어나는 화재를 말한다. 금속화재에 대한 소화기의 적응 화재별 표시는 'D'로 표시한다.

02 소화기구 및 자동소화장치의 종류와 설치대상

1 소화기구의 종류

1) 소화기 : 소화약제를 압력에 따라 방사하는 기구로서 사람이 수동으로 조작하여 소화하는 것(소형소화기, 대형소화기)
2) 자동확산소화기 : 화재를 감지하여 자동으로 소화약제를 방출 확산시켜 국소적으로 소화하는 다음 각 소화기를 말한다
   (1) 일반화재용 자동확산소화기(보일러실, 건조실, 세탁소, 대량화기취급소 등에 설치)
   (2) 주방화재용 자동확산소화기(음식점, 다중이용업소, 호텔, 기숙사, 의료시설, 업무시설, 공장 등의 주방에 설치)
   (3) 전기설비용 자동확산소화기(변전실, 송전실, 변압기실, 배전반실, 제어반 등에 설치)

[자동확산소화기]

자동확산소화기는 일반화재용 자동확산소화기, 주방화재용 자동확산소화기, 상업용 자동확산소화기를 말한다. ☒ 상업용 → 전기설비용

3) 간이소화용구
(1) 에어로졸식 소화용구
(2) 투척용 소화용구
(3) 소공간용 소화용구
(4) 소화약제 외의 것을 이용한 간이소화용구

2 자동소화장치의 정의 및 종류

1) 자동소화장치 : 소화약제를 자동으로 방사하는 고정된 소화장치

암기 ▶ 주상께 가고픈

P.185 문18

2) 자동소화장치의 종류 ★★
(1) 주거용 주방자동소화장치
(2) 상업용 주방자동소화장치
(3) 캐비닛형 자동소화장치
(4) 가스자동소화장치
(5) 고체에어로졸자동소화장치
(6) 분말자동소화장치

3 소화기구 및 자동소화장치의 설치대상

소화기구	자동소화장치
① 연면적 33 [m^2] 이상인 것 ② ①에 해당하지 않는 시설로서 가스시설, 발전시설 중 전기저장시설 및 국가유산 ③ 터널 ④ 지하구	① 주거용 주방자동소화장치 아파트등 및 오피스텔의 모든 층 ★ ② 상업용 주방자동소화장치 • 판매시설 중 대규모점포에 입점해 있는 일반음식점 • 집단급식소 ③ 캐비닛형·가스·분말·고체에어로졸 자동소화장치 화재안전기준에서 정하는 장소

03 소화기구

1 소화기의 능력단위에 의한 분류

P.181 문05
P.181 문06
P.182 문07

1) 소형소화기 : 능력단위 1단위 이상이고, 대형소화기의 능력단위 미만인 소화기
2) 대형소화기 : 화재 시 사람이 운반할 수 있도록 운반대와 바퀴가 설치되어 있고, 능력단위가 A급 10단위 이상, B급 20단위 이상인 소화기 ★★★

[소형소화기]

[대형소화기]

2 소화기의 가압방식에 의한 분류

구분	축압식 소화기	가압식 소화기
정의	소화기 용기 내부에 소화약제와 함께 소화약제의 방출원이 되는 압축가스(질소 등)를 봉입한 후 소화기 작동 시 축압된 가스압력에 의해 소화약제를 방출시키는 방식의 소화기	소화기 내부 또는 외부에 본체용기와는 별도의 전용용기에 충전하여 설치한 후 소화기 작동 시 해당 용기 내의 가스압력에 의해 소화약제를 방출시키는 방식의 소화기
압력계	설치(0.7 ~ 0.98 [MPa] 유지)	불필요
구조	레버, 페킹, 지시 압력계, 본체용기, 호스, 사이폰관, 노즐	레버, 가압용 가스용기, 본체용기, 호스, 가스도입관, 분말역류 방지장치, 노즐, 사이폰관, 분말 역류 방지 봉판

3 소화기구 설치기준

1) 소화기의 설치기준

(1) 특정소방대상물의 각 층마다 설치하되, 각 층이 2 이상의 거실로 구획된 경우에는 각 층마다 설치하는 것 외에 바닥면적이 33 [m^2] 이상으로 구획된 각 거실(아파트의 경우에는 각 세대를 말한다)에도 배치할 것

(2) 특정소방대상물의 각 부분으로부터 1개의 소화기까지의 보행거리가 소형소화기의 경우에는 20 [m] 이내, 대형소화기의 경우에는 30 [m] 이내가 되도록 배치할 것. 다만 가연성 물질이 없는 작업장의 경우에는 작업장의 실정에 맞게 보행거리를 완화하여 배치할 수 있음

소형·대형소화기 비교

구분	능력단위	보행거리
소형소화기	• 1단위 이상이고, 대형소화기의 능력단위 미만	20 [m] 이내
대형소화기	• A급 : 10단위 이상 • B급 : 20단위 이상	30 [m] 이내

P.180 문03

2) 능력단위가 2단위 이상이 되도록 소화기를 설치해야 할 특정소방대상물 또는 그 부분에 있어서는 간이소화용구의 능력단위가 전체 능력단위의 2분의 1을 초과하지 않게 할 것. 다만 노유자시설의 경우에는 그렇지 않음

3) 소화기구(자동확산소화기 제외) 설치높이 및 표지

소화기구 설치높이	거주자 등이 손쉽게 사용할 수 있는 장소에 바닥으로부터 높이 1.5 [m] 이하의 곳에 비치
"다음"을 표시한 표지를 보기 쉬운 곳에 부착	① 소화기 : "소화기" ② 투척용 소화용구 : "투척용 소화용구" ③ 마른모래 : "소화용 모래" ④ 팽창질석 및 팽창진주암 : "소화질석"
	※ 소화기 및 투척용소화용구의 표지 : 축광식 표지로 설치 주차장의 경우 표지 : 바닥으로부터 1.5 [m] 이상의 높이에 설치

4 소화기의 감소

1) 소형소화기의 감소기준

해당 설비(또는 소화기)를 설치한 경우	감소기준
① 옥내소화전설비 ② 옥외소화전설비 ③ 스프링클러설비 ④ 물분무등소화설비	소형소화기의 $\frac{2}{3}$ 감소
대형소화기	소형소화기의 $\frac{1}{2}$ 감소

※ 소화기의 감소 제외

층수가 11층 이상인 부분, 근린생활시설, 위락시설, 문화 및 집회시설, 운동시설, 판매시설, 운수시설, 숙박시설, 노유자시설, 의료시설, 아파트, 업무시설(무인변전소 제외), 방송통신시설, 교육연구시설, 항공기 및 자동차 관련 시설, 관광 휴게시설

P.184 문16

2) 대형소화기 면제기준

해당 설비를 설치한 경우	면제기준
① 옥내소화전설비 ② 옥외소화전설비 ③ 스프링클러설비 ④ 물분무등소화설비	대형소화기 면제 (해당 설비의 유효범위 안의 부분에 대하여)

5 소화약제 외의 것을 이용한 간이소화용구의 능력단위 ★

P.180 문02
P.184 문17

간이소화용구		능력단위
마른모래	삽을 상비한 50 [L] 이상의 것 1포	0.5 단위
팽창질석 또는 팽창진주암	삽을 상비한 80 [L] 이상의 것 1포	0.5 단위

6 이산화탄소 또는 할로겐화합물을 방출하는 소화기구(자동확산소화기 제외) 설치가 불가능한 장소

지하층이나 무창층 또는 밀폐된 거실로서 그 바닥면적이 20 [m^2] 미만의 장소. 다만 배기를 위한 유효한 개구부가 있는 장소인 경우는 제외

암기 지무밀거

P.182 문10

7 특정소방대상물에 따른 소화기구 능력단위기준 ★★★

P.180 문01
P.182 문08
P.184 문15

특정소방대상물	소화기구의 능력단위
위락시설	해당 용도의 바닥면적 30 [m^2]마다 능력단위 1단위 이상
공연장 · 집회장 · 관람장 · 문화재 · 장례식장 및 의료시설	해당 용도의 바닥면적 50 [m^2]마다 능력단위 1단위 이상
근린생활시설 · 판매시설 · 운수시설 · 숙박시설 · 노유자시설 · 전시장 · 공동주택 · 업무시설 · 방송통신시설 · 공장 · 창고시설 · 항공기 및 자동차 관련 시설 및 관광휴게시설	해당 용도의 바닥면적 100 [m^2]마다 능력단위 1단위 이상
그 밖의 것	해당 용도의 바닥면적 200 [m^2]마다 능력단위 1단위 이상

[비고] 소화기구의 능력단위를 산출함에 있어서 건축물의 주요구조부가 내화구조이고, 벽 및 반자의 실내에 면하는 부분이 불연재료 · 준불연재료 · 난연재료로 된 특정소방대상물은 위 표의 바닥면적의 2배를 해당 특정소방대상물의 기준면적으로 한다.

P.181 문04
P.185 문19

B 부속용도별 추가해야 할 소화기구 및 자동소화장치 ★★★

용도별	소화기구의 능력단위
1. 다음 각목의 시설(다만 스프링클러설비·간이스프링클러설비·물분무등소화설비 또는 상업용 주방자동소화장치가 설치된 경우에는 자동확산소화기를 설치하지 않을 수 있다) 가. 보일러실·건조실·세탁소·대량화기취급소 나. 음식점·다중이용업소·호텔·기숙사·노유자시설·의료시설·업무시설·공장·장례식장·교육연구시설·교정 및 군사시설의 주방 다. 관리자의 출입이 곤란한 변전실·송전실·변압기실 및 배전반실	1. 해당용도의 바닥면적 25 [m^2]마다 능력단위 1단위 이상의 소화기로 할 것 이 경우 나목의 주방에 설치하는 소화기 중 1개 이상은 주방화재용 소화기(K급) 설치해야 한다. 2. 자동확산소화기는 해당용도의 바닥면적을 기준으로 10 [m^2] 이하는 1개, 10 [m^2] 초과는 2개 이상을 설치하되, 보일러, 조리기구, 변전설비 등 방호대상에 유효하게 분사될 수 있는 위치에 배치될 수 있는 수량으로 설치할 것
2. 발전실·변전실·송전실·변압기실·배전반실·통신기기실·전산기기실·기타 이와 유사한 시설이 있는 장소(다만 위의 다목의 장소 제외)	해당용도의 바닥면적 50 [m^2]마다 적응성이 있는 소화기 1개 이상 또는 유효설치방호체적 이내의 가스·분말·고체에어로졸 자동소화장치, 캐비닛형 자동소화장치
3. 마그네슘 합금 칩을 저장 또는 취급하는 장소	금속화재용 소화기(D급) 1개 이상을 금속재료로부터 보행거리 20 [m] 이내로 설치할 것

9 소화기구의 소화약제별 적응성

소화약제 구분 / 적응대상	가스			분말		액체				기타			
	이산화탄소소화약제	할론소화약제	할로겐화합물및불활성기체	인산염류소화약제	중탄산염류소화약제	산알칼리소화약제	강화액소화약제	포소화약제	물·침윤소화약제	고체에어로졸화합물	마른모래	팽창질석·팽창진주암	그 밖의 것
일반화재(A급 화재)	-	○	○	○	-	○	○	○	○	○	○	○	-
유류화재(B급 화재)	○	○	○	○	○	○	○	○	○	○	○	○	-
전기화재(C급 화재)	○	○	○	○	○	*	*	*	*	○	-	-	-
주방화재(K급 화재)	-	-	-	-	*	-	*	*	*	-	-	-	*
금속화재(D급 화재)	-	-	-	-	*	-	-	-	-	-	○	○	*

주) "*"의 소화약제별 적응성은 「소방시설 설치 및 관리에 관한 법률」 제37조에 의한 형식승인 및 제품검사의 기술기준에 따라 화재 종류별 적응성에 적합한 것으로 인정되는 경우에 한한다.

선생님 TIP

이 표에서 필수적으로 알아야 할 내용은 딱 2가지입니다.

1) 중탄산염류 소화약제는 일반화재(A급 화재)에 적응성이 없다.
2) 마른모래, 팽창질석, 팽창진주암은 전기화재(C급 화재)에 적응성이 없다.

P.183 문13

마른모래는 전기화재에 적응성이 있다. ☒ 적응성이 없다.

04 자동소화장치

1 주거용 주방자동소화장치 설치기준

1) 소화약제 방출구는 환기구(주방에서 발생하는 열기류 등을 밖으로 배출하는 장치)의 청소 부분과 분리되어 있어야 함
2) 감지부는 형식승인 받은 유효한 높이 및 위치에 설치할 것
3) 차단장치(가스 또는 전기)는 상시 확인 및 점검이 가능하도록 설치할 것 ★

P.183 문14

P.183 문11

가스용 주방자동소화장치를 사용 시, 공기보다 가벼운 가스를 사용하는 경우에는 천장 면으로부터 10 [cm] 이하의 위치에 설치할 것

☒ 30 [cm] 이하

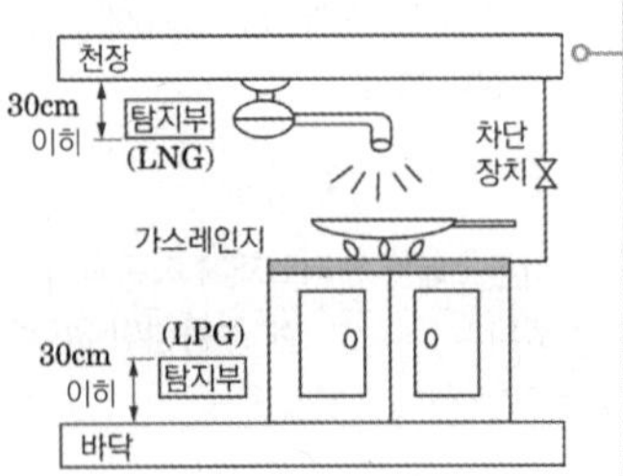

[주거용 주방자동소화장치]

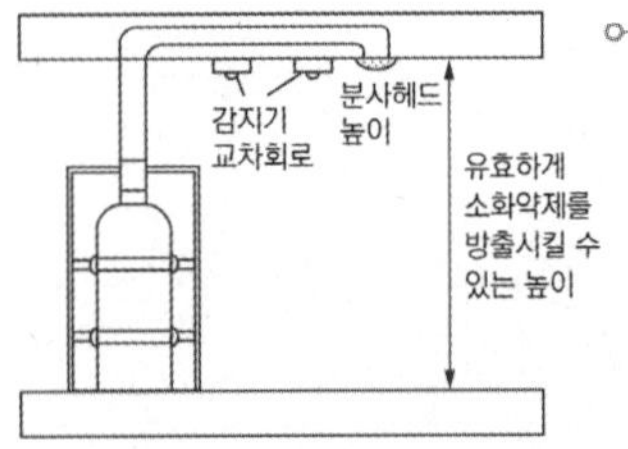

[캐비닛형 자동소화장치]

P.183 문12

4) 가스용 주방자동소화장치를 사용하는 경우 탐지부의 설치 위치 ★

(1) 수신부와 분리하여 설치

(2)

공기보다 가벼운 가스(LNG)	천장 면으로부터 30 [cm] 이하의 위치에 설치
공기보다 무거운 가스(LPG)	바닥 면으로부터 30 [cm] 이하의 위치에 설치

5) 수신부

(1) 주위의 열기류 또는 습기 등과 주위온도 영향을 받지 않게 설치

(2) 사용자가 상시 볼 수 있는 장소에 설치

2 캐비닛형 자동소화장치 설치기준

1) 분사헤드(방출구)의 설치높이는 방호구역의 바닥으로부터 형식승인을 받은 범위 내에서 유효하게 소화약제를 방출시킬 수 있는 높이에 설치할 것

2) 방호구역 내의 화재감지기의 감지에 따라 작동되도록 할 것

3) 화재감지기의 회로는 교차회로방식으로 설치할 것

4) 개구부 및 통기구를 설치한 것에 있어서는 소화약제가 방출되기 전에 해당 개구부 및 통기구를 자동으로 폐쇄할 수 있도록 할 것. 다만 가스압에 의하여 폐쇄되는 것은 소화약제 방출과 동시에 폐쇄할 수 있음

05 소화기의 형식승인 및 제품검사의 기술기준

1 사용온도범위

다음의 온도범위에서 사용할 경우 소화 및 방사의 기능을 유효하게 발휘할 수 있는 것이어야 함

1) 강화액소화기, 분말소화기 : -20 [℃] 이상 40 [℃] 이하

2) 그 밖의 소화기 : 0 [℃] 이상 40 [℃] 이하

2 호스를 부착하지 아니할 수 있는 소화기

1) 소화약제의 중량이 4 [kg] 이하인 할로겐화합물소화기

2) 소화약제의 중량이 3 [kg] 이하인 이산화탄소소화기

3) 소화약제의 중량이 2 [kg] 이하의 분말소화기

4) 소화약제의 용량이 3 [L] 이하의 액체계 소화약제 소화기

3 대형소화기에 충전하는 소화약제의 양

소화기 구분	충전량	소화기 구분	충전량
물	80 [L] 이상	이산화탄소	50 [kg] 이상
강화액	60 [L] 이상	할로겐화합물	30 [kg] 이상
포	20 [L] 이상	분말	20 [kg] 이상

암기 ▶ 물강포 이할분 862 532

P.182 문09

4 소화기의 소화능력시험

1) A급 화재용 소화기의 소화능력시험
   (1) 모형 배열 시 모형 간의 간격은 3 [m] 이상으로 함
   (2) 소화는 최초의 모형에 불을 붙인 다음 3분 후에 시작하되, 불을 붙인 순으로 함 ★
   (3) 소화는 무풍 상태(풍속 0.5 [m/s] 이하)와 사용 상태에서 실시
   (4) 소화약제의 방사가 완료된 때 잔염(불꽃을 알아볼 수 있는 상태)이 없어야 하며, 방사완료 후 2분 이내에 다시 불타지 아니한 경우 그 모형은 완전히 소화된 것으로 봄
2) B급 화재용 소화기의 소화능력시험
   (1) 소화는 모형에 불을 붙인 다음 1분 후에 시작
   (2) 소화는 무풍 상태(풍속 0.5 [m/s] 이하)와 사용 상태에서 실시
   (3) 소화약제의 방사 완료 후 1분 이내에 다시 불타지 아니한 경우 그 모형은 완전히 소화된 것으로 봄

사용 상태
휴대식은 손에 휴대한 상태
멜빵식은 멜빵으로 착용한 상태
차륜식은 고정된 상태

예상문제

01 상 중 하

노유자시설은 당해용도의 바닥면적 얼마마다 능력단위 1 단위 이상의 소화기구를 비치해야 하는가?

① 바닥면적 30 [m^2]마다
② 바닥면적 50 [m^2]마다
③ 바닥면적 100 [m^2]마다
④ 바닥면적 200 [m^2]마다

해설 특정소방대상물별 소화기구의 능력단위

특정소방대상물	소화기구의 능력단위
1. 위락시설	해당 용도의 바닥면적 30 [m^2]마다 능력단위 1단위 이상
2. 공연장·집회장·관람장·문화재·장례식장 및 의료시설	해당 용도의 바닥면적 50 [m^2]마다 능력단위 1단위 이상
3. 근린생활시설·판매시설·운수시설·숙박시설·노유자시설·전시장·공동주택·업무시설·방송통신시설·공장·창고시설·항공기 및 자동차 관련 시설 및 관광휴게시설	해당 용도의 바닥면적 100 [m^2]마다 능력단위 1단위 이상
4. 그 밖의 것	해당 용도 바닥면적 200 [m^2]마다 능력단위 1단위 이상

※ 주요구조부가 내화구조이고 벽 및 반자의 실내에 면하는 부분이 불연·준불연·난연재료로 된 특정소방대상물은 위 표의 바닥면적의 2배를 기준면적으로 적용

02 상 중 하

간이소화용구 중 삽을 상비한 팽창질석 80 [L] 이상의 것 1포의 능력단위는?

① 0.5 ② 1
③ 2 ④ 4

해설 간이소화용구 능력단위

간이소화용구		능력단위
마른모래	삽을 상비한 50 [L] 이상의 것 1포	0.5 단위
팽창질석, 팽창진주암	삽을 상비한 80 [L] 이상의 것 1포	

03 상 중 하

소화기구 및 자동소화장치의 화재안전기술기준에 따라 대형소화기를 설치할 때 특정소방대상물의 각 부분으로부터 1개의 소화기까지의 보행거리가 최대 몇 [m] 이내가 되도록 배치하여야 하는가?

① 20 ② 25
③ 30 ④ 40

해설 소화기의 보행거리기준

- 소형소화기 : 보행거리 20 [m] 이내
- 대형소화기 : 보행거리 30 [m] 이내

정답 01 ③ 02 ① 03 ③

신유형!

04 상중하

소화기구 및 자동소화장치의 화재안전기술기준상 특정소방대상물에 따른 소화기구의 능력단위 외에 부속용도별로 추가하여야 할 소화기구 및 자동소화장치의 설치기준 중 다음 ( )에 들어갈 내용은?

> 건조실·세탁소·대량화기취급소 : 해당 용도의 바닥면적 (㉠) [m^2]마다 능력단위 (㉡)단위 이상의 소화기로 할 것. 자동확산소화기는 해당 용도의 바닥면적을 기준으로 (㉢) [m^2] 이하는 1개, (㉢) [m^2] 초과는 2개 이상을 설치하되 방호대상에 유효하게 분사될 수 있는 위치에 배치될 수 있는 수량으로 설치할 것

① ㉠ 20, ㉡ 2, ㉢ 10
② ㉠ 25, ㉡ 2, ㉢ 30
③ ㉠ 25, ㉡ 1, ㉢ 10
④ ㉠ 20, ㉡ 1, ㉢ 20

해설 부속용도별 추가해야 할 소화기구 및 자동소화장치

용도별	소화기구의 능력단위
1. 다음 각 목의 시설(다만 스프링클러설비·간이스프링클러설비·물분무등소화설비 또는 상업용 주방자동소화장치가 설치된 경우에는 자동확산소화기를 설치하지 않을 수 있다) 가) 보일러실·건조실·세탁소·대량화기취급소 나) 음식점·다중이용업소·호텔·기숙사·노유자시설·의료시설·업무시설·공장·장례식장·교육연구시설·교정 및 군사시설의 주방 다) 관리자의 출입이 곤란한 변전실·송전실·변압기실 및 배전반실	1. 소화기 : 해당 용도의 바닥면적 25 [m^2]마다 능력단위 1단위 이상[주방에 설치하는 소화기 중 1개 이상은 주방화재용 소화기(K급) 설치] 2. 자동확산소화기 : 바닥면적 10 [m^2] 이하는 1개, 10 [m^2] 초과는 2개 이상 설치[방호대상에 유효하게 분사될 수 있는 수량으로 설치]
2. 발전실·변전실·송전실·변압기실·배전반실·통신기기실·전산기기실 기타 이와 유사한 시설이 있는 장소(관리자의 출입이 곤란한 장소 제외)	해당 용도의 바닥면적 50 [m^2]마다 적응성이 있는 소화기 1개 이상

05 상중하

대형소화기의 정의 중 다음 ( ) 안에 알맞은 것은?

> 화재 시 사람이 운반할 수 있도록 운반대와 바퀴가 설치되어 있고 능력단위가 A급 (㉠)단위 이상, B급 (㉡)단위 이상인 소화기를 말한다.

① ㉠ 20, ㉡ 10　② ㉠ 10, ㉡ 5
③ ㉠ 10, ㉡ 20　④ ㉠ 5, ㉡ 10

해설 소화기의 능력단위

- 소형소화기 : 1단위 이상, 대형소화기 능력단위 미만
- 대형소화기 : A급 10단위 이상, B급 20단위 이상

06 상중하

소화능력단위에 의한 분류에서 소형소화기를 올바르게 설명한 것은?

① 능력단위 1단위 이상이면서 대형소화기의 능력단위 미만인 소화기이다.
② 능력단위 3단위 이상이면서 대형소화기의 능력단위 미만인 소화기이다.
③ 능력단위 5단위 이상이면서 대형소화기의 능력단위 미만인 소화기이다.
④ 능력단위 10단위 이상이면서 대형소화기의 능력단위 미만인 소화기이다.

해설 소화기의 능력단위

- 소형소화기 : 1단위 이상, 대형소화기 능력단위 미만
- 대형소화기 : A급 10단위 이상, B급 20단위 이상

PART 2

정답 04 ③ 05 ③ 06 ①

07 상 중 하

수동으로 조작하는 대형소화기 B급의 능력단위는?

① 5단위 이상　② 10단위 이상
③ 15단위 이상　④ 20단위 이상

해설 소화기의 능력단위

- 소형소화기 : 1단위 이상, 대형소화기 능력단위 미만
- 대형소화기 : A급 10단위 이상, B급 20단위 이상

08 상 중 하

바닥면적이 1300 [m^2]인 관람장에 소화기구를 설치할 경우 소화기구의 최소 능력단위는? (단, 주요구조부가 내화구조이고, 벽 및 반자의 실내와 면하는 부분이 불연재료로 된 특정소방대상물이다)

① 7단위　② 13단위
③ 22단위　④ 26단위

해설 특정소방대상물별 소화기구의 능력단위

특정소방대상물	소화기구의 능력단위
1. 위락시설	해당 용도의 바닥면적 30 [m^2]마다 능력단위 1단위 이상
2. 공연장·집회장·관람장·문화재·장례식장 및 의료시설	해당 용도의 바닥면적 50 [m^2]마다 능력단위 1단위 이상
3. 근린생활시설·판매시설·운수시설·숙박시설·노유자시설·전시장·공동주택·업무시설·방송통신시설·공장·창고시설·항공기 및 자동차 관련 시설 및 관광휴게시설	해당 용도의 바닥면적 100 [m^2]마다 능력단위 1단위 이상
4. 그 밖의 것	해당 용도 바닥면적 200 [m^2]마다 능력단위 1단위 이상

※ 주요구조부가 내화구조이고 벽 및 반자의 실내에 면하는 부분이 불연·준불연·난연재료로 된 특정소방대상물은 위 표의 바닥면적의 2배를 기준면적으로 적용

- 능력단위 $= \dfrac{1300[m^2]}{2\times 50[m^2/\text{단위}]} = 13[\text{단위}]$

09 상 중 하

대형소화기에 충전하는 소화약제량의 최소기준으로 틀린 것은?

① 물소화기 : 80 [L] 이상
② 이산화탄소소화기 : 50 [kg] 이상
③ 강화액소화기 : 20 [L] 이상
④ 할로겐화합물소화기 : 30 [kg] 이상

해설 대형소화기 소화약제량

1) 물소화기 : 80 [L] 이상
2) 강화액소화기 : 60 [L] 이상
3) 포소화기 : 20 [L] 이상
4) 이산화탄소소화기 : 50 [kg] 이상
5) 할로겐화합물소화기 : 30 [kg] 이상
6) 분말소화기 : 20 [kg] 이상

암기 ▶ 물강포 이할분 / 862 532

10 상 중 하

배기를 위한 개구부가 없는 경우 지하층이나 무창층 또는 밀폐된 거실로서 그 바닥면적이 20 [m^2] 미만인 장소에서도 사용 가능한 소화기는?

① 할론 1211 소화기
② 할론 2402 소화기
③ 이산화탄소소화기
④ 할론자동확산소화기

해설 CO_2 또는 할로겐화합물 소화기구(자동확산소화기 제외) 설치불가 장소

지하층, 무창층, 밀폐된 거실로서 그 바닥면적이 20 [m^2] 미만의 장소

TIP ▶ 자동확산소화기는 사용 가능하다.

정답 07 ④ 08 ② 09 ③ 10 ④

11 (상 중 하)

액화천연가스(LNG)를 사용하는 아파트 주방에 주방용 자동소화장치를 설치할 경우 탐지부의 설치위치로 옳은 것은?

① 바닥 면으로부터 30 [cm] 이하의 위치
② 천장 면으로부터 30 [cm] 이하의 위치
③ 가스차단장치로부터 30 [cm] 이상의 위치
④ 소화약제 분사노즐로부터 30 [cm] 이상의 위치

해설 주거용 주방자동소화장치의 탐지부

- 공기보다 가벼운 가스(LNG)
  천장 면으로부터 30 [cm] 이하의 위치
- 공기보다 무거운 가스(LPG)
  바닥 면으로부터 30 [cm] 이하의 위치

12 (상 중 하)

소화기에 호스를 부착하지 아니할 수 있는 기준 중 틀린 것은?

① 소화약제의 중량이 2 [kg] 이하인 분말소화기
② 소화약제의 중량이 3 [kg] 이하인 이산화탄소소화기
③ 소화약제의 중량이 4 [kg] 이하인 할로겐화합물소화기
④ 소화약제의 중량이 5 [kg] 이하인 산알칼리소화기

해설 호스를 부착하지 않아도 되는 소화기

- 중량이 4 [kg] 이하인 할로겐화합물소화기
- 중량이 3 [kg] 이하인 이산화탄소소화기
- 중량이 2 [kg] 이하의 분말소화기
- 용량이 3 [L] 이하의 액체계 소화약제 소화기

13 (상 중 하)

소화기구 및 자동소화장치의 화재안전기술기준상 소화기구의 소화약제별 적응성 중 C급 화재에 적응성이 없는 소화약제는?

① 마른모래
② 할로겐화합물 및 불활성기체소화약제
③ 이산화탄소소화약제
④ 중탄산염류소화약제

해설 C급(전기)화재에 적응성이 있는 소화약제

1) 가스약제
- 이산화탄소소화약제
- 할론소화약제
- 할로겐화합물 및 불활성기체소화약제

2) 분말약제
- 인산염류소화약제
- 중탄산염류소화약제

14 (상 중 하)

주방용 자동소화장치의 설치기준으로 틀린 것은?

① 아파트의 각 세대별 주방 및 오피스텔의 각 실별 주방에 실시한다.
② 소화약제 방출구는 환기구의 청소부분과 분리되어 있어야 한다.
③ 주방용 자동소화장치에 사용하는 가스차단장치는 주방배관의 개폐밸브로부터 1 [m] 이하의 위치에 설치한다.
④ 주방용 자동소화장치의 탐지부는 수신부와 분리하여 설치하되, 공기보다 무거운 가스를 사용하는 장소에는 바닥면으로부터 30 [cm] 이하의 위치에 설치한다.

해설 주방용 자동소화장치 차단장치

차단장치는 상시 확인 및 점검이 가능하도록 설치

정답 11 ② 12 ④ 13 ① 14 ③

15 상중하

특정소방대상물별 소화기구의 능력단위기준 중 다음 ( ) 안에 알맞은 것은? (단, 건축물의 주요구조부는 내화구조가 아니고 벽 및 반자의 실내에 면하는 부분이 불연재료·준불연재료 또는 난연재료로 된 특정소방대상물이 아니다)

공연장은 해당 용도의 바닥면적 ( ) [m^2]마다 소화기구의 능력단위 1단위 이상

① 30　② 50
③ 100　④ 200

해설 특정소방대상물별 소화기구의 능력단위

특정소방대상물	소화기구의 능력단위
1. 위락시설	해당 용도의 바닥면적 30 [m^2]마다 능력단위 1단위 이상
2. 공연장·집회장·관람장·문화재·장례식장 및 의료시설	해당 용도의 바닥면적 50 [m^2]마다 능력단위 1단위 이상
3. 근린생활시설·판매시설·운수시설·숙박시설·노유자시설·전시장·공동주택·업무시설·방송통신시설·공장·창고시설·항공기 및 자동차 관련 시설 및 관광휴게시설	해당 용도의 바닥면적 100 [m^2]마다 능력단위 1단위 이상
4. 그 밖의 것	해당 용도 바닥면적 200 [m^2]마다 능력단위 1단위 이상

※ 주요구조부가 내화구조이고 벽 및 반자의 실내에 면하는 부분이 불연·준불연·난연재료로 된 특정소방대상물은 위 표의 바닥면적의 2배를 기준면적으로 적용

16 상중하

소화기구인 대형소화기를 설치하여야 할 특정소방대상물에 옥내소화전설비가 법적으로 유효하게 설치된 경우 당해 설비의 유효범위 안의 부분에 대한 대형소화기 감소기준은?

① 1/3을 감소할 수 있다.
② 1/2을 감소할 수 있다.
③ 2/3을 감소할 수 있다.
④ 설치하지 않을 수 있다.

해설 대형소화기 설치 제외

대형소화기를 설치해야 할 특정소방대상물 또는 그 부분에 옥내소화전설비·스프링클러설비·물분무등소화설비 또는 옥외소화전설비를 설치한 경우에는 해당 설비의 유효범위 안의 부분에 대하여는 대형소화기를 설치하지 않을 수 있다.

신유형!

17 상중하

소화기구 및 자동소화장치의 화재안전성능기준상 간이소화용구로서 마른모래를 사용하려 할 때 다음 ( )에 알맞은 내용은?

- 마른모래 1포의 기준은 삽을 상비한 (㉠) [L] 이상의 것이다.
- 능력단위 2단위로 설치하기 위해 마른모래는 (㉡)포를 설치해야 한다.

① ㉠ 160, ㉡ 2　② ㉠ 50, ㉡ 2
③ ㉠ 160, ㉡ 4　④ ㉠ 50, ㉡ 4

해설 간이소화용구 능력단위

간이소화용구		능력단위
마른모래	삽을 상비한 50 [L] 이상의 것 1포	0.5 단위

$$포의\ 수 = \frac{2[단위]}{0.5[단위/포]} = 4[포]$$

정답 15 ② 16 ④ 17 ④

18 상㊥하

소방시설 설치 및 관리에 관한 법률상 자동소화장치를 모두 고른 것은?

㉠ 분말자동소화장치
㉡ 액체자동소화장치
㉢ 고체에어로졸자동소화장치
㉣ 공업용 주방자동소화장치
㉤ 캐비닛형 자동소화장치

① ㉠, ㉢, ㉤　② ㉠, ㉡
③ ㉡, ㉢, ㉣　④ ㉠, ㉡, ㉢, ㉣, ㉤

해설 자동소화장치 종류

1) 주거용 주방자동소화장치
2) 상업용 주방자동소화장치
3) 캐비닛형 자동소화장치
4) 가스자동소화장치
5) 고체에어로졸자동소화장치
6) 분말자동소화장치

암기 ▶ 주상께 가고픈

19 상㊥하

부속용도로 사용하고 있는 발전실의 경우 바닥면적 몇 [m^2]마다 수동식 소화기 1개 이상을 추가로 비치해야 하는가?

① 20　② 30
③ 40　④ 50

해설 부속용도별 추가해야 할 소화기구 및 자동소화장치

용도별	소화기구의 능력단위
1. 다음 각 목의 시설(다만 스프링클러설비 · 간이스프링클러설비 · 물분무등소화설비 또는 상업용 주방자동소화장치가 설치된 경우에는 자동확산소화기를 설치하지 않을 수 있다) 가) 보일러실 · 건조실 · 세탁소 · 대량화기취급소 나) 음식점 · 다중이용업소 · 호텔 · 기숙사 · 노유자시설 · 의료시설 · 업무시설 · 공장 · 장례식장 · 교육연구시설 · 교정 및 군사시설의 주방 다) 관리자의 출입이 곤란한 변전실 · 송전실 · 변압기실 및 배전반실	1. 소화기 : 해당 용도의 바닥면적 25 [m^2]마다 능력단위 1단위 이상[주방에 설치하는 소화기 중 1개 이상은주방화재용 소화기(K급) 설치] 2. 자동확산소화기 : 바닥면적 10 [m^2] 이하는 1개, 10 [m^2] 초과는 2개 이상 설치[방호대상에 유효하게 분사될 수 있는 수량으로 설치]
2. 발전실 · 변전실 · 송전실 · 변압기실 · 배전반실 · 통신기기실 · 전산기기실 기타 이와 유사한 시설이 있는 장소(관리자의 출입이 곤란한 장소 제외)	해당 용도의 바닥면적 50 [m^2]마다 적응성이 있는 소화기 1개 이상

PART 2

정답 18 ① 19 ④

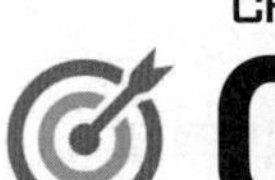

CHAPTER 02 옥내소화전설비

3회독	월	일
2회독	월	일
1회독	월	일

학습목표

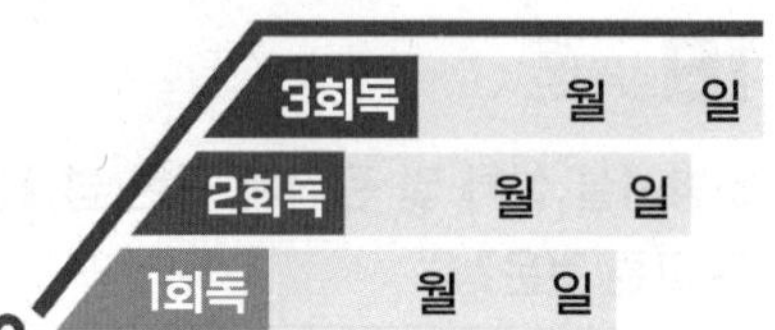

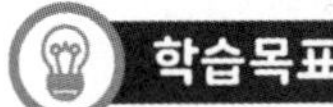

1 옥내소화전의 계통도를 이해한다.
2 옥내소화전의 수원에 대해 파악한다.
3 가압송수장치에 따른 설치기준을 이해하고 암기한다.
4 배관의 설치기준을 암기한다.
5 함 및 방수구의 설치기준을 암기하고 방수구의 설치 제외를 익힌다.

학습MAP

- ★★★ **수원**
  - 옥내소화전설비의 수원의 양(유효수량)
  - 옥상수조
- **가압송수장치**
  - 가압송수장치(펌프) 설치기준 ★★★
  - 고가수조 방식(높이에 따른 자연낙차압력을 이용)
  - 압력수조 방식
  - 가압수조 방식
- ★ **배관**
  - 사용압력에 따른 배관
  - 배관의 설치기준
  - 송수구 설치기준
- **함 및 방수구 등**
  - 함, 방수구, 표시등
  - 방수구의 설치 제외 ★★★
- **전원**
  - 상용전원과 비상전원
  - 비상전원 설치대상
  - 비상전원 용량

01 개요

건축물 내의 화재 발생 시 관계인 및 자체소방대원이 화재 발생 초기에 소화할 수 있도록 건축물 내에 설치하는 초기 소화설비로서 수원, 가압송수장치, 배관, 방수구, 호스, 노즐 등으로 구성되어 있다.

1 옥내소화전설비의 계통도(펌프방식) ★★★

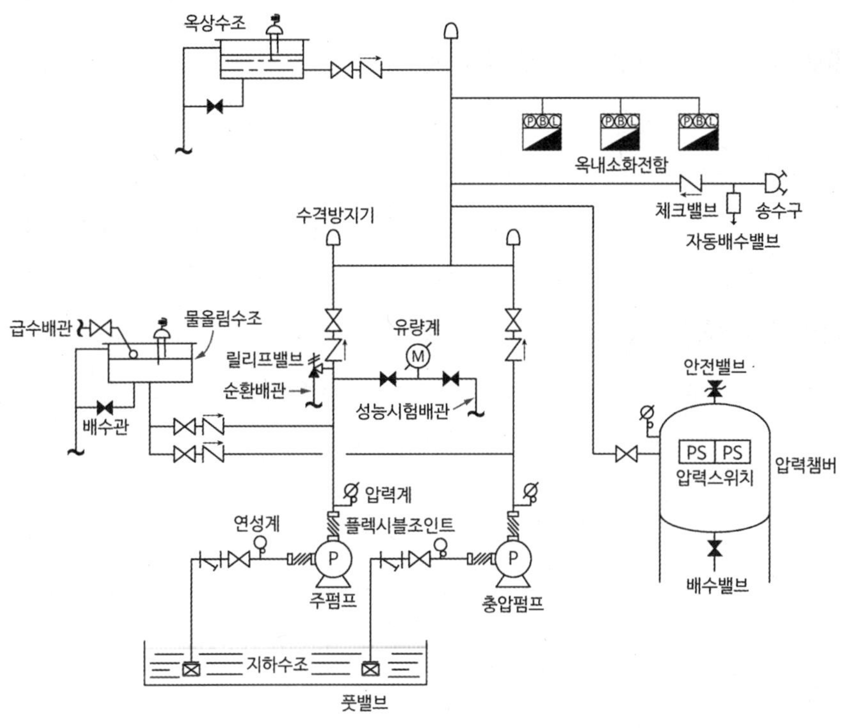

2 밸브 및 관부속품

풋밸브	Y형 스트레이너	플렉시블 조인트	개폐표시형 밸브	
			게이트밸브(OS & Y 타입)	버터플라이밸브
열림 스트레이너(여과장치) 닫힘				
• 여과기능 • 역류방지기능	여과기능	펌프의 진동 및 충격 흡수	• 스템(봉)이 보이지 않을 경우 : 폐쇄 상태 • 스템(봉)이 보일 경우 : 개방 상태	원반형태의 디스크가 회전함에 따라 밸브를 개폐시킴(디스크로 인해 유수에 따른 저항이 커서 공동현상 우려가 있음)

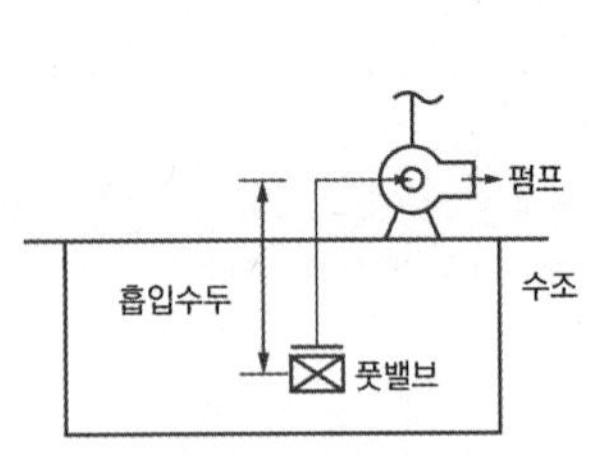

[부압흡입방식]

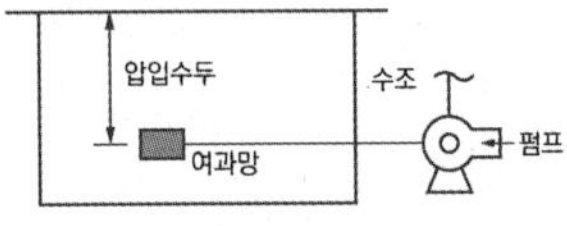

[정압흡입방식]

❸ 수조방식

1) 부압흡입방식 : 수조의 위치가 펌프의 위치보다 낮은 경우
2) 정압흡입방식 : 수조의 위치가 펌프의 위치보다 높은 경우

02 수원

❶ 옥내소화전설비의 최소 토출량 ★★★

$$Q = N \times 130\ [L/min]$$

※ N : 옥내소화전의 설치개수가 가장 많은 층의 설치개수
(29층 이하는 최대 2개, 30층 이상은 최대 5개)

❷ 옥내소화전설비의 수원의 양(유효수량) ★★★

P.199 문10

층수	수원의 양
29층 이하	N(최대 2개) × 130 [L/min] × 20 [min](= N × 2.6 [m^3])
30층 이상 49층 이하	N(최대 5개) × 130 [L/min] × 40 [min](= N × 5.2 [m^3])
50층 이상	N(최대 5개) × 130 [L/min] × 60 [min](= N × 7.8 [m^3])

※ N : 옥내소화전의 설치개수가 가장 많은 층의 설치개수
(29층 이하는 최대 2개, 30층 이상은 최대 5개)

❸ 옥상수조

1) 옥내소화전설비 수원은 유효수량 외의 3분의 1 이상을 옥상에 설치하여야 함

P.198 문06
P.199 문07

2) 옥상수조 설치 제외 ★★★
   (1) 지하층만 있는 건축물
   (2) 고가수조를 가압송수장치로 설치한 경우
   (3) 수원이 건축물의 최상층에 설치된 방수구보다 높은 위치에 설치된 경우
   (4) 건축물의 높이가 지표면으로부터 10 [m] 이하인 경우
   (5) 가압수조를 가압송수장치로 설치한 경우
   (6) 주펌프와 동등 이상의 성능이 있는 별도의 펌프로서 내연기관의 기동과 연동하여 작동되거나 비상전원을 연결하여 설치한 경우
   (7) 학교, 공장, 창고시설로서 동결의 우려가 있는 장소에 있어서는 기동스위치에 보호판을 부착하여 옥내소화전함 내에 설치한 경우

03 가압송수장치

1 가압송수장치(펌프) 설치기준

1) 방수압력 : 0.17 [MPa] 이상 0.7 [MPa] 이하(초과 시 호스접결구 인입측에 감압장치 설치) ★
2) 방수량 : 130 [L/min] 이상
3) 펌프 토출량 : N × 130 [L/min] 이상
   ※ N : 옥내소화전의 설치개수가 가장 많은 층의 설치개수
   (29층 이하 최대 2개, 30층 이상 최대 5개)
4) 펌프 토출 측에는 압력계를 체크밸브 이전에 펌프 토출 측 플랜지에서 가까운 곳에 설치하고, 흡입 측에는 연성계 또는 진공계를 설치할 것. 다만 수원의 수위가 펌프의 위치보다 높거나 수직회전축 펌프의 경우에는 연성계 또는 진공계를 설치하지 않을 수 있음
5) 가압송수장치에는 정격부하운전 시 펌프의 성능을 시험하기 위한 배관을 설치할 것. 다만 충압펌프는 제외
6) 가압송수장치에는 체절운전 시 수온 상승방지를 위한 순환배관을 설치할 것. 다만 충압펌프는 제외
7) 가압송수장치가 기동이 된 경우 자동으로 정지되지 않도록 할 것. 다만 충압펌프는 제외
8) 수원의 수위가 펌프보다 낮은 위치에 있는 가압송수장치에는 다음의 기준에 따른 물올림장치를 설치할 것 ★
   (1) 물올림장치에는 전용의 수조 설치할 것
   (2) 수조의 유효수량은 100 [L] 이상으로 하되, 구경 15 [mm] 이상의 급수배관에 따라 해당 수조에 물이 계속 보급되도록 할 것
9) 기동용 수압개폐장치를 압력챔버로 사용하는 경우 그 내용적은 100 [L] 이상으로 할 것
10) 부식 등으로 인한 펌프의 고착방지(단, 충압펌프는 제외) → **수계소화설비 공통**
   (1) 임펠러는 청동 또는 스테인리스 등 부식에 강한 재질을 사용할 것
   (2) 펌프축은 스테인리스 등 부식에 강한 재질을 사용할 것

P.200 문13

구분	관련 사진	측정 범위
압력계	0.5 PRESSURE GAUGE 1 1.5 MPa	대기압 이상의 압력
진공계	0.06 0.04 VACUUM GAUGE -0.08 0.02 -0.1 0 MPa	대기압 이하의 압력
연성계	0.4 0.6 0.2 COMPOUND GAUGE 0.8 0 -0.1 1 MPa	대기압 이상·이하의 압력

기동용 수압개폐장치

1) 설치목적
   (1) 배관 내 압력 변동을 검지하여 자동적으로 펌프를 기동 및 정지(단, 주펌프는 자동 정지되지 않도록 할 것)
   (2) 완충작용으로 수격작용방지
2) 구성
   압력챔버 또는 기동용 압력스위치 등
3) 작동순서
   소화전 방수구 개방 ⇨ 배관 내 수압 저하 ⇨ 압력챔버 내 압력 저하 ⇨ 압력스위치 작동 ⇨ 펌프 기동

11) 펌프의 양정 [m] ★★★

전양정 H = $h_1 + h_2 + h_3 + 17$
(0.17[MPa] = 17[m])

h_1 : 소방용 호스 마찰손실수두 [m]
h_2 : 배관의 마찰손실수두 [m]
h_3 : 낙차(실양정) [m]
17 : 옥내소화전 최소 방수압 환산수두 [m] (0.17 [MPa])

※ 호스릴옥내소화전설비 포함

2 고가수조방식(높이에 따른 자연낙차압력을 이용)

고가수조 : 건축물의 옥상 또는 별도의 구축물 등에 설치하여 자연낙차의 압력으로 급수하는 수조(별도의 동력이 필요하지 않음)

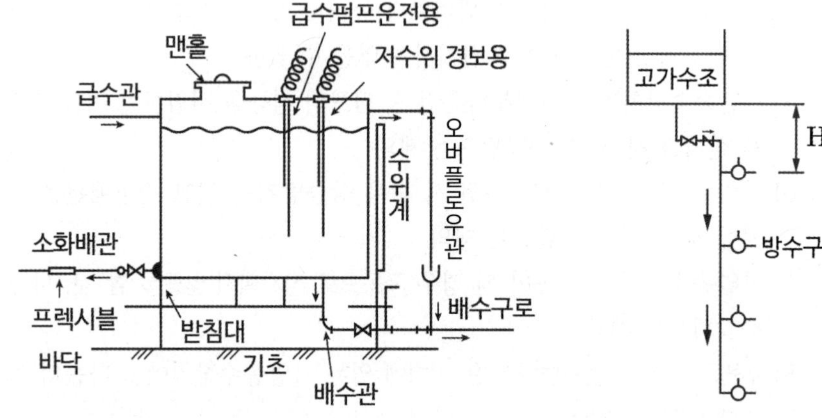

1) 고가수조 자연낙차수두 [m]

필요한 낙차 H = $h_1 + h_2 + 17$

h_1 : 소방용 호스 마찰손실수두 [m]
h_2 : 배관의 마찰손실수두 [m]
17 : 옥내소화전 최소 방수압 환산수두 [m] (0.17 [MPa])

※ 호스릴옥내소화전설비 포함

2) 고가수조 구성설비 ★

수위계 · 배수관 · 급수관 · 오버플로우관 및 맨홀을 설치

암기 ▶ 수 배 급 오 맨

3 압력수조방식

압력수조 : 소화용수와 공기를 채우고 일정압력 이상으로 가압하여 그 압력으로 급수하는 수조

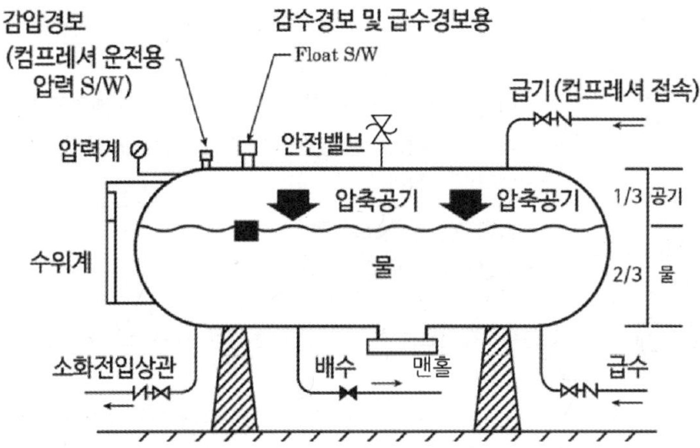

1) 압력수조의 압력 [MPa]

필요한 압력 $P = p_1 + p_2 + p_3 + 0.17$

p_1 : 소방용 호스 마찰손실수두압 [MPa]
p_2 : 배관의 마찰손실수두압 [MPa]
p_3 : 낙차의 환산수두압 [MPa]
0.17 : 옥내소화전 최소 방수압력 [MPa]

※ 호스릴옥내소하전설비 포한

2) 압력수조 구성설비 ★
수위계·배수관·급수관·급기관·맨홀·압력계·안전장치 및 자동식 공기압축기를 설치

P.201 문14

암기 수 배 급 급 맨 압 안 자동

4 가압수조방식

가압수조 : 가압원인 압축공기 또는 불연성 기체의 압력으로 소화용수를 가압하여 그 압력으로 급수하는 수조(전기의 공급에 상관없이 소화수 공급성능이 유지)

1) 가압수조의 압력은 방수량 및 방수압이 20분 이상 유지
2) 가압수조 및 가압원은 방화구획된 장소에 설치

[가압수조]

04 배관

1 사용압력에 따른 배관 → 수계소화설비 공통 ★

P.199 문09

사용압력	배관의 종류
1.2 [MPa] 미만	• 배관용 탄소 강관 • 이음매 없는 구리 및 구리합금관(단, 습식의 배관에 한함) • 배관용 스테인리스 강관 또는 일반 배관용 스테인리스 강관 • 덕타일 주철관
1.2 [MPa] 이상	• 압력 배관용 탄소 강관 • 배관용 아크용접 탄소강 강관

보충 소방용합성수지배관으로 설치할 수 있는 경우 → 수계소화설비 공통 ★★★

- 배관을 지하에 매설하는 경우
- 다른 부분과 내화구조로 구획된 덕트 또는 피트의 내부에 설치하는 경우
- 천장과 반자를 불연재료 또는 준불연재료로 설치하고 소화배관 내부에 항상 소화수가 채워진 상태로 설치하는 경우

2 펌프의 흡입 측 배관

옥내소화전설비의 화재안전성능기준상 펌프 토출 측 배관은 공기고임이 생기지 않는 구조로 하고, 여과장치를 설치한다.
X 펌프 흡입 측 배관

1) 공기고임이 생기지 않는 구조로 하고, 여과장치 설치
2) 수조가 펌프보다 낮게 설치된 경우에는 각 펌프(충압펌프 포함)마다 수조로부터 별도로 설치

3 펌프의 토출 측 배관의 구경 ★★★

P.197 문01
P.197 문03
P.198 문04
P.198 문05

구분	주배관	가지배관
호스릴 옥내소화전	32 [mm] 이상	25 [mm] 이상
일반적인 옥내소화전	50 [mm] 이상	40 [mm] 이상
연결송수관설비의 배관과 겸용	100 [mm] 이상	65 [mm] 이상

※ 주배관 구경 : 유속이 4 [m/s] 이하가 될 수 있는 크기 이상

- 펌프의 토출 측 주배관의 구경은 유속이 5 [m/s] 이하가 될 수 있는 크기 이상으로 하여야 한다.
X 4 [m/s] 이하
- 옥내소화전설비의 화재안전성능기준상 연결송수관설비의 배관과 겸용할 경우 방수구로 연결되는 배관의 구경은 65 [mm] 이상의 것으로 한다. O

4 펌프의 성능시험배관 ★★★

1) 펌프 성능은 체절운전 시 정격토출압력의 140 [%]를 초과하지 않고, 정격토출량의 150 [%]로 운전 시 정격토출압력의 65 [%] 이상 되어야 한다.
   (1) 체절운전 : 토출량이 0인 상태로 운전 시 압력은 정격압력의 140 [%]를 넘지 않을 것
   (2) 정격운전 : 정격토출량으로 운전 시 압력은 정격압력 이상일 것
   (3) 최대운전 : 정격토출량의 150 [%] 유량으로 운전 시 정격압력의 65 [%] 이상일 것

2) 성능시험배관은 펌프의 토출 측에 설치된 개폐밸브 이전에서 분기하여 직선으로 설치

P.200 문11

3) 유량측정장치를 기준으로 전단 직관부에는 개폐밸브를 후단 직관부에는 유량조절밸브를 설치할 것(이 경우 개폐밸브와 유량측정장치 사이의 직관부 거리 및 유량측정장치와 유량조절밸브 사이의 직관부 거리는 해당 유량측정장치 제조사의 설치사양에 따르고, 성능시험배관의 호칭지름은 유량측정장치의 호칭지름에 따름)

4) 유량측정장치는 펌프의 정격토출량의 175 [%] 이상까지 측정할 수 있는 성능이 있을 것

P.200 문12

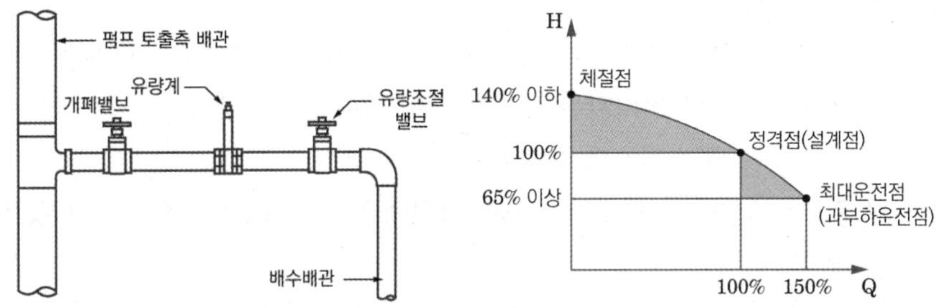

5 순환배관 ★

1) 설치목적 : 가압송수장치의 체절운전 시 수온의 상승을 방지하기 위하여
2) 분기위치 : 체크밸브와 펌프 사이에서 분기
3) 구경 및 개방압력 : 20 [mm] 이상의 배관에 체절압력 미만에서 개방되는 릴리프밸브를 설치할 것

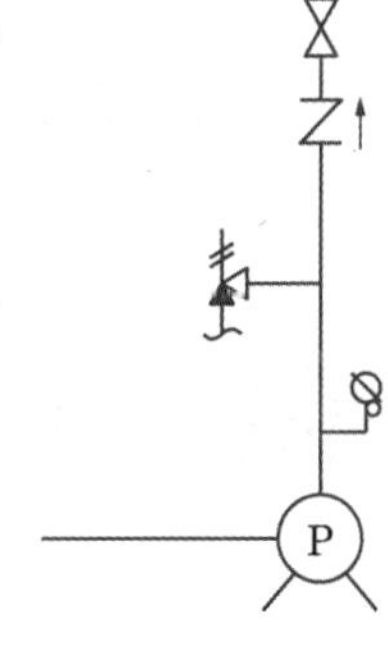

릴리프밸브

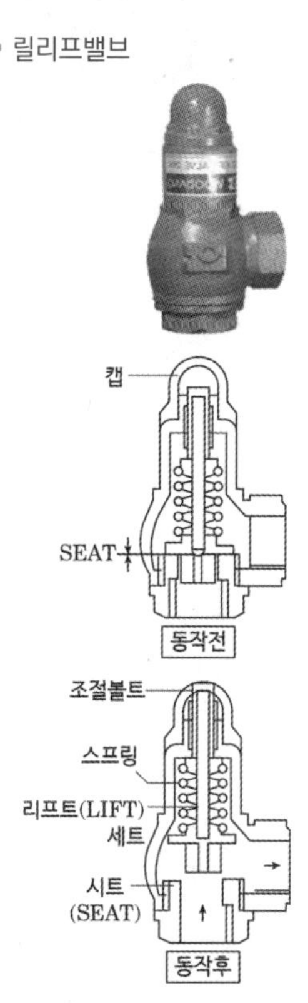

보충 주펌프와 충압펌프

구분	주펌프	충압펌프
설치목적	화재 시 규정 방수압과 유량의 소화수 공급	주펌프의 빈번한 기동을 방지하기 위해 배관의 압력 보충
성능시험배관, 순환배관 설치 여부	필요	불필요

※ 예비펌프 : 주펌프의 고장, 수리 등에 대비하여 주펌프와 동등 이상의 성능을 가진 펌프로 추가 설치

6 그 밖의 배관 설치기준

1) 동결방지조치를 하거나 동결의 우려가 없는 장소에 설치할 것(보온재를 사용할 경우에는 난연재료 성능 이상의 것)
2) 급수배관에 설치되어 급수를 차단할 수 있는 개폐밸브는 개폐표시형으로 하여야 함
   펌프 흡입 측 배관에는 버터플라이밸브 외의 개폐표시형 밸브를 설치할 것
3) 배관은 다른 설비의 배관과 쉽게 구분이 될 수 있는 위치, 적색으로 식별이 가능하도록 소방용 설비의 배관임을 표시할 것

7 송수구 설치기준

[송수구/쌍구형]

[송수구/단구형]

1) 소방차가 쉽게 접근할 수 있는 잘 보이는 장소에 설치하되 화재층으로부터 지면으로 떨어지는 유리창 등이 송수 및 그 밖의 소화작업에 지장을 주지 않는 장소에 설치할 것
2) 송수구로부터 주 배관에 이르는 연결배관에는 개폐밸브를 설치하지 않을 것
3) 설치높이 : 지면으로부터 0.5 [m] 이상 1 [m] 이하
4) 구경 : 65 [mm] 쌍구형 또는 단구형
5) 송수구의 가까운 부분에 자동배수밸브 및 체크밸브를 설치
6) 송수구에는 이물질을 막기 위한 마개를 씌울 것

05 함 및 방수구 등

1 옥내소화전설비의 함

1) 함의 재질은 두께 1.5 [mm] 이상의 강판 또는 두께 4 [mm] 이상의 합성수지재로 할 것
2) 문짝의 면적은 0.5 [m^2] 이상으로 할 것
3) 옥내소화전설비의 함에는 그 표면에 “소화전”이라는 표시를 해야 함
4) 옥내소화전설비의 함 가까이 보기 쉬운 곳에 그 사용요령을 기재한 표지판을 붙여야 함
   (1) 표지판을 함의 문에 붙이는 경우 : 문의 내부 및 외부 모두 부착
   (2) 사용요령 : 외국어와 시각적인 그림을 포함하여 작성해야 함

2 방수구 ★

P.199 문08

1) 특정소방대상물의 층마다 설치하되, 해당 특정소방대상물의 각 부분으로부터 하나의 옥내소화전 방수구까지의 수평거리가 25 [m] 이하가 되도록 할 것
2) 바닥으로부터의 높이가 1.5 [m] 이하가 되도록 할 것
3) 호스는 구경 40 [mm](호스릴옥내소화전 : 25 [mm]) 이상의 것으로서 특정소방대상물의 각 부분에 물이 유효하게 뿌려질 수 있는 길이로 설치할 것
4) 호스릴옥내소화전설비의 경우 노즐을 쉽게 개폐할 수 있는 장치를 부착할 것

3 표시등

1) 위치를 표시하는 표시등 : 함의 상부에 설치
2) 가압송수장치의 기동을 표시하는 표시등 : 옥내소화전함의 상부 또는 그 직근에 설치하되 적색등으로 할 것

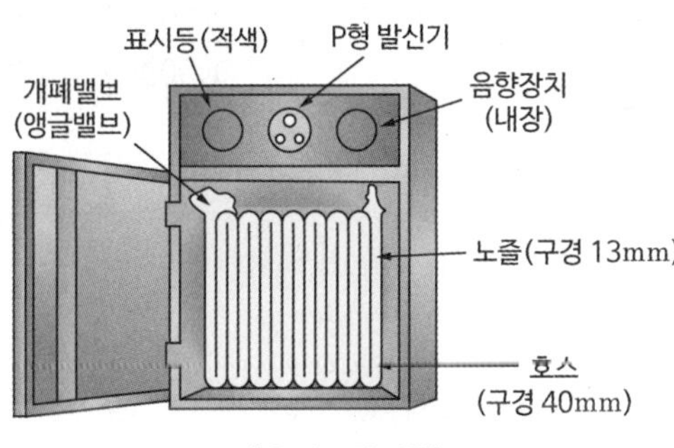

[옥내소화전함]

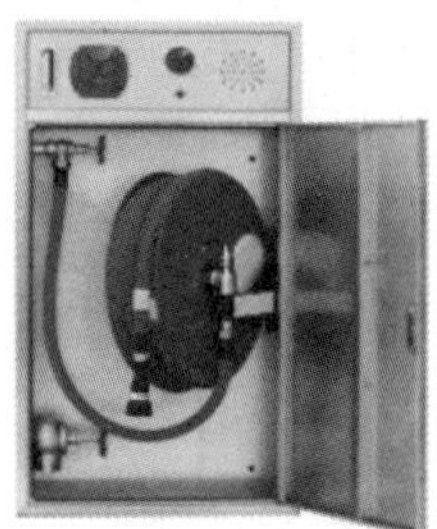
[호스릴옥내소화전]

4 방수구의 설치 제외 ★★★

P.197 문02

불연재료로 된 특정소방대상물 또는 그 부분으로서 다음의 어느 하나에 해당하는 곳에는 옥내소화전 방수구를 설치하지 않을 수 있다.

1) 냉장창고 중 온도가 영하인 냉장실 또는 냉동창고의 냉동실
2) 고온의 노가 설치된 장소 또는 물과 격렬하게 반응하는 물품의 저장 또는 취급 장소
3) 발전소·변전소 등으로서 전기시설이 설치된 장소
4) 식물원·수족관·목욕실·수영장(관람석 부분을 제외한다) 또는 그 밖의 이와 비슷한 장소
5) 야외음악당·야외극장 또는 그 밖의 이와 비슷한 장소

06 전원

1 상용전원과 비상전원

1) 상용전원 : 발전소로부터 평상시 공급되는 전원
2) 비상전원 : 상용전원으로부터 전력의 공급이 중단된 때에 상용전원을 대체하여 공급하는 전원

2 비상전원 설치대상

P.201 문15

1) 층수가 7층 이상으로서 연면적이 2000 [m^2] 이상인 것
2) 1)에 해당하지 않는 특정소방대상물로서 지하층의 바닥면적의 합계가 3000 [m^2] 이상인 것

3 비상전원 용량

보충 ▶ 층고가 높아질수록 피난시간이 길어지므로 비상전원 용량도 증가

설비	용량
• 옥내소화전설비 • 스프링클러설비 • 미분무소화설비 • 연결송수관설비 • 특별피난계단의 계단실·부속실 제연설비	(1) 29층 이하 : 20분 이상 (2) 30층 이상 49층 이하 : 40분 이상 (3) 50층 이상 : 60분 이상

예상문제

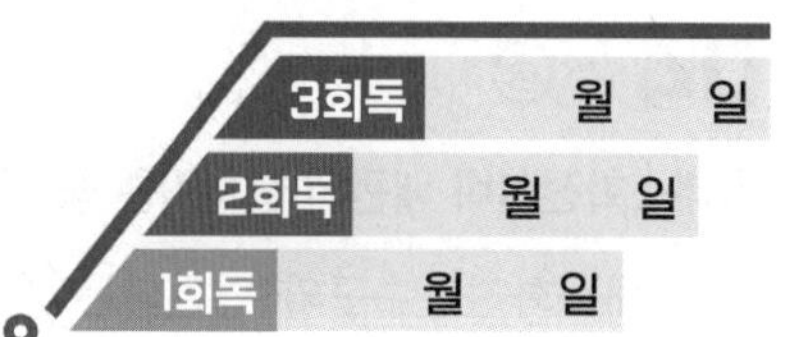

01 상 중 하

옥내소화전설비의 화재안전성능기준상 배관의 설치기준 중 다음 괄호 안에 알맞은 것은?

> 연결송수관설비의 배관과 겸용할 경우의 주배관은 구경 (㉠) [mm] 이상, 방수구로 연결되는 배관의 구경은 (㉡) [mm] 이상의 것으로 해야 한다.

① ㉠ 80, ㉡ 65
② ㉠ 80, ㉡ 50
③ ㉠ 100, ㉡ 65
④ ㉠ 125, ㉡ 80

해설 연결송수관설비와 겸용할 경우 배관 구경

- 주배관 : 100 [mm] 이상
- 방수구로 연결되는 배관 : 65 [mm] 이상

02 상 중 하

옥내소화전설비의 화재안전기술기준에 따라 옥내소화전 방수구를 반드시 설치하여야 하는 곳은?

① 수영장의 관람석
② 식물원
③ 수족관
④ 냉장창고 중 온도가 영하인 냉장실

해설 옥내소화전 방수구의 설치 제외

1) 냉장창고 중 온도가 영하인 냉장실 또는 냉동창고의 냉동실
2) 고온의 노가 설치된 장소 또는 물과 격렬하게 반응하는 물품의 저장 또는 취급 장소
3) 발전소·변전소 등 전기시설이 설치된 장소
4) 식물원·수족관·목욕실·수영장(관람석 부분을 제외) 또는 그 밖의 이와 비슷한 장소
5) 야외음악당·야외극장 또는 그 밖의 이와 비슷한 장소

03 상 중 하

다음 중 옥내소화전의 배관 등에 대한 설치방법으로 옳지 않은 것은?

① 배관 내 사용압력이 1.1 [MPa]인 곳에 배관용 탄소강관을 사용하였다.
② 펌프의 토출 측 주배관의 구경은 평균 유속을 5 [m/s]가 되도록 설치하였다.
③ 옥내소화전 송수구를 단구형으로 설치하였다.
④ 송수구로부터 주배관에 이르는 연결배관에는 개폐밸브를 설치하지 않았다.

해설 옥내소화전 배관 등

1) 배관 내 사용압력이 1.2 [MPa] 미만인 곳에 배관용 탄소강관 사용 가능함
2) 펌프 토출 측 주배관 유속 : 4 [m/s] 이하
3) 송수구 : 65 [mm] 쌍구형 또는 단구형
4) 송수구로부터 옥내소화전설비의 주배관에 이르는 연결배관에는 개폐밸브를 설치하지 않을 것
5) 옥내소화전 방수구와 연결되는 가지배관의 구경 : 40 [mm] 이상
6) 주배관 중 수직배관의 구경 : 50 [mm] 이상

정답 01 ③ 02 ① 03 ②

04 상중하

옥내소화전설비 배관의 설치기준 중 틀린 것은?

① 옥내소화전방수구와 연결되는 가지배관의 구경은 40 [mm] 이상으로 한다.
② 연결송수관설비의 배관과 겸용할 경우 주배관의 구경은 100 [mm] 이상으로 한다.
③ 펌프의 토출 측 주배관의 구경은 유속이 4 [m/s] 이하가 될 수 있는 크기 이상으로 한다.
④ 주배관 중 수직배관의 구경은 15 [mm] 이상으로 한다.

해설 옥내소화전 배관 등

1) 배관 내 사용압력이 1.2 [MPa] 미만일 경우 다음 어느 하나에 해당하는 것 사용
   (1) 배관용 탄소 강관
   (2) 이음매 없는 구리 및 구리합금관. 다만 습식의 배관에 한함
   (3) 배관용 스테인리스 강관 또는 일반배관용 스테인리스 강관
   (4) 덕타일 주철관
2) 펌프 토출 측 주배관 유속 : 4 [m/s] 이하
3) 송수구 : 65 [mm] 쌍구형 또는 단구형
4) 송수구로부터 옥내소화전설비의 주배관에 이르는 연결배관에는 개폐밸브를 설치하지 않을 것
5) 옥내소화전 방수구와 연결되는 가지배관의 구경 : 40 [mm] 이상
6) 주배관 중 수직배관의 구경 : 50 [mm] 이상
7) 연결송수관설비의 배관과 겸용할 경우의 주배관 구경 100 [mm] 이상, 방수구로 연결되는 배관의 구경 65 [mm] 이상

05 상중하

옥내소화전 방수구와 연결되는 가지배관의 구경은 최소 몇 [mm] 이상이어야 하는가?

① 32　　② 40
③ 50　　④ 65

해설 옥내소화전 배관 등

1) 옥내소화전 방수구와 연결되는 가지배관의 구경 : 40 [mm] 이상
2) 주배관 중 수직배관의 구경 : 50 [mm] 이상
3) 연결송수관설비의 배관과 겸용할 경우의 주배관 구경 100 [mm] 이상, 방수구로 연결되는 배관의 구경 65 [mm] 이상

06 상중하

옥내소화전설비 수원의 산출된 유효수량 외에 유효수량의 1/3 이상을 옥상에 설치하지 아니할 수 있는 경우의 기준 중 다음 (　) 알맞은 것은?

> • 수원이 건축물의 최상층에 설치된 (㉠)보다 높은 위치에 설치된 경우
> • 건축물의 높이가 지표면으로부터 (㉡) [m] 이하인 경우

① ㉠ 송수구, ㉡ 7　　② ㉠ 방수구, ㉡ 7
③ ㉠ 송수구, ㉡ 10　　④ ㉠ 방수구, ㉡ 10

해설 옥내소화전 옥상수조 설치 제외

1) 지하층만 있는 건축물
2) 고가수조를 가압송수장치로 설치한 옥내소화전설비
3) 수원이 건축물의 최상층에 설치된 방수구보다 높은 위치에 설치된 경우
4) 건축물의 높이가 지표면으로부터 10 [m] 이하인 경우
5) 가압수조를 가압송수장치로 설치한 옥내소화전설비
6) 주펌프와 동등 이상 성능 있는 별도 펌프로 내연기관 기동과 연동하여 작동되거나 비상전원을 연결하여 설치한 경우
7) 학교, 공장, 창고시설로서 동결의 우려가 있는 장소에 있어서는 기동스위치에 보호판을 부착하여 옥내소화전함 내에 설치한 경우

정답 04 ④ 05 ② 06 ④

07 상 중 하

옥내소화전설비 수원을 산출된 유효수량 외에 유효수량의 1/3 이상을 옥상에 설치해야 하는 경우는?

① 건축물의 높이가 지표면으로부터 15 [m]인 경우
② 지하층만 있는 건축물
③ 수원이 건축물의 최상층에 설치된 방수구보다 높은 위치에 설치된 경우
④ 주펌프와 동등 이상의 성능이 있는 별도의 펌프로서 내연기관의 기동과 연동하여 작동되거나 비상전원을 연결하여 설치한 경우

해설 옥내소화전 옥상수조 설치 제외

1) 지하층만 있는 건축물
2) 고가수조를 가압송수장치로 설치한 옥내소화전설비
3) 수원이 건축물의 최상층에 설치된 방수구보다 높은 위치에 설치된 경우
4) 건축물의 높이가 지표면으로부터 10 [m] 이하인 경우
5) 가압수조를 가압송수장치로 설치한 옥내소화전설비
6) 주펌프와 동등 이상 성능 있는 별도 펌프로 내연기관 기동과 연동하여 작동되거나 비상전원을 연결하여 설치한 경우
7) 학교, 공장, 창고시설로서 동결의 우려가 있는 장소에 있어서는 기동스위치에 보호판을 부착하여 옥내소화전함 내에 설치한 경우

08 상 중 하

옥내소화전 방수구는 특정소방대상물의 층마다 설치하되, 당해 특정소방대상물의 각 부분으로부터 하나의 옥내소화전 방수구까지의 수평거리가 몇 [m] 이하가 되도록 하는가?

① 20 ② 25
③ 30 ④ 40

해설 옥내소화전 방수구까지의 수평거리

특정소방대상물의 층마다 설치하되, 해당 특정소방대상물의 각 부분으로부터 하나의 옥내소화전 방수구까지의 수평거리가 25 [m](호스릴옥내소화전설비를 포함) 이하가 되도록 할 것

09 상 중 하

옥내소화전설비 배관과 배관이음쇠의 설치기준 중 배관 내 사용압력이 1.2 [MPa] 미만일 경우에 사용하는 것이 아닌 것은?

① 배관용 탄소 강관
② 배관용 스테인리스 강관
③ 덕타일 주철관
④ 배관용 아크용접 탄소강 강관

해설 사용압력에 따른 옥내소화전 배관

1) 배관 내 사용압력 1.2 [MPa] 미만
 (1) 배관용 탄소 강관
 (2) 이음매 없는 구리 및 구리합금관. 다만 습식의 배관에 한함
 (3) 배관용 스테인리스 강관 또는 일반배관용 스테인리스 강관
 (4) 덕타일 주철관
2) 배관 내 사용압력 1.2 [MPa] 이상
 (1) 압력배관용 탄소 강관
 (2) 배관용 아크용접 탄소강 강관

10 상 중 하

옥내소화전이 하나의 층에는 6개, 또 다른 층에는 3개, 나머지 모든 층에는 4개씩 설치되어 있다. 수원의 최소 수량 [m³] 기준은? (단, 30층 미만의 특정소방대상물이다)

① 5.2 ② 10.4
③ 13 ④ 15.6

해설 옥내소화전 수원

• 수원량 $[m^3] = N \times 2.6\ [m^3]$
$= 2개 \times 2.6\ [m^3] = 5.2\ [m^3]$
여기서, N : 옥내소화전의 설치개수가 가장 많은 층의 설치개수 (29층 이하 : 최대 2개)

정답 07 ① 08 ② 09 ④ 10 ①

11 상중하

옥내소화전설비의 설치기준 중 틀린 것은?

① 성능시험배관은 펌프 토출 측에 설치된 개폐밸브 이후에서 분기하여 직선으로 설치하고, 유량측정장치를 기준으로 전단 직관부에는 개폐밸브를 후단 직관부에는 유량조절밸브를 설치하여야 한다.
② 가압송수장치의 체절운전 시 수온의 상승을 방지하기 위하여 체크밸브와 펌프 사이에서 분기한 구경 20 [mm] 이상의 배관에 체절압력 미만에서 개방되는 릴리프밸브 설치하여야 한다.
③ 펌프의 성능은 체절운전 시 정격토출압력의 140 [%]를 초과하지 않고, 정격토출량의 150 [%]로 운전 시 정격토출압력의 65 [%] 이상 되어야 한다.
④ 연결송수관설비의 배관과 겸용할 경우의 주배관은 구경 100 [mm] 이상, 방수구로 연결되는 배관의 구경은 65 [mm] 이상의 것으로 해야 한다.

해설 성능시험배관

성능시험배관은 펌프의 토출 측에 설치된 개폐밸브 이전에서 분기하여 직선으로 설치하고, 유량측정장치를 기준으로 전단 직관부에는 개폐밸브를 후단 직관부에는 유량조절밸브를 설치할 것

12 상중하

정격토출량이 300 [L/min]인 옥내소화전설비 펌프의 성능시험배관 유량계의 유량측정범위로 가장 적합한 것은?

① 200 ~ 300 [L/min]
② 200 ~ 400 [L/min]
③ 200 ~ 500 [L/min]
④ 200 ~ 600 [L/min]

해설 성능시험배관 유량계

유량측정장치는 펌프의 정격토출량의 175 [%] 이상까지 측정할 수 있는 성능이 있을 것
따라서 최소 "정격토출량의 175 [%]"는 측정할 수 있어야 함
정격토출량의 175 [%] = 300 [L/min] × 1.75
= 525 [L/min]
따라서 525 [L/min]을 측정할 수 있는 범위인 "④ 200 ~ 600 [L/min]"이 정답

13 상중하

하나의 옥내소화전을 사용하는 노즐 선단에서의 방수압력이 0.7 [MPa]를 초과할 경우에 감압장치를 설치하여야 하는 곳은?

① 방수구 연결배관
② 호스접결구의 인입 측
③ 노즐선단
④ 노즐 안쪽

해설 옥내소화전 감압장치

노즐 선단에서의 방수압력 0.7 [MPa] 초과 시 호스접결구의 인입 측에 감압장치 설치

정답 11 ① 12 ④ 13 ②

14 상 중 하

옥내소화설비의 압력수조를 이용한 가압송수장치에 있어서 압력수조에 설치하는 것이 아닌 것은?

① 오버플로우관 ② 압력계
③ 급기관 ④ 안전장치

해설 옥내소화전설비 압력수조 부대설비

수위계 · 배수관 · 급수관 · 급기관 · 맨홀 · 압력계 · 안전장치 및 압력저하방지를 위한 자동식 공기압축기 설치

암기 ▶ 오버플로우관 : 고가수조 구성설비

15 상 중 하

옥내소화전설비 비상전원 설치대상으로 옳은 것은?

① 4층 이상으로서 연면적 1천 [m^2] 이상
② 5층 이상으로서 연면적 2천 [m^2] 이상
③ 6층 이상으로서 연면적 1천 [m^2] 이상
④ 7층 이상으로서 연면적 2천 [m^2] 이상

해설 옥내소화전 비상선원 설지

1) 층수가 7층 이상으로서 연면적이 2000 [m^2] 이상인 것
2) 1)에 해당하지 않는 특정소방대상물로서 지하층의 바닥면적의 합계가 3000 [m^2] 이상인 것

정답 14 ① 15 ④

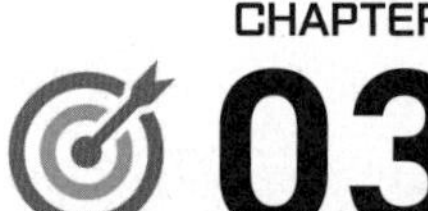

CHAPTER 03 옥외소화전설비

3회독 월 일
2회독 월 일
1회독 월 일

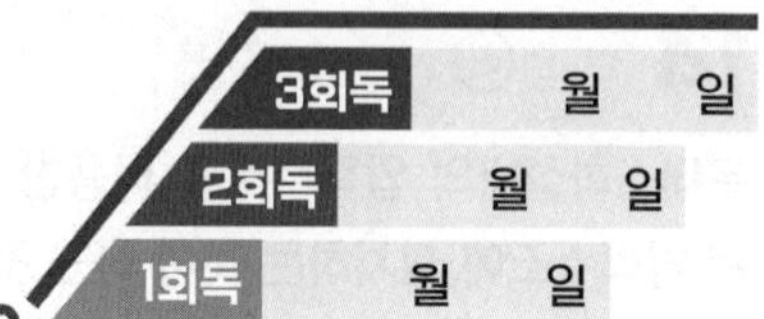

학습목표

1 옥외소화전의 수원에 대해 파악한다.
2 가압송수장치에 따른 설치기준을 이해하고 암기한다.
3 배관의 설치기준을 암기한다.
4 소화전함의 설치기준을 암기하고, 옥외소화전의 설치개수를 파악한다.

학습MAP

- ★ 수원의 양 (유효수량)
- 가압송수장치
  - 가압송수장치(펌프) 설치기준
  - 고가수조 방식(높이에 따른 자연낙차압력을 이용)
  - 압력수조 방식
  - 가압수조 방식
- 배관 등
  - 배관 설치기준
  - 사용압력에 따른 배관
- ★★★ 소화전함 등
  - 옥외소화전설비 소화전함 설치기준
  - 소화전의 형식승인 등

01 개요

건축물의 외부에 설치하여 화재 시 외부에서 인접 건축물에 대한 연소 확대방지를 위해 화재 초기에 소화활동을 할 수 있도록 설치한 소화설비이다. 옥외소화전이란 건물 외부에 설치되어 있는 소화전을 말하며 지상용과 지하용(승하강식을 포함)으로 구분한다.

02 수원의 양(유효수량) ★

P.206 문04

$N \times 350$ [L/min] $\times 20$ [min]
(= $N \times 7$ [m^3])

N : 옥외소화전 설치개수(최대 2개)

03 가압송수장치

1 가압송수장치(펌프) 설치기준 ★

P.206 문01

1) 방수압력 : 0.25 [MPa] 이상 0.7 [MPa] 이하(초과 시 호스접결구 인입측에 감압장치 설치)
2) 방수량 : 350 [L/min] 이상
3) 펌프 토출량 : N(옥외소화전의 설치개수 : 최대 2개) × 350 [L/min]

2 고가수조방식(높이에 따른 자연낙차압력을 이용)

1) 고가수조 자연낙차수두 [m]

필요한 낙차 $H = h_1 + h_2 + 25$

h_1 : 소방용 호스 마찰손실수두 [m]
h_2 : 배관의 마찰손실수두 [m]
25 : 옥외소화전 최소 방수압 환산수두 [m] (0.25 [MPa])

2) 고가수조 구성설비
수위계 · 배수관 · 급수관 · 오버플로우관 및 맨홀을 설치

암기 ▶ 수 배 급 오 맨

TIP ▶ 압력계는 압력수조에 설치

3 압력수조방식

1) 압력수조의 압력 [MPa]

$$필요한\ 압력\ P = p_1 + p_2 + p_3 + 0.25$$

p_1 : 소방용호스 마찰손실수두압 [MPa]
p_2 : 배관의 마찰손실수두압 [MPa]
p_3 : 낙차의 환산수두압 [MPa]
0.25 : 옥외소화전 최소 방수압력 [MPa]

암기 ▶ 수 배 급 급 맨 압 안 자동

TIP ▶ 오버플로우관은 고가수조에 설치

2) 압력수조 구성설비
수위계·배수관·급수관·급기관·맨홀·압력계·안전장치 및 자동식 공기압축기 설치

4 가압수조방식

1) 가압수조의 압력은 방수량 및 방수압이 20분 이상 유지
2) 가압수조 및 가압원은 방화구획된 장소에 설치

04 배관 등

1 배관 설치기준

1) 호스접결구 설치높이 : 지면으로부터 0.5 [m] 이상 1 [m] 이하
2) 특정소방대상물의 각 부분으로부터 하나의 호스접결구까지 수평거리 : 40 [m] 이하

P.206 문03

3) 호스의 구경 : 65 [mm]

2 사용압력에 따른 배관 → 수계소화설비 공통

사용압력	배관의 종류
1.2 [MPa] 미만	• 배관용 탄소 강관 • 이음매 없는 구리 및 구리합금관(단, 습식의 배관에 한함) • 배관용 스테인리스 강관 또는 일반 배관용 스테인리스 강관 • 덕타일 주철관
1.2 [MPa] 이상	• 압력 배관용 탄소 강관 • 배관용 아크용접 탄소강 강관

보충 소방용 합성수지배관으로 설치할 수 있는 경우 → 수계소화설비 공통

- 배관을 지하에 매설하는 경우
- 다른 부분과 내화구조로 구획된 덕트 또는 피트의 내부에 설치하는 경우
- 천장과 반자를 불연재료 또는 준불연재료로 설치하고, 소화배관 내부에 항상 소화수가 채워진 상태로 설치하는 경우

05 소화전함 등

1 옥외소화전설비 소화전함 설치기준 ★★

1) 설치거리 : 옥외소화전으로부터 5 [m] 이내의 장소에 소화전함을 설치

P.206 문02

2) 옥외소화전함의 설치개수

옥외소화전	옥외소화전함의 설치개수
10개 이하 설치	옥외소화전마다 5 [m] 이내의 장소에 1개 이상 설치
11개 이상 30개 이하 설치	11개 이상의 소화전함을 각각 분산하여 설치
31개 이상 설치	옥외소화전 3개마다 1개 이상 설치

- 옥외소화전설비에는 옥외소화전마다 그로부터 3 [m] 이내의 장소에 소화전함을 설치해야 한다. ☒ 5 [m] 이내
- 옥외소화전이 11개 이상 30개 이하 설치된 때에는 15개 이상의 소화전함을 각각 분산하여 설치해야 한다. ☒ 11개 이상

2 소화전의 형식승인 등

1) 지상용 소화전 매몰 깊이 : 지면으로부터 600 [mm] 이상
2) 지상용 소화전 노출 높이 : 지면으로부터 0.5 [m] 이상 1 [m] 이하
3) 지상용 소화전의 토출구 방향 : 수평 또는 수평에서 아랫방향으로 30° 이내

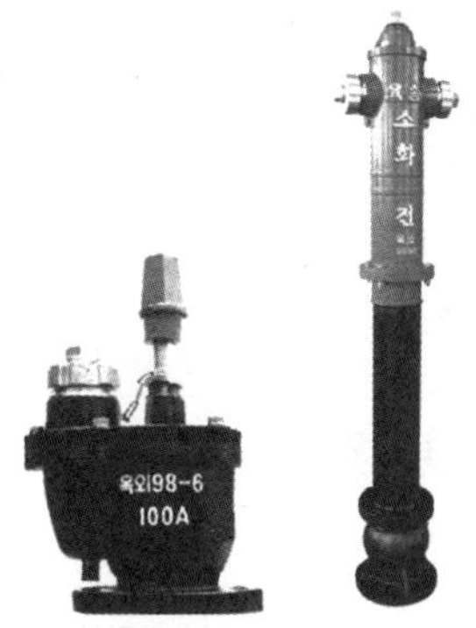

[지하용 옥외소화전] [지상용 옥외소화전]

예상문제

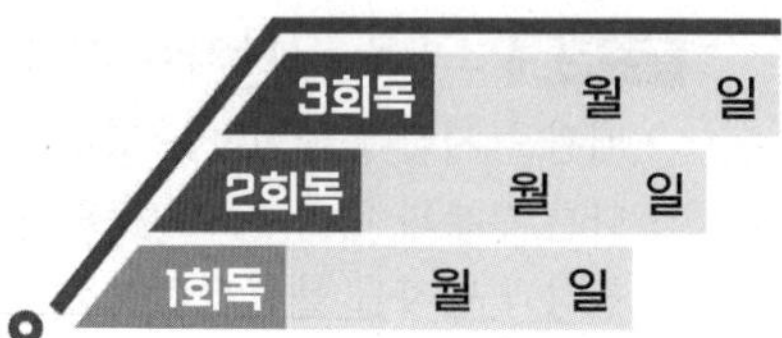

01 상중하

전동기 또는 내연 기관에 따른 펌프를 이용하는 가압 송수장치의 설치기준에 있어 당해 소방대상물에 설치된 옥외소화전을 동시에 사용하는 경우 각 옥외소화전의 노즐선단에서의 ㉠ 방수압력과 ㉡ 방수량으로 옳은 것은?

① ㉠ 0.17 [MPa] 이상, ㉡ 350 [L/min] 이상
② ㉠ 0.25 [MPa] 이상, ㉡ 250 [L/min] 이상
③ ㉠ 0.17 [MPa] 이상, ㉡ 250 [L/min] 이상
④ ㉠ 0.25 [MPa] 이상, ㉡ 350 [L/min] 이상

해설 옥외소화전 설치기준

- 방수압력 : 0.25 [MPa] 이상, 0.7 [MPa] 이하
- 방수량 : 350 [L/min] 이상
- 호스구경 : 65 [mm]
- 압력챔버용량 : 100 [L] 이상

신유형!

02 상중하

어떤 공장을 신축하면서 외부에 옥외소화전설비의 화재안전기술기준에 따라 옥외소화전을 15개 설치한다. 옥외소화전함은 최소 몇 개를 설치해야 하는가?

① 11개 ② 15개
③ 8개 ④ 10개

해설 옥외소화전함의 설치개수

옥외소화전	옥외소화전함의 개수
10개 이하	옥외소화전마다 5 [m] 이내의 장소에 1개 이상 설치
11개 이상 30개 이하	11개 이상의 소화전함을 각각 분산하여 설치
31개 이상	옥외소화전 3개마다 1개 이상 설치

03 상중하

옥외소화전설비의 호스접결구는 특정소방대상물의 각 부분으로부터 하나의 호스접결구까지의 수평거리는 몇 [m] 이하인가?

① 40 ② 30
③ 25 ④ 20

해설 옥외소화전 수평거리

특정소방대상물의 각 부분으로부터 하나의 호스접결구까지 수평거리 : 40 [m] 이하

04 상중하

옥외소화전설비의 화재안전기술기준에 따라 옥외소화전설비의 수원은 그 저수량이 옥외소화전의 설치개수에 몇 [m^3]를 곱한 양 이상이 되도록 하여야 하는가?

① 5 ② 7
③ 7.8 ④ 13.5

해설 옥외소화전 수원

- 수원량 [m^3] = N × 7 [m^3] (N : 최대 2개)

정답 01 ④ 02 ① 03 ① 04 ②

CHAPTER 04 스프링클러설비

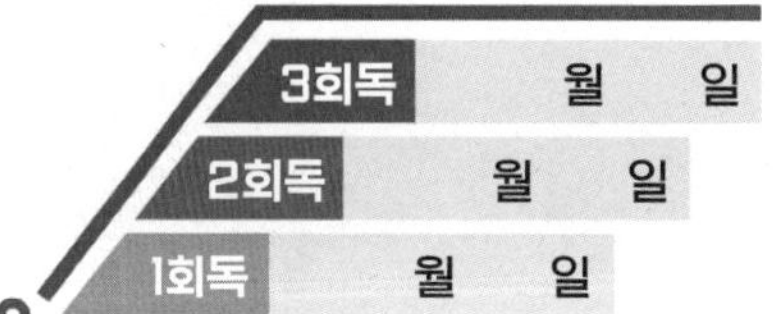

PART 2

학습목표

1 스프링클러설비의 종류와 수원에 대해 파악한다.
2 가압송수장치에 따른 설치기준을 이해하고 암기한다.
3 소화구역 및 유수검지장치에 대한 설치기준을 익힌다.
4 배관의 설치기준과 시험장치 설치기준을 암기한다.
5 헤드의 설치기준과 헤드의 배치 및 헤드 설치 제외에 대한 내용을 학습한다.
6 간이스프링클러설비의 수원량을 구하는 과정을 익힌다.
7 화재조기진압용 스프링클러설비의 설치장소 구조와 수원량을 구하는 공식을 이해한다.

학습MAP

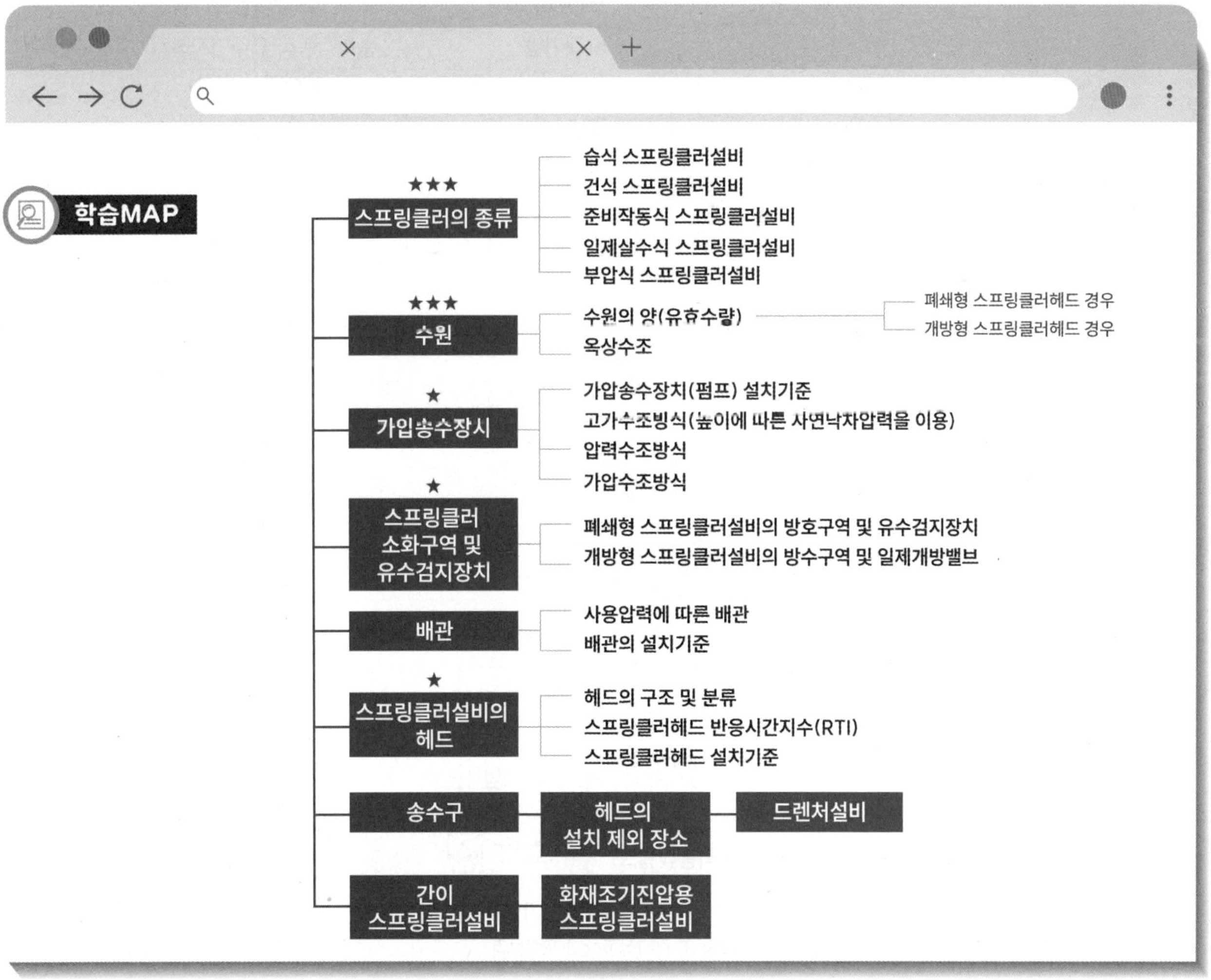

- ★★★ 스프링클러의 종류
  - 습식 스프링클러설비
  - 건식 스프링클러설비
  - 준비작동식 스프링클러설비
  - 일제살수식 스프링클러설비
  - 부압식 스프링클러설비
- ★★★ 수원
  - 수원의 양(유효수량)
    - 폐쇄형 스프링클러헤드 경우
    - 개방형 스프링클러헤드 경우
  - 옥상수조
- ★ 가압송수장치
  - 가압송수장치(펌프) 설치기준
  - 고가수조방식(높이에 따른 자연낙차압력을 이용)
  - 압력수조방식
  - 가압수조방식
- ★ 스프링클러 소화구역 및 유수검지장치
  - 폐쇄형 스프링클러설비의 방호구역 및 유수검지장치
  - 개방형 스프링클러설비의 방수구역 및 일제개방밸브
- 배관
  - 사용압력에 따른 배관
  - 배관의 설치기준
- ★ 스프링클러설비의 헤드
  - 헤드의 구조 및 분류
  - 스프링클러헤드 반응시간지수(RTI)
  - 스프링클러헤드 설치기준
- 송수구 — 헤드의 설치 제외 장소 — 드렌처설비
- 간이 스프링클러설비 — 화재조기진압용 스프링클러설비

01 개요

스프링클러설비는 건축물의 화재를 자동으로 감지하여 소화작업을 하는 자동식 물소화설비로서 화재 시 스프링클러헤드에서 자동으로 물이 방사되어 소화하는 초기소화설비이다.

02 스프링클러의 종류 ★★★

P.236 문10

S/P 구분	밸브 1차 측	밸브 2차 측	헤드의 종류	밸브의 종류	감지기 설치 유무
습식	가압수	가압수	폐쇄형	습식 유수검지장치 (알람체크밸브)	×
건식		압축공기 (또는 질소)		건식 유수검지장치 (드라이밸브)	×
준비작동식		대기압 (또는 저압)		준비작동식 유수검지장치 (프리액션밸브)	○
부압식		부압수		준비작동식 유수검지장치 (프리액션밸브)	○
일제살수식		대기압	개방형	일제개방밸브 (델류지밸브)	○

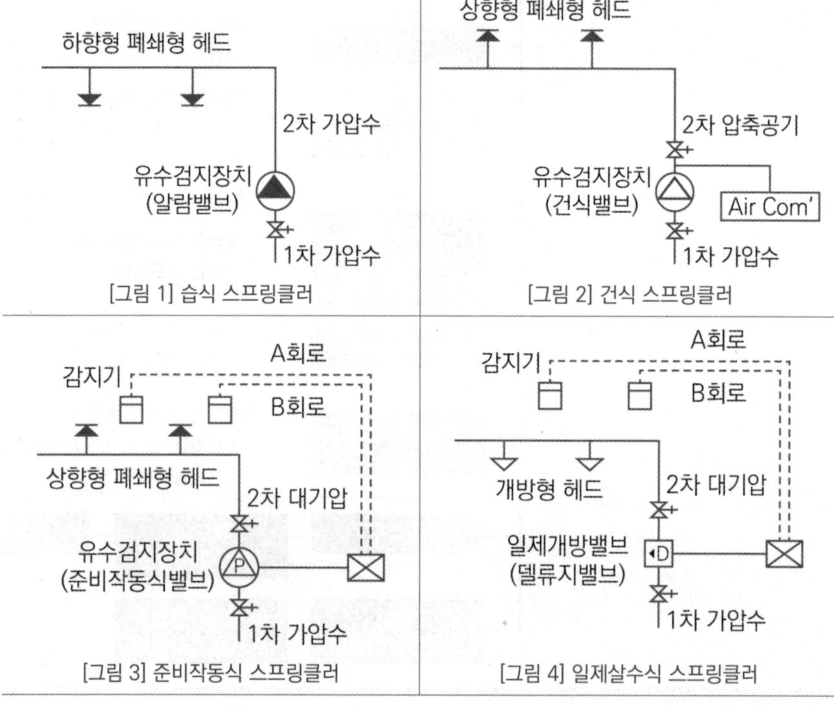

[그림 1] 습식 스프링클러

[그림 2] 건식 스프링클러

[그림 3] 준비작동식 스프링클러

[그림 4] 일제살수식 스프링클러

1 습식 스프링클러설비

1) 정의 및 구성요소

(1) 가압송수장치에서 폐쇄형 스프링클러헤드까지 배관 내에 항상 물이 가압되어 있다가 헤드 개방 시 배관 내에 유수가 발생하여 습식 유수검지장치가 작동하게 되는 스프링클러설비

(2) 구성요소 : 알람체크밸브, 압력스위치

2) 리타딩 챔버의 사용 목적

누수로 인한 습식 유수검지장치의 오동작 방지를 위한 안전장치

P.234 문03

스프링클러설비의 누수로 인한 유수검지장치의 오작동을 방지하기 위한 목적으로 설치하는 것은 리타딩챔버이다. O

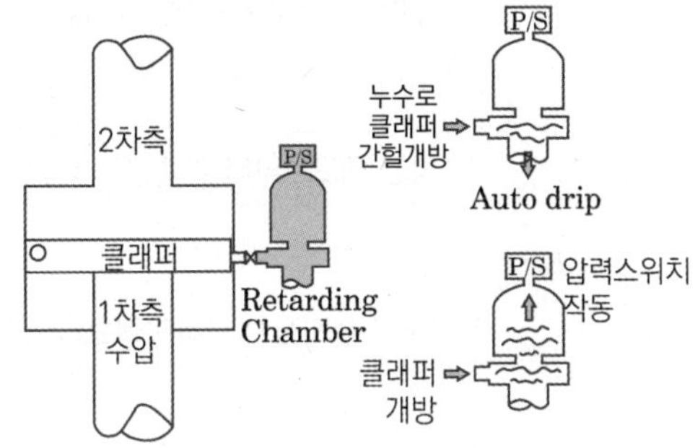

3) 작동순서

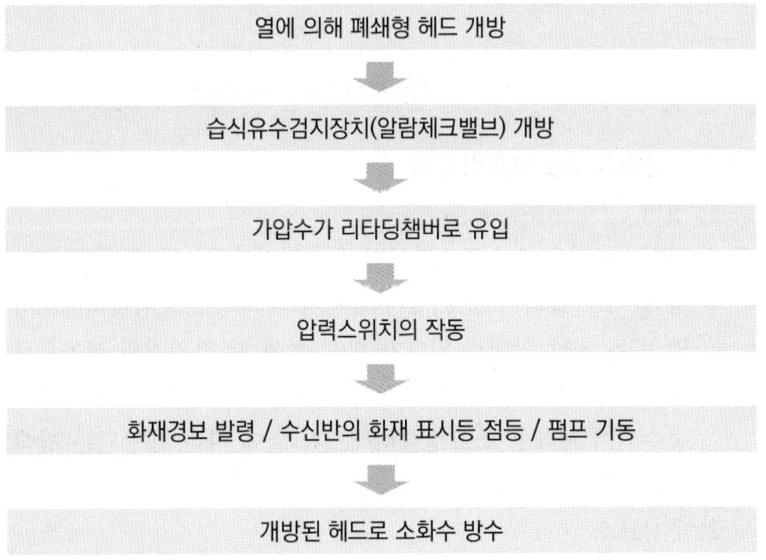

2 건식 스프링클러설비

1) 정의

건식 유수검지장치 2차 측의 압축공기 또는 질소 등의 기체로 충전된 배관에 폐쇄형 헤드가 개방되어 배관 내의 압축공기 등이 방출되면 건식 유수검지장치 1차 측 수압에 의하여 건식 유수검지장치가 작동하게 되는 스프링클러설비

2) 구성요소

(1) 공기압축기 : 건식밸브 2차 측에 연결되어 압축공기 상태를 유지

(2) 급속개방기구

① 엑셀레이터 : 2차 측 압축공기 일부를 클래퍼 하부로 보내는 장치로, 클래퍼가 쉽게 개방되도록 하는 장치

② 익져스터 : 2차 측의 압축공기를 대기 중으로 신속하게 방출하여 클래퍼가 신속하게 개방되도록 하는 장치

3) 작동순서

열에 의해 폐쇄형 헤드 개방

↓

개방된 헤드로부터 압축공기 배출

↓

건식 유수검지장치(드라이밸브) 개방

↓

화재경보 발령 / 수신반의 화재 표시등 점등 / 펌프 기동

↓

개방된 헤드로 소화수 방수

3 준비작동식 스프링클러설비

준비작동식 스프링클러설비는 폐쇄형 헤드를 사용하므로 감지기를 설치하지 않는다. ☒ 감지기 설치함

1) 정의

가압송수장치에서 준비작동식 유수검지장치 1차 측까지 배관 내에 항상 물이 가압되어 있고, 2차 측에서 폐쇄형 스프링클러헤드까지 대기압 또는 저압 상태로 있다가 화재 발생 시 감지기의 작동으로 준비작동식 유수검지장치가 작동하여 폐쇄형 스프링클러헤드까지 소화수가 송수되어 폐쇄형 스프링클러헤드가 열에 따라 개방되는 방식의 스프링클러설비

2) 구성요소

(1) 감지기 : 교차회로방식으로 동시감지에 의하여 경보 발령 및 준비작동밸브를 개방

(2) 전자개방밸브 : 화재신호에 의해 준비작동식 유수검지장치를 개방시키는 밸브

(3) 수동기동밸브 : 수동으로 가압부의 충압수를 배출시켜 클래퍼를 개방시키는 밸브

(4) 슈퍼비조리판넬(프리액션밸브의 수동조작함) : 전원램프, 밸브개방확인램프(압력스위치 동작 시 점등), 밸브주의확인램프(템퍼스위치 동작 시 점등), 수동기동스위치 등으로 구성

3) 작동순서

감지기 동작 또는 수동 기동

준비작동식 유수검지장치(프리액션밸브) 개방

화재경보 발령 / 수신반의 화재 표시등 점등 / 펌프 기동

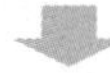

열에 의해 폐쇄형 헤드 개방

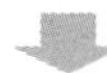

개방된 헤드로 소화수 방수

보충 교차회로방식

1) 정의
하나의 방호구역 내에서 2 이상의 화재감지기회로를 설치하고 인접한 2 이상의 화재감지기가 동시에 감지되는 때에 설비가 작동하는 방식

2) 교차회로 방식의 적용
(1) 준비작동식 스프링클러설비
(2) 일제살수식 스프링클러설비
(3) 이산화탄소소화설비
(4) 할론소화설비
(5) 할로겐화합물 및 불활성기체 소화설비
(6) 분말소화설비

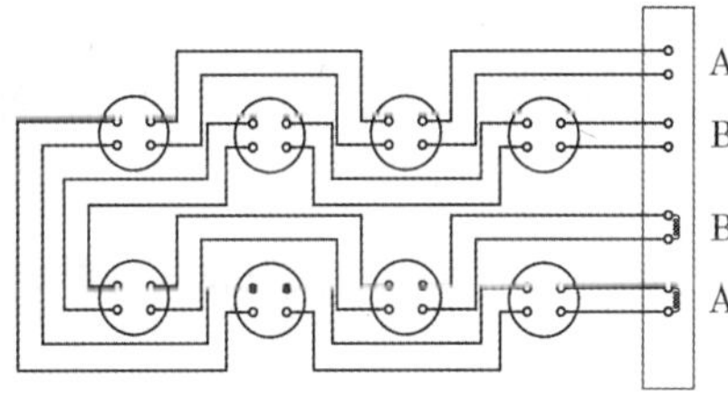

3) 교차회로 방식의 적용 목적
설비의 오동작 방지

4 일제살수식 스프링클러설비

1) 정의
가압송수장치에서 일제개방밸브 1차 측까지 배관 내에 항상 물이 가압되어 있고, 2차 측에서 개방형 스프링클러헤드까지 대기압으로 있다가 화재 발생 시 자동감지장치 또는 수동식 기동장치의 작동으로 일제개방밸브가 개방되면 스프링클러헤드까지 소화수가 송수되는 방식의 스프링클러설비

일제살수식 스프링클러설비는 개방형 헤드를 사용한다. O

2) 작동순서

감지기 동작 또는 수동 기동

일제개방밸브(델류지밸브) 개방

화재경보 발령 / 수신반의 화재 표시등 점등 / 펌프 기동

개방형 헤드로 소화수가 일제히 방수

5 부압식 스프링클러설비

부압식 스프링클러설비는 평상시에 유수검지장치 2차 측 배관이 부압수(-)로 차 있다. O

1) 정의

가압송수장치에서 준비작동식 유수검지장치의 1차 측 배관 내에 항상 정압(+)의 물이 가압되고, 2차 측에서 폐쇄형 스프링클러헤드까지 소화수가 부압(-)으로 되어 있다가 화재 시 감지기의 작동에 의해 정압(+)의 물로 바뀌어 소화수가 송수되는 방식의 스프링클러설비

2) 화재 발생 시 작동순서

감지기 동작 또는 수동 기동

진공펌프 정지

준비작동식 유수검지장치(프리액션밸브) 개방

1차 측 가압수(+)가 2차 측으로 유입, 2차 측 부압수(-)가 정압(+)의 소화수가 됨

화재경보 발령 / 수신반의 화재 표시등 점등 / 펌프 기동

열에 의해 폐쇄형 헤드 개방

개방된 헤드로 소화수 방수

03 수원

1 수원의 양(유효수량)

1) 폐쇄형 스프링클러헤드 경우 ★★★

(1) 수원의 양

층수	수원의 양
29층 이하	N(기준개수) × 80 [L/min] × 20 [min] (= N × 1.6 [m^3])
30층 이상 49층 이하	N(기준개수) × 80 [L/min] × 40 [min] (= N × 3.2 [m^3])
50층 이상	N(기준개수) × 80 [L/min] × 60 [min] (= N × 4.8 [m^3])

※ N : 스프링클러설비 설치장소별 스프링클러헤드의 기준개수
[스프링클러헤드의 설치개수가 가장 많은 층에 설치된
스프링클러헤드의 개수가
기준개수보다 작은 경우에는 그 설치개수를 말함]

폐쇄형 스프링클러헤드를 사용하는 경우에는 스프링클러설비 설치장소별 스프링클러헤드의 기준개수에 1.6 [m^3]를 곱한 양 이상이 되도록 할 것 O

(2) 스프링클러설비 설치장소별 기준개수

P.237 문13

<table>
<tr><th colspan="3">스프링클러설비의 설치장소</th><th>기준개수</th></tr>
<tr><td rowspan="6">지하층을 제외한 층수가 10층 이하인 특정소방대상물</td><td rowspan="2">공장</td><td>특수가연물을 저장·취급하는 것</td><td>30</td></tr>
<tr><td>그 밖의 것</td><td>20</td></tr>
<tr><td rowspan="2">근린생활시설·판매시설·운수시설 또는 복합건축물</td><td>판매시설 또는 복합건축물
(판매시설이 설치된 복합건축물)</td><td>30</td></tr>
<tr><td>그 밖의 것</td><td>20</td></tr>
<tr><td rowspan="2">그 밖의 것</td><td>헤드의 부착 높이가 8 [m] 이상인 것</td><td>20</td></tr>
<tr><td>헤드의 부착 높이가 8 [m] 미만인 것</td><td>10</td></tr>
<tr><td colspan="3">지하층을 제외한 층수가 11층 이상인 특정소방대상물
(아파트 제외)·지하가 또는 지하역사</td><td>30</td></tr>
<tr><td rowspan="2">아파트등</td><td colspan="2">아파트등의 각 동이 주차장으로 서로 연결되지 않은 구조인 경우</td><td>10</td></tr>
<tr><td colspan="2">아파트등의 각 동이 주차장으로 서로 연결된 구조인 경우</td><td>30</td></tr>
<tr><td colspan="3">라지드롭형 스프링클러헤드를 설치한 창고시설</td><td>30</td></tr>
</table>

[비고] 하나의 소방대상물이 2 이상의 "스프링클러헤드의 기준개수"란에 해당하는 때에는 기준개수가 많은 것을 기준으로 한다. 다만 각 기준개수에 해당하는 수원을 별도로 설치하는 경우에는 그렇지 않다.
※ 아파트등과 라지드롭형 스프링클러헤드를 설치한 창고시설에 대한 기준은 공동주택의 화재안전기술기준(NFTC 608), 창고시설의 화재안전기술기준(NFTC 609)에 명시되어 있음

※ 기준개수 : 화재 발생 시 동시에 개방되는 스프링클러헤드의 개수

2) 개방형 스프링클러헤드 경우

개방형 스프링클러헤드를 사용하는 스프링클러설비의 수원은 최대 방수구역에 설치된 스프링클러헤드의 개수가 30개 이하일 경우에는 설치헤드수에 1.6 [m³]를 곱한 양 이상으로 하고, 30개를 초과하는 경우에는 수리계산에 따를 것 O

(1) 설치된 헤드의 개수가 30개 이하일 경우

$$Q = N(\text{설치헤드수}) \times 1.6\ [m^3]$$

(2) 설치된 헤드의 개수가 30개를 초과하는 경우 : 수리계산에 따라 산출

2 옥상수조

1) 스프링클러설비 수원은 유효수량 외의 3분의 1 이상을 옥상에 설치하여야 한다.

2) 옥상수조 설치 제외
(1) 지하층만 있는 건축물
(2) 고가수조를 가압송수장치로 설치한 경우
(3) 수원이 건축물의 최상층에 설치된 헤드보다 높은 위치에 설치된 경우
(4) 건축물의 높이가 지표면으로부터 10 [m] 이하인 경우
(5) 가압수조를 가압송수장치로 설치한 경우
(6) 주펌프와 동등 이상의 성능이 있는 별도의 펌프로서 내연기관의 기동과 연동하여 작동되거나 비상전원을 연결하여 설치한 경우

04 가압송수장치

1 가압송수장치(펌프) 설치기준

P.239 문16

1) 방수압력 : 0.1 [MPa] 이상 1.2 [MPa] 이하
2) 방수량 : 80 [L/min] 이상
3) 펌프 토출량 : N(폐쇄형 스프링클러헤드의 경우 기준개수) × 80 [L/min]

4) 펌프의 토출 측에는 압력계를 체크밸브 이전에 펌프 토출 측 플랜지에서 가까운 곳에 설치하고, 흡입 측에는 연성계 또는 진공계를 설치할 것. 다만 수원의 수위가 펌프의 위치보다 높거나 수직회전축펌프의 경우에는 연성계 또는 진공계를 설치하지 않을 수 있다.
5) 펌프의 성능은 체절운전 시 정격토출압력의 140 [%]를 초과하지 않고, 정격토출량의 150 [%]로 운전 시 정격토출압력의 65 [%] 이상이 되어야 하며, 펌프의 성능을 시험할 수 있는 성능시험배관을 설치할 것. 다만 충압펌프의 경우에는 그렇지 않다.
6) 가압송수장치에는 체절운전 시 수온의 상승을 방지하기 위한 순환배관을 설치할 것. 다만 충압펌프의 경우에는 그렇지 않다.
7) 기동장치로는 기동용 수압개폐장치 또는 이와 동등 이상의 성능이 있는 것을 설치할 것
8) 기동용 수압개폐장치 중 압력챔버를 사용할 경우 그 용적은 100 [L] 이상의 것으로 할 것
9) 수원의 수위가 펌프보다 낮은 위치에 있는 가압송수장치에는 다음의 기준에 따른 물올림장치를 설치할 것
   (1) 물올림장치에는 전용의 수조를 설치할 것
   (2) 수조의 유효수량은 100 [L] 이상으로 하되, 구경 15 [mm] 이상의 급수배관에 따라 해당 수조에 물이 계속 보급되도록 할 것
10) 가압송수장치의 정격토출압력은 하나의 헤드선단에 0.1 [MPa] 이상 1.2 [MPa] 이하의 방수압력이 될 수 있게 하는 크기일 것
11) 가압송수장치가 기동이 된 경우에는 자동으로 정지되지 않도록 할 것. 다만 충압펌프의 경우에는 그렇지 않다.
12) 펌프의 고착방지(단, 충압펌프는 제외) → **수계소화설비 공통**
   (1) 임펠러는 청동 또는 스테인리스 등 부식에 강한 재질을 사용할 것
   (2) 펌프축은 스테인리스 등 부식에 강한 재질을 사용할 것
13) 펌프의 양정 [m]

전양정 $H = h_1 + h_2 + 10$

h_1 : 배관의 마찰손실수두 [m]
h_2 : 낙차(실양정) [m]
10 : 스프링클러 최소 방수압 환산수두 [m] (0.1 [MPa])

- 기동용 수압개폐장치(압력챔버)를 사용할 경우 그 용적은 100 [L] 이상으로 한다. O
- 수원의 수위가 펌프보다 낮은 위치에 있는 가압송수장치에는 물올림장치를 설치한다. O

- 가압송수장치가 기동된 경우에는 자동으로 정지되도록 한다.
  X 자동으로 정지되지 않도록

PART 2

❷ 고가수조방식(높이에 따른 자연낙차압력을 이용)

1) 고가수조 자연낙차수두 [m]

필요한 낙차 $H = h_1 + 10$

h_1 : 배관의 마찰손실수두 [m]
10 : 스프링클러 최소 방수압 환산수두 [m] (0.1 [MPa])

2) 고가수조 구성설비

수위계·배수관·급수관·오버플로우관 및 맨홀을 설치

암기 수 배 급 오 맨
TIP 압력계는 압력수조에 설치
P.237 문12

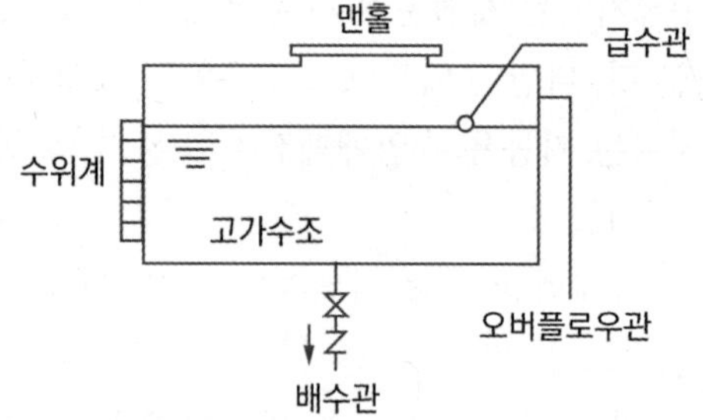

❸ 압력수조방식

1) 압력수조의 압력 [MPa]

필요한 압력 $P = p_1 + p_2 + 0.1$

p_1 : 낙차의 환산수두압 [MPa]
p_2 : 배관의 마찰손실수두압 [MPa]
0.1 : 스프링클러 최소 방수압력 [MPa]

2) 압력수조 구성설비

수위계·배수관·급수관·급기관·맨홀·압력계·안전장치 및 자동식 공기압축기를 설치

암기 수 배 급 급 맨 압 안 자동
TIP 오버플로우관은 고가수조에 설치

❹ 가압수조방식

1) 가압수조의 압력은 방수량 및 방수압이 20분 이상 유지
2) 가압수조 및 가압원은 방화구획된 장소에 설치

05 스프링클러설비의 방호구역, 방수구역 및 유수검지장치

1 폐쇄형 스프링클러설비의 방호구역 및 유수검지장치

1) 하나의 방호구역 바닥면적 : 3000 [m^2] 이하 ★
2) 유수검지장치 설치 개수 : 하나의 방호구역에는 1개 이상 설치
3) 하나의 방호구역은 2개 층에 미치지 않도록 할 것(단, 1개 층에 설치되는 스프링클러헤드의 수가 10개 이하인 경우와 복층형 구조의 공동주택에는 3개 층 이내로 할 수 있음)
4) 유수검지장치 설치높이 : 바닥으로부터 0.8 [m] 이상 1.5 [m] 이하의 위치
5) 유수검지장치실 출입문 크기 : 가로 0.5 [m] 이상, 세로 1 [m] 이상
6) 스프링클러헤드에 공급되는 물은 유수검지장치를 지나도록 할 것. 다만 송수구를 통하여 공급되는 물은 그렇지 않다.
7) 조기반응형 스프링클러헤드를 설치하는 경우에는 습식유수검지장치 또는 부압식 스프링클러설비를 설치할 것

P.241 문20

송수구를 통하여 스프링클러헤드에 공급되는 물은 유수검지장치 등을 지나도록 할 것
X 스프링클러헤드에 공급되는 물은 유수검지장치를 지나도록 할 것. 다만 송수구를 통하여 공급되는 물은 그렇지 않음

2 개방형 스프링클러설비의 방수구역 및 일제개방밸브

1) 하나의 방수구역은 2개 층에 미치지 않도록 할 것
2) 방수구역마다 일제개방밸브 설치해야 함
3) 하나의 방수구역을 담당하는 헤드의 개수 : 50개 이하로 할 것(단, 2개 이상의 방수구역으로 나눌 경우 : 하나의 방수구역을 담당하는 헤드의 개수는 25개 이상으로 해야 함) ★

P.234 문01

개방형 스프링클러설비에서 하나의 방수구역을 담당하는 헤드의 개수는 50개 이하로 한다. O

06 배관

1 사용압력에 따른 배관 → 수계소화설비 공통

P.236 문07

배관 내 사용압력	배관의 종류
1.2 [MPa] 미만	• 배관용 탄소 강관 • 이음매 없는 구리 및 구리합금관(단, 습식의 배관에 한함) • 배관용 스테인리스 강관 또는 일반 배관용 스테인리스 강관 • 덕타일 주철관
1.2 [MPa] 이상	• 압력 배관용 탄소 강관 • 배관용 아크용접 탄소강 강관

보충 소방용 합성수지배관으로 설치할 수 있는 경우 → 수계소화설비 공통

- 배관을 지하에 매설하는 경우
- 다른 부분과 내화구조로 구획된 덕트 또는 피트의 내부에 설치하는 경우
- 천장과 반자를 불연재료 또는 준불연재료로 설치하고, 소화배관 내부에 항상 소화수가 채워진 상태로 설치하는 경우

2 급수배관

1) 전용으로 할 것. 단, 스프링클러설비 성능에 지장이 없는 경우 다른 설비와 겸용 가능
2) 급수를 차단하는 개폐밸브는 개폐표시형으로 할 것. 이 경우 펌프의 흡입 측 배관에는 버터플라이밸브 외의 개폐표시형 밸브를 설치해야 함
3) 배관의 구경 ★

(1) 수리계산에 따르는 경우

① 가지배관의 유속 : 6 [m/s] 이하

② 그 밖의 배관 유속 : 10 [m/s] 이하

P.235 문05
P.241 문22

스프링클러설비의 화재안전기술기준상 급수배관의 구경은 수리계산에 따르는 경우 가지배관의 유속은 4 [m/s], 그 밖의 배관의 유속은 10 [m/s]를 초과할 수 없다.
☒ 4 [m/s] → 6 [m/s]

(2) 규약배관방식(표)에 따르는 경우

[스프링클러헤드 수별 급수관의 구경] (단위 : mm)

급수관 구경 / 구분	25	32	40	50	65	80	90	100	125	150
가	2	3	5	10	30	60	80	100	160	161 이상
나	2	4	7	15	30	60	65	100	160	161 이상
다	1	2	5	8	15	27	40	55	90	91 이상

① 가 : 폐쇄형 헤드를 설치하는 경우

② 나 : 폐쇄형 헤드를 반자 아래의 헤드와 반자 속의 헤드를 동일 가지배관상에 병설

③ 다 : 개방형 헤드(하나의 방수구역이 담당하는 헤드의 개수가 30개 이하), 무대부나 특수가연물을 저장 또는 취급하는 장소에 폐쇄형 헤드를 설치하는 경우

3 펌프의 흡입 측 배관

1) 버터플라이밸브 외의 개폐표시형 밸브 설치 ★
2) 공기고임이 생기지 않는 구조로 하고 여과장치 설치할 것
3) 수조가 펌프보다 낮게 설치된 경우에는 각 펌프(충압펌프를 포함)마다 수조로부터 별도로 설치할 것

[버터플라이밸브]

4 펌프의 성능시험배관

1) 펌프 성능은 체절운전 시 정격토출압력의 140 [%]를 초과하지 않고, 정격토출량의 150 [%]로 운전 시 정격토출압력의 65 [%] 이상 되어야 한다.
2) 성능시험배관은 펌프의 토출 측에 설치된 개폐밸브 이전에서 분기하여 직선으로 설치
3) 유량측정장치를 기준으로 전단 직관부에는 개폐밸브를 후단 직관부에는 유량조절밸브를 설치할 것(이 경우 개폐밸브와 유량측정장치 사이의 직관부 거리 및 유량측정장치와 유량조절밸브 사이의 직관부 거리는 해당 유량측정장치 제조사의 설치사양에 따르고, 성능시험배관의 호칭지름은 유량측정장치의 호칭지름에 따름)
4) 유량측정장치는 펌프의 정격토출량의 175 [%] 이상 측정할 수 있는 성능이 있을 것

P.244 문32

성능시험배관의 유량측정장치는 펌프의 정격토출량의 150 [%] 이상 측정할 수 있는 성능이 있어야 한다.
[X] 175 [%] 이상

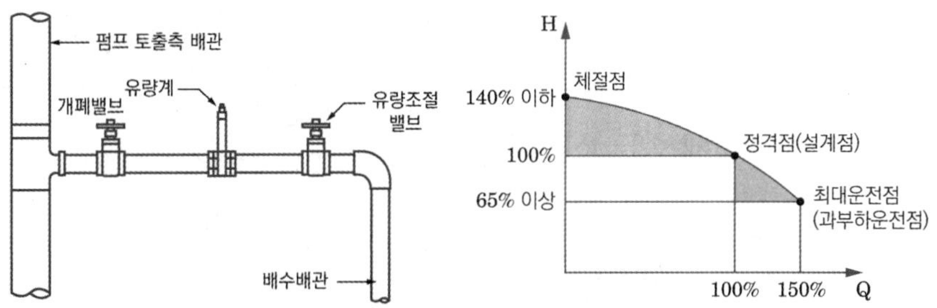

5 스프링클러설비 배관의 구분

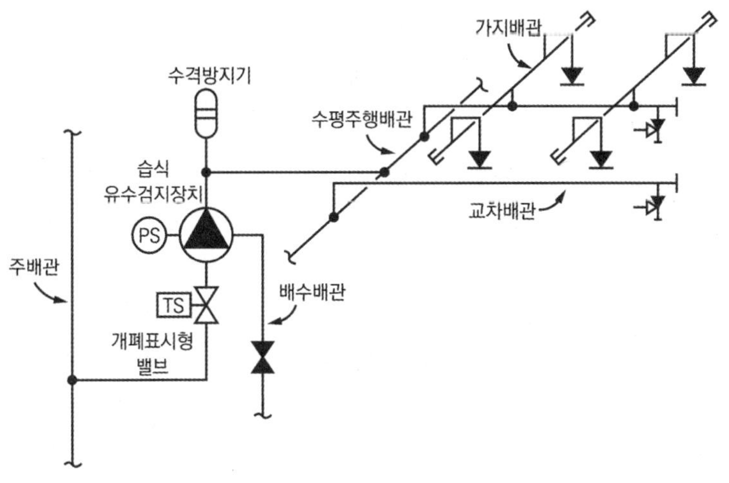

1) 급수배관 : 수원 및 송수구 등으로부터 소화설비에 급수하는 배관
2) 주배관(입상관) : 가압송수장치 또는 송수구 등과 직접 연결되어 소화수를 이송하는 주된 배관으로 각 층을 수직으로 관통하는 수직배관
3) 수평주행배관 : 교차배관으로 물을 공급하는 배관
4) 교차배관 : 가지배관에 물을 공급하는 배관으로 가지배관의 하부 또는 측면에 설치되어 가지배관과 교차되는 배관
5) 가지배관 : 스프링클러헤드가 설치되어 있는 배관
6) 수직배수배관 : 유수검지장치 또는 일제개방밸브가 설치된 층마다 물을 배수하는 수직배관

6 가지배관

1) 토너먼트 배관방식이 아닐 것
2) 교차배관에서 분기되는 지점을 기점으로 한쪽 가지배관에 설치되는 헤드 개수 : 8개 이하

TIP ▶ 8개 이하인 이유
마찰손실로 인한 말단헤드의 최소 방사압력 유지를 위한 규정

스프링클러설비의 교차배관에서 분기되는 지점을 기점으로 한쪽 가지배관에 설치하는 헤드의 개수는 8개 이하로 한다. O

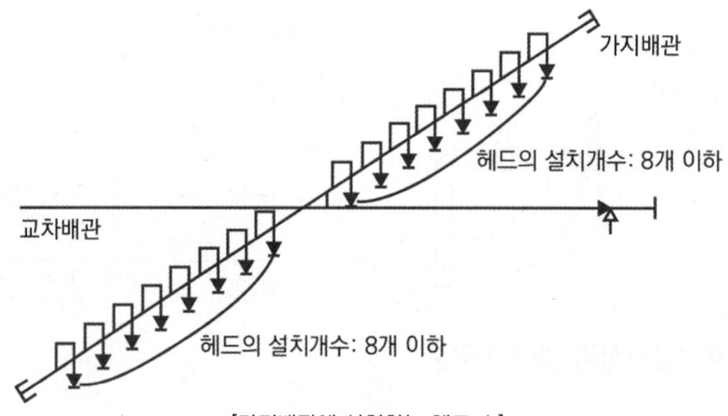

[가지배관에 설치하는 헤드 수]

7 교차배관의 위치, 청소구 및 가지배관의 헤드설치

P.237 문11

1) 교차배관은 가지배관과 수평으로 설치하거나 가지배관 밑에 설치할 것
2) 교차배관의 최소 구경 : 40 [mm] 이상 ★
3) 청소구는 교차배관 끝에 40 [mm] 이상 크기의 개폐밸브를 설치하고 호스접결이 가능한 나사식 또는 고정배수 배관식으로 할 것 ★
4) 하향식 헤드를 설치하는 경우에 가지배관으로부터 헤드에 이르는 헤드접속배관은 가지관 상부에서 분기할 것(단, 소화설비용 수원의 수질이 「먹는물관리법」에 따라 먹는 물의 수질기준에 적합하고 덮개가 있는 저수조로부터 물을 공급받는 경우에는 가지배관의 측면 또는 하부에서 분기할 수 있음)

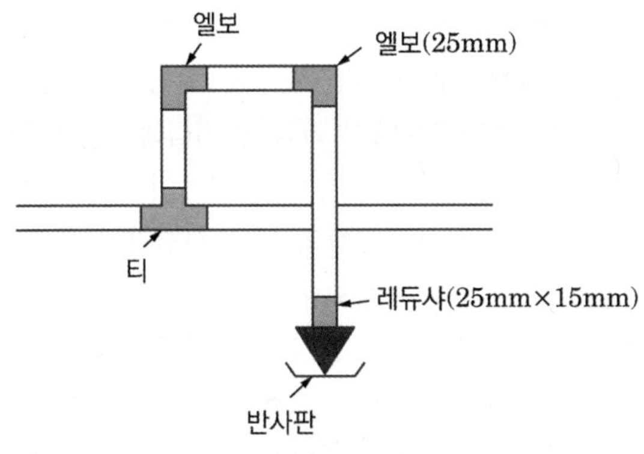

[스프링클러헤드의 분기]

B 시험장치

1) 시험장치를 설치해야 하는 설비

(1) 습식 스프링클러설비

(2) 건식 스프링클러설비

(3) 부압식 스프링클러설비

P.235 문06

2) 시험배관 설치목적

(1) 유수검지장치의 기능(성능) 확인

(2) 음향경보장치의 작동 확인

(3) 제어반의 화재표시등 및 밸브개방표시등 점등 확인

(4) 펌프의 자동 기동 확인

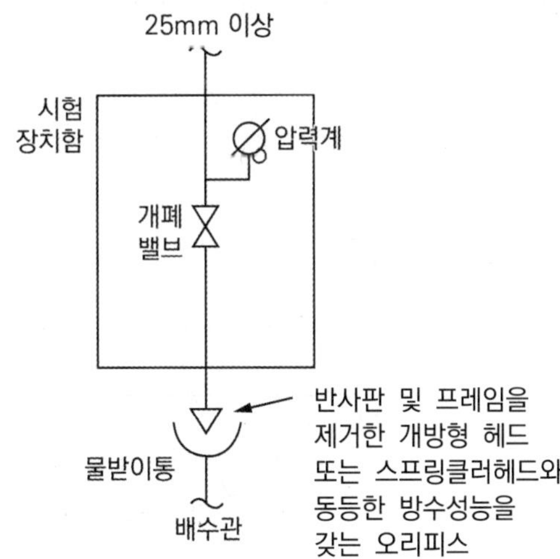

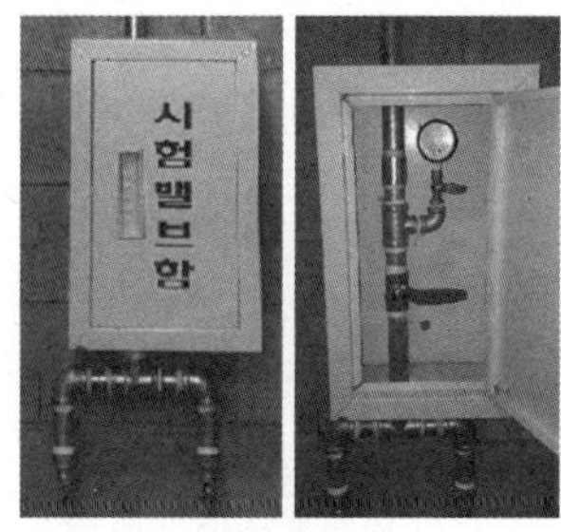

[시험장치]

습식 스프링클러설비 및 부압식 스프링클러설비에 있어서는 유수검지장치 2차 측 배관에 연결하여 설치해야 한다. O

3) 시험장치 설치기준 ★

(1) 습식 및 부압식은 유수검지장치 2차 측 배관에 연결하여 설치

(2) 건식은 유수검지장치에서 가장 먼 거리에 위치한 가지배관 끝에 연결하여 설치. 유수검지장치 2차 측 설비의 내용적이 2840 [L]를 초과하는 건식 스프링클러설비의 경우 시험장치 개폐밸브를 완전 개방 후 1분 이내에 물이 방사되어야 함

(3) 시험장치 배관의 구경은 25 [mm] 이상으로 하고 그 끝에 개폐밸브 및 개방형 헤드 또는 스프링클러헤드와 동등한 방수성능을 가진 오리피스를 설치할 것. 이 경우 개방형 헤드는 반사판 및 프레임을 제거한 오리피스만으로 설치할 수 있음

(4) 시험배관의 끝에는 물받이 통 및 배수관을 설치하여 시험 중 방사된 물이 바닥에 흘러내리지 않도록 할 것(단, 목욕실·화장실 또는 그 밖의 곳으로서 배수처리가 쉬운 장소에 시험배관을 설치한 경우는 제외)

9 배관에 설치되는 행거

P.240 문19

1) 가지배관

(1) 헤드의 설치지점 사이마다 1개 이상의 행거를 설치

(2) 헤드 간의 거리가 3.5 [m] 초과하는 경우에는 3.5 [m] 이내마다 1개 이상 설치

(3) 상향식 헤드와 행거 사이에는 8 [cm] 이상의 간격을 둘 것

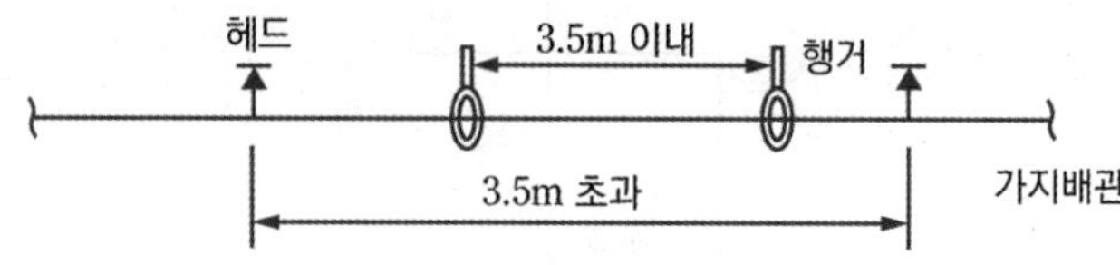

그림 1) (2) 헤드 간의 거리가 3.5 [m]를 초과하는 경우

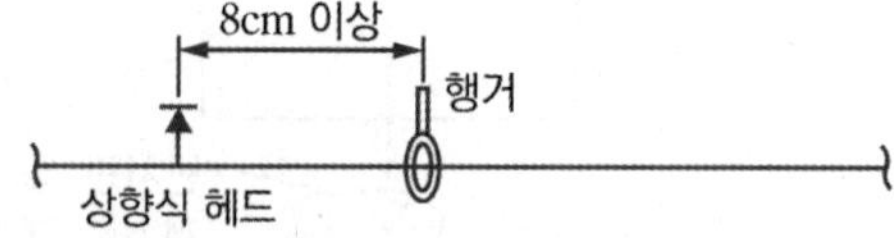

그림 1) (3) 헤드와 행거 사이의 거리

[가지배관 행거의 설치]

2) 교차배관

(1) 가지배관과 가지배관 사이마다 1개 이상의 행거를 설치

(2) 가지배관 사이의 거리가 4.5 [m] 초과하는 경우 4.5 [m] 이내마다 1개 이상 설치

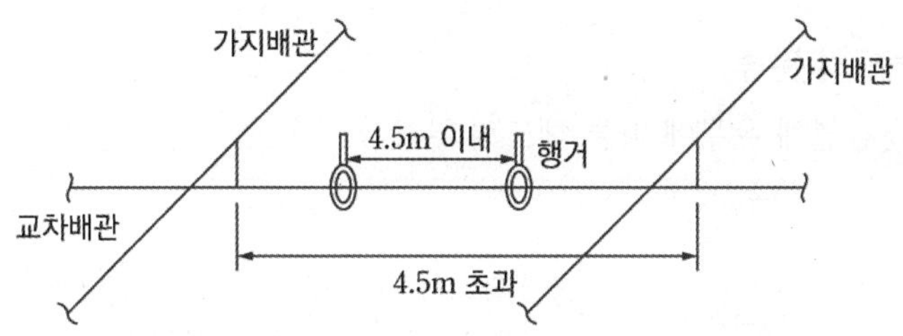

그림 2) (2) 가지배관 사이가 4.5 [m]를 초과한 경우

[교차배관 행거의 설치]

3) 수평주행배관 : 4.5 [m] 이내마다 1개 이상의 행거 설치

10 배수를 위한 배관의 기울기 ★

1) 습식 또는 부압식 스프링클러설비 : 배관을 수평으로 할 것
2) 습식 또는 부압식 외의 스프링클러설비
   헤드를 향하여 상향으로 (1) 수평주행배관 : 1/500 이상
   (2) 가지배관 : 1/250 이상

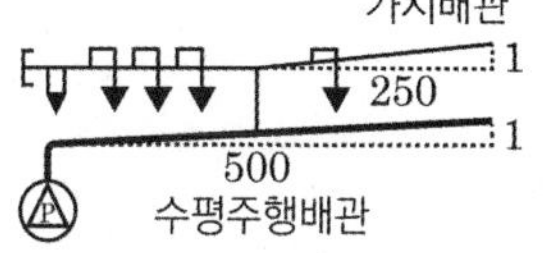

11 기타 배관기준

1) 수직배수배관의 구경 : 50 [mm] 이상
2) 급수배관에 설치되어 급수를 차단할 수 있는 개폐밸브에는 그 밸브의 개폐 상태를 감시제어반에서 확인할 수 있도록 급수개폐밸브 작동표시 스위치를 기준에 따라 설치해야 한다.

07 스프링클러설비의 헤드

1 헤드의 구조

1) 반사판(디플렉터) : 헤드의 방수구에서 유출되는 물을 세분시키는 작용을 하는 것
2) 프레임 : 헤드의 나사부분과 반사판을 연결하는 이음쇠 부분
3) 감열체 : 정상 상태에서는 방수구를 막고 있으나 열에 의하여 일정한 온도에 도달하면 스스로 파괴·융해되어 헤드로부터 이탈됨으로써 방수구가 열려 헤드가 작동되도록 하는 부분
   (1) 퓨지블링크(Fusible Link) : 감열체 중 이융성금속으로 융착되거나 이융성 물질에 의하여 조립된 것
   (2) 유리벌브 : 감열체 중 유리구 안에 액체 등을 넣어 봉한 것

퓨지블링크형 헤드

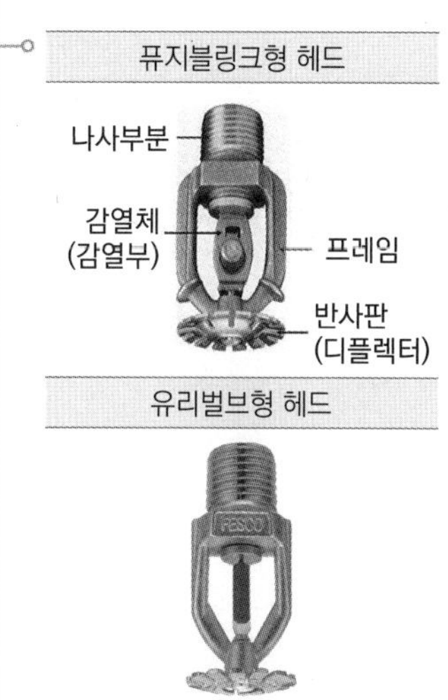

2 헤드의 분류

1) 감열체 유무에 따른 헤드의 분류

구분	특징	종류
폐쇄형 스프링클러헤드	정상 상태에서 방수구를 막고 있는 감열체가 일정온도에서 자동적으로 파괴·용해 또는 이탈됨으로써 방수구가 개방되는 스프링클러헤드	
개방형 스프링클러헤드	감열체 없이 방수구가 항상 열려 있는 스프링클러헤드	

2) 형태별 헤드의 분류

구분	특징	종류
상향형	• 반자가 없는 곳에 설치 • 분사패턴이 가장 우수	
하향형	• 반자가 있는 곳에 설치 • 습식에 적용	
측벽형	• 실내의 벽 상부에 설치(실내의 폭이 9[m] 이하인 경우 적용) • 분사패턴은 축을 중심으로 반원상 균일 방사	
반매입형(플러시타입)	• 헤드의 몸체 또는 일부는 반자 내부, 감열부는 반자 아래에 설치 • 미관을 고려하여 천장면과 거의 평탄하게 부착	
은폐형(컨실드타입)	• 덮개 있는 매입형 스프링클러헤드 • 가구 이동이나 부주의에 의한 파손우려 없음	
드라이펜던트형	• 동파방지를 위해 롱니플 내에 질소가스, 부동액 등을 충전한 헤드	

3 스프링클러헤드 반응시간지수(RTI)

1) 반응시간지수(RTI) : 기류의 온도·속도 및 작동시간에 대하여 스프링클러헤드의 반응을 예상한 지수

2) 헤드 감도에 따른 RTI값 → 스프링클러헤드의 우수품질인증 기술기준 - 제11조(감도시험)

헤드의 구분	RTI 값
표준반응형 헤드(Standard Response)	80 초과 ~ 350 이하
특수반응형 헤드(Special Response)	50 초과 ~ 80 이하
조기반응형 헤드(Quick Response)	50 이하

보충 조기반응형 헤드 설치장소 ★

- 공동주택 · 노유자시설의 거실
- 오피스텔 · 숙박시설의 침실
- 병원 · 의원의 입원실

암기 공노거 오숙침 병의입

4 스프링클러헤드의 배치 ★★★

1) 스프링클러의 수평거리

소방대상물	수평거리
특수가연물 저장 또는 취급하는 장소 무대부	1.7 [m] 이하
기타구조로 된 경우(내화구조가 아닌 경우)	2.1 [m] 이하
라지드롭형 스프링클러헤드를 설치하는 창고시설 (단, ① 특수가연물을 저장 또는 취급하는 창고 : 1.7 [m] 이하, ② 내화구조로 된 경우 : 2.3 [m] 이하)	
내화구조로 된 경우	2.3 [m] 이하
아파트등의 세대 내	2.6 [m] 이하

암기 특 수 무기 창 내 놔(아)

P.235 문04
P.236 문09
P.245 문34

2) 헤드를 정방형 배치 시 헤드 상호 간 거리

$$S = 2R\cos45^\circ$$

S : 헤드 상호 간의 거리 [m]
R : 수평거리 [m]

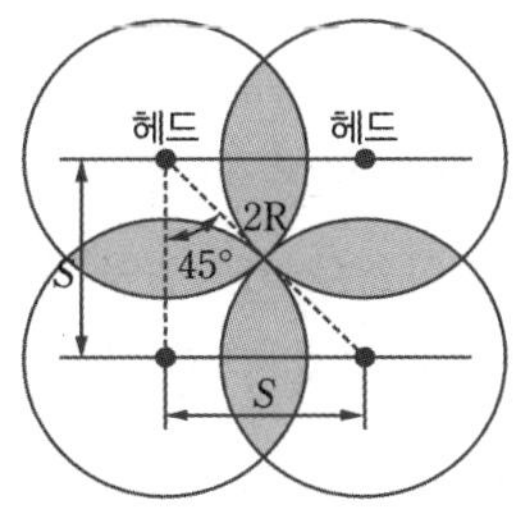

[정방형(정사각형) 배치]

스프링클러헤드를 설치하는 천장 · 반자 · 천장과 반자 사이 · 덕트 · 선반 등의 각 부분으로부터 하나의 스프링클러헤드까지의 수평거리기준으로 무대부에 있어서는 1.7 [m] 이하이어야 한다. O

표시온도
감열체가 작동하는 온도로서 미리 헤드에 표시한 온도

P.236 문08
P.244 문31

5 폐쇄형 스프링클러헤드의 표시온도

1) 설치장소의 평상시 최고 주위온도에 따른 폐쇄형 스프링클러헤드의 표시온도 ★

설치장소 최고 주위온도 [℃]	표시온도 [℃]
39 [℃] 미만	79 [℃] 미만
39 [℃] 이상 64 [℃] 미만	79 [℃] 이상 121 [℃] 미만
64 [℃] 이상 106 [℃] 미만	121 [℃] 이상 162 [℃] 미만
106 [℃] 이상	162 [℃] 이상

· 단, 높이가 4 [m] 이상인 공장 및 창고에 설치하는 스프링클러헤드는 그 설치장소의 평상시 최고 주위온도에 관계없이 표시온도 121 [℃] 이상의 것으로 할 수 있음

6 스프링클러헤드 설치기준

P.238 문15
P.240 문18
P.243 문30

스프링클러헤드 설치 시 살수가 방해되지 않도록 벽과 스프링클러헤드 간의 공간은 최소 10 [cm] 이상으로 해야 한다. O

1) 헤드로부터 보유 공간 : 반경 60 [cm] 이상 ★
2) 벽과 헤드 간의 공간 : 10 [cm] 이상 ★
3) 헤드와 그 부착면과의 거리 : 30 [cm] 이하 ★
4) 배관·행거 및 조명기구 등 살수를 방해하는 것이 있는 경우 그로부터 아래에 설치하여 살수에 장애가 없도록 할 것
(단, 헤드와 장애물과의 이격거리를 장애물 폭의 3배 이상 확보한 경우에는 그렇지 않음)

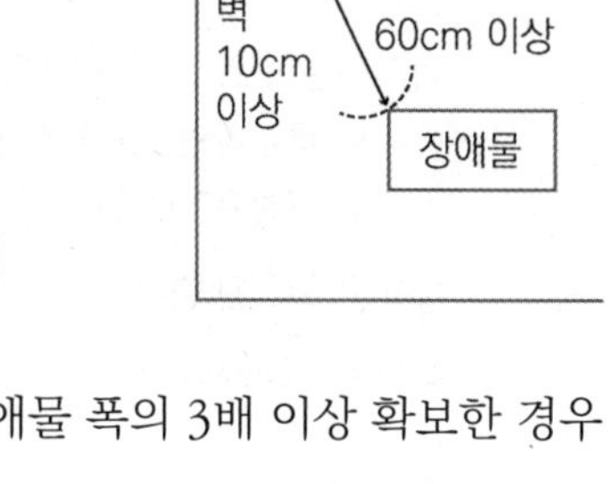

5) 천장의 기울기가 $\frac{1}{10}$을 초과하는 경우 가지관을 천장의 마루와 평행하게 설치하고, 헤드는 다음 기준에 적합하게 설치할 것
(1) 천장의 최상부에 스프링클러헤드를 설치하는 경우에는 최상부에 설치하는 스프링클러헤드의 반사판을 수평으로 설치할 것
(2) 천장의 최상부를 중심으로 가지관을 서로 마주보게 설치하는 경우에는 최상부의 가지관 상호 간의 거리가 가지관상의 스프링클러헤드 상호 간의 거리의 $\frac{1}{2}$이하(최소 1 [m] 이상)가 되게 스프링클러헤드를 설치하고, 가지관의 최상부에 설치하는 스프링클러헤드는 천장의 최상부로부터의 수직거리가 90 [cm] 이하가 되도록 할 것. 톱날지붕, 둥근지붕 기타 이와 유사한 지붕의 경우에도 이에 준함

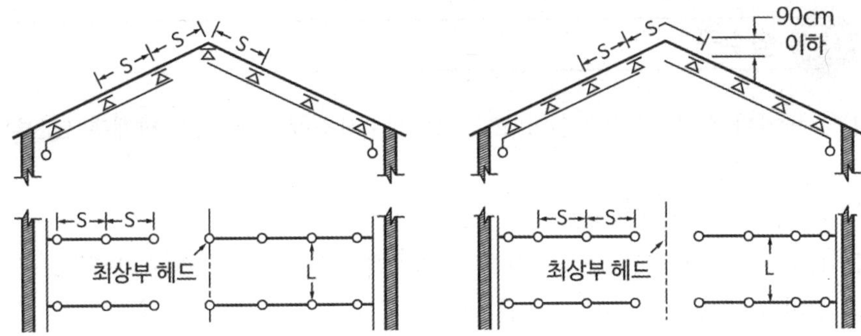

[천장기울기 1/10 초과하는 경사지붕의 헤드설치]

6) 스프링클러헤드의 반사판은 그 부착 면과 평행하게 설치

7) 연소할 우려가 있는 개구부
   (1) 그 상하좌우에 2.5 [m] 간격으로 헤드 설치
   (2) 헤드와 개구부의 내측 면으로부터 직선거리는 15 [cm] 이하

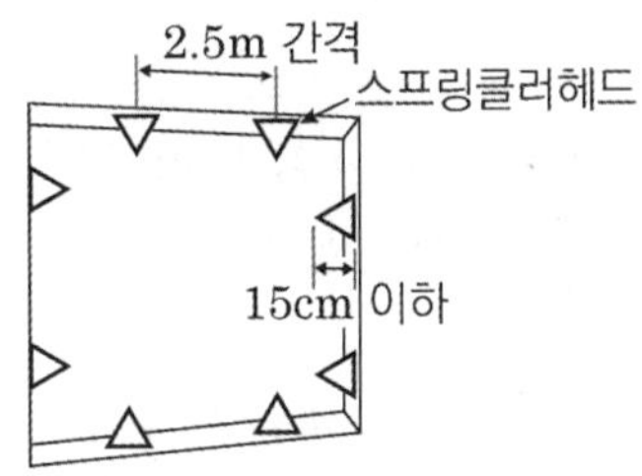

[연소할 우려가 있는 개구부]

8) 측벽형 스프링클러헤드
   (1) 폭이 4.5 [m] 미만인 실 : 긴 변의 한쪽 벽에 일렬로 3.6 [m] 이내마다 설치
   (2) 폭이 4.5 [m] 이상 9 [m] 이하인 실 : 긴 변의 양쪽에 각각 일렬로 설치하되 마주보는 스프링클러헤드가 나란히꼴이 되도록 3.6 [m] 이내마다 설치

9) 습식 및 부압식 스프링클러설비 외의 설비에는 상향식 헤드를 설치. 다만 다음 아래의 어느 하나에 해당하는 경우에는 그렇지 않음 ★
   (1) 드라이펜던트스프링클러헤드를 사용한 경우
   (2) 스프링클러헤드의 설치장소가 동파의 우려가 없는 곳인 경우
   (3) 개방형 스프링클러헤드를 사용하는 경우

연소할 우려가 있는 개구부
각 방화구획을 관통하는 컨베이어·에스컬레이터 또는 이와 유사한 시설의 주위로서 방화구획을 할 수 없는 부분

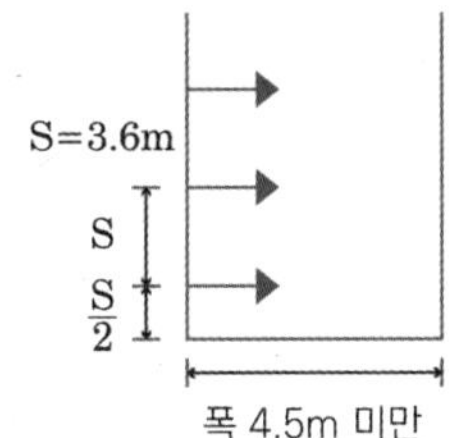

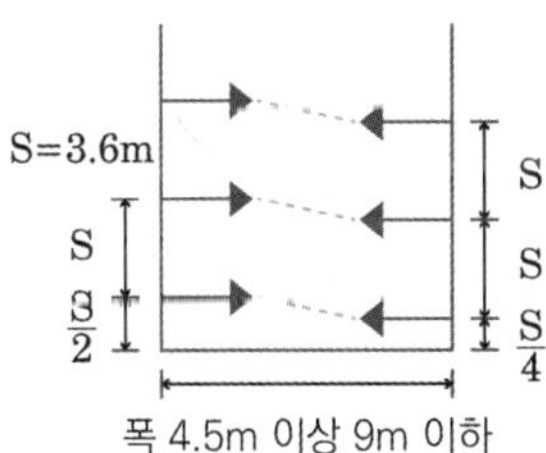

[측벽형 헤드 설치기준]

드라이펜던트스프링클러헤드
가지배관과 하향식 스프링클러헤드 사이의 배관 내에 평상시 부동액으로 채워져 있어 동파의 우려가 없거나, 구조적으로 물이 찰 수 없도록 제작된 헤드이다.

08 송수구

1) 소방차가 쉽게 접근할 수 있고 잘 보이는 장소에 설치하고, 화재층으로부터 지면으로 떨어지는 유리창 등이 송수 및 그 밖의 소화작업에 지장을 주지 않는 장소에 설치할 것
2) 송수구로부터 스프링클러설비의 주배관에 이르는 연결배관에 개폐밸브를 설치한 때에는 그 개폐 상태를 쉽게 확인 및 조작할 수 있는 옥외 또는 기계실 등의 장소에 설치할 것
3) 구경 : 65 [mm]의 쌍구형
4) 송수구에는 그 가까운 곳 보기 쉬운 곳에 송수압력범위를 표시한 표지를 할 것
5) 폐쇄형 스프링클러헤드를 사용하는 스프링클러설비의 송수구는 하나의 층의 바닥면적이 3000 [m^2]를 넘을 때마다 1개 이상(5개를 넘을 경우 : 5개)을 설치할 것
6) 설치높이 : 지면으로부터 0.5 [m] 이상 1 [m] 이하의 위치
7) 송수구의 가까운 부분에 자동배수밸브(또는 직경 5 [mm]의 배수공) 및 체크밸브를 설치
8) 송수구에는 이물질을 막기 위한 마개를 씌울 것

09 헤드의 설치 제외 장소 ★

P.238 문14
P.239 문17
P.245 문33

천장·반자 중 한쪽이 불연재료로 되어 있고, 천장과 반자 사이의 거리가 1 [m] 미만인 부분은 스프링클러헤드를 설치하지 않을 수 있다. O

1) 천장 및 반자의 재료에 따른 기준으로서 다음 어느 하나에 해당하는 경우

천장 및 반자의 재료	천장과 반자 사이의 거리
양쪽 모두 불연재료 + 벽이 불연재료 (그 사이에 가연물이 존재하지 않음)	2 [m] 이상
양쪽 모두 불연재료	2 [m] 미만
천장·반자 중 한쪽이 불연재료	1 [m] 미만
양쪽 모두 불연재료 외의 것	0.5 [m] 미만

2) 계단실(특별피난계단의 부속실 포함)·경사로·승강기의 승강로·비상용 승강기의 승강장·파이프덕트 및 덕트피트·목욕실·수영장(관람석 부분을 제외)·화장실·직접 외기에 개방되어 있는 복도
3) 통신기기실·전자기기실·기타 이와 유사한 장소
4) 발전실·변전실·변압기·기타 이와 유사한 전기설비가 설치되어 있는 장소

5) 병원의 수술실 · 응급처치실 · 기타 이와 유사한 장소
6) 펌프실 · 물탱크실 엘리베이터 권상기실 그 밖의 이와 비슷한 장소
7) 현관 또는 로비 등으로서 바닥으로부터 높이가 20 [m] 이상인 장소
8) 영하의 냉장창고의 냉장실 또는 냉동창고의 냉동실
9) 고온의 노가 설치된 장소 또는 물과 격렬하게 반응하는 물품의 저장 또는 취급장소
10) 불연재료로 된 다음의 특정소방대상물 또는 그 부분
   (1) 정수장 · 오물처리장
   (2) 펄프공장의 작업장 · 음료수공장의 세정 또는 충전하는 작업장
   (3) 불연성의 금속 · 석재 등의 가공공장으로 가연성 물질을 저장 · 취급하지 않는 장소
   (4) 가연성 물질이 존재하지 않는 방풍실
11) 실내 테니스장 · 게이트볼장 · 정구장 또는 이와 비슷한 장소로서 실내 바닥 · 벽 · 천장이 불연재료 또는 준불연재료로 구성되어 있고, 가연물이 존재하지 않는 장소로서 관람석이 없는 운동시설(지하층은 제외)
12) 공동주택 중 아파트의 대피공간 **〈공동주택의 화재안전기술기준에 명시되어 있음〉**

10 드렌처설비

1) 드렌처설비 : 건축물 외벽, 창문 등에 설치하여 인접 건물 간의 화재확산방지 조치를 위해 사용되는 설비로 드렌처헤드는 물을 수막(水幕)형태로 살수함

P.234 문02

2) 연소할 우려가 있는 개구부에 다음 기준에 따른 드렌처설비를 설치한 경우에는 해당 개구부에 한하여 스프링클러헤드를 설치하지 않을 수 있음
   (1) 드렌처헤드는 개구부 위 측에 2.5 [m] 이내마다 1개 설치
   (2) 제어밸브 설치높이 : 바닥면으로부터 0.8 [m] 이상 1.5 [m] 이하의 위치
      ※ 제어밸브 : 일제개방밸브 · 개폐표시형 밸브 및 수동조작부를 합한 것
   (3) 헤드 선단의 방수압력 : 0.1 [MPa] 이상
   (4) 헤드 선단의 방수량 : 80 [L/min] 이상
   (5) 수원의 수량 : 드렌처헤드의 설치개수 × 1.6 [m^3] 이상
   (6) 수원에 연결하는 가압송수장치는 점검이 쉽고, 화재 등의 재해로 인한 피해 우려가 없는 장소에 설치

[드렌처헤드]

11 간이스프링클러설비

1 용어의 정의 신설

1) "간이헤드"란 폐쇄형스프링클러헤드의 일종으로 간이스프링클러설비를 설치해야 하는 특정소방대상물의 화재에 적합한 감도·방수량 및 살수분포를 갖는 헤드를 말한다.
2) "주택전용 간이스프링클러설비"란 연립주택 및 다세대주택에 설치하는 간이스프링클러설비를 말한다. 〈신설 2024.12.1.〉

2 가압송수장치 및 방호구역 등

1) 간이헤드 방수압력 : 0.1 [MPa] 이상
2) 헤드 방수량
   (1) 간이헤드 : 50 [L/min] 이상
   (2) 주차장에 표준반응형 헤드 사용할 경우 : 80 [L/min] 이상
3) 방수시간
   (1) 일반적인 경우 : 10분 이상
   (2) 근린생활시설(1000 [m^2] 이상), 숙박시설(300 [m^2] 이상 600 [m^2] 미만), 복합건축물(1000 [m^2] 이상)에 해당하는 경우 : 20분 이상
4) 방호구역 바닥면적 : 1000 [m^2] 이하

P.241 문23

3 수원

1) 상수도직결형의 경우 : 수돗물
2) 수조(캐비닛형 포함)를 사용하는 경우
   (1) 일반시설 : 2개의 간이헤드에서 최소 10분 이상
   (2) 근린생활시설(1000 [m^2] 이상), 숙박시설(300 [m^2] 이상 600 [m^2] 미만), 복합건축물(1000 [m^2] 이상)에 해당하는 경우 : 5개의 간이헤드에서 최소 20분 이상

설치대상 / 헤드의 종류	간이스프링클러 설치 대상 (일반적인 경우)	근린생활시설(1000 [m^2] 이상) 숙박시설(300 [m^2] 이상 600 [m^2] 미만) 복합건축물(1000 [m^2] 이상)
간이헤드	$2\times50[L/\text{min}]\times10[\text{min}]$ $=1000[L]=1[m^3]$	$5\times50[L/\text{min}]\times20[\text{min}]$ $=5000[L]=5[m^3]$
표준반응형 스프링클러헤드	$2\times80[L/\text{min}]\times10[\text{min}]$ $=1600[L]=1.6[m^3]$	$5\times80[L/\text{min}]\times20[\text{min}]$ $=8000[L]=8[m^3]$

4 배관 및 밸브 등의 순서

1) 상수도직결형의 경우 순서 ★
수도용 계량기 → 급수차단장치 → 개폐표시형 밸브 → 체크밸브 → 압력계 → 유수검지장치 → 2개의 시험밸브

2) 펌프 등의 가압송수장치의 경우 순서
수원 → 연성계 또는 진공계 → 펌프 또는 압력수조 → 압력계 → 체크밸브 → 성능시험배관 → 개폐표시형 밸브 → 유수검지장치 → 시험밸브

3) 가압수조를 가압송수장치의 경우 순서
수원 → 가압수조 → 압력계 → 체크밸브 → 성능시험배관 → 개폐표시형 밸브 → 유수검지장치 → 2개의 시험밸브

4) 캐비닛형의 가압송수장치의 경우 순서
수원 → 연성계 또는 진공계 → 펌프 또는 압력수조 → 압력계 → 체크밸브 → 개폐표시형 밸브 → 2개의 시험밸브

P.242 문24
P.242 문25

암기
상수도직결 – 수 급 개 체 압 유 2 시
펌프 – 수 연 펌 압 체 성 개 유 시
가압수조 – 수 가 압 체 성 개 유 2 시
캐비닛 – 수 연 펌 압 체 개 2 시

5 간이헤드

1) 폐쇄형 간이헤드를 사용할 것
2) 간이헤드의 작동온도

실내의 최대 주위 천장온도 [℃]	공칭작동온도 [℃]
0 [℃] 이상 38 [℃] 이하	57 [℃]에서 77 [℃]의 것
39 [℃] 이상 66 [℃] 이하	79 [℃]에서 109 [℃]의 것

3) 간이헤드의 수평거리 : 2.3 [m] 이하

P.243 문29

6 주택전용 간이스프링클러설비 신설 〈신설 2024.12.1.〉

주택전용 간이스프링클러설비는 다음의 기준에 따라 설치한다. 다만 주택전용 간이스프링클러설비가 아닌 간이스프링클러설비를 설치하는 경우에는 그렇지 않다.

1) 상수도에 직접 연결하는 방식으로 수도용 계량기 이후에서 분기하여 수도용 역류방지밸브, 개폐표시형 밸브, 세대별 개폐밸브 및 간이헤드의 순으로 설치할 것. 이 경우 개폐표시형밸브와 세대별 개폐밸브는 그 설치위치를 쉽게 식별할 수 있는 표시를 해야 한다.

2) 주택전용 간이스프링클러설비에는 가압송수장치, 유수검지장치, 제어반, 음향장치, 기동장치 및 비상전원은 적용하지 않을 수 있다.

선생님 TIP
수도용 계량기 → 수도용 역류방지밸브 → 개폐표시형 밸브 → 세대별 개폐밸브 → 간이헤드

12 화재조기진압용 스프링클러설비

1 설치장소의 구조 ★

P.242 문26
P.243 문27
P.243 문28

화재조기진압용 스프링클러설비 설치장소의 구조기준으로 해당 층의 높이가 10 [m] 이하일 것
☒ 13.7 [m] 이하

1) 해당 층 높이가 13.7 [m] 이하일 것. 다만 2층 이상일 경우 해당 층 바닥을 내화구조로 하고 다른 부분과 방화구획할 것
2) 천장의 기울기가 168/1000을 초과하지 않아야 하고 초과하는 경우에는 반자를 지면과 수평으로 설치할 것
3) 천장은 평평해야 하며, 철재나 목재트러스 구조인 경우 철재나 목재의 돌출 부분이 102 [mm]를 초과하지 않을 것
4) 보로 사용되는 목재·콘크리트 및 철재 사이의 간격 : 0.9 [m] 이상 2.3 [m] 이하일 것. 다만 보의 간격이 2.3 [m] 이상인 경우에는 보로 구획된 부분의 천장 및 반자의 넓이가 28 [m^2]를 초과하지 않을 것(화재조기진압용 스프링클러헤드의 동작을 원활히 하기 위해)
5) 창고 내의 선반 등의 형태는 하부로 물이 침투되는 구조로 할 것

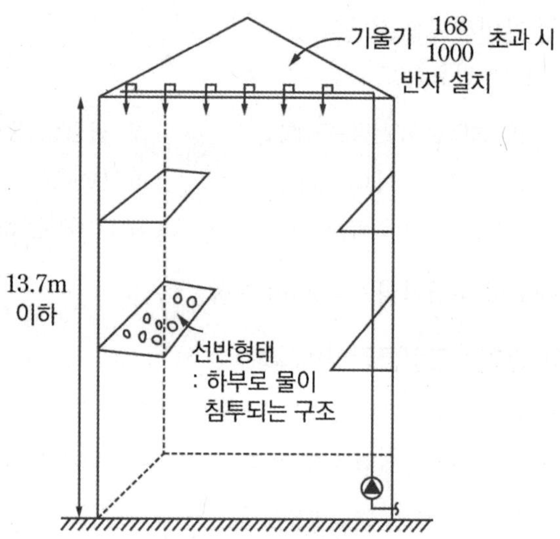

2 수원

P.241 문21

수리학적으로 가장 먼 가지배관 3개에 각각 4개의 스프링클러헤드가 동시에 개방되었을 때 정해진 헤드선단의 압력에 따른 방수량 이상으로 60분간 방사할 수 있는 양 이상으로 할 것

수원의 양 Q [L] $= 12 \times 60 \times K\sqrt{10P}$

Q : 수원의 양 [L]
K : 상수 [$L/\text{min} \cdot MPa^{\frac{1}{2}}$]
P : 헤드선단의 압력 [MPa]

3 헤드

1) 헤드 하나의 방호면적 : 6.0 [m^2] 이상 9.3 [m^2] 이하 ★
2) 가지배관의 헤드 사이의 거리 ★

천장의 높이	가지배관의 헤드 사이의 거리
9.1 [m] 미만	2.4 [m] 이상 3.7 [m] 이하
9.1 [m] 이상 13.7 [m] 이하	2.4 [m] 이상 3.1 [m] 이하

3) 헤드와 벽과의 거리는 헤드 상호 간 거리의 $\frac{1}{2}$을 초과하지 않아야 하며, 최소 102 [mm] 이상일 것
4) 헤드의 작동온도 : 74 [℃] 이하

4 저장물의 간격

저장물품 사이의 간격은 모든 방향에서 152 [mm] 이상의 간격을 유지

5 설치 제외

다음 기준에 해당하는 물품의 경우에는 화재조기진압용 스프링클러를 설치해서는 안 된다.

1) 제4류 위험물
2) 타이어, 두루마리 종이 및 섬유류, 섬유제품 등 연소 시 화염의 속도가 빠르고 방사된 물이 하부까지에 도달하지 못하는 것

예상문제

01 상 중 하

스프링클러설비의 화재안전성능기준에 따라 개방형 스프링클러설비에서 하나의 방수구역을 담당하는 헤드 개수는 최대 몇 개 이하로 설치하여야 하는가?

① 30　② 40
③ 50　④ 60

해설 개방형 스프링클러설비의 방수구역

1) 하나의 방수구역은 2개 층에 미치지 않도록 할 것
2) 방수구역마다 일제개방밸브를 설치해야 함
3) 하나의 방수구역을 담당하는 헤드의 개수 : 50개 이하(단, 2개 이상의 방수구역으로 나눌 경우 : 하나의 방수구역을 담당하는 헤드의 개수는 25개 이상으로 해야 함)

02 상 중 하

연소할 우려가 있는 개구부에 드렌처설비를 설치한 경우 해당 개구부에 한하여 스프링클러헤드를 설치하지 아니할 수 있는 기준으로 틀린 것은?

① 제어밸브는 특정소방대상물 층마다 바닥면으로부터 0.5 [m] 이상 1.5 [m] 이하의 위치에 설치할 것
② 드렌처헤드는 개구부 위 측에 2.5 [m] 이내마다 1개를 설치할 것
③ 드렌처헤드가 가장 많이 설치된 제어밸브에 설치된 드렌처헤드를 동시에 사용하는 경우 각 헤드선단의 방수량은 80 [L/min] 이상이 되도록 할 것
④ 드렌처헤드가 가장 많이 설치된 제어밸브에 설치된 드렌처헤드를 동시에 사용하는 경우에 각 헤드선단의 방수압력은 0.1 [MPa] 이상이 되도록 할 것

해설 드렌처설비 설치기준

1) 드렌처헤드는 개구부 위 측에 2.5 [m] 이내마다 1개 설치
2) 제어밸브 설치높이 : 바닥면으로부터 0.8 [m] 이상 1.5 [m] 이하의 위치
3) 헤드 선단의 방수압력 : 0.1 [MPa] 이상
4) 헤드 선단의 방수량 : 80 [L/min] 이상
5) 수원의 수량 : 드렌처헤드의 설치개수 × 1.6 [m^3] 이상

03 상 중 하

다음 중 스프링클러설비에서 자동경보밸브에 리타딩 챔버(Retarding Chamber)를 설치하는 목적으로 가장 적절한 것은?

① 자동으로 배수하기 위하여
② 자동경보밸브의 오보를 방지하기 위하여
③ 압력수의 압력을 조절하기 위하여
④ 경보를 발하기까지 시간을 단축하기 위하여

해설 리타딩 챔버

- 안전밸브 역할
- 오작동(오보) 방지
- 배관 및 압력스위치 손상 보호

정답 01 ③ 02 ① 03 ②

신유형!

04 상중하

스프링클러설비의 화재안전기술기준상 스프링클러헤드를 설치하는 천장·반자·천장과 반자 사이·덕트·선반 등의 각 부분으로부터 하나의 스프링클러헤드까지의 수평거리 기준으로 틀린 것은?

① 무대부에 있어서는 1.7 [m] 이하
② 공동주택(아파트) 세대 내의 거실에 있어서는 2.6 [m] 이하
③ 내화구조로 된 특정소방대상물의 경우에는 2.3 [m] 이하
④ 특수가연물을 저장 또는 취급하는 장소에 있어서는 2.1 [m] 이하

해설 스프링클러헤드 수평거리

소방대상물	수평거리
특수가연물 저장 또는 취급하는 장소 무대부	1.7 [m] 이하
기타구조로 된 경우(내화구조가 아닌 경우)	2.1 [m] 이하
라지드롭형 스프링클러헤드를 설치하는 창고시설 (단, ① 특수가연물을 저장 또는 취급하는 창고 : 1.7 [m] 이하, ② 내화구조로 된 경우 : 2.3 [m] 이하)	2.1 [m] 이하
내화구조로 된 경우	2.3 [m] 이하
아파트등의 세대 내	2.6 [m] 이하

암기 특 수 무 기 창 내 놔(아)

05 상중하

스프링클러설비의 화재안전기술기준상 급수배관의 구경을 수리계산에 따르는 경우 가지배관의 유속은 최대 몇 [m/s] 이하여야 하는가?

① 6 ② 8
③ 10 ④ 12

해설 스프링클러설비 급수배관의 구경

급수배관의 구경은 수리계산에 따르는 경우 가지배관의 유속은 6 [m/s], 그 밖의 배관의 유속은 10 [m/s]를 초과할 수 없다.

06 상중하

스프링클러설비의 화재안전기술기준에 따른 습식유수검지장치를 사용하는 스프링클러설비 시험장치의 설치기준에 대한 설명으로 틀린 것은?

① 시험배관의 끝에는 물받이통 및 배수관을 설치하여 시험 중 방사된 물이 바닥에 흘러내리지 않도록 해야 한다.
② 화장실과 같은 배수처리가 쉬운 장소에 시험배관을 설치한 경우에는 물받이통 및 배수관을 생략할 수 있다.
③ 시험장치배관의 구경은 25 [mm] 이상으로 하고, 그 끝에 개폐밸브 및 개방형 헤드 또는 스프링클러헤드와 동등한 방수성능을 가진 오리피스를 설치해야 한다.
④ 유수검지장치에서 가장 가까운 가지배관의 끝으로부터 연결하여 설치해야 한다.

해설 시험장치 설치기준

1) 습식 및 부압식은 유수검지장치 2차 측 배관에 연결하여 설치
2) 건식은 유수검지장치에서 가장 먼 거리에 위치한 가지배관 끝에 연결하여 설치

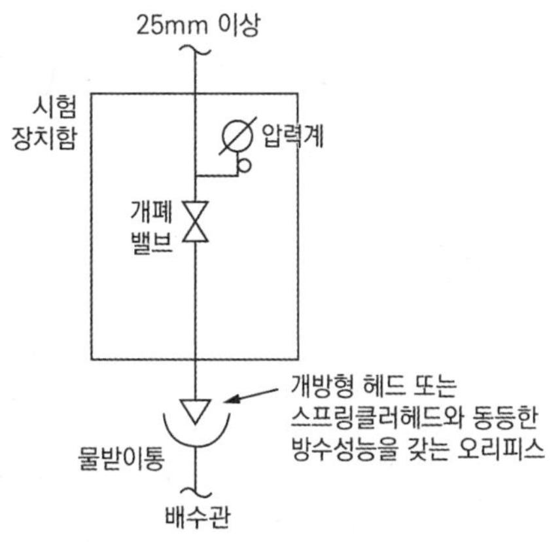

정답 04 ④ 05 ① 06 ④

07 상 중 하

스프링클러설비의 배관 내 압력이 얼마 이상일 때 압력배관용 탄소강관을 사용해야 하는가?

① 1.2 [MPa]　　② 2.1 [MPa]
③ 1.8 [MPa]　　④ 2.5 [MPa]

해설 사용압력에 따른 스프링클러 배관

1) 배관 내 사용압력 1.2 [MPa] 미만
(1) 배관용 탄소 강관
(2) 이음매 없는 구리 및 구리합금관. 다만 습식의 배관에 한함
(3) 배관용 스테인리스 강관 또는 일반배관용 스테인리스 강관
(4) 덕타일 주철관
2) 배관 내 사용압력 1.2 [MPa] 이상
(1) 압력배관용 탄소 강관
(2) 배관용 아크용접 탄소강 강관

08 상 중 하

폐쇄형 스프링클러헤드를 최고 주위온도 40 [℃]인 장소(공장 및 창고 제외)에 설치할 경우 표시온도는 몇 [℃]의 것을 설치하여야 하는가?

① 79 [℃] 미만
② 79 [℃] 이상 121 [℃] 미만
③ 121 [℃] 이상 162 [℃] 미만
④ 162 [℃] 이상

해설 폐쇄형 스프링클러헤드 표시온도

설치장소 최고 주위온도 [℃]	표시온도 [℃]
39 미만	79 미만
39 이상 64 미만	79 이상 121 미만
64 이상 106 미만	121 이상 162 미만
106 이상	162 이상

09 상 중 하

스프링클러설비의 화재안전기술기준상 스프링클러헤드를 설치하는 천장·반자·천장과 반자 사이·덕트·선반 등의 각 부분으로부터 하나의 스프링클러헤드까지의 수평거리 기준으로 틀린 것은?

① 무대부에 있어서는 1.7 [m] 이하
② 아파트 세대 내의 거실에 있어서는 2.1 [m] 이하
③ 내화구조로 된 특정소방대상물의 경우에는 2.3 [m] 이하
④ 특수가연물을 저장 또는 취급하는 장소에 있어서는 1.7 [m] 이하

해설 스프링클러헤드 수평거리

소방대상물	수평거리
특수가연물 저장 또는 취급하는 장소 무대부	1.7 [m] 이하
기타구조로 된 경우(내화구조가 아닌 경우)	2.1 [m] 이하
라지드롭형 스프링클러헤드를 설치하는 창고시설 (단, ① 특수가연물을 저장 또는 취급하는 창고 : 1.7 [m] 이하, ② 내화구조로 된 경우 : 2.3 [m] 이하)	2.1 [m] 이하
내화구조로 된 경우	2.3 [m] 이하
아파트등의 세대 내	2.6 [m] 이하

암기 특 수 무 기 창 내 놔(아)

10 상 중 하

스프링클러설비의 종류 중 폐쇄형 스프링클러헤드를 사용하는 방식이 아닌 것은?

① 습식　　② 건식
③ 준비작동식　　④ 일제살수식

해설 스프링클러설비헤드

- 폐쇄형 : 습식, 건식, 준비작동식, 부압식
- 개방형 : 일제살수식

정답 07 ① 08 ② 09 ② 10 ④

11 상 중 ㊞하

스프링클러설비의 화재안전성능기준상 스프링클러설비의 교차배관에서 분기되는 지점을 기점으로 한쪽 가지배관에 설치되는 헤드의 개수는 최대 몇 개 이하인가?

① 8　　② 10
③ 12　　④ 14

해설 스프링클러 가지배관에 설치 헤드 개수

교차배관에서 분기되는 지점을 기점으로 한쪽 가지배관에 설치되는 헤드 개수 : 8개 이하

12 상 중 하

스프링클러설비 가압송수장치의 설치기준 중 고가수조를 이용한 가압송수장치에 설치하지 않아도 되는 것은?

① 수위계　　② 배수관
③ 압력계　　④ 오버플로우관

해설 고가수조 구성

수위계, 배수관, 급수관, 오버플로우관, 맨홀

암기 ▶ 수 배 급 오 맨

TIP ▶ 오버플로우관은 고가수조에만 설치

13 상 중 하

층수가 10층인 일반공장에 습식 폐쇄형 스프링클러헤드가 설치되어 있다면 이 설비에 필요한 수원의 양은 얼마 이상이어야 하는가? (단, 이 공장은 특수가연물을 저장·취급하지 않는 일반물품을 적용하고, 헤드가 가장 많이 설치된 층은 8층으로서 40개가 설치되어 있다)

① 16 [m^3]　　② 20 [m^3]
③ 26 [m^3]　　④ 32 [m^3]

해설 폐쇄형 스프링클러설비 수원 저수량

• 설치장소별 기준개수

스프링클러설비 설치장소			기준개수
지하층을 제외한 층수가 10층 이하인 특정소방대상물	공장	특수가연물을 저장·취급하는 것	30
		그 밖의 것	20
	근린생활시설 • 판매시설 • 운수시설 • 복합건축물	판매시설 또는 복합건축물 (판매시설이 설치된 복합건축물)	30
		그 밖의 것	20
	그 밖의 것	헤드의 부착높이가 8 [m] 이상인 것	20
		헤드의 부착높이가 8 [m] 미만인 것	10
지하층을 제외한 층수가 11층 이상인 특정소방대상물(아파트 제외)·지하가 또는 지하역사			30

• 수원 = N(기준개수) × 1.6 [m^3]
　　= 20 × 1.6 [m^3] = 32 [m^3]

14 상중하

스프링클러헤드를 설치하지 않을 수 있는 장소로만 나열된 것은?

① 발전실, 수술실, 응급처치실, 통신기기실, 관람석이 없는 테니스장
② 계단, 병실, 목욕실, 냉동창고의 냉동실, 아파트(대피공간 제외)
③ 냉동창고의 냉동실, 변전실, 병실, 목욕실, 수영장 관람석
④ 수술실, 관람석이 없는 테니스장, 변전실, 발전실, 아파트(대피공간 제외)

해설 스프링클러헤드의 설치 제외 장소

1) 천장 및 반자의 재료에 따른 기준으로서 다음 어느 하나에 해당하는 경우

천장 및 반자의 재료	천장과 반자 사이의 거리
양쪽 모두 불연재료 + 벽이 불연재료 (그 사이에 가연물이 존재 ×)	2 [m] 이상
양쪽 모두 불연재료	2 [m] 미만
천장·반자 중 한쪽이 불연재료	1 [m] 미만
양쪽 모두 불연재료 외의 것	0.5 [m] 미만

2) 계단실·경사로·승강기의 승강로·비상용승강기의 승강장·파이프덕트 및 덕트피트·목욕실·수영장(관람석부분 제외)·화장실·직접 외기에 개방되어 있는 복도
3) 통신기기실·전자기기실·기타 이와 유사한 장소
4) 발전실·변전실·변압기·기타 이와 유사한 전기설비가 설치되어 있는 장소
5) 병원의 수술실·응급처치실·기타 이와 유사한 장소
6) 펌프실·물탱크실 엘리베이터 권상기실 그 밖의 이와 비슷한 장소
7) 현관 또는 로비 등으로서 바닥으로부터 높이가 20 [m] 이상인 장소
8) 영하의 냉장창고의 냉장실 또는 냉동창고의 냉동실
9) 고온의 노가 설치된 장소 또는 물과 격렬하게 반응하는 물품의 저장 또는 취급장소
10) 실내 테니스장·게이트볼장·정구장 또는 이와 비슷한 장소로서 실내 바닥·벽·천장이 불연재료 또는 준불연재료로 구성되어 있고 가연물이 존재하지 않는 장소로서 관람석이 없는 운동시설(지하층은 제외)
11) 공동주택 중 아파트의 대피공간

15 상중하

스프링클러헤드의 설치기준 중 옳은 것은?

① 살수가 방해되지 아니하도록 스프링클러헤드로부터 반경 30 [cm] 이상의 공간을 보유할 것
② 스프링클러헤드와 그 부착면과의 거리는 60 [cm] 이하로 할 것
③ 측벽형 스프링클러헤드를 설치하는 경우 긴 변의 한쪽 벽에 일렬로 3.2 [m] 이내마다 설치할 것
④ 연소할 우려가 있는 개구부에는 그 상하좌우에 2.5 [m] 간격으로 스프링클러헤드를 설치하되, 스프링클러헤드와 개구부 내측면으로부터 직선거리는 15 [cm] 이하가 되도록 할 것

해설 스프링클러헤드 설치기준

1) 헤드로부터 보유 공간 : 반경 60 [cm] 이상
2) 벽과 헤드 간 공간은 10 [cm] 이상
3) 헤드 그 부착면 과의 거리는 30 [cm] 이하
4) 배관·행거 및 조명기구 등 살수를 방해하는 것이 있는 경우 그로부터 아래에 설치하여 살수에 장애가 없도록 할 것
5) 스프링클러헤드의 반사판은 그 부착면과 평행하게 설치
6) 연소할 우려가 있는 개구부
 (1) 그 상하좌우에 2.5 [m] 간격으로 헤드 설치
 (2) 헤드와 개구부의 내측 면으로부터 직선거리는 15 [cm] 이하

정답 14 ① 15 ④

7) 측벽형 스프링클러헤드
  (1) 폭이 4.5 [m] 미만인 실 : 긴 변의 한쪽 벽에 일렬로 3.6 [m] 이내마다 설치
  (2) 폭이 4.5 [m] 이상 9 [m] 이하인 실 : 긴 변의 양쪽에 각각 일렬로 설치하되 마주보는 스프링클러헤드가 나란히꼴이 되도록 3.6 [m] 이내마다 설치

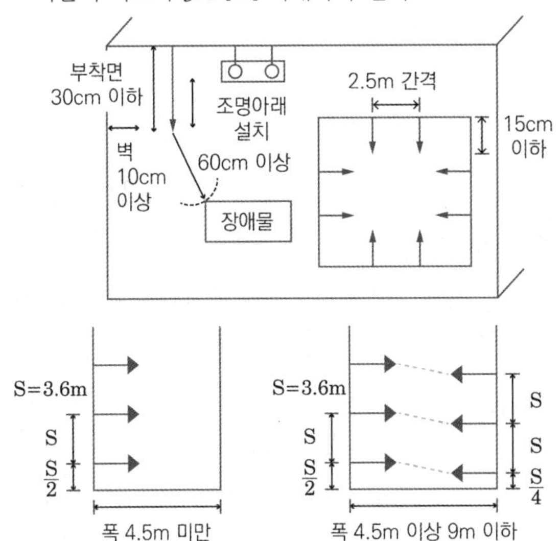

[측벽형 헤드 설치기준]

16 상중하

전동기펌프를 사용하는 스프링클러설비 가압송수장치의 정격토출압력은 하나의 헤드선단에서 얼마인가?

① 0.1 [MPa] 이상 1.2 [MPa] 이하
② 0.1 [MPa] 이상 1.4 [MPa] 이하
③ 0.7 [MPa] 이상 1.2 [MPa] 이하
④ 0.17 [MPa] 이상 1.2 [MPa] 이하

해설 스프링클러헤드 방수압력

방수압력 : 0.1 [MPa] 이상 1.2 [MPa] 이하

17 상중하

스프링클러설비의 화재안전기술기준상 스프링클러헤드를 설치하지 않을 수 있는 장소기준으로 틀린 것은?

① 계단실 · 경사로 · 목욕실 · 화장실
② 통신기기실 · 전자기기실
③ 천장과 반자 양쪽이 불연재료로 되어 있는 경우로서 천장과 반자 사이의 거리가 2 [m] 미만인 부분
④ 천장 및 반자가 불연재료 외의 것으로 되어 있고 천장과 반자 사이의 거리가 1.5 [m] 미만인 부분

해설 스프링클러헤드의 설치 제외 장소

1) 천장 및 반자의 재료에 따른 기준으로서 다음 어느 하나에 해당하는 경우

천장 및 반자의 재료	천장과 반자 사이의 거리
양쪽 모두 불연재료 + 벽이 불연재료 (그 사이에 가연물이 존재 ×)	2 [m] 이상
양쪽 모두 불연재료	2 [m] 미만
천장 · 반자 중 한쪽이 불연재료	1 [m] 미만
양쪽 모두 불연재료 외의 것	0.5 [m] 미만

2) 계단실 · 경사로 · 승강기의 승강로 · 비상용 승강기의 승강장 · 파이프덕트 및 덕트피트 · 목욕실 · 수영장(관람석 부분 제외) · 화장실 · 직접 외기에 개방되어 있는 복도
3) 통신기기실 · 전자기기실 · 기타 이와 유사한 장소
4) 발전실 · 변전실 · 변압기 · 기타 이와 유사한 전기설비가 설치되어 있는 장소
5) 병원의 수술실 · 응급처치실 · 기타 이와 유사한 장소
6) 펌프실 · 물탱크실 엘리베이터 권상기실 그 밖의 이와 비슷한 장소
7) 현관 또는 로비 등으로서 바닥으로부터 높이가 20 [m] 이상인 장소
8) 영하의 냉장창고의 냉장실 또는 냉동창고의 냉동실
9) 고온의 노가 설치된 장소 또는 물과 격렬하게 반응하는 물품의 저장 또는 취급장소
10) 실내 테니스장 · 게이트볼장 · 정구장 또는 이와 비슷한 장소로서 실내 바닥 · 벽 · 천장이 불연재료 또는 준불연재료로 구성되어 있고, 가연물이 존재하지 않는 장소로서 관람석이 없는 운동시설(지하층은 제외)
11) 공동주택 중 아파트의 대피공간

정답 16 ① 17 ④

18 상(중)하

배관·행거 및 조명기구가 있어 살수의 장애가 있는 경우 스프링클러헤드의 설치방법으로 옳은 것은? (단, 스프링클러헤드와 장애물과의 이격거리를 장애물 폭의 3배 이상 확보한 경우는 제외한다)

① 부착면과 거리는 30 [cm] 이하로 설치한다.
② 헤드로부터 반경 60 [cm] 이상의 공간을 보유한다.
③ 장애물과의 부착면 사이에 설치한다.
④ 장애물 아래에 설치한다.

해설 스프링클러헤드 설치기준

1) 헤드로부터 보유 공간 : 반경 60 [cm] 이상
2) 벽과 헤드 간 공간은 10 [cm] 이상
3) 헤드 그 부착면과의 거리는 30 [cm] 이하
4) 배관·행거 및 조명기구 등 살수를 방해하는 것이 있는 경우 그로부터 아래에 설치하여 살수에 장애가 없도록 할 것
5) 스프링클러헤드의 반사판은 그 부착면과 평행하게 설치
6) 연소할 우려가 있는 개구부
  (1) 그 상하좌우에 2.5 [m] 간격으로 헤드 설치
  (2) 헤드와 개구부의 내측 면으로부터 직선거리는 15 [cm] 이하
7) 측벽형 스프링클러헤드
  (1) 폭이 4.5 [m] 미만인 실 : 긴 변의 한쪽 벽에 일렬로 3.6 [m] 이내마다 설치
  (2) 폭이 4.5 [m] 이상 9 [m] 이하인 실 : 긴 변의 양쪽에 각각 일렬로 설치하되 마주보는 스프링클러헤드가 나란히꼴이 되도록 3.6 [m] 이내마다 설치

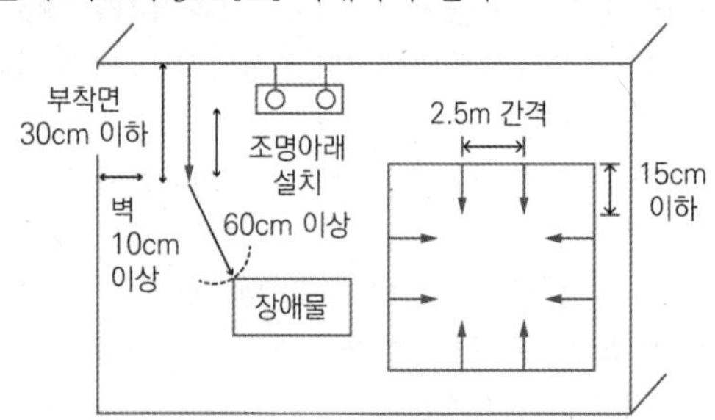

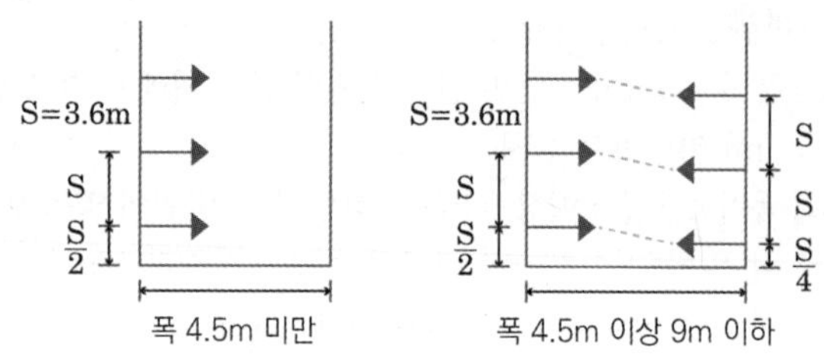

[측벽형 헤드 설치기준]

19 상(중)하

스프링클러설비 배관에 설치되는 행거의 설치기준 중 다음 ( ) 안에 알맞은 것으로 연결된 것은?

> 가지배관에는 헤드의 설치지점 사이마다 1개 이상의 행거를 설치, 헤드 간의 거리가 (㉠) [m]를 초과하는 경우에는 (㉠) [m] 이내마다 1개 이상 설치할 것. 이 경우 상향식 헤드와 행거 사이에는 (㉡) [cm] 이상의 간격을 두어야 한다.

① ㉠ : 3.5, ㉡ : 6
② ㉠ : 4.5, ㉡ : 6
③ ㉠ : 3.5, ㉡ : 8
④ ㉠ : 4.5, ㉡ : 8

해설 스프링클러 배관 행거 설치기준

- 가지배관에는 헤드 간 거리 3.5 [m] 초과 시 3.5 [m] 이내마다 1개 이상 설치, 이 경우 상향식 헤드와 행거는 8 [cm] 이상 간격
- 교차배관에는 가지배관 사이 거리 4.5 [m] 초과 시 4.5 [m] 이내마다 1개 이상 설치
- 수평주행배관에는 4.5 [m] 이내마다 1개 이상 설치

정답 18 ④ 19 ③

20 상 중 (하)

폐쇄형 스프링클러헤드가 설치된 건물에 하나의 유수검지장치가 담당해야 할 방호구역의 바닥 면적은 몇 [m²]를 초과하지 않아야 하는가?

① 1500　② 2000
③ 3000　④ 3500

해설 폐쇄형 스프링클러 방호구역 바닥면적

하나의 방호구역 : 3000 [m²] 이하

21 상 (중) 하

화재조기진압용 스프링클러설비의 수원은 화재 시 기준압력과 기준수량 및 천장의 높이 조건에서 몇 분간 방사해야 하는가?

① 20　② 30
③ 40　④ 60

해설 화재조기진압용 S/P 헤드 방사시간

화재조기진압용 스프링클러설비의 수원은 수리학적으로 가장 먼 가지배관 3개에 각각 4개의 스프링클러헤드가 동시에 개방되었을 때 헤드선단의 압력이 기준에 따른 값 이상으로 60분간 방수할 수 있는 양 이상으로 한다.

22 상 중 (하)

스프링클러설비의 급수배관 설계를 수리계산으로 할 경우 가지배관의 유속은 (　) [m/s], 그 밖의 배관의 유속은 (　) [m/s]를 초과할 수 없다. 빈칸에 값을 순서대로 옳게 나타낸 것은?

① 3, 6　② 3, 10
③ 6, 10　④ 10, 12

해설 스프링클러설비 급수배관 유속(수리계산 시)

- 가지배관의 유속 : 6 [m/s] 이하
- 그 밖의 배관의 유속 : 10 [m/s] 이하

23 상 (중) 하

폐쇄형 간이헤드를 사용하는 설비의 경우로서 1개 층에 하나의 급수배관(또는 밸브 등)이 담당하는 구역의 최대면적은 몇 [m²]를 초과하지 아니하여야 하는가?

① 1000　② 2000
③ 2500　④ 3000

해설 간이스프링클러설비 방호구역

하나의 방호구역 바닥면적 : 1000 [m²] 이하

PART 2

정답 20 ③ 21 ④ 22 ③ 23 ①

24 상중하

상수도직결형 간이스프링클러설비의 배관 및 밸브 등의 설치순서로 옳은 것은?

① 수도용 계량기 - 급수차단장치 - 개폐표시형 밸브 - 체크밸브 - 압력계 - 유수검지장치 - 2개의 시험밸브 순으로 설치
② 수도용 계량기 - 급수차단장치 - 개폐표시형 밸브 - 압력계 - 체크밸브 - 유수검지장치 - 2개의 시험밸브 순으로 설치
③ 수도용 계량기 - 개폐표시형 밸브 - 압력계 - 체크밸브 - 압력계 - 개폐표시형 밸브 순으로 설치
④ 수도용 계량기 - 개폐표시형 밸브 - 압력계 - 체크밸브 - 압력계 - 개폐표시형 밸브 - 일제개방밸브 순으로 설치

해설 상수도직결형 간이 S/P 설치순서

수도용 계량기 - 급수차단장치 - 개폐표시형 밸브 - 체크밸브 - 압력계 - 유수검지장치 - 2개의 시험밸브 순으로 설치

암기 수 급 개 체 압 유 2시

25 상중하

간이스프링클러설비의 배관 및 밸브 등의 설치순서 중 다음 ( ) 안에 알맞은 것은?

> 펌프 등의 가압송수장치를 이용하여 배관 및 밸브 등을 설치하는 경우에는 수원, 연성계 또는 진공계(수원이 펌프보다 높은 경우를 제외), 펌프 또는 압력수조, 압력계, 체크밸브, ( ), 개폐표시형 밸브, 유수검지장치, 시험밸브의 순으로 설치할 것

① 진공계 ② 플렉시블 조인트
③ 성능시험배관 ④ 편심 레듀서

해설 펌프 등의 가압송수장치 간이 S/P 설치순서

수원 - 연성계 또는 진공계 - 펌프 또는 압력수조 - 압력계 - 체크밸브 - 성능시험배관 - 개폐표시형 밸브 - 유수검지장치 - 시험밸브 순으로 설치

암기 수 연 펌 압 체 성 개 유 시

26 상중하

화재조기진압용 스프링클러설비를 설치할 장소의 구조기준으로 틀린 것은?

① 해당 층의 높이가 13.7 [m] 이하일 것. 다만 2층 이상일 경우에는 해당 층의 바닥을 내화구조로 하고, 다른 부분과 방화구획할 것
② 천장의 기울기가 168/1000을 초과하지 않아야 하고, 이를 초과하는 경우에는 반자를 지면과 수평으로 설치할 것
③ 천장은 평평하여야 하며 철재나 목재트러스 구조인 경우 철재나 목재의 돌출부분이 102 [mm]를 초과하지 않을 것
④ 창고 내의 선반의 형태는 하부로 물이 침투되지 않는 구조로 할 것

해설 화재조기진압용 S/P 설치장소 구조

1) 해당 층 높이가 13.7 [m] 이하. 다만 2층 이상 경우 해당 층 바닥 내화구조로 하고, 다른 부분과 방화구획할 것
2) 천장의 기울기가 168/1000을 초과하지 않고, 초과 시 반자를 지면과 수평으로 설치할 것
3) 천장은 평평해야 하며, 철재나 목재트러스 구조인 경우 철재나 목재 돌출부분이 102 [mm] 초과하지 않을 것
4) 보로 사용되는 목재·콘크리트 및 철재 사이 간격은 0.9 [m] 이상 2.3 [m] 이하일 것
5) 창고 내의 선반 등의 형태는 하부로 물이 침투되는 구조로 할 것

정답 24 ① 25 ③ 26 ④

27 상중하

화재조기진압용 스프링클러설비헤드 하나의 최소 방호면적은 몇 [m²] 이상이어야 하는가?

① 4.3　② 6
③ 7.2　④ 9.3

해설 화재조기진압용 S/P 헤드 방호면적

헤드 하나의 방호면적 : 6 [m²] 이상 9.3 [m²] 이하

28 상중하

화재조기진압용 스프링클러설비의 화재안전기술기준에 따라 가지배관을 배열할 때 천장의 높이가 9.1 [m] 이상 13.7 [m] 이하인 경우 가지배관 사이의 거리기준으로 맞는 것은?

① 2.4 [m] 이상 3.1 [m] 이하
② 2.4 [m] 이상 3.7 [m] 이하
③ 6.0 [m] 이상 8.5 [m] 이하
④ 6.0 [m] 이상 9.3 [m] 이하

해설 화재조기진압용 S/P 가지배관 배열

천장의 높이	가지배관의 헤드 사이의 거리
9.1 [m] 미만	2.4 [m] 이상 3.7 [m] 이하
9.1 [m] 이상 13.7 [m] 이하	2.4 [m] 이상 3.1 [m] 이하

29 상중하

간이스프링클러설비에 설치하는 간이스프링클러헤드 하나의 수평거리는 몇 [m] 이하로 하는가?

① 2.3　② 2.5
③ 3.2　④ 3.7

해설 간이스프링클러설비헤드 수평거리

헤드 간 수평거리 : 2.3 [m] 이하

30 상중하

스프링클러설비의 화재안전기술기준에서 스프링클러헤드를 설치할 경우 살수에 방해가 되지 아니하도록 스프링클러헤드로부터 반경 몇 [cm] 이상의 공간을 확보하여야 하는가?

① 30　② 40
③ 50　④ 60

해설 스프링클러헤드 설치기준

1) 헤드로부터 보유 공간 : 반경 60 [cm] 이상
2) 벽과 헤드 간 공간은 10 [cm] 이상
3) 헤드 그 부착면 과의 거리는 30 [cm] 이하
4) 배관·행거 및 조명기구 등 살수를 방해하는 것이 있는 경우 그로부터 아래에 설치하여 살수에 장애가 없도록 할 것
5) 스프링클러헤드의 반사판은 그 부착면과 평행하게 설치
6) 연소할 우려가 있는 개구부
   (1) 그 상하좌우에 2.5 [m] 간격으로 헤드 설치
   (2) 헤드와 개구부의 내측 면으로부터 직선거리는 15 [cm] 이하

정답 27 ② 28 ① 29 ① 30 ④

7) 측벽형 스프링클러헤드
  (1) 폭이 4.5 [m] 미만인 실 : 긴 변의 한쪽 벽에 일렬로 3.6 [m] 이내마다 설치
  (2) 폭이 4.5 [m] 이상 9 [m] 이하인 실 : 긴 변의 양쪽에 각각 일렬로 설치하되 마주보는 스프링클러헤드가 나란히꼴이 되도록 3.6 [m] 이내마다 설치

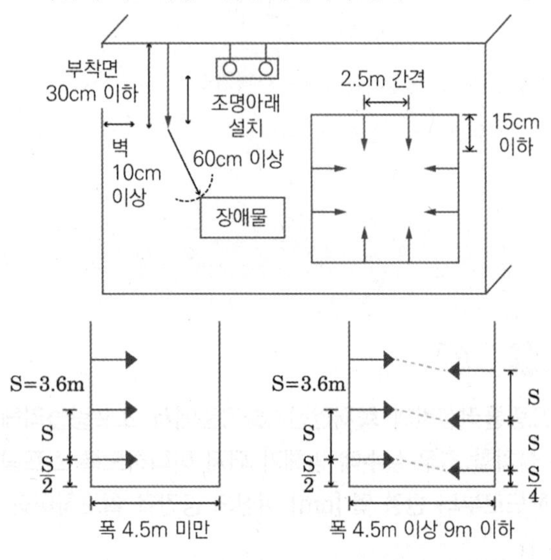

[측벽형 헤드 설치기준]

31 상중하

스프링클러설비의 화재안전기술기준상 스프링클러헤드 설치장소의 최고주위온도가 105 [℃]인 경우에 폐쇄형 스프링클러헤드는 표시온도가 몇 [℃]인 것을 사용하여야 하는가?

① 79 [℃] 이상 121 [℃] 미만
② 121 [℃] 이상 162 [℃] 미만
③ 162 [℃] 이상 200 [℃] 미만
④ 200 [℃] 이상

해설 폐쇄형 스프링클러헤드 표시온도

설치장소 최고 주위온도 [℃]	표시온도 [℃]
39 미만	79 미만
39 이상 64 미만	79 이상 121 미만
64 이상 106 미만	121 이상 162 미만
106 이상	162 이상

32 상중하

스프링클러설비의 화재안전기술기준상 펌프의 성능시험배관에 관한 설명으로 틀린 것은?

① 성능시험배관은 펌프의 토출 측에 설치된 개폐밸브 이전에서 분기하여 직선으로 설치한다.
② 유량측정장치를 기준으로 전단 직관부에 개폐밸브를 설치한다.
③ 개폐밸브와 유량측정장치 사이의 직관부 거리 및 유량측정장치와 유량조절밸브 사이의 직관부 거리는 해당 유량측정장치 제조사의 설치사양에 따른다.
④ 유량측정장치는 펌프의 정격토출량이 250 [%]까지 측정할 수 있는 성능이 있어야 한다.

해설 성능시험배관 유량측정장치

유량측정장치는 펌프의 정격토출량의 175 [%] 이상 측정할 수 있는 성능이 있을 것

정답 31 ② 32 ④

33 (상)(중)(하)

스프링클러설비를 설치해야 할 특정소방 대상물에 있어서 스프링클러헤드를 설치하지 아니할 수 있는 장소 중 맞는 것은?

① 계단실, 병실, 목욕실, 통신기기실, 아파트
② 발전실, 수술실, 응급처치실, 통신기기실
③ 발전실, 변전실, 병실, 목욕실, 아파트
④ 수술실, 병실, 변전실, 발전실, 아파트

해설 스프링클러헤드의 설치 제외 장소

1) 천장 및 반자의 재료에 따른 기준으로서 다음 어느 하나에 해당하는 경우

천장 및 반자의 재료	천장과 반자 사이의 거리
양쪽 모두 불연재료 + 벽이 불연재료 (그 사이에 가연물이 존재 ×)	2 [m] 이상
양쪽 모두 불연재료	2 [m] 미만
천장·반자 중 한쪽이 불연재료	1 [m] 미만
양쪽 모두 불연재료 외의 것	0.5 [m] 미만

2) 계단실·경사로·승강기의 승강로·비상용 승강기의 승강장·파이프덕트 및 덕트피트·목욕실·수영장(관람석 부분 제외)·화장실·직접 외기에 개방되어 있는 복도
3) 통신기기실·전자기기실·기타 이와 유사한 장소
4) 발전실·변전실·변압기·기타 이와 유사한 전기설비가 설치되어 있는 장소
5) 병원의 수술실·응급처치실·기타 이와 유사한 장소
6) 펌프실·물탱크실 엘리베이터 권상기실 그 밖의 이와 비슷한 장소
7) 현관 또는 로비 등으로서 바닥으로부터 높이가 20 [m] 이상인 장소
8) 영하의 냉장창고의 냉장실 또는 냉동창고의 냉동실
9) 고온의 노가 설치된 장소 또는 물과 격렬하게 반응하는 물품의 저장 또는 취급장소
10) 실내 테니스장·게이트볼장·정구장 또는 이와 비슷한 장소로서 실내 바닥·벽·천장이 불연재료 또는 준불연재료로 구성되어 있고, 가연물이 존재하지 않는 장소로서 관람석이 없는 운동시설(지하층은 제외)
11) 공동주택 중 아파트의 대피공간

34 (상)(중)(하)

스프링클러헤드 설치 시 유지하여야 할 수평거리 중 옳은 것은?

① 무대부에 있어서는 1.7 [m] 이하
② 특수가연물을 저장하는 장소에 있어서는 2.3 [m] 이하
③ 아파트 세대 내에 있어서는 3.2 [m] 이하
④ 내화구조의 건물은 2.1 [m] 이하

해설 스프링클러헤드 수평거리

소방대상물	수평거리
특수가연물 저장 또는 취급하는 장소 무대부	1.7 [m] 이하
기타구조로 된 경우(내화구조가 아닌 경우)	2.1 [m] 이하
라지드롭형 스프링클러헤드를 설치하는 창고시설 (단, ① 특수가연물을 저장 또는 취급하는 창고 : 1.7 [m] 이하, ② 내화구조로 된 경우 : 2.3 [m] 이하)	2.1 [m] 이하
내화구조로 된 경우	2.3 [m] 이하
아파트등의 세대 내	2.6 [m] 이하

암기 특 수 무 기 창 내 놔(아)

정답 33 ② 34 ①

CHAPTER 05 물분무소화설비

3회독 월 일
2회독 월 일
1회독 월 일

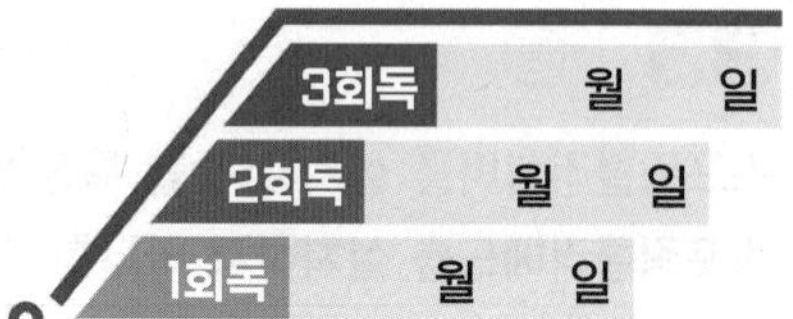

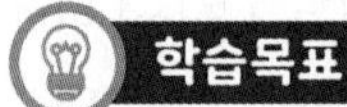

학습목표

1 물분무소화설비의 수원에 대해 파악한다.
2 물분무등소화설비 종류를 익힌다.
3 물분무 헤드의 종류를 암기하고, 설치기준에 대한 내용을 파악한다.
4 물분무소화설비를 설치하는 차고 또는 주차장의 배수설비 설치기준을 암기한다.

학습MAP

- 수원
- 소화효과와 물분무등소화설비
  - 물분무소화설비의 소화 특징 ★★★
    - 냉각효과
    - 질식효과
    - 유화효과
    - 희석효과
  - 물분무등소화설비
- 기동장치
  - 수동식 기동장치 설치기준
  - 자동식 기동장치 설치기준
- 물분무헤드
  - 물분무헤드 종류
    - 충돌형
    - 분사형
    - 선회류형
    - 디프렉타형
    - 슬리트형
  - 고압의 전기기기와 물분무헤드 사이의 이격거리 ★★★
  - 물분무헤드 설치 제외 장소 ★★★
- ★★★ 물분무소화설비를 설치하는 차고 또는 주차장의 배수설비
- 송수구

01 개요

물분무소화설비는 화재 발생 시 분무 노즐에서 물을 미립자 형태로 방사하는 소화설비이다. 이때 분무되는 물입자의 크기가 작아 전기적으로 비전도성을 가지게 되어 C급(전기) 화재에 적응성이 있다.

P.256 문15

02 수원 ★★★

저수량[L] = 면적[m^2] × 토출량[L/min · m^2] × 20 [min]

소방대상물	면적	토출량
특수가연물을 저장 또는 취급하는 특정소방대상물	바닥면적(최소 50 [m^2])	10 [L/min · m^2]
절연유 봉입 변압기	바닥면적을 제외한 표면적	
컨베이어벨트	벨트 부분의 바닥면적	
케이블트레이 · 케이블덕트	투영된 바닥면적	12 [L/min · m^2]
차고 · 주차장	바닥면적(최소 50 [m^2])	20 [L/min · m^2]

P.251 문01
P.252 문05
P.253 문07

암기 특절컨 10 / 케이트 12 / 차주 20

03 소화효과와 물분무등소화설비

1 물분무소화설비의 소화 특징

1) 물분무소화설비의 소화효과 ★

소화효과	내용
냉각효과	물입자가 작아서 열흡수가 용이하고, 증발잠열이 커서 냉각효과가 우수
질식효과	화재 시 열에 의해 생성된 수증기는 체적이 약 1700배로 팽창하여 연소면의 산소공급을 차단
유화효과	유류화재 시 유류표면에 방사되어 불연성의 유화층(에멀전)을 형성하여 소화
희석효과	가연물의 농도를 낮추어 소화

암기 냉질유희

2) 물분무소화설비가 전기화재에 적합한 이유

분무 상태의 물은 전기적으로 비전도성이기 때문

TIP ▶ 자주 나오는 물분무등소화설비가 아닌 설비
(1) 스프링클러설비
(2) 옥내소화전설비
(3) 옥외소화전설비

P.256 문14

2 물분무등소화설비 ★

1) 물분무소화설비
2) 미분무소화설비
3) 포소화설비
4) 이산화탄소소화설비
5) 할론소화설비
6) 할로겐화합물 및 불활성기체소화설비
7) 분말소화설비
8) 강화액소화설비
9) 고체에어로졸소화설비

04 기동장치

1 수동식 기동장치 설치기준

직접조작 또는 원격조작에 따라 각각의 가압송수장치 및 수동식 개방밸브 또는 가압송수장치 및 자동개방밸브를 개방할 수 있도록 설치할 것

2 자동식 기동장치 설치기준

자동식 기동장치는 화재감지기의 작동 또는 폐쇄형 스프링클러헤드의 개방과 연동하여 경보를 발하고, 가압송수장치 및 자동개방밸브를 기동할 수 있는 것으로 해야 함
다만 자동화재탐지설비의 수신기가 설치되어 있고, 수신기가 설치되어 있는 장소에 상시 사람이 근무하고 있으며, 화재 시 물분무소화설비를 즉시 작동시킬 수 있는 경우에는 그렇지 않음

05 물분무헤드

1 물분무헤드 종류 ★

암기 ▶ 충분선디슬

1) 충돌형 : 유수와 유수의 충돌에 의해 미세한 물방울을 만드는 물분무헤드
2) 분사형 : 소구경의 오리피스를 고압으로 분사하여 미세한 물방울을 만드는 물분무헤드

3) 선회류형 : 선회류에 의해 확산방출 또는 선회류와 직선류 충돌에 의해 확산 방출하여 미세한 물방울로 만드는 물분무헤드
4) 디프렉타형(디플렉터형) : 수류를 살수판에 충돌하여 미세한 물방울을 만드는 물분무헤드
5) 슬리트형 : 수류를 슬리트(Slit : 좁고 기다란 틈)에 의해 방출하여 수막상의 분무를 만드는 물분무헤드

P.252 문03

수류를 살수판에 충돌하여 미세한 물방울을 만드는 물분무헤드 형식은 충돌형이다. X 디프렉타형

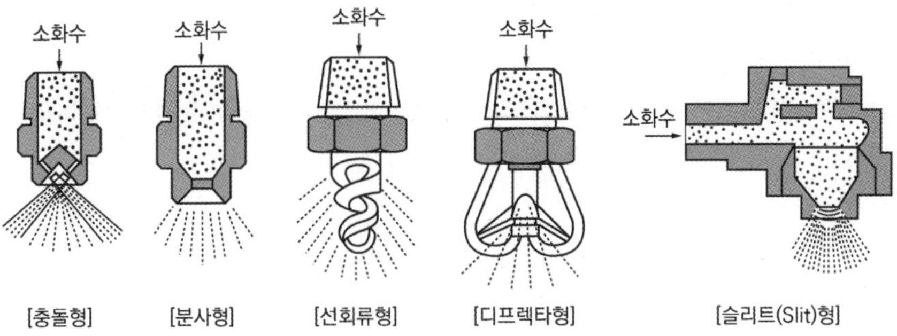

[충돌형] [분사형] [선회류형] [디프렉타형] [슬리트(Slit)형]

2 고압의 전기기기와 물분무헤드 사이의 이격거리 ★★

전압 [kV]	거리 [cm]	전압 [kV]	거리 [cm]
66 이하	70 이상	154 초과 181 이하	180 이상
66 초과 77 이하	80 이상	181 초과 220 이하	210 이상
77 초과 110 이하	110 이상	220 초과 275 이하	260 이상
110 초과 154 이하	150 이상	–	–

P.253 문06
P.253 문08
P.255 문12

물분무소화설비의 화재안전기술기준상 110 [kV] 초과 154 [kV] 이하의 고압 전기기기와 물분무헤드 사이의 이격거리는 최소 150 [cm] 이상이어야 한다. O

3 물분무헤드 설치 제외 장소

다음의 장소에는 물분무헤드를 설치하지 않을 수 있다.

1) 물에 심하게 반응하는 물질 또는 물과 반응하여 위험한 물질을 생성하는 물질을 저장 또는 취급하는 장소
2) 고온의 물질 및 증류범위가 넓어 끓어 넘치는 위험이 있는 물질을 저장 또는 취급하는 장소
3) 운전 시에 표면의 온도가 260 [℃] 이상으로 되는 등 직접 분무를 하는 경우 그 부분에 손상을 입힐 우려가 있는 기계장치 등이 있는 장소 ★

P.254 문10
P.255 문13

06 물분무소화설비를 설치하는 차고 또는 주차장의 배수설비 ★★★

P.251 문02
P.252 문04
P.254 문09

1) 차량이 주차하는 장소의 적당한 곳에 높이 10 [cm] 이상의 경계턱으로 배수구를 설치할 것
2) 배수구에는 새어 나온 기름을 모아 소화할 수 있도록 길이 40 [m] 이하마다 집수관·소화핏트 등 기름분리장치를 설치할 것
3) 차량이 주차하는 바닥은 배수구를 향하여 100분의 2 이상의 기울기를 유지할 것
4) 배수설비는 가압송수장치의 최대송수능력의 수량을 유효하게 배수할 수 있는 크기 및 기울기로 할 것

물분무소화설비를 설치하는 차고 또는 주차장의 배수설비 설치기준으로 차량이 주차하는 바닥은 배수구를 향해 1/100 이상의 기울기를 유지해야 한다. ☒ 2/100

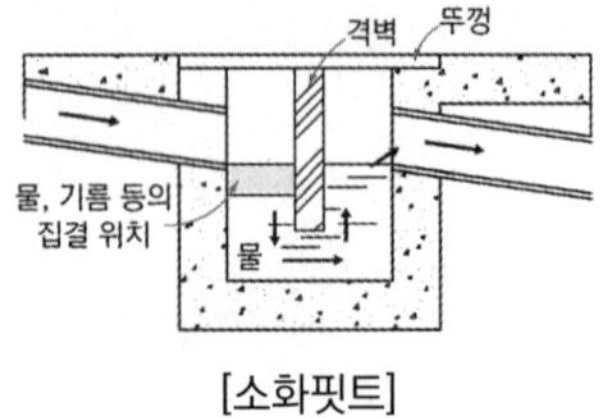

[소화핏트]

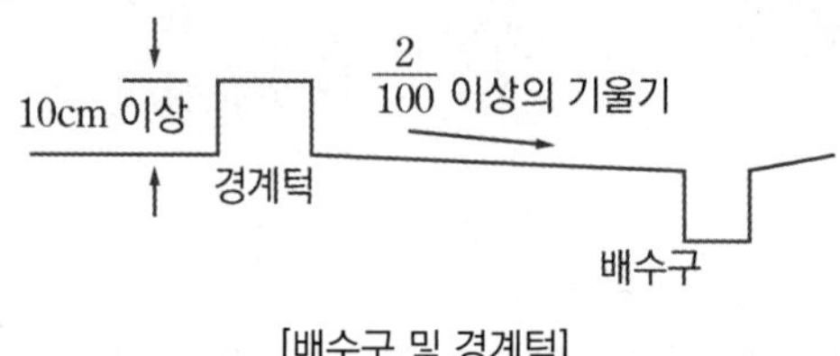

[배수구 및 경계턱]

07 송수구

P.254 문11

1) 송수구는 화재 층으로부터 지면으로 떨어지는 유리창 등이 송수 및 그 밖의 소화작업에 지장을 주지 않는 장소에 설치할 것. 이 경우 가연성 가스의 저장·취급시설에 설치하는 송수구는 그 방호대상물로부터 20 [m] 이상의 거리를 두거나 방호대상물에 면하는 부분이 높이 1.5 [m] 이상 폭 2.5 [m] 이상의 철근콘크리트 벽으로 가려진 장소에 설치할 것
2) 송수구로부터 물분무소화설비의 주배관에 이르는 연결배관에 개폐밸브를 설치한 때에는 그 개폐 상태를 쉽게 확인 및 조작할 수 있는 옥외 또는 기계실 등의 장소에 설치할 것
3) 구경 65 [mm]의 쌍구형
4) 송수구에는 그 가까운 곳의 보기 쉬운 곳에 송수압력범위를 표시한 표지를 할 것
5) 송수구는 하나의 층의 바닥면적이 3000 [m^2]를 넘을 때마다 1개 이상(최대 5개)을 설치할 것
6) 설치높이 : 지면으로부터 0.5 [m] 이상 1 [m] 이하의 위치
7) 송수구의 부근에는 자동배수밸브(또는 직경 5 [mm]의 배수공) 및 체크밸브를 설치할 것
8) 송수구에는 이물질을 막기 위한 마개를 씌울 것

예상문제

01 상중하

물분무소화설비의 화재안전기술기준에 따른 물분무소화설비의 설치장소별 1 [m^2]당 수원의 최소 저수량으로 맞는 것은?

① 차고 : 30 [L/min] × 20분 × 바닥면적
② 컨베이어벨트 : 37 [L/min] × 20분 × 벨트부분의 바닥면적
③ 케이블트레이 : 12 [L/min] × 20분 × 투영된 바닥면적
④ 특수가연물을 취급하는 특정소방대상물 : 20 [L/min] × 20분 × 바닥면적

해설 물분무소화설비 수원 저수량

소방대상물	토출량	비고
특수가연물을 저장 또는 취급	10 [L/min · m^2]	최소 50 [m^2]
절연유 봉입 변압기	10 [L/min · m^2]	-
컨베이어벨트	10 [L/min · m^2]	-
케이블트레이 · 케이블덕트	12 [L/min · m^2]	-
차고 · 주차장	20 [L/min · m^2]	최소 50 [m^2]

암기 특절컨 10, 케이트 12, 차주 20

- 저수량 = 면적 × 토출량 × 방수시간(20 [min])

02 상중하

물분무소화설비를 설치하는 차고 또는 주차장의 배수설비 중 배수구에서 새어나온 기름을 모아 소화할 수 있도록 최대 몇 [m]마다 집수관 · 소화핏트 등 기름분리장치를 설치하여야 하는가?

① 40 ② 50
③ 60 ④ 100

해설 물분무소화설비를 설치하는 차고 또는 주차장의 배수설비

1) 차량이 주차하는 장소의 적당한 곳에 높이 10 [cm] 이상의 경계턱으로 배수구를 설치할 것
2) 배수구에는 새어 나온 기름을 모아 소화할 수 있도록 길이 40 [m] 이하마다 집수관 · 소화핏트 등 기름분리장치를 설치할 것
3) 차량이 주차하는 바닥은 배수구를 향하여 100분의 2 이상의 기울기를 유지할 것
4) 배수설비는 가압송수장치의 최대송수능력의 수량을 유효하게 배수할 수 있는 크기 및 기울기로 할 것

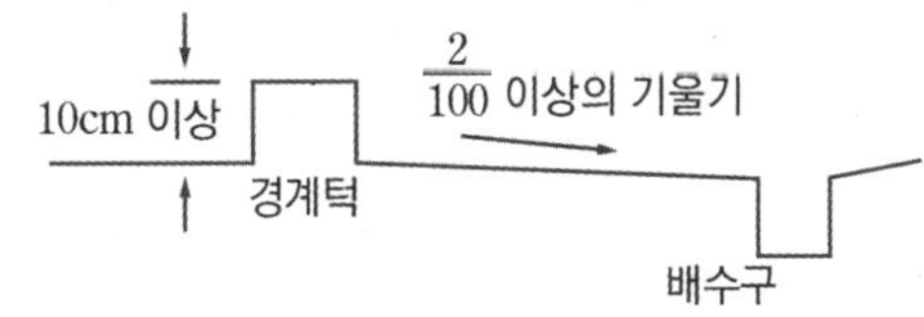

[배수구 및 경계턱]

정답 01 ③ 02 ①

03 (상 중 하)

소방설비용 헤드의 분류 중 수류를 살수판에 충돌하여 미세한 물방울을 만드는 물분무헤드는?

① 슬리트형 ② 충돌형
③ 디프렉타형 ④ 분사형

해설 물분무헤드의 종류

1) 충돌형 : 유수와 유수의 충돌에 의해 미세한 물방울을 만드는 물분무헤드
2) 분사형 : 소구경의 오리피스를 고압으로 분사하여 미세한 물방울을 만드는 물분무헤드
3) 선회류형 : 선회류에 의해 확산 방출 또는 선회류와 직선류 충돌에 의해 확산 방출하여 미세한 물방울로 만드는 물분무헤드
4) 디프렉타형 : 수류를 살수판에 충돌하여 미세한 물방울을 만드는 물분무헤드
5) 슬리트형 : 수류를 슬리트(Slit : 좁고 기다란 틈)에 의해 방출하여 수막상의 분무를 만드는 물분무헤드

04 (상 중 하)

물분무소화설비를 설치하는 차고 또는 주차장의 배수설비 설치기준으로 틀린 것은?

① 배수구에서 새어나온 기름을 모아 소화할 수 있도록 길이 40 [m] 이하마다 집수관, 소화핏트 등 기름분리장치를 설치할 것
② 차량이 주차하는 장소의 적당한 곳에 높이 10 [cm] 이상의 경계턱으로 배수구를 설치할 것
③ 배수설비는 가압송수장치의 최대송수능력의 수량을 유효하게 배수할 수 있는 크기 및 기울기로 할 것
④ 차량이 주차하는 바닥은 배수구를 향해 1/100 이상의 기울기를 유지할 것

해설 물분무소화설비를 설치하는 차고 또는 주차장의 배수설비

1) 차량이 주차하는 장소의 적당한 곳에 높이 10 [cm] 이상의 경계턱으로 배수구를 설치할 것
2) 배수구에는 새어 나온 기름을 모아 소화할 수 있도록 길이 40 [m] 이하마다 집수관·소화핏트 등 기름분리장치를 설치할 것
3) 차량이 주차하는 바닥은 배수구를 향하여 100분의 2 이상의 기울기를 유지할 것
4) 배수설비는 가압송수장치의 최대송수능력의 수량을 유효하게 배수할 수 있는 크기 및 기울기로 할 것

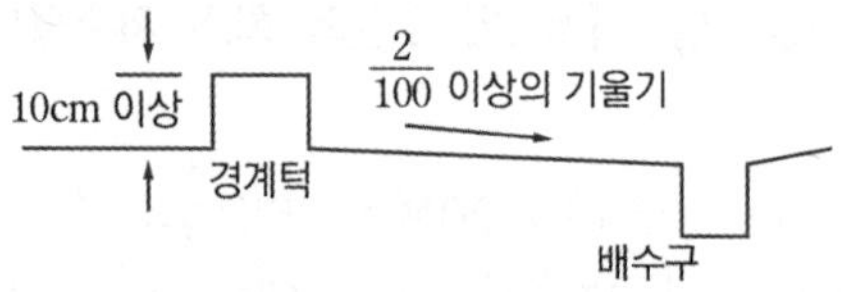

[배수구 및 경계턱]

신유형!

05 (상 중 하)

케이블트레이에 물분무소화설비를 설치하는 경우 저장하여야 할 수원의 최소 저수량은 몇 [m³]인가? (단, 케이블트레이의 투영된 바닥면적은 70 [m²])

① 14.8 ② 16.8
③ 18.8 ④ 28

해설 물분무소화설비 수원 저수량

소방대상물	토출량	비고
특수가연물을 저장 또는 취급	10 [L/min · m²]	최소 50 [m²]
절연유 봉입 변압기	10 [L/min · m²]	-
컨베이어벨트	10 [L/min · m²]	-
케이블트레이 · 케이블덕트	12 [L/min · m²]	-
차고 · 주차장	20 [L/min · m²]	최소 50 [m²]

암기 특절컨 10, 케이트 12, 차주 20

- 저수량 = 면적 × 토출량 × 방수시간(20 [min])
  = 70 [m²] × 12 [L/min · m²] × 20 [min]
  = 16800 [L] = 16.8 [m³]

정답 03 ③ 04 ④ 05 ②

06 상중하

고압의 전기기기가 있는 장소의 전기기기와 물분무헤드의 이격거리기준으로 틀린 것은?

① 110 [kV] 초과 154 [kV] 이하 : 150 [cm] 이상
② 154 [kV] 초과 181 [kV] 이하 : 180 [cm]이상
③ 181 [kV] 초과 220 [kV] 이하 : 200 [cm] 이상
④ 220 [kV] 초과 275 [kV] 이하 : 260 [cm] 이상

해설 물분무헤드 이격거리

전압 [kV]	거리 [cm]
66 이하	70 이상
66 초과 77 이하	80 이상
77 초과 110 이하	110 이상
110 초과 154 이하	150 이상
154 초과 181 이하	180 이상
181 초과 220 이하	210 이상
220 초과 275 이하	260 이상

07 상중하

물분무소화설비의 화재안전기술기준에 따른 물분무소화설비의 저수량에 대한 기준 중 다음 ( ) 안의 내용으로 맞는 것은?

> 절연유 봉입 변압기는 바닥부분을 제외한 표면적을 합한 면적 1 [m²]에 대하여 ( ) [L/min]로 20분간 방수할 수 있는 양 이상으로 할 것

① 10 ② 12
③ 18 ④ 20

해설 물분무소화설비 수원 저수량

소방대상물	토출량	비고
특수가연물을 저장 또는 취급	10 [L/min · m²]	최소 50 [m²]
절연유 봉입 변압기	10 [L/min · m²]	–
컨베이어벨트	10 [L/min · m²]	–
케이블트레이 · 케이블덕트	12 [L/min · m²]	–
차고 · 주차장	20 [L/min · m²]	최소 50 [m²]

암기 ▶ 특절컨 10, 케이트 12, 차주 20

- 저수량 = 면적 × 토출량 × 방수시간(20 [min])

08 상중하

변전실의 변압기에 물분무소화설비로서 방호하려 한다. 이 변압기에 154 [kV]의 고압선이 인입되고 있다면 물분무헤드와 이 고압기기와의 이격거리는 몇 [cm] 이상인가?

① 110 ② 150
③ 180 ④ 210

해설 물분무헤드 이격거리

전압 [kV]	거리 [cm]
66 이하	70 이상
66 초과 77 이하	80 이상
77 초과 110 이하	110 이상
110 초과 154 이하	150 이상
154 초과 181 이하	180 이상
181 초과 220 이하	210 이상
220 초과 275 이하	260 이상

정답 06 ③ 07 ① 08 ②

09 상 중 하

물분무소화설비를 설치하는 차고 또는 주차장의 배수설비 설치기준이 틀린 것은?

① 차량이 주차하는 장소의 적당한 곳에 높이 10 [cm] 이상의 경계턱으로 배수구를 설치할 것
② 배수구에는 새어 나온 기름을 모아 소화할 수 있도록 길이 20 [m] 이하마다 집수관·소화핏트 등 기름분리장치를 설치할 것
③ 차량이 주차하는 바닥은 배수구를 향하여 100분의 2 이상의 기울기를 유지할 것
④ 배수설비는 가압송수장치의 최대송수능력의 수량을 유효하게 배수할 수 있는 크기 및 기울기로 할 것

해설 물분무소화설비를 설치하는 차고 또는 주차장의 배수설비

1) 차량이 주차하는 장소의 적당한 곳에 높이 10 [cm] 이상의 경계턱으로 배수구를 설치할 것
2) 배수구에는 새어 나온 기름을 모아 소화할 수 있도록 길이 40 [m] 이하마다 집수관·소화핏트 등 기름분리장치를 설치할 것
3) 차량이 주차하는 바닥은 배수구를 향하여 100분의 2 이상의 기울기를 유지할 것
4) 배수설비는 가압송수장치의 최대송수능력의 수량을 유효하게 배수할 수 있는 크기 및 기울기로 할 것

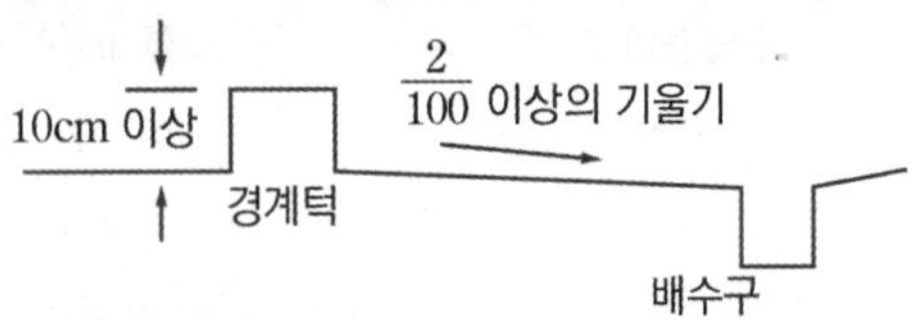

[배수구 및 경계턱]

10 상 중 하

물분무소화설비의 물분무헤드 설치 제외 조건 중 기계장치 등 운전 시에 표면의 온도가 몇 [℃] 이상일 때 물분무헤드의 설치 제외가 가능한가?

① 230　② 240
③ 250　④ 260

해설 물분무헤드 설치 제외

1) 물에 심하게 반응하는 물질 또는 물과 반응하여 위험한 물질을 생성하는 물질을 저장 또는 취급하는 장소
2) 고온의 물질 및 증류범위가 넓어 끓어 넘치는 위험이 있는 물질을 저장 또는 취급하는 장소
3) 운전 시에 표면의 온도가 260 [℃] 이상으로 되는 등 직접 분무를 하는 경우 그 부분에 손상을 입힐 우려가 있는 기계장치 등이 있는 장소

11 상 중 하

물분무소화설비 송수구의 설치기준 중 틀린 것은?

① 송수구는 하나의 층의 바닥면적이 1500 [m^2]을 넘을 때마다 1개 이상을 설치할 것
② 구경 65 [mm]의 쌍구형으로 할 것
③ 지면으로부터 높이가 0.5 [m] 이상 1 [m] 이하의 위치에 설치할 것
④ 가연성 가스의 저장·취급시설에 설치하는 송수구는 그 방호대상물로부터 20 [m] 이상의 거리를 두거나 방호대상물에 면하는 부분이 높이 1.5 [m] 이상, 폭 2.5 [m] 이상의 철근콘크리트 벽으로 가려진 장소에 설치할 것

정답 09 ② 10 ④ 11 ①

해설 물분무소화설비 송수구

1) 가연성 가스의 저장·취급시설에 설치하는 송수구는 그 방호대상물로부터 20 [m] 이상의 거리를 두거나, 방호대상물에 면하는 부분이 높이 1.5 [m] 이상 폭 2.5 [m] 이상의 철근콘크리트 벽으로 가려진 장소에 설치할 것
2) 송수구로부터 물분무소화설비의 주배관에 이르는 연결배관에 개폐밸브를 설치한 때에는 그 개폐 상태를 쉽게 확인 및 조작할 수 있는 옥외 또는 기계실 등의 장소에 설치할 것
3) 구경 65 [mm]의 쌍구형
4) 송수구에는 그 가까운 곳의 보기 쉬운 곳에 송수압력범위를 표시한 표지를 할 것
5) 송수구는 하나의 층의 바닥면적이 3000 [m^2]를 넘을 때마다 1개 이상(최대 5개)을 설치할 것
6) 설치높이 : 지면으로부터 0.5 [m] 이상 1 [m] 이하의 위치
7) 송수구의 부근에는 자동배수밸브(또는 직경 5 [mm]의 배수공) 및 체크밸브를 설치할 것
8) 송수구에는 이물질을 막기 위한 마개를 씌울 것

12 상중하

고압의 전기기기가 있는 장소에 있어서 전기의 절연을 위한 전기기기와 물분무헤드 사이의 최소 이격거리기준 중 옳은 것은?

① 66 [kV] 이하 - 60 [cm] 이상
② 66 [kV] 초과 77 [kV] 이하 - 80 [cm] 이상
③ 77 [kV] 초과 110 [kV] 이하 - 100 [cm] 이상
④ 110 [kV] 초과 154 [kV] 이하 - 140 [cm] 이상

해설 물분무헤드 이격거리

전압 [kV]	거리 [cm]
66 이하	70 이상
66 초과 77 이하	80 이상
77 초과 110 이하	110 이상
110 초과 154 이하	150 이상
154 초과 181 이하	180 이상
181 초과 220 이하	210 이상
220 초과 275 이하	260 이상

13 상중하

물분무소화설비의 물분무헤드를 설치하지 아니할 수 있는 장소가 아닌 것은?

① 식물원·수족관·목욕실·관람석 부분을 제외한 수영장 또는 그 밖의 이와 비슷한 장소
② 물에 심하게 반응하는 물질 또는 물과 반응하여 위험한 물질을 생성하는 물질을 저장 또는 취급하는 장소
③ 고온의 물질 및 증류범위가 넓어 끓어 넘치는 위험이 있는 물질을 저장 또는 취급하는 장소
④ 운전 시에 표면의 온도가 260 [℃] 이상으로 되는 등 직접 분무를 하는 경우 그 부분에 손상을 입힐 우려가 있는 기계장치 등이 있는 장소

해설 물분무헤드 설치 제외

1) 물에 심하게 반응하는 물질 또는 물과 반응하여 위험한 물질을 생성하는 물질을 저장 또는 취급하는 장소
2) 고온의 물질 및 증류범위가 넓어 끓어 넘치는 위험이 있는 물질을 저장 또는 취급하는 장소
3) 운전 시에 표면의 온도가 260 [℃] 이상으로 되는 등 직접 분무를 하는 경우 그 부분에 손상을 입힐 우려가 있는 기계장치 등이 있는 장소

정답 12 ② 13 ①

14 상 중 하

소방시설 설치 및 관리에 관한 법령에 따라 구분된 소방설비 중 "물분무등소화설비"에 속하지 않는 것은?

① 포소화설비
② 이산화탄소소화설비
③ 강화액소화설비
④ 스프링클러설비

해설 물분무등소화설비

1) 물분무소화설비
2) 미분무소화설비
3) 포소화설비
4) 이산화탄소소화설비
5) 할론소화설비
6) 할로겐화합물 및 불활성기체소화설비
7) 분말소화설비
8) 강화액소화설비
9) 고체에어로졸소화설비

TIP ▶ 자주 출제된 물분무등소화설비가 아닌 설비 : 스프링클러 · 옥내소화전 · 옥외소화전설비

15 상 중 하

특고압의 전기시설을 보호하기 위한 수계소화설비로 물분무소화설비의 사용이 가능한 주된 이유는?

① 물분무소화설비는 다른 물소화설비에 비해서 신속한 소화를 보여주기 때문이다.
② 물분무소화설비는 다른 물소화설비에 비해서 물의 소모량이 적기 때문이다.
③ 분무 상태의 물은 전기적으로 비전도성이기 때문이다.
④ 물분무입자 역시 물이므로 전기전도성이 있으나 전기시설물을 젖게 하지 않기 때문이다.

해설 물분무소화설비 특징

물분무설비는 분무 상태 작은 입자로 비전도성을 가져 C급(전기) 화재에 적응성 있다.

정답 14 ④ 15 ③

CHAPTER

06 미분무소화설비

3회독 월 일
2회독 월 일
1회독 월 일

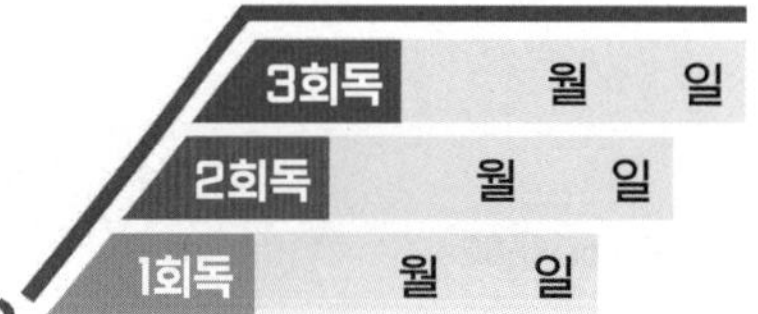

PART 2

학습목표

1 미분무소화설비의 정의를 학습한다.

2 사용압력 범위에 따른 미분무소화설비의 분류를 암기한다.

학습MAP

- ★★★ 미분무의 정의
- ★ 사용압력 범위에 따른 미분무소화설비의 분류
  - 저압 미분무소화설비
  - 중압 미분무소화설비
  - 고압 미분무소화설비
- 수원
- 배수를 위한 배관의 기울기
- 미분무소화설비 기동장치의 발신기의 설치
- 설계도서 작성 시 고려해야 할 인자

01 미분무의 정의 ★★★

P.260 문02

물만을 사용하여 소화하는 방식으로 최소설계압력에서 헤드로부터 방출되는 물입자 중 99 [%]의 누적체적분포가 400 [μm] 이하로 분무되고 A, B, C급 화재에 적응성을 갖는 것

02 사용압력 범위에 따른 미분무소화설비의 분류 ★

중압 미분무소화설비란 사용압력이 1.2 [MPa]을 초과하고 3.4 [MPa] 이하인 미분무소화설비를 말한다.
☒ 1.2 [MPa]을 초과하고 3.5 [MPa] 이하

1) 저압 미분무소화설비 : 최고사용압력이 1.2 [MPa] 이하인 미분무소화설비
2) 중압 미분무소화설비 : 사용압력이 1.2 [MPa]을 초과하고 3.5 [MPa] 이하인 미분무소화설비
3) 고압 미분무소화설비 : 최저사용압력이 3.5 [MPa] 초과하는 미분무소화설비

[여러 개의 오리피스에서 방사되는 미분무]

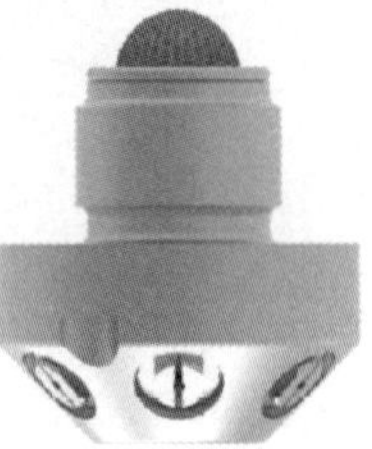

[개방형 미분무헤드]

[폐쇄형 미분무헤드]

03 수원

1) 미분무소화설비에 사용되는 소화용수는 「먹는물관리법」에 적합하고, 저수조 등에 충수할 경우 필터 또는 스트레이너를 통해야 하며, 사용되는 물에는 입자·용해고체 또는 염분이 없어야 함
2) 배관의 연결부(용접부 제외) 또는 주배관의 유입 측에는 필터 또는 스트레이너를 설치해야 함
3) 사용되는 필터 또는 스트레이너 메쉬는 헤드 오리피스 지름의 80 [%] 이하가 되어야 함

04 배수를 위한 배관의 기울기

P.260 문01

1) 폐쇄형 미분무소화설비의 배관 : 수평으로 할 것
2) 개방형 미분무소화설비의 배관

   헤드를 향하여 상향으로 (1) 수평주행배관 : 1/500 이상

   (2) 가지배관 : 1/250 이상

05 미분무소화설비 기동장치의 발신기의 설치

1) 화재감지기회로에는 기준에 따른 발신기를 설치할 것(단, 자동화재탐지설비의 발신기가 설치된 경우 그렇지 않음)
2) 스위치 높이 : 바닥으로부터 0.8 [m] 이상 1.5 [m] 이하의 높이에 설치
3) 층마다 설치하되, 각 부분으로부터 하나의 발신기까지 수평거리가 25 [m] 이하가 되도록 할 것(단, 복도 또는 별도로 구획된 실로서 보행거리가 40 [m] 이상일 경우에는 추가로 설치해야 함)
4) 발신기의 위치를 표시하는 표시등은 함의 상부에 설치하되, 그 불빛은 부착면으로부터 15° 이상의 범위 안에서 부착지점으로부터 10 [m] 이내의 어느 곳에서도 쉽게 식별할 수 있는 적색등으로 할 것

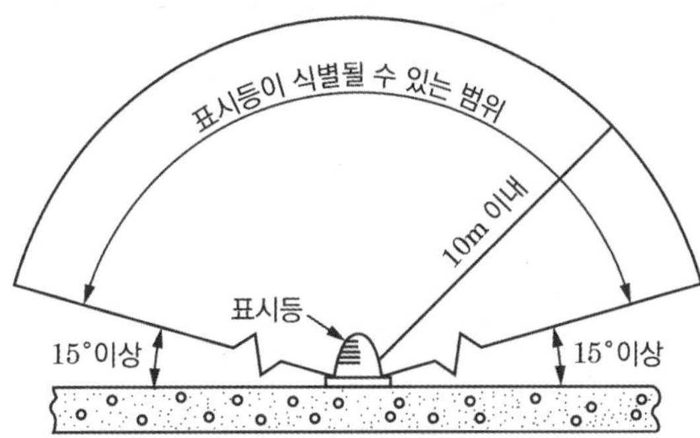

06 설계도서 작성 시 고려해야 할 인자

미분무소화설비의 성능을 확인하기 위해 하나의 발화원을 가정한 설계도서는 다음의 기준을 고려하여 작성되어야 한다.

1) 점화원의 형태
2) 초기 점화되는 연료 유형
3) 화재 위치
4) 문과 창문의 초기 상태(열림, 닫힘) 및 시간에 따른 변화 상태
5) 공기조화설비, 자연형(문, 창문) 및 기계형 여부
6) 시공 유형과 내장재 유형

예상문제

01 상 중 하

미분무소화설비의 배관의 배수를 위한 기울기기준 중 다음 ( ) 안에 알맞은 것은?

개방형 미분무소화설비에는 헤드를 향하여 상향으로 수평주행배관 기울기를 (㉠) 이상, 가지배관 기울기를 (㉡) 이상으로 할 것

① ㉠ 1/100, ㉡ 1/500
② ㉠ 1/500, ㉡ 1/100
③ ㉠ 1/250, ㉡ 1/500
④ ㉠ 1/500, ㉡ 1/250

해설 개방형 미분무소화설비 배관 기울기

- 수평주행배관 : 1/500 이상
- 가지배관 : 1/250 이상

02 상 중 하

미분무소화설비의 화재안전성능기준에 따른 용어 정의 중 다음 ( ) 안에 알맞은 것은?

"미분무"란 물만을 사용하여 소화하는 방식으로 최소설계압력에서 헤드로부터 방출되는 물입자 중 99 [%]의 누적체적분포가 (㉠) [μm] 이하로 분무되고, (㉡)급 화재에 적응성을 갖는 것을 말한다.

① ㉠ 400, ㉡ A, B, C
② ㉠ 400, ㉡ B, C
③ ㉠ 200, ㉡ A, B, C
④ ㉠ 200, ㉡ B, C

해설 미분무소화설비 미분무 정의

최소설계압력에서 헤드로부터 방출되는 물입자 중 99 [%]의 누적체적분포 400 [μm] 이하 분무되고 A, B, C급 화재에 적응성을 갖는 것

정답 01 ④ 02 ①

CHAPTER 07 포소화설비

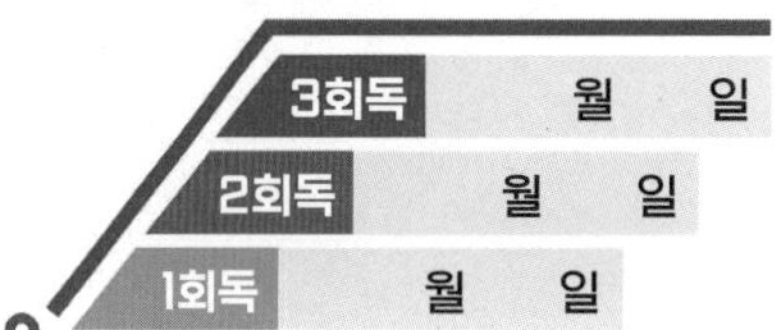

PART 2

학습목표

1 포방출구의 종류를 파악한다.
2 특정소방대상물에 따른 포소화설비의 적응성을 익힌다.
3 포소화약제 혼합장치 종류를 암기한다.
4 포방출구 종류별 소화약제 저장량 구하는 공식과 설치기준을 암기한다.

학습MAP

- 포방출구의 종류 및 적응성
  - 포방출구의 종류
    - 포헤드
    - 포소화전설비, 호스릴포소화설비
    - 압축공기포소화설비
    - 고발포용 고정포방출구
    - 고정포방출구
    - 보조포소화전
  - 특정소방대상물에 따른 종류 및 적응성
- ★★★ 포소화약제 혼합장치의 종류
  - 라인 프로포셔너
  - 프레셔 프로포셔너
  - 펌프 프로포셔너
  - 프레셔사이드 프로포셔너
  - 압축공기포 믹싱챔버방식
- 저장탱크 등
  - 포소화약제의 저장탱크 설치기준
  - 포소화약제의 저장량 ★
    - 고정포방출구 방식
    - 옥내포소화전방식 또는 호스릴방식
- 기동장치
  - 수동식 기동장치 설치기준
  - 자동식 기동장치 설치기준
    - 폐쇄형 스프링클러헤드를 사용하는 경우 ★
    - 화재감지기를 사용하는 경우
- 포헤드 및 고정포방출구
  - 포의 팽창비율 ★★★
  - 포헤드 설치기준 ★
  - 호스릴포소화설비 또는 포소화전설비 설치기준
  - 고발포용 고정포방출구 설치기준
- 포소화설비 기타 등
  - 포소화설비 배관
  - 탱크구조에 따른 포방출구

01 개요

포소화설비는 물과 포소화약제가 일정한 비율로 혼합되어 포수용액이 공기에 의하여 거품이 형성되어 연소물의 표면을 덮어 소화한다. 포소화설비는 일반적으로 수원, 가압송수장치, 포방출구, 약제탱크, 혼합장치, 배관 및 화재감지기 등으로 구성되어 있다.

02 포방출구의 종류

> **선생님 TIP**
> 포방출구의 종류를 잘 분류해 두어야 앞으로 포소화설비 학습이 쉬워집니다!

❶ 포헤드

1) 고정식 배관에 접속된 포헤드를 이용하여 포를 방출하는 방식의 방출구
2) 포헤드의 종류 : 포헤드, 포워터스프링클러헤드

[포헤드] 바닥면적 9 [m^2/개]	[포워터스프링클러헤드] 바닥면적 8 [m^2/개]

❷ 포소화전설비, 호스릴포소화설비

1) 호스 또는 호스릴을 사용하여 사람이 직접 포를 방출하는 방식의 방출구
2) 주로 개방된 차고, 주차장에 사용한다.

[포소화전]

3 압축공기포소화설비

압축공기 또는 질소를 일정 비율로 포수용액에 강제 주입, 혼합하는 방식

4 고발포용 고정포방출구

창고, 차고·주차장, 항공기 격납고 등의 실내에 설치하는 방출구

5 고정포방출구

옥외탱크저장소에서 위험물 탱크 화재를 소화하기 위하여 탱크 내부에 설치하는 방출구

6 보조포소화전

옥외탱크저장소 방유제 주변에 설치하는 포소화전설비

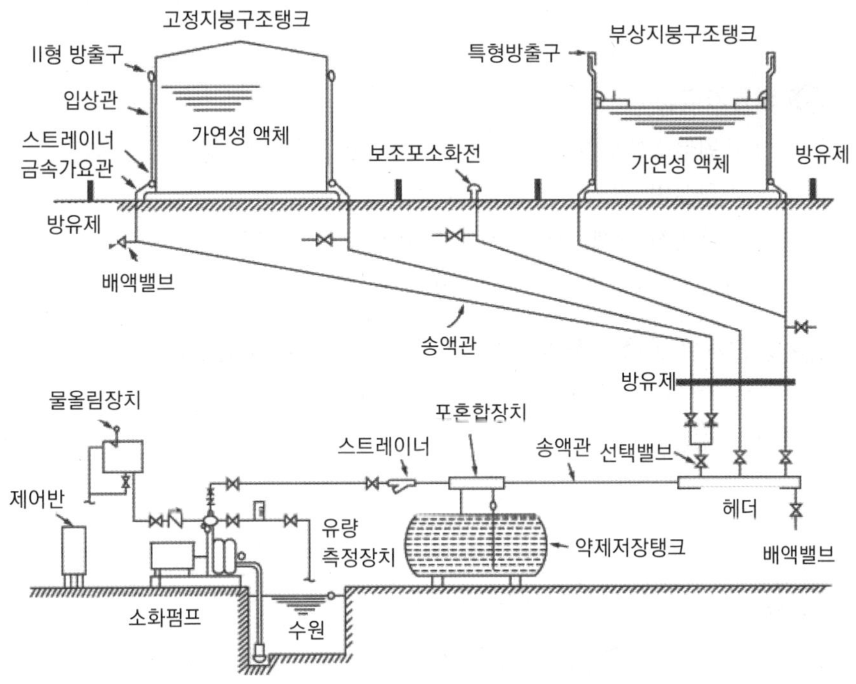

고정포방출구 및 보조포소화전
[위험물옥외탱크저장소]

[압축공기포소화설비]

고발포용 고정포방출구
[전역방출방식]

[고정포방출구]

P.275 문11
P.275 문12

압축공기포소화설비는 특수가연물을 저장·취급하는 공장 또는 창고에 적응성을 갖는 포소화설비이다. O

암기 포포고압

03 특정소방대상물에 따른 종류 및 적응성 ★

1 특수가연물을 저장·취급하는 공장 또는 창고

포워터스프링클러설비·포헤드설비 또는 고정포방출설비, 압축공기포소화설비

2 차고 또는 주차장

1) 포워터스프링클러설비·포헤드설비 또는 고정포방출설비, 압축공기포소화설비
2) 다음의 경우에는 호스릴포소화설비 또는 포소화전설비 설치할 수 있음
   (1) 완전 개방된 옥상주차장 또는 고가 밑의 주차장으로서 주된 벽이 없고, 기둥뿐이거나 주위가 위해방지용 철주 등으로 둘러싸인 부분
   (2) 지상 1층으로서 지붕이 없는 부분

3 항공기격납고

1) 포워터스프링클러설비·포헤드설비 또는 고정포방출설비, 압축공기포소화설비
2) 바닥면적 합계가 1천 [m^2] 이상이고, 격납위치가 한정된 경우 그 한정된 장소 외의 부분에 호스릴포소화설비 설치할 수 있음

4 발전기실, 엔진펌프실, 변압기, 전기케이블실, 유압설비

바닥면적 합계가 300 [m^2] 미만 장소에는 고정식 압축공기포소화설비 설치할 수 있음

04 포소화약제 혼합방식의 종류 ★★★

선생님 TIP

포소화약제 혼합장치의 종류는 키워드 중심으로 학습하면 답을 골라내기 매우 쉽습니다.

P.273 문05
P.275 문13

1) 라인 프로포셔너 : 펌프와 발포기의 중간에 설치된 벤추리관의 벤추리작용에 따라 포소화약제를 흡입·혼합하는 방식
2) 프레셔 프로포셔너 : 펌프와 발포기의 중간에 설치된 벤추리관의 벤추리작용과 펌프 가압수의 포소화약제 저장탱크에 대한 압력에 따라 포소화약제를 흡입·혼합하는 방식
3) 펌프 프로포셔너 : 펌프의 토출관과 흡입관 사이의 배관 도중에 설치한 흡입기에 펌프에서 토출된 물의 일부를 보내고, 농도 조정밸브에서 조정된 포소화약제의 필요량을 포소화약제 저장탱크에서 펌프 흡입 측으로 보내어 이를 혼합하는 방식

4) 프레셔사이드 프로포셔너 : 펌프의 토출관에 압입기를 설치하여 포소화약제 압입용펌프로 포소화약제를 압입시켜 혼합하는 방식
5) 압축공기포 믹싱챔버방식 : 물, 포소화약제 및 공기를 믹싱챔버로 강제주입시켜 챔버 내에서 포수용액을 생성한 후 포를 방사하는 방식

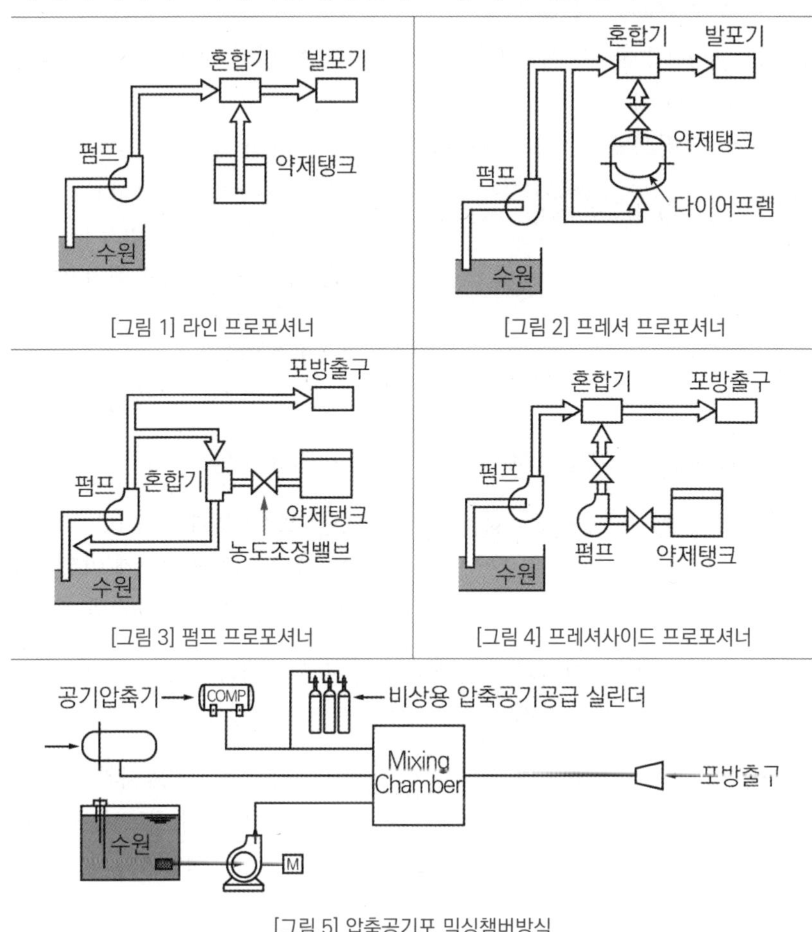

[그림 5] 압축공기포 믹싱챔버방식

> 프레셔사이드 프로포셔너방식은 압입기를 설치하여 소화약제 압입용 펌프로 소화약제를 압입시켜 혼합하는 방식이다. O

05 저장탱크 등

1 포소화약제의 저장탱크 설치기준

1) 화재 등의 재해로 인한 피해를 받을 우려가 없는 장소에 설치할 것
2) 기온의 변동으로 포의 발생에 장애를 주지 아니하는 장소에 설치할 것
3) 포소화약제가 변질될 우려가 없고, 점검에 편리한 장소에 설치할 것
4) 가압송수장치 또는 포소화약제 혼합장치의 기동에 따라 압력이 가해지는 것 또는 상시 가압된 상태로 사용되는 것은 압력계를 설치할 것

5) 포소화약제 저장량의 확인이 쉽도록 액면계 또는 계량봉 등을 설치할 것
6) 가압식이 아닌 저장탱크는 글라스게이지를 설치하여 액량을 측정할 수 있는 구조로 할 것

2 포소화약제의 저장량 ★★

P.274 문07

1) 고정포방출구방식은 아래의 필요한 양을 합한 양 이상 [$Q_{전체} = Q_1 + Q_2 + Q_3$]

(1) 고정포방출구에서 방출하기 위하여 필요한 양

$$Q_1 [L] = A \times Q_A \times T \times S$$

Q_1 : 포소화약제의 양 [L]
A : 저장탱크의 액표면적 [m^2]
Q_A : 단위 포소화수용액의 양 [$L/m^2 \cdot min$]
T : 방출시간 [min]
S : 포소화약제의 사용농도 [%]

(2) 보조포소화전에서 방출하기 위하여 필요한 양

$$Q_2 [L] = N \times S \times 8000$$

Q_2 : 포소화약제의 양 [L]
N : 호스 접결구 수(3개 이상은 3개)
S : 포소화약제의 사용농도 [%]

(3) 가장 먼 탱크까지의 송액관에 충전하기 위하여 필요한 양(내경 75 [mm] 이하 제외)

$$Q_3 [L] = V \times S \times 1000 [L/m^3]$$

Q_3 : 포소화약제의 양 [L]
V : 송액관 내부의 체적 [m^3]
S : 포소화약제의 사용농도 [%]

2) 옥내포소화전방식 또는 호스릴방식(바닥면적이 200 [m^2] 미만인 건축물에 있어서는 75 [%])

$$Q [L] = N \times S \times 6000$$

Q : 포소화약제의 양 [L]
N : 호스 접결구 수(5개 이상은 5개)
S : 포소화약제의 사용농도 [%]

3) 포헤드방식 및 압축공기 포소화설비 : 표준방사량으로 10분간 방사할 수 있는 양 이상

06 기동장치

1 수동식 기동장치 설치기준

1) 직접조작 또는 원격조작에 따라 가압송수장치·수동식개방밸브 및 소화약제 혼합장치를 기동할 수 있는 것으로 할 것
2) 2 이상의 방사구역을 가진 포소화설비에는 방사구역을 선택할 수 있는 구조로 할 것
3) 기동장치의 조작부는 화재 시 쉽게 접근할 수 있는 곳에 설치하되, 바닥으로부터 0.8 [m] 이상 1.5 [m] 이하의 위치에 설치하고, 유효한 보호장치를 설치할 것
4) 차고 또는 주차장에 설치하는 수동식 기동장치 : 방사구역마다 1개 이상 설치
5) 항공기격납고에 설치하는 수동식 기동장치 : 방사구역마다 2개 이상 설치

2 자동식 기동장치 설치기준

포소화설비의 자동식 기동장치는 화재감지기의 작동 또는 폐쇄형 스프링클러헤드의 개방과 연동하여 가압송수장치·일제개방밸브 및 포소화약제 혼합장치를 기동시킬 수 있도록 다음의 기준에 따라 설치해야 한다. 다만 자동화재탐지설비의 수신기가 설치되어 있고, 수신기가 설치된 장소에 상시 사람이 근무하고 있으며, 화재 시 즉시 해당 조작부를 작동시킬 수 있는 경우에는 그렇지 않음

1) 폐쇄형 스프링클러헤드를 사용하는 경우 ★★★
   (1) 표시온도 : 79 [℃] 미만
   (2) 1개의 스프링클러헤드의 경계면적 : 20 [m^2] 이하
   (3) 부착면의 높이 : 바닥으로부터 5 [m] 이하
   (4) 하나의 감지장치 경계구역은 하나의 층이 되도록 할 것
2) 화재감지기를 사용하는 경우
   (1) 화재감지기는 자동화재탐지설비기준을 따를 것
   (2) 화재감지기회로에는 기준에 따른 발신기를 설치할 것
      ① 스위치 높이 : 바닥으로부터 0.8 [m] 이상 1.5 [m] 이하의 높이에 설치

P.274 문08
P.275 문10

폐쇄형 스프링클러헤드를 사용하는 경우 포소화설비 자동식 기동장치의 설치기준으로 부착면의 높이는 바닥으로부터 5 [m] 이하로 하고, 화재를 유효하게 감지할 수 있도록 할 것 O

② 층마다 설치하되, 각 부분으로부터 하나의 발신기까지 수평거리가 25 [m] 이하가 되도록 할 것(단, 복도 또는 별도로 구획된 실로서 보행거리가 40 [m] 이상일 경우에는 추가로 설치해야 함)

③ 발신기의 위치를 표시하는 표시등은 함의 상부에 설치하되, 그 불빛은 부착 면으로부터 15° 이상의 범위 안에서 부착지점으로부터 10 [m] 이내의 어느 곳에서도 쉽게 식별할 수 있는 적색등으로 할 것

3) 동결의 우려가 있는 장소의 포소화설비의 자동식 기동장치는 자동화재탐지설비와 연동되도록 할 것

07 포헤드 및 고정포방출구

1 포의 팽창비율 ★★★

P.274 문06

1) 저발포

(1) 팽창비 : 20 이하인 것

(2) 포방출구 종류 : 포헤드, 압축공기포헤드

2) 고발포

(1) 팽창비 : 80 이상 1000 미만인 것

① 제1종 기계포 : 80 이상 250 미만

② 제2종 기계포 : 250 이상 500 미만

③ 제3종 기계포 : 500 이상 1000 미만

(2) 포방출구 종류 : 고발포용 고정포방출구

참고 팽창비

$$\text{팽창비} = \frac{\text{방출 후 포의 체적}}{\text{방출 전 포수용액의 체적}}$$

2 포헤드 설치기준

1) 포워터스프링클러헤드 : 바닥면적 8 [m²]마다 1개 이상 ★

2) 포헤드

(1) 바닥면적 9 [m²]마다 1개 이상 ★

(2) 소방대상물 및 포소화약제의 종류에 따른 1분당 방사량

소방대상물	포소화약제의 종류	바닥면적 1 [m²]당 방사량 $\beta[\ell / m^2 \cdot \text{min}]$
차고·주차장 및 항공기격납고	단백포소화약제	6.5 [L] 이상
	합성계면활성제포소화약제	8.0 [L] 이상
	수성막포소화약제	3.7 [L] 이상
특수가연물 저장·취급하는 소방대상물	단백포소화약제	6.5 [L] 이상
	합성계면활성제포소화약제	
	수성막포소화약제	

(3) 포헤드설비의 포소화약제량

$$Q = A[m^2] \times \beta[\ell / m^2 \cdot \text{min}] \times 10\text{min} \times S$$

3) 보가 있는 부분의 포헤드 설치기준

포헤드와 보 하단의 수직거리	포헤드와 보의 수평거리
0 [m]	0.75 [m] 미만
0.1 [m] 미만	0.75 [m] 이상 1 [m] 미만
0.1 [m] 이상 0.15 [m] 미만	1 [m] 이상 1.5 [m] 미만
0.15 [m] 이상 0.3 [m] 미만	1.5 [m] 이상

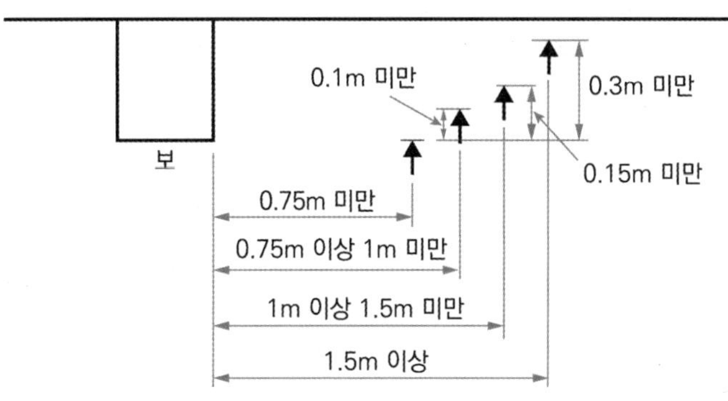

포헤드는 특정소방대상물의 천장 또는 반자에 설치하되, 바닥면적 9 [m²]마다 1개 이상으로 하여 해당 방호대상물의 화재를 유효하게 소화할 수 있도록 할 것 O

특정소방대상물의 보가 있는 부분의 포헤드 설치기준 중 포헤드와 보 하단의 수직거리가 0.2 [m]일 경우 포헤드와 보의 수평거리기준은 1.5 [m] 이상이다. O

PART 2

포헤드를 정방형으로 배치하든 장방형으로 배치하든 간에 그 유효반경은 2.1 [m]로 한다. O

P.273 문03
P.274 문09

P.272 문01
P.272 문02

차고 주차장에 설치하는 포소화전설비의 설치기준으로 저발포의 소화약제를 사용할 수 있는 것으로 할 것 O

P.273 문04

관포체적
해당 바닥 면으로부터 방호대상물의 높이보다 0.5 [m] 높은 위치까지의 체적

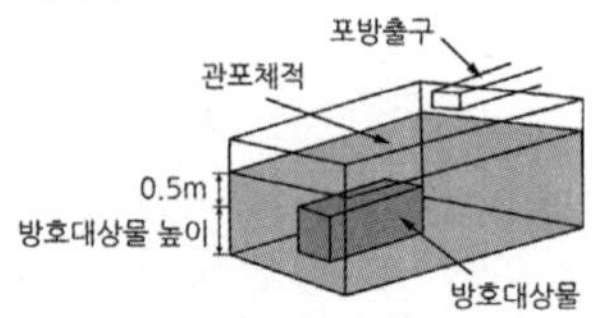

4) 정방형으로 배치한 경우 포헤드 상호 간 거리

$$S = 2R\cos 45°$$

S : 포헤드 상호 간 거리 [m]
R : 유효반경 (2.1 [m])

5) 압축공기포소화설비 분사헤드 설치기준 ★
   (1) 유류탱크 주위 : 바닥면적 13.9 [m^2]마다 1개 이상
   (2) 특수가연물저장소 : 바닥면적 9.3 [m^2]마다 1개 이상

3 차고·주차장에 설치하는 호스릴포소화설비 또는 포소화전설비 설치기준

1) 방사압력 : 0.35 [MPa] 이상 ★
2) 방사량 : 300 [L/min] 이상(1개 층 바닥면적이 200 [m^2] 이하 : 230 [L/min] 이상) ★
3) 포수용액을 수평거리 15 [m] 이상으로 방사할 수 있도록 할 것
4) 저발포의 포소화약제를 사용할 수 있는 것으로 할 것
5) 호스릴 또는 호스를 호스릴포방수구 또는 포소화전방수구로 분리하여 비치하는 때에는 그로부터 3 [m] 이내의 거리에 호스릴함 또는 호스함을 설치할 것
6) 호스릴함 또는 호스함은 바닥으로부터 높이 1.5 [m] 이하의 위치에 설치하고 그 표면에는 "포호스릴함(또는 포소화전함)"이라고 표시한 표지와 적색의 위치표시등을 설치할 것
7) 방호대상물의 각 부분으로부터 하나의 호스릴포방수구까지의 수평거리는 15 [m] 이하(포소화전방수구 : 25 [m] 이하)가 되도록 할 것

4 전역방출방식의 고발포용 고정포방출구 설치기준 ★

1) 개구부에 자동폐쇄장치를 설치할 것
2) 해당 방호구역의 관포체적 1 [m^3]에 대한 1분당 방출량은 특정소방대상물 및 포의 팽창비에 따라 다름
3) 고정포방출구는 바닥면적 500 [m^2]마다 1개 이상으로 할 것
4) 고정포방출구는 방호대상물의 최고부분보다 높은 위치에 설치할 것

08 포소화설비 기타 등

1 포소화설비 배관

P.276 문14

1) 포워터스프링클러설비 또는 포헤드설비의 가지배관 배열은 토너먼트 방식이 아닐 것(압축공기포소화설비 제외)
2) 송액관은 전용으로 할 것
3) 송액관은 포 방출 종료 후 배관 안에 액을 배출하기 위해 적당한 기울기를 유지하고, 그 낮은 부분에 배액밸브를 설치해야 함 ★
4) 교차배관에서 분기하는 지점을 기점으로 한쪽 가지배관에 설치하는 헤드의 수 : 8개 이하
5) 포소화설비 성능에 지장이 없는 경우 다른 설비와 겸용이 가능

배액밸브

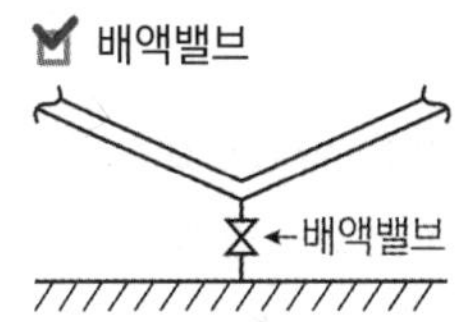

2 탱크구조에 따른 포방출구 ★

탱크구조	포방출구
고정지붕구조(콘루프 탱크)	Ⅰ, Ⅱ, Ⅲ, Ⅳ 형
부상지붕구조(플로팅루프 탱크)	특형

위험물안전관리에 관한 세부기준상 부상지붕구조의 탱크에 상부포주입법을 이용하는 포방출구는 특형방출구이다. O

보충 포소화설비의 방호면적에 따른 헤드 설치기준

구분		설치기준	
포워터스프링클러헤드		바닥면적 8 [m²]마다 1개 이상	포헤드의 유효반경 2.1 [m]
포헤드		바닥면적 9 [m²]마다 1개 이상	
고정포방출구		바닥면적 500 [m²]마다 1개 이상	
압축공기포소화설비의 분사헤드	유류탱크 주위	바닥면적 13.9 [m²]마다 1개 이상	
	특수가연물저장소	바닥면적 9.3 [m²]마다 1개 이상	

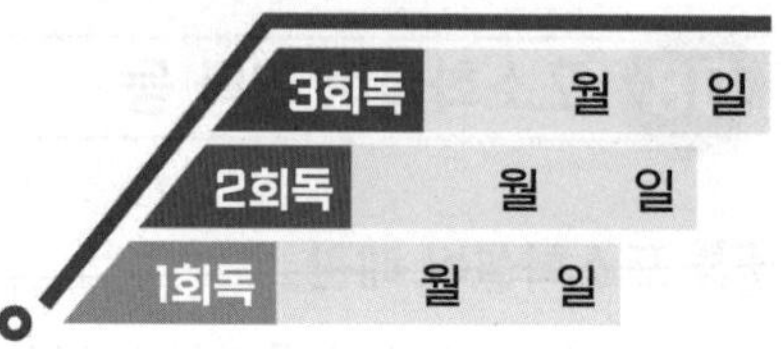

01 상중하

차고 주차장에 설치하는 포소화전설비의 설치기준으로 옳은 것은?

① 호스함은 바닥으로부터 높이 1 [m] 이하의 위치에 설치하고, 그 표면에는 포소화전함이라고 표시한 표지와 적색의 위치표시등을 설치할 것
② 방호대상물의 각 부분으로부터 하나의 포소화전방수구까지의 수평거리는 15 [m] 이하가 되도록 하고, 호스의 길이는 방호대상물의 각 부분에 포가 유효하게 뿌려질 수 있도록 할 것
③ 저발포의 소화약제를 사용할 수 있는 것으로 할 것
④ 호스를 포소화전방수구로 분리하여 비치하는 때에는 그로부터 1.5 [m] 이내의 거리에 호스함을 설치할 것

해설 포소화전 설치기준(차고 또는 주차장)

1) 방사압력 : 0.35 [MPa] 이상
2) 방사량 : 300 [L/min] 이상(1개 층 바닥면적이 200 [m^2] 이하 : 230 [L/min] 이상)
3) 포수용액을 수평거리 15 [m] 이상으로 방사할 수 있도록 할 것
4) 저발포의 포소화약제를 사용할 수 있는 것으로 할 것
5) 호스릴 또는 호스를 호스릴포방수구 또는 포소화전방수구로 분리하여 비치하는 때에는 그로부터 3 [m] 이내의 거리에 호스릴함 또는 호스함을 설치할 것
6) 호스릴함 또는 호스함은 바닥으로부터 높이 1.5 [m] 이하의 위치에 설치하고 그 표면에는 "포호스릴함(또는 포소화전함)"이라고 표시한 표지와 적색의 위치표시등을 설치할 것
7) 방호대상물의 각 부분으로부터 하나의 호스릴포방수구까지의 수평거리는 15 [m] 이하(포소화전방수구 : 25 [m] 이하)가 되도록 할 것

02 상중하

포소화설비의 화재안전기술기준상 차고·주차장에 설치하는 포소화전설비의 설치기준 중 다음 ( ) 안에 알맞은 것은? (단, 1개 층의 바닥면적이 200 [m^2] 이하인 경우는 제외한다)

특정소방대상물의 어느 층에 있어서도 그 층에 설치된 포소화전방수구(포소화전방수구가 5개 이상 설치된 경우에는 5개)를 동시에 사용할 경우 각 이동식 포노즐 선단의 포수용액 방사압력이 (㉠) [MPa] 이상이고 (㉡) [L/min] 이상의 포수용액을 수평거리 15 [m] 이상으로 방사할 수 있도록 할 것

① ㉠ 0.25, ㉡ 230
② ㉠ 0.25, ㉡ 300
③ ㉠ 0.35, ㉡ 230
④ ㉠ 0.35, ㉡ 300

해설 포소화전 설치기준(차고 또는 주차장)

1) 방사압력 : 0.35 [MPa] 이상
2) 방사량 : 300 [L/min] 이상(1개 층 바닥면적이 200 [m^2] 이하 : 230 [L/min] 이상)

정답 01 ③ 02 ④

03 상 중 하

포헤드의 설치기준 중 다음 ( ) 안에 알맞은 것은?

> 압축공기포소화설비의 분사헤드는 천장 또는 반자에 설치하되 방호대상물에 따라 측벽에 설치할 수 있으며, 유류탱크 주위에는 바닥면적 (㉠) [m^2]마다 1개 이상, 특수가연물 저장소에는 바닥면적 (㉡) [m^2]마다 1개 이상으로 당해 방호대상물의 화재를 유효하게 소화할 수 있도록 할 것

① ㉠ 8, ㉡ 9
② ㉠ 9, ㉡ 8
③ ㉠ 9.3, ㉡ 13.9
④ ㉠ 13.9, ㉡ 9.3

해설 압축공기포소화설비 분사헤드 설치기준

- 유류탱크 주위 : 바닥면적 13.9 [m^2]마다 1개 이상
- 특수가연물저장소 : 바닥면적 9.3 [m^2]마다 1개 이상

04 상 중 하

전역방출방식 고발포용 고정포방출구의 설치기준으로 옳은 것은?

① 고정포방출구는 바닥면적 600 [m^2]마다 1개 이상으로 할 것
② 고정포방출구는 방호대상물의 최고부분보다 낮은 위치에 설치할 것
③ 특정소방대상물 및 포 팽창비 따른 종별에 관계없이 해당 방호구역의 관포체적 1 [m^3]에 대한 1분당 포수용액방출량은 1 [L] 이상으로 할 것
④ 개구부에 자동폐쇄장치를 설치할 것

해설 전역방출방식 고발포용 고정포방출구

1) 개구부에 자동폐쇄장치를 설치할 것
2) 해당 방호구역의 관포체적 1 [m^3]에 대한 1분당 방출량은 특정소방대상물 및 포의 팽창비에 따라 다름
3) 고정포방출구는 바닥면적 500 [m^2]마다 1개 이상으로 할 것
4) 고정포방출구는 방호대상물의 최고부분보다 높은 위치에 설치할 것

05 상 중 하

포소화설비에서 펌프의 토출관에 압입기를 설치하여 포소화약제 압입용 펌프로 포소화약제를 압입시켜 혼합하는 방식은?

① 라인 프로포셔너방식
② 프레셔사이드 프로포셔너방식
③ 펌프 프로포셔너방식
④ 프레셔 프로포셔너방식

해설 포소화설비 포혼합장치 종류

- 라인 프로포셔너방식
  벤추리관 벤추리작용에 따라 소화약제를 흡입·혼합하는 방식
- 프레셔 프로포셔너방식
  벤추리관 벤추리작용과 포소화약제 저장탱크압력에 따라 소화약제를 흡입·혼합하는 방식
- 펌프 프로포셔너방식
  흡입기에 물 일부를 보내고 농도 조정밸브에서 조정된 포소화약제의 필요량을 소화약제 탱크에서 펌프 흡입 측으로 보내는 방식
- 프레셔사이드 프로포셔너방식
  압입기를 설치하여 소화약제 압입용 펌프로 소화약제를 압입시켜 혼합하는 방식

정답 03 ④ 04 ④ 05 ②

06 상 중 하

고발포용 고정포방출구의 팽창비율로 옳은 것은?

① 팽창비 10 이상 20 미만
② 팽창비 20 이상 50 미만
③ 팽창비 50 이상 100 미만
④ 팽창비 80 이상 1000 미만

해설 포소화설비 팽창비

저발포	20 이하
고발포	80 이상 1000 미만

07 상 중 하

포소화설비의 화재안전기술기준에서 고정포방출구방식으로 소화약제를 방출하기 위하여 필요한 양을 산출하는 다음 공식에 대한 설명으로 틀린 것은?

$$Q = A \times Q_1 \times T \times S$$

① Q : 포소화약제의 양
② A : 탱크의 액표면적
③ T : 탱크의 체적
④ S : 포소화약제의 사용농도

해설 고정포방출구 포소화약제 양

포소화약제 양 $Q = A \times Q_1 \times T \times S$ [L]
- A : 탱크의 액표면적 [m^2]
- Q_1 : 단위 포소화수용액의 양 [$L/m^2 \cdot min$]
- T : 방출시간 [min]
- S : 포소화약제의 사용농도 [%]

08 상 중 하

폐쇄형 스프링클러헤드를 사용하는 경우 포소화설비 자동식 기동장치의 설치기준으로 틀린 것은?

① 하나의 감지장치 경계구역은 하나의 층이 되도록 할 것
② 폐쇄형 스프링클러헤드는 표시온도가 79 [℃] 이상 121 [℃] 미만인 것 사용할 것
③ 폐쇄형 스프링클러헤드 1개의 경계면적은 20 [m^2] 이하로 할 것
④ 부착면의 높이는 바닥으로부터 5 [m] 이하로 하고, 화재를 유효하게 감지할 수 있도록 할 것

해설 포소화설비 자동식 기동장치 – 폐쇄형 S/P헤드를 사용하는 경우

1) 표시온도 : 79 [℃] 미만
2) 1개의 스프링클러헤드의 경계면적 : 20 [m^2] 이하
3) 부착면의 높이 : 바닥으로부터 5 [m] 이하
4) 하나의 감지장치 경계구역은 하나의 층이 되도록 할 것

09 상 중 하

포소화설비의 화재안전기술기준에 따른 포소화설비 설치기준에 대한 설명으로 틀린 것은?

① 포워터스프링클러헤드는 바닥면적 8 [m^2]마다 1개 이상 설치하여야 한다.
② 포헤드를 정방형으로 배치하든 장방형으로 배치하든 간에 그 유효반경은 2.1 [m]로 한다.
③ 전역방출방식의 고발포용 고정포방출구는 바닥면적 500 [m^2] 이내마다 1개 이상을 설치하여야 한다.
④ 포헤드는 특정소방대상물의 천장 또는 반자에 설치하되, 바닥면적 7 [m^2]마다 1개 이상으로 한다.

해설 방호면적에 따른 포헤드 설치기준

- 포워터스프링클러헤드 : 8 [m^2]마다 1개 이상
- 포헤드 : 9 [m^2]마다 1개 이상

정답 06 ④ 07 ③ 08 ② 09 ④

10 상 중 하

포소화설비의 자동식 기동장치를 폐쇄형 스프링클러헤드의 개방과 연동하여 가압송수장치·일제개방밸브 및 포소화약제 혼합 장치를 기동하는 경우 다음 ( ) 안에 알맞은 것은?

표시온도가 (㉠) [℃] 미만인 것을 사용하고, 1개의 스프링클러헤드의 경계면적은 (㉡) [m^2] 이하로 할 것

① ㉠ 79, ㉡ 8
② ㉠ 121, ㉡ 8
③ ㉠ 79, ㉡ 20
④ ㉠ 121, ㉡ 20

해설 포소화설비 자동식 기동장치 – 폐쇄형 S/P헤드를 사용하는 경우

1) 표시온도 : 79 [℃] 미만
2) 1개의 스프링클러헤드의 경계면적 : 20 [m^2] 이하
3) 부착면의 높이 : 바닥으로부터 5 [m] 이하
4) 하나의 감지장치 경계구역은 하나의 층이 되도록 할 것

11 상 중 하

항공기격납고에 직용하는 고징식 포소화설비로서 가장 적당한 것은?

① 포워터스프링클러설비
② 스프링클러설비
③ 포워터스프레이설비
④ 드렌처설비

해설 항공기격납고 포소화설비 적응성

- 포워터스프링클러설비
- 포헤드설비
- 고정포방출설비
- 압축공기포소화설비

12 상 중 하

특정소방대상물에 따라 적응하는 포소화설비의 설치기준 중 특수가연물을 저장·취급하는 공장 또는 창고에 적응성을 갖는 포소화설비가 아닌 것은?

① 포헤드설비
② 고정포방출설비
③ 압축공기포소화설비
④ 호스릴포소화설비

해설 특수가연물 저장·취급하는 장소에 적응성이 있는 포소화설비

- 포워터스프링클러설비
- 포헤드설비
- 고정포방출설비
- 압축공기포소화설비

13 상 중 하

포소화약제의 혼합방식 중 펌프와 발포기의 중간에 설치된 벤추리관의 벤추리작용에 따라 포소화약제를 흡입·혼합하는 방식은?

① 프레셔 프로포셔너방식
② 펌프 프로포셔너방식
③ 프레셔사이드 프로포셔너방식
④ 라인 프로포셔너방식

해설 포소화설비 포혼합장치의 종류

- 라인 프로포셔너방식
  벤추리관 벤추리작용에 따라 소화약제를 흡입·혼합하는 방식
- 프레셔 프로포셔너방식
  벤추리관 벤추리작용과 포소화약제 저장탱크압력에 따라 소화약제를 흡입·혼합하는 방식

정답 10 ③ 11 ① 12 ④ 13 ④

• 펌프 프로포셔너방식
흡입기에 물 일부를 보내고 농도 조정밸브에서 조정된 포소화약제의 필요량을 소화약제 탱크에서 펌프 흡입 측으로 보내는 방식
• 프레셔사이드 프로포셔너방식
압입기 설치하여 소화약제 압입용펌프로 소화약제를 압입시켜 혼합하는 방식

※ 연결송수관설비의 배관
연결송수관설비의 주배관은 구경 100 [mm] 이상의 전용배관으로 할 것. 다만 주배관의 구경이 100 [mm] 이상인 옥내소화전설비의 배관과는 겸용할 수 있다.
⇨ 연결송수관설비는 옥내소화전설비의 배관만 겸용 가능함
〈시행 2024.7.1.〉

14 (상)(중)(하)

포소화설비의 배관 등의 설치기준 중 옳은 것은?

① 송액관은 포의 방출 종료 후 배관 안의 액을 배출하기 위하여 적당한 기울기를 유지하도록 하고, 그 낮은 부분에 배액밸브를 설치하여야 한다.
② 연결송수관설비의 배관과 겸용할 경우의 주배관은 구경 65 [mm] 이상, 방수구로 연결되는 배관의 구경은 100 [mm] 이상의 것으로 하여야 한다.
③ 포워터스프링클러설비 또는 포헤드설비의 가지배관의 배열은 토너먼트방식으로 한다.
④ 송액관은 겸용으로 하여야 한다. 다만 포소화전의 기동장치의 조작과 동시에 다른 설비의 용도에 사용하는 배관의 송수를 차단할 수 있거나 포소화설비의 성능에 지상이 없는 경우에는 전용으로 할 수 있다.

해설 포소화설비 배관

1) 포워터스프링클러설비 또는 포헤드설비의 가지배관 배열은 토너먼트방식이 아닐 것(압축공기포 제외)
2) 송액관은 전용으로 할 것
3) 송액관은 포 방출 종료 후 배관 안에 액을 배출하기 위해 적당한 기울기를 유지하고, 그 낮은 부분에 배액밸브를 설치해야 함
4) 교차배관에서 분기하는 지점을 기점으로 한쪽 가지배관에 설치하는 헤드의 수 : 8개 이하
5) 포소화설비 성능에 지장이 없는 경우 다른 설비와 겸용이 가능

정답 14 ①

CHAPTER

08 이산화탄소소화설비

3회독	월	일
2회독	월	일
1회독	월	일

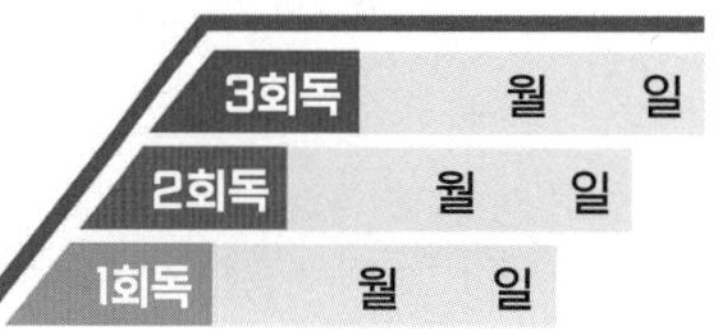

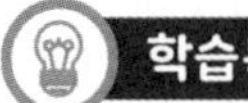

학습목표

1 이산화탄소소화설비의 계통도를 이해한다.
2 저장용기 설치장소의 기준과 저장용기 설치기준을 암기한다.
3 소화약제량 구하는 공식을 암기한다.
4 기동장치에 따른 설치기준을 암기한다.
5 배관의 설치기준을 암기한다.
6 분사헤드의 설치기준을 암기한다.

학습MAP

- ★★★ 이산화탄소 소화설비의 계통도 및 분류
  - 이산화탄소소화설비의 계통도
  - 이산화탄소소화설비의 분류
    - 저장방식에 따른 분류
    - 방출방식에 따른 분류
    - 기동방식에 따른 분류
- ★★★ 소화약제 저장용기 등
  - 저장용기 설치장소 기준
  - 저장용기 설치기준
- ★★★ 소화약제
  - 전역방출방식
    - 표면화재
    - 심부화재
  - 국소방출방식
  - 호스릴이산화탄소소화설비
- 기동장치
  - 수동식 기동장치 설치기준
  - 자동식 기동장치 설치기준 ★
    - 전기식
    - 기계식
    - 가스압력식
- 배관 등
  - 배관 설치기준
- 분사헤드
  - 분사헤드 설치기준
  - 분사헤드 설치 제외
- 호스릴이산화탄소 소화설비
  - 호스릴설비의 설치 가능 장소
  - 설치기준
- 자동폐쇄장치 및 배출설비
  - 자동폐쇄장치 설치기준
  - 배출설비 설치대상

01 개요

이산화탄소의 주된 소화효과인 질식소화를 목적으로 이산화탄소소화약제를 방출하여 산소의 농도를 저하시켜 소화하는 설비이다.

02 이산화탄소소화설비의 계통도 및 분류

1 이산화탄소소화설비의 계통도 ★★★

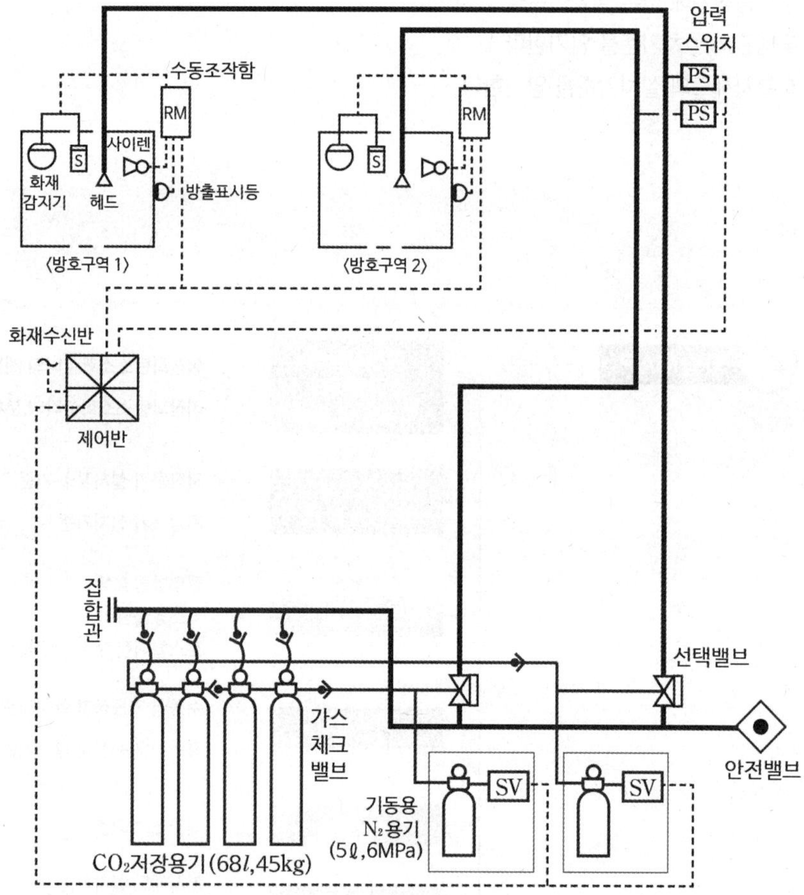

2 이산화탄소소화설비의 분류

1) 저장방식에 따른 분류

(1) 고압식 : CO_2 저장용기에 액화 CO_2를 저장하고, 2.1 [MPa] 이상의 압력으로 방출하는 방식

(2) 저압식 : CO_2 저장용기에 액화 CO_2를 −18 [℃] 이하에서 2.1 [MPa] 압력 유지

2) 방출방식에 따른 분류

(1) 전역방출방식 : 고정식 공급장치에 배관 및 분사헤드를 고정 설치하여 밀폐 방호구역 내에 방출하는 설비

(2) 국소방출방식 : 고정식 공급장치에 배관 및 분사헤드를 설치하여 직접 화점에 방출하는 설비로 화재 발생 부분에만 집중적으로 소화약제를 방출

(3) 호스릴방식 : 분사헤드가 배관에 고정되어 있지 않고, 소화약제 저장용기에 호스를 연결하여 사람이 직접 화점에 소화약제를 방출하는 이동식 소화설비

3) 기동방식에 따른 분류

(1) 가스압력식 : 화재감지기의 동작 또는 수동조작스위치의 조작에 따라 기동용기의 전자밸브가 개방되며, 기동용기의 압력에 의해 선택밸브 및 CO_2 저장용기의 밸브가 개방되는 방식

(2) 전기식 : 화재감지기의 작동 또는 수동조작스위치의 동작에 의해 CO_2 저장용기 및 선택밸브에 설치된 전자밸브가 개방되는 방식

(3) 기계식 : 밸브 내의 압력차에 의해 개방되는 방식

[호스릴이산화탄소소화설비]

PART 2

03 소화약제 저장용기 등

1 저장용기 설치장소의 기준 ★★★

1) 방호구역 외의 장소에 설치할 것. 다만 방호구역 내에 설치할 경우 피난 및 조작이 용이하도록 피난구 부근에 설치해야 함

2) 온도가 40 [℃] 이하이고 온도변화가 적은 곳에 설치할 것

3) 직사광선 및 빗물이 침투할 우려가 없는 곳에 설치할 것

4) 방화문으로 구획된 실에 설치할 것

5) 용기의 설치장소에는 해당 용기가 설치된 곳임을 표시하는 표지를 할 것

6) 용기 간의 간격은 점검에 지장이 없도록 3 [cm] 이상 간격을 유지할 것

7) 저장용기와 집합관을 연결하는 연결배관에는 체크밸브를 설치할 것. 다만 저장용기가 하나보의 방호구역만을 담당하는 경우에는 그렇지 않음

P.291 문08

- 이산화탄소소화약제의 저장용기는 온도가 40 [℃] 이하이고, 온도변화가 작은 곳에 설치할 것 O

- 용기 간의 간격은 점검에 지장이 없도록 2 [cm]의 간격을 유지할 것 X 3 [cm] 이상 간격

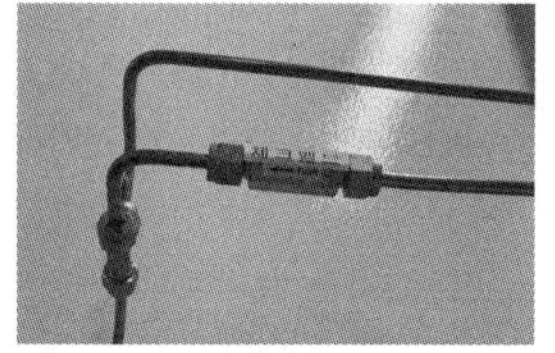
[체크밸브]
[출처 : 한국소방마이스터고등학교]

2 저장용기 설치기준

1) 충전비 ★★★

(1) 고압식 : 1.5 이상 1.9 이하

(2) 저압식 : 1.1 이상 1.4 이하

참고 충전비

$$충전비 = \frac{소화약제\ 저장용기의\ 내부\ 용적[L]}{소화약제의\ 중량[kg]}$$

2) 저압식 저장용기 ★★★

(1) 안전밸브 설치 : 내압시험압력의 0.64배부터 0.8배의 압력에서 작동

(2) 봉판 설치 : 내압시험압력의 0.8배부터 내압시험압력에서 작동

(3) 액면계 및 압력계 설치

(4) 압력경보장치 설치 : 2.3 [MPa] 이상 1.9 [MPa] 이하의 압력에서 작동

(5) 자동냉동장치 설치 : 용기 내부의 온도가 섭씨 영하 18 [℃] 이하에서 2.1 [MPa]의 압력을 유지

(6) 내압시험압력 : 3.5 [MPa] 이상의 내압시험압력에 합격한 것으로 할 것

3) 고압식 내압시험압력 : 25 [MPa] 이상의 내압시험압력에 합격한 것으로 할 것 ★★★

3 저장용기의 개방밸브

전기식·가스압력식 또는 기계식에 따라 자동으로 개방되고 수동으로도 개방되는 것으로서 안전장치가 부착된 것으로 해야 함

4 안전장치 설치기준

이산화탄소소화약제 저장용기와 선택밸브 또는 개폐밸브 사이에는 배관의 최소사용설계압력과 최대허용압력 사이의 압력에서 작동하는 안전장치를 설치해야 하며, 안전장치를 통하여 나온 소화가스는 전용의 배관 등을 통하여 건축물 외부로 배출될 수 있도록 해야 한다. 이 경우 안전장치로 용전식을 사용해서는 안 된다.

P.291 문09
P.292 문11

저장용기의 충전비는 고압식은 1.5 이상 1.9 이하, 저압식은 1.1 이상 1.4 이하로 할 것 O

저압식 저장용기에는 내압시험압력의 0.64배부터 0.8배의 압력에서 작동하는 봉판와 내압시험압력의 0.8배부터 내압시험압력에서 작동하는 안전밸브을 설치할 것

X 내압시험압력의 0.64배부터 0.8배의 압력에서 작동하는 안전밸브와 내압시험압력의 0.8배부터 내압시험압력에서 작동하는 봉판을 설치

용전식 안전밸브(가용합금 안전밸브)

일반적으로 낮은 융점을 갖는 합금(비스무트, 납 등)을 가용합금이라고 한다. 안전밸브에 가용합금을 사용하여 용기가 이상 고온이 되면 가용합금이 녹아 용기 내의 가스를 방출시키는 방식의 안전장치이다.

※ 용전식 사용 금지 이유 : 이산화탄소소화설비 배관 내 과압이 발생하였을 때 온도가 상승하지 않아도 안전장치가 동작해야 하므로

04 소화약제

1 전역방출방식 ★★★

$$W = (V \times \alpha) + (A \times \beta)$$

W : 약제량 [kg]
V : 방호구역 체적 [m^3]
α : 체적계수 [kg/m^3]
A : 개구부 면적 [m^2]
β : 면적계수
- 표면화재 : 5 [kg/m^2]
- 심부화재 : 10 [kg/m^2]

(개구부에 자동폐쇄장치 미설치 시 적용)

1) 표면화재(가연성 액체 또는 가연성 가스 등의 표면에서 연소하는 화재)

(1) 방호구역의 체적 1 [m^3]에 대하여 다음 표에 따른 양

방호구역 체적 [m^3]	체적 1 [m^3]에 대한 소화약제의 양 [kg/m^3]	소화약제 저장량의 최저한도의 양 [kg]
45 [m^3] 미만	1 [kg/m^3]	45 [kg]
45 [m^3] 이상 150 [m^3] 미만	0.9 [kg/m^3]	
150 [m^3] 이상 1450 [m^3] 미만	0.8 [kg/m^3]	135 [kg]
1450 [m^3] 이상	0.75 [kg/m^3]	1125 [kg]

(2) 방호구역 개구부에 자동폐쇄장치를 설치하지 않은 경우에는 개구부 면적 1 [m^2]당 5 [kg]을 가산해야 함

2) 심부화재(목재 · 석탄 · 섬유류 등과 같은 고체 가연물에서 발생하는 화재)

(1) 방호구역의 체적 1 [m^3]에 대하여 다음 표에 따른 양 이상

방호대상물	체적 1 [m^3]에 대한 소화약제의 양 [kg/m^3]	설계농도 [%]
유압기기를 제외한 전기설비, 케이블실	1.3 [kg/m^3]	50
체적 55 [m^3] 미만의 전기설비	1.6 [kg/m^3]	50
서고, 전자제품창고, 목재가공품창고, 박물관	2.0 [kg/m^3]	65
고무류, 모피창고, 집진설비, 석탄창고, 면화류창고	2.7 [kg/m^3]	75

표면화재와 심부화재 분류

1) 변전실을 예로 들면 유입식 변압기, 유입식 차단기류를 사용하는 경우 발전실, 축전지실, 주차장, 보일러실, 기름 탱크실은 표면화재로 적용할 수 있다.
2) 변전실을 예로 들면 Mold 변압기, ACB, VCB 등의 차단기를 사용하는 경우 통신기기실, 승강기계실, MDF실, 기계실(보일러실 제외) 등은 심부화재로 적용할 수 있다. 다만 표면, 심부화재의 적용은 설계자의 판단이 우선한다.
3) 석탄과 목재가공품 저장시설도 심부화재로 분류할 수 있다.

[출처 : 화재안전기준 해설서]

P.290 문07

(2) 방호구역 개구부에 자동폐쇄장치를 설치하지 않은 경우에는 개구부 면적 1 [m^2]당 10 [kg]을 가산해야 함

2 국소방출방식

1) 윗면이 개방된 용기에 저장하는 경우와 화재 시 연소면이 한정되고 가연물이 비산할 우려가 없는 경우

$$W = A[m^2] \times 13[kg/m^2] \times h$$

W : 약제량 [kg]
A : 방호대상물의 표면적 [m^2]
h : 할증계수(고압식 : 1.4, 저압식 : 1.1)

0.6m
0.6m
0.6m
0.6m
0.6m
0.6m

[방호체적 (V)]

[증가시킨 가상의 벽 (A)]

[실제 설치된 벽면적 (a)]

2) 그 외의 경우

$$W = V[m^3] \times \left(8 - 6\frac{a}{A}\right)[kg/m^3] \times h$$

W : 약제량 [kg]
V : 방호공간의 체적 [m^3] (방호대상물 각 부분에서 0.6 [m]를 증가시킨 체적)
h : 할증계수(고압식 : 1.4, 저압식 : 1.1)
a : 방호대상물 주위에 설치된 벽 면적 합계 [m^2]
A : 방호공간의 벽면적의 합계 [m^2] (벽이 없는 경우 : 벽이 있는 것으로 가정한 당해 부분의 면적)

3 호스릴이산화탄소소화설비

하나의 노즐에 대하여 90 [kg] 이상으로 할 것

호스릴이산화탄소소화설비는 하나의 노즐에 대하여 60 [kg] 이상으로 할 것 ☒ 90 [kg] 이상

05 기동장치

1 수동식 기동장치 설치기준

수동식 기동장치 부근에는 소화약제의 방출을 지연시킬 수 있는 방출지연스위치(자동복귀형 스위치로서 수동식 기동장치의 타이머를 순간 정지시키는 기능의 스위치)를 설치해야 함

1) 전역방출방식은 방호구역마다, 국소방출방식은 방호대상물마다 설치할 것

P.288 문02

수동식 기동장치는 전역방출방식에 있어서 방호대상물마다 설치한다.
☒ 전역방출방식은 방호구역마다, 국소방출방식은 방호대상물마다 설치

2) 해당 방호구역의 출입구 부분 등 조작을 하는 자가 쉽게 피난할 수 있는 장소에 설치할 것
3) 기동장치의 조작부는 바닥으로부터 높이 0.8 [m] 이상 1.5 [m] 이하 위치에 설치하고, 보호판 등에 따른 보호장치를 설치할 것
4) 기동장치 인근의 보기 쉬운 곳에 "이산화탄소소화설비 수동식 기동장치"라는 표지를 할 것
5) 전기를 사용하는 기동장치에는 전원표시등을 설치할 것
6) 기동장치의 방출용 스위치는 음향경보장치와 연동하여 조작될 수 있는 것으로 할 것
7) 기동장치에는 보호장치를 설치해야 하며, 보호장치를 개방하는 경우 기동장치에 설치된 부저 또는 벨 등에 의하여 경고음을 발할 것 〈신설 2024.8.1.〉
8) 기동장치를 옥외에 설치하는 경우 빗물 또는 외부 충격의 영향을 받지 아니하도록 설치할 것 〈신설 2024.8.1.〉

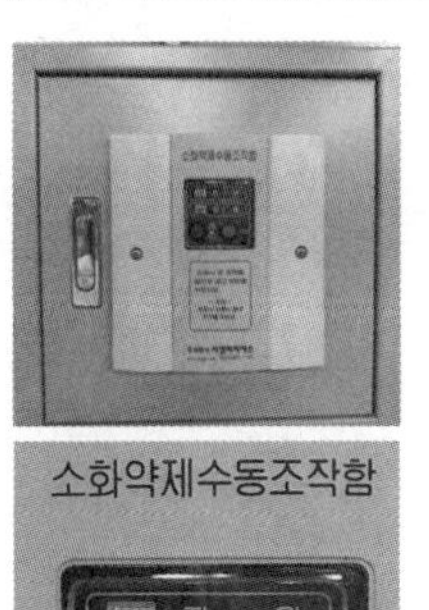

[수동조작함]

기동장치의 복구스위치는 음향경보장치와 연동하여 조작될 수 있는 것이어야 한다.
☒ 기동장치의 방출용 스위치

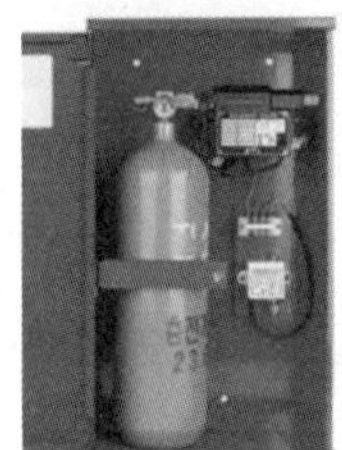
[기동용기함 내부]

[솔레노이드밸브]

2 자동식 기동장치 설치기준 ★

자동화재탐지설비의 감지기의 작동과 연동하는 것으로서 다음의 기준에 따라 설치할 것

P.288 문01
P.289 문03
P.292 문10

1) 자동식 기동장치에는 수동으로도 기동할 수 있는 구조로 할 것
2) 전기식 기동장치로서 7병 이상의 저장용기를 동시에 개방하는 설비는 2병 이상의 저장용기에 전자 개방밸브를 부착할 것
3) 기계식 기동장치는 저장용기를 쉽게 개방할 수 있는 구조로 할 것
4) 가스압력식 기동장치는 다음의 기준에 따를 것
   (1) 기동용 가스용기 및 해당 용기에 사용하는 밸브는 25 [MPa] 이상의 압력에 견딜 수 있는 것으로 할 것
   (2) 기동용 가스용기에는 내압시험압력의 0.8배부터 내압시험압력 이하에서 작동하는 안전장치를 설치할 것
   (3) 기동용 가스용기의 체적은 5 [L] 이상으로 하고, 해당 용기에 저장하는 질소 등의 비활성 기체는 6.0 [MPa] 이상(21 [℃] 기준)의 압력으로 충전할 것

(4) 기동용 가스용기에는 충전 여부를 확인할 수 있는 압력게이지를 설치할 것

3 약제 방출 표시등

이산화탄소소화설비가 설치된 부분의 출입구 등의 보기 쉬운 곳에 소화약제의 방출을 표시하는 표시등을 설치해야 한다.

[약제 방출 표시등]

06 배관 등

1 배관 설치기준

> **선생님 TIP**
> 이산화탄소소화설비의 배관 설치기준에서 특히 강관의 고압식이 많이 출제되었으니 꼭 기준을 기억할 것!

1) 배관은 전용으로 할 것
2) 강관(압력배관용 탄소강관) ★
   (1) 고압식 : 스케줄 80 이상의 것(호칭구경 20 [mm] 이하인 경우 스케줄 40 이상 가능)
   (2) 저압식 : 스케줄 40 이상의 것
3) 동관(이음이 없는 동 및 동합금관)
   (1) 고압식 : 16.5 [MPa] 이상의 압력에 견딜 수 있는 것
   (2) 저압식 : 3.75 [MPa] 이상의 압력에 견딜 수 있는 것
4) 배관부속의 최소사용설계압력 〈개정 2024.8.1.〉 ★★

구분	최소사용설계압력
고압식의 1차 측(개폐밸브 또는 선택밸브 이전) 배관부속	9.5 [MPa]
고압식의 2차 측	4.5 [MPa]
저압식의 배관부속	

2 배관의 구경 ★★★

배관의 구경은 이산화탄소소화약제의 소요량이 다음의 기준에 따른 시간 내에 방출될 수 있는 것으로 해야 함

P.293 문12

1) 전역방출방식 : 표면화재 1분, 심부화재 7분(이 경우 설계농도가 2분 이내에 30 [%]에 도달해야 함)
2) 국소방출방식 : 30초

3 수동잠금밸브

소화약제의 저장용기와 선택밸브 사이의 집합배관에는 수동잠금밸브를 설치하되 선택밸브 직전에 설치할 것. 다만 선택밸브가 없는 설비의 경우에는 저장용기실 내에 설치하되 조작 및 점검이 쉬운 위치에 설치해야 함

4 선택밸브

1) 방호구역 또는 방호대상물마다 설치할 것
2) 각 선택밸브에는 그 담당방호구역 또는 방호대상물을 표시할 것

07 분사헤드

[분사헤드와 내부 오리피스]

분사헤드의 설치
스프링클러헤드의 경우는 마찰 손실을 최소화하기 위하여 토너먼트 방식을 금하고 있으나 가스계 소화설비의 경우에는 마찰 손실보다는 모든 분사헤드에서 균일하게 소화약제가 방사되어 실 전체에 고르게 가스가 확산되어 조기에 소화하기 위해 토너먼트방식으로 분사헤드를 설치하는 것을 원칙으로 한다.
[출처 : 화재안전기준 해설서]

1 전역방출방식 분사헤드

1) 방출된 소화약제가 방호구역의 전역에 균일하고 신속하게 확산할 수 있도록 할 것
2) 방출압력 ★
   (1) 저압식 : 1.05 [MPa] 이상의 것으로 할 것
   (2) 고압식 : 2.1 [MPa] 이상의 것으로 할 것

2 국소방출방식 분사헤드

소화약제의 방출에 따라 가연물이 비산하지 않는 장소에 설치할 것

3 분사헤드 설치 제외 ★★★

P.289 문04

이산화탄소소화설비의 분사헤드는 다음의 장소에 설치해서는 안 됨

1) 방재실·제어실 등 사람이 상시 근무하는 장소
2) 니트로셀룰로스·셀룰로이드제품 등 자기연소성 물질을 저장·취급하는 장소
3) 나트륨·칼륨·칼슘 등 활성금속물질을 저장·취급하는 장소
4) 전시장 등의 관람을 위하여 다수인이 출입·통행하는 통로 및 전시실 등

참고 분사헤드 설치 제외의 이유 [출처 : 화재안전기준 해설서]

1) 방재실·제어실 등, 다수인 출입·통행하는 통로 및 전시실 등은 이산화탄소(CO_2)소화약제 방사 시 거주자 및 이용자의 질식 및 동해 피해가 우려되기 때문이다.
2) 니트로셀룰로스·셀룰로이드 제품 등은 물질 내에 산소(O_2)를 포함하고 있어 자체 산소(O_2)를 이용하여 연소가 가능하므로 질식효과로써 소화가 가능한 이산화탄소(CO_2)소화약제의 의미가 없다.
3) 나트륨, 칼륨, 칼슘 등 활성 금속물질은 그 반응성이 워낙 커서 이산화탄소(CO_2)약제에 의한 소화가 효과를 거두기 어렵기 때문이다.

08 호스릴이산화탄소소화설비

1 호스릴설비의 설치 가능 장소(이산화탄소, 할론, 분말소화설비 동일)

화재 시 현저하게 연기가 찰 우려가 없는 장소로서 다음의 어느 하나에 해당하는 장소에는 호스릴이산화탄소소화설비를 설치할 수 있음. 다만 차고 또는 주차의 용도로 사용되는 장소는 제외함

1) 지상 1층 및 피난층에 있는 부분으로서 지상에서 수동 또는 원격조작에 따라 개방할 수 있는 개구부의 유효면적 합계가 바닥면적의 15 [%] 이상이 되는 부분 ★
2) 전기설비가 설치되어 있는 부분 또는 다량의 화기를 사용하는 부분의 바닥면적이 해당 설비가 설치되어 있는 구획의 바닥면적 1/5 미만이 되는 부분 ★

2 설치기준

P.289 문05
P.290 문06
P.293 문13

1) 방호대상물의 각 부분으로부터 하나의 호스접결구까지의 수평거리가 15 [m] 이하가 되도록 할 것
2) 호스릴이산화탄소소화설비의 노즐은 20 [℃]에서 하나의 노즐마다 60 [kg/min] 이상의 소화약제를 방출할 수 있는 것으로 할 것

노즐은 20 [℃]에서 하나의 노즐마다 40 [kg/min] 이상의 소화약제를 방사할 수 있는 것으로 할 것
☒ 60 [kg/min] 이상

3) 소화약제 저장용기는 호스릴을 설치하는 장소마다 설치할 것
4) 소화약제 저장용기의 개방밸브는 호스릴의 설치장소에서 수동으로 개폐할 수 있는 것으로 할 것
5) 소화약제 저장용기의 가장 가까운 곳의 보기 쉬운 곳에 적색의 표시등을 설치하고, 호스릴이산화탄소소화설비가 있다는 뜻을 표시한 표지를 할 것

09 이산화탄소소화설비 기타 등

☑ 피스톤릴리즈 댐퍼(PRD)
소화약제가 방출되는 가스압력을 이용하여 피스톤을 동작시켜 개구부 등을 폐쇄

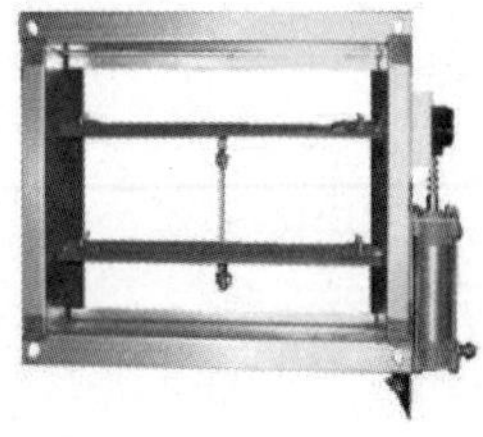

1 자동폐쇄장치 설치기준

전역방출방식의 이산화탄소소화설비를 설치한 특정소방대상물 또는 그 부분에 대하여는 다음의 기준에 따라 자동폐쇄장치를 설치해야 함

1) 환기장치 등을 설치한 것은 소화약제가 방출되기 전에 해당 환기장치 등이 정지될 수 있도록 할 것

2) 개구부가 있거나 천장으로부터 1 [m] 이상의 아래 부분 또는 바닥으로부터 해당 층의 높이의 2/3 이내의 부분에 통기구가 있어 소화약제의 유출에 따라 소화효과를 감소시킬 우려가 있는 것은 소화약제가 방출되기 전에 해당 개구부 및 통기구를 폐쇄할 수 있도록 할 것
3) 자동폐쇄장치는 방호구역 또는 방호대상물이 있는 구획의 밖에서 복구할 수 있는 구조로 하고, 그 위치를 표시하는 표지를 할 것

2 배출설비 설치대상 ★

지하층, 무창층 및 밀폐된 거실
(방출된 소화약제를 배출하기 위해)

P.293 문14

암기 지무밀거

3 과압배출구

이산화탄소소화설비의 방호구역에는 소화약제 방출 시 발생하는 과(부)압으로 인한 구조물 등의 손상을 방지하기 위해 1)부터 4)까지의 내용을 검토하여 과압배출구를 설치해야 한다. 다만 과(부)압이 발생해도 구조물 등에 손상이 생길 우려가 없음을 시험 또는 공학적인 자료로 입증하는 경우 설치하지 않을 수 있다. 〈개정 2024.8.1.〉

[과압배출구]

1) 방호구역 누설면적 〈신설 2024.8.1.〉
2) 방호구역의 최대허용압력 〈신설 2024.8.1.〉
3) 소화약제 방출 시의 최고압력 〈신설 2024.8.1.〉
4) 소화농도 유지시간 〈신설 2024.8.1.〉

4 부취발생기 〈신설 2024.8.1.〉

방호구역 내에 이산화탄소소화약제가 방출되는 경우 후각을 통해 이를 인지할 수 있도록 부취발생기를 다음의 어느 하나에 해당하는 방식으로 설치해야 한다.

1) 부취발생기를 소화약제 저장용기실 내의 소화배관에 설치하여 소화약제의 방출에 따라 부취제가 혼합되도록 하는 방식
   (1) 소화약제 저장용기실 내의 소화배관에 설치할 것
   (2) 점검 및 관리가 쉬운 위치에 설치할 것
   (3) 방호구역별로 선택밸브 직후 2차 측 배관에 설치할 것. 다만 선택밸브가 없는 경우에는 집합배관에 설치할 수 있다.
2) 방호구역 내에 부취발생기를 설치하여 이산화탄소소화설비의 기동에 따라 소화약제 방출 전에 부취제가 방출되도록 하는 방식

예상문제

01 상중하

이산화탄소소화설비 기동장치의 설치기준으로 옳은 것은?

① 가스압력식 기동장치 기동용 가스용기의 용적은 3 [L] 이상으로 한다.

② 전기식 기동장치로서 5병의 저장용기를 동시에 개방하는 설비는 2병 이상의 저장용기에 전자개방밸브를 부착해야 한다.

③ 수동식 기동장치의 부근에는 소화약제의 방출을 지연시킬 수 있는 방출지연스위치를 설치해야 한다.

④ 수동식 기동장치는 전역방출방식에 있어서 방호대상물마다 설치한다.

해설 이산화탄소소화설비 기동장치

1) 가스압력식 기동장치
 (1) 기동용 가스용기 및 해당 용기에 사용하는 밸브는 25 [MPa] 이상의 압력에 견딜 수 있는 것으로 할 것
 (2) 기동용 가스용기에는 내압시험압력의 0.8배부터 내압시험압력 이하에서 작동하는 안전장치를 설치할 것
 (3) 기동용 가스용기의 체적은 5 [L] 이상으로 하고, 해당 용기에 저장하는 질소 등의 비활성 기체는 6.0 [MPa] 이상(21 [℃] 기준)의 압력으로 충전할 것
 (4) 기동용 가스용기에는 충전 여부를 확인할 수 있는 압력게이지를 설치할 것
2) 전기식 기동장치로서 7병 이상의 저장용기를 동시에 개방하는 설비는 2병 이상의 저장용기에 전자 개방밸브를 부착할 것
3) 수동식 기동장치 부근에는 소화약제의 방출을 지연시킬 수 있는 방출지연스위치를 설치해야 함
4) 수동식 기동장치는 전역방출방식은 방호구역마다, 국소방출방식은 방호대상물마다 설치할 것

02 상중하

이산화탄소소화설비의 화재안전기술기준에 따른 이산화탄소소화설비의 수동식 기동장치 설치기준으로 틀린 것은?

① 기동장치의 조작부는 보호판 등에 따른 보호장치를 설치하여야 한다.

② 기동장치의 조작부는 바닥으로부터 0.8 [m] 이상 1.5 [m] 이하의 위치에 설치한다.

③ 전역방출방식은 방호구역마다, 국소방출방식은 방호대상물마다 설치한다.

④ 기동장치의 복구스위치는 음향경보장치와 연동하여 조작될 수 있는 것이어야 한다.

해설 이산화탄소소화설비 수동식 기동장치

기동장치의 방출용 스위치는 음향경보장치와 연동하여 조작될 수 있는 것으로 할 것

정답 01 ③ 02 ④

03 상 중 하

이산화탄소소화설비 가스압력식 기동장치의 기준 중 틀린 것은?

① 기동용 가스용기 및 해당 용기에 사용하는 밸브는 25 [MPa] 이상의 압력에 견딜 수 있는 것으로 할 것
② 기동용 가스용기에는 내압시험압력의 0.64배부터 내압시험압력 이하에서 작동하는 안전장치를 설치할 것
③ 기동용 가스용기의 용적은 5 [L] 이상으로 하고, 해당 용기에 저장하는 질소 등의 비활성 기체는 6.0 [MPa] 이상(21 [℃] 기준)의 압력으로 충전할 것
④ 기동용 가스용기에는 충전 여부를 확인할 수 있는 압력게이지를 설치할 것

해설 가스압력식 기동장치 안전장치

1) 기동용 가스용기 및 해당 용기에 사용하는 밸브는 25 [MPa] 이상의 압력에 견딜 수 있는 것으로 할 것
2) 기동용 가스용기에는 내압시험압력의 0.8배부터 내압시험압력 이하에서 작동하는 안전장치를 설치할 것
3) 기동용 가스용기의 체적은 5 [L] 이상으로 하고, 해당 용기에 저장하는 질소 등의 비활성 기체는 6.0 [MPa] 이상(21 [℃] 기준)의 압력으로 충전할 것
4) 기동용 가스용기에는 충전 여부를 확인할 수 있는 압력게이지를 설치할 것

04 상 중 하

전역방출방식 이산화탄소소화설비의 저압식 분사헤드 방출압력은 몇 [MPa] 이상인가?

① 0.6　　② 0.7
③ 0.8　　④ 1.05

해설 이산화탄소소화설비헤드 방출압력

1) 저압식 : 1.05 [MPa] 이상의 것으로 할 것
2) 고압식 : 2.1 [MPa] 이상의 것으로 할 것

05 상 중 하

이산화탄소소화설비 중 호스릴방식으로 설치되는 호스접결구는 방호대상물의 각 부분으로부터 수평거리 몇 [m] 이하이어야 하는가?

① 15 [m] 이하　　② 20 [m] 이하
③ 25 [m] 이하　　④ 40 [m] 이하

해설 호스릴 CO_2소화설비 분사헤드

1) 방호대상물의 각 부분으로부터 하나의 호스접결구까지의 수평거리가 15 [m] 이하가 되도록 할 것
2) 호스릴이산화탄소소화설비의 노즐은 20 [℃]에서 하나의 노즐마다 60 [kg/min] 이상의 소화약제를 방출할 수 있는 것으로 할 것
3) 소화약제 저장용기는 호스릴을 설치하는 장소마다 설치할 것
4) 소화약제 저장용기의 개방밸브는 호스릴의 설치장소에서 수동으로 개폐할 수 있는 것으로 할 것
5) 소화약제 저장용기의 가장 가까운 곳의 보기 쉬운 곳에 적색의 표시등을 설치하고, 호스릴이산화탄소소화설비가 있다는 뜻을 표시한 표지를 할 것

정답 03 ② 04 ④ 05 ①

06 상중하

호스릴이산화탄소소화설비의 설치기준으로 틀린 것은?

① 소화약제 저장용기는 호스릴을 설치하는 장소마다 설치할 것
② 노즐은 20 [℃]에서 하나의 노즐마다 40 [kg/min] 이상의 소화약제를 방사할 수 있는 것으로 할 것
③ 방호대상물의 각 부분으로부터 하나의 호스 접결구까지의 수평거리가 15 [m] 이하가 되도록 할 것
④ 소화약제 저장용기의 개방밸브는 호스의 설치장소에서 수동으로 개폐할 수 있는 것으로 할 것

해설 호스릴 CO_2소화설비 분사헤드

1) 방호대상물의 각 부분으로부터 하나의 호스접결구까지의 수평거리가 15 [m] 이하가 되도록 할 것
2) 호스릴이산화탄소소화설비의 노즐은 20 [℃]에서 하나의 노즐마다 60 [kg/min] 이상의 소화약제를 방출할 수 있는 것으로 할 것
3) 소화약제 저장용기는 호스릴을 설치하는 장소마다 설치할 것
4) 소화약제 저장용기의 개방밸브는 호스릴의 설치장소에서 수동으로 개폐할 수 있는 것으로 할 것
5) 소화약제 저장용기의 가장 가까운 곳의 보기 쉬운 곳에 적색의 표시등을 설치하고, 호스릴이산화탄소소화설비가 있다는 뜻을 표시한 표지를 할 것

07 상중하

체적 100 [m^3]의 면화류 창고에 전역방출방식의 이산화탄소소화설비를 설치하는 경우에 소화약제는 몇 [kg] 이상 저장하여야 하는가? (단, 방호구역의 개구부에 자동폐쇄장치가 부착되어 있다)

① 12　　② 27
③ 120　　④ 270

해설 이산화탄소소화설비 약제량 선정

• 전역방출방식 심부화재 약제량

방호대상물	방호구역 1 [m^3]에 대한 소화약제량
유압기기를 제외한 전기설비, 케이블실	1.3 [kg]
체적 55 [m^3] 미만의 전기설비	1.6 [kg]
서고, 전자제품창고, 목재가공품창고, 박물관	2.0 [kg]
고무류, 모피창고, 집진설비, 석탄창고, 면화류창고	2.7 [kg]

• 약제량 $W = (V \times \alpha) + (A \times \beta)$
$= 100\ [m^3] \times 2.7\ [kg/m^3]$
$= 270\ [kg]$

※ 개구부는 자동폐쇄장치가 설치되어 있으므로 개구부 가산량 없음

정답 06 ② 07 ④

08 상 중 하

이산화탄소소화약제의 저장용기 설치기준에 적합하지 않은 것은?

① 방화문으로 구획된 실에 설치할 것
② 방호구역 외의 장소에 설치할 것
③ 용기 간의 간격은 점검에 지장이 없도록 2 [cm]의 간격을 유지할 것
④ 온도 40 [℃] 이하, 온도 변화 적은 곳에 설치

해설 이산화탄소 저장용기 설치장소

1) 방호구역 외의 장소에 설치할 것
2) 온도가 40 [℃] 이하이고, 온도 변화가 적은 곳에 설치할 것
3) 직사광선 및 빗물이 침투할 우려가 없는 곳에 설치할 것
4) 방화문으로 구획된 실에 설치할 것
5) 용기의 설치장소에는 해당 용기가 설치된 곳임을 표시하는 표지를 할 것
6) 용기 간의 간격은 점검에 지장이 없도록 3 [cm] 이상 간격을 유지할 것
7) 저장용기와 집합관을 연결하는 연결배관에는 체크밸브를 설치할 것

09 상 중 하

이산화탄소소화약제의 저장용기 설치기준 중 옳은 것은?

① 저장용기는 고압식은 25 [MPa] 이상, 저압식은 3.5 [MPa] 이상의 내압시험압력에 합격한 것으로 할 것
② 저압식 저장용기에는 내압시험압력의 1.8배의 압력에서 작동하는 안전밸브와 내압시험압력의 0.8배부터 내압시험압력까지의 범위에서 작동하는 봉판을 설치할 것
③ 저장용기의 충전비는 고압식은 1.9 이상 2.3 이하, 저압식은 1.5 이상 1.9 이하로 할 것
④ 저압식 저장용기에는 액면계 및 압력계와 2.1 [MPa] 이상 1.7 [MPa] 이하의 압력에서 작동하는 압력경보장치를 설치할 것

해설 이산화탄소 저장용기 설치기준

1) 충전비
   (1) 저압식 : 1.1 이상 1.4 이하
   (2) 고압식 : 1.5 이상 1.9 이하
2) 저압식 저장용기
   (1) 안전밸브 설치 : 내압시험압력의 0.64배부터 0.8배의 압력에서 작동
   (2) 봉판 설치 : 내압시험압력의 0.8배부터 내압시험압력에서 작동
   (3) 액면계 및 압력계 설치
   (4) 압력경보장치 설치 : 2.3 [MPa] 이상 1.9 [MPa] 이하의 압력에서 작동
   (5) 자동냉동장치 설치 : 용기 내부의 온도가 섭씨 영하 18 [℃] 이하에서 2.1 [MPa]의 압력을 유지
   (6) 내압시험압력 : 3.5 [MPa] 이상의 내압시험압력에 합격한 것으로 할 것
3) 고압식 내압시험압력 : 25 [MPa] 이상의 내압시험압력에 합격한 것으로 할 것

정답 08 ③ 09 ①

10 상중하

이산화탄소소화설비의 기동장치에 대한 기준 중 틀린 것은?

① 자동식 기동장치에는 수동으로도 기동할 수 있는 구조로 할 필요는 없다.
② 수동식 기동장치의 조작부는 바닥으로부터 높이 0.8 [m] 이상 1.5 [m] 이하에 설치한다.
③ 가스압력식 기동장치에서 기동용 가스용기 및 당해용기에 사용하는 밸브는 25 [MPa] 이상의 압력에 견디어야 한다.
④ 전기식 기동장치로서 7병 이상의 저장용기를 동시에 개방하는 설비에는 2병 이상의 저장용기에 전자 개방밸브를 설치한다.

해설 이산화탄소소화설비 기동장치

1) 가스압력식 기동장치
  (1) 기동용 가스용기 및 해당 용기에 사용하는 밸브는 25 [MPa] 이상의 압력에 견딜 수 있는 것으로 할 것
  (2) 기동용 가스용기에는 내압시험압력의 0.8배부터 내압시험압력 이하에서 작동하는 안전장치를 설치할 것
  (3) 기동용 가스용기의 체적은 5 [L] 이상으로 하고, 해당 용기에 저장하는 질소 등의 비활성 기체는 6.0 [MPa] 이상(21 [℃] 기준)의 압력으로 충전할 것
  (4) 기동용 가스용기에는 충전 여부를 확인할 수 있는 압력게이지를 설치할 것
2) 전기식 기동장치로서 7병 이상의 저장용기를 동시에 개방하는 설비는 2병 이상의 저장용기에 전자 개방밸브를 부착할 것
3) 수동식 기동장치 부근에는 소화약제의 방출을 지연시킬 수 있는 방출지연스위치를 설치해야 함
4) 수동식 기동장치는 전역방출방식은 방호구역마다, 국소방출방식은 방호대상물마다 설치할 것
5) 기동장치의 조작부는 바닥으로부터 높이 0.8 [m] 이상 1.5 [m] 이하 위치에 설치하고, 보호판 등에 따른 보호장치를 설치할 것

11 상중하

이산화탄소소화설비 이산화탄소소화약제의 저압식 저장용기 설치기준으로 옳은 것은?

① 자동냉동장치는 용기내부의 온도가 18 [℃] 이상에서 2.1 [MPa]의 압력을 유지하도록 설치
② 안전밸브는 내압시험 압력의 0.8 ~ 1.0배에서 작동
③ 충전비는 1.5 이상 1.9 이하로 설치
④ 압력경보장치는 2.3 [MPa] 이상 1.9 [MPa] 이하에서 작동

해설 이산화탄소 저장용기 설치기준

1) 충전비
  (1) 저압식 : 1.1 이상 1.4 이하
  (2) 고압식 : 1.5 이상 1.9 이하
2) 저압식 저장용기
  (1) 안전밸브 설치 : 내압시험압력의 0.64배부터 0.8배의 압력에서 작동
  (2) 봉판 설치 : 내압시험압력의 0.8배부터 내압시험압력에서 작동
  (3) 액면계 및 압력계 설치
  (4) 압력경보장치 설치 : 2.3 [MPa] 이상 1.9 [MPa] 이하의 압력에서 작동
  (5) 자동냉동장치 설치 : 용기 내부의 온도가 섭씨 영하 18 [℃] 이하에서 2.1 [MPa]의 압력을 유지
  (6) 내압시험압력 : 3.5 [MPa] 이상의 내압시험압력에 합격한 것으로 할 것
3) 고압식 내압시험압력 : 25 [MPa] 이상의 내압시험압력에 합격한 것으로 할 것

정답 10 ① 11 ④

12 상 중 하

이산화탄소소화설비를 설치하는 장소에 이산화탄소 약제의 소요량은 정해진 약제방출시간 이내에 방출되어야 한다. 다음 기준 중 소요량에 대한 약제방출시간이 아닌 것은?

① 전역방출방식에 있어서 표면화재 방호대상물은 1분
② 국소방출방식에 있어서 방호대상물은 10초
③ 국소방출방식에 있어서 방호대상물은 30초
④ 전역방출방식에 있어서 심부화재 방호대상물은 7분

해설 이산화탄소소화설비 방출시간

1) 전역방출방식
 • 표면화재 : 1분
 • 심부화재 : 7분
2) 국소방출방식 : 30초

13 상 중 하

호스릴이산화탄소소화설비의 설치기준으로 옳지 않은 것은?

① 소화약제 저장용기는 호스릴 2개마다 1개 이상 설치해야 한다.
② 20 [℃]에서 하나의 노즐마다 소화약제의 방출량은 60초당 60 [kg] 이상이어야 한다.
③ 소화약제 저장용기의 가장 가까운 곳의 보기 쉬운 곳에 표시등을 설치해야 한다.
④ 소화약제 저장용기의 개방밸브는 호스의 설치장소에서 수동으로 개폐할 수 있어야 한다.

해설 호스릴 이산화탄소 저장용기

소화약제 저장용기는 호스릴을 설치하는 장소마다 설치할 것

14 상 중 하

이산화탄소소화설비의 시설 중 소화 후 연소 및 소화잔류 가스를 인명 안전상 배출 및 희석시키는 배출설비의 설치대상이 아닌 것은?

① 지하층 ② 밀폐된 거실
③ 무창층 ④ 피난층

해설 이산화탄소 배출설비 설치대상

지하층, 무창층, 밀폐된 거실

암기 ▶ 지무밀거

정답 12 ② 13 ① 14 ④

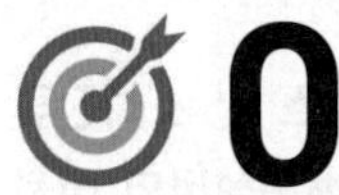

CHAPTER 09 할론소화설비

3회독	월	일
2회독	월	일
1회독	월	일

학습목표

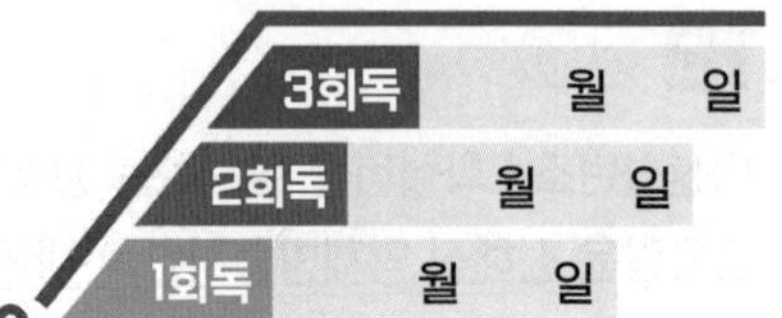

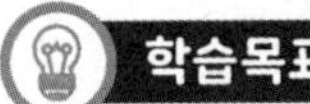

1 할론소화약제의 종류와 장단점을 파악한다.
2 저장용기 설치장소의 기준과 저장용기 설치기준을 암기한다.
3 소화약제량 구하는 공식을 암기한다.
4 기동장치에 따른 설치기준을 암기한다.
5 배관의 설치기준을 암기한다.
6 분사헤드의 설치기준을 암기한다.

학습MAP

- 할론소화약제의 종류 및 특성
  - 할론소화약제의 종류
  - 할론소화약제의 명명법
  - 할론소화약제의 소화효과 및 장단점
- ★★★ 소화약제 저장용기 등
  - 저장용기 설치장소기준
  - 저장용기 설치기준
  - 가압용 가스용기 설치기준
- ★★★ 소화약제(할론1301)
  - 전역방출방식
  - 국소방출방식
  - 호스릴방식의 할론소화설비
- 기동장치
  - 수동식 기동장치 설치기준
  - 자동식 기동장치 설치기준 ★
    - 전기식
    - 기계식
    - 가스압력식
- 배관
- 분사헤드
- 호스릴할론 소화설비
  - 호스릴설비의 설치 가능 장소
  - 설치기준

01 개요

할론소화설비는 연쇄반응의 억제가 뛰어나서 소화효과가 우수하다. 그러나 오존층 파괴 등 환경 영향성이 커서 현재는 사용이 제한되어 할로겐화합물 및 불활성기체소화약제로 대체하고 있는 실정이다. 할론소화설비는 저장용기, 화재감지기, 기동장치, 분사헤드, 음향경보장치, 제어반, 방호구역자동폐쇄장치, 비상전원 등으로 구성되어 있다.

02 종류 및 특성

1 할론소화약제의 종류

종류	분자식	상온·상압
할론 1211	CF_2ClBr	기체
할론 1301	CF_3Br	기체
할론 2402	$C_2F_4Br_2$	액체

보충 ▶ 원자량

종류	C	F	Cl	Br
원자량	12	19	35.5	80

할론 1301를 방출하는 분사헤드는 해당 소화약제가 무상으로 분무되는 것으로 할 것

☒ 할론 2402를 방출하는 분사헤드는 해당 소화약제가 무상으로 분무되는 것

2 할론소화약제의 명명법

종류	C 개수	F 개수	Cl 개수	Br 개수
할론 1211	1	2	1	1
할론 1301	1	3	0	1
할론 2402	2	4	0	2

3 할론소화설비의 소화효과

1) 부촉매효과(연쇄반응 억제)

2) 질식효과

3) 냉각효과

4 할론소화약제의 장단점 ★

장점	단점
부촉매작용으로 억제효과가 큼	가격이 비싸고, 독성이 있음
금속에 대해 부식성이 적고 소화약제의 변질이 없음	ODP, GWP, ALT가 높아 환경에 악영향
비전도성으로 전기화재에 적응성이 있음	생산이 중지됨

보충 ▶ ODP, GWP, ALT

- ODP(Ozone Depletion Potential, 오존층파괴지수) : 어떤 물질의 오존 파괴 능력을 상대적으로 나타내는 지표의 정의
- GWP(Global Warming Potential, 지구온난화지수) : 어떤 물질이 기여하는 온난화 정도를 상대적으로 나타내는 지표의 정의
- ALT(Atmospheric Life Time, 대기권 잔존 수명) : 물질이 방사된 후 대기권 내에서 분해되지 않고 체류하는 잔류기간

03 소화약제 저장용기 등

1 저장용기 설치장소의 기준

P.302 문03
P.304 문09

1) 방호구역 외의 장소에 설치할 것. 다만 방호구역 내에 설치할 경우 피난 및 조작이 용이하도록 피난구 부근에 설치해야 함
2) 온도가 40 [℃] 이하이고 온도변화가 적은 곳에 설치할 것
3) 직사광선 및 빗물이 침투할 우려가 없는 곳에 설치할 것
4) 방화문으로 구획된 실에 설치할 것
5) 용기의 설치장소에는 해당 용기가 설치된 곳임을 표시하는 표지를 할 것
6) 용기 간의 간격은 점검에 지장이 없도록 3 [cm] 이상 간격을 유지할 것
7) 저장용기와 집합관을 연결하는 연결배관에는 체크밸브를 설치할 것. 다만 저장용기가 하나의 방호구역만을 담당하는 경우에는 그렇지 않음

2 저장용기 설치기준

P.302 문01

1) 축압식 저장용기의 압력은 온도 20 [℃]에서 할론 1211을 저장하는 것은 1.1 [MPa] 또는 2.5 [MPa], 할론 1301을 저장하는 것은 2.5 [MPa] 또는 4.2 [MPa]이 되도록 질소가스로 축압할 것

소화약제	축압식 저장용기의 압력 [MPa]
할론 1211	1.1 또는 2.5
할론 1301	2.5 또는 4.2 ★

P.303 문07

2) 저장용기의 충전비

소화약제	충전비	
할론 2402	가압식	0.51 이상 0.67 미만
	축압식	0.67 이상 2.75 이하
할론 1211	0.7 이상 1.4 이하	
할론 1301	0.9 이상 1.6 이하 ★	

3) 저장용기의 동일 집합관에 접속되는 용기의 소화약제 충전량은 동일 충전비의 것으로 할 것

3 가압용 가스용기 설치기준

가압용 가스용기는 질소가스가 충전된 것으로 하고, 그 압력은 21 [℃]에서 2.5 [MPa] 또는 4.2 [MPa]이 되도록 해야 함

4 할론소화약제 저장용기의 개방밸브

전기식·가스압력식 또는 기계식에 따라 자동으로 개방되고, 수동으로도 개방되는 것으로서 안전장치가 부착된 것으로 해야 함

5 압력조정장치 설치

가압식 저장용기에는 2.0 [MPa] 이하의 압력으로 조정할 수 있는 압력조정장치를 설치해야 함

6 별도 독립방식

하나의 방호구역을 담당하는 소화약제 저장용기의 소화약제량의 체적합계보다 그 소화약제 방출 시 방출경로가 되는 배관(집합관을 포함)의 내용적의 비율이 1.5배 이상일 경우에는 해당 방호구역에 대한 설비는 별도 독립방식으로 해야 함

☑ 별도 독립방식
배관 내용적 ≥
소화약제량의 체적합계 × 1.5
일 경우 별도 독립방식

☑ 별도 독립방식은 소화약제 저장용기와 배관을 방호구역별로 독립적으로 설치하는 방식이다.

PART 2

04 소화약제(할론1301)

1 전역방출방식

$$W = (V \times \alpha) + (A \times \beta)$$

W : 약제량 [kg]
V : 방호구역 체적 [m^3]
α : 소요약제량 [kg/m^3]
A : 개구부면적 [m^2]
β : 개구부 가산량 [kg/m^2]
(개구부에 자동폐쇄장치 미설치 시 적용)

방호구역 체적 1 [m^3]에 대한 소화약제량 및 개구부 가산량

소방대상물	체적 1 [m^3]에 대한 소화약제량 [kg/m^3]	개구부 가산량 [kg/m^2]
• 차고·주차장, 전기실·통신기기실·전산실 기타 이와 유사한 전기설비가 설치되어 있는 부분 • 특수가연물 중 가연성 고체류·가연성 액체류 • 특수가연물 중 합성수지류	0.32 이상 0.64 이하 ★	2.4 ★
특수가연물 중 면화류·나무껍질 및 대팻밥·넝마 및 종이부스러기·사류·볏짚류·목재가공품 및 나무부스러기를 저장·취급하는 것	0.52 이상 0.64 이하	3.9

2 국소방출방식

1) 평면화재

윗면이 개방된 용기에 저장하는 경우와 화재 시 연소면이 한 면에 한정되고, 가연물이 비산할 우려가 없는 경우의 양

$$W = A[m^2] \times 6.8[kg/m^2] \times 1.25$$

2) 입면화재(평면화재 그 외 경우)

$$W = V \times \left(4 - 3\frac{a}{A}\right) \times 1.25$$

W : 약제량 [kg]

V : 방호공간의 체적 [m^3] (방호 대상물 각 부분에서 0.6 [m]를 증가시킨 체적)

a : 방호대상물 주위에 설치된 벽면적 합계 [m^2]

A : 방호공간의 벽면적의 합계 [m^2] (벽이 없는 경우 : 벽이 있는 것으로 가정한 당해 부분의 면적)

3 호스릴방식의 할론소화설비

호스릴방식의 할론소화설비(할론 1301)는 하나의 노즐에 대하여 45 [kg] 이상 저장할 것

05 기동장치

1 수동식 기동장치 설치기준

P.302 문02

수동식 기동장치 부근에는 소화약제의 방출을 지연시킬 수 있는 방출지연 스위치(자동복귀형 스위치로서 수동식 기동장치의 타이머를 순간 정지시키는 기능의 스위치)를 설치해야 함

1) 전역방출방식은 방호구역마다, 국소방출방식은 방호대상물마다 설치할 것
2) 해당 방호구역의 출입구 부분 등 조작을 하는 자가 쉽게 피난할 수 있는 장소에 설치할 것
3) 기동장치의 조작부는 바닥으로부터 높이 0.8 [m] 이상 1.5 [m] 이하 위치에 설치하고 보호판 등에 따른 보호장치를 설치할 것

4) 기동장치 인근의 보기 쉬운 곳에 "할론소화설비 수동식 기동장치"라는 표지를 할 것
5) 전기를 사용하는 기동장치에는 전원표시등을 설치할 것
6) 기동장치의 방출용 스위치는 음향경보장치와 연동하여 조작될 수 있는 것으로 할 것

2 자동식 기동장치 설치기준

자동화재탐지설비의 감지기의 작동과 연동하는 것으로서 다음의 기준에 따라 설치할 것

1) 자동식 기동장치에는 수동으로도 기동할 수 있는 구조로 할 것
2) 전기식 기동장치로서 7병 이상의 저장용기를 동시에 개방하는 설비는 2병 이상의 저장용기에 전자 개방밸브를 부착할 것
3) 기계식 기동장치는 저장용기를 쉽게 개방할 수 있는 구조로 할 것
4) 가스압력식 기동장치는 다음의 기준에 따를 것
   (1) 기동용 가스용기 및 해당 용기에 사용하는 밸브는 25 [MPa] 이상의 압력에 견딜 수 있는 것으로 할 것
   (2) 기동용 가스용기에는 내압시험압력의 0.8배부터 내압시험압력 이하에서 작동하는 안전장치를 설치할 것
   (3) 기동용 가스용기의 체적은 5 [L] 이상으로 하고 해당 용기에 저장하는 질소 등의 비활성 기체는 6.0 [MPa] 이상(21 [℃] 기준)의 압력으로 충전할 것. 다만 기동용 가스용기의 체적을 1 [L] 이상으로 하고, 해당 용기에 저장하는 이산화탄소의 양은 0.6 [kg] 이상으로 하며, 충전비는 1.5 이상 1.9 이하의 기동용 가스용기로 할 수 있음

3 약제 방출 표시등

할론소화설비가 설치된 부분의 출입구 등의 보기 쉬운 곳에 소화약제의 방출을 표시하는 표시등을 설치해야 함

06 배관

1) 배관은 전용으로 할 것
2) 강관을 사용하는 경우
   배관은 압력배관용탄소강관 중 스케줄 40 이상의 것 또는 이와 동등 이상의 강도를 가진 것으로서 아연도금 등에 따라 방식 처리된 것을 사용할 것
3) 동관을 사용하는 경우
   이음이 없는 동 및 동합금관의 것으로서 고압식은 16.5 [MPa] 이상, 저압식은 3.75 [MPa] 이상의 압력에 견딜 수 있는 것을 사용할 것
4) 배관 부속 및 밸브류
   강관 또는 동관과 동등 이상의 강도 및 내식성이 있는 것으로 할 것

07 분사헤드

P.303 문05

1) 할론 2402를 방출하는 분사헤드는 해당 소화약제가 무상으로 분무되는 것으로 할 것★

전역방출방식의 할론소화설비의 분사헤드는 준저장량의 소화약제를 10초 이내에 방출할 수 있는 것으로 할 것 O

2) 소화약제 방출시간 : 10초 이내★

P.303 문06
P.304 문08
P.304 문10

3) 분사헤드의 방출압력

소화약제	방출압력
할론 2402	0.1 [MPa] 이상
할론 1211	0.2 [MPa] 이상
할론 1301	0.9 [MPa] 이상

08 호스릴할론소화설비

1 호스릴설비의 설치 가능 장소(이산화탄소, 할론, 분말소화설비 동일)

화재 시 현저하게 연기가 찰 우려가 없는 장소로서 다음의 어느 하나에 해당하는 장소에는 호스릴방식의 할론소화설비를 설치할 수 있다. 다만 차고 또는 주차의 용도로 사용되는 장소는 제외한다.

1) 지상 1층 및 피난층에 있는 부분으로서 지상에서 수동 또는 원격조작에 따라 개방할 수 있는 개구부의 유효면적의 합계가 바닥면적의 15 [%] 이상이 되는 부분
2) 전기설비가 설치되어 있는 부분 또는 다량의 화기를 사용하는 부분의 바닥면적이 해당 설비가 설치되어 있는 구획의 바닥면적의 1/5 미만이 되는 부분

2 설치기준

1) 방호대상물의 각 부분으로부터 하나의 호스접결구까지의 수평거리 : 20 [m] 이하
2) 소화약제 저장용기의 개방밸브는 호스릴의 설치장소에서 수동으로 개폐할 수 있는 것으로 할 것
3) 소화약제 저장용기는 호스릴을 설치하는 장소마다 설치할 것
4) 호스릴방식의 할론소화설비의 노즐은 20 [℃]에서 하나의 노즐마다 35 [kg/min] 이상 약제(할론 1301)를 방출할 수 있는 것으로 할 것
5) 소화약제 저장용기의 가장 가까운 곳의 보기 쉬운 곳에 적색의 표시등을 설치하고, 호스릴방식의 할론소화설비가 있다는 뜻을 표시한 표지를 할 것

P.303 문04

호스릴방식의 할론소화설비는 방호대상물의 각 부분으로부터 하나의 호스접결구까지의 수평거리가 15 [m] 이하가 되도록 할 것

[X] 20 [m] 이하

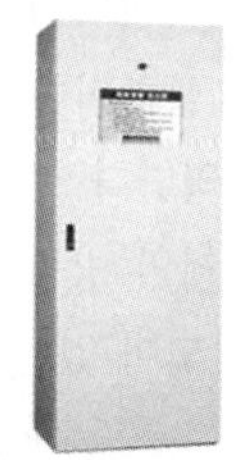

[호스릴할론소화설비]

예상문제

01 상 중 하

할론소화설비의 화재안전성능기준상 축압식 할론소화약제 저장용기에 사용되는 축압용 가스로서 적합한 것은?

① 불활성 가스 ② 이산화탄소
③ 산소 ④ 질소

해설 할론소화약제 저장용기의 축압용 · 가압용 가스

축압용 가스, 가압용 가스 : 질소(N_2)

02 상 중 하

다음은 할론소화설비의 수동 기동장치 점검 내용으로 옳지 않은 것은?

① 화재감지기와 연동되어 있는지 점검한다.
② 조작부는 바닥으로부터 0.8 [m] 이상 1.5 [m] 이하의 위치에 설치되어 있는지 점검한다.
③ 방호구역마다 설치되어 있는지 점검한다.
④ 소화약제의 방출을 지연시킬 수 있는 방출지연스위치가 설치되어 있는지 점검한다.

해설 할론소화설비의 수동식 기동장치

1) 수동식 기동장치 부근에는 소화약제의 방출을 지연시킬 수 있는 방출지연스위치를 설치해야 함
2) 전역방출방식은 방호구역마다, 국소방출방식은 방호대상물마다 설치할 것
3) 해당 방호구역의 출입구 부분 등 조작을 하는 자가 쉽게 피난할 수 있는 장소에 설치할 것
4) 기동장치의 조작부는 바닥으로부터 높이 0.8 [m] 이상 1.5 [m] 이하 위치에 설치하고, 보호판 등에 따른 보호장치를 설치할 것
5) 기동장치 인근의 보기 쉬운 곳에 "할론소화설비 수동식 기동장치"라는 표지를 할 것
6) 전기를 사용하는 기동장치에는 전원표시등을 설치할 것
7) 기동장치의 방출용 스위치는 음향경보장치와 연동하여 조작될 수 있는 것으로 할 것

암기 ▶ 화재감지기와 연동하는 것은 자동식 기동장치

03 상 중 하

할론소화설비의 화재안전기술기준에 따른 할론소화약제의 저장용기 설치장소에 대한 설명으로 틀린 것은?

① 저장용기가 여러 개의 방호구역을 담당하는 경우 저장용기와 집합관을 연결하는 연결배관에는 체크밸브를 설치해야 한다.
② 용기 간에 이물질이 들어가지 않도록 용기 간의 간격을 1 [cm] 이하로 유지해야 한다.
③ 가능한 한 방호구역 외의 장소에 설치해야 한다.
④ 온도가 40 [℃] 이하이고, 온도 변화가 적은 곳에 설치해야 한다.

해설 할론소화설비 저장용기 설치장소

1) 방호구역 외의 장소에 설치할 것
2) 온도가 40 [℃] 이하이고, 온도 변화가 적은 곳에 설치할 것
3) 직사광선 및 빗물이 침투할 우려가 없는 곳에 설치할 것
4) 방화문으로 구획된 실에 설치할 것
5) 용기의 설치장소에는 해당 용기가 설치된 곳임을 표시하는 표지를 할 것
6) 용기 간의 간격은 점검에 지장이 없도록 3 [cm] 이상 간격을 유지할 것
7) 저장용기와 집합관을 연결하는 연결배관에는 체크밸브를 설치할 것

정답 01 ④ 02 ① 03 ②

04 상중하

호스릴방식의 할론소화설비 분사헤드의 설치기준 중 방호대상물의 각 부분으로부터 하나의 호스접결구까지의 수평거리가 몇 [m] 이하가 되도록 설치하여야 하는가?

① 40 ② 25
③ 15 ④ 20

해설 호스릴할론소화설비 설치기준

1) 방호대상물의 각 부분으로부터 하나의 호스접결구까지의 수평거리 : 20 [m] 이하
2) 소화약제 저장용기의 개방밸브는 호스릴의 설치장소에서 수동으로 개폐할 수 있는 것으로 할 것
3) 소화약제 저장용기는 호스릴을 설치하는 장소마다 설치할 것
4) 호스릴방식의 할론소화설비의 노즐은 20 [℃]에서 하나의 노즐마다 35 [kg/min] 이상 약제(할론 1301)를 방출할 수 있는 것으로 할 것
5) 소화약제 저장용기의 가장 가까운 곳의 보기 쉬운 곳에 적색의 표시등을 설치하고, 호스릴방식의 할론소화설비가 있다는 뜻을 표시한 표지를 할 것

05 상중하

국소방출방식의 할론소화설비 분사헤드 설치기준 중 다음 ( ) 안에 알맞은 것은?

분사헤드의 방출압력은 할론 2402를 방출하는 것은 (㉠) [MPa] 이상, 할론 2402를 방출하는 분사헤드는 해당 소화 약제가 (㉡)으로 분무되는 것으로 해야 하며, 기준저장량의 소화약제 (㉢)초 이내에 방출할 수 있는 것으로 할 것

① ㉠ 0.1, ㉡ 무상, ㉢ 30
② ㉠ 0.2, ㉡ 적상, ㉢ 30
③ ㉠ 0.1, ㉡ 무상, ㉢ 10
④ ㉠ 0.2, ㉡ 적상, ㉢ 10

해설 할론 2402 소화약제

- 분사헤드의 방출압력 : 0.1 [MPa] 이상
- 약제가 무상으로 분무되는 것으로 할 것
- 소화약제 방출시간 : 10초 이내

PART 2

06 상중하

할론소화설비의 분사헤드 설치기준 중 전역방출방식 할론 1211 분사헤드의 방출압력은 최소 몇 [MPa] 이상이어야 하는가?

① 0.1 ② 0.2
③ 0.7 ④ 0.9

해설 할론소화설비 분사헤드 방출압력

- 할론 2402 : 0.1 [MPa] 이상
- 할론 1211 : 0.2 [MPa] 이상
- 할론 1301 : 0.9 [MPa] 이상

07 상중하

할론소화설비의 화재안전기술기준 중 할론 1301 축압식 저장용기의 충전비로서 옳은 것은?

① 0.51 이상 0.67 미만
② 0.67 이상 2.75 이하
③ 0.7 이상 1.4 이하
④ 0.9 이상 1.6 이하

해설 할론 1301 저장용기의 충전비

충전비 : 0.9 이상 1.6 이하

정답 04 ④ 05 ③ 06 ② 07 ④

08 상㊥하

국소방출방식의 할론소화설비의 분사헤드 설치기준으로 옳은 것은?

① 소화약제의 방출에 의하여 가연물이 비산하는 장소에 설치할 것
② 할론 1301을 방출하는 분사헤드는 해당 소화약제가 무상으로 분무되는 것으로 할 것
③ 분사헤드의 방출압력은 할론 2402를 방출하는 것에 있어서는 0.05 [MPa] 이상이 되도록 할 것
④ 기준저장량의 소화약제를 10초 이내에 방출할 수 있는 것으로 할 것

해설 할론소화설비 분사헤드 설치기준

1) 할론 2402를 방출하는 분사헤드는 해당 소화약제가 무상으로 분무되는 것으로 할 것
2) 소화약제 방출시간 : 10초 이내
3) 분사헤드의 방출압력
  - 할론 2402 : 0.1 [MPa] 이상
  - 할론 1211 : 0.2 [MPa] 이상
  - 할론 1301 : 0.9 [MPa] 이상
4) 소화약제의 방출에 의하여 가연물이 비산하지 않는 장소에 설치할 것

09 상중㊕

할론소화약제의 저장용기는 어떠한 장소에 설치·유지하여야 가장 좋은가?

① 온도에 무관하니까 아무 곳이나 좋다.
② 0 [℃] 이상인 장소는 다 적당하다.
③ 상온 이하이면 다 좋다.
④ 온도가 40 [℃] 이하이고, 온도 변화가 적은 곳이 좋다.

해설 할론소화설비 저장용기 설치장소

1) 방호구역 외의 장소에 설치할 것
2) 온도가 40 [℃] 이하이고, 온도 변화가 적은 곳에 설치할 것
3) 직사광선 및 빗물이 침투할 우려가 없는 곳에 설치할 것
4) 방화문으로 구획된 실에 설치할 것
5) 용기의 설치장소에는 해당 용기가 설치된 곳임을 표시하는 표지를 할 것
6) 용기 간의 간격은 점검에 지장이 없도록 3 [cm] 이상 간격을 유지할 것
7) 저장용기와 집합관을 연결하는 연결배관에는 체크밸브를 설치할 것

10 상㊥하

전역방출방식의 할론소화설비의 분사헤드설치기준에 관한 설명 중 틀린 것은?

① 할론 2402를 방출하는 분사헤드의 방출압력은 0.1 [MPa] 이상으로 할 것
② 할론 1211을 방출하는 분사헤드의 방출압력은 0.2 [MPa] 이상으로 할것
③ 할론 1301을 방출하는 분사헤드의 방출압력은 0.3 [MPa] 이상으로 할 것
④ 할론 2402를 방출하는 분사헤드는 해당 소화약제가 무상으로 분무되는 것으로 할 것

해설 할론소화설비 분사헤드 설치기준

1) 분사헤드 방출압력
  - 할론 2402 : 0.1 [MPa] 이상
  - 할론 1211 : 0.2 [MPa] 이상
  - 할론 1301 : 0.9 [MPa] 이상
2) 기준저장량의 소화약제를 10초 이내에 방출할 수 있는 것으로 할 것
3) 할론 2402를 방출하는 분사헤드는 해당 소화약제가 무상으로 분무되는 것으로 할 것

정답 08 ④ 09 ④ 10 ③

CHAPTER

10 할로겐화합물 및 불활성기체소화설비

3회독	월	일
2회독	월	일
1회독	월	일

PART 2

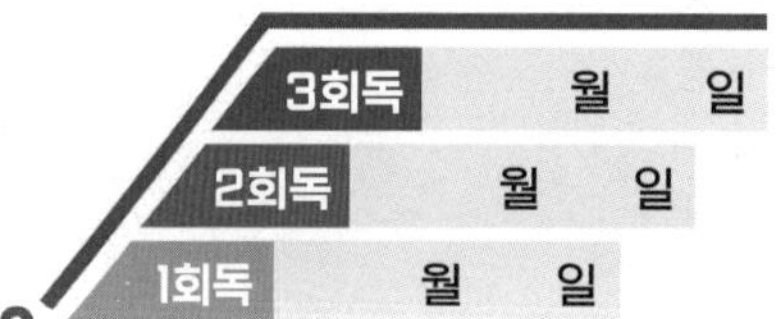

학습목표

1 할로겐화합물 및 불활성기체소화약제의 종류를 파악한다.
2 저장용기 설치장소의 기준과 저장용기 설치기준을 암기한다.
3 소화약제량 구하는 공식을 암기한다.
4 기동장치에 따른 설치기준을 암기한다.
5 배관의 설치기준을 암기한다.
6 분사헤드의 설치기준을 암기한다.

학습MAP

- 할로겐화합물 및 불활성기체 소화약제
  - 정의
  - 종류 ★★★
  - 소화약제 최대허용 설계농도
  - 설치 제외
- 저장용기 ★★★
  - 저장용기 설치장소 기준
  - 저장용기 설치기준
- 기동장치
  - 수동식 기동장치 설치기준
  - 자동식 기동장치 설치기준
- 배관
- 분사헤드
- 자동폐쇄장치

01 개요

할론소화약제의 소화효과는 우수하나 오존층 파괴 등 환경의 영향성이 커서 국내의 경우 2010년부터 생산이 중단되었다. 현재는 할로겐화합물 및 불활성기체소화약제로 대체하는 추세이다.

02 할로겐화합물 및 불활성기체소화약제

1 정의

1) 할로겐화합물 및 불활성기체소화약제
   할로겐화합물(할론 1301, 2402, 1211 제외) 및 불활성 기체로서 전기적으로 비전도성이며, 휘발성이 있거나 증발 후 잔여물을 남기지 않는 소화약제
2) 할로겐화합물소화약제
   불소(F), 염소(Cl), 브롬(Br) 또는 요오드(I) 중 하나 이상의 원소를 포함하고 있는 유기화합물을 기본성분으로 하는 소화약제
3) 불활성기체소화약제
   헬륨(He), 네온(Ne), 아르곤(Ar) 또는 질소가스(N_2) 중 하나 이상의 원소를 기본성분으로 하는 소화약제

2 종류 ★

할로겐화합물소화약제	불활성기체소화약제
FC-3-1-10 HCFC BLEND A HCFC-124 HFC-125 HFC-227ea HFC-23 HFC-236fa FIC-13I1 FK-5-1-12	IG-01 IG-100 IG-541 IG-55

3 소화약제 최대허용 설계농도

소화약제	최대허용 설계농도(%)
IG-01, IG-100, IG-541, IG-55 ★	43
FC-3-1-10 ★	40
HFC-23 ★	30
HFC-236fa	12.5
HFC-125 ★	11.5
HFC-227ea	10.5
FK-5-1-12, HCFC BLEND A	10
HCFC-124	1.0
FIC-13I1	0.3

최대허용 설계농도
사람이 상주하는 곳에 적용하는 소화약제의 설계농도로서 인체의 안전에 영향을 미치지 않는 농도

P.312 문02

4 설치 제외 ★

할로겐화합물 및 불활성기체소화설비는 다음의 장소에는 설치할 수 없음

1) 사람이 상주하는 곳으로서 최대허용 설계농도를 초과하는 장소
2) 제3류 위험물 및 제5류 위험물을 저장·보관·사용하는 장소. 다만 소화성능이 인정되는 위험물은 제외

03 저장용기

1 저장용기 설치장소의 기준

1) 방호구역 외의 장소에 설치할 것. 다만 방호구역 내에 설치할 경우 피난 및 조작이 용이하도록 피난구 부근에 설치해야 함
2) 온도가 55 [℃] 이하이고, 온도 변화가 적은 곳에 설치할 것 ★
3) 직사광선 및 빗물이 침투할 우려가 없는 곳에 설치할 것
4) 방화문으로 구획된 실에 설치할 것
5) 용기의 설치장소에는 해당 용기가 설치된 곳임을 표시하는 표지를 할 것
6) 용기 간의 간격은 점검에 지장이 없도록 3 [cm] 이상 간격을 유지할 것
7) 저장용기와 집합관을 연결하는 연결배관에는 체크밸브를 설치할 것. 다만 저장용기가 하나의 방호구역만을 담당하는 경우에는 그렇지 않음

P.314 문08

할로겐화합물 및 불활성기체소화약제의 저장용기는 온도가 40 [℃] 이하이고, 온도 변화가 작은 곳에 설치할 것 ☒ 55 [℃] 이하

PART 2

2 저장용기 설치기준

1) 저장용기는 약제명, 자체중량, 총중량, 충전일시, 충전압력 및 약제의 체적을 표시할 것
2) 동일 집합관에 접속되는 저장용기는 동일한 내용적을 가진 것으로 충전량 및 충전압력이 같도록 할 것
3) 저장용기에 충전량 및 충전압력을 확인할 수 있는 장치를 하는 경우에는 해당 소화약제에 적합한 구조로 할 것
4) 저장용기 재충전 및 교체기준 ★★★
   (1) 할로겐화합물소화약제 저장용기
   약제량 손실이 5 [%]를 초과하거나 압력손실이 10 [%]를 초과할 경우 재충전하거나 저장용기를 교체할 것
   (2) 불활성기체소화약제 저장용기
   압력손실이 5 [%]를 초과할 경우 재충전하거나 저장용기를 교체할 것

저장용기의 약제량 손실이 5 [%]를 초과하거나 압력손실이 10 [%]를 초과할 경우에는 재충전하거나 저장용기를 교체할 것. 다만 불활성기체소화약제 저장용기의 경우에는 압력손실이 10 [%]를 초과할 경우 재충전하거나 저장용기를 교체해야 한다.

X 불활성기체소화약제 저장용기의 경우에는 압력손실이 5 [%]를 초과할 경우

3 안전장치 설치기준

할로겐화합물 및 불활성기체소화약제 저장용기와 선택밸브 또는 개폐밸브 사이에는 배관의 최소사용설계압력과 최대허용압력 사이의 압력에서 작동하는 안전장치를 설치해야 하며, 안전장치를 통하여 나온 소화가스는 전용의 배관 등을 통하여 건축물 외부로 배출될 수 있도록 해야 한다. 이 경우 안전장치로 용전식을 사용해서는 안 된다.

04 기동장치

1 수동식 기동장치 설치기준

수동식 기동장치 부근에는 소화약제의 방출을 지연시킬 수 있는 방출지연스위치(자동복귀형 스위치로서 수동식 기동장치의 타이머를 순간 정지시키는 기능의 스위치)를 설치해야 한다.

1) 방호구역마다 설치할 것
2) 해당 방호구역의 출입구 부분 등 조작을 하는 자가 쉽게 피난할 수 있는 장소에 설치할 것
3) 기동장치의 조작부는 바닥으로부터 높이 0.8 [m] 이상 1.5 [m] 이하 위치에 설치하고, 보호판 등에 따른 보호장치를 설치할 것

4) 기동장치 인근의 보기 쉬운 곳에 "할로겐화합물 및 불활성기체소화설비 수동식 기동장치"라는 표지를 할 것
5) 전기를 사용하는 기동장치에는 전원표시등을 설치할 것
6) 기동장치의 방출용 스위치는 음향경보장치와 연동하여 조작될 수 있는 것으로 할 것
7) 50 [N] 이하의 힘을 가하여 기동할 수 있는 구조로 할 것★
8) 기동장치에는 보호장치를 설치해야 하며, 보호장치를 개방하는 경우 기동장치에 설치된 부저 또는 벨 등에 의하여 경고음을 발할 것
9) 기동장치를 옥외에 설치하는 경우 빗물 또는 외부 충격의 영향을 받지 아니하도록 설치할 것

2 자동식 기동장치 설치기준

자동화재탐지설비의 감지기의 작동과 연동하는 것으로서 다음의 기준에 따라 설치해야 한다.

1) 자동식 기동장치에는 수동으로도 기동할 수 있는 구조로 할 것
2) 전기식 기동장치로서 7병 이상의 저장용기를 동시에 개방하는 설비는 2병 이상의 저장용기에 전자 개방밸브를 부착할 것
3) 기계식 기동장치는 저장용기를 쉽게 개방할 수 있는 구조로 할 것
4) 가스압력식 기동장치는 다음의 기준에 따를 것
   (1) 기동용 가스용기 및 해당 용기에 사용하는 밸브는 25 [MPa] 이상의 압력에 견딜 수 있는 것으로 할 것
   (2) 기동용 가스용기에는 내압시험압력의 0.8배부터 내압시험압력 이하에서 작동하는 안전장치를 설치할 것
   (3) 기동용 가스용기의 체적은 5 [L] 이상으로 하고 해당 용기에 저장하는 질소 등의 비활성 기체는 6.0 [MPa] 이상(21 [℃] 기준)의 압력으로 충전할 것. 다만 기동용 가스용기의 체적을 1 [L] 이상으로 하고 해당 용기에 저장하는 이산화탄소의 양은 0.6 [kg] 이상으로 하며, 충전비는 1.5 이상 1.9 이하의 기동용 가스용기로 할 수 있음
   (4) 질소 등의 비활성 기체 기동용 가스용기에는 충전 여부를 확인할 수 있는 압력게이지를 설치할 것

3 약제 방출 표시등

할로겐화합물 및 불활성기체소화설비가 설치된 부분의 출입구 등의 보기 쉬운 곳에 소화약제의 방출을 표시하는 표시등을 설치해야 한다.

05 배관 및 분사헤드

1 배관의 구경 ★★★

P.312 문01

배관의 구경은 해당 방호구역에 아래 시간 내에 방호구역 각 부분에 최소설계농도의 95 [%] 이상 해당하는 약제량이 방출되도록 한다.

1) 할로겐화합물소화약제 : 10초 이내
2) 불활성기체소화약제
   (1) A, C급 화재 : 2분 이내
   (2) B급 화재 : 1분 이내

배관의 구경은 해당 방호구역에 할로겐화합물소화약제는 10초 이내에, 불활성기체소화약제는 A·C급 화재 2분, B급 화재 1분 이내에 방호구역 각 부분에 최소설계농도의 95 [%] 이상에 해당하는 약제량이 방출되도록 해야 한다. O

2 분사헤드 설치기준

P.313 문07
P.314 문09

1) 분사헤드 설치높이 : 방호구역의 바닥으로부터 최소 0.2 [m] 이상 최대 3.7 [m] 이하(단, 천장높이가 3.7 [m] 초과 시 추가로 다른 열의 분사헤드를 설치할 것)
2) 분사헤드에는 부식방지조치를 해야 하며, 오리피스의 크기, 제조일자, 제조업체가 표시되도록 할 것
3) 분사헤드의 오리피스의 면적은 분사헤드가 연결되는 배관구경 면적의 70 [%] 이하가 되도록 할 것

06 할로겐화합물 및 불활성기체소화설비 기타 등

1 자동폐쇄장치 설치기준

할로겐화합물 및 불활성기체소화설비를 설치한 특정소방대상물 또는 그 부분에 대하여는 다음의 기준에 따라 자동폐쇄장치를 설치해야 한다.

1) 환기장치 등을 설치한 것은 소화약제가 방출되기 전에 해당 환기장치 등이 정지될 수 있도록 할 것
2) 개구부가 있거나 천장으로부터 1 [m] 이상의 아랫부분 또는 바닥으로부터 해당 층의 높이의 2/3 이내의 부분에 통기구가 있어 소화약제의 유출에 따라 소화효과를 감소시킬 우려가 있는 것은 소화약제가 방출되기 전에 해당 개구부 및 통기구를 폐쇄할 수 있도록 할 것
P.312 문03
3) 자동폐쇄장치는 방호구역 또는 방호대상물이 있는 구획의 밖에서 복구할 수 있는 구조로 하고, 그 위치를 표시하는 표지를 할 것

2 과압배출구

할로겐화합물 및 불활성기체소화설비의 방호구역에는 소화약제 방출 시 발생하는 과(부)압으로 인한 구조물 등의 손상을 방지하기 위해 1)부터 4)까지의 내용을 검토하여 과압배출구를 설치해야 한다. 다만 과(부)압이 발생해도 구조물 등에 손상이 생길 우려가 없음을 시험 또는 공학적인 자료로 입증하는 경우 설치하지 않을 수 있다.

1) 방호구역 누설면적
2) 방호구역의 최대허용압력
3) 소화약제 방출 시의 최고압력
4) 소화농도 유지시간

[과압배출구]

예상문제

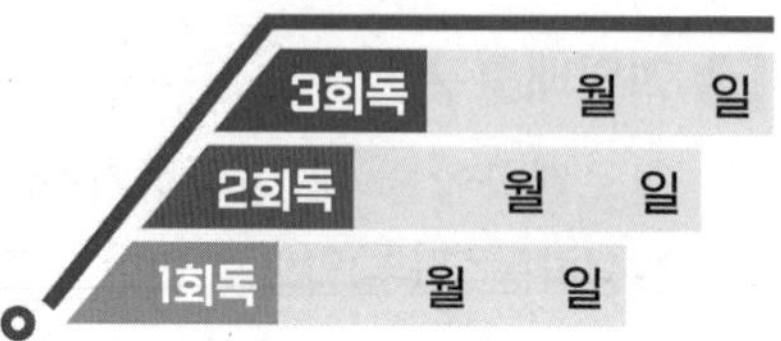

01 상 중 하

전역방출방식의 할로겐화합물소화설비공사가 완료되었을 때 소방감리자의 점검내용 중 옳지 않은 것은?

① 약제저장실은 방화구획되어 있었고, 건축도면에서 출입문을 검토하니 60분+ 방화문으로 되어 있었다.
② 저장용기의 간격이 3 [cm] 이상으로 되어 있었다.
③ 기동장치는 바닥에서 높이 1.2 [m] 위치에 설치되어 있었다.
④ 설계계산서를 확인하니 설계기준저장량이 30초 이내에 방출할 수 있도록 되어 있었다.

해설 할로겐화합물소화약제 방출시간

약제 방출시간 : 10초 이내

02 상 중 하

할로겐화합물 및 불활성기체소화약제의 최대허용설계농도(%)기준으로 옳은 것은?

① HFC-23 : 30 [%]
② HFC-125 : 9 [%]
③ IG-541 : 50 [%]
④ FC-3-1-10 : 43 [%]

해설 소화약제 최대허용설계농도

- HFC-23 : 30 [%]
- HFC-125 : 11.5 [%]
- IG-541 : 43 [%]
- FC-3-1-10 : 40 [%]

03 상 중 하

할로겐화합물 및 불활성기체소화설비를 설치한 특정소방대상물 또는 그 부분에 대한 자동폐쇄장치의 설치기준 중 다음 (   ) 안에 알맞은 것은?

> 개구부가 있거나 천장으로부터 (㉠) [m] 이상의 아래부분 또는 바닥으로부터 해당 층의 높이의 (㉡) 이내의 부분에 통기구가 있어 소화약제의 유출에 따라 소화효과를 감소시킬 우려가 있는 것은 소화약제가 방출되기 전에 해당 개구부 및 통기구를 폐쇄할 수 있도록 할 것

① ㉠ 2, ㉡ 3분의 2　　② ㉠ 1, ㉡ 3분의 2
③ ㉠ 1, ㉡ 2분의 1　　④ ㉠ 2, ㉡ 2분의 1

해설 할로겐화합물 및 불활성 기체 자동폐쇄장치

개구부가 있거나 천장으로부터 1 [m] 이상의 아랫부분 또는 바닥으로부터 해당 층의 높이의 2/3 이내의 부분에 통기구가 있어 소화약제의 유출에 따라 소화효과를 감소시킬 우려가 있는 것은 소화약제가 방출되기 전에 해당 개구부 및 통기구를 폐쇄할 수 있도록 할 것

정답 01 ④ 02 ① 03 ②

04 상 중 하

할로겐화합물 및 불활성기체소화설비의 분사헤드에 대한 설치기준 중 다음 ( ) 안에 알맞은 것은?

분사헤드의 설치높이는 방호구역의 바닥으로부터 최소 (㉠) [m] 이상 최대 (㉡) [m] 이하로 해야 한다.

① ㉠ 0.8, ㉡ 1.5
② ㉠ 1.5, ㉡ 2.0
③ ㉠ 2.0, ㉡ 2.5
④ ㉠ 0.2, ㉡ 3.7

해설 할로겐화합물 및 불활성기체소화설비 분사헤드 설치높이

분사헤드의 설치높이는 방호구역의 바닥으로부터 최소 0.2 [m] 이상 최대 3.7 [m] 이하로 해야 한다.

05 상 중 하

다음 중 할로겐화합물 및 불활성기체소화설비를 설치할 수 없는 위험물 사용장소는?

① 제1류 위험물을 사용하는 장소
② 제2류 위험물을 사용하는 장소
③ 제3류 위험물을 사용하는 장소
④ 제4류 위험물을 사용하는 장소

해설 할로겐화합물 및 불활성기체소화설비 설치 제외

1) 사람이 상주하는 곳으로서 최대허용 설계농도를 초과하는 장소
2) 제3류 위험물 및 제5류 위험물을 저장·보관·사용하는 장소

06 상 중 하

할로겐화합물 및 불활성기체소화약제 저장용기의 설치장소기준 중 다음 ( ) 안에 알맞은 것은?

할로겐화합물 및 불활성 기체의 저장용기는 온도가 ( ) [℃] 이하이고 온도의 변화가 작은 곳에 설치할 것

① 21　② 40
③ 55　④ 79

해설 할로겐화합물 및 불활성기체소화약제 저장용기

온도가 55 [℃] 이하이고, 온도 변화가 적은 곳에 설치할 것

07 상 중 하

할로겐화합물 및 불활성기체소화설비의 수동식 기동장치의 설치기준 중 틀린 것은?

① 전기를 사용하는 기동장치에는 전원표시등을 설치할 것
② 50 [N] 이상의 힘을 가하여 기동할 수 있는 구조로 할 것
③ 기동장치의 방출용 스위치는 음향경보장치와 연동하여 조작될 수 있는 것으로 할 것
④ 해당 방호구역의 출입구 부근 등 조작을 하는 자가 쉽게 피난할 수 있는 장소에 설치할 것

해설 할로겐 및 불활성기체소화설비 수동식 기동장치

1) 수동식 기동장치 부근에는 소화약제의 방출을 지연시킬 수 있는 방출지연스위치를 설치해야 함
2) 방호구역마다 설치할 것
3) 해당 방호구역의 출입구 부분 등 조작을 하는 자가 쉽게 피난할 수 있는 장소에 설치할 것
4) 기동장치의 조작부는 바닥으로부터 높이 0.8 [m] 이상 1.5 [m] 이하 위치에 설치하고, 보호판 등에 따른 보호장치를 설치할 것
5) 기동장치 인근의 보기 쉬운 곳에 "할로겐화합물 및 불활성기체소화설비 수동식 기동장치"라는 표지를 할 것

PART 2

정답 04 ④ 05 ③ 06 ③ 07 ②

6) 전기를 사용하는 기동장치에는 전원표시등을 설치할 것
7) 기동장치의 방출용 스위치는 음향경보장치와 연동하여 조작될 수 있는 것으로 할 것
8) 50 [N] 이하의 힘을 가하여 기동할 수 있는 구조로 할 것
9) 기동장치에는 보호장치를 설치해야 하며, 보호장치를 개방하는 경우 기동장치에 설치된 부저 또는 벨 등에 의하여 경고음을 발할 것
10) 기동장치를 옥외에 설치하는 경우 빗물 또는 외부 충격의 영향을 받지 아니하도록 설치할 것

08 상중하

할로겐화합물 및 불활성기체소화설비의 화재안전기술기준에서 저장용기 설치기준으로 틀린 것은?

① 용기 간의 간격은 점검에 지장이 없도록 3 [cm] 이상의 간격을 유지할 것
② 온도가 70 [℃] 이하이고, 온도의 변화가 작은 곳에 설치할 것
③ 직사광선 및 빗물이 침투할 우려가 없는 곳에 설치할 것
④ 방화문으로 구획된 실에 설치할 것

해설 할로겐화합물 및 불활성기체소화약제 저장용기

1) 방호구역 외의 장소에 설치할 것
2) 온도가 55 [℃] 이하이고, 온도 변화가 적은 곳에 설치할 것
3) 직사광선 및 빗물이 침투할 우려가 없는 곳에 설치할 것
4) 방화문으로 구획된 실에 설치할 것
5) 용기의 설치장소에는 해당 용기가 설치된 곳임을 표시하는 표지를 할 것
6) 용기 간의 간격은 점검에 지장이 없도록 3 [cm] 이상 간격을 유지할 것
7) 저장용기와 집합관을 연결하는 연결배관에는 체크밸브를 설치할 것

09 상중하

할로겐화합물 및 불활성기체소화설비의 분사헤드 설치기준 중 옳은 것은?

① 천장높이가 2.7 [m]를 초과할 경우 추가로 다른 열의 분사헤드를 설치한다.
② 천장높이가 3.7 [m]를 초과할 경우 추가로 다른 열의 분사헤드를 설치한다.
③ 분사헤드의 설치높이는 방호구역의 바닥으로부터 최소 0.5 [m] 이상 최대 2.7 [m] 이하로 하여야 한다.
④ 분사헤드의 설치높이는 방호구역의 바닥으로부터 최소 0.5 [m] 이상 최대 3.7 [m] 이하로 하여야 한다.

해설 할로겐화합물 및 불활성기체소화설비의 분사헤드 설치기준

분사헤드 설치높이 : 방호구역의 바닥으로부터 최소 0.2 [m] 이상 최대 3.7 [m] 이하(천장높이가 3.7 [m]를 초과 시 추가로 다른 열의 분사헤드를 설치할 것)

10 상중하

할로겐화합물 및 불활성기체소화약제 중에서 IG-541의 혼합가스 성분비는?

① Ar 52 [%], N_2 40 [%], CO_2 8 [%]
② N_2 52 [%], Ar 40 [%], CO_2 8 [%]
③ CO_2 52 [%], Ar 40 [%], N_2 8 [%]
④ N_2 10 [%], Ar 40 [%], CO_2 50 [%]

해설 불활성기체소화약제 IG-541 성분

- N_2 52 [%], Ar 40 [%], CO_2 8 [%]
- 질소(N_2), 아르곤(Ar), 이산화탄소(CO_2)

정답 08 ② 09 ② 10 ②

CHAPTER

11 분말소화설비

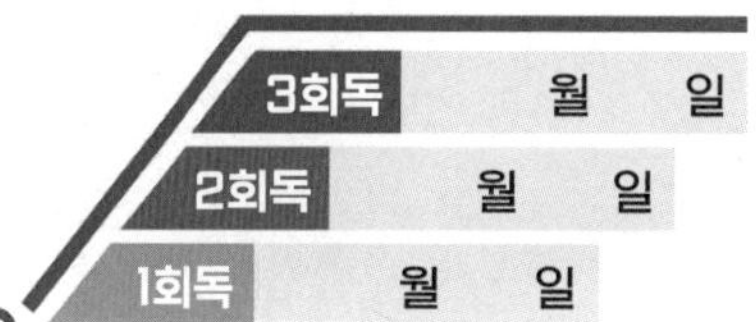

3회독	월	일
2회독	월	일
1회독	월	일

학습목표

1 분말소화설비의 계통도를 이해한다.
2 분말소화약제의 종류를 파악한다.
3 저장용기 설치장소의 기준과 저장용기 및 가압용 가스용기에 대한 설치기준을 암기한다.
4 소화약제량 구하는 공식을 암기한다.
5 기동장치에 따른 설치기준을 암기한다.
6 배관의 설치기준을 암기한다.
7 분사헤드의 설치기준을 암기한다.

학습MAP

- 분말소화설비의 계통도
- ★★★ 분말소화약제의 종류
- ★ 저장용기 등
  - 저장용기 설치장소기준
  - 저장용기 설치기준
- 가압용 가스용기
- ★★★ 소화약제
  - 분말소화약제의 적응성
  - 분말소화약제의 저장량
    - 전역방출방식
    - 국소방출방식
    - 호스릴방식
- 기동장치
  - 수동식 기동장치 설치기준
  - 자동식 기동장치 설치기준
    - 전기식
    - 기계식
    - 가스압력식
- 배관 등
  - 배관 설치기준
- 분사헤드 및 호스릴방식의 분말소화설비
  - 분사헤드 설치기준
  - 호스릴방식의 분말소화설비

01 개요

분말소화설비는 유류화재, 전기화재에 적응성이 있고 신속한 소화가 가능하여 화재의 확대 및 급속한 인화성 액체의 소화에 적합하다. 다른 소화약제에 비해 변질이 적어 반영구적으로 사용이 가능하다.

02 분말소화설비

1 분말소화설비의 계통도

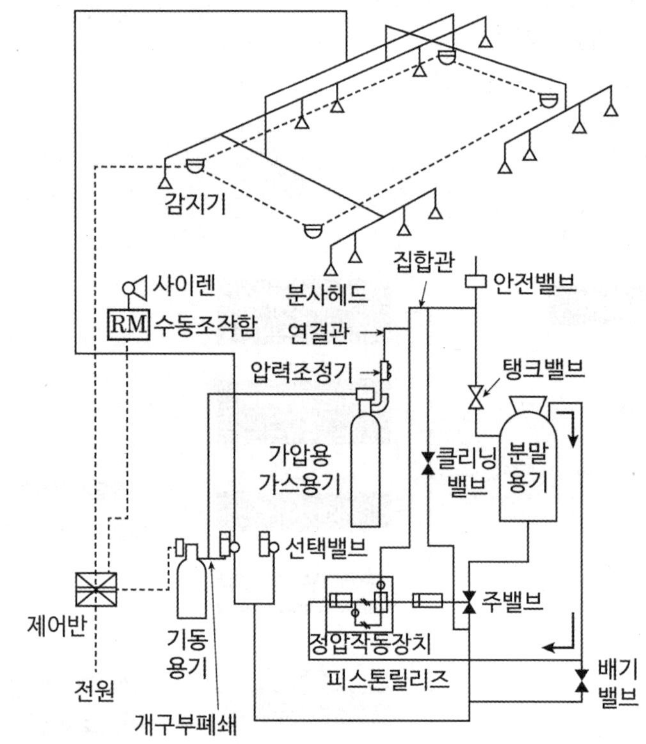

P.324 문04
P.328 문16

암기 백자홍회

2 분말소화약제의 종류 ★★★

분말소화약제 종류	주성분	적응화재	분말색
제1종 분말	탄산수소나트륨 ($NaHCO_3$)	BC	백색
제2종 분말	탄산수소칼륨 ($KHCO_3$)	BC	담자색
제3종 분말	제1인산암모늄 ($NH_4H_2PO_4$)	ABC	담홍색
제4종 분말	탄산수소칼륨 + 요소 $KHCO_3 + (NH_2)_2CO$	BC	회색

03 저장용기 등

❶ 저장용기 설치장소의 기준

1) 방호구역 외의 장소에 설치할 것. 다만 방호구역 내에 설치할 경우 피난 및 조작이 용이하도록 피난구 부근에 설치해야 함
2) 온도가 40 [℃] 이하이고, 온도 변화가 적은 곳에 설치할 것
3) 직사광선 및 빗물이 침투할 우려가 없는 곳에 설치할 것
4) 방화문으로 구획된 실에 설치할 것
5) 용기의 설치장소에는 해당 용기가 설치된 곳임을 표시하는 표지를 할 것
6) 용기 간의 간격은 점검에 지장이 없도록 3 [cm] 이상 간격을 유지할 것
7) 저장용기와 집합관을 연결하는 연결배관에는 체크밸브를 설치할 것. 다만 저장용기가 하나의 방호구역만을 담당하는 경우에는 그렇지 않음

P.323 문01

❷ 저장용기 설치기준

1) 저장용기의 내용적 ★★★

소화약제의 종류	소화약제 1 [kg]당 저장용기의 내용적
제1종 분말(탄산수소나트륨)	0.8 [L]
제2종 분말(탄산수소칼륨), 제3종 분말(제1인산암모늄)	1 [L]
제4종 분말(탄산수소칼륨과 요소)	1.25 [L]

P.325 문08
P.328 문18
P.329 문20

2) 저장용기의 안전밸브 설치 ★
   (1) 가압식 : 최고사용압력 1.8배 이하 작동
   (2) 축압식 : 내압시험압력 0.8배 이하 작동
3) 저장용기에는 저장용기의 내부압력이 설정압력으로 되었을 때 주밸브를 개방하는 정압작동장치를 설치할 것 ★★★
4) 저장용기의 충전비 : 0.8 이상
5) 저장용기 및 배관에는 잔류 소화약제를 처리할 수 있는 청소장치를 설치할 것
6) 축압식 저장용기에는 사용압력 범위를 표시한 지시압력계를 설치할 것

분말소화약제 저장용기의 충전비는 0.8 이상으로 할 것 O

04 가압용 가스용기

P.328 문17

1) 분말소화약제의 가스용기는 분말소화약제의 저장용기에 접속하여 설치할 것
2) 분말소화약제의 가압용 가스용기를 3병 이상 설치한 경우에는 2개 이상의 용기에 전자개방밸브를 부착할 것

P.326 문11
P.327 문14

3) 분말소화약제의 가압용 가스용기에는 2.5 [MPa] 이하의 압력에서 조정이 가능한 압력조정기를 설치할 것 ★★★

분말소화약제의 가압용가스 용기에는 2.5 [MPa] 이하의 압력에서 조정이 가능한 압력조정기를 설치해야 한다. O

4) 가압용 가스 또는 축압용 가스의 설치기준 ★★★
   (1) 가압용 가스 또는 축압용 가스는 질소가스 또는 이산화탄소로 할 것
   (2) 가압용 가스에 질소가스를 사용하는 것의 질소가스는 소화약제 1 [kg]마다 40 [L](35 [℃]에서 1기압의 압력 상태로 환산한 것) 이상, 이산화탄소를 사용하는 것의 이산화탄소는 소화약제 1 [kg]에 대하여 20 [g]에 배관의 청소에 필요한 양을 가산한 양 이상으로 할 것
   (3) 축압용 가스에 질소가스를 사용하는 것의 질소가스는 소화약제 1 [kg]에 대하여 10 [L](35 [℃]에서 1기압의 압력 상태로 환산한 것) 이상, 이산화탄소를 사용하는 것의 이산화탄소는 소화약제 1 [kg]에 대하여 20 [g]에 배관의 청소에 필요한 양을 가산한 양 이상으로 할 것

P.326 문12

   (4) 저장용기 및 배관의 청소에 필요한 양의 가스는 별도의 용기에 저장할 것

05 소화약제

1 분말소화약제의 적응성 ★★★

차고 또는 주차장에 설치하는 분말소화설비의 소화약제는 제3종 분말로 해야 함

제3종 분말
인산염을 주성분으로 한 분말

P.326 문10

2 전역방출방식 분말소화약제의 저장량 ★★★

$$W=(V\times\alpha)+(A\times\beta)$$

W : 약제량 [kg]
V : 방호구역체적 [m^3]
A : 개구부면적 [m^2]
α : 체적계수 [kg/m^3]
β : 면적계수 [kg/m^2]
(개구부에 자동폐쇄장치 미설치 시 적용)

체적계수 α [kg/m³]와 면적계수 β [kg/m²]

소화약제	방호구역의 체적 1 [m³]에 대한 소화약제 양(α)	개구부 면적 1 [m²]에 대한 소화약제 양(β)
제1종 분말	0.60 [kg/m³]	4.5 [kg/m²]
제2종 또는 3종 분말	0.36 [kg/m³]	2.7 [kg/m²]
제4종 분말	0.24 [kg/m³]	1.8 [kg/m²]

P.325 문08
P.328 문15
P.329 문19

3 국소방출방식 분말소화약제 저장량

$$W = V \times \left(X - Y\frac{a}{A}\right) \times 1.1$$

W : 약제량 [kg]
V : 방호공간의 체적 [m³]
(방호 대상물 각 부분에서 0.6 [m]를 증가시킨 체적)
a : 방호대상물 주위에 설치된 벽면적 합계 [m²]
A : 방호공간의 벽면적의 합계 [m²]
(벽이 없는 경우 : 벽이 있는 것으로 가정한 당해 부분의 면적)
X 및 Y : 다음 표의 수치

※ X 및 Y의 수치

소화약제	X	Y
제1종 분말	5.2	3.9
제2종 또는 3종 분말	3.2	2.4
제4종 분말	2.0	1.5

4 호스릴방식의 분말소화설비

호스릴방식의 분말소화설비는 하나의 노즐에 대하여 다음 표에 따른 양 이상으로 할 것

소화약제의 종류	소화약제의 양
제1종 분말	50 [kg]
제2종 또는 3종 분말	30 [kg]
제4종 분말	20 [kg]

06 기동장치

1 수동식 기동장치 설치기준

수동식 기동장치 부근에는 소화약제의 방출을 지연시킬 수 있는 방출지연 스위치(자동복귀형 스위치로서 수동식 기동장치의 타이머를 순간 정지시키는 기능의 스위치)를 설치해야 함

1) 전역방출방식은 방호구역마다, 국소방출방식은 방호대상물마다 설치할 것
2) 해당 방호구역의 출입구 부분 등 조작을 하는 자가 쉽게 피난할 수 있는 장소에 설치할 것
3) 기동장치의 조작부는 바닥으로부터 높이 0.8 [m] 이상 1.5 [m] 이하 위치에 설치하고, 보호판 등에 따른 보호장치를 설치할 것
4) 기동장치 인근의 보기 쉬운 곳에 "분말소화설비 수동식 기동장치"라는 표지를 할 것
5) 전기를 사용하는 기동장치에는 전원표시등을 설치할 것
6) 기동장치의 방출용 스위치는 음향경보장치와 연동하여 조작될 수 있는 것으로 할 것

2 자동식 기동장치 설치기준

자동화재탐지설비의 감지기의 작동과 연동하는 것으로서 다음의 기준에 따라 설치할 것

1) 자동식 기동장치에는 수동으로도 기동할 수 있는 구조로 할 것
2) 전기식 기동장치로서 7병 이상의 저장용기를 동시에 개방하는 설비는 2병 이상의 저장용기에 전자 개방밸브를 부착할 것

전기식 기동장치로서 3병 이상의 저장용기를 동시에 개방하는 설비는 2병 이상의 저장용기에 전자개방밸브를 부착할 것
X 7병 이상의 저장용기를

3) 기계식 기동장치는 저장용기를 쉽게 개방할 수 있는 구조로 할 것
4) 가스압력식 기동장치는 다음의 기준에 따를 것
   (1) 기동용 가스용기 및 해당 용기에 사용하는 밸브는 25 [MPa] 이상의 압력에 견딜 수 있는 것으로 할 것
   (2) 기동용 가스용기에는 내압시험압력의 0.8배부터 내압시험압력 이하에서 작동하는 안전장치를 설치할 것
   (3) 기동용 가스용기의 체적은 5 [L] 이상으로 하고, 해당 용기에 저장하는 질소 등의 비활성 기체는 6.0 [MPa] 이상(21 [℃] 기준)의 압력으로 충전할 것. 다만 기동용 가스용기의 체적을 1 [L] 이상으로 하고, 해당 용기에 저장하는 이산화탄소의 양은 0.6 [kg] 이상으로 하며, 충전비는 1.5 이상 1.9 이하의 기동용 가스용기로 할 수 있음

3 약제 방출 표시등

분말소화설비가 설치된 부분의 출입구 등의 보기 쉬운 곳에 소화약제의 방출을 표시하는 표시등을 설치해야 함

07 배관 등

1 배관 설치기준

1) 배관은 전용으로 할 것
2) 강관 사용 배관 : 아연도금에 따른 배관용 탄소강관이나 이와 동등 이상의 강도·내식성 및 내열성을 가진 것으로 할 것(단, 축압식 분말소화설비에 사용하는 것 중 20 [℃]에서 압력이 2.5 [MPa] 이상 4.2 [MPa] 이하인 것 : 압력배관용 탄소강관 중 이음이 없는 스케줄 40 이상의 것 또는 이와 동등 이상의 강도를 가진 것으로서 아연도금으로 방식 처리된 것을 사용해야 함)
3) 동관 사용 배관 : 고정압력 또는 최고사용압력의 1.5배 이상의 압력에 견딜 수 있는 것을 사용할 것 ★
4) 밸브류는 개폐위치 또는 개폐방향을 표시한 것
5) 배관의 관부속 및 밸브류는 배관과 동등 이상의 강도 및 내식성이 있는 것으로 할 것

P.326 문09

P.327 문13

2 선택밸브

1) 방호구역 또는 방호대상물마다 설치
2) 각 선택밸브에는 그 담당 방호구역 또는 방호대상물을 표시할 것

08 분사헤드 및 호스릴방식의 분말소화설비

1 전역방출방식, 국소방출방식 분사헤드 설치기준

P.323 문02

약제방출시간 : 30초 이내 ★

2 호스릴방식의 분말소화설비

1) 호스릴설비의 설치 가능 장소(이산화탄소, 할론, 분말소화설비 동일)
   화재 시 현저하게 연기가 찰 우려가 없는 장소로서 다음의 어느 하나에 해당하는 장소에는 호스릴방식의 분말소화설비를 설치할 수 있음. 다만 차고 또는 주차의 용도로 사용되는 장소는 제외함
   (1) 지상 1층 및 피난층에 있는 부분으로서 지상에서 수동 또는 원격조작에 따라 개방할 수 있는 개구부의 유효면적의 합계가 바닥면적의 15 [%] 이상이 되는 부분
   (2) 전기설비가 설치되어 있는 부분 또는 다량의 화기를 사용하는 부분의 바닥면적이 해당 설비가 설치되어 있는 구획의 바닥면적의 1/5 미만이 되는 부분
2) 호스릴방식의 설비 설치기준

P.323 문03
P.324 문05

   (1) 호스접결구까지 수평거리 : 15 [m] 이하
   (2) 저장용기 개방밸브는 호스릴 설치장소에서 수동으로 개폐할 수 있는 것
   (3) 저장용기는 호스릴을 설치하는 장소마다 설치
   (4) 하나의 노즐마다 1분당 소화약제 방출량

소화약제	1분당 방출하는 소화약제의 양 [kg]
제1종 분말	45 [kg/min]
제2종 또는 3종 분말	27 [kg/min]
제4종 분말	18 [kg/min]

   (5) 소화약제 저장용기의 가장 가까운 곳의 보기 쉬운 곳에 적색의 표시등을 설치하고, 호스릴방식의 분말소화설비가 있다는 뜻을 표시한 표지를 할 것

예상문제

01 상중하

분말소화설비 분말소화약제의 저장용기의 설치기준 중 옳지 않은 것은?

① 설치장소의 온도가 40 [℃] 이하이고, 온도 변화가 적은 곳에 설치할 것
② 용기 간의 간격은 점검에 지장이 없도록 5 [cm] 이상의 간격을 유시할 것
③ 저장용기 충전비는 0.8 이상으로 할 것
④ 저장용기에는 가압식은 최고사용압력의 1.8배 이하, 축압식은 용기의 내압시험압력의 0.8배 이하의 압력에서 작동하는 안전밸브를 설치할 것

해설 분말소화약제 저장용기의 설치기준

1) 소화약제 1 [kg]당 저장용기의 내용적

소화약제	1종	2·3종	4종
용기 내용적	0.8 [L]	1 [L]	1.25 [L]

2) 저장용기의 안전밸브 설치
 (1) 가압식 : 최고사용압력 1.8배 이하 작동
 (2) 축압식 : 내압시험압력 0.8배 이하 작동
3) 저장용기에는 저장용기의 내부압력이 설정압력으로 되었을 때 주밸브를 개방하는 정압작동장치를 설치할 것
4) 저장용기의 충전비 : 0.8 이상
5) 저장용기 및 배관에는 잔류 소화약제 처리할 수 있는 청소장치를 설치할 것
6) 축압식 저장용기에는 사용압력 범위를 표시한 지시압력계를 설치할 것
7) 용기 간의 간격은 점검에 지장이 없도록 3 [cm] 이상의 간격을 유지할 것

02 상중하

국소방출방식의 분말소화설비 분사헤드는 기준저장량의 소화약제를 몇 초 이내에 방출할 수 있는 것이어야 하는가?

① 20 ② 10
③ 60 ④ 30

해설 분말소화설비(국소 · 전역방출방식)

방출시간 : 30초 이내

신유형!

03 상중하

호스릴방식의 분말소화설비의 설치기준 중 틀린 것은?

① 소화약제 방출시간은 30초 이내로 적용한다.
② 방호대상물의 각 부분으로부터 하나의 호스접결구까지의 수평거리가 15 [m] 이하가 되게 한다.
③ 서상용기의 개방밸브는 호스릴의 설치장소에서 수동으로 개폐 가능하게 한다.
④ 소화약제의 저장용기는 호스를 설치장소마다 설치한다.

해설 호스릴방식의 분말소화설비 설치기준

1) 호스접결구까지 수평거리 : 15 [m] 이하
2) 저장용기 개방밸브는 호스릴 설치장소에서 수동으로 개폐할 수 있는 것
3) 저장용기는 호스릴을 설치하는 장소마다 설치

정답 01 ② 02 ④ 03 ①

4) 소화약제 저장용기의 가장 가까운 곳의 보기 쉬운 곳에 적색의 표시등을 설치하고, 호스릴방식의 분말소화설비가 있다는 뜻을 표시한 표지를 할 것
5) 하나의 노즐마다 1분당 소화약제 방출량

소화약제	1종	2·3종	4종
1분당 방출량	45 [kg]	27 [kg]	18 [kg]

보충 ▶ 호스릴방식은 소화약제 방출시간에 대한 기준이 없음

04 상 중 (하)

분말소화설비에 사용하는 소화약제 중 제3종 분말의 주성분으로 옳은 것은?

① 탄산수소칼륨
② 인산염
③ 탄산수소나트륨
④ 요소

해설 분말소화약제 주성분

- 제1종 : 중탄산나트륨(탄산수소나트륨)
- 제2종 : 중탄산칼륨(탄산수소칼륨)
- 제3종 : 제1인산염(인산염)
- 제4종 : 중탄산칼륨 + 요소

05 상 (중) 하

분말소화설비 화재안전기술기준상 방식의 분말소화설비의 설치기준으로 틀린 것은?

① 소화약제의 저장용기는 호스릴을 설치하는 장소마다 설치할 것
② 방호대상물의 각 부분으로부터 하나의 호스접결구까지의 수평거리가 15 [m] 이하가 되도록 할 것
③ 소화약제의 저장용기의 개방밸브는 호스릴의 설치장소에서 수동으로 개폐할 수 있는 것으로 할 것
④ 제1종 분말소화약제를 사용하는 호스릴분말소화설비의 노즐은 하나의 노즐마다 1분당 27 [kg]을 방출할 수 있는 것으로 할 것

해설 호스릴방식의 분말소화설비 설치기준

1) 호스접결구까지 수평거리 : 15 [m] 이하
2) 저장용기 개방밸브는 호스릴 설치장소에서 수동으로 개폐할 수 있는 것
3) 저장용기는 호스릴을 설치하는 장소마다 설치
4) 소화약제 저장용기의 가장 가까운 곳의 보기 쉬운 곳에 적색의 표시등을 설치하고, 호스릴방식의 분말소화설비가 있다는 뜻을 표시한 표지를 할 것
5) 하나의 노즐마다 1분당 소화약제 방출량

소화약제	1종	2·3종	4종
1분당 방출량	45 [kg]	27 [kg]	18 [kg]

06 상 (중) 하

분말소화설비의 호스릴방식에 있어서 하나의 노즐당 1분간 방출하는 약제량으로 옳지 않은 것은?

① 제1종 분말은 45 [kg]
② 제2종 분말은 27 [kg]
③ 제3종 분말은 27 [kg]
④ 제4종 분말은 20 [kg]

정답 04 ② 05 ④ 06 ④

해설 호스릴방식의 분말소화설비 설치기준

1) 호스접결구까지 수평거리 : 15 [m] 이하
2) 저장용기 개방밸브는 호스릴 설치장소에서 수동으로 개폐할 수 있는 것
3) 저장용기는 호스릴을 설치하는 장소마다 설치
4) 소화약제 저장용기의 가장 가까운 곳의 보기 쉬운 곳에 적색의 표시등을 설치하고, 호스릴방식의 분말소화설비가 있다는 뜻을 표시한 표지를 할 것
5) 하나의 노즐마다 1분당 소화약제 방출량

소화약제	1종	2·3종	4종
1분당 방출량	45 [kg]	27 [kg]	18 [kg]

07 상 중 하

전역방출방식 분말소화설비에서 방호구역의 개구부에 자동폐쇄장치를 설치하지 아니한 경우 개구부의 면적 1 [m^2]에 대한 분말소화약제의 가산량으로 잘못 연결된 것은?

① 제1종 분말 - 4.5 [kg]
② 제2종 분말 - 2.7 [kg]
③ 제3종 분말 - 2.5 [kg]
④ 제4종 분말 - 1.8 [kg]

해설 분말소화설비의 전역방출방식 개구부 가산량

소화약제	개구부 면적 1 [m^2]에 대한 소화약제 양
1종	4.5 [kg/m^2]
2종·3종	2.7 [kg/m^2]
4종	1.8 [kg/m^2]

08 상 중 하

분말소화설비 분말소화약제의 저장용기의 설치기준 중 옳은 것은?

① 저장용기에는 가압식은 최고사용압력의 0.8배 이하, 축압식은 용기의 내압시험 압력의 1.8배 이하의 압력에서 작동하는 안전밸브를 설치할 것
② 저장용기 충전비는 0.8 이상으로 할 것
③ 저장용기 간의 간격은 점검에 지장이 없도록 5 [cm] 이상의 간격을 유지할 것
④ 저장용기에는 저장용기의 내부압력이 설정 압력으로 되었을 때 주밸브를 개방하는 압력조정기를 설치할 것

해설 분말소화약제 저장용기 설치기준

1) 소화약제 1 [kg]당 저장용기의 내용적

소화약제	1종	2·3종	4종
용기 내용적	0.8 [L]	1 [L]	1.25 [L]

2) 저장용기의 안전밸브 설치
 (1) 가압식 : 최고사용압력 1.8배 이하 작동
 (2) 축압식 : 내압시험압력 0.8배 이하 작동
3) 저장용기에는 저장용기의 내부압력이 설정압력으로 되었을 때 주밸브를 개방하는 정압작동장치를 설치할 것
4) 저장용기의 충전비 : 0.8 이상
5) 저장용기 및 배관에는 잔류 소화약제를 처리할 수 있는 청소장치를 설치할 것
6) 축압식 저장용기에는 사용압력 범위를 표시한 지시압력계를 설치할 것
7) 용기 간의 간격은 점검에 지장이 없도록 3 [cm] 이상 간격을 유지할 것

정답 07 ③ 08 ②

09 상중하

분말소화설비의 배관과 선택밸브의 설치기준에 대한 내용으로 옳지 않은 것은?

① 배관은 겸용으로 설치할 것
② 강관은 아연도금에 따른 배관용 탄소강관을 사용할 것
③ 동관은 고정압력 또는 최고사용압력의 1.5배 이상의 압력에 견딜 수 있는 것을 사용할 것
④ 선택밸브는 방호구역 또는 방호대상물마다 설치할 것

해설 분말소화설비 배관

1) 배관은 전용으로 할 것
2) 강관 사용 배관 : 아연도금에 따른 배관용 탄소강관이나 이와 동등 이상의 강도·내식성 및 내열성을 가진 것으로 할 것(단, 축압식 분말소화설비에 사용하는 것 중 20 [℃]에서 압력이 2.5 [MPa] 이상 4.2 [MPa] 이하인 것 : 압력배관용탄소강관 중 이음이 없는 스케줄 40 이상의 것 또는 이와 동등 이상의 강도를 가진 것으로서 아연도금으로 방식처리된 것을 사용해야 함)
3) 동관 사용 배관 : 고정압력 또는 최고사용압력의 1.5배 이상의 압력에 견딜 수 있는 것을 사용할 것
4) 밸브류는 개폐위치 또는 개폐방향을 표시한 것
5) 배관의 관부속 및 밸브류는 배관과 동등 이상의 강도 및 내식성이 있는 것으로 할 것
6) 선택밸브는 방호구역 또는 방호대상물마다 설치할 것

10 상중하

차고 또는 주차장에 설치하는 분말소화설비의 소화약제는?

① 제1종 분말　　② 제2종 분말
③ 제3종 분말　　④ 제4종 분말

해설 분말소화약제 적응성

차고·주차장 : 제3종 분말(인산암모늄)

11 상중하

분말소화약제의 가압용 가스용기에는 몇 [MPa] 이하의 압력에서 조정이 가능한 압력조정기를 설치하는가?

① 2.5　　② 4.5
③ 6.5　　④ 13.5

해설 분말소화약제 가압용 가스용기

1) 분말소화약제의 가스용기는 분말소화약제의 저장용기에 접속하여 설치할 것
2) 분말소화약제의 가압용 가스용기를 3병 이상 설치한 경우에는 2개 이상의 용기에 전자개방밸브를 부착할 것
3) 분말소화약제의 가압용 가스용기에는 2.5 [MPa] 이하의 압력에서 조정이 가능한 압력조정기를 설치할 것
4) 가압용 가스 또는 축압용 가스는 질소가스 또는 이산화탄소로 할 것

12 상중하

분말소화설비의 배관 청소용 가스는 어떻게 저장 유지 관리해야 하는가?

① 축압용 가스용기에 가산 저장 유지
② 가압용 가스용기에 가산 저장 유지
③ 별도 용기에 저장 유지
④ 필요시에만 사용하므로 평소에 저장 불필요

해설 분말소화설비 가압·축압용 가스

1) 가압용 가스 또는 축압용 가스는 질소가스 또는 이산화탄소로 할 것
2) 소화약제 1 [kg]당(35 [℃], 1기압 기준)

구분	가압식	축압식
질소	40 [L] 이상	10 [L] 이상
이산화탄소	20 [g] 이상 + 배관청소에 필요한 양	

3) 저장저장용기 및 배관의 청소에 필요한 양의 가스는 별도의 용기에 저장할 것

정답 09 ① 10 ③ 11 ① 12 ③

13 상중하

분말소화설비의 화재안전성능기준상 분말소화설비의 배관으로 동관을 사용하는 경우에는 최고사용압력의 최소 몇 배 이상의 압력에 견딜 수 있는 것을 사용하여야 하는가?

① 1.1 ② 1.3
③ 1.5 ④ 1.7

해설 분말소화설비 배관

1) 배관은 전용으로 할 것
2) 강관 사용 배관 : 아연도금에 따른 배관용 탄소강관이나 이와 동등 이상의 강도·내식성 및 내열성을 가진 것으로 할 것(단, 축압식 분말소화설비에 사용하는 것 중 20 [℃]에서 압력이 2.5 [MPa] 이상 4.2 [MPa] 이하인 것 : 압력배관용 탄소강관 중 이음이 없는 스케줄 40 이상의 것 또는 이와 동등 이상의 강도를 가진 것으로서 아연도금으로 방식 처리된 것을 사용해야 함)
3) 동관 사용 배관 : 고정압력 또는 최고사용압력의 1.5배 이상의 압력에 견딜 수 있는 것을 사용할 것
4) 밸브류는 개폐위치 또는 개폐방향을 표시한 것
5) 배관의 관부속 및 밸브류는 배관과 동등 이상의 강도 및 내식성이 있는 것으로 할 것

14 상중하

분말소화설비의 화재안전기술기준상 분말소화약제의 가압용 가스 또는 축압용 가스의 설치기준으로 틀린 것은?

① 가압용 가스에 질소가스를 사용하는 것의 질소가스는 소화약제 1 [kg]마다 40 [L](35 [℃]에서 1기압의 압력 상태로 환산한 것) 이상으로 할 것
② 가압용 가스에 이산화탄소를 사용하는 것의 이산화탄소는 소화약제 1 [kg]에 대하여 20 [g]에 배관의 청소에 필요한 양을 가산한 양 이상으로 할 것
③ 축압용 가스에 질소가스를 사용하는 것의 질소가스는 소화약제 1 [kg]에 대하여 40 [L](35 [℃]에서 1기압의 압력 상태로 환산한 것) 이상으로 할 것
④ 축압용 가스에 이산화탄소를 사용하는 것의 이산화탄소는 소화약제 1 [kg]에 대하여 20 [g]에 배관의 청소에 필요한 양을 가산한 양 이상으로 할 것

해설 분말소화설비 가압·축압용 가스

1) 가압용 가스 또는 축압용 가스는 질소가스 또는 이산화탄소로 할 것
2) 소화약제 1 [kg]당(35 [℃], 1기압 기준)

구분	가압식	축압식
질소	40 [L] 이상	10 [L] 이상
이산화탄소	20 [g] 이상 + 배관청소에 필요한 양	

3) 저장용기 및 배관의 청소에 필요한 양의 가스는 별도의 용기에 저장할 것

정답 13 ③ 14 ③

15 상중하

제1종 분말을 사용하는 전역방출방식의 분말소화설비에 있어서 방호구역 체적 1 [m^3]에 대한 소화약제는 몇 [kg]인가?

① 0.60 ② 0.36
③ 0.24 ④ 0.72

해설 분말소화설비 전역방출방식 약제량

소화약제	방호구역 체적 1 [m^3]에 대한 소화약제 양 [kg]
1종	0.60 [kg/m^3]
2종 또는 3종	0.36 [kg/m^3]
4종	0.24 [kg/m^3]

16 상중하

분말소화설비에 사용되는 소화약제의 주성분이 아닌 것은?

① 중탄산나트륨 ② 인산암모늄
③ 중탄산칼륨 ④ 중탄산마그네슘

해설 분말소화약제 종류

- 제1종 분말 : 탄산수소나트륨
- 제2종 분말 : 탄산수소칼륨
- 제3종 분말 : 인산암모늄
- 제4종 분말 : 탄산수소칼륨 + 요소

17 상중하

분말소화약제의 가압용 가스용기의 설치기준에 대한 설명으로 틀린 것은?

① 가압용 가스는 질소가스 또는 이산화탄소로 한다.
② 가압용 가스용기를 3병 이상 설치한 경우에는 2개 이상의 용기에 전자개방밸브를 부착한다.
③ 분말소화약제 가스용기는 분말소화약제의 저장용기에 접속하여 설치한다.
④ 분말소화약제의 가압용 가스용기에는 2.5 [MPa] 이상의 압력에서 압력조정이 가능한 압력조정기를 설치한다.

해설 분말소화약제 가압용 가스용기

1) 분말소화약제의 가스용기는 분말소화약제의 저장용기에 접속하여 설치할 것
2) 분말소화약제의 가압용 가스용기를 3병 이상 설치한 경우에는 2개 이상의 용기에 전자개방밸브를 부착할 것
3) 분말소화약제의 가압용 가스용기에는 2.5 [MPa] 이하의 압력에서 조정이 가능한 압력조정기를 설치할 것
4) 가압용 가스 또는 축압용 가스는 질소가스 또는 이산화탄소로 할 것

18 상중하

분말소화설비에서 분말소화약제 1 [kg]당 저장용기의 내용적기준 중 틀린 것은?

① 제1종 분말 : 0.8 [L]
② 제2종 분말 : 1.0 [L]
③ 제3종 분말 : 1.0 [L]
④ 제4종 분말 : 1.0 [L]

정답 15 ① 16 ④ 17 ④ 18 ④

해설 분말소화약제 저장용기 설치기준

1) 소화약제 1 [kg]당 저장용기의 내용적

소화약제	1종	2·3종	4종
용기 내용적	0.8 [L]	1 [L]	1.25 [L]

2) 저장용기의 안전밸브 설치
  (1) 가압식 : 최고사용압력 1.8배 이하 작동
  (2) 축압식 : 내압시험압력 0.8배 이하 작동
3) 저장용기에는 저장용기의 내부압력이 설정압력으로 되었을 때 주밸브를 개방하는 정압작동장치를 설치할 것
4) 저장용기의 충전비 : 0.8 이상
5) 저장용기 및 배관에는 잔류 소화약제를 처리할 수 있는 청소장치를 설치할 것
6) 축압식 저장용기에는 사용압력 범위를 표시한 지시압력계를 설치할 것
7) 용기 간의 간격은 점검에 지장이 없도록 3 [cm] 이상 간격을 유지할 것

19 상중하

제4종 분말을 사용하는 전역방출방식의 분말소화설비에 있어서 방호구역 체적 1 [m^3]에 대한 소화약제는 몇 [kg] 인가?

① 0.60　② 0.36
③ 0.24　④ 0.72

해설 분말소화설비 전역방출방식 약제량

소화약제	방호구역 체적 1 [m^3]에 대한 소화약제 양 [kg]
1종	0.60 [kg/m^3]
2종 또는 3종	0.36 [kg/m^3]
4종	0.24 [kg/m^3]

20 상중하

주차장에 필요한 분말소화약제 120 [kg]을 저장하려고 한다. 이때 필요한 저장용기의 내용적[L]으로 옳은 것은?

① 96　② 120
③ 150　④ 180

해설 분말소화약제 저장용기 설치기준

- 차고 또는 주차장에 설치하는 분말소화설비의 소화약제는 제3종 분말로 해야 한다.
- 소화약제 1 [kg]당 저장용기의 내용적

소화약제	1종	2·3종	4종
용기 내용적	0.8 [L]	1 [L]	1.25 [L]

- 저장용기 내용적 [L]
  = 저장량 [kg] × 1 [kg]당 저장용기 내용적 [L/kg]
  = 120 [kg] × 1 [L/kg] = 120 [L]

정답 19 ③ 20 ②

CHAPTER 12 피난기구 및 인명구조기구

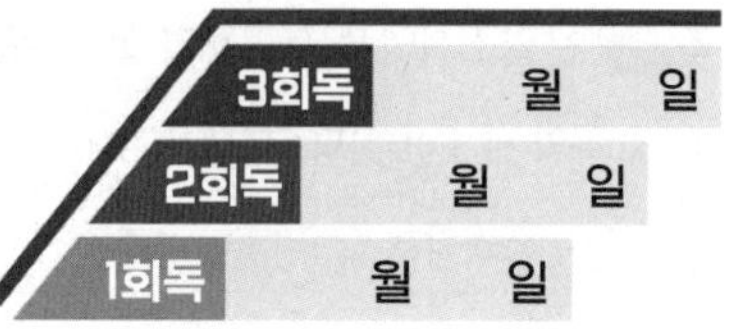

1 피난기구의 종류를 파악하고, 설치장소별 적응성이 있는 피난기구를 암기한다.

2 피난기구 설치기준을 익힌다.

3 인명구조기구의 종류를 확인하고, 용도 및 장소별 설치기준을 암기한다.

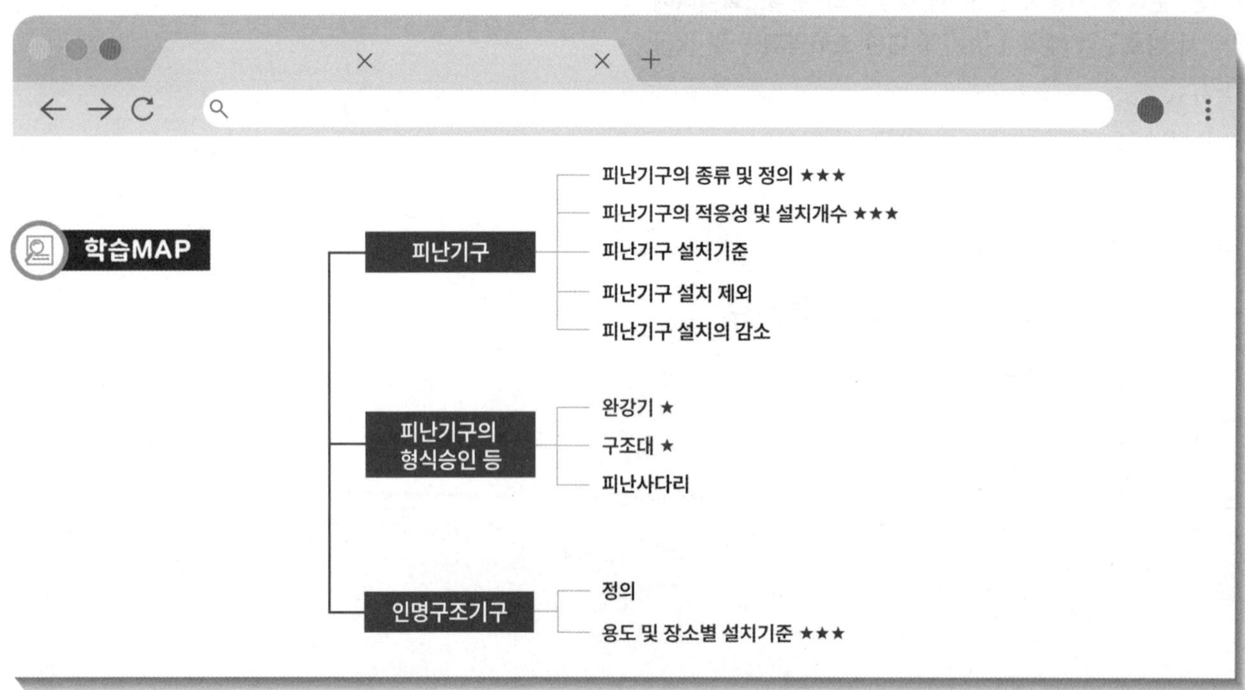

01 피난기구

P.346 문05
P.348 문12

1 정의

1) 미끄럼대 : 사용자가 미끄럼식으로 신속하게 지상 또는 피난층으로 이동할 수 있는 피난기구
2) 구조대 : 포지 등을 사용하여 자루 형태로 만든 것으로서 화재 시 사용자가 그 내부에 들어가서 내려옴으로써 대피할 수 있는 것
3) 다수인피난장비 : 화재 시 2인 이상의 피난자가 동시에 해당 층에서 지상 또는 피난층으로 하강하는 피난기구
4) 승강식피난기 : 사용자의 몸무게에 의하여 자동으로 하강하고 내려서면 스스로 상승하여 연속적으로 사용할 수 있는 무동력 승강식 기기
5) 완강기 : 사용자의 몸무게에 따라 자동적으로 내려올 수 있는 기구 중 사용자가 교대하여 연속적으로 사용할 수 있는 것
6) 간이완강기 : 사용자의 몸무게에 따라 자동적으로 내려올 수 있는 기구 중 사용자가 연속적으로 사용할 수 없는 것
7) 공기안전매트 : 화재 발생 시 사람이 건축물 내에서 외부로 긴급히 뛰어내릴 때 충격을 흡수하여 안전하게 지상에 도달할 수 있도록 포지에 공기 등을 주입하는 구조로 되어 있는 것
8) 피난사다리 : 화재 시 긴급대피를 위해 사용하는 사다리(고정식, 올림식, 내림식)
9) 피난교 : 인접 건축물 또는 피난층과 연결된 다리 형태의 피난기구
10) 피난용 트랩 : 화재 층과 직상 층을 연결하는 계단형태의 피난기구

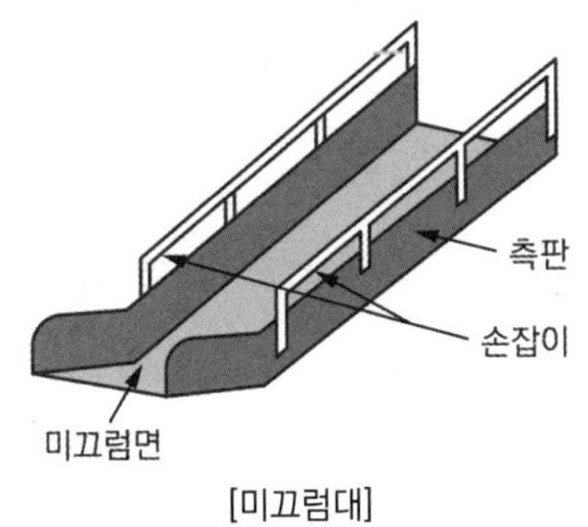

[미끄럼대]

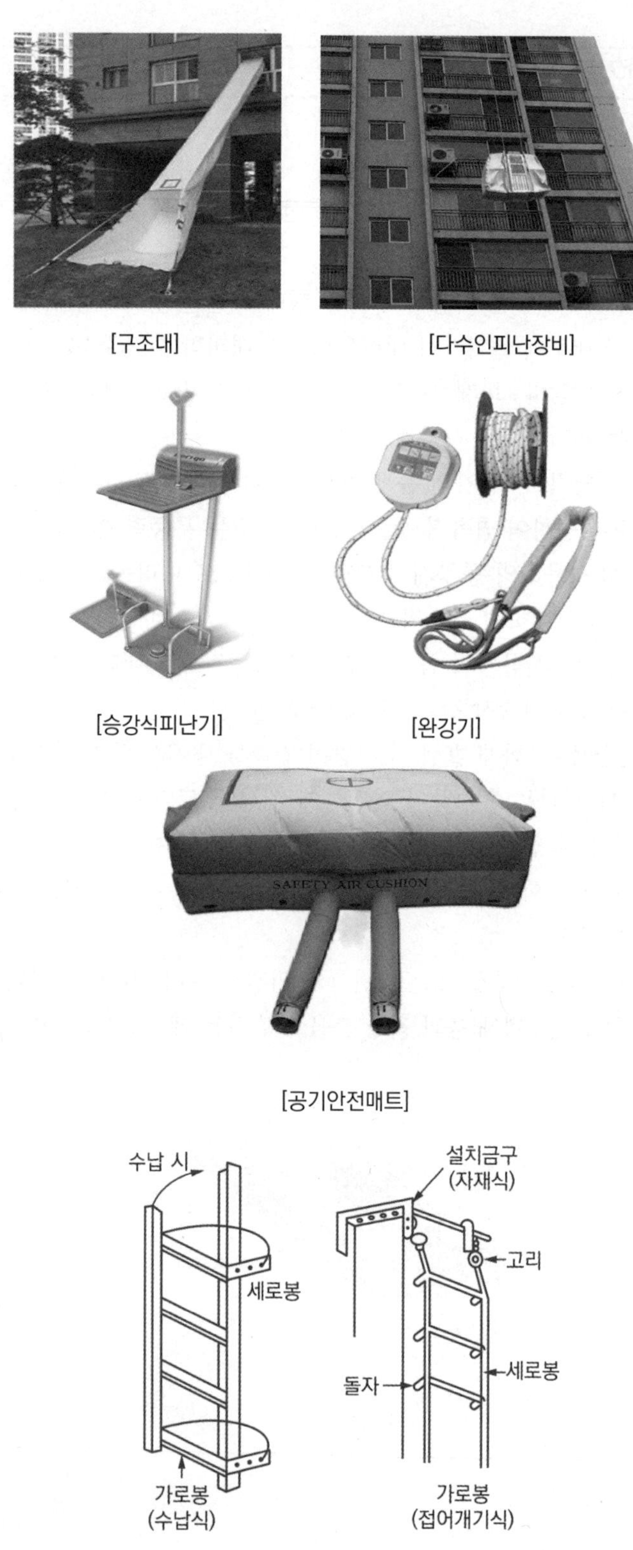

[구조대] [다수인피난장비]

[승강식피난기] [완강기]

[공기안전매트]

[피난사다리]

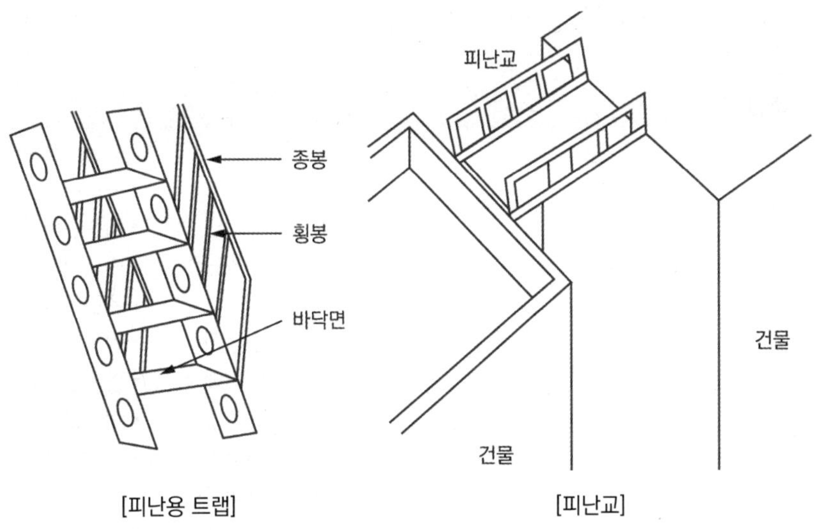

[피난용 트랩]　　　　[피난교]

2 피난기구의 적응성 및 설치개수 등

1) 설치장소별 피난기구의 적응성 ★★★

P.346 문06
P.349 문14
P.350 문16
P.350 문19

층별 설치 장소별	1층	2층	3층	4층 이상 10층 이하
노유자시설	• 미끄럼대 • 구조대 • 다수인피난장비 • 승강식피난기 • 피난교	• 미끄럼대 • 구조대 • 다수인피난장비 • 승강식피난기 • 피난교	• 미끄럼대 • 구조대 • 다수인피난장비 • 승강식피난기 • 피난교	• 구조대[1] • 다수인피난장비 • 승강식피난기 • 피난교
의료시설 · 근린생활 시설 중 입원실이 있는 의원 · 접골원 · 조산원	–	–	• 미끄럼대 • 구조대 • 다수인피난장비 • 승강식피난기 • 피난교 • 피난용 트랩	• 구조대 • 다수인피난장비 • 승강식피난기 • 피난교 • 피난용 트랩
영업장의 위치가 4층 이하인 다중 이용업소	–	• 미끄럼대 • 구조대 • 다수인피난장비 • 승강식피난기 • 완강기 • 피난사다리	• 미끄럼대 • 구조대 • 다수인피난장비 • 승강식피난기 • 완강기 • 피난사다리	• 미끄럼대 • 구조대 • 다수인피난장비 • 승강식피난기 • 완강기 • 피난사다리

설치 장소별 \ 층별	1층	2층	3층	4층 이상 10층 이하
그 밖의 것	-	-	• 미끄럼대 • 구조대 • 다수인피난장비 • 승강식피난기 • 완강기 • 간이완강기[2)] • 공기안전매트 • 피난교 • 피난사다리 • 피난용 트랩	• 구조대 • 다수인피난장비 • 승강식피난기 • 완강기 • 간이완강기[2)] • 공기안전매트 • 피난교 • 피난사다리

※ 비고

1) 구조대의 적응성은 장애인 관련 시설로서 주된 사용자 중 스스로 피난이 불가한 자가 있는 경우 추가로 설치하는 경우에 한한다.

2) 간이완강기의 적응성은 숙박시설의 3층 이상에 있는 객실에 추가로 설치하는 경우에 한한다.

2) 피난기구 설치개수

(1) 피난기구의 설치개수기준

① 층마다 설치

P.347 문08

② 층별 용도에 따른 피난기구의 설치개수 ★★★

용도	피난기구 설치개수
숙박시설 · 노유자시설 · 의료시설	바닥면적 500 [m^2]마다 1개 이상
위락시설 · 문화 및 집회시설 · 운동시설 · 판매시설 또는 복합용도의 층	바닥면적 800 [m^2]마다 1개 이상
그 밖의 용도의 층	바닥면적 1000 [m^2]마다 1개 이상
계단실형 아파트	각 세대마다

(2) 숙박시설(휴양콘도미니엄 제외)

2) (1)에 따라 설치한 피난기구 외에 추가로 객실마다 완강기 또는 둘 이상의 간이완강기를 설치할 것

(3) 공동주택 ← **공동주택의 화재안전기술기준(NFTC 608)에 명시되어 있음**

2) (1)에 따라 설치한 피난기구 외에 하나의 관리주체가 관리하는 공동주택구역마다 공기안전매트 1개 이상을 추가로 설치할 것. 다만 옥상으로 피난이 가능하거나 수평 또는 수직 방향의 인접세대로 피난할 수 있는 구조인 경우에는 추가로 설치하지 않을 수 있음

(4) 4층 이상의 층에 설치된 노유자시설 중 장애인 관련 시설로서 주된 사용자 중 스스로 피난이 불가한 자가 있는 경우

2) (1)에 따라 설치한 피난기구 외에 층마다 구조대를 1개 이상 추가로 설치할 것

3 피난기구 설치기준

1) 피난기구는 계단·피난구 기타 피난시설로부터 적당한 거리에 있는 안전한 구조로 된 피난 또는 소화활동상 유효한 개구부에 고정하여 설치하거나 필요한 때에 신속하고 유효하게 설치할 수 있는 상태에 둘 것
(※ 소화활동상 유효한 개구부 : 가로 0.5 [m] 이상 세로 1 [m] 이상인 것을 말한다. 이 경우 개구부 하단이 바닥에서 1.2 [m] 이상이면 발판 등을 설치하여야 하고, 밀폐된 창문은 쉽게 파괴할 수 있는 파괴장치를 비치해야 함)

P.351 문20

2) 피난기구 설치 개구부는 서로 동일직선상이 아닌 위치에 있을 것 ★★★

피난기구 설치 개구부는 서로 동일직선상에 있을 것
[X] 서로 동일직선상이 아닌 위치에 있을 것

3) 소방대상물의 피난기구는 기둥·바닥·보 등 견고한 부분에 볼트조임·매입·용접 기타의 방법으로 견고하게 부착할 것
4) 4층 이상의 층에 피난사다리(하향식 피난구용 내림식사다리는 제외)를 설치하는 경우
   (1) 금속성 고정사다리를 설치하고
   (2) 당해 고정사다리에는 쉽게 피난할 수 있는 구조의 노대를 설치할 것
5) 완강기는 강하 시 로프가 건축물 또는 구조물 등과 접촉하여 손상되지 않도록 하고, 로프의 길이는 부착위치에서 지면 또는 기타 피난상 유효한 착지 면까지의 길이로 할 것
6) 미끄럼대는 안전한 강하속도를 유지하도록 하고, 전락방지를 위한 안전조치를 할 것
7) 구조대의 길이는 피난상 지장이 없고, 안정한 강하속도를 유지할 수 있는 길이로 할 것
8) 다수인피난장비 설치기준
   (1) 피난에 용이하고 안전하게 하강할 수 있는 장소에 적재 하중을 충분히 견딜 수 있도록 견고하게 설치할 것
   (2) 다수인피난장비 보관실(이하 "보관실"이라 한다)은 건물 외측보다 돌출되지 아니하고, 빗물·먼지 등으로부터 장비를 보호할 수 있는 구조일 것
   (3) 사용 시에 보관실 외측 문이 먼저 열리고, 탑승기가 외측으로 자동으로 전개될 것

[탑승기] 외측으로 전개된 모습

P.349 문15

[승강식피난기]

[하향식 피난구용 내림식사다리]

(4) 하강 시에 탑승기가 건물 외벽이나 돌출물에 충돌하지 않도록 설치할 것
(5) 상·하층에 설치할 경우에는 탑승기의 하강경로가 중첩되지 않도록 할 것
(6) 하강 시에는 안전하고 일정한 속도를 유지하도록 하고 전복, 흔들림, 경로이탈방지를 위한 안전조치를 할 것
(7) 보관실의 문에는 오작동방지조치를 하고, 문 개방 시에는 해당 특정소방대상물에 설치된 경보설비와 연동하여 유효한 경보음을 발하도록 할 것
(8) 피난층에는 해당 층에 설치된 피난기구가 착지에 지장이 없도록 충분한 공간을 확보할 것
(9) 한국소방산업기술원 또는 성능시험기관으로 지정받은 기관에서 그 성능을 검증받은 것으로 설치할 것

9) 승강식피난기 및 하향식 피난구용 내림식사다리 설치기준
(1) 대피실의 면적 : 2 [m^2](2세대 이상일 경우 3 [m^2]) 이상
(2) 대피실의 출입문
- 60분+ 방화문 또는 60분 방화문으로 설치
- 피난방향에서 식별할 수 있는 위치에 "대피실" 표지판을 부착할 것

(3) 하강구(개구부) 규격 : 직경 60 [cm] 이상
(4) 설치경로가 설치 층에서 피난층까지 연계될 수 있는 구조로 설치할 것. 다만 건축물의 구조 및 설치 여건상 불가피한 경우에는 그렇지 않다.
(5) 하강구 내측에는 기구의 연결 금속구 등이 없어야 하며, 전개된 피난기구는 하강구 수평투영면적 공간 내의 범위를 침범하지 않는 구조이어야 할 것. 다만 직경 60 [cm] 크기의 범위를 벗어난 경우이거나 직하층의 바닥 면으로부터 높이 50 [cm] 이하의 범위는 제외한다.
(6) 대피실의 출입문은 60분+ 방화문 또는 60분 방화문으로 설치하고 피난방향에서 식별할 수 있는 위치에 "대피실" 표지판을 부착할 것. 다만 외기와 개방된 장소에는 그렇지 않다.
(7) 착지점과 하강구는 상호 수평거리 15 [cm] 이상의 간격을 둘 것
(8) 대피실 내에는 비상조명등을 설치할 것
(9) 대피실에는 층의 위치표시와 피난기구 사용설명서 및 주의사항 표지판을 부착할 것
(10) 대피실 출입문이 개방되거나 피난기구 작동 시 해당층 및 직하층 거실에 설치된 표시등 및 경보장치가 작동되고, 감시 제어반에서는 피난기구의 작동을 확인할 수 있어야 할 것

⑾ 사용 시 기울거나 흔들리지 않도록 설치할 것
⑿ 한국소방산업기술원 또는 성능시험기관으로 지정받은 기관에서 그 성능을 검증받은 것으로 설치할 것

10) 피난기구의 위치 표시
(1) 발광식 또는 축광식표지와 그 사용방법을 표시한 표지(외국어 및 그림 병기)를 부착
(2) 방사성 물질을 사용하는 위치표지는 쉽게 파괴되지 않는 재질로 처리할 것

4 피난기구 설치 제외

다음의 어느 하나에 해당하는 특정소방대상물 또는 그 부분에는 피난기구를 설치하지 않을 수 있다. 다만 숙박시설(휴양콘도미니엄을 제외)에 설치되는 완강기 및 간이완강기의 경우에는 그렇지 않다.

1) 다음의 기준에 적합한 층
(1) 주요구조부가 내화구조로 되어 있어야 할 것
(2) 실내의 면하는 부분의 마감이 불연재료·준불연재료 또는 난연재료로 되어 있고, 방화구획되어 있어야 할 것
(3) 거실의 각 부분으로부터 직접 복도로 쉽게 통할 수 있어야 할 것
(4) 복도에 2 이상의 피난계단 또는 특별피난계단이 적합하게 설치되어 있어야 할 것
(5) 복도의 어느 부분에서도 2 이상의 방향으로 각각 다른 계단에 도달할 수 있어야 할 것

2) 다음의 기준에 적합한 특정소방대상물 중 그 옥상의 직하층 또는 최상층(문화 및 집회시설, 운동시설 또는 판매시설을 제외)
(1) 주요구조부가 내화구조로 되어 있어야 할 것
(2) 옥상의 면적이 1500 [m^2] 이상이어야 할 것
(3) 옥상으로 쉽게 통할 수 있는 창 또는 출입구가 설치되어 있어야 할 것
(4) 옥상이 소방사다리차가 쉽게 통행할 수 있는 도로 또는 공지에 면하여 설치되어 있거나 옥상으로부터 피난층 또는 지상으로 통하는 2 이상의 피난계단 또는 특별피난계단이 설치되어 있어야 할 것

3) 주요구조부가 내화구조이고 지하층을 제외한 층수가 4층 이하이며, 소방사다리차가 쉽게 통행할 수 있는 도로 또는 공지에 면하는 부분에 개구부가 2 이상 설치되어 있는 층(문화집회 및 운동시설·판매시설 및 영업시설 또는 노유자시설의 용도로 사용되는 층으로서 그 층의 바닥면적이 1000 [m^2] 이상인 것을 제외)

선생님 TIP

피난기구 설치 제외는 필기시험에서 잘 출제되는 파트가 아닙니다. 학습 시간이 많이 부족할 경우 스킵해도 좋습니다.

4) 갓복도식 아파트 또는 「건축법」 시행령 제46조 제5항에 해당하는 구조 또는 시설을 설치하여 인접(수평 또는 수직)세대로 피난할 수 있는 아파트
5) 주요구조부가 내화구조로서 거실의 각 부분으로 직접 복도로 피난할 수 있는 학교(강의실 용도로 사용되는 층에 한한다)
6) 무인공장 또는 자동창고로서 사람의 출입이 금지된 장소(관리를 위하여 일시적으로 출입하는 장소를 포함한다)
7) 건축물의 옥상부분으로서 거실에 해당하지 아니하고 「건축법」 시행령 제119조 제1항 제9호에 해당하여 층수로 산정된 층으로 사람이 근무하거나 거주하지 않는 장소

5 피난기구 설치의 감소

P.345 문02
P.348 문13

1) 피난기구의 개수 × $\frac{1}{2}$ ★

피난기구를 설치하여야 할 특정소방대상물 중 다음의 기준에 적합한 층에는 피난기구의 2분의 1을 감소할 수 있다. 이 경우 설치하여야 할 피난기구의 수에 있어서 소수점 이하의 수는 1로 한다.

(1) 주요구조부가 내화구조로 되어 있을 것
(2) 직통계단인 피난계단 또는 특별피난계단이 2 이상 설치되어 있을 것

2) 피난기구의 개수 − 건널 복도의 수 × 2 ★

주요구조부가 내화구조이고 다음의 기준에 적합한 건널 복도가 설치되어 있는 층에는 피난기구의 수에서 해당 건널 복도의 수의 2배의 수를 뺀 수로 한다.

(1) 내화구조 또는 철골조로 되어 있을 것
(2) 건널 복도 양단 출입구에 자동폐쇄장치를 한 60분+ 방화문 또는 60분 방화문(방화셔터 제외)이 설치되어 있을 것
(3) 피난·통행 또는 운반의 전용 용도일 것

02 피난기구의 형식승인 등

1 완강기

1) 완강기 및 간이완강기 구조 및 성능
   (1) 속도조절기·속도조절기의 연결부·로프·연결금속구 및 벨트로 구성
   (2) 강하 시 사용자를 심하게 선회시키지 않아야 함
   (3) 기능에 이상이 생길 수 있는 모래나 기타의 이물질이 쉽게 들어가지 않도록 견고한 덮개로 덮어져 있어야 함
   (4) 부품 및 덮개를 나사로 체결할 경우 풀림방지조치를 해야 함
2) 속도조절기
   (1) 견고하고 내구성이 있어야 함
   (2) 평상시에 분해 청소 등을 하지 않아도 작동할 수 있어야 함
   (3) 강하 시 발생하는 열에 의하여 기능에 이상이 생기지 않아야 함
   (4) 속도조절기는 사용 중에 분해·손상·변형되지 않아야 하며 속도조절기의 이탈이 생기지 않도록 덮개를 해야 함
   (5) 강하 시 로프가 손상되지 않아야 함
   (6) 속도조절기의 풀리 등으로부터 로프가 노출되지 아니하는 구조이어야 함
3) 최대사용하중 : 1500 [N] 이상 ★
4) 최대사용자수 : 최대사용하중을 1500 [N]으로 나누어서 얻은 값
5) 지지대 강도 : 연직방향으로 최대사용자수에 5000 [N]을 곱한 하중을 가하는 경우 파괴·균열 및 현저한 변형이 없어야 함
6) 벨트의 강도 : 늘어뜨린 방향으로 1개에 대하여 6500 [N]의 인장하중을 가하는 시험에서 끊어지거나 현저한 변형이 생기지 않아야 함

2 구조대

1) 경사강하식 구조대의 구조
   (1) 연속하여 활강할 수 있고 안전하고 쉽게 사용할 수 있는 구조
   (2) 입구틀 및 고정틀의 입구는 지름 60 [cm] 이상의 구체가 통과할 수 있어야 함 ★
   (3) 포지는 사용 시에 수직방향으로 현저하게 늘어나지 않을 것 ★
   (4) 포지, 지지틀, 취부틀 그 밖의 부속장치 등은 견고하게 부착되어야 함
   (5) 구조대 본체는 강하방향으로 봉합부가 설치되지 않을 것 ★

보충 ▶ 용어 정의
- 속도조절기 : 완강기의 강하속도를 일정범위로 조절하는 장치
- 속도조절기의 연결부 : 지지대와 속도조절기를 연결하는 부분
- 지지대 : 화재 시 피난용 완강기와 간이완강기를 소방대상물에 고정 설치해줄 수 있는 기구
- 연결금속구 : 로프와 벨트의 연결부위에 사용하는 금속구 및 완강기 또는 간이완강기를 지지대에 연결할 때 사용하는 금속구 등
- 최대사용하중 : 완강기, 간이완강기 및 지지대를 사용함에 있어서 당해 완강기, 간이완강기 및 지지대에 가할 수 있는 최대하중
- 최대사용자수 : 1회에 강하할 수 있는 사용자의 최대 수

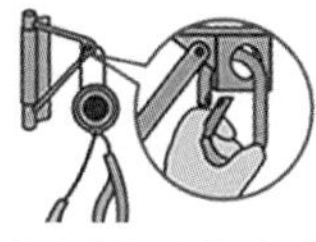
[지지대 및 연결부]

P.345 문03
P.347 문07

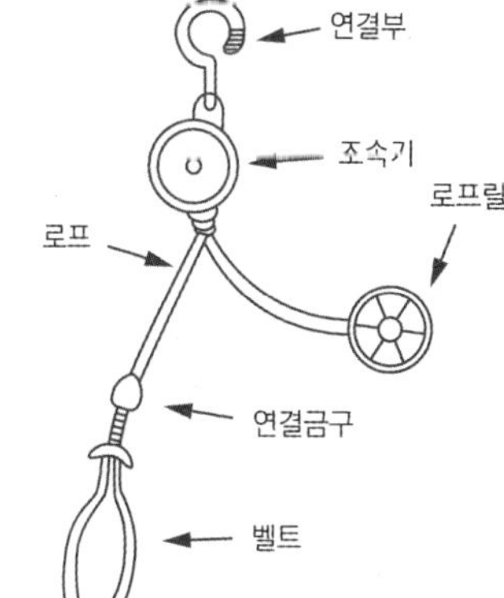

[완강기]

경사강하식 구조대의 입구틀 및 고정틀의 입구는 지름 50 [cm] 이상의 구체가 통과할 수 있어야 한다.
X 지름 60 [cm] 이상

P.347 문09

(6) 구조대 본체의 활강부는 낙하방지를 위해 포를 이중구조로 하거나 망목의 변의 길이가 8 [cm] 이하인 망을 설치해야 함. 다만 구조상 낙하방지의 성능을 갖고 있는 구조대의 경우에는 그렇지 않음

(7) 본체의 포지는 하부지지장치에 인장력이 균등하게 걸리도록 부착해야 하며, 하부지지장치는 쉽게 조작할 수 있어야 함

(8) 손잡이는 출구부근에 좌우 각 3개 이상 균일한 간격으로 견고하게 부착해야 함

(9) 구조대 본체의 끝부분에는 길이 4 [m] 이상, 지름 4 [mm] 이상의 유도선을 부착하여야 하며, 유도선 끝에는 중량 3 [N](300 [g]) 이상의 모래주머니 등을 설치해야 함

(10) 땅에 닿을 때 충격을 받는 부분에는 완충장치로서 받침포 등을 부착해야 함

P.345 문01
P.348 문11

2) 수직강하식 구조대의 구조

(1) 구조대는 안전하고 쉽게 사용할 수 있는 구조여야 함

(2) 구조대의 포지는 외부포지와 내부포지로 구성하되, 외부포지와 내부포지의 사이에 충분한 공기층을 두어야 함 ★

(3) 입구틀 및 고정틀의 입구는 지름 60 [cm] 이상의 구체가 통과할 수 있어야 함 ★

(4) 구조대는 연속하여 강하할 수 있는 구조여야 함

(5) 포지는 사용 시 수직방향으로 현저하게 늘어나지 않아야 함 ★

(6) 포지, 지지틀, 취부틀 그 밖의 부속장치 등은 견고하게 부착되어야 함

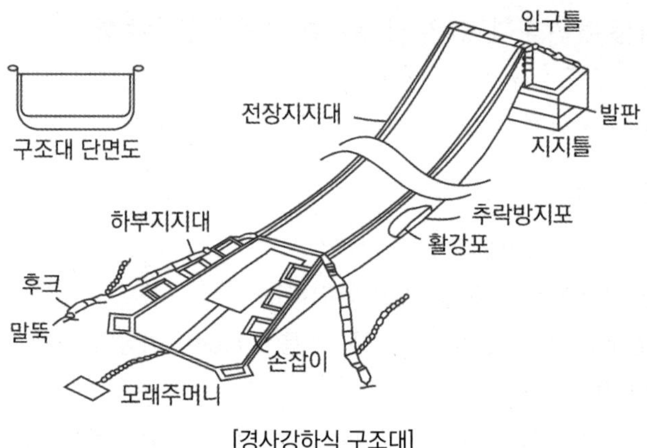

[경사강하식 구조대]

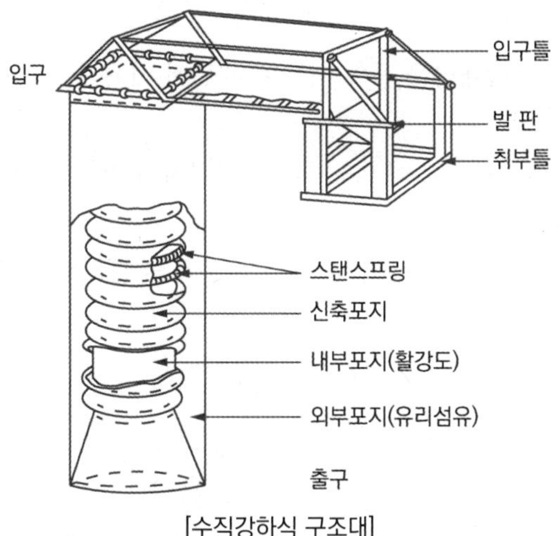

[수직강하식 구조대]

3 피난사다리

P.350 문18

1) 고정식사다리

P.350 문17

(1) 정의 : 항시 사용 가능한 상태로 소방대상물에 고정되어 사용되는 사다리

(2) 종류 : 수납식, 접는식, 신축식 ★

암기 고수접신

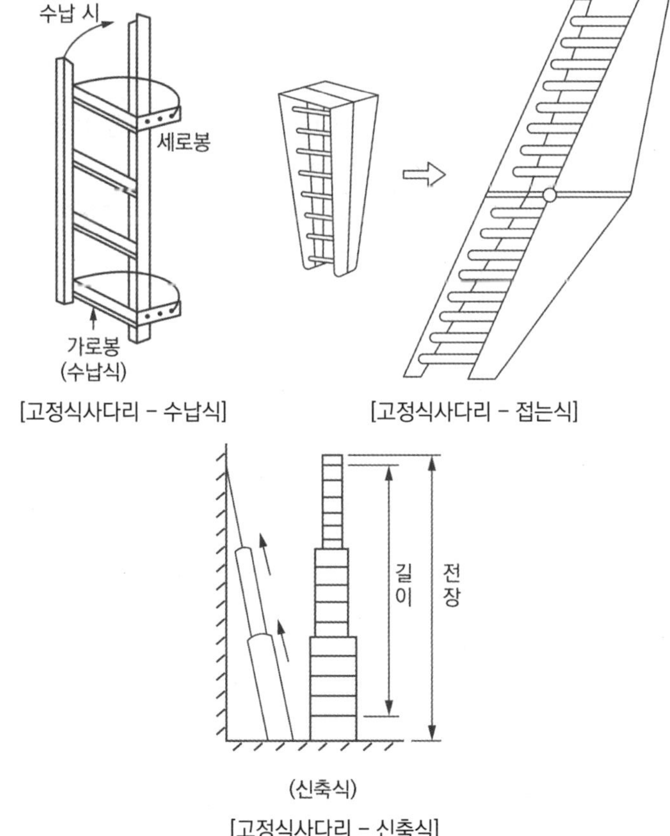

[고정식사다리 – 수납식]

[고정식사다리 – 접는식]

[고정식사다리 – 신축식]

보충 용어 정의

- 수납식 : 횡봉이 종봉 내에 수납되어 사용하는 때에 횡봉을 꺼내어 사용할 수 있는 구조
- 접는식 : 사다리를 접을 수 있는 구조
- 신축식 : 사다리 하부를 신축할 수 있는 구조
- 하향식 피난구용 내림식사다리 : 하향식 피난구 해치(피난사다리를 항상 사용 가능한 상태로 넣어두는 장치를 말함)에 격납하여 보관되다가 사용하는 때에 사다리의 돌자 등이 소방대상물과 접촉되지 않는 내림식사다리

올림식사다리의 하부지지점에는 미끄러짐방지장치를 설치해야 한다. O

2) 올림식사다리

(1) 정의 : 소방대상물 등에 기대어 세워서 사용하는 사다리

(2) 구조

① 상부지지점에 미끄러지거나 넘어지지 않도록 안전장치를 설치해야 함

② 하부지지점에는 미끄러짐방지장치를 설치해야 함

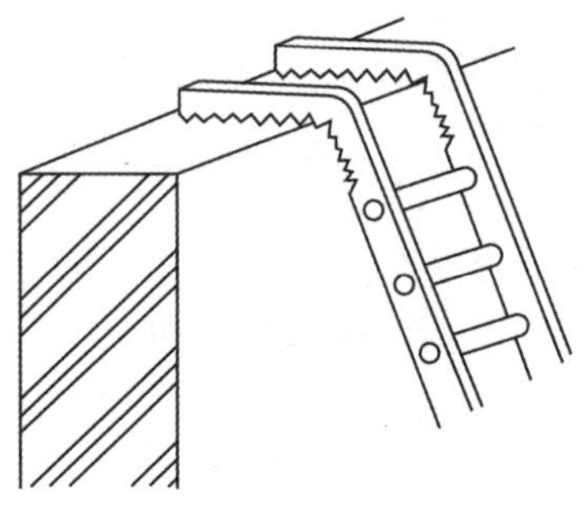

[올림식사다리]

P.351 문21

3) 내림식사다리

(1) 정의 : 평상시에는 접어둔 상태로 두었다가 사용하는 때에 소방대상물 등에 걸어 내려 사용하는 사다리(하향식 피난구용 내림식사다리를 포함)

내림식 사다리의 구조로 하부 지지점에는 미끄러짐을 막는 장치를 설치하여야 한다. X 올림식 사다리의 구조이다.

(2) 구조

① 사용 시 소방대상물부터 10 [cm] 이상의 거리를 유지하기 위한 유효한 돌자를 횡봉의 위치마다 설치해야 함. 다만 그 돌자를 설치하지 않아도 사용 시 소방대상물에서 10 [cm] 이상의 거리를 유지할 수 있는 것은 그렇지 않음 ★

② 종봉의 끝 부분에는 가변식 걸고리 또는 걸림장치 부착

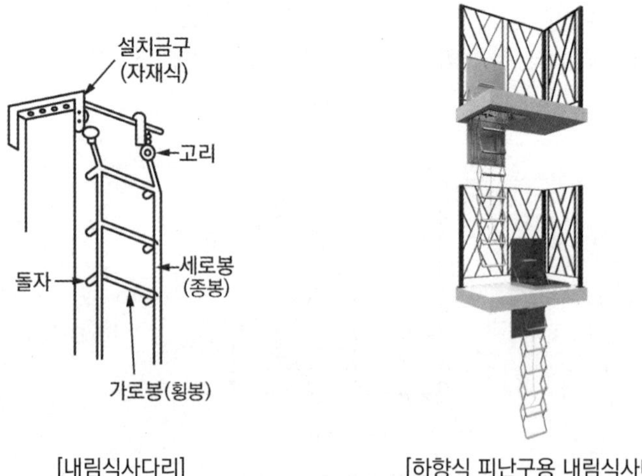

[내림식사다리]　　[하향식 피난구용 내림식사다리]

4) 피난사다리의 구조

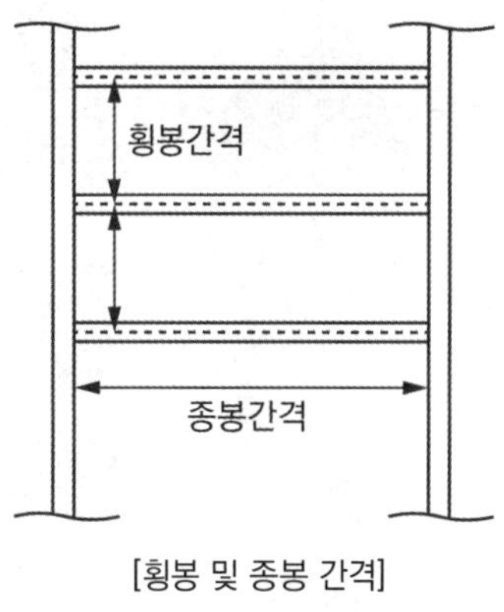

[횡봉 및 종봉 간격]

(1) 안전하고 확실하며 쉽게 사용할 수 있는 구조이어야 함
(2) 피난사다리는 2개 이상의 종봉 및 횡봉으로 구성되어야 함. 다만 고정식사다리인 경우에는 종봉의 수를 1개로 할 수 있음
(3) 피난사다리(종봉이 1개인 고정식 사다리는 제외)의 종봉의 간격은 최외각 종봉 사이의 안치수가 30 [cm] 이상이어야 함
(4) 피난사다리의 횡봉은 지름 14 [mm] 이상 35 [mm] 이하의 원형인 단면이거나 또는 이와 비슷한 손으로 잡을 수 있는 형태의 단면이 있는 것이어야 함
(5) 피난사다리의 횡봉은 종봉에 동일한 간격으로 부착한 것이어야 하며, 그 간격은 25 [cm] 이상 35 [cm] 이하이어야 함
(6) 피난사다리 횡봉의 디딤면은 미끄러지지 아니하는 구조이어야 함

03 인명구조기구

1 정의 ★

1) 방열복 : 고온의 복사열에 가까이 접근하여 소방활동을 수행할 수 있는 내열피복
2) 방화복 : 화재진압 등의 소방활동을 수행할 수 있는 피복
3) 공기호흡기 : 소화활동 시에 화재로 인하여 발생하는 각종 유독가스 중에서 일정시간 사용할 수 있도록 제조된 압축공기식 개인호흡장비(보조마스크를 포함)
4) 인공소생기 : 호흡 부전 상태인 사람에게 인공호흡을 시켜 환자를 보호하거나 구급하는 기구

암기 방공인

P.348 문10

[방열복] [방화복]

[공기호흡기]

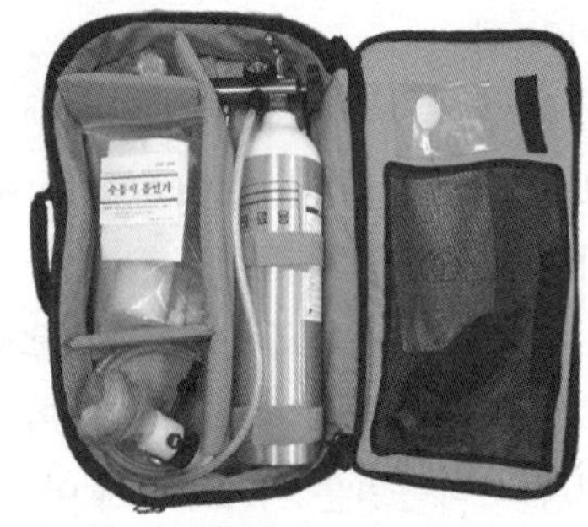

[인공소생기]

P.346 문04

암기
지포7호 지포5병 – 방공인 각 2
수100영 판대점 운지지지 – 공 층 2
이산화 – 공기 출입 외부 1

❷ 용도 및 장소별 설치기준

특정소방대상물	인명구조기구	설치 수량
• 지하층을 포함하는 층수가 7층 이상인 관광호텔 및 5층 이상인 병원	• 방열복 또는 방화복(안전모, 보호장갑 및 안전화 포함) • 공기호흡기 • 인공소생기	각 2개 이상 비치할 것(다만 병원의 경우에는 인공소생기를 설치하지 않을 수 있음)
• 문화 및 집회시설 중 수용인원이 100명 이상인 영화상영관 • 판매시설 중 대규모 점포 • 운수시설 중 지하역사 • 지하가 중 지하상가	• 공기호흡기	층마다 2개 이상 비치할 것(다만 각 층마다 갖추어 두어야 할 공기호흡기 중 일부를 직원이 상주하는 인근 사무실에 갖추어 둘 수 있음)
• 물분무등소화설비 중 이산화탄소소화설비를 설치해야 하는 특정소방대상물	• 공기호흡기	이산화탄소소화설비가 설치된 장소의 출입구 외부 인근에 1개 이상 비치할 것

예상문제

01 상중하

수직강하식 구조대의 구조에 대한 설명 중 틀린 것은?

① 입구틀 및 취부틀의 입구는 지름 60 [cm] 이상의 구체가 통과할 수 있어야 한다.
② 구조대는 연속하여 강하할 수 있는 구조이어야 한다.
③ 사람의 중량에 의하여 하강속도를 조절할 수 있어야 한다.
④ 구조대의 포지는 외부포지와 내부포지로 구성한다.

해설 수직강하식 구조대 구조

1) 구조대는 안전하고 쉽게 사용할 수 있는 구조여야 함
2) 구조대의 포지는 외부포지와 내부포지로 구성하되, 외부포지와 내부포지의 사이에 충분한 공기층을 두어야 함
3) 입구틀 및 취부틀의 입구는 지름 60 [cm] 이상의 구체가 통과할 수 있는 것이어야 함
4) 구조대는 연속하여 강하할 수 있는 구조여야 함
5) 포지는 사용 시 수직방향으로 현저히게 늘어나지 않아야 함
6) 포지, 지지틀, 취부틀 그 밖의 부속장치 등은 견고하게 부착되어야 함

보충 ▶ 포지 : 포대(자루)를 연결하여 만든 형태

02 상중하

피난기구를 설치하여야 할 소방대상물 중 피난기구의 2분의 1을 감소할 수 있는 조건이 아닌 것은?

① 소방구조용(비상용) 엘리베이터가 설치되어 있다.
② 주요구조부가 내화구조로 되어 있다.
③ 특별피난계단이 2 이상 설치되어 있다.
④ 직통계단인 피난계단이 2 이상 설치되어 있다.

해설 피난기구 1/2 감소 조건

다음 기준에 적합한 층에는 피난기구의 1/2을 감소할 수 있음
1) 주요구조부가 내화구조로 되어 있을 것
2) 직통계단인 피난계단 또는 특별피난계단이 2 이상 설치되어 있을 것

03 상중하

완강기의 형식승인 및 제품검사의 기술기준상 완강기의 최대사용하중은 최소 몇 [N] 이상의 하중이어야 하는가?

① 800　② 1500
③ 1000　④ 1200

해설 완강기 최대사용하중

최대사용하중 : 1500 [N] 이상

정답 01 ③ 02 ① 03 ②

04 (상)(중)(하)

특정소방대상물의 용도 및 장소별로 설치하여야 할 인명구조기구 종류의 기준 중 다음 ( ) 안에 알맞은 것은?

특정소방대상물	종류	설치 수량
• 5층 이상 병원 • 7층 이상 호텔	• 방열복 또는 방화복 • 공기호흡기 • 인공소생기	각 2개 이상 비치
• 100명 이상 수용 영화관 • 대규모 점포 • 지하역사 • 지하상가	• 공기호흡기	층마다 2개 이상 비치
• ( ) 설치 대상물	• 공기호흡기	1개 이상

① 분말소화설비
② 할론소화설비
③ 할로겐화합물 및 불활성기체소화설비
④ 이산화탄소소화설비

해설 용도 및 장소별 인명구조기구

특정소방대상물	종류	설치 수량
• 5층 이상 병원 • 7층 이상 호텔 (지하층을 포함)	• 방열복 또는 방화복 • 공기호흡기 • 인공소생기	각 2개 이상 비치
• 100명 이상 수용 영화관 • 대규모 점포 • 지하역사 • 지하상가	• 공기호흡기	층마다 2개 이상 비치
• 이산화탄소소화설비 설치 대상물	• 공기호흡기	출입구 외부 인근에 1개 이상

05 (상)(중)(하)

피난기구의 화재안전성능기준 중 피난기구 종류로 옳은 것은?

① 방열복　② 공기안전매트
③ 공기호흡기　④ 인공소생기

해설 공기안전매트(피난기구)

화재 발생 시 사람이 건축물 내에서 외부로 긴급히 뛰어내릴 때 충격을 흡수하여 안전하게 지상에 도달할 수 있도록 포지에 공기 등을 주입하는 구조로 되어 있는 것

암기 인명구조기구 : 방열복, 방화복, 공기호흡기, 인공소생기

06 (상)(중)(하)

피난기구의 화재안전기술기준상 근린생활시설 4층에 적응성이 없는 피난기구는? (단, 근린생활시설 중 입원실이 있는 의원 · 접골원 · 조산원에 한한다)

① 피난용 트랩　② 미끄럼대
③ 구조대　④ 피난교

해설 설치장소별 피난기구의 적응성

구분	3층	4층 이상 10층 이하
의료시설 · 근린생활시설 중 입원실이 있는 의원 · 접골원 · 조산원	• 미끄럼대 • 구조대 • 다수인피난장비 • 승강식피난기 • 피난교 • 피난용 트랩	• 구조대 • 다수인피난장비 • 승강식피난기 • 피난교 • 피난용 트랩

정답 04 ④ 05 ② 06 ②

07 상중하

완강기의 형식승인 및 제품검사의 기술기준상 완강기 및 간이완강기의 구성으로 적합한 것은?

① 속도조절기, 속도조절기의 연결부, 하부지지장치, 연결금속구, 벨트
② 속도조절기, 속도조절기의 연결부, 로프, 연결금속구, 벨트
③ 속도조절기, 가로봉 및 세로봉, 로프, 연결금속구, 벨트
④ 속도조절기, 가로봉 및 세로봉, 로프, 하부지지장치, 벨트

해설 완강기 구성

속도조절기(조속기), 속도조절기의 연결부, 로프, 연결금속구(연결금구) 및 벨트로 구성

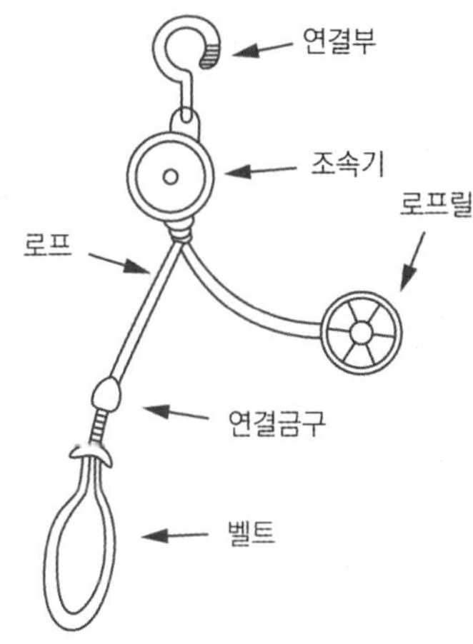

08 상중하

피난기구의 화재안전기술기준에 따라 숙박시설 노유자시설 및 의료시설로 사용되는 층에 있어서는 그 층의 바닥면적이 몇 [m^2]마다 피난기구를 1개 이상 설치해야 하는가?

① 200 ② 300
③ 400 ④ 500

해설 의료 · 노유자 · 숙박시설 피난기구 설치개수

- 바닥면적 500 [m^2]마다 1개 이상
- 층마다 설치

09 상중하

구조대의 형식승인 및 제품검사의 기술기준에 따른 경사강하식 구조대의 구조에 대한 설명으로 틀린 것은?

① 구조대 본체는 강하방향으로 봉합부가 설치되어야 한다.
② 연속으로 활강할 수 있는 구조로 안전하고 쉽게 사용할 수 있어야 한다.
③ 땅에 닿을 때 충격을 받는 부분에는 완충 장치로서 받침포 등을 부착하여야 한다.
④ 입구틀 및 취부틀의 입구는 지름 60 [cm] 이상의 구체가 통과할 수 있어야 한다.

해설 경사강하식 구조대의 구조

1) 연속하여 활강할 수 있고 안전하고 쉽게 사용할 수 있는 구조
2) 입구틀 및 취부틀 입구 지름 : 60 [cm] 이상 구체가 통과할 수 있을 것
3) 포지는 사용 시에 수직방향으로 현저하게 늘어나지 않을 것
4) 포지, 지지틀, 취부틀 그 밖의 부속장치 등은 견고하게 부착되어야 함
5) 구조대 본체는 강하방향으로 봉합부가 설치되지 않을 것
6) 구조대 본체의 활강부는 낙하방지를 위해 포를 2중구조로 하거나 망목의 변의 길이가 8 [cm] 이하인 망을 설치해야 함. 다만 구조상 낙하방지의 성능을 갖고 있는 구조대의 경우에는 그렇지 않음
7) 본체의 포지는 하부지지장치에 인장력이 균등하게 걸리도록 부착해야 하며, 하부지지장치는 쉽게 조작할 수 있어야 함
8) 손잡이는 출구부근에 좌우 각 3개 이상 균일한 간격으로 견고하게 부착해야 함
9) 구조대본체의 끝부분에는 길이 4 [m] 이상, 지름 4 [mm] 이상의 유도선을 부착하여야 하며, 유도선끝에는 중량 3 [N] 이상의 모래주머니 등을 설치해야 함
10) 땅에 닿을 때 충격을 받는 부분에는 완충장치로서 받침포 등을 부착해야 함

정답 07 ② 08 ④ 09 ①

10 상 중 하

인명구조기구의 종류가 아닌 것은?

① 방화복　② 공기호흡기
③ 인공소생기　④ 구조대

해설 인명구조기구

1) 방열복 : 고온의 복사열에 가까이 접근하여 소방활동을 수행할 수 있는 내열피복
2) 방화복 : 화재진압 등의 소방활동을 수행할 수 있는 피복
3) 공기호흡기 : 소화활동 시에 화재로 인하여 발생하는 각종 유독가스 중에서 일정시간 사용할 수 있도록 제조된 압축공기식 개인호흡장비(보조마스크를 포함)
4) 인공소생기 : 호흡 부전 상태인 사람에게 인공호흡을 시켜 환자를 보호하거나 구급하는 기구

암기 구조대 : 피난기구

11 상 중 하

구조대의 형식승인 및 제품검사의 기술기준상 수직강하식 구조대의 구조기준 중 틀린 것은?

① 구조대는 연속하여 강하할 수 있는 구조이어야 한다.
② 구조대는 안전하고 쉽게 사용할 수 있는 구조이어야 한다.
③ 입구틀 및 취부틀의 입구는 지름 40 [cm] 이하의 구체가 통과할 수 있는 것이어야 한다.
④ 구조대의 포지는 외부포지와 내부포지로 구성하되, 외부포지와 내부포지의 사이에 충분한 공기층을 두어야 한다.

해설 수직강하식 구조대의 구조

1) 구조대는 안전하고 쉽게 사용할 수 있는 구조이어야 함
2) 구조대의 포지는 외부포지와 내부포지로 구성하되, 외부포지와 내부포지의 사이에 충분한 공기층을 두어야 함
3) 입구틀 및 취부틀의 입구는 지름 60 [cm] 이상의 구체가 통과할 수 있는 것이어야 함
4) 구조대는 연속하여 강하할 수 있는 구조여야 함
5) 포지는 사용 시 수직방향으로 현저하게 늘어나지 않아야 함
6) 포지, 지지틀, 취부틀 그 밖의 부속장치 등은 견고하게 부착되어야 함

12 상 중 하

피난기구의 화재안전성능기준상 피난기구의 종류가 아닌 것은?

① 인공소생기　② 미끄럼대
③ 간이완강기　④ 피난용 트랩

해설 피난기구 종류

1) 미끄럼대 : 사용자가 미끄럼식으로 신속하게 지상 또는 피난층으로 이동할 수 있는 피난기구
2) 간이완강기 : 사용자의 몸무게에 따라 자동적으로 내려올 수 있는 기구 중 사용자가 연속적으로 사용할 수 없는 것
3) 피난용 트랩 : 화재 층과 직상 층을 연결하는 계단형태의 피난기구

암기 인공소생기 : 인명구조기구

13 상 중 하

주요구조부가 내화구조이고 건널 복도가 설치된 층의 피난기구 수의 설치 감소방법으로 적합한 것은?

① 피난기구를 설치하지 아니할 수 있다.
② 피난기구의 수에서 1/2을 감소한 수로 한다.
③ 원래의 수에서 건널 복도 수를 더한 수로 한다.
④ 피난기구의 수에서 해당 건널 복도의 수의 2배의 수를 뺀 수로 한다.

정답 10 ④ 11 ③ 12 ① 13 ④

해설 피난기구 설치의 감소

주요구조부가 내화구조이고, 기준에 적합한 건널 복도가 설치되어 있는 층에는 피난기구의 수에서 해당 건널 복도의 수의 2배의 수를 뺀 수로 함

⇒ 피난기구의 수 - 건널 복도의 수 × 2

14 상중하

백화점의 7층에 적응성이 없는 피난기구는?

① 구조대 ② 피난용 트랩
③ 피난교 ④ 완강기

해설 설치장소별 피난기구의 적응성

구분	3층	4층 이상 10층 이하
그 밖의 것	• 미끄럼대 • 구조대 • 다수인피난장비 • 승강식피난기 • 완강기 • 간이완강기[1] • 공기안전매트[2] • 피난사다리 • 피난교 • 피난용 트랩	• 구조대 • 다수인피난장비 • 승강식피난기 • 완강기 • 간이완강기[1] • 공기안전매트[2] • 피난사다리 • 피난교

1) 간이완강기의 적응성은 숙박시설의 3층 이상에 있는 객실에 설치하는 경우에 한함
2) 공기안전매트의 적응성은 공동주택에 추가로 설치하는 경우에 한함

15 상중하

다수인피난장비 설치기준 중 틀린 것은?

① 사용 시에 보관실 외측 문이 먼저 열리고, 탑승기가 외측으로 자동으로 전개될 것
② 보관실의 문은 상시 개방 상태를 유지하도록 할 것
③ 하강 시에 탑승기가 건물 외벽이나 돌출물에 충돌하지 않도록 설치할 것
④ 피난층에는 해당 층에 설치된 피난기구가 착지에 지장이 없도록 충분한 공간을 확보할 것

해설 다수인피난장비 설치기준

1) 피난에 용이하고 안전하게 하강할 수 있는 장소에 적재 하중을 충분히 견딜 수 있도록 견고하게 설치할 것
2) 다수인피난장비 보관실(이하 "보관실"이라 한다)은 건물 외측보다 돌출되지 아니하고, 빗물 · 먼지 등으로부터 장비를 보호할 수 있는 구조일 것
3) 사용 시에 보관실 외측 문이 먼저 열리고, 탑승기가 외측으로 자동으로 전개될 것
4) 하강 시에 탑승기가 건물 외벽이나 돌출물에 충돌하지 않도록 설치할 것
5) 상 · 하층에 설치할 경우에는 탑승기의 하강경로가 중첩되지 않도록 할 것
6) 하강 시에는 안전하고 일정한 속도를 유지하도록 하고 전복, 흔들림, 경로이탈방지를 위한 안전조치를 할 것
7) 보관실의 문에는 오작동방지조치를 하고 문 개방 시에는 해당 특정소방대상물에 설치된 경보설비와 연동하여 유효한 경보음을 발하도록 할 것
8) 피난층에는 해당 층에 설치된 피난기구가 착지에 지장이 없도록 충분한 공간을 확보할 것
9) 한국소방산업기술원 또는 성능시험기관으로 지정받은 기관에서 그 성능을 검증받은 것으로 설치할 것

정답 14 ② 15 ②

16 상중하

다음 중 노유자시설의 4층 이상 10층 이하에서 적응성이 있는 피난기구가 아닌 것은?

① 피난교
② 다수인피난장비
③ 승강식피난기
④ 미끄럼대

해설 설치장소별 피난기구의 적응성

구분	1층, 2층, 3층	4층 이상 10층 이하
노유자시설	• 미끄럼대 • 구조대 • 다수인피난장비 • 승강식피난기 • 피난교	• 구조대[1] • 다수인피난장비 • 승강식피난기 • 피난교

1) 구조대의 적응성 : 장애인 관련 시설로서 주된 사용자 중 스스로 피난이 불가한 자가 있는 경우 추가로 설치하는 경우에 한함

17 상중하

고정식 사다리의 구조에 따른 분류로 틀린 것은?

① 굽히는 식　② 수납식
③ 접는식　④ 신축식

해설 고정식 사다리 종류

수납식 · 접는식 · 신축식

암기 고, 수, 접, 신

18 상중하

피난사다리의 분류로서 적당한 것은?

① 고정식 사다리, 내림식 사다리, 미끄럼식 사다리
② 고정식 사다리, 올림식 사다리, 내림식 사다리
③ 올림식 사다리, 내림식 사다리, 수납식 사다리
④ 신축식 사다리, 수납식 사다리, 접는식 사다리

해설 피난사다리 종류

고정식 · 올림식 · 내림식

암기 (담배)피고올래

19 상중하

노유자시설의 3층에 적응성을 가진 피난기구가 아닌 것은?

① 미끄럼대　② 피난교
③ 구조대　④ 간이완강기

해설 설치장소별 피난기구의 적응성

구분	1층, 2층, 3층	4층 이상 10층 이하
노유자시설	• 미끄럼대 • 구조대 • 다수인피난장비 • 승강식피난기 • 피난교	• 구조대[1] • 다수인피난장비 • 승강식피난기 • 피난교

1) 구조대의 적응성 : 장애인 관련 시설로서 주된 사용자 중 스스로 피난이 불가한 자가 있는 경우 추가로 설치하는 경우에 한함

정답 16 ④ 17 ① 18 ② 19 ④

20 상 중 하

피난기구의 화재안전기술기준에 따른 피난기구의 설치 및 유지에 관한 사항 중 틀린 것은?

① 피난기구를 설치하는 개구부는 서로 동일 직선상의 위치에 있을 것

② 설치장소에는 피난기구의 위치를 표시하는 발광식 또는 축광식표지와 그 사용방법을 표시한 표지(외국어 및 그림병기)를 부착할 것

③ 피난기구는 소방대상물의 기둥·바닥·보 기타 구조상 견고한 부분에 볼트조임·매입·용접 기타의 방법으로 견고하게 부착할 것

④ 피난기구는 계단·피난구 기타 피난시설로부터 적당한 거리에 있는 안전한 구조로 된 피난 또는 소화활동상 유효한 개구부에 고정하여 설치할 것

해설 피난기구 설치기준

1) 피난기구는 계단·피난구 기타 피난시설로부터 적당한 거리에 있는 안전한 구조로 된 피난 또는 소화활동상 유효한 개구부에 고정하여 설치하거나 필요한 때에 신속하고 유효하게 설치할 수 있는 상태에 둘 것
2) 피난기구 설치 개구부는 서로 동일직선상이 아닌 위치에 있을 것
3) 소방대상물의 피난기구는 기둥·바닥·보 등 견고한 부분에 볼트조임·매입·용접 기타의 방법으로 견고하게 부착할 것
4) 4층 이상의 층에 피난사다리(하향식 피난구용 내림식사다리는 제외)를 설치하는 경우
   (1) 금속성 고정사다리를 설치하고
   (2) 당해 고정사다리에는 쉽게 피난할 수 있는 구조의 노대를 설치할 것
5) 완강기는 강하 시 로프가 건축물 또는 구조물 등과 접촉하여 손상되지 않도록 하고, 로프의 길이는 부착위치에서 지면 또는 기타 피난상 유효한 착지 면까지의 길이로 할 것
6) 미끄럼대는 안전한 강하속도를 유지하도록 하고, 전락방지를 위한 안전조치를 할 것
7) 구조대의 길이는 피난상 지장이 없고, 안정한 강하속도를 유지할 수 있는 길이로 할 것

21 상 중 하

내림식사다리의 구조기준 중 다음 ( ) 안에 공통으로 들어갈 내용은?

> 사용 시 소방대상물로부터 ( ) [cm] 이상의 거리를 유지하기 위한 유효한 돌자를 횡봉의 위치마다 설치하여야 한다. 다만 그 돌자를 설치하지 아니하여도 사용 시 소방대상물에서 ( ) [cm] 이상의 거리를 유지할 수 있는 것은 그러하지 아니하다.

① 15　　② 10
③ 7　　④ 5

해설 내림식사다리 구조

사용 시 소방대상물로부터 10 [cm] 이상 거리를 유지하기 위한 유효한 돌자를 횡봉 위치마다 설치

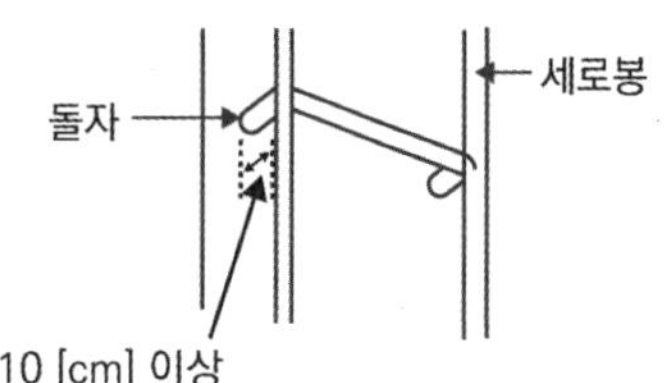

정답 20 ① 21 ②

CHAPTER 13 소화용수설비

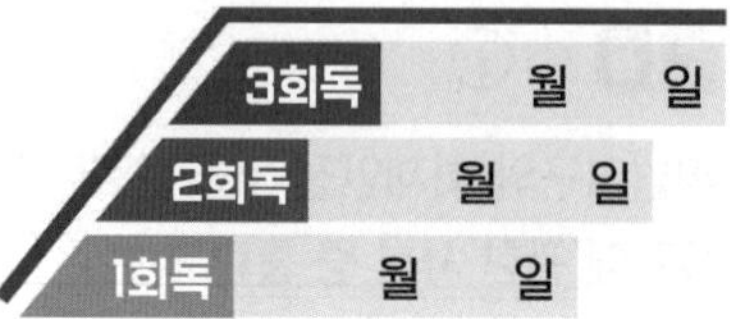

학습목표

1 상수도소화용수설비의 설치기준을 학습한다.
2 소화수조 및 저수조의 수원량을 계산한다.
3 흡수관투입구과 채수구의 설치기준을 암기한다.
4 가압송수장치를 설치해야 하는 경우를 학습한다.

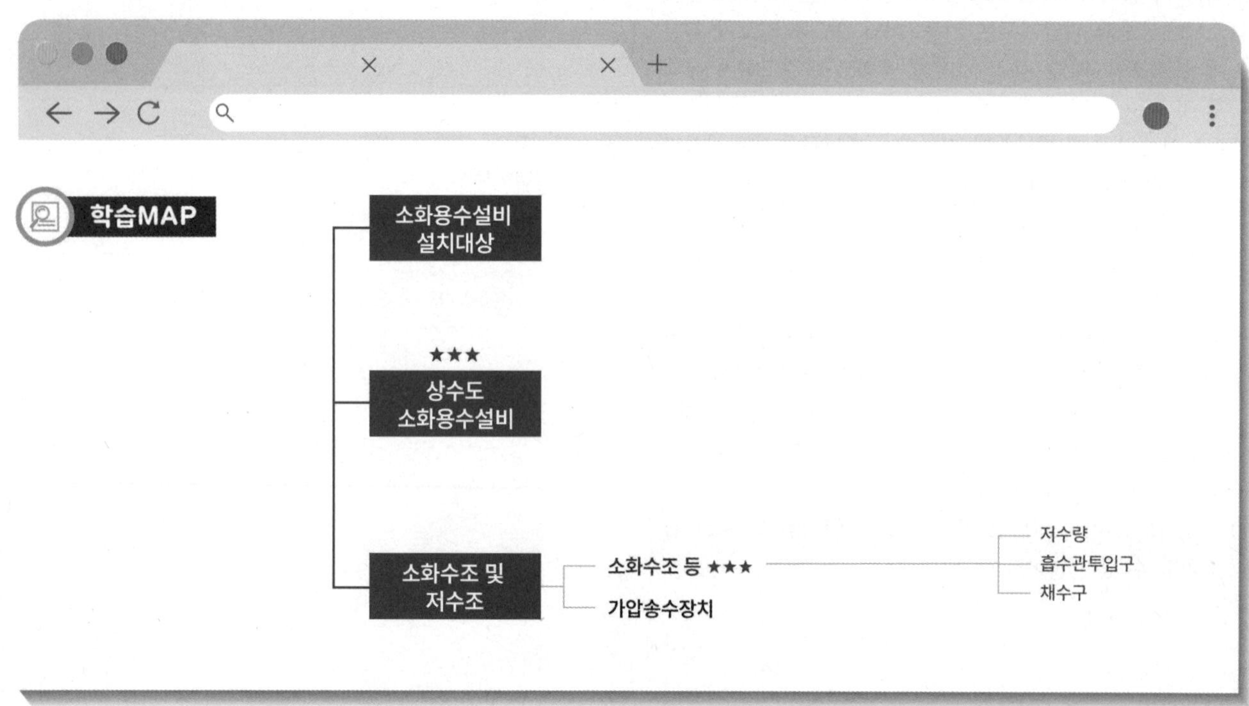

01 개요

화재를 진압하는 데 필요한 물을 공급하거나 저장하는 설비로 상수도소화용수설비 또는 소화수조를 설치한다.

02 소화용수설비 설치대상

상수도소화용수설비를 설치하여야 하는 특정소방대상물은 다음 어느 하나에 해당하는 것으로 한다. 다만 상수도소화용수설비를 설치해야 하는 특정소방대상물의 대지 경계선으로부터 180 [m] 이내에 지름 75 [mm] 이상인 상수도용 배수관이 설치되지 않은 지역의 경우에는 화재안전기준에 따른 소화수조 또는 저수조를 설치해야 한다.

1) 연면적 5000 [m^2] 이상인 것(단, 위험물 저장 및 처리시설 중 가스시설, 지하가 중 터널 또는 지하구의 경우 제외)
2) 가스시설로서 지상에 노출된 탱크의 저장용량의 합계가 100톤 이상인 것
3) 자원순환 관련 시설 중 폐기물재활용 시설 및 폐기물처분시설

03 상수도소화용수설비 ★★★

1) 호칭지름 75 [mm] 이상의 수도배관에 호칭지름 100 [mm] 이상의 소화전을 접속할 것
2) 소화전은 소방자동차 등의 진입이 쉬운 도로변 또는 공지에 설치할 것
3) 소화전은 특정소방대상물의 수평투영면의 각 부분으로부터 140 [m] 이하가 되도록 설치할 것
4) 지상식 소화전의 호스접결구는 지면으로부터 높이가 0.5 [m] 이상 1 [m] 이하가 되도록 설치할 것

P.356 문01
P.357 문06
P.358 문09

상수도소화용수설비의 소화전은 특정소방대상물의 수평투영면의 각 부분으로부터 140 [m] 이하가 되도록 설치할 것 O

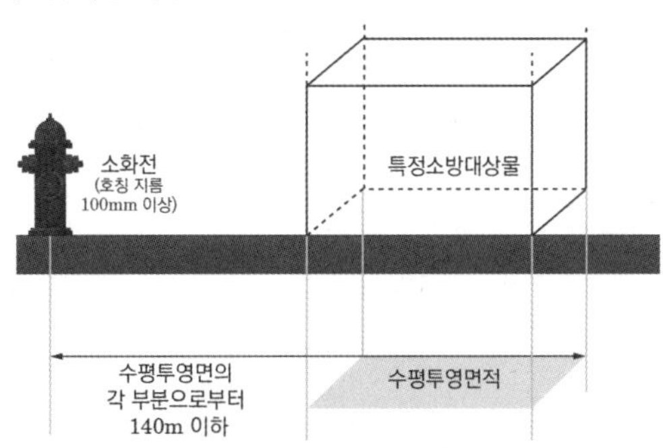

[수평투영면 및 거리기준]

04 소화수조 및 저수조

1 소화수조 등

P.357 문04
P.358 문07
P.358 문08

소화수조 및 저수조의 채수구 또는 흡수관투입구는 소방차가 2 [m] 이내의 지점까지 접근할 수 있는 위치에 설치해야 한다. O

1) 채수구 또는 흡수관투입구는 소방차가 2 [m] 이내의 지점까지 접근할 수 있는 위치에 설치
2) 저수량은 소방대상물의 연면적을 다음에 따른 기준면적으로 나누어 얻은 수(소수점 이하의 수는 1로 본다)에 20 [m^3]를 곱한 양 이상이 되도록 할 것

소방대상물의 구분	기준면적
1층 및 2층의 바닥면적 합계가 15000 [m^2] 이상인 소방대상물	7500 [m^2]
그 밖의 소방대상물	12500 [m^2]

$$\text{저수량}\,[m^3] = \frac{\text{연면적}}{\text{기준면적}}(\text{소수점 이하 절상}) \times 20[m^3]$$ ★

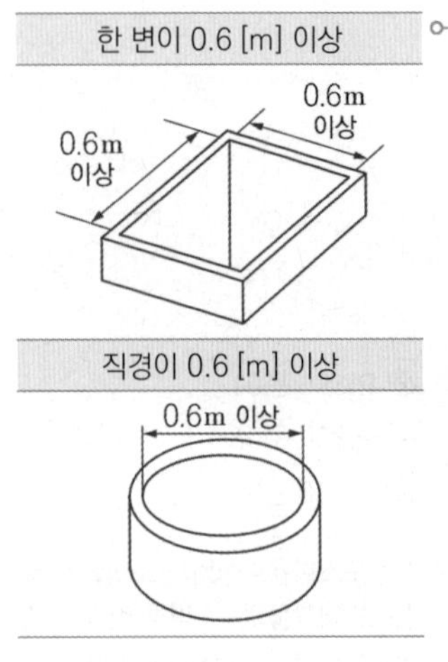

3) 흡수관투입구 설치기준
   (1) 지하에 설치하는 흡수관투입구 : 한 변이 0.6 [m] 이상이거나 직경이 0.6 [m] 이상인 것
   (2) 설치개수 ★

소요수량	80 [m^3] 미만	80 [m^3] 이상
흡수관투입구 수	1개 이상	2개 이상

   (3) "흡수관투입구"라고 표시한 표지를 할 것
4) 채수구 설치기준

P.356 문03
P.357 문05

   (1) 소방용 호스 또는 소방용 흡수관에 사용하는 구경 65 [mm] 이상의 나사식 결합금속구를 설치할 것
   (2) 설치개수 ★★

소요수량	20 [m^3] 이상 40 [m^3] 미만	40 [m^3] 이상 100 [m^3] 미만	100 [m^3] 이상
채수구 수	1개	2개	3개

(3) 설치높이 : 지면으로부터 0.5 [m] 이상 1 [m] 이하의 위치에 설치
(4) “채수구”라고 표시한 표지를 할 것

5) 소화용수설비를 설치해야 할 특정소방대상물에 있어서 유수의 양이 0.8 [m^3/min] 이상인 유수를 사용할 수 있는 경우에는 소화수조를 설치하지 않을 수 있음

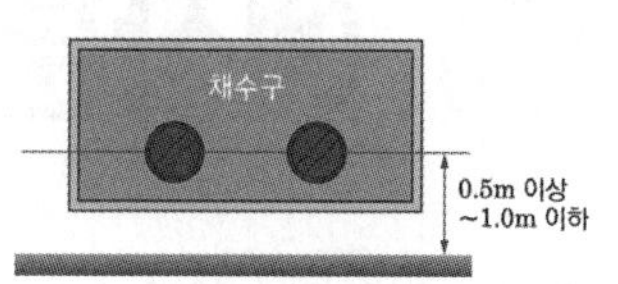

[채수구의 설치높이]

[채수구]

2 가압송수장치

1) 소화수조 또는 저수조가 지표면으로부터의 깊이가 4.5 [m] 이상인 지하에 있는 경우에는 가압송수장치를 설치해야 함(다만 저수량을 지표면으로부터 4.5 [m] 이하인 지하에서 확보할 수 있는 경우에는 소화수조 또는 저수조의 지표면으로부터의 깊이에 관계없이 가압송수장치를 설치하지 않을 수 있음)

P.358 문10

소화수조 또는 저수조가 지표면으로부터의 깊이(수조 내부바닥까지의 길이를 말한다)가 4 [m] 이상인 지하에 있는 경우에는 가압송수장치를 설치해야 한다.
X 4.5 [m] 이상인 지하

2) 가압송수장치 1분당 양수량 ★★

소요수량	20 [m^3] 이상 40 [m^3] 미만	40 [m^3] 이상 100 [m^3] 미만	100 [m^3] 이상
1분당 양수량	1100 [L/min] 이상	2200 [L/min] 이상	3300 [L/min] 이상

P.359 문11

3) 소화수조가 옥상 또는 옥탑의 부분에 설치된 경우에는 지상에 설치된 채수구에서의 압력이 0.15 [MPa] 이상이 되도록 할 것 ★

P.356 문02

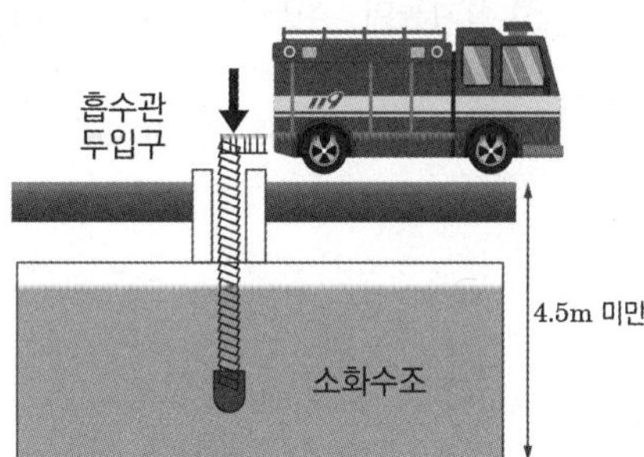

[소화수조 또는 저수조가 지표면으로부터 깊이 4.5 [m] 미만인 경우]

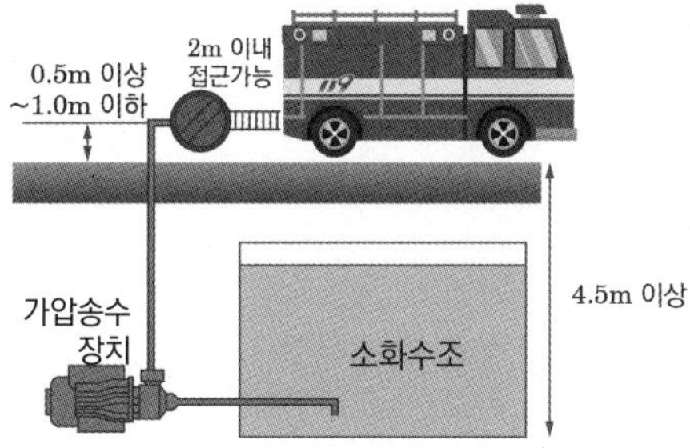

[소화수조 또는 저수조가 지표면으로부터 깊이 4.5 [m] 이상인 경우]

예상문제

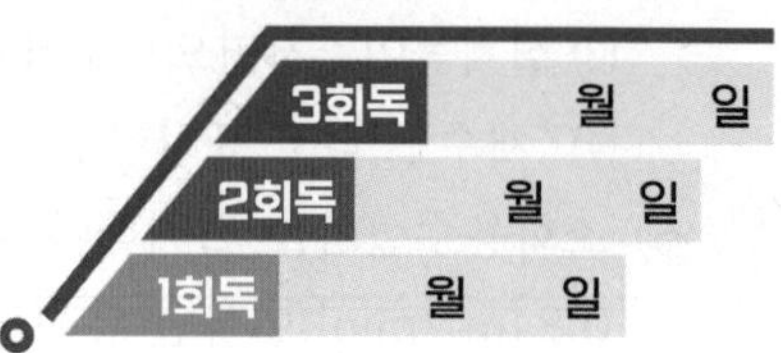

01 상 중 하

상수도소화용수설비의 화재안전성능기준에서 소화전은 특정소방대상물 수평투영면의 각 부분으로부터 몇 이하가 되도록 설치해야 하는가?

① 120 [m] ② 130 [m]
③ 140 [m] ④ 150 [m]

해설 상수도소화용수설비 설치기준

1) 호칭지름 75 [mm] 이상의 수도배관에 호칭지름 100 [mm] 이상의 소화전을 접속할 것
2) 소화전은 소방자동차 등의 진입이 쉬운 도로변 또는 공지에 설치할 것
3) 소화전은 특정소방대상물의 수평투영면의 각 부분으로부터 140 [m] 이하가 되도록 설치할 것

02 상 중 하

소화수조가 옥상 또는 옥탑의 부분에 설치된 경우에는 지상에 설치된 채수구에서의 압력이 최소 몇 [MPa] 이상이 되도록 하여야 하는가?

① 0.15 ② 0.17
③ 0.25 ④ 0.35

해설 소화수조가 옥상 또는 옥탑에 설치하는 경우

소화수조가 옥상 또는 옥탑의 부분에 설치된 경우에는 지상에 설치된 채수구에서의 압력이 0.15 [MPa] 이상이 되도록 할 것

03 상 중 하

소화용수 설비의 소요수량이 40 [m^3] 이상 100 [m^3] 미만인 경우에 채수구는 몇 개를 설치하여야 하는가?

① 1 ② 2
③ 3 ④ 4

해설 소화용수설비 채수구 설치기준

1) 소방용 호스 또는 소방용 흡수관에 사용하는 구경 65 [mm] 이상의 나사식 결합금속구를 설치할 것
2) 설치개수

수량	20 [m^3] 이상 40 [m^3] 미만	40 [m^3] 이상 100 [m^3] 미만	100 [m^3] 이상
채수구 수	1개	2개	3개

3) 설치높이 : 지면으로부터 0.5 [m] 이상 1 [m] 이하의 위치에 설치
4) "채수구"라고 표시한 표지를 할 것

정답 01 ③ 02 ① 03 ②

04 상 중 하

소화수조 등에 관한 기준 중 틀린 것은?

① 소화수조, 저수조 채수구 또는 흡수관 투입구는 소방차가 2 [m] 이내 지점까지 접근할 수 있는 위치에 설치할 것
② 채수구는 소방용 호스 또는 소방용 흡수관에 사용하는 구경 65 [mm] 이상의 나사식 결합금속구를 설치할 것
③ 흡수관 투입구는 그 한 변이 0.5 [m] 이상이거나 직경이 0.5 [m] 이상인 것이어야 한다.
④ 채수구는 지면으로부터 높이가 0.5 [m] 이상 1 [m] 이하의 위치에 설치하고 "채수구"라고 표시한 표지를 할 것

해설 소화수조 등에 관한 기준

1) 채수구 또는 흡수관투입구는 소방차가 2 [m] 이내의 지점까지 접근할 수 있는 위치에 설치
2) 흡수관투입구
   (1) 지하에 설치하는 흡수관투입구 : 한 변이 0.6 [m] 이상이거나 직경이 0.6 [m] 이상인 것
   (2) 설치개수

수량	80 [m³] 미만	80 [m³] 이상
흡수관투입구 수	1개 이상	2개 이상

   (3) "흡수관투입구"라고 표시한 표지를 할 것
3) 채수구
   (1) 소방용 호스 또는 소방용 흡수관에 사용하는 구경 65 [mm] 이상의 나사식 결합금속구를 설치할 것
   (2) 설치개수

수량	20 [m³] 이상 40 [m³] 미만	40 [m³] 이상 100 [m³] 미만	100 [m³] 이상
채수구 수	1개	2개	3개

   (3) 설치높이 : 지면으로부터 0.5 [m] 이상 1 [m] 이하의 위치에 설치
   (4) "채수구"라고 표시한 표지를 할 것
4) 소화용수설비를 설치해야 할 특정소방대상물에 있어서 유수의 양이 0.8 [m³/min] 이상인 유수를 사용할 수 있는 경우에는 소화수조를 설치하지 않을 수 있음

05 상 중 하

소화수조 및 저수조의 화재안전기술기준에 따라 소화용수 소요수량이 120 [m³]일 때 소화용수설비에 설치하는 채수구는 몇 개가 소요되는가?

① 2　　② 3
③ 4　　④ 5

해설 소화용수설비 채수구 설치기준

1) 소방용 호스 또는 소방용 흡수관에 사용하는 구경 65 [mm] 이상의 나사식 결합금속구를 설치할 것
2) 설치개수

수량	20 [m³] 이상 40 [m³] 미만	40 [m³] 이상 100 [m³] 미만	100 [m³] 이상
채수구 수	1개	2개	3개

3) 설치높이 : 지면으로부터 0.5 [m] 이상 1 [m] 이하의 위치에 설치
4) "채수구"라고 표시한 표지를 할 것

06 상 중 하

다음은 상수도소화용수설비의 설치기준에 관한 설명이다. ( ) 안에 들어갈 내용으로 알맞은 것은?

> 호칭지름 75 [mm] 이상의 수도배관에 호칭지름 ( ) [mm] 이상의 소화전을 접속할 것

① 50　　② 65
③ 80　　④ 100

해설 상수도소화용수설비 설치기준

1) 호칭지름 75 [mm] 이상의 수도배관에 호칭지름 100 [mm] 이상의 소화전을 접속할 것
2) 소화전은 소방자동차 등의 진입이 쉬운 도로변 또는 공지에 설치할 것
3) 소화전은 특정소방대상물의 수평투영면의 각 부분으로부터 140 [m] 이하가 되도록 설치할 것

정답 04 ③ 05 ② 06 ④

07 상㊥하

연면적이 35000 [m^2]인 특정소방대상물에 소화용수설비를 설치하는 경우 소화수조의 최소 저수량은 약 몇 [m^3]인가? (단, 지상 1층 및 2층의 바닥면적 합계가 15000 [m^2] 이상인 경우이다)

① 40 ② 60
③ 80 ④ 100

해설 소화수조 또는 저수조의 저수량

• 기준면적 [m^2]

구분	기준면적
1층 및 2층의 바닥면적 합계가 15000 [m^2] 이상인 소방대상물	7500
그 밖의 소방대상물	12500

• 저수량 [m^3]

$$= \frac{\text{연면적}}{\text{기준면적}}(\text{소수점 이하 절상}) \times 20[m^3]$$

$$= \frac{35000[m^2]}{7500[m^2]}(\text{소수점 이하 절상}) \times 20[m^3] = 5 \times 20[m^3]$$

$$= 100[m^3]$$

08 상중㊦

소화수조 및 저수조의 화재안전기술기준상 소화수조, 저수조의 채수구 또는 흡수관투입구는 소방차가 최대 몇 [m] 이내의 지점까지 접근할 수 있는 위치에 설치하여야 하는가?

① 1.5 ② 2
③ 2.5 ④ 3

해설 소화수조 채수구 소방차 접근 거리

채수구 또는 흡수관투입구는 소방차가 2 [m] 이내의 지점까지 접근할 수 있는 위치에 설치

09 상㊥하

상수도 소화용수설비의 설치기준 중 다음 ( ) 안에 알맞은 것은?

> 호칭지름 (㉠) [mm] 이상의 수도배관에 호칭지름 (㉡) [mm] 이상의 소화전을 접속하여야 하며, 소화전은 특정소방대상물의 수평투영면의 각 부분으로부터 (㉢) [m] 이하가 되도록 설치할 것

① ㉠ 65, ㉡ 100, ㉢ 120
② ㉠ 65, ㉡ 100, ㉢ 140
③ ㉠ 75, ㉡ 100, ㉢ 120
④ ㉠ 75, ㉡ 100, ㉢ 140

해설 상수도소화용수설비 설치기준

1) 호칭지름 75 [mm] 이상의 수도배관에 호칭지름 100 [mm] 이상의 소화전을 접속할 것
2) 소화전은 소방자동차 등의 진입이 쉬운 도로변 또는 공지에 설치할 것
3) 소화전은 특정소방대상물의 수평투영면의 각 부분으로부터 140 [m] 이하가 되도록 설치할 것

10 상㊥하

소화용수설비를 설치하여야 할 특정소방대상물에 있어서 유수의 양이 최소 몇 [m^3/min] 이상인 유수를 사용할 수 있는 경우에 소화수조를 설치하지 아니할 수 있는가?

① 0.8 ② 1
③ 1.5 ④ 2

해설 소화용수설비 설치 제외

소화용수설비를 설치해야 할 특정소방대상물에 있어서 유수의 양이 0.8 [m^3/min] 이상인 유수를 사용할 수 있는 경우에는 소화수조를 설치하지 않을 수 있음

정답 07 ④ 08 ② 09 ④ 10 ①

11 상중하

소화수조의 소요수량이 20 [m³] 이상 40 [m³] 미만일 때 가압송수장치의 1분당 양수량은 최소 몇 [L] 이상이어야 하는가?

① 650 ② 1100

③ 2200 ④ 3300

해설 가압송수장치 양수량(L/min 이상)

수량	20 [m³] 이상 40 [m³] 미만	40 [m³] 이상 100 [m³] 미만	100 [m³] 이상
양수량	1100	2200	3300

정답 11 ②

CHAPTER

14 제연설비

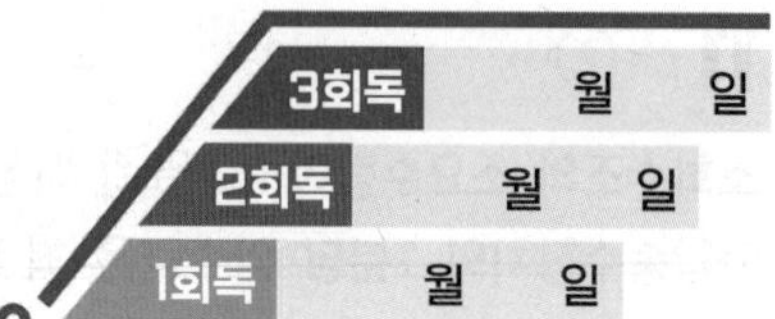

학습목표

1 제연설비의 용어를 익힌다.
2 거실제연설비에서 제연구역의 구획기준을 암기하고, 배출량 산정하는 내용을 학습한다.
3 배출구, 공기 유입구, 배출기 및 배출풍도, 배출풍도 및 유입 풍도의 풍속 등을 암기한다.
4 특별피난계단의 계산실 및 부속실 제연에서 제연구역의 선정, 차압 관련 기준, 방연풍속에 대한 수치 값은 반드시 암기한다.
5 유입공기의 배출방식과 수직풍도 관통부에 설치하는 배출댐퍼 설치기준을 암기한다.

학습MAP

- 거실 제연
  - 제연구역의 구획기준 ★★★
  - 배출량 ★★★
    - 거실의 바닥면적이 400[m²] 미만
    - 거실의 바닥면적이 400[m²] 이상
  - 배출구 설치기준
  - 공기유입방식 및 유입구
  - 배출기 및 배출 풍도
    - 배출기
    - 배출풍도
  - 배출풍도 및 유입풍도의 풍속
- 특별피난계단의 계단실 및 부속실 제연
  - 제연구역의 선정 ★★★
  - 차압 등
  - 방연풍속 ★
  - 과압방지조치(플랩댐퍼, 자동차압급기댐퍼)
  - 유입공기의 배출
    - 수직풍도에 따른 배출
    - 배출구에 따른 배출
    - 제연설비에 따른 배출
  - 수직풍도 관통부에 설치하는 배출댐퍼
  - 급기, 급기구, 급기풍도 및 급기송풍기
  - 수동기동장치
  - 부속실 제연 시험·측정·조정 등
- 제연방식의 분류 ★
  - 자연제연방식
  - 스모크타워제연방식
  - 기계제연방식

01 개요

1 거실제연설비

화재 발생 시 화재 발생 장소의 연기를 거실 또는 통로에서 배출시키고, 거실의 하부나 인접실에서 신선한 공기를 공급하여 재실자를 신속히 피난시킴과 동시에 소방대원의 소화활동을 원활하게 하기 위한 설비이다.

2 특별피난계단의 계단실 및 부속실 제연설비

특별피난계단의 계단실 및 부속실에 급기 가압하여 화재실 또는 계단실 및 비상용 승강기의 수직관통부로의 연기유입을 차단하는 설비이다.

02 거실 제연

1 용어의 정의 신설

1) 제연설비 : 화재가 발생한 거실의 연기를 배출함과 동시에 옥외의 신선한 공기를 공급하여 거주자들이 안전하게 피난하고, 소방대가 원활한 소화활동을 할 수 있도록 연기를 제어하는 설비를 말함 〈신설 2024.10.1.〉
2) 제연구역 : 제연경계(제연경계가 면한 천장 또는 반자를 포함)에 의해 구획된 건물 내의 공간
3) 제연경계 : 연기를 예상제연구역 내에 가두거나 이동을 억제하기 위한 보 또는 제연경계벽 등을 말함
4) 제연경계벽 : 제연경계가 되는 가동형 또는 고정형의 벽
5) 예상제연구역 : 화재 시 연기의 제어가 요구되는 제연구역
6) 공동예상제연구역 : 2개 이상의 예상제연구역을 동시에 제연하는 구역
7) 보행중심선 : 통로 폭의 한 가운데 지점을 연장한 선을 말함
8) 유입풍도 : 예상제연구역으로 공기를 유입하도록 하는 풍도
9) 배출풍도 : 예상제연구역의 공기를 외부로 배출하도록 하는 풍도
10) 방화문 : 60분+ 방화문, 60분 방화문 또는 30분 방화문으로서 언제나 닫힌 상태를 유지하거나 화재감지기와 연동하여 자동적으로 닫히는 구조를 말함
11) 댐퍼 : 풍도 내부의 연기 또는 공기의 흐름을 조절하기 위해 설치하는 장치를 말함 〈신설 2024.10.1.〉
12) 풍량조절댐퍼 : 송풍기(또는 공기조화기) 토출측에 설치하여 유입풍도로 공급되는 공기의 유량을 조절하는 장치를 말함 〈신설 2024.10.1.〉

P.375 문08
P.376 문11
P.377 문13
P.377 문15

- 통로상의 제연구역은 보행중심선의 길이가 최대 70 [m] 이내이어야 한다. ☒ 60 [m] 이내
- 하나의 제연구역은 3개 이상 층에 미치지 아니하도록 할 것 ☒ 2개 이상 층

2 제연구역의 구획 ★★★

1) 하나의 제연구역 면적 : 1000 [m^2] 이내
2) 거실과 통로(복도 포함)는 각각 제연구획할 것
3) 통로상의 제연구역은 보행중심선의 길이가 60 [m]를 초과하지 않을 것
4) 하나의 제연구역은 직경 60 [m] 원 내에 들어갈 수 있을 것
5) 하나의 제연구역은 2 이상 층에 미치지 않도록 할 것
   (단, 층의 구분이 불분명한 부분은 그 부분을 다른 부분과 별도로 제연구획해야 함)

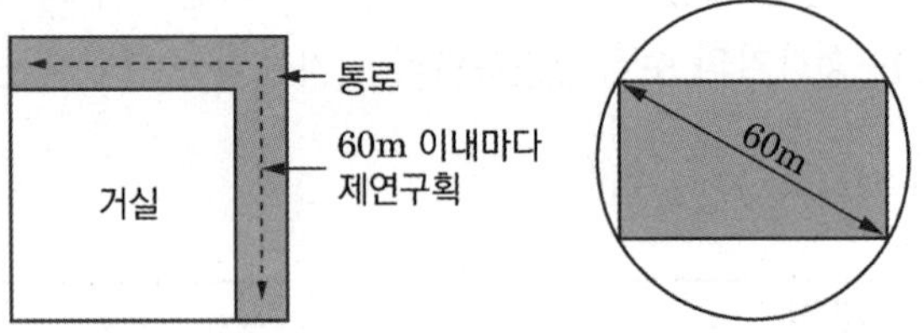

P.377 문14

보충 ▶ 제연경계의 폭과 수직거리
- 제연경계의 폭 : 제연경계가 면한 천장 또는 반자로부터 그 제연경계의 수직하단 끝부분까지의 거리
- 수직거리 : 제연경계의 하단 끝으로부터 그 수직한 하부 바닥면까지의 거리

☑ 제연경계벽

3 제연구역의 구획기준

제연구역의 구획은 보·제연경계벽(이하 “제연경계”라 함) 및 벽(화재 시 자동으로 구획되는 가동벽·방화셔터·방화문을 포함)으로 하되, 다음의 기준에 적합해야 함

1) 재질은 내화재료, 불연재료 또는 제연경계벽으로 성능을 인정받은 것으로서 화재 시 쉽게 변형·파괴되지 아니하고 연기가 누설되지 않는 기밀성 있는 재료로 할 것
2) 제연경계는 제연경계의 폭이 0.6 [m] 이상이고, 수직거리는 2 [m] 이내이어야 한다. 다만 구조상 불가피한 경우는 2 [m]를 초과할 수 있음 ★★★
3) 제연경계벽은 배연 시 기류에 따라 그 하단이 쉽게 흔들리지 않고, 가동식의 경우에는 급속히 하강하여 인명에 위해를 주지 않는 구조일 것

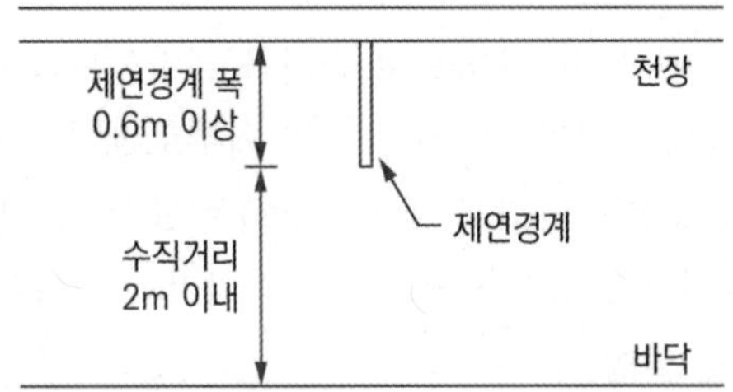

4 배출량 ★★★

1) 예상제연구역의 거실 바닥면적이 400 [m²] 미만인 경우 ★

(1) 배출량 : 바닥면적 1 [m²]당 1 [m³/min] 이상

(2) 예상제연구역에 대한 최소 배출량 : 5000 [m³/hr] 이상

$$Q[m^3/h] = 바닥면적[m^2] \times 1[m^3/\text{min} \cdot m^2] \times \frac{60\,[\text{min}]}{1\,[hr]}$$

2) 예상제연구역의 거실 바닥면적이 400 [m²] 이상인 경우 ★

(1) 예상제연구역이 직경 40 [m]인 원의 범위 안에 있을 경우 : 배출량 40000 [m³/hr] 이상(다만 예상제연구역이 제연경계로 구획된 경우에는 그 수직거리에 따라 배출량은 아래 표에 따른다)

수직거리	배출량
2 [m] 이하	40000 [m³/hr] 이상
2 [m] 초과 2.5 [m] 이하	45000 [m³/hr] 이상
2.5 [m] 초과 3 [m] 이하	50000 [m³/hr] 이상
3 [m] 초과	60000 [m³/hr] 이상

(2) 예상제연구역이 직경 40 [m]인 원의 범위를 초과할 경우 : 배출량 45000 [m³/hr] 이상(다만 예상제연구역이 제연경계로 구획된 경우에는 그 수직거리에 따라 배출량은 아래 표에 따른다)

수직거리	배출량
2 [m] 이하	45000 [m³/hr] 이상
2 [m] 초과 2.5 [m] 이하	50000 [m³/hr] 이상
2.5 [m] 초과 3 [m] 이하	55000 [m³/hr] 이상
3 [m] 초과	65000 [m³/hr] 이상

3) 예상제연구역이 통로인 경우의 배출량은 45000 [m³/hr] 이상으로 할 것. 다만 예상제연구역이 제연경계로 구획된 경우에는 그 수직거리에 따라 배출량은 2) (2)의 표에 따른다.

4) 공동예상제연구역의 배출량

(1) 공동예상제연구역 안에 설치된 예상제연구역이 각각 벽으로 구획된 경우 각 예상제연구역의 배출량을 합한 것 이상으로 할 것
(다만 예상제연구역의 바닥면적이 400 [m²] 미만인 경우 : 바닥면적 1 [m²]당 1 [m³/min] 이상으로 하고, 공동예상구역 전체배출량은 5000 [m³/hr] 이상으로 할 것)

P.374 문07

풍량의 단위
1) CMS [m³/s]
Cubic Meter per Second
2) CMM [m³/min]
Cubic Meter per Minute
3) CMH [m³/h]
Cubic Meter per Hour

바닥면적 400 [m²] 이상인 거실의 예상제연구역의 배출량은 예상제연구역이 직경 40 [m]인 원의 범위 안에 있을 경우에는 배출량이 40000 [m³/h] 이상으로 할 것 O

(2) 예상제연구역이 각각 제연경계로 구획된 경우 각 예상제연구역의 배출량 중 최대의 것으로 할 것
(공동제연예상구역이 거실일 때에는 그 바닥면적이 1000 [m^2] 이하이며, 직경 40 [m] 원 안에 들어가야 하고, 공동제연예상구역이 통로일 때에는 보행중심선의 길이를 40 [m] 이하로 하여야 함)

5) 수직거리가 구획 부분에 따라 다른 경우는 수직거리가 긴 것을 기준으로 함

5 배출구 설치기준

1) 바닥면적이 400 [m^2] 미만인 예상제연구역
   (1) 벽으로 구획된 경우 : 배출구는 천장 또는 반자와 바닥 사이 중간 윗부분에 설치
   (2) 어느 한부분이 제연경계로 구획된 경우 : 천장·반자 또는 이에 가까운 벽의 부분에 설치

2) 바닥면적 400 [m^2] 이상인 통로 외의 예상제연구역과 통로인 예상제연구역
   (1) 벽으로 구획된 경우 : 천장·반자 또는 이에 가까운 벽의 부분에 설치
   (2) 어느 한부분이 제연경계로 구획된 경우 : 천장·반자 또는 이에 가까운 벽의 부분에 설치

3) 예상제연구역의 각 부분으로부터 하나의 배출구까지의 수평거리 : 10 [m] 이내

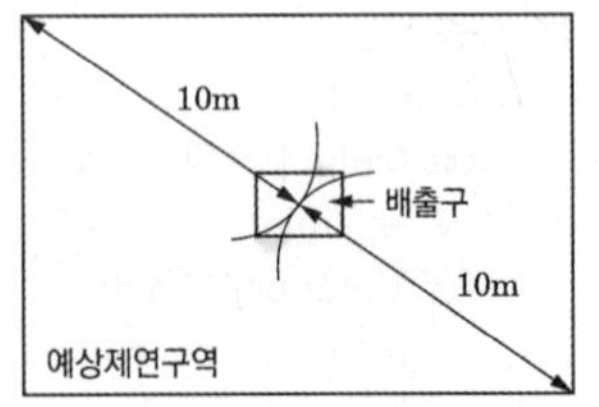

[배출구까지의 수평거리]

예상제연구역의 각 부분으로부터 하나의 배출구까지의 수평거리는 20 [m] 이내가 되도록 하여야 한다.
☒ 10 [m] 이내

6 공기유입방식 및 유입구

1) 공기유입구의 설치기준★
   (1) 바닥면적 400 [m^2] 미만의 거실인 예상제연구역
   공기유입구와 배출구 직선거리 : 5 [m] 이상 또는 구획된 실의 장변의 $\frac{1}{2}$ 이상으로 할 것
   (2) 바닥면적 400 [m^2] 이상의 거실인 예상제연구역
   바닥으로부터 1.5 [m] 이하 높이에 설치하고, 그 주변은 공기의 유입에 장애가 없도록 할 것

2) 공기유입방식 및 유입구의 구조
   (1) 예상제연구역에 공기 유입 순간의 풍속 : 5 [m/s] 이하
   (2) 유입구의 구조는 유입공기를 상향으로 분출하지 않도록 설치. 다만 유입구가 바닥에 설치되는 경우 상향으로 분출 가능, 이때의 풍속은 1 [m/s] 이하가 되도록 할 것

(3) 공기유입구의 크기 : 배출량 1 [m^3/min]에 대하여 35 [cm^2] 이상으로 할 것

(4) 공기유입량 : 배출량의 배출에 지장이 없는 양으로 할 것

7 배출기 및 배출 풍도

1) 배출기 ★

(1) 배출기의 배출 능력은 배출량 이상이 되도록 할 것

(2) 배출기와 배출풍도의 접속부분에 사용하는 캔버스는 내열성(석면재료는 제외)이 있는 것으로 할 것

(3) 배출기의 전동기부분과 배풍기 부분은 분리하여 설치해야 하며, 배풍기 부분은 유효한 내열처리를 할 것

P.375 문09

배출기와 배출 풍도의 접속 부분에 사용하는 캔버스는 내열성이 있는 것으로 할 것 O

2) 배출풍도

(1) 재질 : 아연도금강판 또는 이와 동등 이상의 내식성·내열성이 있는 것으로 할 것

(2) 불연재료(석면재료 제외)인 단열재로 풍도 외부에 유효한 단열처리를 할 것

(3) 강판의 두께 : 배출풍도의 크기에 따라 다음 기준 이상으로 할 것

P.373 문03

[배출풍도 강판의 두께]

풍도 단면의 긴 변 또는 직경의 크기 [mm]	450 이하	450 초과 750 이하	750 초과 1500 이하	1500 초과 2250 이하	2250 초과
강판 두께	0.5 [mm]	0.6 [mm]	0.8 [mm]	1.0 [mm]	1.2 [mm]

8 배출풍도 및 유입풍도의 풍속 ★★★

1) 배출기 흡입 측 풍도 안의 풍속 : 15 [m/s] 이하

2) 배출기 배출 측 풍도 안의 풍속 : 20 [m/s] 이하

3) 유입풍도 안의 풍속 : 20 [m/s] 이하

P.374 문06
P.377 문16

배출기의 흡입 측 풍도 안의 풍속은 15 [m/s] 이하로 하고, 배출 측 풍속은 20 [m/s] 이하로 할 것 O

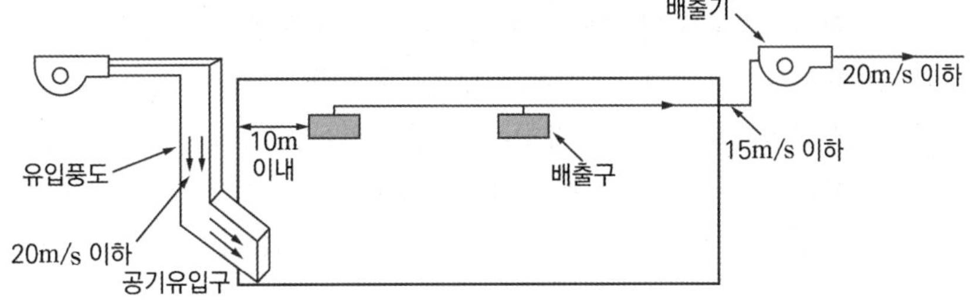

선생님 TIP

신설된 내용은 아직 필기시험에 출제된 바 없으므로 내용 확인 위주로 봅시다.

9 댐퍼 신설 〈신설 2024.10.1.〉

1) 제연설비의 풍도에 댐퍼를 설치하는 경우 댐퍼를 확인, 정비할 수 있는 점검구를 풍도에 설치할 것. 이 경우 댐퍼가 반자 내부에 설치되는 때에는 댐퍼 직근의 반자에도 점검구(지름 60 [cm] 이상의 원이 내접할 수 있는 크기)를 설치하고 제연설비용 점검구임을 표시해야 한다.
2) 제연설비 댐퍼의 설정된 개방 및 폐쇄 상태를 제어반에서 상시 확인할 수 있도록 할 것
3) 제연설비가 기준에 따라 공기조화설비와 겸용으로 설치되는 경우 풍량조절댐퍼는 각 설비별 기능에 따른 작동 시 각각의 풍량을 충족하는 개구율로 자동 조절될 수 있는 기능이 있어야 할 것

10 제연설비의 기동 개정 신설

1) 제연설비의 작동은 해당 제연구역에 설치된 화재감지기와 연동되어야 하며, 예상제연구역(또는 인접장소)마다 설치된 수동기동장치 및 제어반에서 수동으로 기동이 가능하도록 해야 한다. 〈개정 2024.10.1.〉
2) 제연설비의 작동에는 다음의 사항이 포함되어야 하며, 예상제연구역(또는 인접장소)마다 설치되는 수동기동장치는 바닥으로부터 0.8 [m] 이상 1.5 [m] 이하의 높이에 문 개방 등으로 인한 위치 확인에 장애가 없고 접근이 쉬운 위치에 설치해야 한다. 〈신설 2024.10.1.〉
   (1) 해당 제연구역의 구획을 위한 제연경계벽 및 벽의 작동
   (2) 해당 제연구역의 공기유입 및 연기배출 관련 댐퍼의 작동
   (3) 공기유입송풍기 및 배출송풍기의 작동

11 성능확인 신설 〈신설 2024.10.1.〉

1) 제연설비는 설계목적에 적합한지 검토하고 제연설비의 성능과 관련된 건물의 모든 부분(건축설비를 포함한다)이 완성되는 시점에 맞추어 시험·측정 및 조정(이하 "시험 등"이라 한다)을 해야 한다.
2) 제연설비의 시험 등은 다음 각 기준에 따라 실시해야 한다.
   (1) 송풍기 풍량 및 송풍기 모터의 전류, 전압을 측정할 것
   (2) 제연설비 시험 시에는 제연구역에 설치된 화재감지기(수동기동장치를 포함한다)를 동작시켜 해당 제연설비가 정상적으로 작동되는지 확인할 것
   (3) 제연구역의 공기유입량 및 유입풍속, 배출량은 모든 유입구 및 배출구에서 측정할 것
   (4) 제연구역의 출입문, 방화셔터, 공기조화설비 등이 제연설비와 연동된 상태에서 측정할 것

3) 제연설비 시험 등의 평가는 이 기준에서 정하는 성능 및 다음의 기준에 따른다.
   (1) 배출구별 배출량은 배출구별 설계 배출량의 60 [%] 이상이어야 하며, 제연구역별 배출구의 배출량 합계는 기준에 따른 설계배출량 이상일 것
   (2) 유입구별 공기유입량은 유입구별 설계 유입량의 60 [%] 이상이어야 하며, 제연구역별 유입구의 공기유입량 합계는 기준에 따른 설계유입량을 충족할 것
   (3) 제연구역의 구획이 설계조건과 동일한 조건에서 3) (1)에 따라 측정한 배출량이 설계배출량 이상인 경우에는 3) (2)에 따라 측정한 공기유입량이 설계유입량에 일부 미달되더라도 적합한 성능으로 볼 것

03 특별피난계단의 계단실 및 부속실 제연

1 용어의 정의

1) 제연구역 : 제연하고자 하는 계단실, 부속실
2) 방연풍속 : 옥내로부터 제연구역 내로 연기의 유입을 유효하게 방지할 수 있는 풍속
3) 급기량 : 제연구역에 공급해야 할 공기의 양
4) 누설량 : 틈새를 통하여 제연구역으로부터 흘러나가는 공기량
5) 보충량 : 방연풍속을 유지하기 위하여 제연구역에 보충해야 할 공기량
6) 유입공기 : 제연구역으로부터 옥내로 유입하는 공기로서 차압에 따라 누설하는 것과 출입문의 개방에 따라 유입하는 것 등을 말함
7) 자동폐쇄장치 : 제연구역의 출입문 등에 설치하는 것으로서 화재 시 화재감지기의 작동과 연동하여 출입문을 자동으로 닫히게 하는 장치
8) 과압방지장치 : 제연구역의 압력이 설정압력을 초과하는 경우 자동으로 압력을 조절하여 과압을 방지하는 장치
9) 플랩댐퍼 : 제연구역의 압력이 설정압력범위를 초과하는 경우 제연구역의 압력을 배출하여 설정압력 범위를 유지하게 하는 과압방지장치
10) 자동차압급기댐퍼 : 제연구역과 옥내 사이의 차압을 압력센서 등으로 감지하여 제연구역에 공급되는 풍량의 조절로 제연구역의 차압 유지를 자동으로 제어할 수 있는 댐퍼
11) 수직풍도 : 건축물의 층간에 수직으로 설치된 풍도

[플랩댐퍼]

[자동차압급기댐퍼]

P.374 문05

2 제연구역의 선정 ★★★

1) 계단실 및 그 부속실 동시에 제연하는 것
2) 부속실을 단독으로 제연하는 것
3) 계단실을 단독으로 제연하는 것

3 차압 등 ★★

P.373 문02
P.376 문12
P.378 문17

특별피난계단의 계단실 및 부속실 제연설비의 화재안전기술기준에 따라 제연구역과 옥내와의 사이에 유지해야 하는 최소차압은 40 [Pa] (옥내에 스프링클러설비가 설치된 경우에는 12.5 [Pa]) 이상으로 해야 한다. O

1) 제연구역과 옥내와의 사이에 유지해야 하는 최소차압 : 40 [Pa] 이상 (옥내에 스프링클러설비가 설치된 경우에는 12.5 [Pa] 이상)
2) 제연설비가 가동되었을 경우 출입문의 개방에 필요한 힘 : 110 [N] 이하
3) 출입문이 일시적으로 개방되는 경우 개방되지 않은 제연구역과 옥내와의 차압은 기준에 따른 차압의 70 [%] 이상이어야 함
4) 계단실과 부속실을 동시에 제연하는 경우 부속실의 기압은 계단실과 같게 하거나 계단실의 기압보다 낮게 할 경우에는 부속실과 계단실의 압력 차이는 5 [Pa] 이하가 되도록 할 것

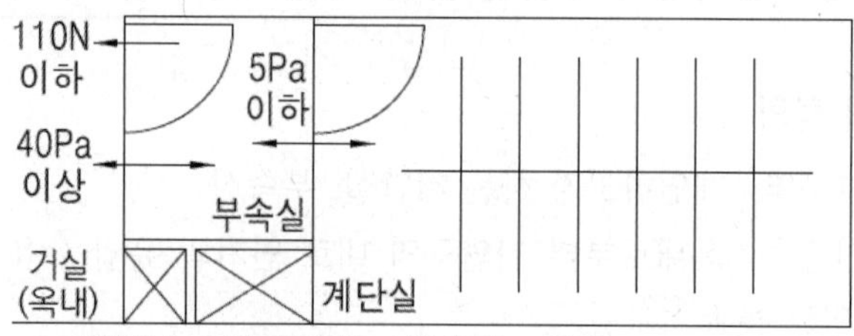

※ 비상용승강기 승강장 = 부속실 = 전실

4 방연풍속

1) 방연풍속 : 옥내로부터 제연구역 내로 연기의 유입을 유효하게 방지할 수 있는 풍속
2) 제연구역의 선정방식에 따른 방연풍속 ★

P.374 문04

계단실 및 그 부속실을 동시에 제연하는 것 또는 계단실만 제연할 때의 방연풍속은 0.5 [m/s] 이상이어야 한다. O

제연구역		방연풍속 (m/s 이상)
계단실 및 그 부속실을 동시에 제연하는 것 또는 계단실만 단독으로 제연하는 것		0.5
부속실만 단독으로 제연하는 것	부속실 또는 승강장이 면하는 옥내가 거실인 경우	0.7
	부속실 또는 승강장이 면하는 옥내가 복도로서 그 구조가 방화구조(내화시간이 30분 이상인 구조를 포함한다)인 것	0.5

5 과압방지조치(플랩댐퍼, 자동차압급기댐퍼)

제연구역에서 발생하는 과압을 해소하기 위해 과압방지장치를 설치하는 등의 과압방지조치를 해야 한다. 다만 제연구역 내에 과압발생의 우려가 없다는 것을 시험 또는 공학적인 자료로 입증하는 경우에는 과압방지조치를 하지 않을 수 있다.

6 유입공기의 배출

유입공기는 화재 층의 제연구역과 면하는 옥내로부터 옥외로 배출되도록 해야 한다.

1) 수직풍도에 따른 배출 : 옥상으로 직통하는 전용의 배출용 수직풍도를 설치하여 배출
   (1) 자연배출식 : 굴뚝효과에 따라 배출
   (2) 기계배출식 : 수직풍도의 상부에 전용의 배출용 송풍기를 설치하여 강제로 배출
2) 배출구에 따른 배출 : 건물의 옥내와 면하는 외벽마다 옥외와 통하는 배출구를 설치하여 배출
3) 제연설비에 따른 배출 : 거실제연설비가 설치되어 있고, 당해 옥내로부터 옥외로 배출해야 하는 유입공기의 양을 거실제연설비의 배출량에 합하여 배출하는 경우 유입 공기의 배출은 당해 거실제연설비에 따른 배출로 갈음할 수 있음

> 특별피난계단의 계단실 및 부속실 제연설비에서 사용하는 유입공기의 배출방식으로 수평풍도에 따른 배출이 있다.
> X 수직풍도에 따른 배출, 배출구에 따른 배출, 제연설비에 따른 배출

7 수직풍도 관통부에 설치하는 배출댐피

1) 배출댐퍼의 두께 : 1.5 [mm] 이상의 강판 또는 이와 동등 이상의 성능이 있는 것으로 설치해야 하며, 비내식성 재료의 경우에는 부식방지조치를 할 것
2) 평상시 닫힌 구조로 기밀 상태를 유지할 것
3) 개폐 여부를 당해 장치 및 제어반에서 확인할 수 있는 감지 기능을 내장하고 있을 것
4) 구동부의 작동 상태와 닫혀 있을 때의 기밀 상태를 수시로 점검할 수 있는 구조일 것
5) 풍도의 내부마감 상태에 대한 점검 및 댐퍼의 정비가 가능한 이·탈착 구조로 할 것 ★
6) 화재 층에 설치된 화재감지기 동작에 따라 당해 층의 댐퍼가 개방될 것
7) 개방 시의 실제 개구부의 크기는 기준에 따른 수직풍도의 최소 내부단면적 이상으로 할 것
8) 댐퍼는 풍도 내의 공기흐름에 지장을 주지 않도록 수직풍도의 내부로 돌출하지 않게 설치할 것

P.375 문10

> 각 층의 옥내와 면하는 수직풍도의 관통부에는 풍도의 내부마감 상태에 대한 점검 및 댐퍼의 정비가 가능한 이·탈착식 구조로 할 것 O

8 급기

제연구역에 대한 급기는 다음의 기준에 따라야 한다.

1) 부속실만을 제연하는 경우 동일 수직선상의 모든 부속실은 하나의 전용 수직풍도를 통해 동시에 급기할 것
2) 계단실 및 부속실을 동시에 제연하는 경우 계단실에 대하여는 그 부속실의 수직풍도를 통해 급기할 수 있다.
3) 계단실만을 제연하는 경우에는 전용수직풍도를 설치하거나 계단실에 급기풍도 또는 급기송풍기를 직접 연결하여 급기하는 방식으로 할 것
4) 하나의 수직풍도마다 전용의 송풍기로 급기할 것
5) 비상용승강기 또는 피난용승강기의 승강장을 제연하는 경우에는 해당 승강기의 승강로를 급기풍도로 사용할 수 있다.

9 급기구

제연구역에 설치하는 급기구는 다음의 기준에 적합해야 한다.

급기구는 급기되는 기류 흐름이 출입문으로 인하여 차단되거나 방해받지 아니하도록 옥내와 면하는 출입문으로부터 가능한 가까운 위치에 설치해야 한다.
[X] 가능한 먼 위치

1) 급기용 수직풍도와 직접 면하는 벽체 또는 천장(당해 수직풍도와 천장급기구 사이의 풍도를 포함한다)에 고정하되, 급기되는 기류 흐름이 출입문으로 인하여 차단되거나 방해받지 않도록 옥내와 면하는 출입문으로부터 가능한 먼 위치에 설치할 것
2) 계단실과 그 부속실을 동시에 제연하거나 또는 계단실만을 제연하는 경우 급기구는 계단실 매 3개 층 이하의 높이마다 설치할 것

10 급기풍도

1) 수직풍도 이외의 풍도로서 금속판으로 설치하는 풍도는 다음 기준에 적합할 것
   (1) 풍도는 아연도금강판 또는 이와 동등 이상의 내식성·내열성이 있는 것으로 하며, 「건축법 시행령」 제2조에 따른 불연재료(석면재료를 제외)인 단열재로 풍도 외부에 유효한 단열처리를 하고, 강판의 두께는 풍도의 크기에 따라 다음 표에 따른 기준 이상으로 할 것

[급기풍도 강판의 두께]

풍도 단면의 긴 변 또는 직경의 크기 [mm]	450 이하	450 초과 750 이하	750 초과 1500 이하	1500 초과 2250 이하	2250 초과
강판 두께	0.5 [mm]	0.6 [mm]	0.8 [mm]	1.0 [mm]	1.2 [mm]

   (2) 풍도에서의 누설량은 공기의 누설로 인한 압력 손실을 최소화하도록 할 것
2) 풍도는 정기적으로 풍도 내부를 청소할 수 있는 구조로 할 것
3) 풍도 내의 풍속은 15 [m/s] 이하로 할 것

11 급기송풍기

급기송풍기의 송풍능력은 송풍기가 담당하는 제연구역에 대한 급기량의 1.15배 이상으로 하고, 송풍기는 다른 장소와 방화구획되고 접근과 점검이 용이하도록 설치하며, 화재감지기의 동작에 따라 작동하도록 해야 한다.

12 수동기동장치

1) 배출댐퍼 및 개폐기의 직근 또는 제연구역에는 기준에 따른 장치의 작동을 위하여 수동기동장치를 설치하고, 스위치는 바닥으로부터 0.8 [m] 이상 1.5 [m] 이하의 높이에 설치해야 한다.
   (1) 전 층의 제연구역에 설치된 급기댐퍼의 개방
   (2) 당해 층의 배출댐퍼 또는 개폐기의 개방
   (3) 급기송풍기 및 유입공기의 배출용 송풍기의 작동
   (4) 개방·고정된 모든 출입문(제연구역과 옥내 사이의 출입문에 한함)의 개폐장치의 작동
2) 옥내에 설치된 수동발신기의 조작에 따라서도 작동할 수 있도록 해야 한다.

13 부속실 제연시험·측정·조정 등(Testing, Adjusting, Balancing)

제연설비는 설계목적에 적합한지 검토하고 제연설비의 성능과 관련된 건물의 모든 부분(건축설비를 포함한다)이 완성되는 시점에 맞추어 시험·측정 및 조정(이하 "시험 등"이라 한다)을 해야 한다.

1) 출입문의 크기, 개폐방향이 설계도면과 일치하는지 여부 확인
2) 출입문 및 그 복도와 거실 사이의 출입문마다 제연설비가 작동하고 있지 않은 상태에서 그 폐쇄력을 측정
3) 층별로 화재감지기(수동기동장치를 포함한다)를 동작시켜 제연설비가 작동하는지 여부를 확인할 것
4) 기준에 따라 제연설비가 작동하는 경우 다음의 기준에 따른 시험 등을 실시
   (1) 유입공기의 풍속이 규정에 따른 방연풍속에 적합한지 여부 확인
   (2) 출입문을 개방하지 아니하는 제연구역의 실제 차압이 기준에 적합한지 여부 확인·조정
   (3) 출입문의 개방에 필요한 힘을 측정하여 규정에 따른 개방력에 적합한지 여부 확인
   (4) 부속실의 개방된 출입문이 자동으로 완전히 닫히는지 여부 확인

제연구역의 출입문 및 복도와 거실(옥내가 복도와 거실로 되어 있는 경우에 한한다) 사이의 출입문마다 제연설비가 작동하고 있는 상태에서 그 폐쇄력을 측정한다.
X 제연설비가 작동하고 있지 않은 상태

04 제연방식의 분류

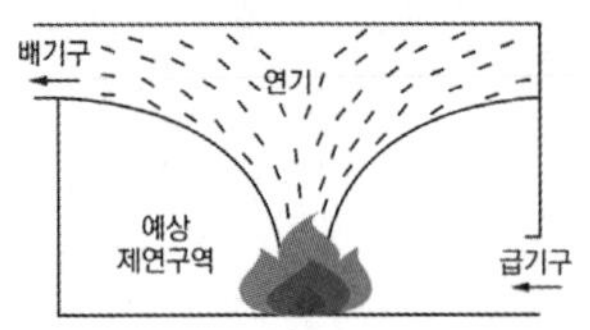

[자연제연방식]

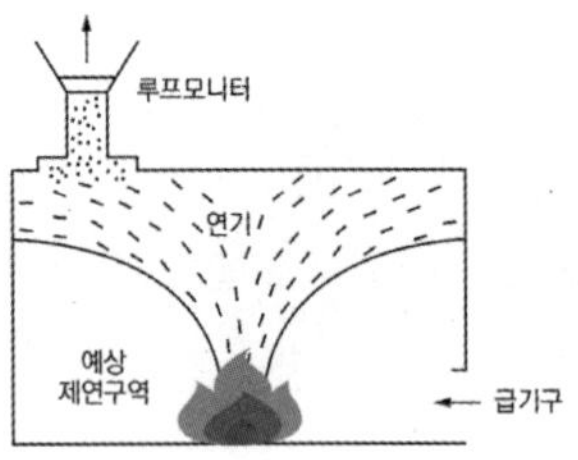

[스모크타워제연방식]

P.373 문01

1 자연제연방식

개구부를 통해 자연적으로 연기를 배출하는 방식

2 스모크타워제연방식

고층 건축물에 주로 사용하는 제연방식으로서 굴뚝효과를 이용하여 루프모니터(창살 또는 유리창이 달린 지붕 위의 원형구조물)를 설치하여 제연하는 방식

1) 고층 건축물에 적합함
2) 배연 샤프트의 굴뚝효과(연돌효과)를 이용
3) 모든 층의 일반 거실화재에 이용할 수 있음

3 기계제연방식 ★★★

1) 제1종 기계제연방식 : 송풍기와 배출기를 설치
2) 제2종 기계제연방식 : 송풍기만 설치
3) 제3종 기계제연방식 : 배출기만 설치

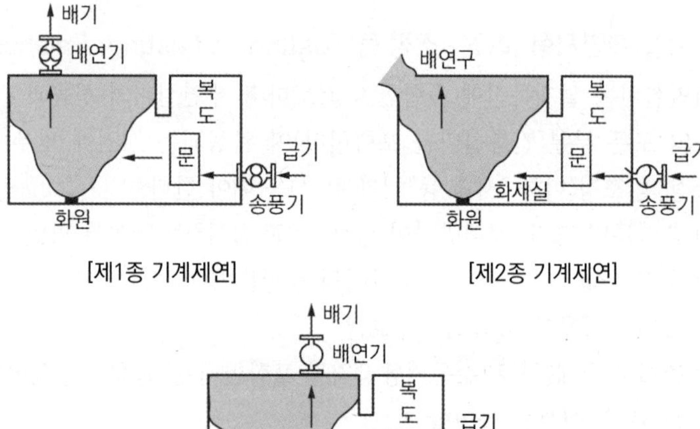

[제1종 기계제연] [제2종 기계제연]
[제3종 기계제연]

예상문제

01 상 중 하

다음에서 설명하는 기계제연방식은?

> 화재 시 배출기만 작동하여 화재장소 내부압력을 낮추어 연기를 배출시키며, 송풍기는 설치하지 않고 연기를 배출시킬 수 있으나 연기량이 많으면 배출이 완전하지 못한 설비로 화재초기에 유리하다.

① 제1종 기계제연방식
② 제2종 기계제연방식
③ 제3종 기계제연방식
④ 스모크타워제연방식

해설 기계제연방식의 종류

- 제1종 : 송풍기 + 배출기
- 제2종 : 송풍기
- 제3종 : 배출기

02 상 중 하

특별피난계단의 계단실 및 부속실 제연설비의 차압 등에 관한 기준 중 다음 ( ) 안에 알맞은 것은?

> 제연설비가 가동되었을 경우 출입문의 개방에 필요한 힘은 ( ) [N] 이하로 하여야 한다.

① 110 ② 70
③ 40 ④ 12.5

해설 계단실 및 부속실 제연설비 차압 등

1) 제연구역과 옥내와의 사이에 유지해야 하는 최소차압 : 40 [Pa] 이상(옥내에 스프링클러설비가 설치된 경우에는 12.5 [Pa] 이상)
2) 제연설비가 가동되었을 경우 출입문의 개방에 필요한 힘 : 110 [N] 이하
3) 출입문이 일시적으로 개방되는 경우 개방되지 않은 제연구역과 옥내와의 차압은 기준에 따른 차압의 70 [%] 이상이어야 함
4) 계단실과 부속실을 동시에 제연하는 경우 부속실의 기압은 계단실과 같게 하거나 계단실의 기압보다 낮게 할 경우에는 부속실과 계단실의 압력 차이는 5 [Pa] 이하가 되도록 할 것

03 상 중 하

특별피난계단의 계단실 및 부속실 제연설비의 화재안전기술기준 중 급기풍도 단면의 긴 변의 길이가 1300 [mm]인 경우 강판의 두께는 몇 [mm] 이상이어야 하는가?

① 0.2 ② 0.4
③ 0.6 ④ 0.8

해설 풍도 크기와 강판 두께

긴 변 또는 직경 [mm]	450 이하	750 이하	1500 이하	2250 이하	2250 초과
두께 [mm]	0.5	0.6	0.8	1.0	1.2

정답 01 ③ 02 ① 03 ④

04 상중하

제연구역의 선정방식 중 계단실 및 그 부속실을 동시에 제연하는 것의 방연풍속은 몇 [m/s] 이상이어야 하는가?

① 0.4　② 0.5
③ 0.6　④ 0.7

해설 방연풍속

제연구역		방연풍속
계단실 및 그 부속실을 동시 제연 또는 계단실만 단독 제연		0.5 [m/s] 이상
부속실만 단독으로 제연하는 것	부속실 또는 승강장이 면하는 옥내가 거실인 경우	0.7 [m/s] 이상
	부속실 또는 승강장이 면하는 옥내가 복도로서 그 구조가 방화구조인 것	0.5 [m/s] 이상

05 상중하

특별피난계단의 계단실 및 부속실 제연설비의 화재안전기술기준상 제연설비에 사용되는 플랩댐퍼의 정의로 옳은 것은?

① 급기가압 공간의 제연량을 자동으로 조절하는 장치를 말한다.
② 부속실 설정압력범위를 초과하는 경우 압력을 배출하여 설정압 범위를 유지하게 하는 과압방지장치를 말한다.
③ 제연덕트 내에 설치되어 화재 시 자동으로 폐쇄 또는 개방되는 장치를 말한다.
④ 제연구역과 화재구역 사이의 연결을 자동으로 차단할 수 있는 댐퍼를 말한다.

해설 플랩댐퍼

제연구역의 압력이 설정압력범위를 초과하는 경우 제연구역의 압력을 배출하여 설정압력 범위를 유지하게 하는 과압방지장치

06 상중하

배출풍도의 설치기준 중 다음 ( ) 안에 알맞은 것은?

> 배출기의 흡입 측 풍도 안의 풍속은 (㉠) [m/s] 이하로 하고, 배출 측 풍속은 (㉡) [m/s] 이하로 할 것

① ㉠ 15, ㉡ 10　② ㉠ 10, ㉡ 15
③ ㉠ 20, ㉡ 15　④ ㉠ 15, ㉡ 20

해설 제연설비 유입 및 배출 풍속

1) 배출기 흡입 측 풍속 : 15 [m/s] 이하
2) 배출기 배출 측 풍속 : 20 [m/s] 이하
3) 유입풍도 안의 풍속 : 20 [m/s] 이하
4) 예상제연구역에 공기 유입 순간의 풍속 : 5 [m/s] 이하

07 상중하

제연설비의 배출량기준 중 다음 ( ) 안에 알맞은 것은?

> 거실의 바닥면적이 400 [m^2] 미만으로 구획된 예상제연구역에 대한 배출량은 바닥면적 1 [m^2]당 (㉠) [m^3/min] 이상으로 하되, 예상제연구역 전체에 대한 최소 배출량은 (㉡) [m^3/hr] 이상으로 하여야 한다.

① ㉠ 0.5　㉡ 10000
② ㉠ 1　㉡ 5000
③ ㉠ 1.5　㉡ 15000
④ ㉠ 2　㉡ 5000

해설 제연설비의 배출량

1) 거실의 바닥면적이 400 [m^2] 미만
 (1) 배출량 : 바닥면적 1 [m^2]당 1 [m^3/min] 이상
 (2) 최소 배출량 : 5000 [m^3/hr] 이상
2) 거실의 바닥면적이 400 [m^2] 이상
 (1) 예상제연구역이 직경 40 [m]인 원의 범위 안에 있을 경우 배출량 : 40000 [m^3/hr] 이상
 (2) 예상제연구역이 직경 40 [m] 원의 범위 초과했을 경우 배출량 : 45000 [m^3/hr] 이상

정답 04 ② 05 ② 06 ④ 07 ②

08 상중하

제연설비 설치장소의 제연구역 구획기준으로 틀린 것은?

① 하나의 제연구역의 면적은 1000 [m^2] 이내로 할 것
② 거실과 통로는 각각 제연구획할 것
③ 통로상의 제연구역은 보행중심선의 길이가 60 [m]를 초과하지 않을 것
④ 하나의 제연구역은 직경 50 [m] 원 내에 들어갈 수 있을 것

해설 제연설비의 구획

1) 하나의 제연구역 면적 : 1000 [m^2] 이내
2) 거실과 통로(복도 포함)는 각각 제연구획할 것
3) 통로상의 제연구역은 보행중심선의 길이가 60 [m]를 초과하지 않을 것
4) 하나의 제연구역은 직경 60 [m] 원 내에 들어갈 수 있을 것
5) 하나의 제연구역은 2 이상 층에 미치지 않도록 할 것

TIP ▶ 1000 [m^2]는 소방대가 진압 가능한 기준면적

09 상중하

제연설비의 배출기와 배출풍도에 관한 설명 중 틀린 것은?

① 배출기와 배출 풍도의 접속 부분에 사용하는 캔버스는 내열성이 있는 것으로 할 것
② 배출기의 전동기부분과 배풍기 부분은 분리하여 설치할 것
③ 배출기의 흡입 측 풍도 안의 풍속은 15 [m/s] 이상으로 할 것
④ 배출기의 배출 측 풍도 안의 풍속은 20 [m/s] 이하로 할 것

해설 제연설비 유입 및 배출 풍속

1) 배출기 흡입 측 풍속 : 15 [m/s] 이하
2) 배출기 배출 측 풍속 : 20 [m/s] 이하
3) 유입풍도 안의 풍속 : 20 [m/s] 이하
4) 예상제연구역에 공기 유입 순간의 풍속 : 5 [m/s] 이하

10 상중하

특별피난계단의 계단실 및 부속실 제연설비의 수직풍도에 따른 배출기준 중 각 층의 옥내와 면하는 수직풍도의 관통부에 설치하여야 하는 배출댐퍼 설치기준으로 틀린 것은?

① 풍도의 배출댐퍼는 이·탈착구조가 되지 않도록 설치할 것
② 화재층에 설치된 화재감지기의 동작에 따라 당해층의 댐퍼가 개방될 것
③ 개폐 여부를 당해 장치 및 제어반에서 확인할 수 있는 감지기능을 내장하고 있을 것
④ 배출댐퍼는 두께 1.5 [mm] 이상 강판 또는 이와 동등 이상의 성능이 있는 것으로 설치하여야 하며, 비내식성 재료의 경우에는 부식방지 조치를 할 것

해설 수직풍도 관통부 배출댐퍼의 설치기준

1) 배출댐퍼의 두께 : 1.5 [mm] 이상의 강판 또는 이와 동등 이상의 성능이 있는 것으로 설치해야 하며, 비내식성 재료의 경우에는 부식방지 조치를 할 것
2) 평상시 닫힌 구조로 기밀 상태를 유지할 것
3) 개폐 여부를 당해 장치 및 제어반에서 확인할 수 있는 감지기능 내장하고 있을 것
4) 구동부의 작동 상태와 닫혀 있을 때의 기밀 상태를 수시로 점검할 수 있는 구조일 것
5) 풍도의 내부마감 상태에 대한 점검 및 댐퍼의 정비가 가능한 이·탈착구조로 할 것

정답 08 ④ 09 ③ 10 ①

6) 화재 층에 설치된 화재감지기 동작에 따라 당해 층의 댐퍼가 개방될 것
7) 개방 시의 실제 개구부의 크기는 기준에 따른 수직풍도의 최소 내부단면적 이상으로 할 것
8) 댐퍼는 풍도 내의 공기흐름에 지장을 주지 않도록 수직풍도의 내부로 돌출하지 않게 설치할 것

11 상㊥하

제연설비 설치장소의 제연구역 구획기준으로 틀린 것은?

① 하나의 제연구역의 면적은 1000 [m^2] 이내로 할 것
② 하나의 제연구역은 직경 60 [m] 원 내에 들어갈 수 있을 것
③ 통로상의 제연구역은 보행중심선의 길이가 60 [m]를 초과하지 않을 것
④ 하나의 제연구역은 3개 이상 층에 미치지 아니하도록 할 것

해설 제연설비의 구획

1) 하나의 제연구역 면적 : 1000 [m^2] 이내
2) 거실과 통로(복도 포함)는 각각 제연구획할 것
3) 통로상의 제연구역은 보행중심선의 길이가 60 [m]를 초과하지 않을 것
4) 하나의 제연구역은 직경 60 [m] 원 내에 들어갈 수 있을 것
5) 하나의 제연구역은 2 이상 층에 미치지 않도록 할 것

암기 ▶ 1000 [m^2]는 소방대가 진압 가능한 기준면적

12 상㊥하

특별피난계단의 계단실 및 부속실 제연설비의 차압 등에 관한 기준 중 옳은 것은?

① 계단실과 부속실을 동시에 제연하는 경우 부속실의 기압은 계단실과 같게 하거나 계단실의 기압보다 낮게 할 경우에는 부속실과 계단실의 압력차이는 10 [Pa] 이하가 되도록 하여야 한다.
② 피난을 위하여 제연구역의 출입문이 일시적으로 개방되는 경우 개방되지 아니하는 제연구역과 옥내와의 차압은 기준 차압의 60 [%] 미만이 되어서는 아니 된다.
③ 제연설비가 가동되었을 경우 출입문의 개방에 필요한 힘은 130 [N] 이하로 하여야 한다.
④ 제연구역과 옥내와의 사이에 유지하여야 하는 최소차압은 40 [Pa](옥내에 스프링 클러설비가 설치된 경우에는 12.5 [Pa]) 이상으로 하여야 한다.

해설 특별피난계단의 계단실 및 부속실 제연설비의 차압 등

1) 제연구역과 옥내와의 사이에 유지해야 하는 최소차압 : 40 [Pa] 이상(옥내에 스프링클러설비가 설치된 경우에는 12.5 [Pa] 이상)
2) 제연설비가 가동되었을 경우 출입문의 개방에 필요한 힘 : 110 [N] 이하
3) 출입문이 일시적으로 개방되는 경우 개방되지 않은 제연구역과 옥내와의 차압은 기준에 따른 차압의 70 [%] 이상이어야 함
4) 계단실과 부속실을 동시에 제연하는 경우 부속실의 기압은 계단실과 같게 하거나 계단실의 기압보다 낮게 할 경우에는 부속실과 계단실의 압력 차이는 5 [Pa] 이하가 되도록 할 것

정답 11 ④ 12 ④

13 상중하

제연설비를 설치하기 위해서는 하나의 제연구역의 면적은 몇 [m²] 이내로 하여야 하는가?

① 1000 ② 1500
③ 2000 ④ 2500

해설 제연설비의 구획

1) 하나의 제연구역 면적 : 1000 [m^2] 이내
2) 거실과 통로(복도 포함)는 각각 제연구획할 것
3) 통로상의 제연구역은 보행중심선의 길이가 60 [m]를 초과하지 않을 것
4) 하나의 제연구역은 직경 60 [m] 원 내에 들어갈 수 있을 것
5) 하나의 제연구역은 2 이상 층에 미치지 않도록 할 것

암기 1000 [m^2]는 소방대가 진압 가능한 기준면적

14 상중하

제연구역 구획기준 중 제연경계의 폭과 수직거리기준으로 옳은 것은?

① 폭 : 3 [m] 이상, 수직거리 : 0.6 [m] 이내
② 폭 : 0.6 [m] 이내, 수직거리 : 2 [m] 이상
③ 폭 : 2 [m] 이상, 수직거리 : 0.6 [m] 이내
④ 폭 : 0.6 [m] 이상, 수직거리 : 2 [m] 이내

해설 제연경계의 폭과 수직거리

1) 제연경계의 폭 : 0.6 [m] 이상
2) 수직거리 : 2 [m] 이내

15 상중하

제연설비의 화재안전기술기준에서 제연구역에 대한 설명 중 잘못된 것은?

① 하나의 제연구역 면적은 1000 [m^2] 이내로 하여야 한다.
② 거실과 통로(복도를 포함함)는 각각 제연구획하여야 한다.
③ 하나의 제연구역은 직경 60 [m] 원 내에 들어갈 수 있어야 한다.
④ 통로상의 제연구역은 보행중심선의 길이가 최대 70 [m] 이내이어야 한다.

해설 제연설비의 구획

1) 하나의 제연구역 면적 : 1000 [m^2] 이내
2) 거실과 통로(복도 포함)는 각각 제연구획할 것
3) 통로상의 제연구역은 보행중심선의 길이가 60 [m]를 초과하지 않을 것
4) 하나의 제연구역은 직경 60 [m] 원 내에 들어갈 수 있을 것
5) 하나의 제연구역은 2 이상 층에 미치지 않도록 할 것

암기 1000 [m^2]는 소방대가 진압 가능한 기준면적

16 상중하

제연설비의 화재안전기술기준에서 제연풍도의 설치에 관한 설명 중 옳은 것은?

① 유입풍도 안의 풍속은 15 [m/s] 이하로 할 것
② 배출기 흡입 측 풍도 안의 풍속은 20 [m/s] 이하로 할 것
③ 배출기 배출 측 풍도 안의 풍속은 15 [m/s] 이하로 할 것
④ 유입풍도 안의 풍속은 20 [m/s] 이하로 할 것

해설 제연설비 유입 및 배출 풍속

1) 배출기 흡입 측 풍속 : 15 [m/s] 이하
2) 배출기 배출 측 풍속 : 20 [m/s] 이하
3) 유입풍도 안의 풍속 : 20 [m/s] 이하
4) 예상제연구역에 공기 유입 순간의 풍속 : 5 [m/s] 이하

정답 13 ① 14 ④ 15 ④ 16 ④

17 상 중 하

특별피난계단의 계단실 및 부속실 제연설비에 대한 화재안전기술기준 내용으로 틀린 것은?

① 제연구역과 옥내와의 사이에 유지하여야 하는 최소차압은 40 [Pa] 이상으로 하여야 한다.

② 제연설비가 가동되었을 경우 출입문의 개방에 필요한 힘은 110 [N] 이상으로 하여야 한다.

③ 계단실과 부속실을 동시에 제연하는 경우 부속실의 기압은 계단실과 같게 하거나 압력 차이가 5 [Pa] 이하가 되도록 하여야 한다.

④ 계단실 및 그 부속실을 동시에 제연하는 것 또는 계단실만 제연할 때의 방연풍속은 0.5 [m/s] 이상이어야 한다.

해설 특별피난계단의 계단실 및 부속실 제연설비의 차압 등 —

1) 제연구역과 옥내와의 사이에 유지해야 하는 최소차압 : 40 [Pa] 이상(옥내에 스프링클러설비가 설치된 경우에는 12.5 [Pa] 이상)
2) 제연설비가 가동되었을 경우 출입문의 개방에 필요한 힘 : 110 [N] 이하
3) 출입문이 일시적으로 개방되는 경우 개방되지 않은 제연구역과 옥내와의 차압은 기준에 따른 차압의 70 [%] 이상이어야 함
4) 계단실과 부속실을 동시에 제연하는 경우 부속실의 기압은 계단실과 같게 하거나 계단실의 기압보다 낮게 할 경우에는 부속실과 계단실의 압력 차이는 5 [Pa] 이하가 되도록 할 것

정답 17 ②

CHAPTER 15 연결송수관설비

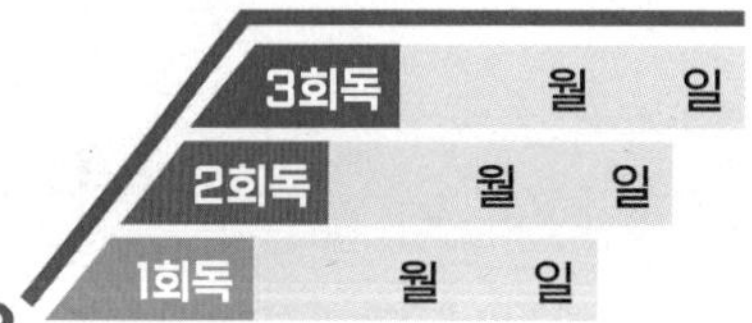

학습목표

1 연결송수관설비의 건식과 습식 특징을 파악하고, 송수구 부근에 자동배수밸브 및 체크밸브 설치순서를 학습한다.
2 배관 설치기준을 암기한다.
3 가압송수장치의 토출량을 기준에 따라 구할 수 있도록 학습한다.

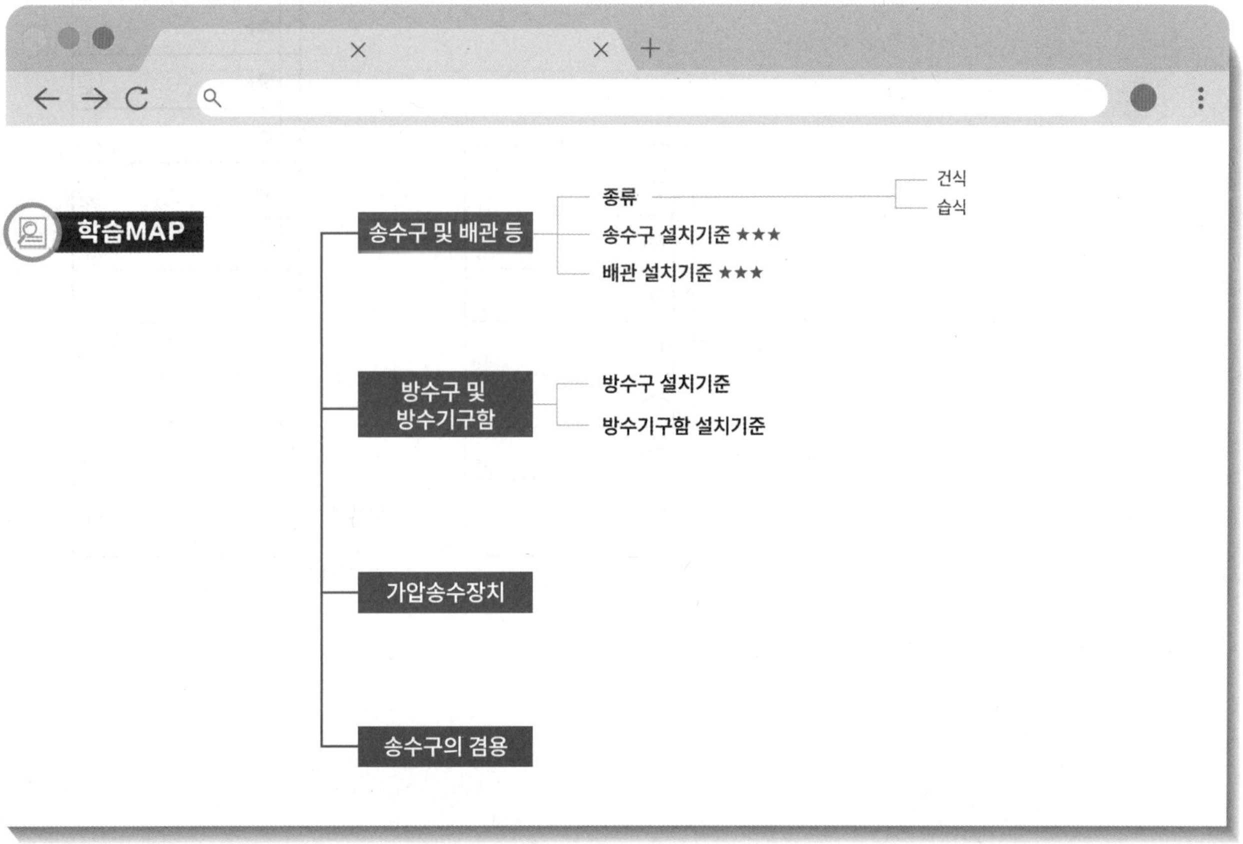

학습MAP

- 송수구 및 배관 등
  - 종류
    - 건식
    - 습식
  - 송수구 설치기준 ★★★
  - 배관 설치기준 ★★★
- 방수구 및 방수기구함
  - 방수구 설치기준
  - 방수기구함 설치기준
- 가압송수장치
- 송수구의 겸용

01 개요

건축물의 옥외에 설치된 송수구에 소방차로부터 가압수를 송수하고, 소방관이 건축물 내에 설치된 방수기구함에 비치된 호스를 방수구에 연결하여 화재를 진압하는 소화활동설비이다.

02 송수구 및 배관 등

1 종류

1) 건식 : 송수관 내 물을 채워 두지 않고 소방차에 의해 물을 공급받음(별도의 배수필요)
2) 습식 : 고가수조에 의해 물이 항상 채워져 있음

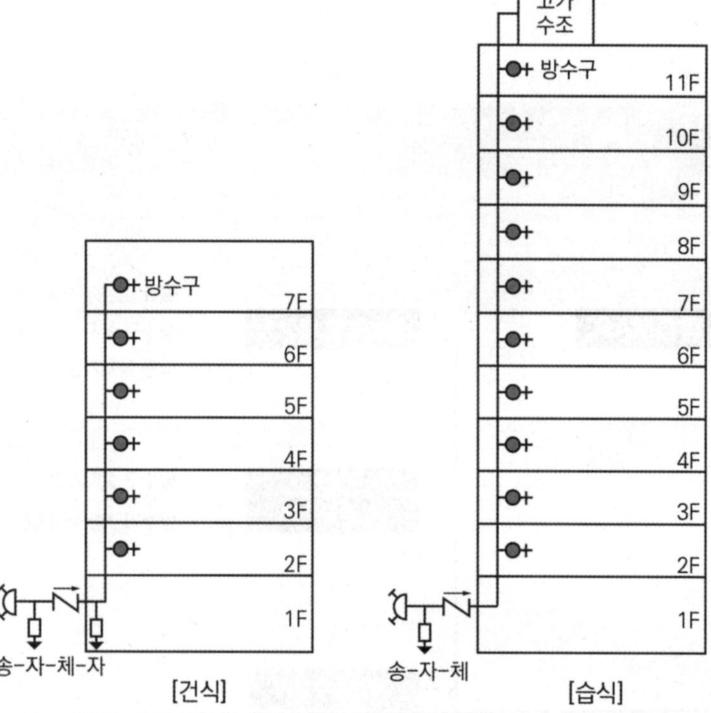

[건식] [습식]

2 송수구 설치기준

1) 소방차가 쉽게 접근할 수 있고 잘 보이는 장소에 설치할 것
2) 지면으로부터 높이가 0.5 [m] 이상 1 [m] 이하의 위치에 설치할 것
3) 송수구는 화재층으로부터 지면으로 떨어지는 유리창 등이 송수 및 그 밖의 소화작업에 지장을 주지 않는 장소에 설치할 것
4) 송수구로부터 연결송수관설비의 주배관에 이르는 연결배관에 개폐밸브를 설치한 때에는 그 개폐 상태를 쉽게 확인 및 조작할 수 있는 옥외 또는 기계실 등의 장소에 설치할 것
5) 구경 65 [mm]의 쌍구형으로 할 것
6) 송수구에는 그 가까운 곳의 보기 쉬운 곳에 송수압력범위를 표시한 표지를 할 것
7) 송수구는 연결송수관의 수직배관마다 1개 이상을 설치할 것
8) 송수구의 부근에는 자동배수밸브 및 체크밸브를 다음의 기준에 따라 설치할 것. 이 경우 자동배수밸브는 배관 안의 물이 잘빠질 수 있는 위치에 설치하되, 배수로 인하여 다른 물건이나 장소에 피해를 주지 않아야 한다.
   (1) 습식의 경우 : 송수구·자동배수밸브·체크밸브의 순으로 설치할 것
   (2) 건식의 경우 : 송수구·자동배수밸브·체크밸브·자동배수밸브의 순으로 설치할 것
9) 송수구에는 가까운 곳의 보기 쉬운 곳에 "연결송수관설비송수구"라고 표시한 표지를 설치할 것
10) 송수구에는 이물질을 막기 위한 마개를 씌울 것

P.386 문03

암기 (습식) 송자체
(건식) 송자체자

연결송수관설비의 송수구의 부근에는 건식의 경우 송수구·자동배수밸브·체크밸브·자동배수밸브의 순으로 설치할 것 O

3 배관 설치기준

1) 주배관은 구경 100 [mm] 이상의 전용배관으로 할 것. 다만 주배관의 구경이 100 [mm] 이상인 옥내소화전설비의 배관과는 겸용할 수 있다. ★★★
2) 지면으로부터의 높이가 31 [m] 이상인 특정소방대상물 또는 지상 11층 이상인 특정소방대상물 : 습식 설비로 할 것 ★

지면으로부터의 높이가 31 [m] 이상인 특정소방대상물 또는 지상 11층 이상인 특정소방대상물에 있어서는 습식 설비로 할 것 O

03 방수구 및 방수기구함

1 방수구 설치기준

아파트의 1층 및 2층에 해당하는 층에는 연결송수관설비의 방수구를 설치하지 않을 수 있다. O

P.385 문01

11층 이상의 부분에 설치하는 방수구는 단구형으로 할 것 X 쌍구형

연결송수관설비의 방수구는 다음의 기준에 따라 설치해야 한다.

1) 연결송수관설비의 방수구는 그 특정소방대상물의 층마다 설치할 것. 다만 다음의 어느 하나에 해당하는 층에는 설치하지 않을 수 있다.
   (1) 아파트의 1층 및 2층
   (2) 소방차의 접근이 가능하고, 소방대원이 소방차로부터 각 부분에 쉽게 도달할 수 있는 피난층
   (3) 송수구가 부설된 옥내소화전을 설치한 특정소방대상물(집회장·관람장·백화점·도매시장·소매시장·판매시설·공장·창고시설 또는 지하가를 제외)로서 다음의 어느 하나에 해당하는 층
      ① 지하층을 제외한 층수가 4층 이하이고, 연면적이 6000 [m^2] 미만인 특정소방대상물의 지상층
      ② 지하층의 층수가 2 이하인 특정소방대상물의 지하층
2) 특정소방대상물의 층마다 설치하는 방수구는 다음의 기준에 따를 것
   (1) 아파트 또는 바닥면적이 1000 [m^2] 미만인 층에 있어서는 계단으로부터 5 [m] 이내에 설치할 것. 이 경우 부속실이 있는 계단은 부속실의 옥내 출입구로부터 5 [m] 이내에 설치할 수 있다.
   (2) 바닥면적 1000 [m^2] 이상인 층(아파트를 제외)에 있어서는 각 계단으로부터 5 [m] 이내에 설치할 것. 이 경우 부속실이 있는 계단은 부속실의 옥내 출입구로부터 5 [m] 이내에 설치할 수 있다.
   (3) (1) 또는 (2)에 따라 설치하는 방수구로부터 그 층의 각 부분까지의 거리가 다음의 기준을 초과하는 경우에는 그 기준 이하가 되도록 방수구를 추가하여 설치할 것
      ① 지하가(터널은 제외한다) 또는 지하층의 바닥면적의 합계가 3000 [m^2] 이상인 것은 수평거리 25 [m]
      ② ①에 해당하지 않는 것은 수평거리 50 [m]
3) 11층 이상의 부분에 설치하는 방수구는 쌍구형으로 할 것. 다만 다음의 어느 하나에 해당하는 층에는 단구형으로 설치할 수 있다.
   (1) 아파트의 용도로 사용되는 층
   (2) 스프링클러설비가 유효하게 설치되어 있고 방수구가 2개소 이상 설치된 층
4) 방수구의 호스접결구는 바닥으로부터 높이 0.5 [m] 이상 1 [m] 이하의 위치에 설치할 것

5) 방수구는 연결송수관설비의 전용방수구 또는 옥내소화전방수구로서 구경 65 [mm]의 것으로 설치할 것
6) 방수구의 위치표시는 표시등 또는 축광식표지로 하되 다음의 기준에 따라 설치할 것
   (1) 표시등을 설치하는 경우에는 함의 상부에 설치하되, 소방청장이 고시한 「표시등의 성능인증 및 제품검사의 기술기준」에 적합한 것으로 설치할 것
   (2) 축광식표지를 설치하는 경우에는 소방청장이 고시한 「축광표지의 성능인증 및 제품검사의 기술기준」에 적합한 것으로 설치할 것
7) 방수구는 개폐기능을 가진 것으로 설치해야 하며, 평상시 닫힌 상태를 유지할 것

2 방수기구함 설치기준

1) 피난층과 가장 가까운 층을 기준으로 3개 층마다 설치하되, 그 층의 방수구마다 보행거리 5 [m] 이내에 설치할 것
2) 방수기구함에는 길이 15 [m]의 호스와 방사형 관창을 다음의 기준에 따라 비치할 것
   (1) 호스의 개수 : 방수구에 연결하였을 때 그 방수구가 담당하는 구역의 각 부분에 유효하게 물이 뿌려질 수 있는 개수 이상을 비치할 것 (쌍구형 방수구는 단구형 방수구의 2배 이상의 개수를 설치해야 함)
   (2) 방사형 관창의 개수 : 단구형 방수구의 경우 1개, 쌍구형 방수구의 경우 2개 이상 비치할 것
3) 방수기구함에는 "방수기구함"이라고 표시한 축광식 표지를 할 것

P.385 문02
P.386 문05

방수기구함은 피난층과 가장 가까운 층을 기준으로 2개 층마다 설치하되, 그 층의 방수구마다 보행거리 5 [m] 이내에 설치할 것

☒ 3개 층마다

04 가압송수장치

지표면에서 최상층 방수구의 높이가 70 [m] 이상의 특정소방대상물에 가압송수장치를 설치해야 한다.

1) 쉽게 접근할 수 있고 점검하기에 충분한 공간이 있는 장소로서 화재 및 침수 등의 재해로 인한 피해를 받을 우려가 없는 곳에 설치할 것
2) 동결방지조치를 하거나 동결의 우려가 없는 장소에 설치할 것
3) 펌프는 전용으로 할 것
4) 펌프의 토출 측에는 압력계를 설치하고 흡입 측에는 연성계 또는 진공계를 설치할 것

지표면에서 최상층 방수구의 높이가 60 [m] 이상의 특정소방대상물에는 기준에 따라 연결송수관설비의 가압송수장치를 설치해야 한다.

☒ 70 [m] 이상

5) 펌프의 성능

⑴ 체절운전 시 정격토출압력의 140 [%]를 초과하지 않고, 정격토출량의 150 [%]로 운전 시 정격토출압력의 65 [%] 이상이 되어야 하며, 펌프의 성능을 시험할 수 있는 성능시험배관을 설치할 것

⑵ 펌프의 성능시험을 위한 전용의 수조를 설치할 것

⑶ 수조의 유효수량은 펌프 정격토출량의 150 [%]로 5분 이상 시험할 수 있는 양 이상이 되도록 할 것

⑷ 펌프의 성능시험 시 방수되는 물로 침수피해가 발생하지 않도록 배수설비가 되어 있을 것

펌프의 성능시험을 위한 전용의 수조를 설치할 것 O

6) 가압송수장치에는 체절운전 시 수온의 상승을 방지하기 위한 순환배관을 설치할 것

7) 펌프의 토출량 : 2400 [L/min](계단식 아파트는 1200 [L/min]) 이상이 되는 것으로 할 것. 다만 해당 층에 설치된 방수구가 3개를 초과(방수구가 5개 이상인 경우에는 5개)하는 것에 있어서는 1개마다 800 [L/min](계단식 아파트의 경우에는 400 [L/min])를 가산한 양이 되는 것으로 할 것

층당 방수구 / 구분	1 ~ 3개 이하	4개	5개 이상
일반건축물	2400 [L/min] 이상	3200 [L/min] 이상	4000 [L/min] 이상
계단식 아파트	1200 [L/min] 이상	1600 [L/min] 이상	2000 [L/min] 이상

8) 펌프의 양정은 최상층에 설치된 노즐선단의 압력이 0.35 [MPa] 이상의 압력이 되도록 할 것

펌프의 양정은 최상층에 설치된 노즐선단의 압력이 0.3 [MPa] 이상의 압력이 되도록 할 것 X 0.35 [MPa] 이상

05 송수구의 겸용

연결송수관설비의 송수구를 옥내소화전설비와 겸용으로 설치하는 경우에는 연결송수관설비의 송수구 설치기준에 따르되 각각의 소화설비의 기능에 지장이 없도록 해야 한다.

예상문제

01 상중하

연결송수관설비 방수구의 설치기준에 대한 내용이다. 다음 ( ) 안에 들어갈 내용으로 알맞은 것은?

> 송수구가 부설된 옥내소화전을 설치한 특정소방대상물로서 지하층을 제외한 층수가 ( )층 이하이고, 연면적이 ( ) [m^2] 미만인 특정소방대상물의 지상층에는 방수구를 설치하지 아니할 수 있다.

① ㉠ 4, ㉡ 3000
② ㉠ 5, ㉡ 3000
③ ㉠ 4, ㉡ 6000
④ ㉠ 5, ㉡ 6000

해설 연결송수관설비 방수구 설치 제외 층

1) 아파트의 1층 및 2층
2) 소방차의 접근이 가능하고, 소방대원이 소방차로부터 각 부분에 쉽게 도달할 수 있는 피난층
3) 송수구가 부설된 옥내소화전을 설치한 특정소방대상물로서 다음의 어느 하나에 해당하는 층
   (1) 지하층을 제외한 층수가 4층 이하이고, 연면적이 6000 [m^2] 미만인 특정소방대상물의 지상층
   (2) 지하층의 층수가 2 이하인 특정소방대상물의 지하층

02 상중하

연결송수관설비 방수기구함의 설치기준 중 틀린 것은?

① 방수기구함은 피난층과 가장 가까운 층을 기준으로 2개 층마다 설치하되, 그 층의 방수구마다 보행거리 5 [m] 이내에 설치할 것
② 방수기구함에는 "방수기구함"이라고 표시한 축광식 표지를 할 것
③ 방수기구함의 길이 15 [m] 호스는 방수구에 연결하였을 때 그 방수구가 담당하는 구역의 각 부분에 유효하게 물이 뿌려질 수 있는 개수 이상을 비치, 이 경우 쌍구형 방수구는 단구형 방수구의 2배 이상의 개수를 설치할 것
④ 방수기구함의 방사형 관창은 단구형 방수구의 경우에는 1개, 쌍구형 방수구의 경우에는 2개 이상 비치할 것

해설 연결송수관설비 방수기구함 설치기준

1) 피난층과 가장 가까운 층을 기준으로 3개 층마다 설치하되, 그 층의 방수구마다 보행거리 5 [m] 이내에 설치할 것
2) 방수기구함에는 "방수기구함"이라고 표시한 축광식 표지를 할 것
3) 방수기구함에는 길이 15 [m]의 호스와 방사형 관창을 다음의 기준에 따라 비치할 것
   (1) 호스개수 : 방수구에 연결하였을 때 그 방수구가 담당하는 구역의 각 부분에 유효하게 물이 뿌려질 수 있는 개수 이상을 비치할 것(쌍구형 방수구는 단구형 방수구의 2배 이상의 개수를 설치해야 함)
   (2) 방사형 관창개수 : 단구형 방수구의 경우 1개, 쌍구형 방수구의 경우 2개 이상 비치할 것

정답 01 ③ 02 ①

03 상 중 하

다음 중 연결송수관설비를 건식으로 설치하는 경우의 밸브 설치순서로 옳은 것은?

① 송수구 → 체크밸브 → 자동배수밸브 → 체크밸브
② 송수구 → 자동배수밸브 → 체크밸브 → 자동배수밸브
③ 송수구 → 체크밸브 → 자동배수밸브 → 개폐밸브
④ 송수구 → 자동배수밸브 → 체크밸브 → 개폐밸브

해설 연결송수관설비 송수구의 설치기준

1) 습식 : 송수구 → 자동배수밸브 → 체크밸브
2) 건식 : 송수구 → 자동배수밸브 → 체크밸브 → 자동배수밸브

암기 ▶ (습식) 송자체, (건식) 송자체자

신유형!

04 상 중 하

연결송수관설비의 가압송수장치의 내연기관 연료량으로 옳은 것은? (단, 35층의 특정소방대상물이다)

① 20분 이상　　② 30분 이상
③ 40분 이상　　④ 60분 이상

해설 가압송수장치 내연기관 연료량

- 29층 이하 : 20분 이상
- 30층 이상 49층 이하 : 40분 이상
- 50층 이상 : 60분 이상

05 상 중 하

연결송수관설비 방수기구함의 설치기준 중 다음 ( ) 안에 알맞은 것은?

> 방수기구함은 피난층과 가장 가까운 층을 기준으로 (㉠) 개 층마다 설치하되, 그 층의 방수구마다 보행거리 (㉡) [m] 이내에 설치할 것

① ㉠ 2, ㉡ 3　　② ㉠ 3, ㉡ 5
③ ㉠ 3, ㉡ 2　　④ ㉠ 5, ㉡ 3

해설 연결송수관설비 방수기구함의 설치기준

1) 피난층과 가장 가까운 층을 기준으로 3개 층마다 설치하되, 그 층의 방수구마다 보행거리 5 [m] 이내에 설치할 것
2) 방수기구함에는 "방수기구함"이라고 표시한 축광식 표지를 할 것
3) 방수기구함에는 길이 15 [m]의 호스와 방사형 관창을 다음의 기준에 따라 비치할 것
   (1) 호스 개수 : 방수구에 연결하였을 때 그 방수구가 담당하는 구역의 각 부분에 유효하게 물이 뿌려질 수 있는 개수 이상을 비치할 것(쌍구형 방수구는 단구형 방수구의 2배 이상의 개수를 설치해야 함)
   (2) 방사형 관창 개수 : 단구형 방수구의 경우 1개, 쌍구형 방수구의 경우 2개 이상 비치할 것

정답 03 ② 04 ③ 05 ②

CHAPTER 16 연결살수설비

학습목표

1 송수구의 설치기준을 파악한다.

2 배관 및 헤드의 설치기준을 암기한다.

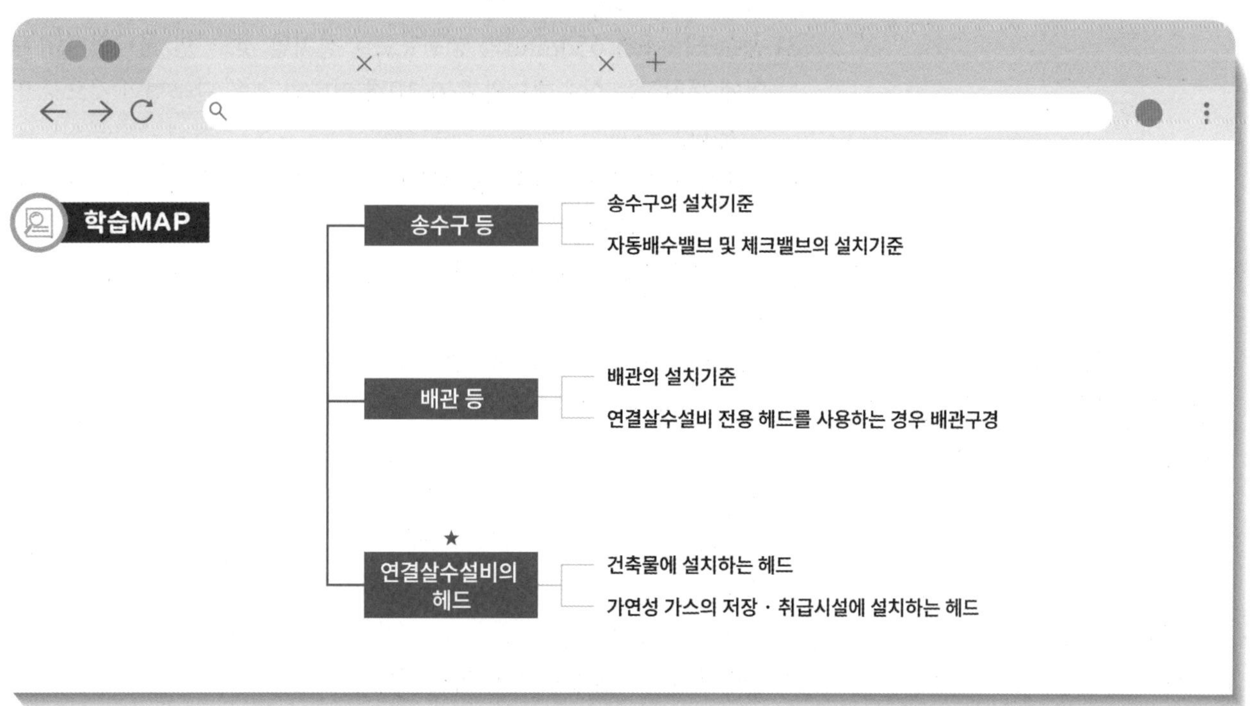

01 개요

연결살수설비의 설치목적은 지하가나 건축물의 지하층 등 화재가 발생하였을 때 소방대원의 진입이 어려워 소화활동이 곤란하다고 예상되는 부분에 살수헤드를 설치하여 소방대가 화점에 접근하지 않은 상태에서도 소방차를 이용하여 살수가 가능하도록 조치하기 위함이다.

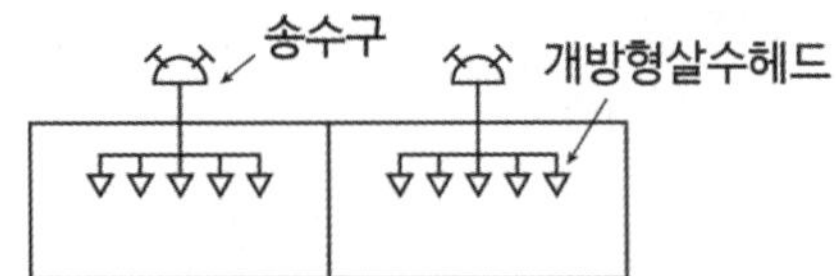

02 송수구 등

1 송수구의 설치기준

1) 소방차가 쉽게 접근할 수 있고, 노출된 장소에 설치할 것
2) 가연성 가스의 저장·취급시설에 설치하는 연결살수설비의 송수구는 그 방호대상물로부터 20 [m] 이상의 거리를 두거나 방호대상물에 면하는 부분이 높이 1.5 [m] 이상 폭 2.5 [m] 이상의 철근콘크리트 벽으로 가려진 장소에 설치해야 한다.
3) 송수구는 구경 65 [mm]의 쌍구형으로 설치할 것. 다만 하나의 송수구역에 부착하는 살수헤드의 수가 10개 이하인 것은 단구형인 것으로 할 수 있다.
4) 개방형 헤드를 사용하는 송수구의 호스접결구는 각 송수구역마다 설치할 것. 다만 송수구역을 선택할 수 있는 선택밸브가 설치되어 있고, 각 송수구역의 주요구조부가 내화구조로 되어 있는 경우에는 그렇지 않다.
5) 소방관의 호스연결 등 소화작업에 용이하도록 지면으로부터 높이가 0.5 [m] 이상 1 [m] 이하의 위치에 설치할 것
6) 송수구로부터 주배관에 이르는 연결배관에는 개폐밸브를 설치하지 않을 것. 다만 스프링클러설비·물분무소화설비 또는 포소화설비의 배관과 겸용하는 경우에는 그렇지 않다.
7) 송수구의 부근에는 "연결살수설비 송수구"라고 표시한 표지와 송수구역 일람표를 설치할 것
8) 송수구에는 이물질을 막기 위한 마개를 씌울 것

송수구는 소방관의 호스연결 등 소화작업에 용이하도록 지면으로부터 높이가 0.8 [m] 이상 1.5 [m] 이하의 위치에 설치할 것
☒ 0.5 [m] 이상 1 [m] 이하

2 자동배수밸브 및 체크밸브의 설치기준

1) 폐쇄형 헤드를 사용하는 설비 : 송수구 - 자동배수밸브 - 체크밸브 순서로 설치
2) 개방형 헤드를 사용하는 설비 : 송수구 - 자동배수밸브 순으로 설치

암기 폐송자체

암기 개송자

3 하나의 송수구역에 설치하는 헤드 수 ★

개방형 헤드를 사용하는 연결살수설비에 있어서 하나의 송수구역에 설치하는 살수헤드의 수는 10개 이하가 되도록 해야 한다.

P.391 문02

03 배관 등

1 배관의 설치기준

1) 개방형 헤드를 사용하는 연결살수설비의 수평주행배관 기울기 : 1/100 이상
2) 가지배관의 배열은 토너먼트방식이 아니어야 함
3) 교차배관 또는 주배관에서 분기되는 지점을 기점으로 한쪽 가지배관에 설치되는 헤드 개수 : 8개 이하
4) 교차배관 최소 구경 : 40 [mm] 이상
5) 폐쇄형 헤드를 사용하는 연결살수설비 주배관은 다음 어느 하나에 해당하는 배관 또는 수조에 접속해야 함. 이 경우 접속부분에는 체크밸브를 설치하되 점검하기 쉽게 해야 함 ★
   (1) 옥내소화전설비의 주배관(옥내소화전설비가 설치된 경우에 한정함)
   (2) 수도배관(연결살수설비가 설치된 건축물 안에 설치된 수도배관 중 구경이 가장 큰 배관을 말함)
   (3) 옥상에 설치된 수조(다른 설비의 수조를 포함)

개방형 헤드를 사용하는 연결살수설비의 수평주행배관은 헤드를 향하여 상향으로 500분의 1 이상의 기울기로 설치할 것

☒ 100분의 1 이상

P.391 문03

2 연결살수설비 전용 헤드를 사용하는 경우 배관구경 ★

하나의 배관에 부착하는 연결살수설비 전용 헤드의 개수	1개	2개	3개	4개 또는 5개	6개 이상 10개 이하
배관구경 [mm]	32	40	50	65	80

P.391 문04

04 연결살수설비의 헤드

1 건축물에 설치하는 헤드

P.391 문01

1) 천장 또는 반자의 실내에 면하는 부분에 설치할 것
2) 수평거리 : 연결살수설비 전용 헤드는 3.7 [m] 이하, 스프링클러헤드는 2.3 [m] 이하 ★★
   다만 살수헤드의 부착면과 바닥과의 높이가 2.1 [m] 이하인 부분은 살수헤드의 살수분포에 따른 거리로 할 수 있음

[연결살수설비 전용헤드]

2 가연성 가스의 저장·취급시설에 설치하는 헤드

1) 연결살수설비 전용의 개방형 헤드 설치
2) 가스저장탱크·가스홀더 및 가스발생기의 주위에 설치하되 헤드 상호간의 거리는 3.7 [m] 이하로 할 것

가연성 가스의 저장·취급시설에 설치하는 연결살수설비의 헤드는 가스저장탱크·가스홀더 및 가스발생기의 주위에 설치하되, 헤드 상호간의 거리는 3.7 [m] 이하로 할 것 O

예상문제

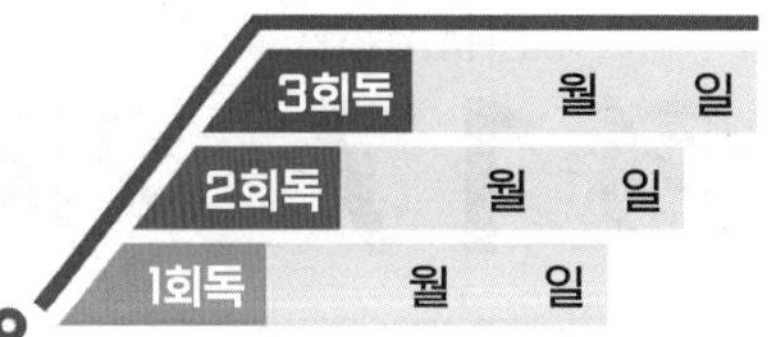

01 상 중 하

연결살수설비 전용 헤드를 사용하는 연결살수설비에서 천장 또는 반자의 각 부분으로부터 하나의 살수헤드까지의 수평거리는 몇 [m] 이하인가? (단, 살수헤드의 부착면과 바닥과의 높이가 2.1 [m] 초과이다)

① 2.1　　② 2.7
③ 3.7　　④ 2.3

해설 연결살수설비헤드 수평거리

1) 연결살수설비전용 헤드 : 3.7 [m] 이하
2) 스프링클러헤드 : 2.3 [m] 이하
3) 살수헤드 부착면과 바닥과의 높이 2.1 [m] 이하 부분은 살수헤드 살수분포에 따른 거리로 할 수 있다.

02 상 중 하

개방형 헤드를 사용하는 연결살수설비에 있어서 하나의 송수구역에 설치하는 살수헤드의 수는 최대 몇 개 이하가 되도록 하여야 하는가?

① 8　　② 10
③ 16　　④ 32

해설 연결살수설비 개방형 헤드 설치개수

개방형 헤드를 사용하는 연결살수설비에 있어서 하나의 송수구역에 설치하는 살수헤드의 수는 10개 이하가 되도록 할 것

비교 ▶ 가지배관헤드 개수 : 8개 이하

03 상 중 하

연결살수설비의 화재안전기술기준상 연결살수설비의 가지배관은 교차배관 또는 주배관에서 분기되는 지점을 기점으로 한쪽 가지배관에서 설치되는 헤드의 개수를 최대 몇 개 이하로 해야 하는가?

① 8　　② 10
③ 12　　④ 15

해설 연결살수설비 가지배관헤드 설치개수

교차배관 또는 주배관에서 분기되는 지점을 기점으로 한쪽 가지배관에 설치되는 헤드 개수 : 8개 이하

주의 ▶ 하나의 송수구역에 개방형 헤드 수 : 10개 이하

04 상 중 하

연결살수설비 배관 구경의 설치기준 중 하나의 배관에 부착하는 살수헤드의 개수가 3개인 경우 배관의 최소 구경은 몇 [mm] 이상이어야 하는가?

① 40　　② 50
③ 65　　④ 80

해설 연결살수설비 설치기준

하나의 배관에 부착하는 전용 헤드의 개수

헤드 개수	1	2	3	4 ~ 5	6 ~ 10개 이하
구경 [mm]	32	40	50	65	80

정답 01 ③ 02 ② 03 ① 04 ②

CHAPTER 17 기타

3회독 월 일
2회독 월 일
1회독 월 일

학습목표

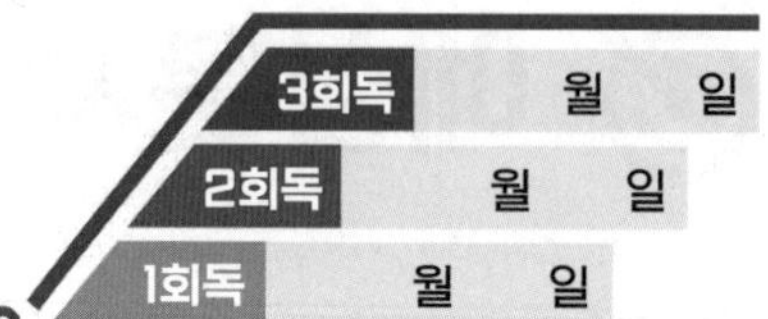

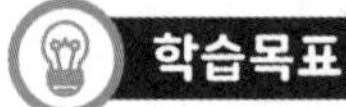

1 지하구의 연소방지설비에 대한 설치기준을 암기한다.
2 소방시설의 내진설계 적용설비를 파악한다.
3 공동주택의 화재안전기술기준, 창고시설의 화재안전기술기준에서 용어의 정의와 소화설비의 설치기준을 학습한다.

학습MAP

- 도로터널 설치기준
  - 소화기
  - 옥내소화전설비
  - 물분무소화설비
- 고체에어로졸 소화설비
  - 용어의 정의
  - 고체에어로졸발생기의 열안전이격거리
- ★★★ 지하구 - 연소방지설비
- ★ 공동주택
  - 용어의 정의
  - 소화기구 및 자동소화장치
  - 옥내소화전설비
  - 스프링클러설비
  - 피난기구
- ★ 창고시설
  - 용어의 정의
  - 소화기구 및 자동소화장치
  - 옥내소화전설비
  - 스프링클러설비
- ★ 소방시설의 내진설계 적용설비

01 도로터널 설치기준

1 소화기

1) 능력단위 : A급 3단위 이상, B급 5단위 이상, C급 적응성 있는 것
2) 총중량 : 7 [kg] 이하
3) 설치높이 : 바닥면으로부터 1.5 [m] 이하
4) 설치간격 : 주행차로의 우측측벽에 50 [m] 이내의 간격으로 2개 이상을 설치

P.402 문04

2 옥내소화전설비

1) 수원 : 190 [L/min] × 40분 × 설치개수 2개(4차로 이상의 터널의 경우 3개)
2) 방수량 : 190 [L/min] 이상
3) 방수압력 : 0.35 [MPa] 이상
4) 설치간격 : 주행차로의 우측측벽에 50 [m] 이내의 간격으로 설치

P.402 문01

3 물분무소화설비

1) 수원 : 3개 방수구역을 동시에 40분 이상 방수할 수 있는 양
2) 방수량 : 도로면 1 [m²]당 6 [L/min] 이상
3) 방수구역 : 25 [m] 이상
4) 비상전원 : 40분 이상

02 고체에어로졸소화설비

1 용어의 정의

1) 고체에어로졸소화설비 : 설계밀도 이상의 고체에어로졸을 방호구역 전체에 균일하게 방출하는 설비(압축방식)
2) 고체에어로졸화합물 : 화재를 소화하는 비전도성의 미세입자인 에어로졸을 만드는 고체화합물(과산화물질, 가연성 물질 등의 혼합물)
3) 고체에어로졸 : 고체에어로졸화합물의 연소과정에 의해 생성된 물질로 직경 10 [μm] 이하의 고체 입자와 기체 상태의 물질로 구성된 혼합물
4) 고체에어로졸발생기
   (1) 에어로졸을 발생시키는 장치
   (2) 고체에어로졸화합물, 냉각장치, 작동장치, 방출구, 저장용기로 구성

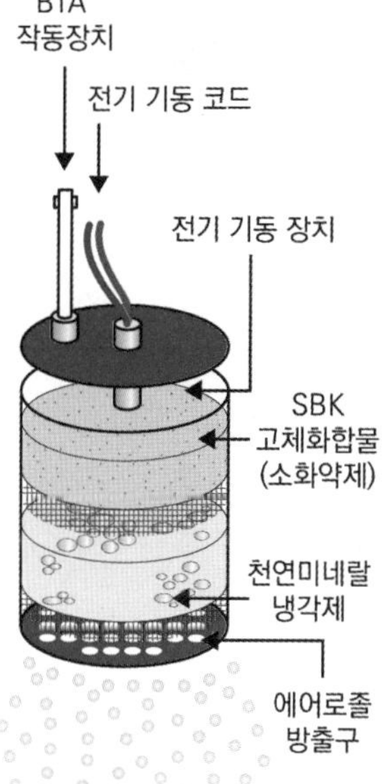

[고체에어로졸 소화장치 구조 (기동부 + 약제부 + 냉각부) 예]

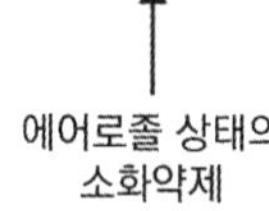

보충
- SBK : Solid Block Compound (고체화합물)
- BTA : Bulb Thermal Actuator (유리벨브 작동장치)

2 고체에어로졸발생기의 열안전이격거리

1) 인체와의 최소 이격거리 : 약제 방출 시 75 [℃]를 초과하는 온도가 인체에 영향을 미치지 아니하는 거리
2) 가연물과의 최소 이격거리 : 약제 방출 시 200 [℃]를 초과하는 온도가 가연물에 영향을 미치지 아니하는 거리

03 지하구 – 연소방지설비 ★★★

P.402 문02

지하구(전력 또는 통신사업용인 것만 해당)의 연소방지를 위한 것으로 연소방지 전용헤드나 스프링클러헤드를 천장 또는 벽면에 설치하여 지하구의 화재를 방지하는 설비이다.

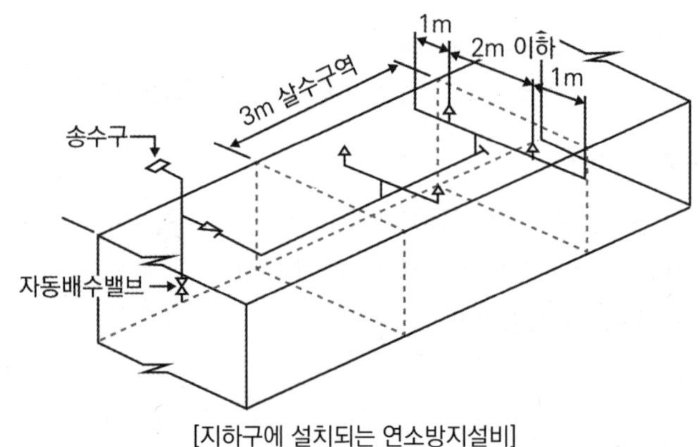

[지하구에 설치되는 연소방지설비]

1) 헤드는 천장 또는 벽면에 설치할 것
2) 헤드 간의 수평거리 : 전용 헤드 2 [m] 이하, 개방형 스프링클러헤드 1.5 [m] 이하
3) 소방대원의 출입이 가능한 환기구·작업구마다 지하구의 양쪽 방향으로 살수헤드를 설정하되, 한쪽 방향의 살수구역의 길이는 3 [m] 이상으로 할 것
4) 환기구 사이의 간격이 700 [m]를 초과할 경우에는 700 [m] 이내마다 살수구역을 설정하되, 지하구의 구조를 고려하여 방화벽을 설치한 경우에는 그렇지 않음
5) 전용 헤드 구경

하나의 배관에 부착하는 연소방지설비 전용 헤드의 개수	1개	2개	3개	4개 또는 5개	6개 이상
배관구경 [mm]	32	40	50	65	80

연소방지설비의 헤드 간 수평거리는 연소방지설비 전용헤드의 경우에는 3.7 [m] 이하, 개방형 스프링클러헤드의 경우에는 2.3 [m] 이하로 할 것

X 전용헤드의 경우에는 2 [m] 이하, 개방형 스프링클러헤드의 경우에는 1.5 [m] 이하

지하구의 화재안전기술기준에 따라 연소방지설비전용 헤드를 사용할 때 배관의 구경이 50 [mm]인 경우 하나의 배관에 부착하는 살수헤드의 최대 개수는 3개이다. O

04 공동주택의 화재안전기술기준 ★★★

1 용어의 정의

1) 공동주택 : 아파트등, 연립주택, 다세대주택, 기숙사
2) 아파트등 : 주택으로 쓰는 층수가 5층 이상인 주택

2 다른 화재안전성능기준과의 관계

공동주택에 설치하는 소방시설 등의 설치기준 중 이 기준에서 규정하지 아니한 소방시설 등의 설치기준은 개별 화재안전기준에 따라 설치해야 한다.

3 소화기구 및 자동소화장치

1) 소화기는 다음 각 호의 기준에 따라 설치해야 한다.
   (1) 바닥면적 100 [m^2]마다 1단위 이상의 능력단위를 기준으로 설치할 것
   (2) 아파트등의 경우 각 세대 및 공용부(승강장, 복도 등)마다 설치할 것
   (3) 아파트등의 세대 내에 설치된 보일러실이 방화구획되거나 스프링클러설비·간이스프링클러설비·물분무등소화설비 중 하나가 설치된 경우에는 「소화기구 및 자동소화장치의 화재안전기술기준(NFTC 101)」 [표 2.1.1.3] 제1호 및 제5호를 적용하지 않을 수 있다.
   (4) 아파트등의 경우 「소화기구 및 자동소화장치의 화재안전기술기준(NFTC 101)」 2.2에 따른 소화기의 감소 규정을 적용하지 않을 것
2) 주거용 주방자동소화장치는 아파트등의 주방에 열원(가스 또는 전기)의 종류에 적합한 것으로 설치하고, 열원을 차단할 수 있는 차단장치를 설치해야 한다.

4 옥내소화전설비

옥내소화전설비는 다음의 기준에 따라 설치해야 한다.

(1) 호스릴(Hose Reel)방식으로 설치할 것 ★★★
(2) 복층형 구조인 경우에는 출입구가 없는 층에 방수구를 설치하지 아니할 수 있다.
(3) 감시제어반 전용실은 피난층 또는 지하 1층에 설치할 것. 다만 상시 사람이 근무하는 장소 또는 관계인이 쉽게 접근할 수 있고, 관리가 용이한 장소에 감시제어반 전용실을 설치할 경우에는 지상 2층 또는 지하 2층에 설치할 수 있다.

공동주택에 설치하는 옥내소화전설비는 호스릴(Hose Reel)방식으로 설치할 것 O

5 스프링클러설비

스프링클러설비는 다음의 기준에 따라 설치해야 한다.

1) 폐쇄형 스프링클러헤드를 사용하는 아파트등은 기준개수 10개(스프링클러헤드의 설치개수가 가장 많은 세대에 설치된 스프링클러헤드의 개수가 기준개수보다 작은 경우에는 그 설치개수를 말한다)에 1.6 [m^3]를 곱한 양 이상의 수원이 확보되도록 할 것. 다만 아파트등의 각 동이 주차장으로 서로 연결된 구조인 경우 해당 주차장 부분의 기준개수는 30개로 할 것 ★★★

수원의 저수량

Q [m^3] = N × 1.6 [m^3]

(Q [L] = N × 80 [L/min] × 20 [min])

※ N : 기준개수

2) 아파트등의 경우 화장실 반자 내부에는 「소방용 합성수지배관의 성능인증 및 제품검사의 기술기준」에 적합한 소방용 합성수지배관으로 배관을 설치할 수 있다. 다만 소방용 합성수지배관 내부에 항상 소화수가 채워진 상태를 유지할 것
3) 하나의 방호구역은 2개 층에 미치지 아니하도록 할 것. 다만 복층형 구조의 공동주택에는 3개 층 이내로 할 수 있다.
4) 아파트등의 세대 내 스프링클러헤드를 설치하는 경우 천장·반자·천장과 반자 사이·덕트·선반 등의 각 부분으로부터 하나의 스프링클러헤드까지의 수평거리는 2.6 [m] 이하로 할 것

아파트등의 세대 내 스프링클러헤드를 설치하는 경우 천장·반자·천장과 반자 사이·덕트·선반 등의 각 부분으로부터 하나의 스프링클러헤드까지의 수평거리는 3.2 [m] 이하로 할 것 ☒ 2.6 [m] 이하

5) 외벽에 설치된 창문에서 0.6 [m] 이내에 스프링클러헤드를 배치하고, 배치된 헤드의 수평거리 이내에 창문이 모두 포함되도록 할 것. 다만 다음의 기준에 어느 하나에 해당하는 경우에는 그렇지 않다.
   (1) 창문에 드렌처설비가 설치된 경우
   (2) 창문과 창문 사이의 수직부분이 내화구조로 90 [cm] 이상 이격되어 있거나 「발코니 등의 구조변경절차 및 설치기준」 제4조 제1항부터 제5항까지에서 정하는 구조와 성능의 방화판 또는 방화유리창을 설치한 경우
   (3) 발코니가 설치된 부분
6) 거실에는 조기반응형 스프링클러헤드를 설치할 것

7) 감시제어반 전용실은 피난층 또는 지하 1층에 설치할 것. 다만 상시 사람이 근무하는 장소 또는 관계인이 쉽게 접근할 수 있고, 관리가 용이한 장소에 감시제어반 전용실을 설치할 경우에는 지상 2층 또는 지하 2층에 설치할 수 있다.
8) 대피공간에는 헤드를 설치하지 않을 수 있다.
9) 세대 내 실외기실 등 소규모 공간에서 해당 공간 여건상 헤드와 장애물 사이에 60 [cm] 반경을 확보하지 못하거나 장애물 폭의 3배를 확보하지 못하는 경우에는 살수방해가 최소화되는 위치에 설치할 수 있다.

05 창고시설의 화재안전기술기준 ★★★

1 용어의 정의

1) "창고시설"이란 다음을 말한다(위험물 저장 및 처리시설 또는 그 부속용도에 해당하는 것은 제외한다).
   (1) 창고(물품저장시설로서 냉장·냉동 창고를 포함한다)
   (2) 하역장
   (3) 「물류시설의 개발 및 운영에 관한 법률」에 따른 물류터미널
   (4) 「유통산업발전법」 제2조 제15호에 따른 집배송시설
2) "랙식 창고"란 물품 보관용 랙을 설치하는 창고시설을 말한다.
3) "적층식 랙"이란 선반을 다층식으로 겹쳐 쌓는 랙을 말한다.
4) "라지드롭형(Large-Drop Type) 스프링클러헤드"란 동일 조건의 수압력에서 큰 물방울을 방출하여 화염의 전파속도가 빠르고, 발열량이 큰 저장창고 등에서 발생하는 대형화재를 진압할 수 있는 헤드를 말한다.
5) "송기공간"이란 랙을 일렬로 나란하게 맞대어 설치하는 경우 랙 사이에 형성되는 공간(사람이나 장비가 이동하는 통로는 제외함)을 말한다.

2 소화기구 및 자동소화장치

창고시설 내 배전반 및 분전반마다 가스자동소화장치·분말자동소화장치·고체에어로졸자동소화장치 또는 소공간용 소화용구를 설치해야 한다.

3 옥내소화전설비

1) 수원의 저수량은 옥내소화전의 설치개수가 가장 많은 층의 설치개수(2개 이상 설치된 경우에는 2개)에 5.2 [m^3](호스릴옥내소화전설비를 포함)를 곱한 양 이상이 되도록 해야 한다. ★★★

> **수원의 저수량**
> Q [m^3] = N × 5.2 [m^3]
> (Q [L] = N × 130 [L/min] × 40 [min])
> ※ N : 옥내소화전의 설치개수가 가장 많은 층의 설치개수(최대 2개)

2) 사람이 상시 근무하는 물류창고 등 동결의 우려가 없는 경우에는 「옥내소화전설비의 화재안전기술기준(NFTC 102)」 2.2.1.9의 단서를 적용하지 않는다.
3) 비상전원은 자가발전설비, 축전지설비(내연기관에 따른 펌프를 사용하는 경우에는 내연기관의 기동 및 제어용 축전지를 말한다) 또는 전기저장장치(외부 전기에너지를 저장해두었다가 필요한 때 전기를 공급하는 장치)로서 옥내소화전설비를 유효하게 40분 이상 작동할 수 있어야 한다.

4 스프링클러설비

창고시설에 설치하는 스프링클러설비는 라지드롭형 스프링클러헤드를 습식으로 설치할 것 O

1) 스프링클러설비의 설치방식
   (1) 창고시설에 설치하는 스프링클러설비는 라지드롭형 스프링클러헤드를 습식으로 설치할 것. 다만 다음 어느 하나에 해당하는 경우에는 건식 스프링클러설비로 설치할 수 있다.
   ① 냉동창고 또는 영하의 온도로 저장하는 냉장창고
   ② 창고시설 내에 상시 근무자가 없어 난방을 하지 않는 창고시설
   (2) 랙식 창고의 경우에는 1) (1)에 따라 설치하는 것 외에 라지드롭형 스프링클러헤드를 랙 높이 3 [m] 이하마다 설치할 것. 이 경우 수평거리 15 [cm] 이상의 송기공간이 있는 랙식 창고에는 랙 높이 3 [m] 이하마다 설치하는 스프링클러헤드를 송기공간에 설치할 수 있다. ★
   (3) 창고시설에 적층식 랙을 설치하는 경우 적층식 랙의 각 단 바닥면적을 방호구역 면적으로 포함할 것
   (4) 천장 높이가 13.7 [m] 이하인 랙식 창고에는 「화재조기진압용 스프링클러설비의 화재안전기술기준(NFTC 103B)」에 따른 화재조기진압용 스프링클러설비를 설치할 수 있다.

2) 수원의 저수량

(1) 라지드롭형 스프링클러헤드의 설치개수가 가장 많은 방호구역의 설치개수(30개 이상 설치된 경우에는 30개)에 3.2 [m^3](랙식 창고의 경우에는 9.6 [m^3])를 곱한 양 이상이 되도록 할 것 ★★★

(2) 화재조기진압용 스프링클러설비를 설치하는 경우 「화재조기진압용 스프링클러설비의 화재안전기술기준(NFTC 103B)」 2.2.1에 따를 것

> **수원의 저수량**
> ① 일반 창고 : Q[m^3] = N × 3.2 [m^3]
> (Q [L] = N × 160 [L/min] × 20 [min])
> ② 랙식 창고 : Q [m^3] = N × 9.6 [m^3]
> (Q [L] = N × 160 [L/min] × 60 [min])
> N : 헤드의 설치개수가 가장 많은 방호구역의 설치개수
> (30개 이상 설치된 경우 30개)

3) 가압송수장치의 송수량

(1) 가압송수장치의 송수량은 0.1 [MPa]의 방수압력기준으로 분당 160 [L] 이상의 방수성능을 가진 기준 개수의 모든 헤드로부터의 방수량을 충족시킬 수 있는 양 이상인 것으로 할 것. 이 경우 속도수두는 계산에 포함하지 않을 수 있다.

(2) 화재조기진압용 스프링클러설비를 설치하는 경우 「화재조기진압용 스프링클러설비의 화재안전기술기준(NFTC 103B)」 2.3.1.10에 따를 것

4) 교차배관에서 분기되는 지점을 기점으로 한쪽 가지배관에 설치되는 헤드의 개수(반자 아래와 반자 속의 헤드를 하나의 가지배관상에 병설하는 경우에는 반자 아래에 설치하는 헤드의 개수)는 4개 이하로 해야 한다. 다만 화재조기진압용 스프링클러설비를 설치하는 경우에는 그렇지 않다.

> 창고시설에 설치하는 스프링클러설비에 대하여 교차배관에서 분기되는 지점을 기점으로 한쪽 가지배관에 설치되는 헤드의 개수는 8개 이하로 해야 한다. 다만 화재조기진압용 스프링클러설비를 설치하는 경우에는 그렇지 않다. ☒ 4개 이하

5) 스프링클러헤드 설치기준

(1) 라지드롭형 스프링클러헤드를 설치하는 천장·반자·천장과 반자 사이·덕트·선반 등의 각 부분으로부터 하나의 스프링클러헤드까지의 수평거리는 특수가연물을 저장 또는 취급하는 창고는 1.7 [m] 이하, 그 외의 창고는 2.1 [m](내화구조로 된 경우에는 2.3 [m]를 말한다) 이하로 할 것 ★★★

(2) 화재조기진압용 스프링클러헤드는 「화재조기진압용 스프링클러설비의 화재안전기술기준(NFTC 103B)」 2.7.1에 따라 설치할 것

라지드롭형 스프링클러헤드를 설치한 소방대상물	수평거리
특수가연물을 저장 또는 취급하는 창고	1.7 [m] 이하
창고	2.1 [m] 이하
내화구조로 된 창고	2.3 [m] 이하

6) 물품의 운반 등에 필요한 고정식 대형기기 설비의 설치를 위해 「건축법」 시행령 제46조 제2항에 따라 방화구획이 적용되지 아니하거나 완화 적용되어 연소할 우려가 있는 개구부에는 「스프링클러설비의 화재안전기술기준(NFTC 103)」 2.7.7.6에 따른 방법으로 드렌처설비를 설치해야 한다.

7) 비상전원은 자가발전설비, 축전지설비(내연기관에 따른 펌프를 사용하는 경우에는 내연기관의 기동 및 제어용 축전지를 말한다) 또는 전기저장장치(외부 전기에너지를 저장해두었다가 필요한 때 전기를 공급하는 장치를 말한다. 이하 같다)로서 스프링클러설비를 유효하게 20분(랙식 창고의 경우 60분을 말한다) 이상 작동할 수 있어야 한다.

5 소화수조 및 저수조

소화수조 또는 저수조의 저수량은 특정소방대상물의 연면적을 5000 [m^2]로 나누어 얻은 수(소수점 이하의 수는 1로 본다)에 20 [m^3]를 곱한 양 이상이 되도록 해야 한다.

$$\text{저수량}[m^3] = \frac{\text{연면적}}{5000[m^2]}(\text{소수점 이하 절상}) \times 20[m^3]$$

06 소방시설의 내진설계 적용설비 ★★

1) 옥내소화전설비
2) 스프링클러설비
3) 물분무등소화설비

참고 물분무등소화설비

1) 물분무소화설비
2) 미분무소화설비
3) 포소화설비
4) 이산화탄소소화설비
5) 할론소화설비
6) 할로겐화합물 및 불활성기체소화설비
7) 분말소화설비
8) 강화액소화설비
9) 고체에어로졸소화설비

암기 옥, 스, 물

P.402 문03

소방시설의 내진설계기준에 맞게 제연설비를 설치해야 한다.
☒ 제연설비는 내진설계 적용설비가 아니다.

예상문제

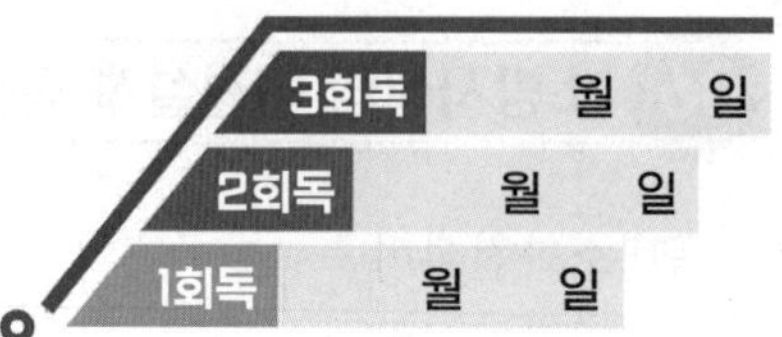

01 상 중 하

도로터널의 화재안전기술기준상 옥내소화전설비 설치기준 중 괄호 안에 알맞은 것은?

> 가압송수장치는 옥내소화전 2개(4차로 이상의 터널인 경우 3개)를 동시에 사용할 경우 각 옥내소화전의 노즐선단에서의 방수압력은 (㉠) [MPa] 이상이고, 방수량은 (㉡) [L/min] 이상이 되는 성능의 것으로 할 것

① ㉠ 0.1, ㉡ 130
② ㉠ 0.17, ㉡ 130
③ ㉠ 0.25, ㉡ 350
④ ㉠ 0.35, ㉡ 190

해설 도로터널 옥내소화전설비

1) 방수압력 : 0.35 [MPa] 이상
2) 방수량 : 190 [L/min] 이상

02 상 중 하

연소방지설비를 연소방지설비 전용 헤드로 사용할 경우 수평거리는 몇 [m] 이하인가?

① 2 [m] 이하　② 2.1 [m] 이하
③ 2.3 [m] 이하　④ 2.7 [m] 이하

해설 연소방지설비 수평거리

1) 전용 헤드 : 2 [m] 이하
2) 개방형 스프링클러헤드 : 1.5 [m] 이하

03 상 중 하

다음 소방시설 중 내진설계가 요구되는 소방시설이 아닌 것은?

① 옥내소화전설비
② 옥외소화전설비
③ 물분무소화설비
④ 스프링클러설비

해설

- 옥내소화전설비
- 스프링클러설비
- 물분무등소화설비

암기 ▶ 옥, 스, 물

04 상 중 하

도로터널의 화재안전성능기준상 소화기의 능력단위 설치기준 중 알맞은 것은?

① A급 3단위 이상, B급 5단위 이상
② A급 5단위 이상, B급 3단위 이상
③ A급 1단위 이상, B급 2단위 이상
④ A급 2단위 이상, B급 1단위 이상

해설 도로터널 소화기 능력단위

1) A급 : 3단위 이상
2) B급 : 5단위 이상
3) C급 : 적응성 있는 것

정답 01 ④ 02 ① 03 ② 04 ①

MOAG

2026 초격차 소방설비기사·산업기사 필기 기계

발행일 2025년 10월 15일 개정판 1쇄

지은이 황모아, 이지원

발행인 황모아

발행처 (주)모아교육그룹
주 소 서울특별시 영등포구 영신로 32길 29 세화빌딩 2층
전 화 02-2068-2393(출판, 주문)
등 록 제2015-000006호 (2015.1.16.)
이메일 moagbooks@naver.com
ISBN 979-11-6804-453-1 (14500)
979-11-6804-458-6 (14500) (전5권)

이 책의 가격은 뒤표지에 있습니다.

정오표 안내

틀린 부분을 바로잡는 것은 모아의 책임입니다!
더 정확한 교재를 만들기 위해 항상 노력하겠습니다!

QR로 확인하실 경우

교재 뒤표지에 있는 **QR코드** 스캔

정오표를 확인하실 수 있습니다.

PC로 확인하실 경우

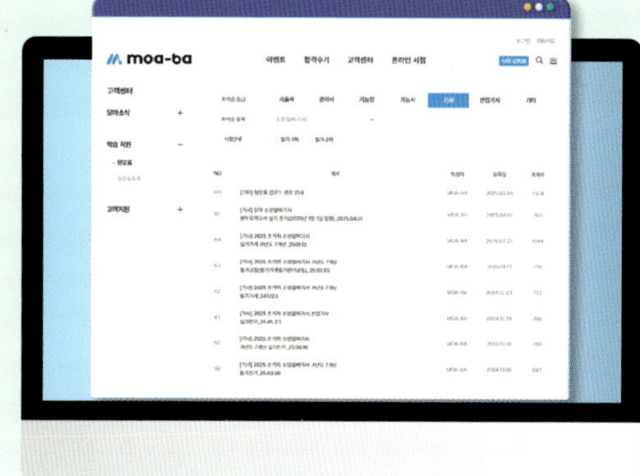

모아바(moa-ba.com) 접속

온라인서점

정오표로 이동

자격증 등급에서 **기사** 선택

자격증 종목에서 **소방설비기사** 선택

정오표를 확인하실 수 있습니다.

*모바일도 동일합니다.

지금 **초격차**와 함께하는
당신의 **다짐**을 적어보세요!

나는

________ 년 제 ______ 회

소방설비(산업)기사 자격 시험에

최선을 다해 합격할 것입니다.

_____ 년 ____ 월 ____ 일

필기 기계 빈칸쑥쑥 + 중요빈출지문

2026

초超 격格 차差

필기 기계 빈칸쏙쏙 + 중요빈출지문

2026

초 超 격 格 차 差

모아북스

CONTENTS

PART 01 소방유체역학

PART 02 소방기계시설의 구조 및 원리

PART 03 중요빈출지문

PART 01 소방유체역학

CHAPTER 01 유체이론

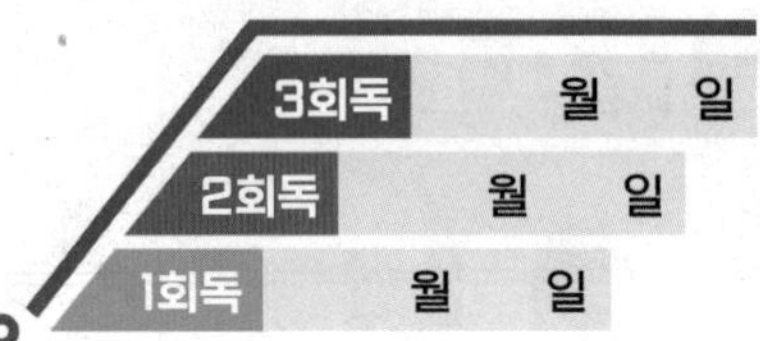

01 단위

1 절대단위계와 중력단위계

단위계는 무엇을 기본 물리량으로 삼느냐에 따라 크게 절대단위계와 중력단위계로 구분된다.

(1) 절대단위계 (Absolute System of Units)

① 기본단위 : *☐, 길이, 시간

② 힘은 이들 기본단위로부터 유도됨

㉠ 뉴턴의 운동 제2법칙 F = ma를 통해 힘(N)을 유도함

질량

단위계	기본단위	유도단위 예시
MKS 절대단위계	길이(m), 질량(kg), 시간(s)	힘(N), 속도(m/s), 가속도(m/s^2)
CGS 절대단위계	길이(cm), 질량(g), 시간(s)	힘(dyne), 속도(cm/s), 가속도(cm/s^2)

(2) 중력단위계 (Gravitational System of Units)

① 기본단위 : *☐, 길이, 시간

힘

② 주로 중량단위(kg_f, g_f)를 기준으로 사용하며, 중력가속도 g의 값에 의존함

단위계	기본단위	유도단위 예시
MKS 중력단위계	길이(m), 힘(kg_f), 시간(s)	질량($kg_f \cdot s^2/m$), 압력(kg_f/m^2), 속도(m/s)
CGS 중력단위계	길이(cm), 힘(g_f), 시간(s)	질량($g_f \cdot s^2/cm$), 압력(g_f/cm^2), 속도(cm/s)

2 국제단위계(SI단위 : International System of Units)

(1) 국제적으로 통일시킨 단위체계

(2) SI 기본단위 7개

물리량	길이★	질량★	시간★	전류	온도	물질의 양	광도
기호	m	kg	s	A	K	mol	cd
이름	미터	킬로그램	초	암페어	켈빈	몰	칸델라

(3) SI 유도단위 중 주요단위 4개

유도량	힘★	압력★	일, 에너지, 열량★	일률, 동력★
기호	N	Pa	J	W
이름	뉴턴	파스칼	줄	와트

3 단위 접두어 ★★★

10^{12}	10^{9}	10^{6}	10^{3}	10
T (Tera)	1) ☐	2) ☐	3) ☐	D (Deca)
10^{-2}	10^{-3}	10^{-6}	10^{-9}	10^{-12}
4) ☐	5) ☐	μ (micro)	n (nano)	p (pico)

1) G (Giga)
2) M (Mega)
3) k (kilo)
4) c (centi)
5) m (milli)

4 질량과 중량

(1) 질량(Mass)

① 장소나 상태에 따라 달라지지 않는 물질의 고유한 양

② 단위 : kg_m 또는 *☐

kg

(2) 중량(Weight)

① 중력이 물체를 끌어당기는 힘의 크기

② 단위 : kg_f (kg중) 또는 *☐

N

③ $1\,[kg_f] = 9.8\,[N]\,(= kg \cdot m/s^2)$
$= 9.8 \times 10^5\,[dyne](= g \cdot cm/s^2)$

5 일량(W) ★

(1) 물체에 힘을 가했을 때 힘과 힘이 가해진 방향으로 움직인 거리를 곱한 물리량

W = 힘 × 거리 = $F \cdot S\,[N \cdot m = J]$

(2) 단위 : *☐

[J] (줄)

[W] (와트)

질량(M)

힘(F)

MLT^{-2}

FL^{-2}

6 동력(= 일률 : P) ★

(1) 단위시간당 행한 일량

$$P = \frac{\text{일량}}{\text{시간}} = \frac{F \cdot S}{t} \, [J/s = W]$$

(2) 단위 : *[ ]

02 차원

1 차원의 정의

1) 기본 물리량과의 관계를 기호로 표시한 것

2) 절대단위계(MLT 계)와 중력단위계(FLT 계)의 각각 기본단위의 조합

2 차원의 구분 ★★★

1) MLT 계 차원 : *[ ], 길이(L), 시간(T)을 기본차원으로 함

2) FLT 계 차원 : *[ ], 길이(L), 시간(T)을 기본차원으로 함

구분	질량	길이	시간	힘
단위	kg	m	s	N
기호	M	L	T	F

3) 각종 물리량의 차원

물리량＼차원	FLT계	MLT계	물리량＼차원	FLT계	MLT계
힘 ★	F	*[ ]	밀도 ★	FL^{-4}T^{2}	ML^{-3}
길이	L	L	운동량	FT	MLT^{-1}
질량	FL^{-1}T^{2}	M	회전력	FL	ML^{2}T^{-2}
시간	T	T	압력 ★	*[ ]	ML^{-1}T^{-2}
면적	L^{2}	L^{2}	동력 ★	FLT^{-1}	ML^{2}T^{-3}
속도	LT^{-1}	LT^{-1}	점성계수	FL^{-2}T	ML^{-1}T^{-1}
각속도	T^{-1}	T^{-1}	동점성계수	L^{2}T^{-1}	L^{2}T^{-1}
비중량	FL^{-3}	ML^{-2}T^{-2}	일, 에너지, 열량 ★	FL	ML^{2}T^{-2}

3 무차원수 ★★

1) 차원, 즉 단위가 없는 수
2) 어떠한 2가지 특성을 비교하여 그 정도를 숫자로 표시

구분	레이놀즈수 ★	프루드수	웨버수	오일러수	마하수
무차원수	*	$\frac{관성력}{중력}$	$\frac{관성력}{표면장력}$	$\frac{압축력}{관성력}$	$\frac{관성력}{탄성력}$

관성력 / 점성력

03 유체의 물리적 성질 ★★★

1 밀도(ρ)

1) 단위체적당 *
2) 계산식

$$밀도\ \rho[kg/m^3] = \frac{m}{V}$$

ρ : 밀도 [kg/m³]
m : 질량 [kg]
V : 체적 [m³]

기체의 밀도

$$\rho[kg/m^3] = \frac{PM}{RT}$$

P : 절대압력 [atm]
M : 분자량 [kg/kmol]
T : 절대온도 [K]
R : 기체상수 $[atm \cdot m^3/kmol \cdot K]$

3) 물의 밀도 : 1000 [kg/m³] = 1000 [N · s²/m⁴]

2 비체적(V_s)

1) 밀도의 역수로 단위질량당 *
2) 계산식

$$비체적\ V_s[m^3/kg] = \frac{V}{m} = \frac{1}{\rho}$$

V_s : 비체적 [m³/kg]
ρ : 밀도 [kg/m³]
m : 질량 [kg]
V : 체적 [m³]

질량

체적

중량

9800

1

변형

3 비중량(γ)

1) 단위체적당 *☐(= 무게 = 힘)
2) 계산식

$$비중량\ \gamma = \rho g = \frac{W}{V} = \frac{mg}{V}$$

γ : 비중량 [N/m^3, kg_f/m^3]
ρ : 밀도 [kg/m^3]
g : 중력가속도 [m/s^2]
W : 중량 [N, kg_f]
m : 질량 [kg]
V : 체적 [m^3]

3) 물의 비중량 : 1000 [kg_f/m^3] = *☐ [N/m^3]

4 비중(S)

1) 비중 $S = \dfrac{\text{어떤 물질의 비중량}(\gamma)}{4℃\text{에서 물의 비중량}(\gamma_w)} = \dfrac{\text{어떤 물질의 밀도}(\rho)}{4℃\text{에서 물의 밀도}(\rho_w)}$
2) 계산식

$$비중\ S = \frac{\gamma}{\gamma_w} = \frac{\rho}{\rho_w}$$

S : 비중 [무차원수]
ρ : 어떤 물질의 밀도 [kg/m^3]
ρ_w : 물의 밀도 [kg/m^3]
γ : 어떤 물질의 비중량 [N/m^3]
γ_w : 물의 비중량 [N/m^3]

3) 물의 비중 : *☐

04 유체

1 유체의 정의

1) 아무리 작은 외력(외부로부터 작용하는 전단력)이라도 저항하지 못하고 계속하여 *☐하는 물질
2) 물질의 상태인 고체, 액체, 기체 중 액체와 기체를 유체라고 함

2 유체의 분류 ★

1) 압축성에 따른 분류
   (1) 압축성 유체 : 압력 변화에 대하여 변수[밀도(ρ), 비중량(γ), 체적(V) 등]의 변화를 무시할 수 없는 유체, 즉 변하는 유체(기체)

(2) *[ ] 유체 : 압력 변화에 대하여 변수[밀도(ρ), 비중량(γ), 체적(V) 등]의 변화를 무시할 수 있는 유체, 즉 변하지 않는 유체(물)

비압축성

2) 점성의 유무에 따른 분류

(1) *[ ] 유체 : 점성을 갖고 있는 모든 유체

점성

(2) 비점성 유체 : 점성을 무시할 수 있는 유체

3) 점성 유체의 분류

(1) *[ ] 유체 : 뉴턴의 점성법칙을 만족하는 유체(물, 공기 등)

뉴턴

(2) 비뉴턴 유체 : 뉴턴의 점성법칙을 만족하지 않는 유체(플라스틱, 페인트, 치약 등)

4) 이상 유체와 실제 유체

(1) *[ ] 유체 : 점성이 없고 비압축성인 유체, 즉 비점성·비압축성인 유체

이상

(2) 실제 유체 : 점성이 있고 압축성인 유체, 즉 점성·압축성 유체

3 체적탄성계수(K) ★★

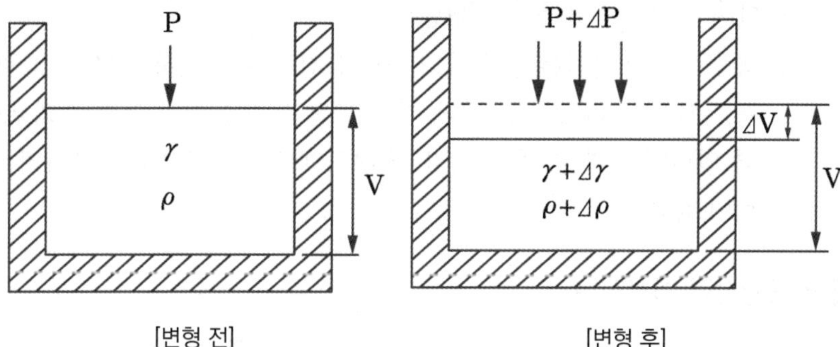

[변형 전] [변형 후]

1) *[ ]에 대한 압력변화

체적변화율

2) 비압축성의 척도로 체적탄성계수(K)가 클수록 압축이 어려움

3) 계산식

$$K[N/m^2] = \frac{\Delta P}{-\frac{\Delta V}{V}} = \frac{\Delta P}{\frac{\Delta \gamma}{\gamma}} = \frac{\Delta P}{\frac{\Delta \rho}{\rho}}$$

K : 체적탄성계수 [Pa]

ΔP : 압력차 [Pa]

$-\frac{\Delta V}{V}$: 체적변화율

4) 특징

(1) *[ ]의 차원과 동일

압력

(2) 체적탄성계수와 압축률은 *[ ] 관계

반비례

(3) 액체 속에서 등온변화 취급을 하므로 체적탄성계수(K)는 절대압력(P)과 같은 값

4 압축률(β)

1) 체적탄성계수(K)의 역수, 즉 압력변화에 대한 체적변화율
2) 압축성의 척도로 압축률(β)이 클수록 압축이 용이
3) 계산식

$$압축률\ \beta\,[m^2/N] = \frac{1}{K} = \frac{-\frac{\Delta V}{V}}{\Delta P}$$

β : 압축률 [m^2/N]
K : 체적탄성계수 [Pa]
ΔP : 압력차 [Pa]
$-\frac{\Delta V}{V}$: 체적변화율

05 표면장력과 모세관 현상

1 표면장력 정의

N/m

1) 단위 길이당 작용하는 장력(단위 : * □)
2) 액체 내부의 분자는 분자 간의 인력(응집력)으로 인하여 평형상태에 있음. 그러나 자유표면(액체와 기체가 접한 경계면)의 분자는 외부로부터 인력(응집력)을 받지 않기 때문에 액체의 안쪽으로 수축하려는 장력이 작용

2 표면장력 계산식 ★

$$표면장력\ \sigma = \frac{\Delta P d}{4}\,[N/m]$$

$$\left(\begin{array}{l}비눗방울의\ 표면장력 \\ \sigma = \frac{\Delta P d}{8}[N/m]\end{array}\right)$$

σ : 표면장력 [N/m]
ΔP : 물방울 내부와 외부의 압력차 [N/m^2]
($\Delta P = P - P_0$ = 내부초과압력)
d : 지름 [m]

3 표면장력 특성 ★

감소

증가

1) 온도상승 : 분자 간 응집력 감소에 의한 표면장력 * □
2) 온도저하 : 분자 간 응집력 증가에 의한 표면장력 * □

4 모세관 현상의 정의 ★

1) 액체 속에 가는 관을 세우면 관 내 액체가 관을 따라 상승하거나 하강하는 현상

2) 응집력 < 부착력 → 모세관 내 액면 1) [ ](물)
응집력 > 부착력 → 모세관 내 액면 2) [ ](수은)

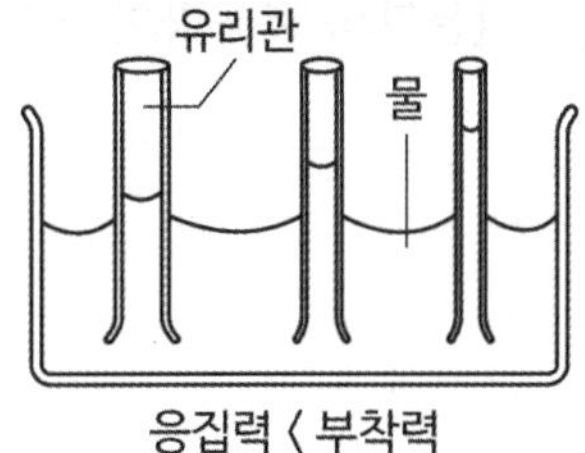

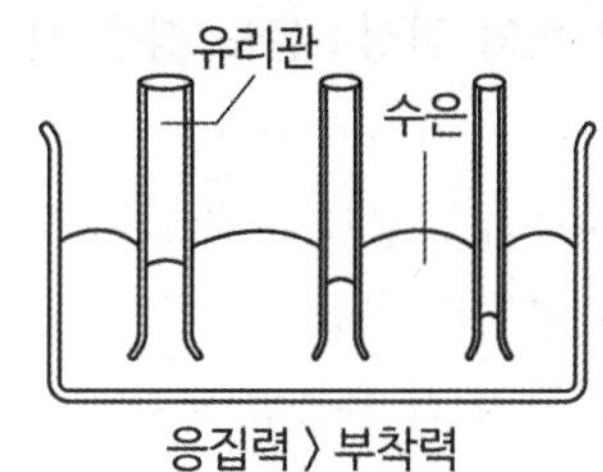

> 1) 상승
> 2) 하강

5 모세관 현상 계산식 ★★

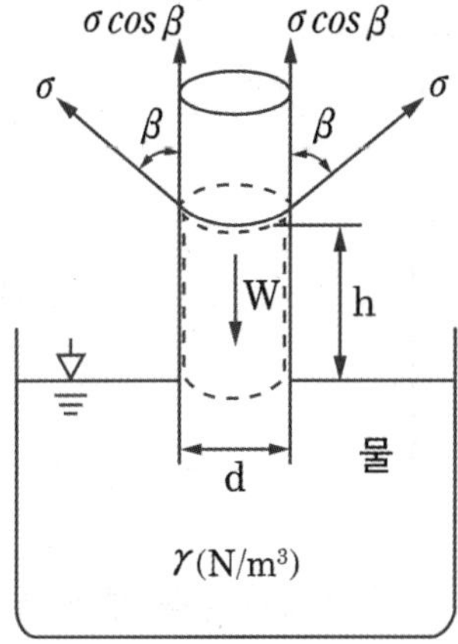

$$\text{상승높이 } h = \frac{4\sigma\cos\beta}{\gamma d}\ [m]$$

h : 액면 상승높이 [m]
σ : 표면장력 [N/m]
β : 액면 접촉각 [°]
γ : 액체의 비중량 [N/m^3]
d : 관의 * [ ] [m]
W : 무게[N]

> 내경

6 모세관 현상 특성

1) 관 내에서 '표면장력에 의한 수직분력'과 '상승한 액체의 중량'이 평형을 이룸
2) 관이 경사가 지더라도 액면 상승높이는 변함이 없음

06 점성

1 점성의 정의

1) 유체가 유동할 때 서로 인접하고 있는 층 사이에 상대운동이 생김
이때 두 개의 층 사이에 상대운동을 방해하는 유체마찰이 생기는데, 이러한 유체마찰(전단저항)이 생기는 유체의 성질

감소

증가

2) 액체의 점성 : 온도 상승 시 점도 *☐(액체 분자의 응집력이 감소하기 때문)
기체의 점성 : 온도 상승 시 점도 *☐(분자의 운동량이 온도 상승에 따라 증가하기 때문)

3) 유체의 점성과 관계 있는 것
(1) 분자의 운동
(2) 분자 간 운동량 교환
(3) 분자의 응집력

2 뉴턴의 점성법칙 ★★

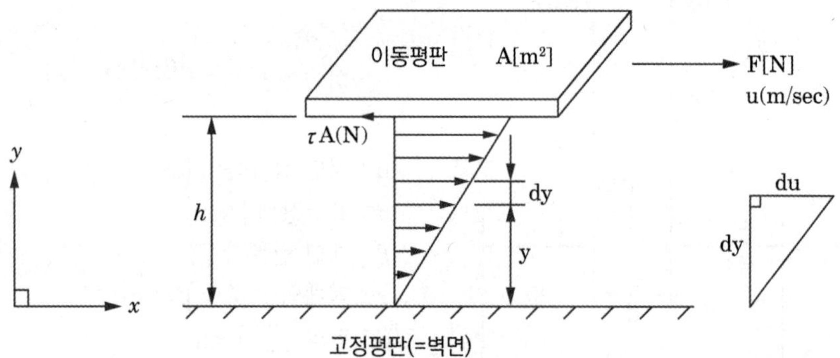

비례

반비례

1) 위 그림과 같이 평행한 두 평판 사이에 점성 유체가 있을 때 상부평판을 일정한 속도 u로 이동시킬 때 필요한 힘 F는 상부에 있는 이동평판의 면적 A와 이동속도 u에는 *☐하고, 두 평판(상부, 하부) 사이의 수직거리 h에는 *☐함($F \propto \dfrac{uA}{h}$)

2) 상부에 있는 이동평판과 접촉하고 있는 유체의 속도는 u의 값을 가짐
하부에 있는 고정평판과 접촉하고 있는 유체의 속도는 0과 같음
따라서 고정평판 쪽에서 이동평판 쪽으로 속도분포는 선형적인(직선적인) 변화를 함

3 전단응력(τ) ★★★

1) 전단응력 계산식

$$\text{전단응력 } \tau[N/m^2] = \mu \frac{du}{dy}$$

τ : 전단응력 [N/m^2]
μ : 점성계수 [$N \cdot s/m^2$]
$\dfrac{du}{dy}$: 속도구배
(속도구배 = 전단변형률 = 각변형률 = 속도기울기)

2) 유체 내에 발생하는 전단응력(τ) : 유체의 속도구배($\frac{du}{dy}$)에 비례

3) 층류에서 전단응력(τ)의 크기 : 벽면 > 중앙

4) 벽면의 속도기울기($\frac{du}{dy}$) : 난류 > 층류

4 점성계수(μ) ★

1) 유체의 끈끈한 정도를 나타내는 계수

2) 점성계수 계산식

점성계수

$$\mu[N \cdot s/m^2] = \frac{\tau}{du/dy}$$

μ : 점성계수 [kg/m · s, $N \cdot s/m^2$]
ρ : 밀도 [kg/m³]

3) $1\,[N \cdot s/m^2] = 1\,[N \cdot s/m^2] \times \frac{10^5\,[dyne]}{1\,[N]} \times \frac{1\,[m^2]}{10^4\,[cm^2]}$

$= 10\,[dyne \cdot s/cm^2] =$ *☐ $[poise]$

즉, $1\,[poise] = 1\,[dyne \cdot s/cm^2] = 1\,[g/cm \cdot s] = \frac{1}{10}\,[N \cdot s/m^2]$

4) 단위

구분	MKS	CGS
MLT 계	*☐	g/cm · s (= poise)
FLT 계	N · s/m²	dyne · s/cm²

5 동점성계수(ν) ★

1) 점성계수를 유체의 *☐로 나눈 것

2) 동점성계수 계산식

$$\text{동점성계수}\ \nu[m^2/s] = \frac{\mu}{\rho}$$

ν : 동점성계수 [m²/s]
μ : 점성계수 [kg/m · s]
ρ : 밀도 [kg/m³]

3) $1\,[m^2/s] = 10^4\,[cm^2/s] = 10^4\,[stokes]$

즉, $1\,[stokes] =$ *☐ $[cm^2/s]$

4) 단위

구분	MKS	CGS
MLT 계	m²/s	cm²/s (= stokes)
FLT 계	m²/s	cm²/s

10

kg/m · s

밀도

1

스토머(Stomer)

스토크스

오스왈트(Ostwald)

세이볼트(Saybolt)

07 점도의 측정 ★★

구분	측정원리	점도계 종류	특징
뉴턴의 점성법칙	회전원통법	• * ☐ 점도계 • 맥미셸(Macmichael) 점도계	
* ☐ 법칙	낙구법	• 낙구식 점도계	• 점성계수(μ) $\propto \frac{1}{\text{낙구의 속도}(V)}$
하겐 포아젤의 법칙	세관법	• * ☐ 점도계 • * ☐ 점도계 • 앵글러(Engler)점도계 • 바베이(Barbey)점도계 • 레드우드(Redwood)점도계	

08 이상기체

1 보일-샤를의 법칙 ★★

온도

1) 보일의 법칙

기체의 * ☐ 가 일정할 때 기체의 체적은 절대압력에 반비례

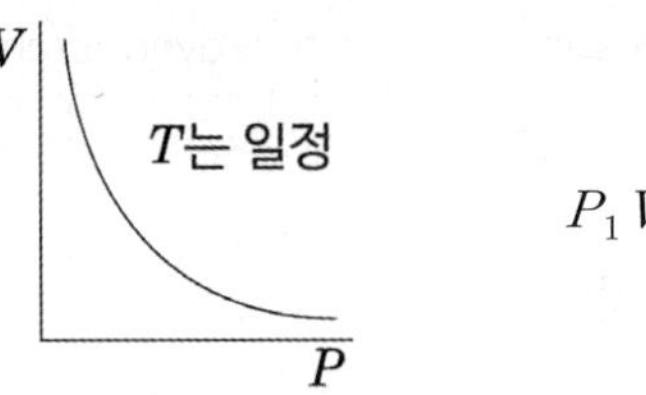

$$P_1 V_1 = P_2 V_2$$

압력

2) 샤를의 법칙

기체의 * ☐ 이 일정할 때 기체의 체적은 절대온도에 비례

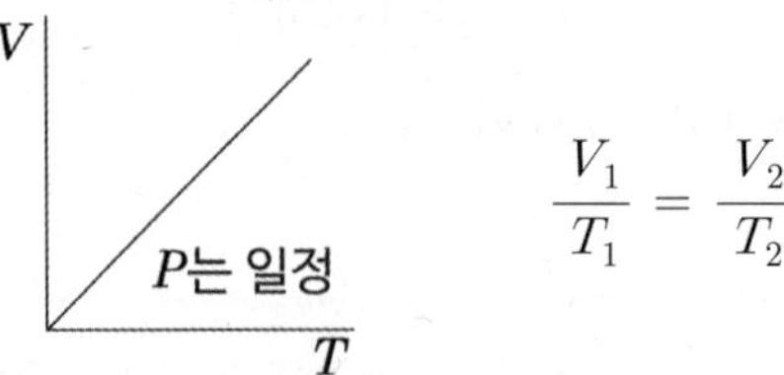

$$\frac{V_1}{T_1} = \frac{V_2}{T_2}$$

3) 보일 - 샤를의 법칙

기체의 체적은 절대압력에 1) ☐하고, 절대온도에 2) ☐

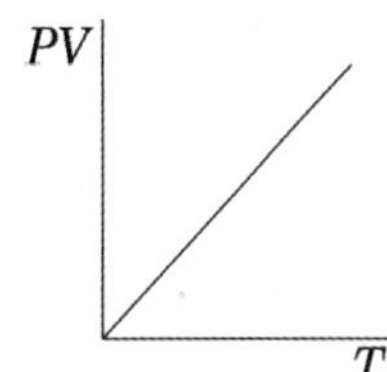

$$\frac{P_1 V_1}{T_1} = \frac{P_2 V_2}{T_2}$$

P : 절대압력
V : 부피
T : 절대온도 [K]

1) 반비례
2) 비례

2 아보가드로의 법칙 ★

1) 기체는 온도(T)와 압력(P)이 같을 때 같은 부피 속에 같은 수의 분자 수를 포함하며, 기체의 종류와 무관함. 즉, 이상 기체의 부피(V)는 기체 몰 수(n)에 비례함($V \propto n$)
2) 0 [℃], 1 [atm]에서 이상 기체 * ☐ [L] 속에는 6.02×10^{23}개의 분자 수(1 [mol])가 존재함

22.4

3 이상기체의 가정

1) 기체분자가 차지하는 * ☐는 무시
2) 기체분자들은 무질서한 운동
3) 기체분자 상호 간 인력과 반발력 무시(작용하는 힘이 없다)
4) 분자들이 충돌할 때 완전 탄성충돌
5) 분자의 평균 운동에너지는 절대온도에 비례

부피

09 이상기체 상태방정식 ★★★

1 계산식

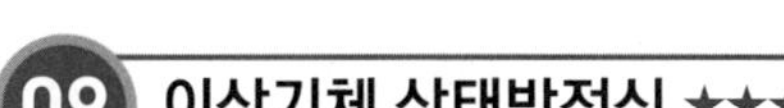

$$PV = nRT = \frac{W}{M}RT$$

P : 절대압력 [kPa]
V : 부피 [m^3]
W : 질량 [kg]
n : 몰수 [kmol]
T : 절대온도 [K]
M : 분자량 [kg/kmol]
R : 일반기체상수 [kPa · m^3/kmol · K]
= [kJ/kmol · K]

2 기체상수에 따른 방정식 적용

1) 압축성 인자(Z)가 없는 경우

$$PV = W\overline{R}T$$
$$PV = \frac{W}{M}RT$$
$$= W\left(\frac{R}{M}\right)T = W\overline{R}T$$

P : 절대압력 [kPa]
V : 부피 [m^3]
W : 질량 [kg]
R : 일반기체상수 [kPa·m^3/kmol·K]
= [kJ/kmol·K]
$\overline{R}$: 특정기체상수 [kPa·m^3/kg·K]
= [kJ/kg·K]
T : 절대온도 [K]

2) 압축성 인자(Z)가 있는 경우

$$PV = W\overline{R}TZ$$

P : 절대압력 [kPa]
V : 부피 [m^3]
W : 질량 [kg]
$\overline{R}$: 특정기체상수 [kPa·m^3/kg·K]
= [kJ/kg·K]
T : 절대온도 [K]
Z : 압축성인자

3 이상기체의 변화

구분	내용
정압과정	V/T = 일정
*	P/T = 일정
등온과정	PV = 일정
*	PV^k = 일정
폴리트로픽과정	PV^n = 일정

정적과정

단열과정

CHAPTER 02 정수역학

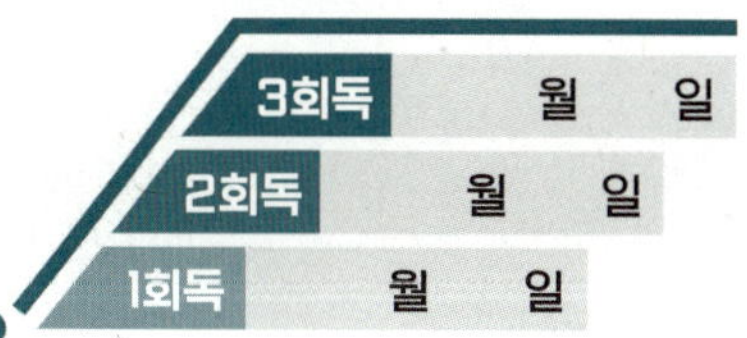

01 정수역학의 개념과 압력

1 정지유체의 기본성질

1) 정지유체 내의 압력은 모든 면에 *☐으로 작용

2) 정지된 유체 속 임의의 한 점에 작용하는 압력의 크기는 모든 방향에서 동일

3) 밀폐된 용기 내 유체에 압력을 가하면 이 압력은 모든 방향에서 *☐ 크기로 전달(파스칼의 원리) ★

4) 개방된 용기 내 유체의 압력(P)은 유체의 깊이(h)와 비중량(γ), 밀도(ρ)에 비례

$P=\gamma h=\rho gh$ ★

5) 정지된 유체의 동일 수평면상의 압력은 동일(액주계의 원리) ★

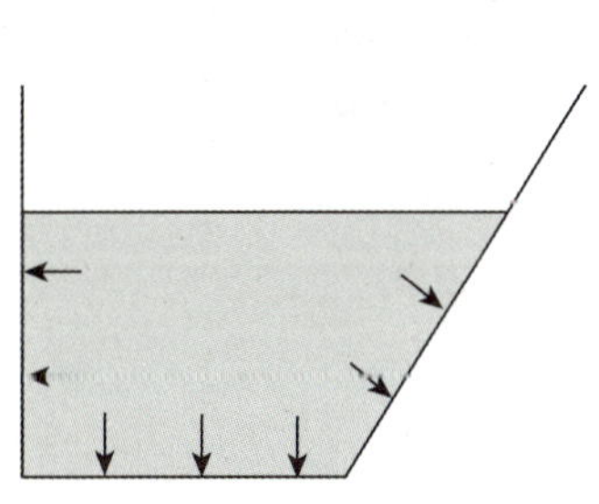

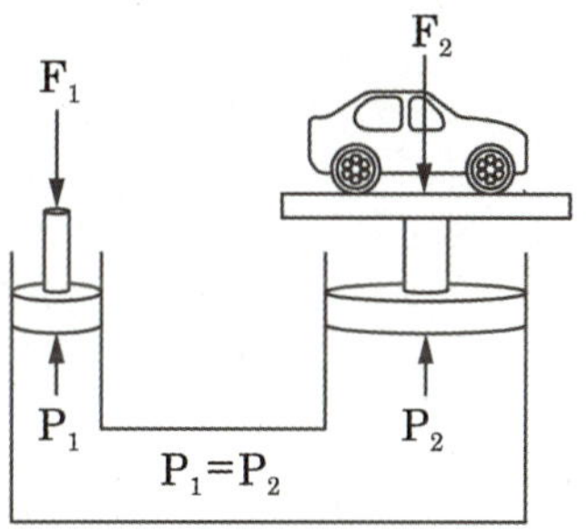

2 파스칼의 원리 ★★★

1) 밀폐된 용기 내 유체에 압력을 가하면 이 압력은 모든 방향에서 같은 크기로 전달

2) 작용하는 힘은 1)☐에 비례($F\propto A$)하고, 피스톤 직경의 2)☐에 비례($F\propto D^2$)

수직

같은

1) 면적
2) 제곱

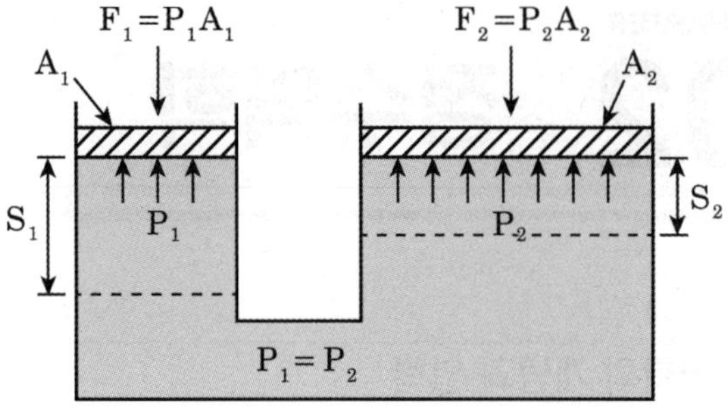

$F_1=P_1A_1$　　$F_2=P_2A_2$

$$P_1 = P_2 \;\Rightarrow\; \frac{F_1}{A_1} = \frac{F_2}{A_2}$$

$$\therefore F_1 = F_2 \times \left(\frac{A_1}{A_2}\right) = F_2 \times \left(\frac{D_1^2}{D_2^2}\right)$$

$$F_2 = F_1 \times \left(\frac{A_2}{A_1}\right) = F_1 \times \left(\frac{D_2^2}{D_1^2}\right)$$

1) 체적
2) 일

3) 각 피스톤의 이동거리를 S_1, S_2라고 하면 각 실린더에서의 유체의 이동량은 같아야 하므로 1) ☐은 동일함. 따라서 각 피스톤이 하는 2) ☐도 동일함

$$A_1 \times S_1 = A_2 \times S_2, \quad \frac{F_1}{A_1} = \frac{F_2}{A_2} \;\Rightarrow$$

$$F_2 = F_1 \times \left(\frac{A_2}{A_1}\right) = F_1 \times \left(\frac{S_1}{S_2}\right)$$

$$\therefore F_1 \times S_1 = F_2 \times S_2$$

02 압력 ★★★

1 압력의 정의

면적

1) 단위 ☐당 작용하는 힘
2) 정지유체 속에서는 위치의 고저에 따라 압력이 변함
(아래로 갈수록 압력이 증가, 위로 갈수록 압력이 감소)

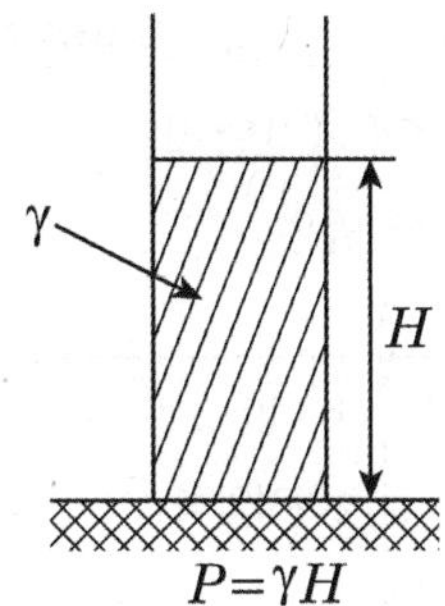

2 계산식

$$압력\ P[Pa] = \gamma H = \rho g H = S \cdot \gamma_w \cdot H$$

P : 게이지압력 [Pa]
γ : 비중량 [N/m³]
H : 높이 [m]
ρ : 밀도 [kg/m³]
S : 비중
g : 중력가속도 [9.8m/s²]
γ_w : 물의 비중량 [N/m³]

3 대기압의 구분

대기압이란 지구를 둘러싼 공기(대기)에 의하여 누르는 압력으로, 기압계로 측정한 압력

1) * [ ] : 해발고도가 0인 해면에서 국소대기압의 평균치
2) 국소대기압 : 표준대기압을 제외한 모든 임의의 대기압(지구의 위도에 따라 변함)

표준대기압

4 표준대기압

1 [atm] = 1) [ ] [mmHg] = 76 [cmHg]
= 2) [ ] [mAq] = 10332 [mmAq]
= 101325 [Pa] = 3) [ ] [kPa] = 0.101325 [MPa] (Pa = [N/m²])
= 1.01325 [bar] = 1013.25 [mbar] (1 [bar] = 10^5 [Pa])
= 1.0332 [kg_f/cm^2] = 10332 [kg_f/m^2]
= 14.7 [psi]

1) 760
2) 10.332
3) 101.325

5 게이지압력, 진공압, 절대압력

1) 게이지압력(= 계기압력) : 압력계로 측정한 압력으로 * [ ]을 기준으로 그 이상의 압력
2) 진공압(= 진공게이지압) : 진공계로 측정한 압력으로 * [ ]을 기준으로 그 이하의 압력

대기압

대기압

완전진공

3) 절대압력 : *[ ]을 기준으로 측정한 압력

(1) 절대압력 = 대기압 + 게이지압력

(2) 절대압력 = 대기압 - 진공압

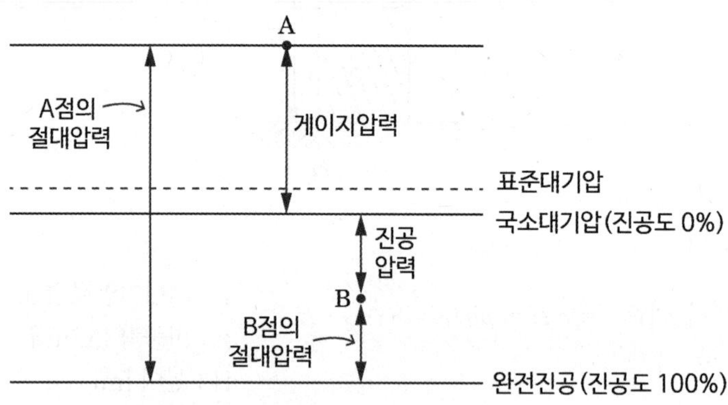

[절대압력과 게이지압력]

03 액주계(Manometer)

1 액주계의 원리

1) 압력은 위에서 아래로 작용

2) 동일 수평면상의 압력은 동일

대기압

3) *[ ]은 무시(문제에 주어지면 더해줌)

2 단순액주계(피에조미터) ★★★

탱크나 용기 속에 있는 유체의 압력을 측정하는 계기

1) 피에조미터(그림 (a)에서 A점의 계기압력)

$\gamma \cdot h$

$$P_A = [\quad]$$

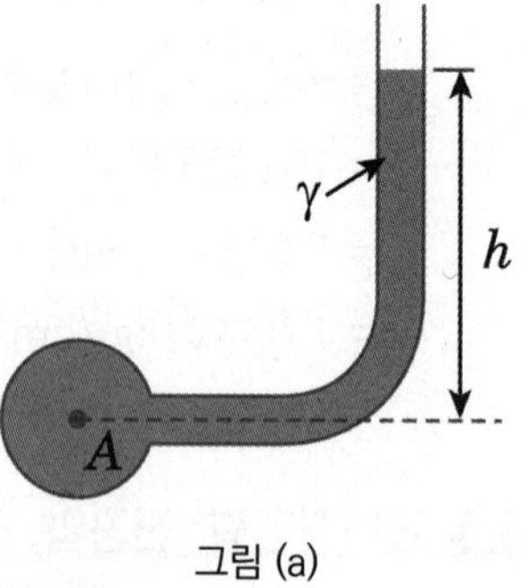

그림 (a)

2) 경사액주계(그림 (b)에서 A점의 계기압력)

$$P_A = \gamma \cdot h = \gamma \cdot (\ell \cdot \sin\theta)$$

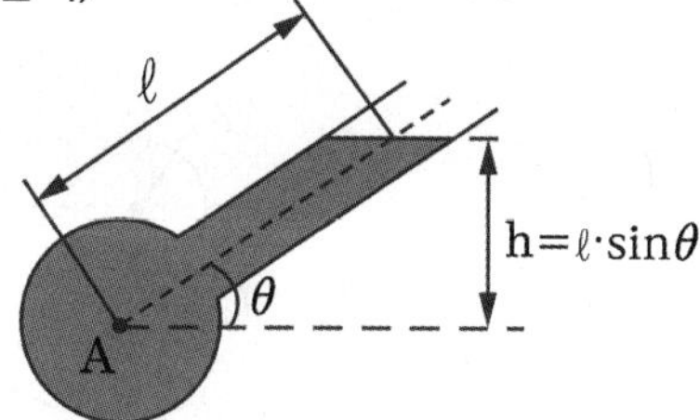

그림 (b)

3) U자형 액주계(그림 (c)에서 A점의 계기압력)

$P_B = \square$

$P_B = P_A + \gamma_1 h_1,\ P_C = \gamma_2 \cdot h_2$

$P_A + \gamma_1 h_1 = \gamma_2 \cdot h_2$

$P_A = \gamma_2 h_2 - \gamma_1 h_1$

$\quad = \rho_2 g h_2 - \rho_1 g h_1$

$\quad = S_2 \gamma_w h_2 - S_1 \gamma_w h_1$

P_C

P : 압력 [Pa]
γ : 비중량 [N/m^3]
h : 유체의 높이 [m]
ρ : 유체의 밀도 [kg/m^3]

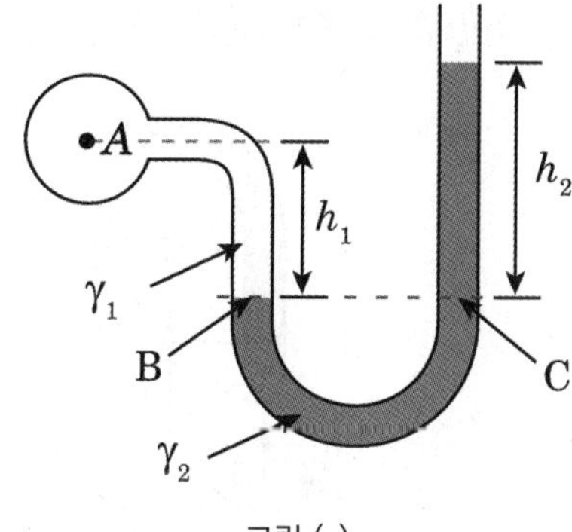

그림 (c)

3 시차액주계(차압액주계) ★★★

두 개의 탱크나 관 속에 있는 유체의 압력차를 측정하는 계기

1) U자형 시차액주계(그림 (a)에서 A점과 B점의 압력차)

$P_C = \square$

$P_C = P_A + \gamma_1 h_1,$

$P_D = P_B + \gamma_3 h_3 + \gamma_2 h_2$

$P_A + \gamma_1 h_1 = P_B + \gamma_3 h_3 + \gamma_2 h_2$

$P_A - P_B = \gamma_3 h_3 + \gamma_2 h_2 - \gamma_1 h_1$

P_D

P : 압력 [Pa]
γ : 비중량 [N/m^3]
h : 유체의 높이 [m]

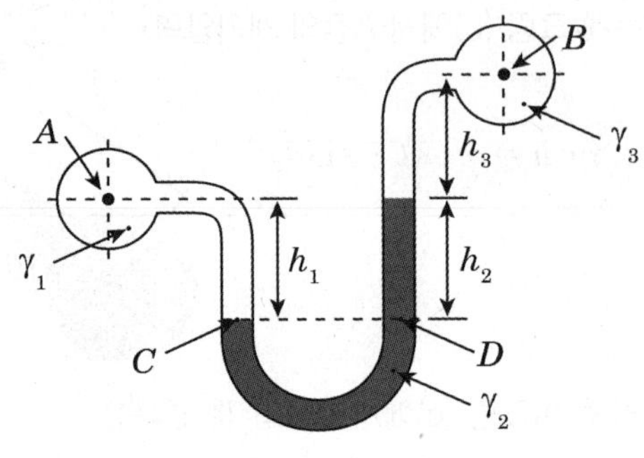

그림 (a)

2) 역U자형 시차액주계(그림 (b)에서 A점과 B점의 압력차)

$$P_C = P_D$$
$$P_C = P_A - \gamma_1 h_1 - \gamma_2 h_2,$$
$$P_D = P_B - \square$$
$$P_A - \gamma_1 h_1 - \gamma_2 h_2 = P_B - \gamma_3 h_3$$
$$P_A - P_B = \gamma_1 h_1 + \gamma_2 h_2 - \gamma_3 h_3$$

P : 압력 [Pa]
γ : 비중량 [N/m³]
h : 유체의 높이 [m]

답 $\gamma_3 h_3$

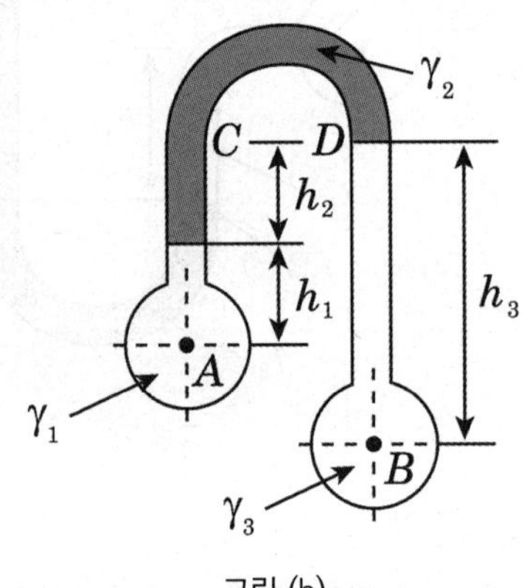

그림 (b)

3) 벤츄리미터(그림 (c)에서 A점과 B점의 압력차)

$$P_C = P_D$$
$$P_C = P_A + \gamma_1 (k + h)$$
$$= P_A + \gamma_1 k + \gamma_1 h$$
$$P_D = P_B + \gamma_1 k + \gamma_2 h$$
$$P_A + \gamma_1 k + \gamma_1 h = P_B + \gamma_1 k + \gamma_2 h$$
$$P_A - P_B = \gamma_2 h - \gamma_1 h$$
$$= \square h$$

P : 압력 [Pa]
γ_1 : 배관 내 유체 비중량 [N/m³]
γ_2 : U자관 내 유체 비중량 [N/m³]
h, k : 유체의 높이 [m]

답 $(\gamma_2 - \gamma_1)$

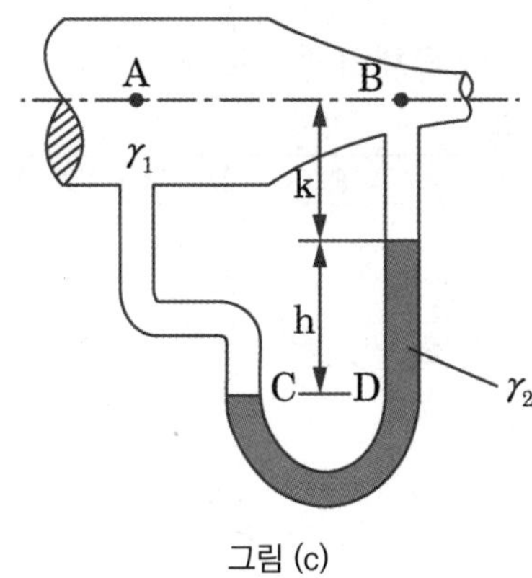

그림 (c)

04 평면에 작용하는 유체의 전압력(힘)

1 유체의 전압력(= 정수력)

유체에 잠겨 있는 면에 작용하는 정압에 의한 힘

2 수평면에 작용하는 유체의 전압력 ★★★

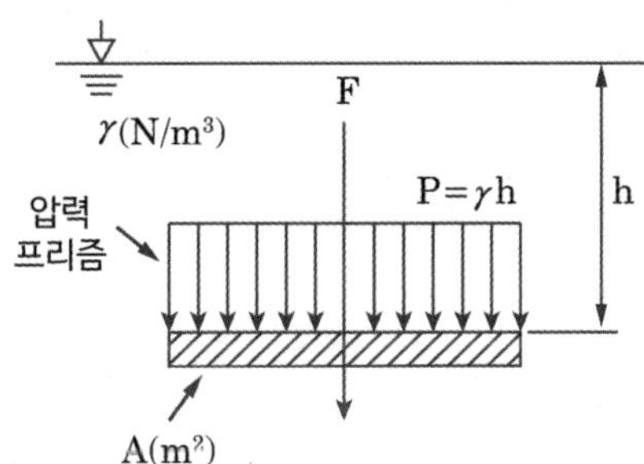

[수평면에 작용하는 유체의 전압력]

1) 전압력의 크기

$$전압력\ F[N] = PA = {}^{*}\square = \rho g h A = S\gamma_w h A$$

2) 작용점의 위치

(1) 전압력의 작용점(= * □)

(2) 전압력은 압력프리즘의 도심점에 위치함

→ $\gamma h A$

→ 압력 중심

3 경사면에 작용하는 유체의 전압력 ★

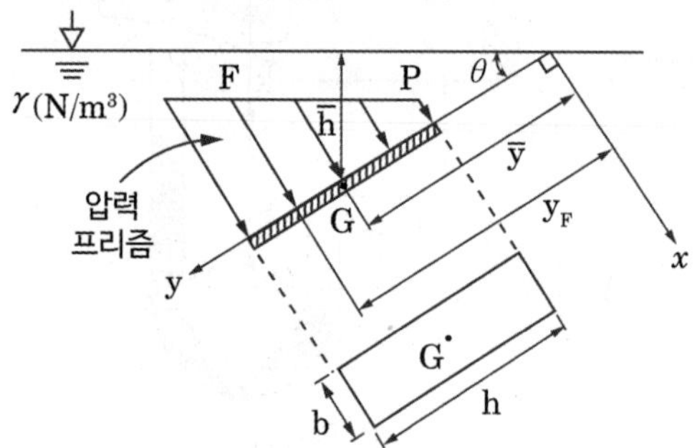

[경사면에 작용하는 유체의 전압력]

1) 전압력의 크기

> 전압력 $F[N]$ = 평판의 도심점에 작용하는 압력$(\gamma\overline{h})$ × 평판의 단면적(A)
> $= \gamma\overline{h}A = \gamma(\overline{y} \cdot \sin\theta)A$

※ 만약 $\theta = 90°$라면 $\gamma\overline{h}A = \gamma\overline{y}A$ ($\because\ \overline{h} = \overline{y}$)

2) 작용점의 위치(압력 중심) : y_F

> 작용점의 위치 $y_F = \overline{y} + \dfrac{I_G}{A \times \overline{y}}$ (단, I_G : 도심축의 단면2차 모멘트)

※ 도심축의 단면2차 모멘트 : I_G

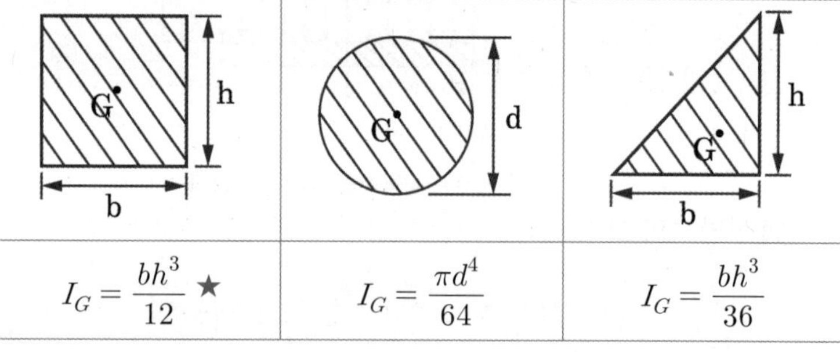

$I_G = \dfrac{bh^3}{12}$ ★	$I_G = \dfrac{\pi d^4}{64}$	$I_G = \dfrac{bh^3}{36}$

05 곡면에 작용하는 전압력(힘) ★★★

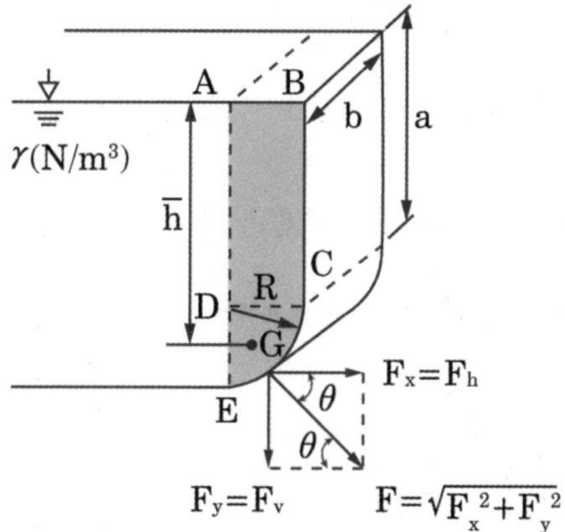

1 수평분력

곡면을 수평으로 투영했을 때 생기는 투영면의 *[ ] 압력($\gamma\bar{h}$) × 투영면적(A)

$$수평분력\ F_h = \gamma \bar{h} A = \gamma\left(a + \frac{R}{2}\right)A$$

F_h : 수평분력 [N]
γ : 비중량 [N/m³]
h : 투영면의 도심점까지 높이 [m]
A : 투영면적 [m²]
a : 곡면상부의 높이 [m]
R : 곡면의 반지름 [m]

→ 도심점

2 수직분력

곡면의 연직상방향에 실린 *[ ]의 무게

※ 곡면의 연직상방향에 액체가 실려 있지 않다면 곡면 위에 실려 있는 가상의 액체 무게와 같게 봄

수직분력

$$F_v = \gamma V = \gamma(V_{ABCD} + V_{CDE}) = \gamma\left(Rab + \frac{\pi}{4}R^2 b\right)$$

F_v : 수직분력 [N]
γ : 비중량 [N/m³]
V : 곡면 연직상방향의 체적 [m³]
R : 곡면의 반지름 [m]
a : 곡면상부의 높이 [m]
b : 곡면의 폭 [m]

→ 액체

06 부력 F_B

부피

1 부력의 정의

1) 정지한 유체 속에 잠겨 있거나 떠 있는 물체가 유체로부터 받는 수직상 방의 힘
2) 물체가 밀어낸 *☐만큼의 액체 무게

2 유체 위에 떠 있는 경우의 부력 ★★★

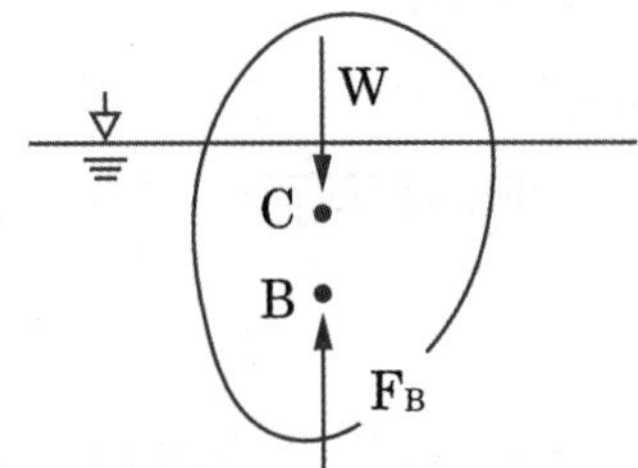

여기서,
C : 무게 중심점
B : 부력 중심점

공기

① F_B(부력) = W(공기 중에서 물체의 무게)
② $\gamma_{유체} \times V_{잠긴} = \gamma_{물체} \times V_{전체}$
③ $S_{유체} \times \gamma_w \times V_{잠긴} = S_{물체} \times \gamma_w \times V_{전체}$
④ $S_{유체} \times V_{잠긴} = S_{물체} \times V_{전체}$

F_B : 부력 [N]
W : *☐ 중에서 물체의 무게 [N]
γ : 비중량 [N/m^3]
γ_w : 물의 비중량 [N/m^3]
V : 체적 [m^3]

3 유체 속에 잠긴 경우의 부력 ★★★

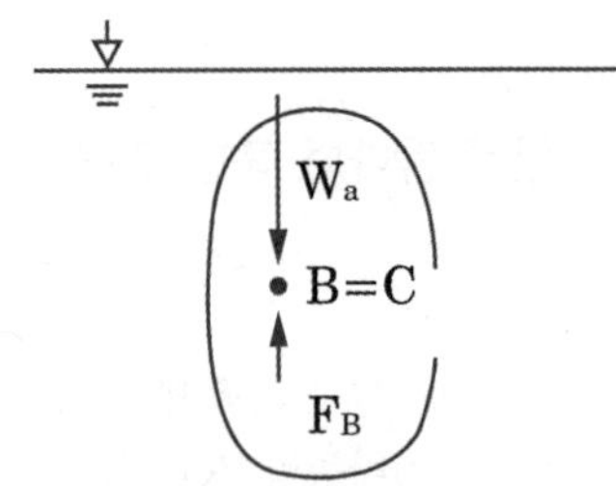

여기서,
C : 무게 중심점
B : 부력 중심점

1) 공기
2) 유체

① F_B(부력) = $W_a - W$
② $\gamma_{유체} \times V_{전체} = W_a - W$

F_B : 부력 [N]
W_a : 1) ☐ 중에서 물체의 무게 [N]
W : 2) ☐ 속에서 물체의 무게 [N]
γ : 비중량 [N/m^3]
V : 물체의 잠긴 체적(= 전체 체적) [m^3]

CHAPTER 03 동수역학

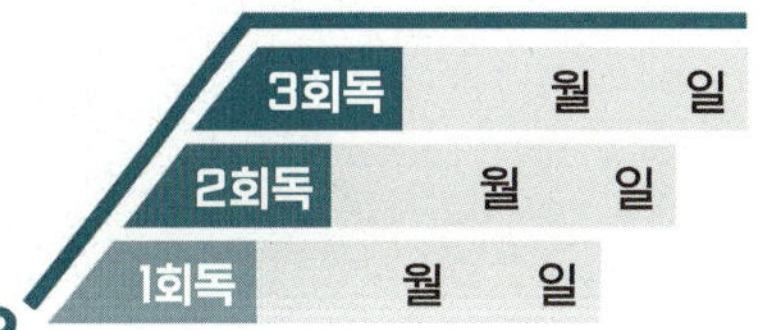

01 유체의 유동

1 유동의 상태 ★★★

1) * [ ] : 유체특성[압력(P), 속도(V), 밀도(ρ), 온도(T)]이 유동장 내의 임의의 한 점에서 시간의 변화에 따라 변화하지 않는 흐름
2) 비정상류 : 유체특성[압력(P), 속도(V), 밀도(ρ), 온도(T)]이 유동장 내의 임의의 한 점에서 시간의 변화에 따라 변화하는 흐름

정상류

2 유선, 유관, 유적선, 유맥선의 정의 ★★★

1) * [ ] : 유동장 내에서 유체 입자가 곡선을 따라 움직인다고 할 때 그 곡선이 갖는 접선과 유체입자의 속도벡터 방향이 일치하도록 운동 해석을 할 때의 그 가상 곡선을 유선이라 함. 하나의 유선은 다른 유선과 교차하지 않음
2) 유관 : 유선으로 이루어진 관(= 유선관)
   유동장 속에서 폐곡선을 통과하는 유선들에 의해 형성된 공간
3) 유적선 : 한 유체입자가 일정한 기간 내에 이동한 경로(궤적, 사취, 흔적)
4) 유맥선 : 공간 내의 한 점을 지나는 모든 유체입자들의 순간궤적
   예) 담배연기
5) 정상류 흐름에서 1) [ ], 2) [ ], 3) [ ]이 일치함

유선

1) 유선
2) 유적선
3) 유맥선

02 연속방정식

1 연속방정식 ★★★

1) 관로나 수로와 같은 유동장에 흐르는 유체에 *[　　　]의 법칙을 적용시켜 얻은 방정식

질량보존

2) 어느 위치에서나 유입질량과 유출질량이 같으므로 일정한 관 내에 축적된 질량은 유속과 무관하게 일정

유관 또는 관로

A_1　V_1　ρ_1　A_2　V_2　ρ_2

$\rho_1 A_1 V_1 = \rho_2 A_2 V_2$

단면①　단면②

2 1차원 연속방정식 ★★★

1) 질량유량($\dot{M}$) : 단위시간당 통과한 유체의 *[　　]

질량

$$\dot{M}[kg/s] = \rho A V = \rho \cdot \dot{Q}$$

$\dot{M}$: 질량유량 [kg/s]
ρ : 밀도 [kg/m³]
A : 단면적 [m²]
V : 유속 [m/s]

여기서 ① ~ ② 단면에 적용 시 $\rho_1 A_1 V_1 = \rho_2 A_2 V_2$

2) 중량유량($\dot{G}$) : 단위시간당 통과한 유체의 *[　　]

중량

$$\dot{G}[N/s, kg_f/s] = \gamma A V = \gamma \cdot \dot{Q}$$

$\dot{G}$: 중량유량 [N/s , kg_f/s]
γ : 비중량 [N/m³, kg_f/m³]
A : 단면적 [m²]
V : 유속 [m/s]

여기서 ① ~ ② 단면에 적용 시 $\gamma_1 A_1 V_1 = \gamma_2 A_2 V_2$

3) 체적유량($\dot{Q}$) : 단위시간당 통과한 유체의 *[　　]

체적

$$\dot{Q}[m^3/s] = A V$$

$\dot{Q}$: 체적유량 [m³/s]
A : 단면적 [m²]
V : 유속 [m/s]

여기서 비압축성 유동을 가정한다면

$\rho_1 = \rho_2$, $\gamma_1 = \gamma_2$이므로 ① ~ ② 단면에 적용 시 $A_1 V_1 = A_2 V_2$

03 연속방정식의 응용

1 옥내소화전 방수량 ★★★

$$Q[L/min] = {}^{*}\square \times D^2 \times \sqrt{P}$$

Q : 방수량 [L/min]
D : 구경 [mm]
P : 방수압 [MPa]

2.086

2 분사헤드 방수량 ★★★

$$Q[L/min] = K\sqrt{10P}$$

Q : 스프링클러헤드 방수량 [L/min]
K : 방출계수
P : 방수압 [MPa]

04 베르누이방정식 ★★★

1 베르누이방정식 개념

1) 오일러의 운동방정식을 유선 전체에 대하여 적분하여 얻은 식
2) 베르누이방정식은 유체역학에서의 * ☐ 의 법칙
즉, 배관 내 모든 위치에서 일정한 에너지를 가짐

에너지보존

2 베르누이방정식 전제조건

1) 유체입자는 * ☐ 을 따라 흐름
2) * ☐
3) 비점성 유체(유체입자는 마찰이 없다)
4) * ☐ 유체

유선
정상류
비압축성

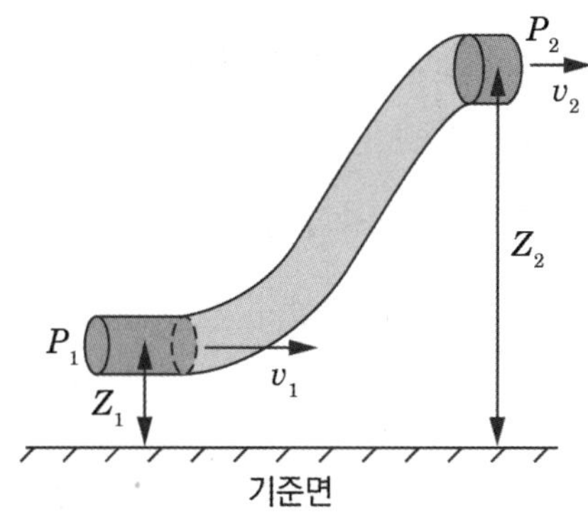

3 계산식

1) 베르누이방정식

$$\frac{P_1}{\gamma}+\frac{V_1^2}{2g}+Z_1=\frac{P_2}{\gamma}+\frac{V_2^2}{2g}+Z_2$$

$$\text{즉, } H=\frac{P}{\gamma}+\frac{V^2}{2g}+Z=const$$

P_1, P_2 : 압력 [N/m²]
γ : 비중량 [N/m³]
V_1, V_2 : 유속 [m/s]
g : 중력가속도 [m/s²]
Z_1, Z_2 : 위치수두 [m]
H : 전수두 [m]

2) 마찰손실수두를 고려한 수정 베르누이방정식

$$\frac{P_1}{\gamma}+\frac{V_1^2}{2g}+Z_1=\frac{P_2}{\gamma}+\frac{V_2^2}{2g}+Z_2+{}^{*}\square$$

h_L : 배관의 마찰손실수두 [m]

h_L

3) 펌프의 전양정을 고려한 수정 베르누이방정식

$$\frac{P_1}{\gamma}+\frac{V_1^2}{2g}+Z_1+{}^{1)}\square=\frac{P_2}{\gamma}+\frac{V_2^2}{2g}+Z_2+{}^{2)}\square$$

h_P : 펌프의 전양정 [m]
h_L : 배관의 마찰손실수두 [m]

1) h_P
2) h_L

05 베르누이방정식 응용

1 에너지선과 동수경사선 ★★

1) *☐유동에서는 모든 점에서 에너지선이 일정
2) 점성유동에서는 마찰손실수두만큼 에너지선이 하강 기울기를 갖게 됨
3) 에너지선(전수두선) : $\frac{P}{\gamma}+\frac{V^2}{2g}+Z$
4) 수력구배선(수력기울기 = 동수경사선) : $\frac{P}{\gamma}+Z$
5) 수력구배선은 에너지선보다 항상 *☐만큼 아래에 있음

비점성

속도수두$\left(\frac{V^2}{2g}\right)$

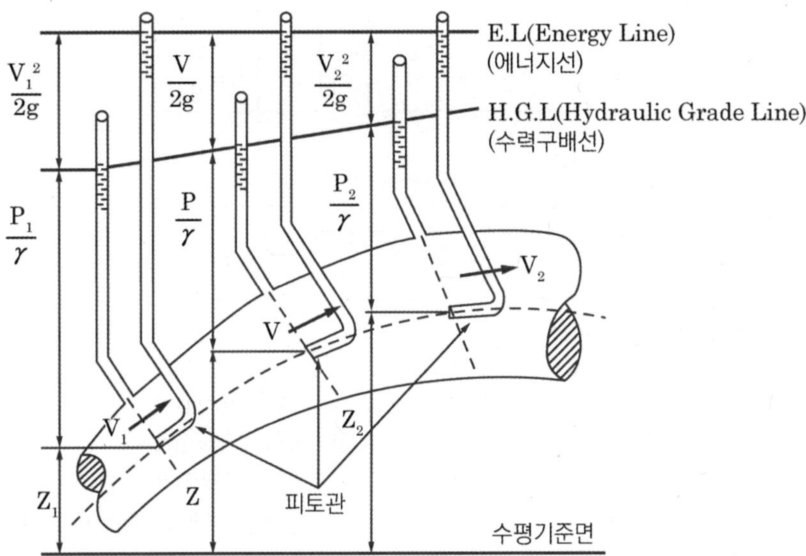

2 토리첼리의 정리 ★★★

$$V_2 = C_v\sqrt{2gh} = C_v\sqrt{2g\left(\frac{P}{\gamma}\right)}$$

V_2 : 유출속도 [m/s]
C_v : 속도계수
g : 중력가속도 [m/s²]
h : 높이 [m]
P : 압력 [N/m²]
γ : 비중량 [N/m³]

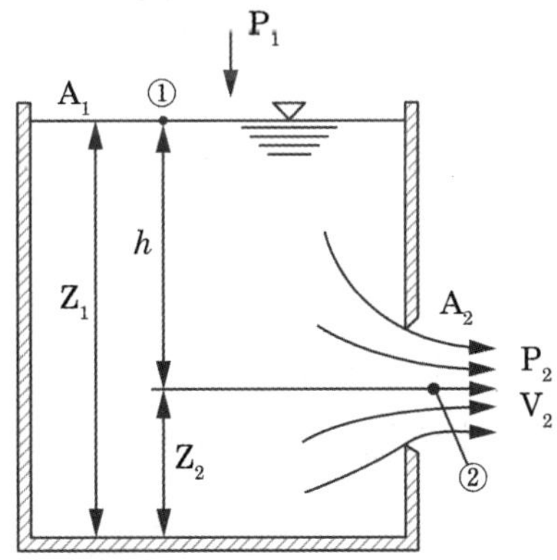

3 피토관 ★★★

1) 피토관의 유속

$$V_1 = ^{*}\boxed{}$$

$\sqrt{2gh}$

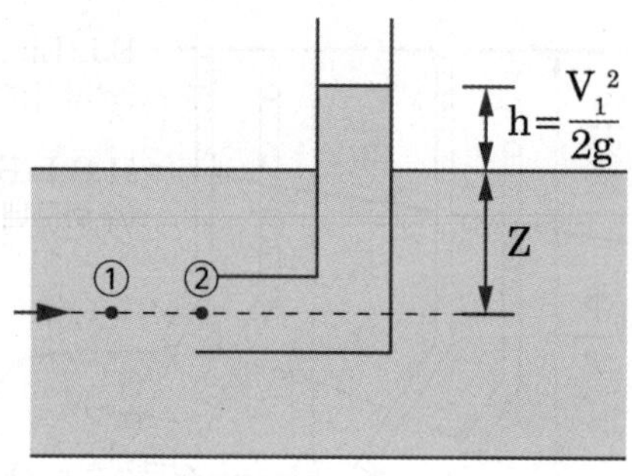

2) 피토정압관의 유속

$$V_1 = \sqrt{2gh\left(\frac{\gamma_2}{\gamma_1} - 1\right)}$$

V_1 : 유속 [m/s]
g : 중력가속도 [m/s^2]
γ_1 : 배관 액체의 비중량 [N/m^3]
γ_2 : U자관 액체 비중량 [N/m^3]
h : 높이 [m]

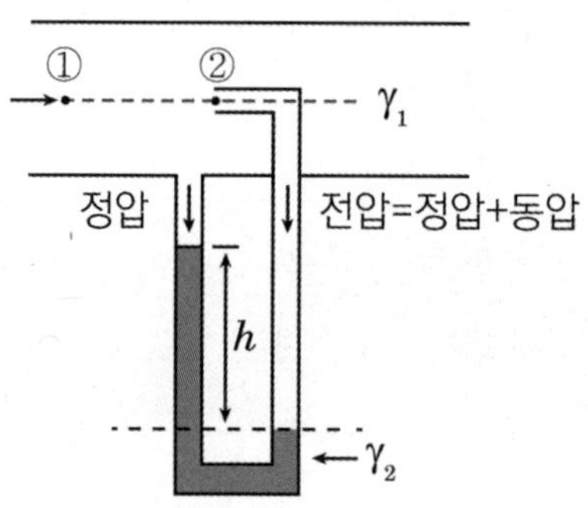

06 운동량 방정식

1 평판 ★★★

1) 고정평판에 작용하는 힘

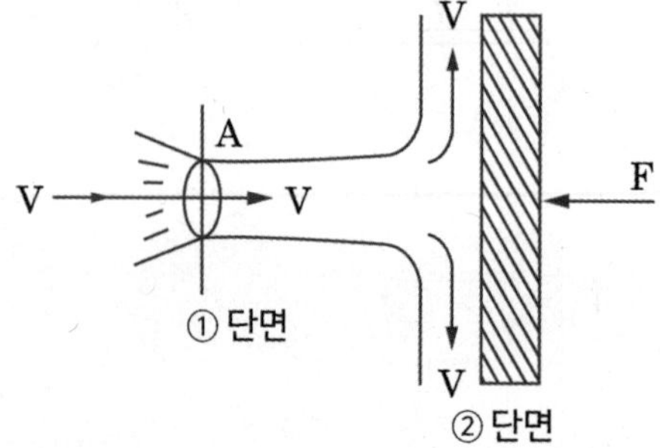

$$F = \rho Q \Delta V = \rho Q V = ^{*}\boxed{}$$

F : 힘 [N]
ρ : 유체의 밀도 [kg/m^3]
Q : 유량 [m^3/s]
 * 유량 $Q = AV$: 노즐의 단면적 × 절대속도
$\triangle V$: 속도 차 [m/s]
V : 노즐에서 유속 [m/s]
A : 노즐의 단면적 [m^2]

정답: $\rho A V^2$

2) 이동평판에 작용하는 힘

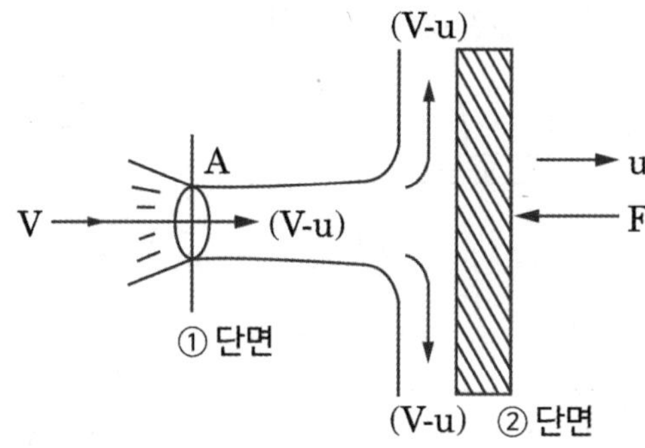

$$F = \rho Q (V-u) = ^{*}\boxed{}$$

F : 힘 [N]
ρ : 유체의 밀도 [kg/m^3]
Q : 유량 [m^3/s]
 * 유량 $Q = A(V-u)$: 노즐의 단면적 × 상대속도
V : 노즐에서 유속 [m/s]
u : 평판의 이동속도 [m/s]
A : 노즐의 단면적 [m^2]

정답: $\rho A (V-u)^2$

2 소방 노즐의 반발력, 반동력(= 플랜지볼트에 작용하는 힘)

$$F = P_1 \times A_1 - \rho \times Q \times \Delta V$$

F : 노즐의 반발력, 반동력[N]
P_1 : 호스에서 압력 [Pa]
A_1 : 호스의 단면적 [m^2]
ρ : 유체의 밀도 [kg/m^3]
 (물 : 1000 [kg/m^3])
Q : 방수량 [m^3/s]
$\triangle V$: 호스와 노즐의 유속 차 [m/s]

1) 층류
2) 난류

07 레이놀즈수(Reynold's Number) ★★★

1 레이놀즈수의 정의

1) 1) ☐와 2) ☐(즉, 유체의 흐름)를 구분하는 척도가 되는 값으로 무차원수

2) $Re = \dfrac{관성력}{점성력}$

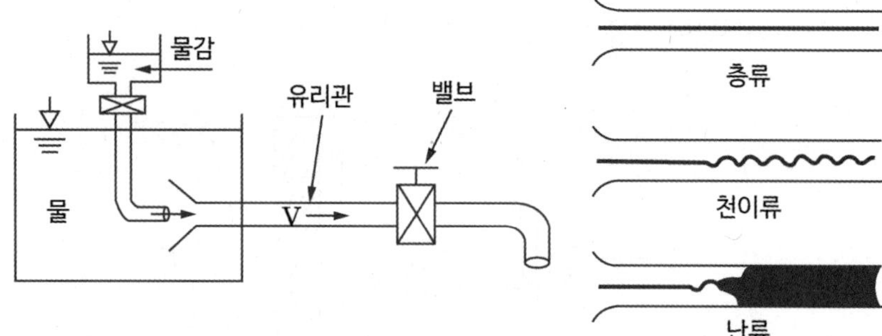

$\dfrac{VD}{\nu}$

2 레이놀즈수 계산식

$$레이놀즈수\ Re = \frac{\rho VD}{\mu} = ☐$$

ρ : 밀도 [kg/m^3]
V : 유속 [m/s]
D : 직경 [m]
μ : 점성계수 [N·s/m^2]
ν : 동점성계수 [m^2/s]

1) 2100
2) 4000

3 레이놀즈수에 의한 유체의 분류

구분	층류	천이류(임계영역)	난류
Re수 범위	Re < 1) ☐	2100 < Re < 4000	Re > 2) ☐

하임계레이놀즈수 : 난류에서 층류로 바뀌는 임계값 (Re = 2100)
상임계레이놀즈수 : 층류에서 난류로 바뀌는 임계값 (Re = 4000)

1) 층류

(1) 유체가 규칙적으로 층상을 이루며 흐르는 유동

(2) 관 마찰계수 : 레이놀즈수만의 함수 $\left(f = \dfrac{64}{Re}\right)$

(3) 평균유속$(u) = \dfrac{최대유속(u_{max})}{2}$

2) 천이류(임계영역)

(1) 층류와 난류가 상호 전환되는 유동

(2) 관 마찰계수 : 1) [ ]와 2) [ ]와의 함수

3) 난류

(1) 유체가 불규칙적으로 난동을 이루며 흐르는 유동

(2) 관 마찰계수

① 거친 관에서 : 3) [ ]만의 함수

② 매끈한 관에서 : 4) [ ]만의 함수

1) 레이놀즈수
2) 상대조도

3) 상대조도
4) 레이놀즈수

4 수평원관에서 점성 유체가 층류상태로 정상유동할 때

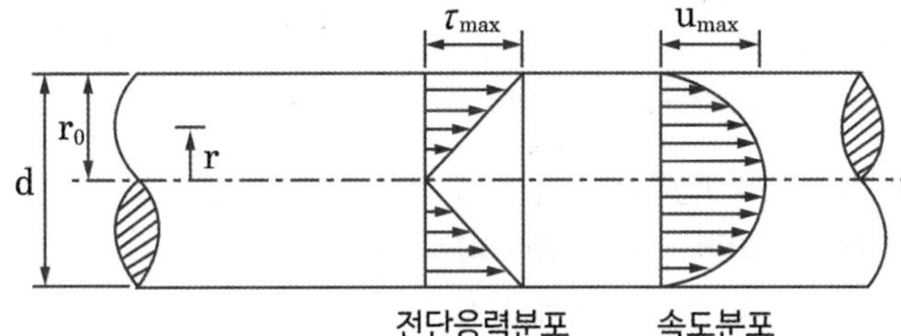

r_0 : 반지름

d : 지름

r : 관 중심으로부터 임의의 반경

τ : 임의의 반경 r에서의 전단응력

1) 전단응력(τ)의 분포

(1) 관 중심에서 0, 관벽에서 5) [ ]

(2) 관 중심에서 관벽으로 6) [ ]적인 변화를 함

5) 최댓값
6) 직선

2) 속도(u) 분포

(1) 관벽에서 0, 관 중심에서 * [ ]

(2) 관벽에서 관 중심으로 비선형적(2차 포물선) 변화를 함

(3) 평균유속 (u) = * [ ]

(4) $u = u_{\max}\left\{1-\left(\frac{r}{r_0}\right)^2\right\}$

즉, r = 0일 때 $u = u_{\max}$

최댓값

$\frac{\text{최대유속}(u_{\max})}{2}$

CHAPTER 04 배관과 펌프

01 배관의 마찰손실 ★★★

1 주 손실

배관 내 유체가 흐를 때 *[ ]에서 발생하는 손실

직관

2 부차적 손실

*[ ] 이외의 손실

주 손실

1) 배관의 급격한 확대 및 축소에 의한 손실
2) 배관의 급격한 방향 전환에 따른 손실
3) 입구와 출구 부분에 대한 손실
4) 각종 Fitting류 및 Valve류 등에 의한 손실

02 배관의 주 손실

1 달시 바이스바하 공식 ★★★

1) 층류와 난류에 모두 적용
2) 계산식

$$h_L[m] = {}^{*}[\quad]$$

$f \times \frac{L}{D} \times \frac{V^2}{2g}$

h_L : 마찰손실 [m], P : 압력 [N/m^2]
γ : 비중량 [N/m^3], f : 마찰손실계수
L : 길이 [m], D : 직경 [m]
V : 유속 [m/s], g : 중력가속도 [m/s^2]

2 하젠 윌리엄 공식 ★

1) 난류에 적용(유체가 물이며, 물의 온도 범위가 7.2 ~ 24 [℃]일 때 적용함)

2) 계산식

$$\triangle P[MPa] = 6.053 \times 10^4 \times \frac{Q^{1.85}}{C^{1.85} \times D^{4.87}} \times L$$

ΔP : 압력손실 [MPa]
Q : 유량 [L/min]
C : 조도, D : 직경 [mm]
L : 길이 [m]

3 하겐 포아젤 방정식 ★★★

1) * ☐에 적용

2) 계산식

① 압력손실 $\Delta P[Pa] = \frac{128\mu LQ}{\pi D^4}$

② 마찰손실 $h_L[m] = \frac{128\mu LQ}{\gamma \pi D^4}$

ΔP : 압력손실 [Pa]
μ : 점성계수 [N · s/m^2]
L : 길이 [m]
Q : 유량 [m^3/s]
D : 직경 [m]
h_L : 마찰손실수두 [m]
γ : 비중량 [N/m^3]

4 비원형관에서의 손실수두(수력반경 및 수력직경) ★★

1) 배관의 단면이 원형관이 아닌 경우 마찰손실 계산 시 직경 대신 수력직경(수력반경 × * ☐)을 적용

2) 수력반경

수력반경 $R_h = \frac{A}{L}$

A : 유동단면적
L : 접수길이(물과 벽면이 접하는 길이)

층류

4

구분		수력반경(R_h)	수력직경(D_h)
원관	D	$R_h = \dfrac{\left(\dfrac{\pi D^2}{4}\right)}{\pi D} = \dfrac{D}{4}$	$D_h = 4 \times R_h$
사각관	b, a	$R_h = \dfrac{a \times b}{2a+2b}$ (a : 가로, b : 세로)	$D_h = \dfrac{4ab}{2a+2b}$
사각관 개수로	h, b	$R_h = \dfrac{b \times h}{b+2h}$ (b : 폭, h : 높이)	$D_h = \dfrac{4 \cdot b \cdot h}{b+2h}$
이중 동심관	d, D	$R_h = \dfrac{1}{4}(D-d)$	$D_h =$ * [ ]

$D-d$

03 배관의 부차적 손실

1 부차적 손실 계산식 ★★

1) 부차적 손실수두

$h_L =$ * [ ]

h_L : 부차적 손실수두 [m]
K : 손실계수
($K = K_1 + K_2 + \cdots + K_n$)
V : 유속 [m/s]
g : 중력가속도 [m/s²]

$K\dfrac{V^2}{2g}$

2) 돌연 확대관 손실수두

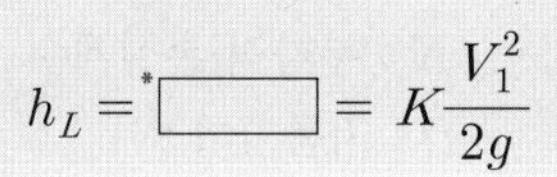

$$h_L = {}^{*}\boxed{} = K\frac{V_1^2}{2g}$$

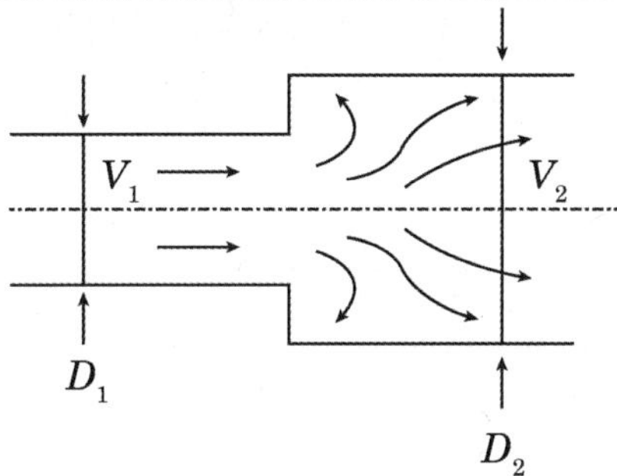

h_L : 부차적 손실수두 [m]

K : 손실계수

$\left[K = \left(1 - \dfrac{A_1}{A_2}\right)^2\right]$

V : 유속 [m/s]

g : 중력가속도 [m/s²]

3) 돌연 축소관 손실수두

$$h = \frac{(V_0 - V_2)^2}{2g} = {}^{*}\boxed{}$$

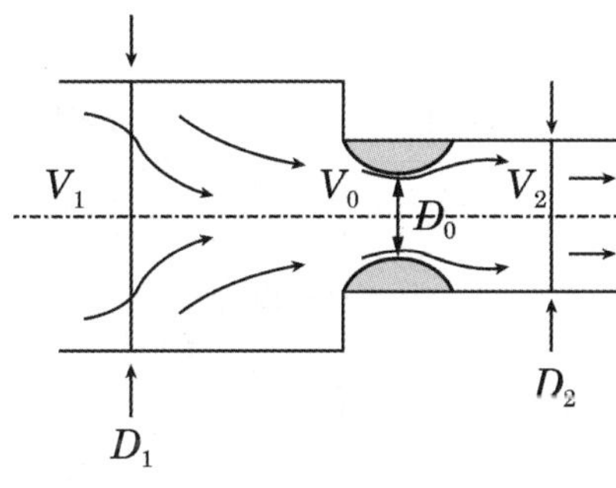

h_L : 부차적 손실수두 [m]

K : 손실계수

$\left[K = \left(\dfrac{A_2}{A_0} - 1\right)^2 = \left(\dfrac{1}{C_c} - 1\right)^2\right]$

C_c : 수축계수

$\left[C_c = \dfrac{A_0}{A_2}\right]$

V : 유속 [m/s]

g : 중력가속도 [m/s²]

2 관의 상당길이(등가길이) ★★★

1) 관 부속물에 유체가 흐를 때 발생되는 1) ______과 같은 크기의 마찰 손실을 가지는 동일 구경의 2) ____의 길이

2) 임의의 부차적 손실수두 $\left(h_L = K\dfrac{V^2}{2g}\right)$와 관마찰에 의한 손실수두 $\left(h_L = f \cdot \dfrac{L}{D} \cdot \dfrac{V^2}{2g}\right)$를 같게 했을 때 관의 길이

$$K\frac{V^2}{2g} = f \cdot \frac{L}{D} \cdot \frac{V^2}{2g} \quad \rightarrow \quad K = f \cdot \frac{L}{D}$$

$\dfrac{(V_1 - V_2)^2}{2g}$

$K\dfrac{V_2^2}{2g}$

1) 마찰 손실
2) 직관

$$L_e = \frac{KD}{f}$$

L_e : 등가길이 [m]
K : 부차적 손실계수
D : 지름 [m]
f : 관 마찰계수 (층류일 때 : $\frac{64}{Re}$)

04 펌프

1 원심펌프의 개념 ★★★

1) 개념 : 임펠러의 회전으로 속도에너지를 압력에너지로 변환하는 방식의 펌프

2) 종류 및 특성

구분	볼류트 펌프	터빈 펌프
안내날개	1) [ ]	2) [ ]
유량	대유량	소유량
양정	저양정	고양정

1) 없음
2) 있음

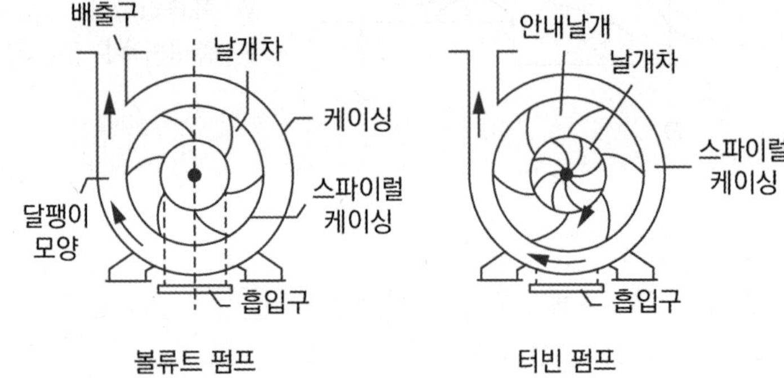

볼류트 펌프　　터빈 펌프

2 속도 삼각형

1) 펌프의 성능 해석에 사용되는 속도 삼각형

2) 계산식

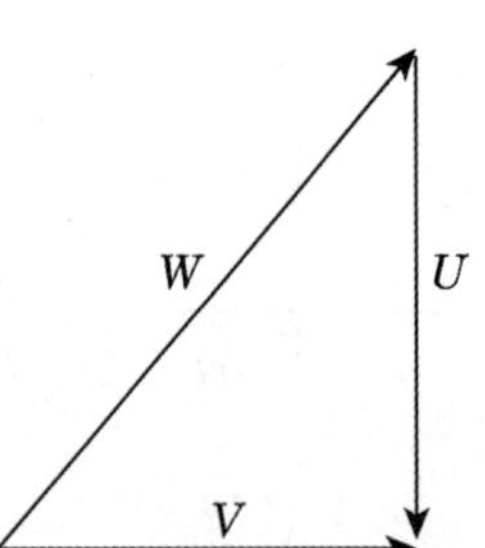

$$\vec{V} = \vec{W} + \vec{U}$$

$\vec{V}$: 절대속도
$\vec{W}$: 상대속도
$\vec{U}$: 날개(원주)속도

05 펌프의 운전 및 펌프의 전양정

1 펌프의 운전 ★★★

1) 펌프 2대의 직렬 운전
   (1) 동일 성능의 펌프를 직렬로 연결하여 운전
   (2) 유량은 거의 변화 없고, 1) [　　]만 2) [　]배 정도 증가

2) 펌프 2대의 병렬 운전
   (1) 동일 성능의 펌프를 병렬로 연결하여 운전
   (2) 양정은 거의 변화 없고, 3) [　　]만 4) [　]배 정도 증가

> 1) 양정
> 2) 2

> 3) 유량
> 4) 2

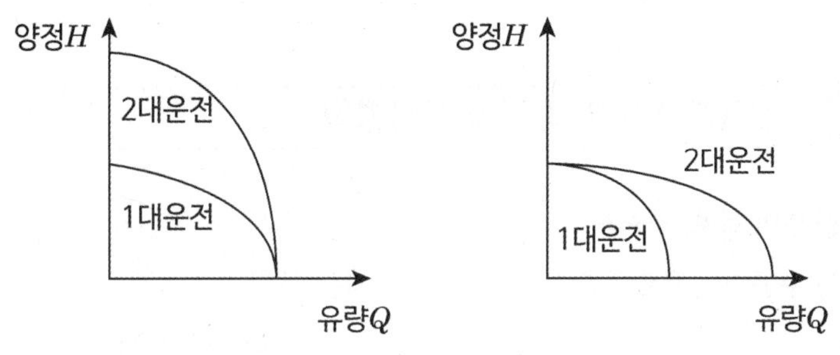

[펌프 2대의 직렬 운전]　　[펌프 2대의 병렬 운전]

2 펌프의 전양정 ★★★

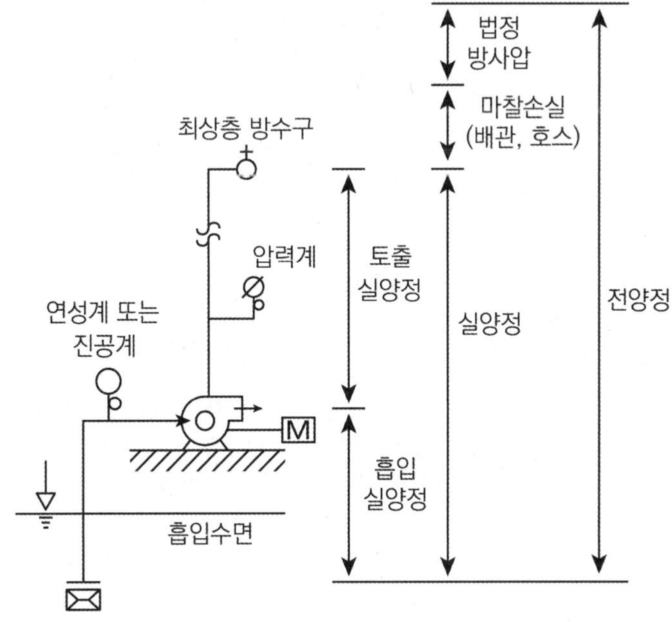

1) * [　　] = 실양정(낙차) + 마찰손실(배관, 호스) + 법정 방사압

> 전양정

수직거리

수직거리

2) 실양정(낙차) = 흡입 실양정 + 토출 실양정

(1) 흡입 실양정 : 풋밸브에서 펌프 중심까지 흡입 측 * ______ (부압식인 경우)

(2) 토출 실양정 : 펌프 중심에서 최상층 토출 측 방수구까지 * ______

3) 마찰손실수두 : 주손실과 부차적 손실의 합으로 배관 내 물에 의해 발생하는 마찰손실

4) 법정 방사압

특정 압력이 요구될 경우 해당 압력을 수두로 환산한 값

(소방 펌프라면 노즐 말단에서 요구되는 압력을 수두[m]로 환산)

06 펌프(송풍기)의 동력과 상사법칙

1 펌프의 동력 ★★★

1) 수동력 : 펌프에 의해 유체에 주어지는 동력

$$수동력\ P[kW] = \gamma QH$$

γ : 물의 비중량 (9.8 [kN/m^3])
Q : 유량 [m^3/s]
H : 전양정 [m]

2) 축동력 : 전동기에 의해 펌프에 주어지는 동력

$$축동력\ P[kW] = \frac{\gamma QH}{\eta}$$

γ : 물의 비중량 (9.8 [kN/m^3])
Q : 유량 [m^3/s]
H : 전양정 [m]
η : 효율

$\eta_h \times \eta_v \times \eta_m$

※ 펌프의 효율 : η = * ______

(η_h : 수력효율, η_v : 체적효율, η_m : 기계효율)

3) 전동기동력(= 전달동력) : 실제 운전에 필요한 소요 동력

$$전동력\ P[kW] = \frac{\gamma QH}{\eta} \times K$$

γ : 물의 비중량 (9.8 [kN/m^3])
Q : 유량 [m^3/s]
H : 전양정 [m]
η : 효율
K : 전달계수

2 송풍기의 동력 ★★★

$$P[kW] = \frac{P_t Q}{102\eta} \times K$$

P_t : 전압(풍압) [*]
Q : 풍량 [m^3/s]
η : 효율
K : 전달계수

mmAq

$$P[kW] = \frac{P_t Q}{\eta} \times K$$

P_t : 전압(풍압) [*]
Q : 유량 [m^3/s]
η : 효율
K : 전달계수

kPa

3 펌프의 상사법칙 ★★★

1) 개념 : 1) ______와 임펠러 2) ______에 따라 유량, 양정, 축동력 사이 일정한 관계식이 성립하는데, 이를 상사법칙 또는 비례법칙이라고 함

1) 회전수
2) 지름

2) 계산식

① $Q_2 = \left(\frac{N_2}{N_1}\right)^1 \times \left(\frac{D_2}{D_1}\right)^3 \times Q_1$

② $H_2 = \left(\frac{N_2}{N_1}\right)^2 \times \left(\frac{D_2}{D_1}\right)^2 \times H_1$

③ $L_2 = \left(\frac{N_2}{N_1}\right)^3 \times \left(\frac{D_2}{D_1}\right)^5 \times L_1$

Q_1, Q_2 : 유량 [m^3/s]
H_1, H_2 : 양정 [m]
L_1, L_2 : 축동력 [kW]
N_1, N_2 : 임펠러의 회전수 [rpm]
D_1, D_2 : 임펠러의 직경 [m]

07 NPSH

1 $NPSH_{av}$(유효흡입수두) ★★

1) 개념

(1) 펌프 중심으로 유입되는 액체의 절대압력
(2) 유효흡입양정은 흡입조건에 의해 결정됨
(3) 펌프와 흡입배관의 설치된 * ______에 의해 정해지는 값

환경조건

대기압

2) 계산식

$$NPSH_{av} = H_0 - H_f - H_v \pm h$$

$NPSH_{av}$: 유효흡입수두 [m]
H_0 : * [ ] 환산수두 [m]
H_f : 마찰손실수두 [m]
H_v : 포화증기압수두 [m]
h : 낙차 [m]

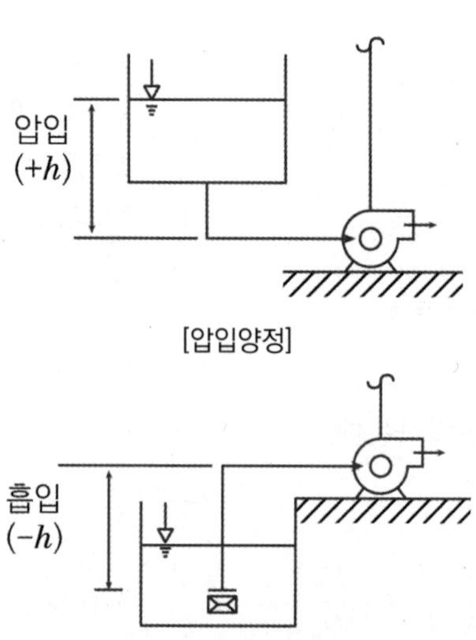

[압입양정]

[흡입양정]

공동현상

2 NPSH$_{re}$(필요흡입수두)

1) 펌프가 * [ ]을 일으키지 않고 정상작동되기 위해서 필요로 하는 흡입유체의 절대압력
2) 필요흡입양정은 펌프 자체 내부조건에 의해 정해지는 값
3) 펌프의 고유특성으로 펌프의 제작 및 출고 시 정해짐

3 NPSH와 공동현상(Cavitation)과의 관계 ★★

상관관계	공동현상 발생 여부
$NPSH_{av} > NPSH_{re}$	발생 안 함
$NPSH_{av} = NPSH_{re}$	발생한계
$NPSH_{av} < NPSH_{re}$	발생

08 비속도

1 비속도 개념

1) 여러 가지 펌프 및 팬의 특성을 비교하기 위하여 수치로 정량화한 것으로 그 특성은 회전수, 토출량, 전양정 등에 의해 영향을 받음
2) 1 [m^3/min]의 유량을 ☐ [m] 송수하는 데 필요한 펌프의 회전수

1

2 비속도 계산식 ★

$$Ns = \frac{N\sqrt{Q}}{\left(\frac{H}{n}\right)^{\frac{3}{4}}}$$

N_S : 비속도 [rpm · m^3/min · m]
N : 회전수 [rpm]
Q : 유량 [m^3/min]
H : 양정 [m]
n : 단수

09 펌프의 이상현상 ★★★

1 공동현상(Cavitation)

1) 개념
급격한 유속 변화로 인해 소화수의 압력이 증기압 이하로 낮아져서 ☐가 발생하는 현상

기포

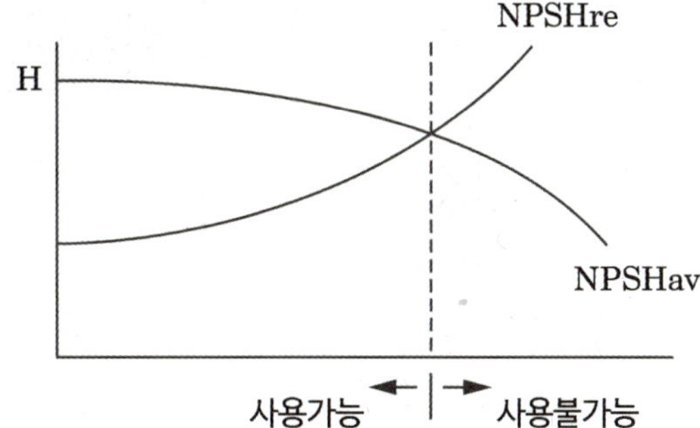

2) 문제점
(1) 임펠러 침식에 따른 부식 발생
(2) 소음과 진동 발생
(3) 펌프의 토출량과 양정 저하

1) 빠르다.
2) 느리게 한다.

3) 발생원인 및 대책

구분	발생원인	방지대책
흡입 측 마찰손실	크다	작게 한다
흡입배관 길이	길다	짧게 한다
흡입배관 관경	작다	크게 한다
흡입 측 유속	1) ☐	2) ☐

2 맥동현상(Surging)

3) 진동
4) 소음

1) 개념

(1) 터보형 기계를 저유량 영역에서 운전 시 유량과 압력이 주기적으로 변화하는 현상

(2) 펌프 운전 중 송출 유량이 주기적으로 변하면서 펌프 입구의 진공계와 출구의 압력계 지침이 흔들리고 3) ☐과 4) ☐을 수반하는 현상

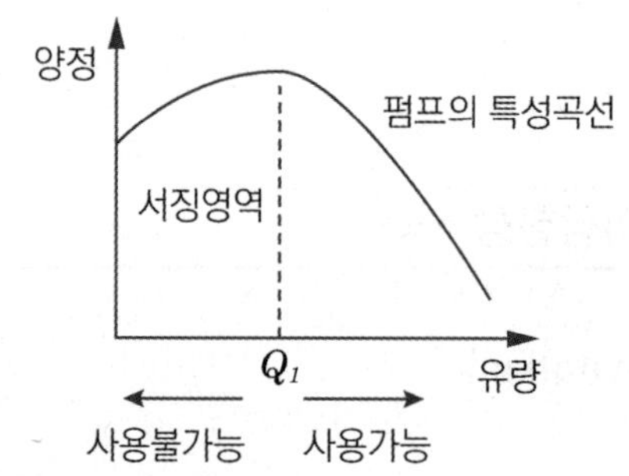

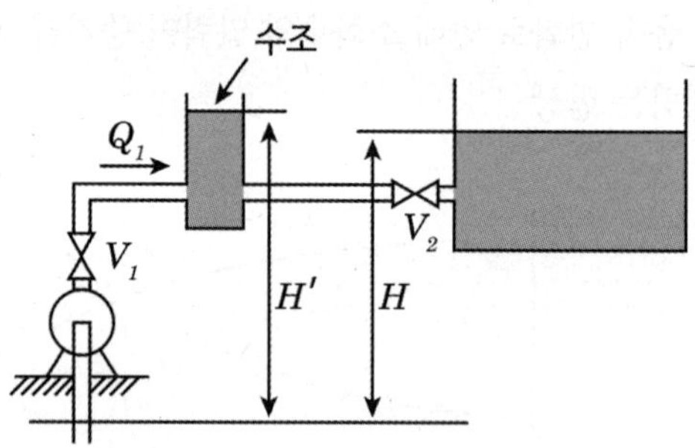

2) 발생원인 및 방지대책

5) 우상향
6) 우하향

발생원인	방지대책
펌프의 H－Q 곡선이 5) ☐ 특성	펌프의 H－Q 곡선이 6) ☐ 특성
배관 중에 수조나 공기조가 있을 때	배관 중에 수조나 공기조 제거
토출량이 Q_1 범위 이내에서 운전할 때	바이패스배관으로 서징 범위 이외 운전
유량조절밸브가 탱크 뒤쪽에 설치	유량조절밸브 펌프 토출 측 직후에 설치

3 수격현상(Water Hammering)

1) 개념

(1) 펌프 토출 측에서 *[   ]변화로 충격파가 전달되는 현상

(2) 유수의 속도차로 압력차와 힘의 차가 발생하는 현상

2) 발생원인

(1) 펌프의 순간기동이나 급정지

(2) 터빈의 출력변화

(3) 배관의 급격한 굴곡

(4) 밸브의 *[   ] 조작

(5) 속도변화가 있는 곳은 모두 수격 발생

3) 방지대책

구분	방지대책
속도차 대책	배관 내 유속 느리게 제어
	펌프에 플라이휠 설치(펌프의 급격한 속도 변화 방지)
압력차 대책	공기밸브 설치
	서지탱크(조압수조) 및 에어챔버 설치
	자동수압 조절밸브 설치
	릴리프 밸브 및 스모렌스키 체크밸브 설치
힘의 차 대책	토출 측에 수격방지기 설치

속도

급개폐

10 유체 계측

1 측정장치 ★★★

유량 측정장치	유속 측정장치	정압 측정장치
1) [ ] 노즐 벤츄리미터 2) [ ] 위어	3) [ ] 피토정압관 열선풍속계 시차액주계	피에조미터 정압관 부르돈(관) 압력계 마노미터 (마이크로 마노미터)

1) 오리피스
2) 로터미터
3) 피토관

1) 위어 : 개수로에서의 유량 측정장치

(1) 사각위어 : 대유량, 중간유량 측정

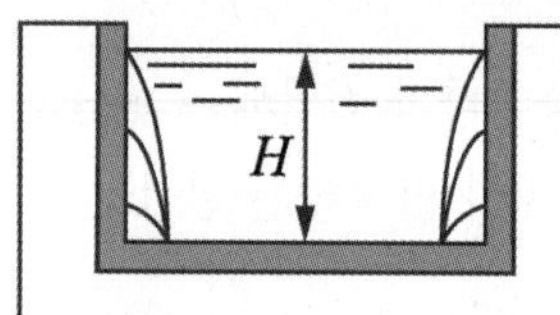

유량 $Q \propto H^{\frac{3}{2}}$

(2) 삼각위어(V - 놋치위어) : 소유량 측정

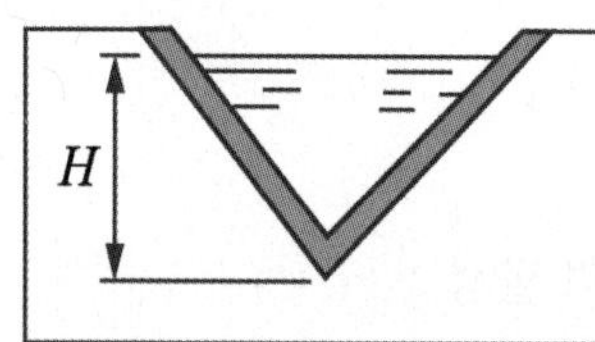

유량 $Q \propto H^{\frac{5}{2}}$

부자

2) 로터미터 : *[ ]의 오르내림에 의해 배관 내의 유량을 측정하는 장치

부르돈(관)

3) *[ ] 압력계 : 타원형 단면의 금속관이 팽창하는 원리를 이용한 압력 측정장치

마이크로 마노미터

4) *[ ] : A, B 두 원관 속을 기체가 미소한 압력 차로 흐르고 있을 때 이 압력차를 측정하는 장치

CHAPTER 05 열역학

01 온도와 열량

1 온도

1) 섭씨온도 [℃] : 1기압 물의 융점 0 [℃] 비등점을 100 [℃]로 정하고, 그 사이를 100등분하여 온도 측정
2) 화씨온도 [℉] : 1기압 물의 융점 32 [℉] 비등점을 212 [℉]로 정하고, 그 사이를 180등분하여 온도 측정
3) 켈빈온도 [K] : 물의 내부에너지가 0일 때 -273 [℃]를 기준으로 정한 온도
4) 랭킨온도 [R] : 물의 내부에너지가 0일 때 -460 [℉]를 기준으로 정한 온도

구분	계산식
섭씨온도	℃ = $\frac{5}{9}$×(℉ - 32)
화씨온도	℉ = $\frac{9}{5}$×℃ + 1) ☐
켈빈온도	K = ℃ + 2) ☐
랭킨온도	R = ℉ + 3) ☐

1) 32
2) 273
3) 460

2 열량(Q)과 비열(C)

1) 열량(Q)

(1) 열을 에너지의 양으로 나타낸 것

(2) 열량의 단위

구분	주요내용
1 [kcal]	순수한 물 1 [kg]의 온도를 14.5 [℃]에서 15.5 [℃]까지 상승시키는 데 필요한 열량($1\,[kcal] \fallingdotseq 4.18\,[kJ]$)
1 [BTU]	순수한 물 1 [lb]의 온도를 1 [℉] 상승시키는 데 필요한 열량
1 [CHU]	순수한 물 1 [lb]의 온도를 1 [℃] 상승시키는 데 필요한 열량

2) 비열(C) ★★

(1) 어떤 물질 단위질량(m)을 단위온도(ΔT)만큼 상승시키는 데 필요한 열량

(2) 물의 비열

$C = 1\,[kcal/kg \cdot ℃] = 4.18\,[kJ/kg \cdot K]\,(kJ/kg \cdot ℃)$

3) 열량(Q)과 비열(C)의 관계식

$$Q[kJ] = m \times C \times \Delta T$$

Q : 열량 [kJ]
m : 질량 [kg]
C : 비열 [kJ/kg · K]
ΔT : 온도차 [K]

3 현열과 잠열 ★★★

현열

1) * [ ]

(1) 물질의 온도변화에 필요한 열량

(2) 계산식

$$Q[kJ] = m \times C \times \Delta T$$

Q : 열량 [kJ]
m : 질량 [kg]
C : 비열 [kJ/kg · K]
ΔT : 온도차 [K]

잠열

2) * [ ]

(1) 물질의 상태변화에 필요한 열량

(2) 계산식

$$Q[kJ] = m \times r$$

Q : 열량 [kJ]
r : 잠열 [kJ/kg]
m : 질량 [kg]

02 열전달 ★★★

1 열전달 개념

1) 온도 차에 의한 에너지 전달로 전도, 대류, 복사 3가지 형태로 구분
2) 전달되는 단위면적당 열전달률을 열유속[$\dot{Q}''$]이라고 한다.

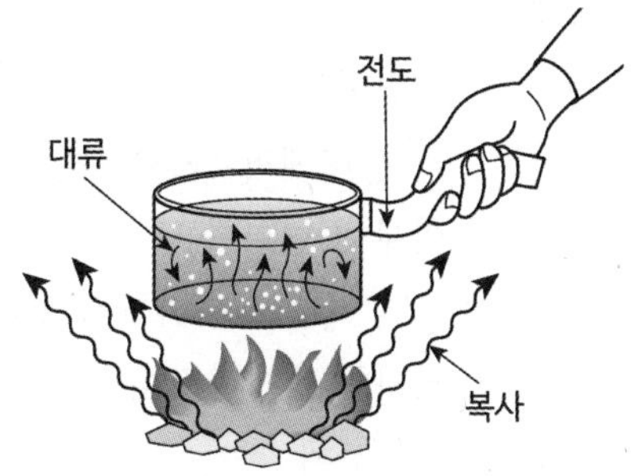

2 열전달 메커니즘

1) * ☐

(1) 물질이 직접 이동하지 않고 물체에 이웃한 분자들의 연속적인 충돌로 열이 전달
(2) 푸리에의 열전도법칙

$$\dot{Q}[W] = \frac{k}{l} \times A \times (T_1 - T_2)$$

k : 열전도도 [W/m·K]
l : 물질의 두께 [m]
A : 표면적 [m^2]
T_1, T_2 : 물질의 온도 [K]

2) * ☐

(1) 액체나 기체 상태의 분자가 직접 이동하면서 열을 전달
(2) 뉴턴의 냉각법칙

$$\dot{Q}[W] = h \times A \times (T_1 - T_2)$$

h : 열전달계수 [$W/m^2 \cdot K$]
A : 표면적 [m^2]
T_1, T_2 : 물질의 온도 [K]

3) * ☐

(1) 물질의 도움 없이 전자파 형태로 열이 전달
(2) 스테판 볼츠만의 법칙

$$\dot{Q}''[W/m^2] = \varnothing \times \xi \times \sigma \times T^4$$

$\varnothing$: 형태계수
ε : 방사율 (* ☐일 때 $\varepsilon = 1$)
σ : 스테판 볼츠만 계수 ($5.67 \times 10^{-8} [W/m^2 \cdot K^4]$)
T : 절대온도 [K]

전도

대류

복사

흑체

가역

비가역

1) 열평형

2) 내부에너지의 변화량
3) 엔탈피

4) 방향성
5) 저온

6) 절대영도(0[K])

03 열역학법칙

1 상태변화

1) * ☐변화

(1) 한 상태에서 다른 상태로 변할 경우 그 변화를 반대 방향으로 해도 아무런 변화를 남기지 않고 원래 상태로 되돌아갈 수 있다는 변화

(2) 어떤 마찰도 수반하지 않음

(3) 실제로 존재하지 않음

2) * ☐변화

(1) 자연계에서 일어나는 모든 실제 과정

(2) 마찰을 수반함

(3) 완전가스의 비가역변화

2 종류 ★★★

열역학법칙	내용
제0법칙	• 1) ☐의 법칙 • 온도는 높은 곳에서 낮은 곳으로 흐름 • 온도계의 원리
제1법칙	• 에너지보존의 법칙(엔탈피의 법칙) • 가역법칙 • 열량은 일량으로, 일량은 열량으로 환산 가능 • 밀폐계에서의 에너지 방정식 열량 = 2) ☐ + 일량($_1Q_2 = \Delta U + {}_1W_2$) • 개방계에서의 에너지 방정식 3) ☐ = 내부에너지 + 유동에너지($H = U + PV$)
제2법칙	• 손실의 법칙(엔트로피의 법칙) • 에너지의 4) ☐과 비가역설을 설명 • 열은 5) ☐에서 고온으로 흐르지 않음 • 자발적인 변화는 비가역적 • 열을 완전히 일로 바꿀 수 있는 열기관은 만들 수 없음
제3법칙	• 물체의 온도를 6) ☐까지 내릴 수 없음 • 절대영도(0 [K])는 모든 입자들의 운동에너지가 0이 되는 특정 온도

3 정적비열(C_v), 정압비열(C_p) 및 비열비(k) ★★★

1) 정적비열(C_v) : 기체의 *[   ]이 일정한 상태에서 1 [kg]의 가스의 온도를 1 [℃] 상승시키는 데 필요한 열량

여기서, 내부에너지 변화량(du)은 $du[kJ/kg] = C_v dT$

$$\triangle U[kJ] = mC_v \triangle T$$

$\triangle U$: 내부에너지 변화량 [kJ]
m : 질량 [kg]
C_v : 정적비열 [kJ/kg · K]
$\triangle T$: 온도차 [K]

체적

2) 정압비열(C_p) : 기체의 *[   ]이 일정한 상태에서 1 [kg]의 가스의 온도를 1 [℃] 상승시키는 데 필요한 열량

여기서, 엔탈피 변화량(dh)은 $dh[kJ/kg] = C_p dT$

$$\triangle H[kJ] = mC_p \triangle T$$

$\triangle H$: 엔탈피 변화량 [kJ]
m : 질량 [kg]
C_p : 정압비열 [kJ/kg · K]
$\triangle T$: 온도차 [K]

압력

3) 비열비(k) : 정압비열(C_p)과 정적비열(C_v) 의 비

즉, $k = \dfrac{C_p}{C_v}$

여기서, 1)[   ]가 2)[   ]보다 항상 크다.

따라서 비열비(k)는 항상 1보다 3)[   ]

1) C_p
2) C_v
3) 크다.

4) 기체상수($\overline{R}$) : 정압비열(C_p)과 정적비열(C_v)의 차

정적비열(C_v)	정압비열(C_p)	비열비(k)	기체상수($\overline{R}$)
$C_v = \dfrac{\overline{R}}{k-1}$	$C_p = \dfrac{k\overline{R}}{k-1}$	$k = \dfrac{C_p}{C_v}(k>1)$	$\overline{R} = C_p - C_v = \dfrac{R}{M}$

C_v : 정적비열 [kJ/kg · K], C_p : 정압비열 [kJ/kg · K]
$\overline{R}$: 특정기체상수, R : 일반기체상수
k : 비열비(공기의 경우 k = 1.4)

절대일

공업일

4 열역학 제1법칙 – 밀폐계에서의 일과 열 ★★★

1) 밀폐계의 일량($_1W_2$)

(1) 밀폐계 : 밀폐의 조건이 요구되는 계, 계의 경계를 통해 질량의 유동이 없는 계

(2) 밀폐계의 일량 = *[ ]

(= 비유동일 = 팽창일 = 가역일)

(3) $_1W_2 = \int_1^2 PdV$

2) 밀폐계의 열량($_1Q_2$)

(1) 외부로부터 열량(Q)를 받고 외부에 일량(W)를 행하였을 시 에너지 보존의 법칙에 의해 "유입에너지 = 유출에너지"임

즉, $U_1 + {}_1Q_2 = U_2 + {}_1W_2$

$_1Q_2 = U_2 - U_1 + {}_1W_2$

$$_1Q_2 = \triangle U + {}_1W_2 \text{ ★★★}$$
(미분형 : $\delta Q = dU + PdV$)

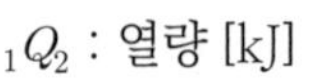

$_1Q_2$: 열량 [kJ]
$\triangle U$: 내부에너지 변화량 [kJ]
$_1W_2$: 절대일 [kJ]

5 열역학 제1법칙 – 개방계에서의 일과 열

1) 개방계의 일량(W_t)

(1) 개방계 : 개방의 조건이 요구되는 계, 계의 경계를 통해 질량의 유동이 있는 계

(2) 개방계의 일량 = *[ ]

(= 유동일 = 압축일 = 정상류일 = 가역일)

(3) $W_t = -\int_1^2 VdP$

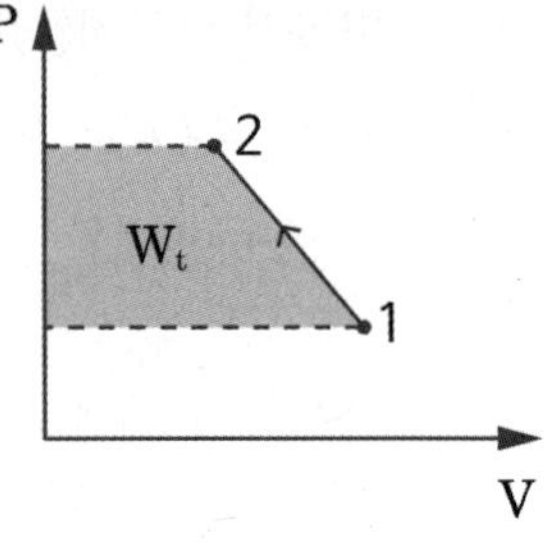

2) 개방계의 열량($_1Q_2$)

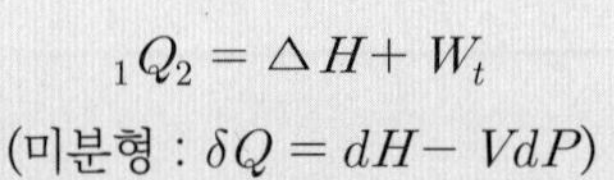

$$_1Q_2 = \triangle H + W_t$$
(미분형 : $\delta Q = dH - VdP$)

$_1Q_2$: 열량 [kJ]
$\triangle H$: 엔탈피 변화량 [kJ]
W_t : 공업일 [kJ]

6 이상기체의 상태변화(가역변화)

1) 정적변화 ★

(1) P, V, T의 관계 : $\frac{P}{T} = C$

(2) 절대일($_1W_2$) = *☐

(3) 열량($_1Q_2$) = *☐

2) 정압변화 ★

(1) P, V, T의 관계 : $\frac{V}{T} = C$

(2) 공업일(W_t) = *☐

(3) 열량($_1Q_2$) = *☐

3) 등온변화 ★

(1) P, V, T의 관계 : $PV = C$

(2) ΔU = ΔH = *☐

(3) 열량($_1Q_2$) = 절대일($_1W_2$) = 공업일(W_t)

4) 단열변화

(1) 외부와 열 출입이 없으므로(열의 이동이 없으므로) $\delta Q = 0$

(2) 단열 지수 관계 ★★

$$\frac{T_2}{T_1} = \left(\frac{v_1}{v_2}\right)^{k-1} = {}^*\square$$

T : 절대온도 [K]
v : 비체적 [m^3/kg]
P : 압력 [kPa]
k : 비열비

5) 폴리트로픽 변화

(1) 기체의 다양한 변화를 모두 포함한 실제적인 변화

(2) P, V, T의 관계 : $PV^n = C$

(3) 폴리트로픽 지수관계

$$\frac{T_2}{T_1} = {}^*\square = \left(\frac{P_2}{P_1}\right)^{\frac{n-1}{n}}$$

T : 절대온도 [K]
v : 비체적 [m^3/kg]
P : 압력 [kPa]
n : 폴리트로픽 지수

0

내부에너지 변화량(ΔU)

0

엔탈피 변화량(ΔH)

0

$\left(\frac{P_2}{P_1}\right)^{\frac{k-1}{k}}$

$\left(\frac{v_1}{v_2}\right)^{n-1}$

1) 0
2) 1
3) k
4) ∞

(6) 폴리트로픽 지수(n) ★★

$PV^n = C$ 이므로

상태변화	폴리트로픽 지수(n)
등압변화	n = 1) □
등온변화	n = 2) □
단열변화	n = 3) □
정적변화	n = 4) □

7 이상기체의 상태변화(비가역변화)

1) 비가역 단열변화 : 노즐 속 또는 관로 속을 고속의 가스가 흐르게 될 때 외부와 열의 차단이 있어도(단열적이어도) 내부 마찰열이 있기 때문에 비가역 단열변화가 됨

교축

2) * □과정 ★

(1) 가스가 좁은 통로(밸브나 오리피스 등)를 흐를 때 마찰이나 난류 등으로 인해 압력이 급격히 강하되는 현상

(2) 엔탈피 일정($h_1 = h_2$), 엔트로피 증가($\Delta S > 0$), 압력 감소($p_1 > p_2$)

04 엔트로피(= 무질서도)

1 엔트로피(S)

1) 개념

(1) 계로 출입하는 열량의 이용가치를 나타내는 열적 상태량(단위 : kJ/K)

(2) 비가역과정(에너지 변환 시 손실이 발생하여 열과 일 상호변환이 어려운 과정)

2) 계산식

$$dS = \frac{\delta Q}{T}$$

S : 엔트로피 [kJ/K]
Q : 열량 [kJ]
T : 온도 [K]

$dS = \frac{\delta Q}{T} = \frac{mCdT}{T}$ 양변을 적분하면, $\therefore \Delta S = mC\ln\frac{T_2}{T_1}$

2 엔트로피 변화 ★★★

1) *[ ] 단열상태 : $\Delta S = 0$

2) *[ ] 단열상태 : $\Delta S > 0$

가역

비가역

05 카르노사이클과 역카르노사이클

1 카르노사이클 ★★

1) 열기관에서 최고 열효율을 갖는 1)[ ]사이클(실제로 운전 불가능)

2) 이상기체를 대상으로 한 가역사이클로 2개의 2)[ ]과정과 2개의 3)[ ] 과정으로 이루어진 이론적 사이클

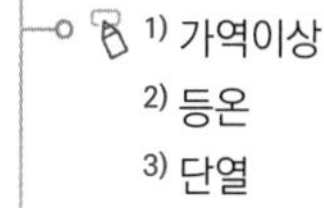

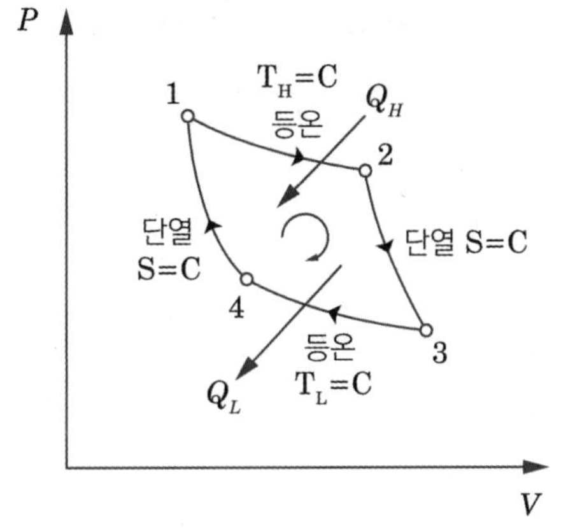

2 카르노사이클의 열효율 ★★

$$\eta_c = {}^*\square = \frac{Q_H - Q_L}{Q_H}$$

$$= 1 - \frac{Q_L}{Q_H} = 1 - \frac{T_L}{T_H}$$

Q_H : 공급열량(가열량)

Q_L : 방출열량

W : 유효열량($W = Q_H - Q_L = \eta \times Q_H$)

T_L : 저온, T_H : 고온

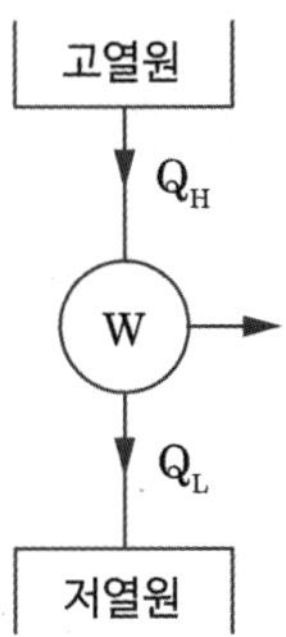

$\frac{W}{Q_H}$

3 역카르노사이클(= 냉동기의 이상사이클)

1) 열기관의 이상사이클인 카르노사이클을 역방향으로 하면 냉동기의 이상사이클인 역카르노사이클이 됨
2) 2개의 1) ☐과정과 2개의 2) ☐과정으로 구성

1) 등온
2) 단열

4 역카르노사이클의 성능계수(성적계수)

$$\varepsilon = \frac{Q_L}{W_C} = \frac{Q_L}{Q_H - Q_L} = \frac{T_L}{T_H - T_L}$$

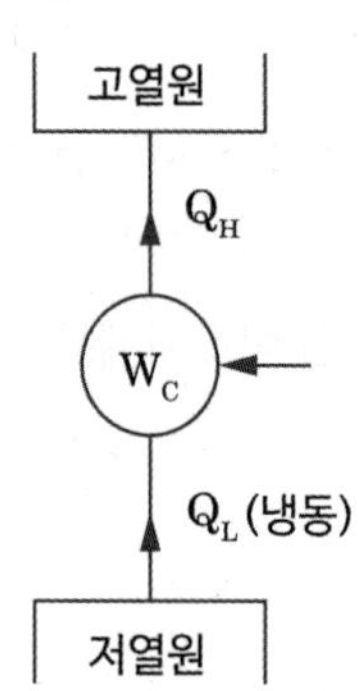

ε : 냉동기의 성적(성능) 계수
Q_H : 고열원으로 버리는 열량
Q_L : 저열원으로부터 흡수하는 열량
W_C : 압축기의 소요열($W_C = Q_H - Q_L$)
T_L : 저온, T_H : 고온

06 증기

1 정압하에서의 증발 ★★

순수물질인 물을 밀폐된 실린더 속에 넣고 일정한 * ☐ 상태에서 가열하면 온도가 상승하면서 물이 수증기로 증발하여 아래와 같은 과정으로 변화함(모든 순수물질은 동일한 일반적 거동을 나타냄)

압력

구분			x / $1-x$		
명칭	압축수 (과냉액체)	포화수 (포화액)	* ☐ (= 습포화증기)	건포화증기 (= 포화증기)	과열증기
건도 (x)	$x=0$	$x=0$	$0 < x < 1(100\,[\%])$	$x=1(100\,[\%])$	$x=1(100\,[\%])$

습증기

2 명칭

1) 압축수

포화온도 이하의 액체이며, 물이 아닌 액체일 때는 '압축액' 또는 '과냉액체'라 함

2) 포화수

포화온도에 도달한 물로서 증발 직전의 상태. 물이 아닌 액체일 때는 '포화액'이라 하며, 이때 포화수의 압력과 온도를 포화압력, 포화온도라 함

3) 습증기(= 습포화증기)

액체의 일부가 증발하여 액체와 증기가 공존하는 상태. 습증기구역에서는 온도와 압력
이 항상 일정

4) 건포화증기(= 포화증기)

액체가 모두 증기가 된 상태이며, 이때의 온도는 포화온도이고 증기만 존재

5) 과열증기

건포화증기를 다시 가열하면 포화온도 이상의 증기가 되는데, 이 상태의 증기를 '과열증기'라 함

3 건도와 습도

1) 건도(= 건조도) : x

습증기 구역하에서 * [　　　　]의 함유량을 백분율로 나타낸 값

2) 습도(= 습기도) : $1-x$

습증기 구역하에서 * [　　　]의 함유량을 백분율로 나타낸 값

건포화증기

포화수

PART

02 소방기계시설의 구조 및 원리

CHAPTER 01 소화기구 및 자동소화장치

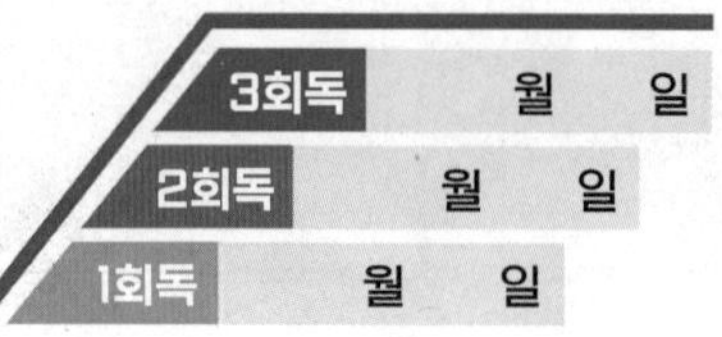

01 소화기구 및 자동소화장치의 종류

1 소화기구의 종류

(1) 소화기 : 소화약제를 압력에 따라 방사하는 기구로서 사람이 수동으로 조작하여 소화하는 것(소형소화기, 대형소화기)

(2) 자동확산소화기 : 화재를 감지하여 자동으로 소화약제를 방출 확산시켜 국소적으로 소화하는 다음 각 소화기를 말한다.

① 일반화재용 자동확산소화기(보일러실, 건조실, 세탁소, 대량화기취급소 등에 설치)

② 주방화재용 자동확산소화기(음식점, 다중이용업소, 호텔, 기숙사, 의료시설, 업무시설, 공장 등의 주방에 설치)

③ 전기설비용 자동확산소화기(변전실, 송전실, 변압기실, 배전반실, 제어반 등에 설치)

(3) 간이소화용구

① 1) [ ] 소화용구

② 2) [ ] 소화용구

③ 3) [ ] 소화용구

④ 4) [ ]을 이용한 간이소화용구

1) 에어로졸식
2) 투척용
3) 소공간용
4) 소화약제 외의 것

2 자동소화장치의 정의 및 종류

(1) 자동소화장치 : 소화약제를 자동으로 방사하는 고정된 소화장치

(2) 자동소화장치의 종류 ★★

① 5) [ ]

② 상업용 주방자동소화장치

③ 캐비닛형 자동소화장치

④ 6) [ ]

⑤ 고체에어로졸자동소화장치

⑥ 분말자동소화장치

5) 주거용 주방자동소화장치

6) 가스자동소화장치

암기 주상께(캐)가고픈(분)

02 소화기구

1 소화기의 능력단위에 의한 분류

(1) 소형 소화기 : 능력단위가 1단위 이상이고, 대형소화기의 능력단위 미만인 소화기

(2) 대형 소화기 : 화재 시 사람이 운반할 수 있도록 운반대와 바퀴가 설치되어 있고, 능력단위가 A급 1) ☐ 단위 이상, B급 2) ☐ 단위 이상인 소화기

1) 10
2) 20

2 소화기의 설치기준

(1) 특정소방대상물의 각 층마다 설치하되, 각 층이 2 이상의 거실로 구획된 경우에는 각 층마다 설치하는 것 외에 바닥면적이 33 [m^2] 이상으로 구획된 각 거실에도 배치할 것

(2) 특정소방대상물의 각 부분으로부터 1개의 소화기까지의 보행거리가 소형소화기의 경우에는 3) ☐ [m] 이내, 대형소화기의 경우에는 30 [m] 이내가 되도록 배치할 것

3) 20

3 소화약제 외의 것을 이용한 간이소화용구의 능력단위 ★

간이소화용구		능력단위
마른모래	삽을 상비한 1) ☐ [L] 이상의 것 1포	0.5 단위
팽창질석 또는 팽창진주암	삽을 상비한 80 [L] 이상의 것 1포	2) ☐ 단위

1) 50
2) 0.5

4 이산화탄소 또는 할로겐화합물을 방출하는 소화기구(* ☐ 제외) 설치가 불가능한 장소

자동확산소화기

지하층이나 * ☐ 또는 밀폐된 거실로서 그 바닥면적이 20 [m^2] 미만의 장소. 다만 배기를 위한 유효한 개구부가 있는 장소인 경우는 제외

무창층

5 특정소방대상물에 따른 소화기구 능력단위기준 ★★★

특정소방대상물	소화기구의 능력단위
1. 위락시설	해당용도의 바닥면적 30 [m^2]마다 능력단위 1단위 이상
2. 공연장, 집회장, 관람장, 문화재, 장례식장 및 의료시설	해당용도의 바닥면적 1) ☐ [m^2]마다 능력단위 1단위 이상

1) 50

2) 노유자시설
3) 100

특정소방대상물	소화기구의 능력단위
3. 근린생활시설, 판매시설, 운수시설, 숙박시설, 2) ______, 전시장, 공동주택, 업무시설, 방송통신시설, 공장, 창고시설, 항공기 및 자동차 관련 시설 및 관광휴게시설	해당용도의 바닥면적 3) ☐ [m^2]마다 능력단위 1단위 이상
4. 그 밖의 것	해당용도의 바닥면적 200 [m^2]마다 능력단위 1단위 이상
[비고] 소화기구의 능력단위를 산출함에 있어서 주요구조부가 내화구조이고, 벽 및 반자의 실내에 면하는 부분이 불연재료·준불연재료 또는 난연재료로 된 특정대상물에 있어서는 위 표의 바닥면적의 4) ☐배를 해당 특정소방대상물의 기준면적으로 한다.	

4) 2

6 부속용도별로 추가해야 할 소화기구 및 자동소화장치 ★★★

1) 25

용도별	소화기구의 능력단위
1. 다음 각 목의 시설(다만 스프링클러설비·간이스프링클러설비·물분무등소화설비 또는 상업용 주방자동소화장치가 설치된 경우에는 자동확산소화기를 설치하지 않을 수 있다) 가. 보일러실·건조실·세탁소·대량화기취급소 나. 음식점(지하가의 음식점을 포함)·다중이용업소·호텔·기숙사·노유자시설·의료시설·업무시설·공장·장례식장·교육연구시설·교정 및 군사시설의 주방(다만 의료시설·업무시설 및 공장의 주방은 공동취사를 위한 것에 한함) 다. 관리자의 출입이 곤란한 변전실·송전실·변압기실 및 배전반실(불연재료로 된 상자 안에 장치된 것을 제외함)	1. 해당용도의 바닥면적 1) ☐ [m^2] 마다 능력단위 1단위 이상의 소화기로 할 것. 이 경우 나목의 주방에 설치하는 소화기 중 1개 이상은 주방화재용 소화기(K급)로 설치해야 한다. 2. 자동확산소화기는 해당용도의 바닥면적을 기준으로 10 [m^2] 이하는 1개, 10 [m^2] 초과는 2개 이상 설치하되, 보일러, 조리기구, 변전설비 등 방호대상에 유효하게 분사될 수 있는 위치에 배치될 수 있는 수량으로 설치할 것
2. 발전실·변전실·송전실·변압기실·배전반실·통신기기실·전산기기실·기타 이와 유사한 시설이 있는 장소(다만 제1호 다목의 장소를 제외한다)	해당 용도의 바닥면적 2) ☐ [m^2]마다 적응성이 있는 소화기 1개 이상 또는 유효설치방호체적 이내의 가스·분말·고체에어로졸 자동소화장치, 캐비닛형 자동소화장치
3. 마그네슘 합금 칩을 저장 또는 취급하는 장소	금속화재용 소화기(D급) 1개 이상을 금속재료로부터 보행거리 3) ☐ [m] 이내로 설치할 것

2) 50

3) 20

03 자동소화장치

1 주거용 주방자동소화장치 설치기준

1) 소화약제 방출구는 환기구(주방에서 발생하는 열기류 등을 밖으로 배출하는 장치)의 청소 부분과 분리되어 있어야 함
2) 감지부는 형식승인 받은 유효한 높이 및 위치에 설치할 것
3) 차단장치(가스 또는 전기)는 상시 확인 및 점검이 가능하도록 설치할 것 ★
4) 가스용 주방자동소화장치를 사용하는 경우 탐지부의 설치 위치 ★
   (1) 수신부와 분리하여 설치
   (2)

공기보다 가벼운 가스 (LNG)	천장 면으로부터 1) □ [cm] 이하의 위치에 설치
공기보다 무거운 가스 (LPG)	2) □ 면으로부터 30 [cm] 이하의 위치에 설치

답 1) 30
2) 바닥

5) 수신부
   (1) 주위의 열기류 또는 습기 등과 주위온도 영향을 받지 않게 설치
   (2) 사용자가 상시 볼 수 있는 장소에 설치

04 소화기의 형식승인 및 제품검사의 기술기준

1 사용온도범위

다음의 온도범위에서 사용할 경우 소화 및 방사의 기능을 유효하게 발휘할 수 있는 것이어야 함

1) 강화액소화기, 분말소화기 : * □ [℃] 이상 40 [℃] 이하
2) 그 밖의 소화기 : 0 [℃] 이상 40 [℃] 이하

답 -20

2 대형소화기에 충전하는 소화약제의 양

소화기 구분	충전량	소화기 구분	충전량
물	80 [L] 이상	이산화탄소	50 [kg] 이상
강화액	1) □ [L] 이상	할로겐화물	30 [kg] 이상
포	20 [L] 이상	분말	2) □ [kg] 이상

답 1) 60
2) 20

3

3 A급 소화기의 소화능력시험

1) 모형 배열 시 모형 간의 간격은 3 [m] 이상으로 함
2) 소화는 최초의 모형에 불을 붙인 다음 *□분 후에 시작하되, 불을 붙인 순으로 함★
3) 소화는 무풍 상태(풍속 0.5 [m/s] 이하)와 사용 상태에서 실시
4) 소화약제의 방사가 완료된 때 잔염(불꽃을 알아볼 수 있는 상태)이 없어야 하며, 방사완료 후 2분 이내에 다시 불타지 아니한 경우 그 모형은 완전히 소화된 것으로 봄

CHAPTER 02 옥내소화전설비

01 옥내소화전설비 수원

1 수원의 양(전용 수원, 지하 수원) ★★★

층수	수원의 양
29층 이하	N(최대 1)□개) × 130 [L/min] × 2)□ [min](= N × 2.6 [m³])
30층 이상 49층 이하	N(최대 5개) × 130 [L/min] × 40 [min](= N × 5.2 [m³])
50층 이상	N(최대 5개) × 130 [L/min] × 60 [min](= N × 7.8 [m³])

※ N : 옥내소화전의 설치개수가 가장 많은 층의 설치개수 (최대 2개, 30층 이상은 최대 5개)

1) 2
2) 20

2 옥상수조 수원의 양 ★★★

옥내소화전설비의 수원은 유효수량 외에 유효수량의 3)□ 이상을 옥상에 설치해야 한다. 다만 다음의 어느 하나에 해당하는 경우에는 그렇지 않다.

3) 1/3

[옥상수조 실치 제외 기준]

(1) 4)□ 만 있는 건축물
(2) 5)□ 를 가압송수장치로 설치한 경우
(3) 수원이 건축물의 최상층에 설치된 방수구보다 높은 위치에 설치된 경우
(4) 건축물의 높이가 지표면으로부터 6)□ [m] 이하인 경우
(5) 주펌프와 동등 이상의 성능이 있는 별도의 펌프로서 내연기관의 기동과 연동하여 작동되거나 비상전원을 연결하여 설치한 경우
(6) 학교·공장·창고시설로서 동결의 우려가 있는 장소에 있어서는 기동스위치에 보호판을 부착하여 옥내소화전함 내에 설치한 경우
(7) 7)□ 를 가압송수장치로 설치한 경우

4) 지하층
5) 고가수조
6) 10
7) 가압수조

02 기동용 수압개폐장치 및 가압송수장치

1 가압송수장치(펌프) 설치기준

0.17

1) 방수압력 : *☐ [MPa] 이상 0.7 [MPa] 이하(초과 시 호스접결구 인입 측에 감압장치 설치) ★

130

2) 방수량 : *☐ [L/min] 이상

130

3) 펌프 토출량 : N × *☐ [L/min] 이상

※ N : 옥내소화전의 설치개수가 가장 많은 층의 설치개수
(29층 이하 최대 2개, 30층 이상 최대 5개)

1) 토출
2) 흡입

4) 펌프 1)☐ 측에는 압력계를 체크밸브 이전에 펌프 토출 측 플랜지에서 가까운 곳에 설치하고, 2)☐ 측에는 연성계 또는 진공계를 설치할 것. 다만 수원의 수위가 펌프의 위치보다 높거나 수직회전축 펌프의 경우에는 연성계 또는 진공계를 설치하지 않을 수 있음

5) 가압송수장치에는 정격부하운전 시 펌프의 성능을 시험하기 위한 배관을 설치할 것, 다만 충압펌프는 제외

6) 가압송수장치에는 체절운전 시 수온 상승방지를 위한 순환배관을 설치할 것, 다만 충압펌프는 제외

7) 가압송수장치가 기동이 된 경우 자동으로 정지되지 않도록 할 것, 다만 충압펌프는 제외

물올림장치

8) 수원의 수위가 펌프보다 낮은 위치에 있는 가압송수장치에는 다음의 기준에 따른 *☐를 설치할 것 ★

⑴ 물올림장치에는 전용의 수조 설치할 것

100

⑵ 수조의 유효수량은 *☐ [L] 이상으로 하되, 구경 15 [mm] 이상의 급수배관에 따라 해당 수조에 물이 계속 보급되도록 할 것

100

9) 기동용 수압개폐장치를 압력챔버로 사용하는 경우 그 내용적은 *☐ [L] 이상으로 할 것

10) 부식 등으로 인한 펌프의 고착방지(단, 충압펌프는 제외) → **수계소화설비 공통**

⑴ 임펠러는 청동 또는 스테인리스 등 부식에 강한 재질을 사용할 것

⑵ 펌프축은 스테인리스 등 부식에 강한 재질을 사용할 것

11) 펌프의 양정 [m] ★★★

전양정 $H = h_1 + h_2 + h_3 + 17$

h_1 : 소방용 호스 마찰손실수두 [m]
h_2 : 배관의 마찰손실수두 [m]
h_3 : 낙차(실양정) [m]
17 : 옥내소화전 최소 방수압 환산수두 [m] (0.17 [MPa])

※ 호스릴옥내소화전설비 포함

2 고가수조의 자연낙차에 의한 가압송수장치 ★★

1) 고가수조 자연낙차수두 [m]

필요한 낙차 $H = h_1 + h_2 + 17$

h_1 : 소방용 호스 마찰손실수두 [m]
h_2 : 배관의 마찰손실수두 [m]
17 : 옥내소화전 최소 방수압 환산수두 [m] (0.17 [MPa])

※ 호스릴옥내소화전설비 포함

2) 고가수조 구성설비 ★

수위계 · 1) [　　] · 급수관 · 2) [　　] 및 맨홀을 설치

1) 배수관
2) 오버플로우관

3 압력수조에 의한 가압송수장치 ★★

1) 압력수조의 압력 [MPa]

필요한 압력 $P = p_1 + p_2 + p_3 + 0.17$

p_1 : 소방용 호스 마찰손실수두압 [MPa]
p_2 : 배관의 마찰손실수두압 [MPa]
p_3 : 낙차의 환산수두압 [MPa]
0.17 : 옥내소화전 최소 방수압력 [MPa]

※ 호스릴옥내소화전설비 포함

2) 압력수조 구성설비 ★

수위계 · 배수관 · 급수관 · 1) [　　] · 맨홀 · 2) [　　] · 안전장치 및 자동식 공기압축기를 설치

1) 급기관
2) 압력계

4 가압수조에 의한 가압송수장치

(1) 가압원인 압축공기 또는 불연성 기체의 압력으로 소화용수를 가압하여 그 압력으로 급수하는 수조를 사용한다.

(2) 가압수조 및 가압원은 별도의 방화 구획된 장소에 설치한다.

03 배관

1 사용압력에 따른 배관의 종류 ★

1) 1.2

사용압력	배관의 종류
1) ☐ [MPa] 미만	• 배관용 탄소강관(KS D 3507) • 이음매 없는 구리 및 구리합금관(KS D 5301) (단, 습식의 배관에 한함) • 배관용 스테인리스강관(KS D 3576) 또는 일반 배관용 스테인리스강관(KS D 3595) • 덕타일 주철관(KS D 4311)
1) ☐ [MPa] 이상	• 압력 배관용 탄소강관(KS D 3562) • 배관용 아크 용접 탄소강강관(KS D 3583)

2) 지하
3) 내화구조
4) 불연재료
5) 준불연재료
6) 소화수

보충 소방용 합성수지배관으로 설치할 수 있는 경우 ★

(1) 배관을 2) ☐ 에 매설하는 경우

(2) 다른 부분과 3) ☐ 로 구획된 덕트 또는 피트의 내부에 설치하는 경우

(3) 천장과 반자를 4) ☐ 또는 5) ☐ 로 설치하고, 소화배관 내부에 항상 6) ☐ 가 채워진 상태로 설치하는 경우

2 펌프흡입 측 배관의 설치기준

(1) 공기고임이 생기지 아니하는 구조로 하고, 여과장치를 설치할 것

(2) 수조가 펌프보다 낮게 설치된 경우에는 각 펌프(충압펌프를 포함)마다 수조로부터 별도로 설치할 것

3 옥내소화전 설비의 배관의 구경 ★★★

구분	주배관	가지배관
호스릴방식	32 [mm] 이상	25 [mm] 이상
일반적인 방식	* □ [mm] 이상	40 [mm] 이상
연결송수관설비의 배관과 겸용	100 [mm] 이상	65 [mm] 이상

※ 펌프의 토출 측 주배관의 구경은 유속이 * □ [m/s] 이하가 될 수 있는 크기 이상으로 해야 함

50

4

4 펌프의 성능시험배관

1) 펌프 성능은 체절운전 시 정격토출압력의 1) □ [%]를 초과하지 않고, 정격토출량의 150 [%]로 운전 시 정격토출압력의 2) □ [%] 이상 되어야 한다.

1) 140
2) 65

2) 성능시험배관은 펌프의 토출 측에 설치된 개폐밸브 * □에서 분기하여 직선으로 설치

이전

3) 유량측정장치를 기준으로 전단 직관부에는 1) □를 후단 직관부에는 2) □를 설치할 것(이 경우 개폐밸브와 유량측정장치 사이의 직관부 거리 및 유량측정장치와 유량조절밸브 사이의 직관부 거리는 해당 유량측정장치 제조사의 설치사양에 따르고, 성능시험배관의 호칭지름은 유량측정장치의 호칭지름에 따름)

1) 개폐밸브
2) 유량조절밸브

4) 유량측정장치는 펌프의 정격토출량의 * □ [%] 이상까지 측정할 수 있는 성능이 있을 것

175

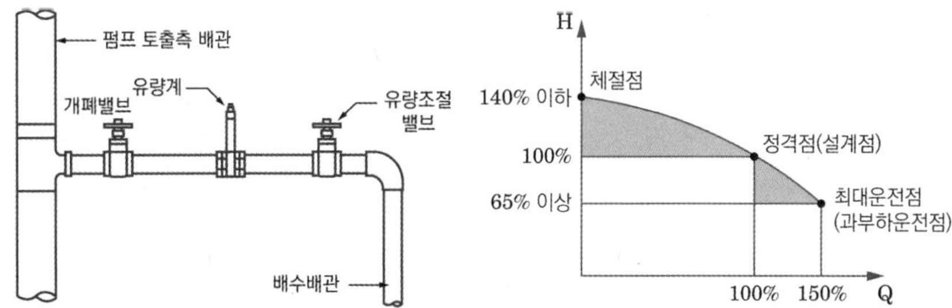

5 순환배관

(1) 설치목적 : 체절운전 시 수온의 상승을 방지하기 위해

(2) 분기위치 : 체크밸브와 펌프 사이에서 분기

(3) 구경 및 개방압력 : 1) □ [mm] 이상의 배관에 체절압력 2) □ 에서 개방되는 릴리프밸브를 설치할 것 ★★

1) 20
2) 미만

6 그 밖의 배관 설치기준

1) 동결방지조치를 하거나 동결의 우려가 없는 장소에 설치할 것(보온재를 사용할 경우에는 난연재료 성능 이상의 것)
2) 급수배관에 설치되어 급수를 차단할 수 있는 개폐밸브는 개폐표시형으로 하여야 함
   펌프 흡입 측 배관에는 1) [　　　]밸브 외의 2) [　　　] 밸브를 설치할 것
3) 배관은 다른 설비의 배관과 쉽게 구분이 될 수 있는 위치, 적색으로 식별이 가능하도록 소방용 설비의 배관임을 표시할 것

1) 버터플라이
2) 개폐표시형

7 송수구 설치기준

1) 소방차가 쉽게 접근할 수 있는 잘 보이는 장소에 설치하되 화재층으로부터 지면으로 떨어지는 유리창 등이 송수 및 그 밖의 소화작업에 지장을 주지 않는 장소에 설치할 것
2) 송수구로부터 주 배관에 이르는 연결배관에는 개폐밸브를 설치하지 않을 것
3) 설치높이 : 지면으로부터 1) [　] [m] 이상 2) [　] [m] 이하
4) 구경 : 65 [mm] 쌍구형 또는 단구형
5) 송수구의 가까운 부분에 자동배수밸브 및 체크밸브를 설치
6) 송수구에는 이물질을 막기 위한 마개를 씌울 것

1) 0.5
2) 1

04 함 및 방수구 등

1 옥내소화전설비의 함

1) 함의 재질은 두께 1) [　] [mm] 이상의 강판 또는 두께 2) [　] [mm] 이상의 합성수지재로 할 것
2) 문짝의 면적은 * [　] [m^2] 이상으로 할 것
3) 옥내소화전설비의 함에는 그 표면에 "소화전"이라는 표시를 해야 함
4) 옥내소화전설비의 함 가까이 보기 쉬운 곳에 그 사용요령을 기재한 표지판을 붙여야 함
   (1) 표지판을 함의 문에 붙이는 경우 : 문의 내부 및 외부 모두 부착
   (2) 사용요령 : 외국어와 시각적인 그림을 포함하여 작성해야 함

1) 1.5
2) 4

0.5

2 방수구 ★

1) 특정소방대상물의 층마다 설치하되, 해당 특정소방대상물의 각 부분으로부터 하나의 옥내소화전 방수구까지의 수평거리가 *☐ [m] 이하가 되도록 할 것
2) 바닥으로부터의 높이가 *☐ [m] 이하가 되도록 할 것
3) 호스는 구경 40 [mm](호스릴옥내소화전 : 25 [mm]) 이상의 것으로서 특정소방대상물의 각 부분에 물이 유효하게 뿌려질 수 있는 길이로 설치할 것
4) 호스릴옥내소화전설비의 경우 노즐을 쉽게 개폐할 수 있는 장치를 부착할 것

25

1.5

3 표시등

1) 위치를 표시하는 표시등 : 함의 상부에 설치
2) 가압송수장치의 기동을 표시하는 표시등 : 옥내소화전함의 상부 또는 그 직근에 설치하되 적색등으로 할 것

4 방수구의 설치 제외 ★★★

불연재료로 된 특정소방대상물 또는 그 부분으로서 다음의 어느 하나에 해당하는 곳에는 옥내소화전 방수구를 설치하지 않을 수 있다.

1) 냉장창고 중 온도가 영하인 냉장실 또는 냉동창고의 냉동실
2) 고온의 노가 설치된 장소 또는 물과 격렬하게 반응하는 물품의 저장 또는 취급 장소
3) 발전소 · 변전소 등으로서 *☐이 설치된 장소
4) 식물원 · 수족관 · 목욕실 · 수영장(*☐ 부분을 제외한다) 또는 그 밖의 이와 비슷한 장소
5) 1)☐음악당 · 1)☐극장 또는 그 밖의 이와 비슷한 장소

전기시설

관람석

1) 야외

CHAPTER
03 옥외소화전설비

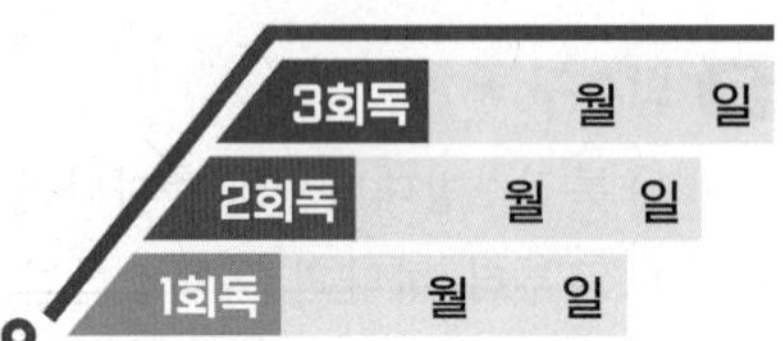

1 수원의 양 ★★★

$$N \times 350\ [L/min] \times 20\ [min]\ (= N \times 7\ m^3)$$

N : 옥외소화전 설치개수(최대 2개)

1) 0.25
2) 350

(1) 방수압력 : 1) ☐ [MPa] 이상 0.7 [MPa] 이하(0.7 [MPa] 초과 시 감압)
(2) 방수량 : 2) ☐ [L/min] 이상

2 배관

3) 40

(1) 호스접결구는 지면으로부터 높이가 0.5 [m] 이상 1 [m] 이하의 위치에 설치하고 특정소방대상물의 각 부분으로부터 하나의 호스접결구까지의 수평거리가 3) ☐ [m] 이하가 되도록 설치해야 한다. ★
(2) 호스는 구경 65 [mm]의 것으로 해야 한다.

3 옥외소화전함

4) 5

(1) 구성 : 옥외소화전 4) ☐ [m] 이내에 옥외소화전함이 설치되며 상단부에는 기동표시등, 위치표시등을 설치하고, 하단부에는 호스 및 관창 등을 구비 화재 시 옥외소화전에 연결하여 건물 외부 소화에 사용
(2) 옥외소화전함의 설치개수

5) 1
6) 11
7) 3

옥외소화전	옥외소화전함의 개수
10 [개] 이하	옥외소화전마다 5 [m] 이내의 장소에 5) ☐ [개] 이상 설치
11 [개] 이상 30 [개] 이하	6) ☐ [개] 이상의 소화전함을 각각 분산하여 설치
31 [개] 이상	옥외소화전 7) ☐ [개]마다 1 [개] 이상 설치

CHAPTER 04 스프링클러설비

01 스프링클러설비의 종류 ★★★

구분	밸브 1차 측	밸브 2차 측	헤드의 종류	밸브의 종류(명칭/도시기호)		감지기 설치유무
습식	가압수	가압수	폐쇄형	습식 유수검지장치 (알람체크밸브)		×
건식		압축공기 또는 질소		건식 유수검지장치 (드라이밸브)		×
준비 작동식		1) [ ]		준비작동식 유수검지장치 (프리액션밸브)	P	○
부압식		부압수		준비작동식 유수검지장치 (프리액션밸브)	P	○
일제 살수식		대기압	2) [ ]	일제개방밸브 (델류지밸브)	D	○

1) 대기압

2) 개방형

1 습식 스프링클러설비

1) 정의 및 구성요소

(1) 가압송수장치에서 폐쇄형 스프링클러헤드까지 배관 내에 항상 물이 가압되어 있다가 헤드 개방 시 배관 내에 유수가 발생하여 습식 유수검지장치가 작동하게 되는 스프링클러설비

(2) 구성요소 : 알람체크밸브, 압력스위치

2) 3) [ ]의 사용 목적

누수로 인한 습식 유수검지장치의 오동작 방지를 위한 안전장치

3) 리타딩 챔버

2 건식 스프링클러설비

1) 정의

건식 유수검지장치 2차 측의 압축공기 또는 질소 등의 기체로 충전된 배관에 폐쇄형 헤드가 개방되어 배관 내의 압축공기 등이 방출되면 건식 유수검지장치 1차 측 수압에 의하여 건식 유수검지장치가 작동하게 되는 스프링클러설비

2) 구성요소

(1) 공기압축기 : 건식밸브 2차 측에 연결되어 압축공기 상태를 유지

(2) 급속개방기구

① * [　　　　] : 2차 측 압축공기 일부를 클래퍼 하부로 보내는 장치로, 클래퍼가 쉽게 개방되도록 하는 장치

엑셀레이터

② * [　　　　] : 2차 측의 압축공기를 대기 중으로 신속하게 방출하여 클래퍼가 신속하게 개방되도록 하는 장치

익져스터

3 준비작동식 스프링클러설비

가압송수장치에서 준비작동식 유수검지장치 1차 측까지 배관 내에 항상 물이 가압되어 있고, 2차 측에서 폐쇄형 스프링클러헤드까지 대기압 또는 저압 상태로 있다가 화재 발생 시 감지기의 작동으로 준비작동식 유수검지장치가 작동하여 폐쇄형 스프링클러헤드까지 소화수가 송수되어 폐쇄형 스프링클러헤드가 열에 따라 개방되는 방식의 스프링클러설비

[교차회로방식] ★★

1. 정의 : 하나의 방호 구역 내에서 2 이상의 화재감지기 회로를 설치하고 인접한 2 이상의 화재감지기가 동시에 감지되는 때에 설비가 작동하는 방식
2. 적용설비

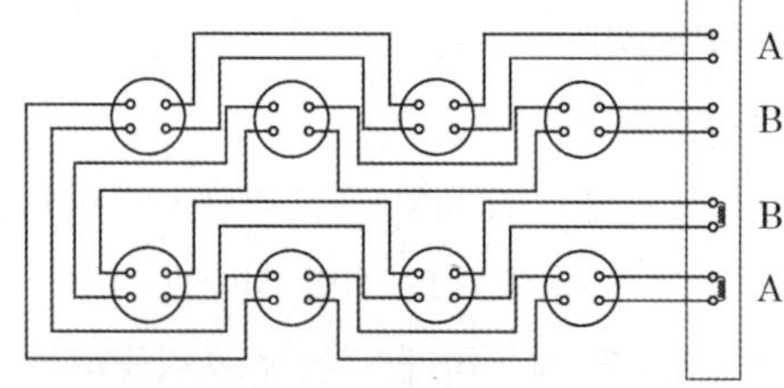

① 준비작동식 스프링클러설비
② 일제살수식 스프링클러설비
③ 이산화탄소소화설비
④ 할론소화설비
⑤ 할로겐화합물 및 불활성기체 소화설비
⑥ 분말소화설비

3. 교차회로 방식의 적용목적 : * [　　　　]

설비의 오동작 방지

4 일제살수식 스프링클러설비

가압송수장치에서 일제개방밸브 1차 측까지 배관 내에 항상 물이 가압되어 있고, 2차 측에서 개방형 스프링클러헤드까지 대기압으로 있다가 화재 발생 시 자동감지장치 또는 수동식 기동장치의 작동으로 일제개방밸브가 개방되면 스프링클러헤드까지 소화수가 송수되는 방식의 스프링클러설비

5 부압식 스프링클러설비

가압송수장치에서 준비작동식 유수검지장치의 1차 측까지는 항상 정압(+)의 물이 가압되고, 2차 측 폐쇄형 스프링클러헤드까지는 소화수가 부압(-)으로 되어 있다가 화재 시 감지기의 작동에 의해 정압(+)으로 변하여 유수가 발생하면 작동하는 스프링클러설비

02 수원

1 수원의 양(유효수량)

1) 폐쇄형 스프링클러헤드 경우 ★★★

(1) 수원의 양

층수	수원의 양
29층 이하	N(기준개수) × 80 [L/min] × □ [min](= N × 1.6 [m^3])
30층 이상 49층 이하	N(기준개수) × 80 [L/min] × 40 [min](= N × 3.2 [m^3])
50층 이상	N(기준개수) × 80 [L/min] × 60 [min](= N × 4.8 [m^3])

※ N : 스프링클러설비 설치장소별 스프링클러헤드의 기준개수 [스프링클러헤드의 설치개수가 가장 많은 층에 설치된 스프링클러헤드의 개수가 기준개수보다 작은 경우에는 그 설치개수를 말함]

20

1) 공장

2) 판매시설

3) 8

(2) 설치장소별 기준개수

<table>
<tr><th colspan="3">설치장소</th><th>기준 개수</th></tr>
<tr><td rowspan="6">지하층을 제외한 층수가 10층 이하인 특정소방대상물</td><td rowspan="2">1) ______</td><td>특수가연물 저장·취급하는 것</td><td>30개</td></tr>
<tr><td>그 밖의 것</td><td>20개</td></tr>
<tr><td rowspan="2">근린생활시설, 판매시설·운수시설 또는 복합건축물</td><td>2) ______ 또는 복합건축물
(2) ______ 이 설치되는 복합건축물)</td><td>30개</td></tr>
<tr><td>그 밖의 것</td><td>20개</td></tr>
<tr><td rowspan="2">그 밖의 것</td><td>헤드의 부착 높이가 3) ___ [m] 이상인 것</td><td>20개</td></tr>
<tr><td>헤드의 부착 높이가 3) ___ [m] 미만인 것</td><td>10개</td></tr>
<tr><td colspan="3">지하층을 제외한 층수가 11층 이상인 소방대상물(아파트 제외)·지하가 또는 지하역사</td><td>30개</td></tr>
<tr><td rowspan="2">아파트등</td><td colspan="2">아파트등의 각 동이 주차장으로 서로 연결되지 않은 구조인 경우</td><td>10개</td></tr>
<tr><td colspan="2">아파트등의 각 동이 주차장으로 서로 연결된 구조인 경우</td><td>30개</td></tr>
<tr><td colspan="3">라지드롭형 스프링클러헤드를 설치한 창고시설</td><td>30개</td></tr>
</table>

[비고] 하나의 소방대상물이 2 이상의 "스프링클러헤드의 기준개수"란에 해당하는 때에는 기준개수가 많은 것을 기준으로 한다. 다만 각 기준개수에 해당하는 수원을 별도로 설치하는 경우에는 그렇지 않다.

※ 아파트등과 라지드롭형 스프링클러헤드를 설치한 창고시설에 대한 기준은 공동주택의 화재안전기술기준(NFTC 608), 창고시설의 화재안전기술기준(NFTC 609)에 명시되어 있음

2) 개방형 스프링클러헤드 경우

(1) 최대 방수구역에 설치된 헤드의 개수가 30개 이하일 경우

$$Q = N(\text{설치헤드수}) \times 1.6\,[m^3]$$

Q : 수원의 저수량 [m^3], N : 개방형 헤드 설치개수 [개]

(2) 설치된 헤드의 개수가 30개를 초과하는 경우 : 수리계산에 따라 산출

2 옥상수조

1) 스프링클러설비 수원은 유효수량 외의 3분의 1 이상을 옥상에 설치하여야 한다.

2) 옥상수조 설치 제외

(1) * ☐ 만 있는 건축물

(2) * ☐ 를 가압송수장치로 설치한 경우

(3) 수원이 건축물의 최상층에 설치된 헤드보다 높은 위치에 설치된 경우

(4) 건축물의 높이가 지표면으로부터 * ☐ [m] 이하인 경우

(5) 가압수조를 가압송수장치로 설치한 경우

(6) 주펌프와 동등 이상의 성능이 있는 별도의 펌프로서 내연기관의 기동과 연동하여 작동되거나 비상전원을 연결하여 설치한 경우

지하층

고가수조

10

03 가압송수장치

1 가압송수장치(펌프) 설치기준

1) 방수압력 : * ☐ [MPa] 이상 1.2 [MPa] 이하

2) 방수량 : * ☐ [L/min] 이상

3) 펌프 토출량 :
N(폐쇄형 스프링클러헤드의 경우 기준개수) × 80 [L/min]

4) 펌프의 양정 [m]

전양정 $H = h_1 + h_2 + 10$

h_1 : 배관의 마찰손실수두 [m]
h_2 : 낙차(실양정) [m]
10 : 스프링클러 최소 방수압 환산수두 [m] (0.1 [MPa])

0.1

80

2 고가수조방식(높이에 따른 자연낙차압력을 이용)

1) 고가수조 자연낙차수두 [m]

필요한 낙차 $H = h_1 + 10$

h_1 : 배관의 마찰손실수두 [m]
10 : 스프링클러 최소 방수압 환산수두 [m] (0.1 [MPa])

2) 고가수조 구성설비
1) ☐ · 배수관 · 2) ☐ · 오버플로우관 및 맨홀을 설치

1) 수위계
2) 급수관

❸ 압력수조방식

1) 압력수조의 압력 [MPa]

필요한 압력 $P = p_1 + p_2 + 0.1$

p_1 : 낙차의 환산수두압 [MPa]
p_2 : 배관의 마찰손실수두압 [MPa]
0.1 : 스프링클러 최소 방수압력 [MPa]

2) 압력수조 구성설비
수위계·배수관·급수관·급기관·1) [ ]·압력계·2) [ ] 및 자동식 공기압축기를 설치

1) 맨홀
2) 안전장치

❹ 가압수조방식

1) 가압수조의 압력은 방수량 및 방수압이 20분 이상 유지
2) 가압수조 및 가압원은 방화구획된 장소에 설치

04 스프링클러설비의 방호구역, 방수구역 및 유수검지장치

❶ 폐쇄형 스프링클러설비의 방호구역 및 유수검지장치

1) 하나의 방호구역 바닥면적 : 1) [ ] [m²] 이하 ★
2) 유수검지장치 설치 개수 : 하나의 방호구역에는 1개 이상 설치
3) 하나의 방호구역은 2개 층에 미치지 않도록 할 것(단, 1개 층에 설치되는 스프링클러헤드의 수가 10개 이하인 경우와 복층형 구조의 공동주택에는 3개 층 이내로 할 수 있음)
4) 유수검지장치 설치높이 : 2) [ ] 3) [ ] [m] 이상 4) [ ] [m] 이하의 위치의 위치
5) 유수검지장치실 출입문 크기 : 가로 0.5 [m] 이상, 세로 1 [m] 이상
6) 스프링클러헤드에 공급되는 물은 유수검지장치를 지나도록 할 것. 다만 송수구를 통하여 공급되는 물은 그렇지 않다.
7) 조기반응형 스프링클러헤드를 설치하는 경우에는 습식유수검지장치 또는 부압식 스프링클러설비를 설치할 것

1) 3000

2) 바닥으로부터
3) 0.8
4) 1.5

❷ 개방형 스프링클러설비의 방수구역 및 일제개방밸브

1) 하나의 방수구역은 2개 층에 미치지 않도록 할 것
2) 방수구역마다 일제개방밸브 설치해야 함

3) 하나의 방수구역을 담당하는 헤드의 개수 : *□개 이하로 할 것(단, 2개 이상의 방수구역으로 나눌 경우 : 하나의 방수구역을 담당하는 헤드의 개수는 25개 이상으로 해야 함) ★

50

05 배관

1 급수배관

1) 전용으로 할 것. 단, 스프링클러설비 성능에 지장이 없는 경우 다른 설비와 겸용 가능
2) 급수를 차단하는 개폐밸브는 개폐표시형으로 할 것. 이 경우 펌프의 흡입 측 배관에는 버터플라이밸브 외의 개폐표시형 밸브를 설치해야 함
3) 배관의 구경 ★
   (1) 수리계산에 따르는 경우
      ① 가지배관의 유속 : *□ [m/s] 이하
      ② 그 밖의 배관 유속 : *□ [m/s] 이하
   (2) 규약배관방식(표)에 따르는 경우

6

10

[스프링클러헤드 수별 급수관의 구경] (단위 : mm)

급수관 구경 / 구분	25	32	40	50	65	80	90	100	125	150
가	2	3	5	10	30	60	80	100	160	161 이상
나	2	4	7	15	30	60	65	100	160	161 이상
다	1	2	5	8	15	27	40	55	90	91 이상

① 가 : *□ 헤드를 설치하는 경우
② 나 : 폐쇄형 헤드를 반자 아래의 헤드와 반자 속의 헤드를 동일 가지배관상에 병설
③ 다 : 개방형 헤드(하나의 방수구역이 담당하는 헤드의 개수가 30개 이하), 무대부나 특수가연물을 저장 또는 취급하는 장소에 폐쇄형 헤드를 설치하는 경우

폐쇄형

2 펌프의 흡입 측 배관

1) 버터플라이밸브 외의 개폐표시형 밸브 설치 ★
2) 공기고임이 생기지 않는 구조로 하고 여과장치 설치할 것
3) 수조가 펌프보다 낮게 설치된 경우에는 각 펌프(충압펌프를 포함)마다 수조로부터 *□로 설치할 것

별도

3 펌프의 성능시험배관

1) 펌프 성능은 체절운전 시 정격토출압력의 140 [%]를 초과하지 않고, 정격토출량의 150 [%]로 운전 시 정격토출압력의 65 [%] 이상 되어야 한다.
2) 성능시험배관은 펌프의 토출 측에 설치된 개폐밸브 이전에서 분기하여 직선으로 설치
3) 유량측정장치를 기준으로 전단 직관부에는 1) ☐를 후단 직관부에는 2) ☐를 설치할 것
4) 유량측정장치는 펌프의 정격토출량의 * ☐ [%] 이상 측정할 수 있는 성능이 있을 것

1) 개폐밸브
2) 유량조절밸브

175

4 스프링클러설비 배관의 구분

1) 급수배관 : 수원 및 송수구 등으로부터 소화설비에 급수하는 배관
2) 주배관(입상관) : 가압송수장치 또는 송수구 등과 직접 연결되어 소화수를 이송하는 주된 배관으로 각 층을 수직으로 관통하는 수직배관
3) 수평주행배관 : 교차배관으로 물을 공급하는 배관
4) * ☐배관 : 가지배관에 물을 공급하는 배관으로 가지배관의 하부 또는 측면에 설치되어 가지배관과 교차되는 배관
5) * ☐배관 : 스프링클러헤드가 설치되어 있는 배관
6) 수직배수배관 : 유수검지장치 또는 일제개방밸브가 설치된 층마다 물을 배수하는 수직배관

교차

가지

5 가지배관

1) 토너먼트 배관방식이 아닐 것
2) 교차배관에서 분기되는 지점을 기점으로 한쪽 가지배관에 설치되는 헤드 개수 : * ☐개 이하

8

6 교차배관의 위치, 청소구 및 가지배관의 헤드설치

1) 교차배관은 가지배관과 수평으로 설치하거나 가지배관 밑에 설치할 것
2) 교차배관의 최소 구경 : * ☐ [mm] 이상 ★
3) 청소구는 교차배관 끝에 40 [mm] 이상 크기의 개폐밸브를 설치하고, 호스접결이 가능한 나사식 또는 고정배수 배관식으로 할 것 ★
4) 하향식 헤드를 설치하는 경우에 가지배관으로부터 헤드에 이르는 헤드접속배관은 가지관 * ☐에서 분기할 것

40

상부

7 시험장치

1) 시험장치를 설치해야 하는 설비
   (1) 습식 스프링클러설비
   (2) 건식 스프링클러설비
   (3) 부압식 스프링클러설비
2) 시험배관 설치목적
   (1) 유수검지장치의 기능(성능) 확인
   (2) 음향경보장치의 작동 확인
   (3) 제어반의 화재표시등 및 밸브개방표시등 점등 확인
   (4) 펌프의 자동 기동 확인
3) 시험장치 설치기준★
   (1) 습식 및 부압식은 유수검지장치 *☐차 측 배관에 연결하여 설치 — 2
   (2) 건식은 유수검지장치에서 가장 먼 거리에 위치한 *☐에 연결하여 설치. 유수검지장치 2차 측 설비의 내용적이 2840 [L]를 초과하는 건식 스프링클러설비의 경우 시험장치 개폐밸브를 완전 개방 후 1분 이내에 물이 방사되어야 함 — 가지배관 끝
   (3) 시험장치 배관의 구경은 25 [mm] 이상으로 하고, 그 끝에 *☐ 및 개방형 헤드 또는 스프링클러헤드와 동등한 방수성능을 가진 오리피스를 설치할 것. 이 경우 개방형 헤드는 반사판 및 프레임을 제거한 오리피스만으로 설치할 수 있음 — 개폐밸브
   (4) 시험배관의 끝에는 물받이 통 및 배수관을 설치하여 시험 중 방사된 물이 바닥에 흘러내리지 않도록 할 것(단, 목욕실·화장실 또는 그 밖의 곳으로서 배수처리가 쉬운 장소에 시험배관을 설치한 경우는 제외)

8 배관에 설치되는 행거

1) 가지배관
   (1) 헤드의 설치지점 사이마다 1개 이상의 행거를 설치
   (2) 헤드 간의 거리가 3.5 [m] 초과하는 경우에는 *☐ [m] 이내마다 1개 이상 설치 — 3.5
   (3) 상향식 헤드와 행거 사이에는 *☐ [cm] 이상의 간격을 둘 것 — 8
2) 교차배관
   (1) 가지배관과 가지배관 사이마다 1개 이상의 행거를 설치
   (2) 가지배관 사이의 거리가 4.5 [m] 초과하는 경우 *☐ [m] 이내마다 1개 이상 설치 — 4.5
3) 수평주행배관 : *☐ [m] 이내마다 1개 이상의 행거 설치 — 4.5

9 배수를 위한 배관의 기울기 ★

1) 습식 또는 부압식 스프링클러설비 : 배관을 수평으로 할 것
2) 습식 또는 부압식 외의 스프링클러설비
   헤드를 향하여 상향으로 (1) 수평주행배관 : 1/500 이상
   (2) 가지배관 : 1/250 이상

10 기타 배관기준

50

1) 수직배수배관의 구경 : *☐ [mm] 이상
2) 급수배관에 설치되어 급수를 차단할 수 있는 개폐밸브에는 그 밸브의 개폐 상태를 감시제어반에서 확인할 수 있도록 급수개폐밸브 작동표시 스위치를 기준에 따라 설치해야 한다.

06 스프링클러설비의 헤드

1 헤드의 구조

1) 반사판(디플렉터) : 헤드의 방수구에서 유출되는 물을 세분시키는 작용을 하는 것
2) 프레임 : 헤드의 나사부분과 반사판을 연결하는 이음쇠 부분

감열체

3) *☐ : 정상 상태에서는 방수구를 막고 있으나 열에 의하여 일정한 온도에 도달하면 스스로 파괴·용해되어 헤드로부터 이탈됨으로써 방수구가 열려 헤드가 작동되도록 하는 부분
   (1) 퓨지블링크(Fusible Link) : 감열체 중 이용성금속으로 융착되거나 이용성 물질에 의하여 조립된 것
   (2) 유리벌브 : 감열체 중 유리구 안에 액체 등을 넣어 봉한 것

2 스프링클러헤드 반응시간지수(RTI)

1) 반응시간지수(RTI) : 기류의 온도·속도 및 작동시간에 대하여 스프링클러헤드의 반응을 예상한 지수
2) 헤드 감도에 따른 RTI값

1) 50
2) 80

헤드의 구분	RTI 값
표준반응형 헤드(Standard Response)	80 초과 ~ 350 이하
특수반응형 헤드(Special Response)	1) ☐ 초과 ~ 2) ☐ 이하
조기반응형 헤드(Quick Response)	50 이하

보충 조기반응형 헤드 설치장소 ★

- 공동주택 · 노유자시설의 거실
- 오피스텔 · 숙박시설의 침실
- 병원 · 의원의 입원실

3 스프링클러헤드의 배치 ★★★

1) 스프링클러의 수평거리

소방대상물	수평거리
1) [ ] 저장 또는 취급하는 장소 무대부	1.7 [m] 이하
기타구조로 된 경우(내화구조가 아닌 경우)	2.1 [m] 이하
라지드롭형 스프링클러헤드를 설치하는 창고시설 (단, ① 특수가연물을 저장 또는 취급하는 창고 : 1.7 [m] 이하, ② 내화구조로 된 경우 : 2.3 [m] 이하)	
2) [ ]로 된 경우	2.3 [m] 이하
아파트등의 세대 내	3) [ ] [m] 이하

2) 헤드를 정방형 배치 시 헤드 상호 간 거리

$$S = 2R\cos 45^\circ$$

S : 헤드 상호 간의 거리 [m]
R : 수평거리 [m]

4 폐쇄형 스프링클러헤드의 표시온도

1) 설치장소의 평상시 최고 주위온도에 따른 폐쇄형 스프링클러헤드의 표시온도 ★

설치장소 최고 주위온도 [℃]	표시온도 [℃]
39 [℃] 미만	79 [℃] 미만
39 [℃] 이상 64 [℃] 미만	79 [℃] 이상 121 [℃] 미만
64 [℃] 이상 106 [℃] 미만	121 [℃] 이상 162 [℃] 미만
106 [℃] 이상	162 [℃] 이상

5 스프링클러헤드 설치기준

1) 헤드로부터 보유 공간 : 반경 1) [ ] [cm] 이상 ★
2) 벽과 헤드 간의 공간 : 2) [ ] [cm] 이상 ★
3) 헤드와 그 부착면과의 거리 : 3) [ ] [cm] 이하 ★

1) 특수가연물
2) 내화구조
3) 2.6

암기 특 수 무 기 창 내 놔(아)

1) 60
2) 10
3) 30

4) 배관·행거 및 조명기구 등 살수를 방해하는 것이 있는 경우 그로부터 아래에 설치하여 살수에 장애가 없도록 할 것(단, 헤드와 장애물과의 이격거리를 장애물 폭의 3배 이상 확보한 경우에는 그렇지 않음)

5) 천장의 기울기가 $\frac{1}{10}$을 초과하는 경우 가지관을 천장의 마루와 평행하게 설치하고, 헤드는 다음 기준에 적합하게 설치할 것

(1) 천장의 최상부에 스프링클러헤드를 설치하는 경우에는 최상부에 설치하는 스프링클러헤드의 반사판을 수평으로 설치할 것

(2) 천장의 최상부를 중심으로 가지관을 서로 마주보게 설치하는 경우에는 최상부의 가지관 상호 간의 거리가 가지관상의 스프링클러헤드 상호 간의 거리의 $\frac{1}{2}$이하(최소 1 [m] 이상)가 되게 스프링클러헤드를 설치하고, 가지관의 최상부에 설치하는 스프링클러헤드는 천장의 최상부로부터의 수직거리가 90 [cm] 이하가 되도록 할 것. 톱날지붕, 둥근지붕 기타 이와 유사한 지붕의 경우에도 이에 준함

6) 스프링클러헤드의 반사판은 그 부착 면과 평행하게 설치

7) 연소할 우려가 있는 개구부

(1) 그 상하좌우에 *☐ [m] 간격으로 헤드 설치 — 2.5

(2) 헤드와 개구부의 내측 면으로부터 직선거리는 *☐ [cm] 이하 — 15

8) 측벽형 스프링클러헤드

(1) 폭이 4.5 [m] 미만인 실 : 긴 변의 한쪽 벽에 일렬로 3.6 [m] 이내마다 설치

(2) 폭이 4.5 [m] 이상 9 [m] 이하인 실 : 긴 변의 양쪽에 각각 일렬로 설치하되 마주보는 스프링클러헤드가 나란히꼴이 되도록 3.6 [m] 이내마다 설치

9) 습식 및 부압식 스프링클러설비 외의 설비에는 *☐ 헤드를 설치, 다만 다음 아래의 어느 하나에 해당하는 경우에는 그렇지 않음 ★ — 상향식

(1) *☐를 사용한 경우 — 드라이펜던트스프링클러헤드

(2) 스프링클러헤드의 설치장소가 동파의 우려가 없는 곳인 경우

(3) 개방형 스프링클러헤드를 사용하는 경우

07 송수구

1) 소방차가 쉽게 접근할 수 있고 잘 보이는 장소에 설치하고, 화재층으로부터 지면으로 떨어지는 유리창 등이 송수 및 그 밖의 소화작업에 지장을 주지 않는 장소에 설치할 것
2) 송수구로부터 스프링클러설비의 주배관에 이르는 연결배관에 개폐밸브를 설치한 때에는 그 개폐 상태를 쉽게 확인 및 조작할 수 있는 옥외 또는 기계실 등의 장소에 설치할 것
3) 구경 : 65 [mm]의 쌍구형
4) 송수구에는 그 가까운 곳 보기 쉬운 곳에 송수압력범위를 표시한 표지를 할 것
5) 폐쇄형 스프링클러헤드를 사용하는 스프링클러설비의 송수구는 하나의 층의 바닥면적이 3000 [m^2]를 넘을 때마다 1개 이상(5개를 넘을 경우 : 5개)을 설치할 것
6) 설치높이 : 지면으로부터 1) ☐ [m] 이상 2) ☐ [m] 이하의 위치
7) 송수구의 가까운 부분에 3) ☐(또는 직경 5 [mm]의 배수공) 및 체크밸브를 설치
8) 송수구에는 이물질을 막기 위한 마개를 씌울 것

1) 0.5
2) 1
3) 자동배수밸브

08 헤드의 설치 제외 장소 ★

1) 천장 및 반자의 재료에 따른 기준으로서 다음 어느 하나에 해당하는 경우

천장 및 반자의 재료	천장과 반자 사이의 거리
양쪽 모두 불연재료 + 벽이 불연재료 (그 사이에 가연물이 존재하지 않음)	2 [m] 이상
양쪽 모두 불연재료	2 [m] 미만
천장·반자 중 한쪽이 불연재료	* ☐ [m] 미만
양쪽 모두 불연재료 외의 것	0.5 [m] 미만

1

2) 계단실(특별피난계단의 부속실 포함)·경사로·승강기의 승강로·비상용 승강기의 승강장·파이프덕트 및 덕트피트·* ☐·수영장(관람석 부분을 제외)·화장실·직접 외기에 개방되어 있는 복도

목욕실

3) 통신기기실·전자기기실·기타 이와 유사한 장소
4) 발전실·변전실·변압기·기타 이와 유사한 전기설비가 설치되어 있는 장소

수술실
펌프실
20

5) 병원의 *☐·응급처치실·기타 이와 유사한 장소
6) *☐·물탱크실 엘리베이터 권상기실 그 밖의 이와 비슷한 장소
7) 현관 또는 로비 등으로서 바닥으로부터 높이가 *☐ [m] 이상인 장소
8) 영하의 냉장창고의 냉장실 또는 냉동창고의 냉동실
9) 고온의 노가 설치된 장소 또는 물과 격렬하게 반응하는 물품의 저장 또는 취급장소
10) 불연재료로 된 다음의 특정소방대상물 또는 그 부분
   (1) 정수장·오물처리장
   (2) 펄프공장의 작업장·음료수공장의 세정 또는 충전하는 작업장
   (3) 불연성의 금속·석재 등의 가공공장으로 가연성 물질을 저장·취급하지 않는 장소
   (4) 가연성 물질이 존재하지 않는 방풍실

관람석

11) 실내 테니스장·게이트볼장·정구장 또는 이와 비슷한 장소로서 실내 바닥·벽·천장이 불연재료 또는 준불연재료로 구성되어 있고, 가연물이 존재하지 않는 장소로서 *☐이 없는 운동시설(지하층은 제외)
12) 공동주택 중 아파트의 대피공간 **<공동주택의 화재안전기술기준에 명시되어 있음>**

09 드렌처설비

1) 드렌처설비 : 건축물 외벽, 창문 등에 설치하여 인접 건물 간의 화재확산방지 조치를 위해 사용되는 설비로 드렌처헤드는 물을 수막(水幕)형태로 살수함
2) 연소할 우려가 있는 개구부에 다음 기준에 따른 드렌처설비를 설치한 경우에는 해당 개구부에 한하여 스프링클러헤드를 설치하지 않을 수 있음

1) 위
2) 2.5

   (1) 드렌처헤드는 개구부 1)☐ 측에 2)☐ [m] 이내마다 1개 설치
   (2) 제어밸브 설치높이 : 바닥면으로부터 0.8 [m] 이상 1.5 [m] 이하의 위치
      ※ 제어밸브 : 일제개방밸브·개폐표시형 밸브 및 수동조작부를 합한 것

0.1
80

   (3) 헤드 선단의 방수압력 : *☐ [MPa] 이상
   (4) 헤드 선단의 방수량 : *☐ [L/min] 이상
   (5) 수원의 수량 : 드렌처헤드의 설치개수 × 1.6 [m^3] 이상
   (6) 수원에 연결하는 가압송수장치는 점검이 쉽고 화재 등의 재해로 인한 피해우려가 없는 장소에 설치

10 간이스프링클러설비

1 가압송수장치 및 방호구역 등

1) 간이헤드 방수압력 : *☐ [MPa] 이상
2) 헤드 방수량
   (1) 간이헤드 : *☐ [L/min] 이상
   (2) 주차장에 표준반응형 헤드 사용할 경우 : 80 [L/min] 이상
3) 방수시간
   (1) 일반적인 경우 : *☐분 이상
   (2) 근린생활시설(1000 [m^2] 이상), 숙박시설(300 [m^2] 이상 600 [m^2] 미만), 복합건축물(1000 [m^2] 이상)에 해당하는 경우 : *☐분 이상
4) 방호구역 바닥면적 : *☐ [m^2] 이하

0.1
50
10
20
1000

2 수원

1) 상수도직결형의 경우 : 수돗물
2) 수조(캐비닛형 포함)를 사용하는 경우
   (1) 일반시설 : 2개의 간이헤드에서 최소 10분 이상
   (2) 근린생활시설(1000 [m^2] 이상), 숙박시설(300 [m^2] 이상 600 [m^2] 미만), 복합건축물(1000 [m^2] 이상)에 해당하는 경우 : 5개의 간이헤드에서 최소 20분 이상

설치대상 / 헤드의 종류	간이스프링클러 설치 대상 (일반적인 경우)	근린생활시설(1000 [m^2] 이상) 숙박시설(300 [m^2] 이상 600 [m^2] 미만) 복합건축물(1000 [m^2] 이상)
간이헤드	$2 \times 50[L/\min] \times 10[\min] = 1000[L] = 1[m^3]$	$5 \times 50[L/\min] \times 20[\min] = 5000[L] = 5[m^3]$
표준반응형 스프링클러헤드	$2 \times 80[L/\min] \times 10[\min] = 1600[L] = 1.6[m^3]$	$5 \times 80[L/\min] \times 20[\min] = 8000[L] = 8[m^3]$

3 상수도직결형의 경우 배관 및 밸브 등의 순서 ★

1) ☐, 급수차단장치, 개폐표시형밸브, 2) ☐, 압력계, 3) ☐, 2개의 시험밸브

1) 수도용 계량기
2) 체크밸브
3) 유수검지장치

4 간이헤드

1) 폐쇄형 간이헤드를 사용할 것
2) 간이헤드의 작동온도

실내의 최대 주위 천장온도 [℃]	공칭작동온도 [℃]
0 [℃] 이상 38 [℃] 이하	57 [℃]에서 77 [℃]의 것
1) □ [℃] 이상 66 [℃] 이하	2) □ [℃]에서 109 [℃]의 것

1) 39
2) 79

3) 간이헤드의 수평거리 : 2.3 [m] 이하

5 주택전용 간이스프링클러설비

주택전용 간이스프링클러설비는 다음의 기준에 따라 설치한다. 다만 주택전용 간이스프링클러설비가 아닌 간이스프링클러설비를 설치하는 경우에는 그렇지 않다.

1) 상수도에 직접 연결하는 방식으로 수도용 *□ 이후에서 분기하여 수도용 역류방지밸브, 개폐표시형 밸브, 세대별 개폐밸브 및 간이헤드의 순으로 설치할 것. 이 경우 개폐표시형 밸브와 세대별 개폐밸브는 그 설치위치를 쉽게 식별할 수 있는 표시를 해야 한다.

계량기

2) 주택전용 간이스프링클러설비에는 가압송수장치, 유수검지장치, 제어반, 음향장치, 기동장치 및 비상전원은 적용하지 않을 수 있다.

11 화재조기진압용 스프링클러설비

1 설치장소의 구조

1) 해당 층 높이가 *□ [m] 이하일 것, 다만 2층 이상일 경우 해당 층 바닥을 내화구조로 하고 다른 부분과 방화구획할 것

13.7

2) 천장의 기울기가 *□을 초과하지 않아야 하고, 초과하는 경우에는 반자를 지면과 수평으로 설치할 것

168/1000

3) 천장은 평평해야 하며, 철재나 목재트러스 구조인 경우 철재나 목재의 돌출 부분이 102 [mm]를 초과하지 않을 것
4) 보로 사용되는 목재·콘크리트 및 철재 사이의 간격 : 0.9 [m] 이상 2.3 [m] 이하일 것, 다만 보의 간격이 2.3 [m] 이상인 경우에는 보로 구획된 부분의 천장 및 반자의 넓이가 28 [m^2]를 초과하지 않을 것(화재조기진압용 스프링클러헤드의 동작을 원활히 하기 위해)
5) 창고 내의 선반 등의 형태는 하부로 물이 *□되는 구조로 할 것

침투

2 수원

1) 수리학적으로 가장 먼 가지배관 3개에 각각 4개의 스프링클러헤드가 동시에 개방되었을 때 헤드선단압력으로 *□분간 방사할 수 있는 양 이상으로 할 것

2) 관계식

$$Q = 12 \times 60 \times K\sqrt{10P}$$

Q : 수원의 양 [L]
K : 상수[$L/\min \cdot MPa^{\frac{1}{2}}$]
P : 헤드선단의 압력 [MPa]

3) 화재조기진압용 스프링클러설비의 수원은 산출된 유효수량 외에 유효수량의 3분의 1 이상을 옥상에 설치해야 한다.

* 60

3 헤드

1) 헤드 하나의 방호면적은 6.0 [m^2] 이상 1) □ [m^2] 이하로 할 것

2) 가지배관의 헤드 사이의 거리는 천장의 높이가 9.1 [m] 미만인 경우에는 2.4 [m] 이상 2) □ [m] 이하로, 9.1 [m] 이상 13.7 [m] 이하인 경우에는 3) □ [m] 이하로 할 것

3) 헤드와 벽과의 거리는 헤드 상호 간 거리의 $\frac{1}{2}$을 초과하지 않아야 하며, 최소 102 [mm] 이상일 것

4) 헤드의 작동온도 : 74 [℃] 이하

1) 9.3
2) 3.7
3) 3.1

CHAPTER 05 물분무/미분무소화설비

01 물분무소화설비

1 수원 ★★★

1) 절연유 봉입 변압기

2) 12

3) 20

소방대상물	수원량 산정방법	비고
특수가연물을 저장 · 취급하는 특정소방대상물 또는 그 부분	A [m^2] × 10 [L/min · m^2] × 20 [min] 이상 (A : 바닥면적)	최대 방수구역의 바닥면적을 기준으로 함 50 [m^2] 이하인 경우에는 50 [m^2]
1) ______ ______	A [m^2] × 10 [L/min · m^2] × 20 [min] (A : 바닥부분을 제외한 표면적을 합한 면적)	-
컨베이어벨트 등	A [m^2] × 10 [L/min · m^2] × 20 [min] (A : 벨트 부분의 바닥면적)	-
케이블 트레이, 케이블 덕트 등	A [m^2] × 2) ☐ [L/min · m^2] × 20 [min] (A : 투영된 바닥면적)	-
차고 · 주차장	A [m^2] × 3) ☐ [L/min · m^2] × 20 [min] (A : 바닥면적)	최대 방수구역의 바닥면적을 기준으로 함 50 [m^2] 이하인 경우에는 50 [m^2]

2 물분무헤드

(1) 분무헤드의 오리피스를 통과시켜 유속이 빨라진 물을 디플렉터에 충돌시켜 선회류에 의해 미세한 물방울 방사

(2) 미분화방법에 따른 물분무헤드의 종류 ★

종류	특징
충돌형	유수와 유수의 충돌에 의해 미세한 물방울을 만드는 방식
분사형	소구경의 오리피스로부터 고압 분사에 의해 확산 방출시키는 방식
선회류형	선회류에 의해 확산방출 또는 선회류와 직선류 충돌에 의해 확산 방출하여 미세한 물방울로 만드는 방식
1) ☐	수류를 살수판에 충돌하여 미세한 물방울을 만드는 방식
슬리트형	수류를 슬리트(Slit : 좁고 기다란 틈)에 의해 방출하여 수막상의 분무를 만드는 방식

1) 디플렉터형(디프렉타형)

3 물분무소화설비의 소화효과 ★

소화효과	내용
2) ☐	물 입자가 작아서 열 흡수가 용이하고 증발잠열이 커서 냉각효과가 우수
질식효과	화재 시 연소열에 의해 생성된 수증기는 체적이 1700배로 팽창되어 연소면에 산소공급을 차단
3) ☐	유류화재 시 유류표면에 방사되어 불연성의 유하층(에멀젼)을 형성하여 소화
희석효과	가연물의 농도를 낮추어 소화

2) 냉각효과

3) 유화효과

4 물분무헤드의 설치 제외

(1) 물에 심하게 반응하는 물질 또는 물과 반응하여 위험한 물질을 생성하는 물질을 저장 또는 취급하는 장소

(2) 고온의 물질 및 증류범위가 넓어 끓어 넘치는 위험이 있는 물질을 저장 또는 취급하는 장소

(3) 운전 시에 표면의 온도가 4) ☐ [℃] 이상으로 되는 등 직접 분무를 하는 경우 그 부분에 손상을 입힐 우려가 있는 기계장치 등이 있는 장소

4) 260

5 고압의 전기기기와 물분무헤드 사이의 이격거리 ★★★

전압 [kV]	거리 [cm]
66 이하	70 이상
66 초과 77 이하	1) □ 이상
77 초과 110 이하	110 이상
110 초과 154 이하	150 이상
154 초과 181 이하	180 이상
181 초과 220 이하	2) □ 이상
220 초과 275 이하	260 이상

6 물분무소화설비를 설치하는 차고 또는 주차장의 배수설비 설치기준 ★★

(1) 차량이 주차하는 장소의 적당한 곳에 높이 10 [cm] 이상의 경계턱으로 배수구를 설치할 것

(2) 배수구에는 새어나온 기름을 모아 소화할 수 있도록 길이 3) □ [m] 이하마다 집수관·소화핏트 등 기름분리장치를 설치할 것

(3) 차량이 주차하는 바닥은 배수구를 향하여 4) □ 이상의 기울기를 유지할 것

(4) 배수설비는 가압송수장치의 최대송수능력의 수량을 유효하게 배수할 수 있는 크기 및 기울기로 할 것

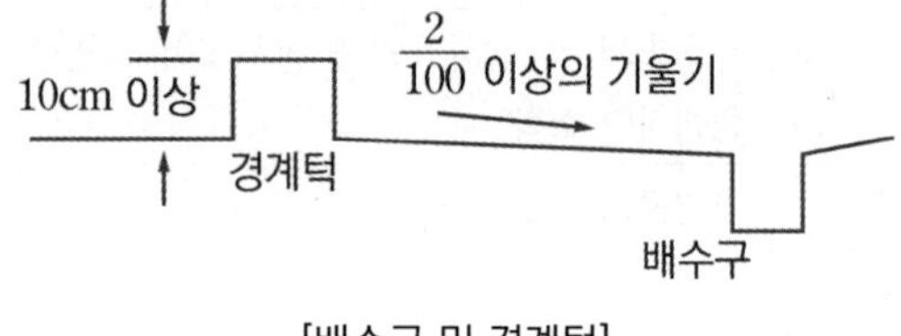

[배수구 및 경계턱]

02 미분무소화설비

1 용어의 정의

(1) "미분무소화설비"란 가압된 물이 헤드 통과 후 미세한 입자로 분무됨으로써 소화성능을 가지는 설비를 말하며, 소화력을 증가시키기 위해 강화액 등을 첨가할 수 있다.

(2) "미분무"란 물만을 사용하여 소화하는 방식으로 최소설계압력에서 헤드로부터 방출되는 물입자 중 1) ☐ [%]의 누적체적분포가 2) ☐ [μm] 이하로 분무되고 3) ☐ 급 화재에 적응성을 갖는 것을 말한다.

(3) "미분무헤드"란 하나 이상의 오리피스를 가지고 미분무소화설비에 사용되는 헤드를 말한다.

(4) "개방형 미분무헤드"란 감열체 없이 방수구가 항상 열려져 있는 헤드를 말한다.

(5) "폐쇄형 미분무헤드"란 정상상태에서 방수구를 막고 있는 감열체가 일정온도에서 자동적으로 파괴·용융 또는 이탈됨으로써 방수구가 개방되는 헤드를 말한다.

(6) "저압 미분무소화설비"란 최고사용압력이 4) ☐ [MPa] 이하인 미분무소화설비를 말한다.

(7) "중압 미분무소화설비"란 사용압력이 4) ☐ [MPa]을 초과하고 5) ☐ [MPa] 이하인 미분무소화설비를 말한다.

(8) "고압 미분무소화설비"란 최저사용압력이 5) ☐ [MPa]을 초과하는 미분무소화설비를 말한다.

1) 99
2) 400
3) A, B, C

4) 1.2

5) 3.5

2 수원

1) 미분무소화설비에 사용되는 소화용수는 「먹는물관리법」에 적합하고, 저수조 등에 충수할 경우 필터 또는 스트레이너를 통해야 하며, 사용되는 물에는 입자·용해고체 또는 염분이 없어야 함
2) 배관의 연결부(용접부 제외) 또는 주배관의 유입 측에는 필터 또는 스트레이너를 설치해야 함
3) 사용되는 필터 또는 스트레이너 메쉬는 헤드 오리피스 지름의 80 [%] 이하가 되어야 함

CHAPTER

06 포소화설비

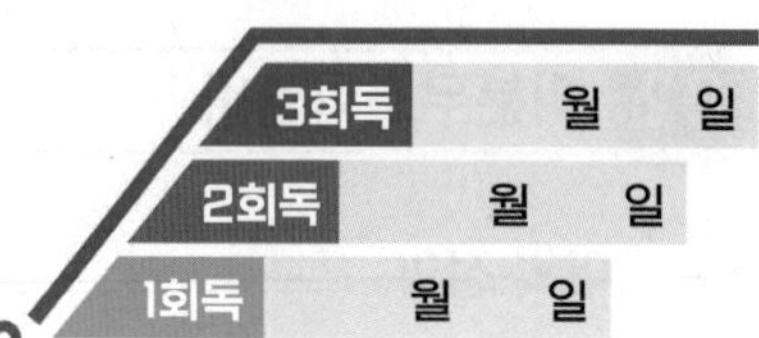

01 팽창비

1 팽창비 공식 ★★★

팽창비 = 1) [ ]

1) $\frac{\text{최종 발생한 포체적}}{\text{원래 포수용액체적}}$

2 팽창비율에 따른 포의 종류

구분	팽창비	포방출구의 종류	포소화약제
저발포	20 이하 ★★★	포헤드, 압축공기포헤드	단백포, 합성계면활성제포 수성막포, 불화단백포 내알콜포
고발포	2) [ ] 이상 3) [ ] 미만 ★★★	고발포용 고정포방출구	합성계면활성제포

2) 80
3) 1000

02 특정소방대상물에 따른 포소화설비의 적응성

1 특수가연물을 저장·취급하는 공장 또는 창고

포워터스프링클러설비·포헤드설비 또는 고정포방출설비, 압축공기포소화설비

2 차고 또는 주차장

(1) 포워터스프링클러설비·포헤드설비 또는 고정포방출설비, 압축공기포소화설비

(2) 다음 어느 하나에 해당하는 차고·주차장의 부분에는 호스릴포소화설비 또는 4) [ ] 설치할 수 있음

① 완전 개방된 옥상주차장 또는 고가 밑의 주차장으로서 주된 벽이 없고 기둥뿐이거나 주위가 위해방지용 철주 등으로 둘러싸인 부분

② 지상 1층으로서 지붕이 없는 부분

4) 포소화전설비

3 항공기격납고

(1) 포워터스프링클러설비 · 포헤드설비 또는 고정포방출설비, 압축공기포 소화설비

(2) 바닥면적 합계가 1000 [m^2] 이상이고 격납위치가 한정된 경우에는 그 한정된 장소 외의 부분에 대하여는 * [　　　] 를 설치할 수 있음

호스릴포소화설비

4 발전기실, 엔진펌프실, 변압기, 전기케이블실, 유압설비

바닥면적의 합계가 300 [m^2] 미만의 장소에는 * [　　　] 를 설치할 수 있음

고정식 압축공기포소화설비

03 포소화약제 혼합방식의 종류 ★★★

1 라인 프로포셔너 방식

펌프와 발포기의 중간에 설치된 벤츄리관의 벤츄리작용에 따라 포소화약제를 흡입 · 혼합하는 방식

2 * [　　　] 프로포셔너

프레셔

펌프와 발포기의 중간에 설치된 벤츄리관의 벤츄리작용과 펌프 가압수의 포소화약제 저장탱크에 대한 압력에 따라 포소화약제를 흡입 · 혼합하는 방식이다.

3 * [　　　] 프로포셔너 방식

펌프

펌프의 토출관과 흡입관 사이의 배관 도중에 설치한 흡입기에 펌프에서 토출된 물의 일부를 보내고, 농도 조정밸브에서 조정된 포소화약제의 필요량을 포소화약제 탱크에서 펌프 흡입 측으로 보내어 이를 혼합하는 방식

4 * [　　　] 프로포셔너

프레셔 사이드

펌프의 토출관에 압입기를 설치하여 포소화약제 압입용펌프로 포소화약제를 압입시켜 혼합하는 방식

5 압축공기포 믹싱챔버방식

물, 포 소화약제 및 공기를 믹싱챔버로 강제주입시켜 챔버 내에서 포수용액을 생성한 후 포를 방사하는 방식

04 포소화약제 저장탱크

1 고정포방출구 방식 ★★★

1) 고정포방출구에서 방출하기 위하여 필요한 양

$$Q_1 = A \cdot Q_A \cdot T \cdot S$$

Q_1 : 포소화약제의 양 [L]
A : 탱크의 액표면적 [m^2]
Q_A : 단위 포소화수용액의 양(방출률) [$L/m^2 \cdot min$]
T : 방출시간 [min]
S : 포소화약제의 사용농도 [%]

2) 보조포소화전에서 방출하기 위하여 필요한 양

$Q_2 =$ * [ ]

Q_2 : 포소화약제의 양 [L]
N : 호스 접결구의 수(최대 3개)
S : 포소화약제의 사용농도 [%]

$N \times 8000 \times S$

3) 가장 먼 탱크까지의 송액관에 충전하기 위하여 필요한 양
(내경 * [ ] [mm] 이하의 송액관을 제외)

75

$$Q_3 = V \times S \times 1000 [L/m^3]$$

Q_3 : 포소화약제의 양 [L]
V : 송액관 내부의 체적 [m^3]
S : 포소화약제의 사용농도 [%]

* 송액관 : 수원으로부터 포헤드, 고정포방출구 또는 이동식 노즐에 급수하는 배관

4) 고정포방출구방식의 포소화약제 저장량

고정포 방출구 방식 Q	=	고정포 방출구의 양 Q_1	+	보조포 소화전의 양 Q_2	+	송액관의 양 Q_3

2 옥내포소화전방식, 호스릴방식의 포소화약제량 ★★★

$Q =$ [ ]
(바닥면적 200 [m^2] 미만은 75 [%]를 적용)

Q : 포소화약제의 양 [L]
N : 호스 접결구 개수 (최대 5개)
S : 포소화약제의 사용농도 [%]

$N \times 6000 \times S$

05 포소화설비의 기동장치

1 포소화설비의 수동식 기동장치

수동으로 조작을 하여 수동개방밸브를 개방시켜 주는 장치로 가압 송수장치나 약제혼합장치는 수동식 개방밸브가 개방되면 자동으로 기동되는 것

2 포소화설비의 자동식 기동장치

자동화재탐지설비의 1) [ ] 의 작동 또는 2) [ ] 의 개방과 연동하여 가압송수장치·일제개방밸브 및 포소화약제 혼합장치를 기동시킬 수 있는 장치

1) 폐쇄형 스프링클러헤드를 사용하는 경우 ★★★
   (1) 표시온도 : 3) [ ] [℃] 미만
   (2) 1개의 스프링클러헤드의 경계면적 : 4) [ ] [m^2] 이하
   (3) 부착면의 높이 : 바닥으로부터 5 [m] 이하
   (4) 하나의 감지장치 경계구역은 하나의 층이 되도록 할 것
2) 화재감지기를 사용하는 경우
   (1) 화재감지기는 자동화재탐지설비기준을 따를 것
   (2) 화재감지기회로에는 기준에 따른 발신기를 설치할 것
      ① 스위치 높이 : 바닥으로부터 0.8 [m] 이상 1.5 [m] 이하의 높이에 설치

1) 감지기
2) 폐쇄형 스프링클러헤드

3) 79
4) 20

06 포헤드 및 고정포방출구

❶ 포헤드 설치기준

8 1) 포워터스프링클러헤드 : 바닥면적 *☐ [m²]마다 1개 이상 ★

2) 포헤드

9 (1) 바닥면적 *☐ [m²]마다 1개 이상 ★

(2) 소방대상물 및 포소화약제의 종류에 따른 1분당 방사량

1) 6.5 2) 8.0 3) 3.7 4) 6.5

소방대상물	포소화약제의 종류	바닥면적 1 [m²]당 방사량(Q_A)
차고·주차장 및 항공기격납고	단백포 소화약제	1) ☐ [L] 이상
	합성계면활성제포 소화약제	2) ☐ [L] 이상
	수성막포 소화약제	3) ☐ [L] 이상
특수가연물 저장·취급하는 소방대상물	단백포 소화약제	4) ☐ [L] 이상
	합성계면활성제포 소화약제	
	수성막포 소화약제	

(3) 포헤드설비의 포소화약제량

$$Q = A\,[m^2] \times Q_A\,[L/m^2 \cdot min] \times 10\,[min] \times S$$ ★★★

Q : 포소화약제의 양 [L]

A : 포헤드설비가 설치된 부분의 바닥면적 [m²](단, ① 특수가연물을 저장·취급하는 공장·창고, ② 차고·주차장 : 최대 바닥면적 200 [m²])

Q_A : 1분당 바닥면적 1 [m²]에 대한 방사량 [L/m²·min]

S : 포소화약제의 사용농도 [%]

3) 정방형으로 배치한 경우 포헤드 상호 간 거리

$$S = 2R\cos45°$$

S : 포헤드 상호 간 거리 [m]

2.1 R : 유효반경 (*☐ [m])

4) 압축공기포소화설비 분사헤드 설치기준 ★

(1) 유류탱크 주위 : 바닥면적 13.9 [m²]마다 1개 이상

9.3 (2) 특수가연물저장소 : 바닥면적 *☐ [m²]마다 1개 이상

2 차고 · 주차장에 설치하는 호스릴포소화설비 또는 포소화전설비

(1) 특정소방대상물의 어느 층에 있어서도 그 층에 설치된 호스릴포방수구 또는 포소화전방수구(호스릴포방수구 또는 포소화전방수구가 5개 이상 설치된 경우에는 5개)를 동시에 사용할 경우 각 이동식 포노즐 선단의 포수용액 방사압력이 0.35 [MPa] 이상이고 *☐ [L/min] 이상(1개 층의 바닥면적이 200 [m^2] 이하인 경우에는 230 [L/min] 이상)의 포수용액을 수평거리 15 [m] 이상으로 방사할 수 있도록 할 것 ★ — 300

(2) 저발포의 포소화약제를 사용할 수 있는 것으로 할 것

(3) 방호대상물의 각 부분으로부터 하나의 호스릴포방수구까지의 수평거리는 *☐ [m] 이하(포소화전방수구의 경우에는 25 [m] 이하)가 되도록 하고 호스릴 또는 호스의 길이는 방호대상물의 각 부분에 포가 유효하게 뿌려질 수 있도록 할 것 — 15

3 전역방출방식의 고발포용포방출구

(1) 개구부에 자동폐쇄장치를 설치할 것. 다만 해당 방호구역에서 외부로 새는 양 이상의 포수용액을 유효하게 추가하여 방출하는 설비가 있는 경우에는 그렇지 않다.

(2) 고정포방출구는 특정소방대상물 및 포의 팽창비에 따른 종별에 따라 해당 방호구역의 관포체적 1 [m^3]에 대하여 1분당 방출량이 다음 표에 따른 양 이상이 되도록 할 것

(3) 고정포방출구는 바닥면적 *☐ [m^2]마다 1개 이상으로 하여 방호대상물의 화재를 유효하게 소화할 수 있도록 할 것 ★ — 500

(4) 고정포방출구는 방호대상물의 최고 부분보다 높은 위치에 설치할 것

참고 관포체적

해당 바닥 면으로부터 방호대상물의 높이보다 0.5 [m] 높은 위치까지의 체적

$$Q = V_{관포}\,[m^3] \times Q_V\,[L/m^3 \cdot min] \times 10\,[min] \times S$$

Q : 포소화약제의 양 [L]

$V_{관포}$: 관포체적 [m^3]

Q_V : 1 [m^3]에 대한 분당 포수용액 방출량 [$L/m^3 \cdot min$]

S : 포소화약제의 사용농도 [%]

07 포소화설비 기타 등

배액밸브

8

특

1 포소화설비 배관

1) 포워터스프링클러설비 또는 포헤드설비의 가지배관 배열은 토너먼트 방식이 아닐 것(압축공기포소화설비 제외)
2) 송액관은 전용으로 할 것
3) 송액관은 포 방출 종료 후 배관 안에 액을 배출하기 위해 적당한 기울기를 유지하고, 그 낮은 부분에 *[ ]를 설치해야 함 ★
4) 교차배관에서 분기하는 지점을 기점으로 한쪽 가지배관에 설치하는 헤드의 수 : *[ ]개 이하
5) 포소화설비 성능에 지장이 없는 경우 다른 설비와 겸용이 가능

2 탱크구조에 따른 포방출구 ★

탱크구조	포방출구
고정지붕구조(콘루프 탱크)	Ⅰ, Ⅱ, Ⅲ, Ⅳ 형
부상지붕구조(플로팅루프 탱크)	*[ ]형

CHAPTER 07 이산화탄소소화설비

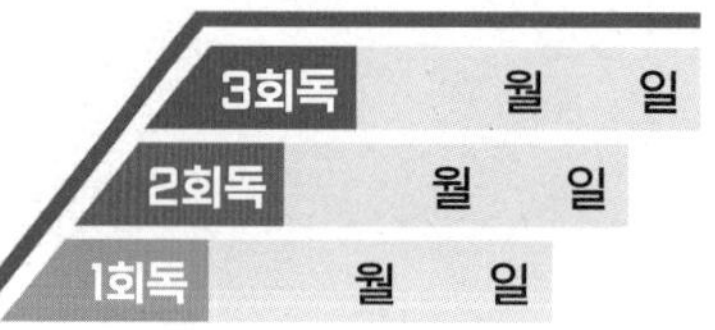

01 이산화탄소소화설비의 분류

1 저장방식에 의한 분류

구분	저압식	고압식
정의	용기 내부의 온도가 섭씨 영하 18 [℃] 이하에서 2.1 [MPa]의 압력을 유지할 수 있는 * [ ] 를 설치할 것	저장용기에 액상으로 저장하고 2.1 [MPa] 이상의 압력으로 방출

→ 자동냉동장치

2 방출방식에 의한 분류

구분	1) [ ] 방출방식	2) [ ] 방출방식	호스릴방식
정의	소화약제 공급장치에 배관 및 분사헤드 등을 설치하여 밀폐 방호구역 전체에 소화약제를 방출하는 설비	소화약제 공급장치에 배관 및 분사헤드를 등을 설치하여 직접 화점에 소화약제를 방출하는 방식	소화수 또는 소화약제 저장용기 등에 연결된 호스릴을 이용하여 사람이 직접 화점에 소화수 또는 소화약제를 방출하는 방식
적용	표면화재, 심부화재	상부가 개방된 대상물 또는 벽이 없거나 전역방출방식 적용 불가	화재 시 연기가 충만하지 않은 장소

→ 1) 전역
2) 국소

3 기동방식에 의한 분류

(1) 전기식 : 화재감지기의 작동 또는 수동조작스위치의 동작으로 저장용기 및 선택밸브에 설치된 솔레노이드밸브가 개방되는 방식

(2) 기계식 : 밸브 내의 압력차에 의해 개방되는 방식

(3) * [ ] : 화재감지기의 작동 또는 수동조작스위치의 동작으로 기동용기의 솔레노이드밸브가 개방되어 기동용기의 압력에 의해 선택밸브 및 저장용기의 밸브가 개방되는 방식

→ 가스압력식

02 소화약제 저장용기 등

❶ 저장용기 설치장소의 기준 ★★★

방호구역 외

(1) *☐의 장소에 설치할 것. 다만 방호구역 내에 설치할 경우에는 피난 및 조작이 용이하도록 피난구 부근에 설치해야 한다.

40

(2) 온도가 *☐ [℃] 이하이고, 온도변화가 적은 곳에 설치할 것

(3) 직사광선 및 빗물이 침투할 우려가 없는 곳에 설치할 것

(4) 방화문으로 구획된 실에 설치할 것

(5) 용기의 설치장소에는 해당 용기가 설치된 곳임을 표시하는 표지를 할 것

3

(6) 용기 간의 간격은 점검에 지장이 없도록 *☐ [cm] 이상의 간격을 유지할 것

(7) 저장용기와 집합관을 연결하는 연결배관에는 체크밸브를 설치할 것. 다만 저장용기가 하나의 방호구역만을 담당하는 경우에는 그렇지 않다.

❷ 저장용기의 설치기준 ★★★

1.5

(1) 저장용기의 충전비는 고압식은 *☐ 이상 1.9 이하, 저압식은 1.1 이상 1.4 이하로 할 것

참고 충전비

$$충전비 = \frac{소화약제\ 저장용기의\ 내부\ 용적[L]}{소화약제의\ 중량[kg]}$$

0.8

(2) 저압식 저장용기에는 내압시험압력의 0.64배부터 0.8배의 압력에서 작동하는 안전밸브와 내압시험압력의 *☐ 배부터 내압시험압력에서 작동하는 봉판을 설치할 것

(3) 저압식 저장용기에는 액면계 및 압력계와 2.3 [MPa] 이상 1.9 [MPa] 이하의 압력에서 작동하는 압력경보장치를 설치할 것

(4) 저압식 저장용기에는 용기 내부의 온도가 섭씨 영하 18 [℃] 이하에서 2.1 [MPa]의 압력을 유지할 수 있는 자동냉동장치를 설치할 것

25

(5) 저장용기는 고압식은 *☐ [MPa] 이상, 저압식은 3.5 [MPa] 이상의 내압시험압력에 합격한 것으로 할 것

❸ 저장용기의 개방밸브

이산화탄소소화약제 저장용기의 개방밸브는 전기식·가스압력식 또는 기계식에 따라 자동으로 개방되고 수동으로도 개방되는 것으로서 안전장치가 부착된 것으로 해야 한다.

4 이산화탄소소화약제 저장용기와 선택밸브 또는 개폐밸브 사이의 안전장치

이산화탄소 소화약제 저장용기와 선택밸브 또는 개폐밸브 사이에는 배관의 1) [　　　] 과 2) [　　　] 사이의 압력에서 작동하는 안전장치를 설치해야 하며, 안전장치를 통하여 나온 소화가스는 전용의 배관 등을 통하여 건축물 3) [　] 로 배출될 수 있도록 해야 한다. 이 경우 안전장치로 4) [　] 을 사용해서는 안 된다.

1) 최소사용설계압력
2) 최대허용압력
3) 외부
4) 용전식

03 소화약제 ★★★

1 전역방출방식

$$W = (V \times \alpha) + (A \times \beta)$$

W : 약제량 [kg]
V : 방호구역의 체적 [m^3]
α : 방호구역의 1 [m^3]에 대한 소화약제의 양 [kg/m^3]
A : 개구부 면적 [m^2]
β : 개구부 가산량(표면화재 : 5 [kg/m^2], 심부화재 : 10 [kg/m^2])(개구부에 자동폐쇄장치 미설치 시 적용)

(1) 표면화재(가연성 액체 또는 가연성 가스 등의 표면에서 연소하는 화재)

(1) 방호구역의 체적 1 [m^3]에 대하여 다음 표에 따른 양

방호구역 체적 [m^3]	체적 1 [m^3]에 대한 소화약제의 양 [kg/m^3]	소화약제 저장량의 최저한도의 양 [kg]
45 [m^3] 미만	1 [kg/m^3]	45 [kg]
45 [m^3] 이상 150 [m^3] 미만	1) [　] [kg/m^3]	
150 [m^3] 이상 1450 [m^3] 미만	2) [　] [kg/m^3]	135 [kg]
1450 [m^3] 이상	0.75 [kg/m^3]	1125 [kg]

1) 0.9
2) 0.8

(2) 방호구역 개구부에 자동폐쇄장치를 설치하지 않은 경우에는 개구부 면적 1 [m^2]당 * [　] [kg]을 가산해야 함

5

답 1) 1.3
2) 1.6

답 10

2) 심부화재(목재·석탄·섬유류 등과 같은 고체 가연물에서 발생하는 화재)

(1) 방호구역의 체적 1 [m^3]에 대하여 다음 표에 따른 양 이상

방호대상물	체적 1 [m^3]에 대한 소화약제의 양 [kg/m^3]	설계농도 [%]
유압기기를 제외한 전기설비, 케이블실	1) ☐ [kg/m^3]	50
체적 55 [m^3] 미만의 전기설비	2) ☐ [kg/m^3]	50
서고, 전자제품창고, 목재가공품창고, 박물관	2.0 [kg/m^3]	65
고무류, 모피창고, 집진설비, 석탄창고, 면화류창고	2.7 [kg/m^3]	75

(2) 방호구역 개구부에 자동폐쇄장치를 설치하지 않은 경우에는 개구부 면적 1 [m^2]당 * ☐ [kg]을 가산해야 함

2 국소방출방식

(1) 윗면이 개방된 용기에 저장하는 경우와 화재 시 연소면이 한정되고 가연물이 비산할 우려가 없는 경우에는 방호대상물의 표면적 1 [m^2]에 대하여 13 [kg]을 저장한다.

$$W[kg] = A[m^2] \times 13[kg/m^2] \times h(\text{할증계수})$$

W : 약제량 [kg]
A : 방호대상물의 표면적 [m^2]
h : 할증계수(고압식 : 1.4, 저압식 : 1.1)

(2) 그 외의 경우

$$W[kg] = V[m^3] \times \left(8 - 6\frac{a}{A}\right)[kg/m^3] \times h$$

W : 약제량 [kg]
V : 방호공간의 체적 [m^3](방호대상물의 각 부분으로부터 0.6 [m]의 거리에 따라 둘러싸인 공간)
a : 방호대상물 주위에 설치된 벽면적의 합계 [m^2]
A : 방호공간의 벽면적의 합계 [m^2](벽이 없는 경우 : 벽이 있는 것으로 가정한 당해 부분의 면적)
h : 할증계수(고압식 : 1.4, 저압식 : 1.1)

04 기동장치

1 수동식 기동장치 설치기준

수동식 기동장치의 부근에는 소화약제의 방출을 지연시킬 수 있는 *[ ](자동복귀형 스위치로서 수동식 기동장치의 타이머를 순간 정지시키는 기능의 스위치를 말한다)를 설치해야 한다.

(1) 전역방출방식은 방호구역마다, 국소방출방식은 방호대상물마다 설치할 것

(2) 해당 방호구역의 출입구부분 등 조작을 하는 자가 쉽게 피난할 수 있는 장소에 설치할 것

(3) 기동장치의 조작부는 바닥으로부터 높이 1) [ ] [m] 이상 2) [ ] [m] 이하의 위치에 설치하고 보호판 등에 따른 보호장치를 설치할 것

(4) 기동장치에는 그 가까운 곳의 보기 쉬운 곳에 "이산화탄소소화설비 기동장치"라고 표시한 표지를 할 것

(5) 전기를 사용하는 기동장치에는 전원표시등을 설치할 것

(6) 기동장치의 방출용 스위치는 *[ ]와 연동하여 조작될 수 있는 것으로 할 것

(7) 기동장치에는 보호장치를 설치해야 하며, 보호장치를 개방하는 경우 기동장치에 설치된 부저 또는 벨 등에 의하여 경고음을 발할 것

(8) 기동장치를 옥외에 설치하는 경우 빗물 또는 외부 충격의 영향을 받지 아니하도록 설치할 것

2 자동식 기동장치 설치기준 ★

자동화재탐지설비의 감지기의 작동과 연동하는 것으로서 다음의 기준에 따라 설치해야 한다.

(1) 자동식 기동장치에는 수동으로도 기동할 수 있는 구조로 할 것

(2) 전기식 기동장치로서 *[ ] 병 이상의 저장용기를 동시에 개방하는 설비는 2병 이상의 저장용기에 전자 개방밸브를 부착할 것

(3) 가스압력식 기동장치는 다음의 기준에 따를 것

① 기동용 가스용기 및 해당 용기에 사용하는 밸브는 *[ ] [MPa] 이상의 압력에 견딜 수 있는 것으로 할 것

② 기동용 가스용기에는 내압시험압력의 *[ ] 배부터 내압시험압력 이하에서 작동하는 안전장치를 설치할 것

1) 방출지연스위치

1) 0.8
2) 1.5

음향경보장치

7

25

0.8

1) 5
2) 6.0

③ 기동용 가스용기의 체적은 1) □ [L] 이상으로 하고, 해당 용기에 저장하는 질소 등의 비활성기체는 2) □ [MPa] 이상(21 [℃] 기준)의 압력으로 충전할 것

④ 질소 등의 비활성기체 기동용 가스용기에는 충전 여부를 확인할 수 있는 압력게이지를 설치할 것

(4) 기계식 기동장치는 저장용기를 쉽게 개방할 수 있는 구조로 할 것

05 배관 등

1 배관 설치기준

(1) 배관은 전용으로 할 것

(2) 설치기준 요약 표 ★★★

1) 80
2) 9.5
3) 4.5

구분		설치조건
강관 (압력배관용 탄소강관)	고압식	스케줄 1) □ 이상의 것 (단, 배관 구경이 20 [mm] 이하인 경우 : 스케줄 40 이상인 것)
	저압식	스케줄 40 이상의 것
동관 (이음이 없는 동 및 동합금관)	고압식	16.5 [MPa] 이상의 압력에 견딜 수 있는 것
	저압식	3.75 [MPa] 이상의 압력에 견딜 수 있는 것
배관 부속	고압식의 1차 측 (개폐밸브 또는 선택밸브 이전)	최소사용설계압력은 2) □ [MPa]로 할 것
	고압식의 2차 측과 저압식	최소사용설계압력은 3) □ [MPa]로 할 것

2 배관의 구경 ★★★

배관의 구경은 이산화탄소의 소요량이 다음의 기준에 따른 시간 내에 방출될 수 있는 것으로 해야 한다.

(1) 전역방출방식에 있어서 가연성 액체 또는 가연성 가스등 표면화재 방호대상물의 경우에는 1분

7

(2) 전역방출방식에 있어서 종이, 목재, 석탄, 섬유류, 합성수지류 등 심부화재 방호대상물의 경우에는 * □ 분. 이 경우 설계농도가 2분 이내에 30 [%]에 도달해야 한다.

30

(3) 국소방출방식의 경우에는 * □ 초

06 분사헤드

1 전역방출방식 분사헤드

(1) 방출된 소화약제가 방호구역의 전역에 균일하게 신속히 확산할 수 있도록 할 것

(2) 분사헤드의 방출압력이 * [MPa](저압식은 1.05 [MPa]) 이상의 것으로 할 것 ★

(3) 특정소방대상물 또는 그 부분에 설치된 이산화탄소소화설비의 소화약제의 저장량은 기준에서 정한 시간 이내에 방출할 수 있는 것으로 할 것 (① 전역방출방식에 있어서 표면화재 방호대상물의 경우에는 1분, ② 전역방출방식에 있어서 심부화재 방호대상물의 경우에는 * 분. 이 경우 설계농도가 2분 이내에 30 [%]에 도달해야 한다.) ★★★

2 국소방출방식 분사헤드

(1) 소화약제의 방출에 따라 가연물이 비산하지 아니하는 장소에 설치할 것

(2) 이산화탄소소화약제의 저장량은 * 초 이내에 방출할 수 있는 것으로 할 것 ★★★

(3) 성능 및 방출압력이 기준에 적합한 것으로 할 것

2.1

7

30

07 분사헤드 설치 제외 ★★★

이산화탄소소화설비의 분사헤드는 다음의 장소에 설치해서는 안 됨

1) 방재실 · 제어실 등 사람이 1) ______ 하는 장소

2) 니트로셀룰로스 · 셀룰로이드제품 등 2) ______ 을 저장 · 취급하는 장소

3) 나트륨 · 칼륨 · 칼슘 등 3) ______ 을 저장 · 취급하는 장소

4) 4) ______ 등의 관람을 위하여 다수인이 출입 · 통행하는 통로 및 전시실 등

1) 상시 근무
2) 자기연소성 물질
3) 활성금속 물질
4) 전시장

CHAPTER 08 할론소화설비

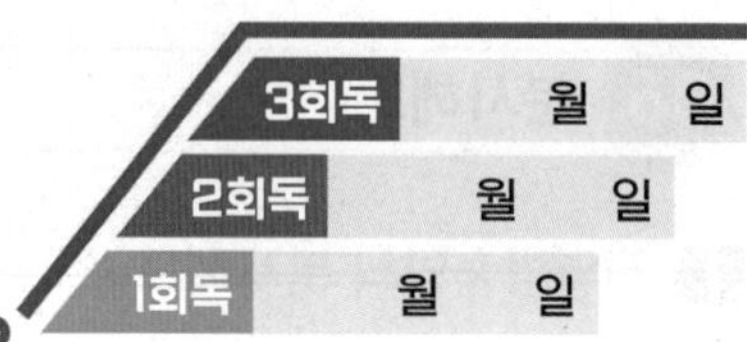

01 할론소화약제의 종류

종류	분자식	상온·상압
할론 1211	CF_2ClBr	기체
할론 1301	CF_3Br	기체
할론 2402	$C_2F_4Br_2$	액체

02 소화약제 저장용기 등

1 저장용기 설치장소의 기준 ★★★

(1) 방호구역 외의 장소에 설치할 것. 다만 방호구역 내에 설치할 경우에는 피난 및 조작이 용이하도록 피난구 부근에 설치해야 한다.

(2) 온도가 40 [℃] 이하이고, 온도변화가 적은 곳에 설치할 것

(3) 직사광선 및 빗물이 침투할 우려가 없는 곳에 설치할 것

(4) * [　　] 으로 구획된 실에 설치할 것

(5) 용기의 설치장소에는 해당 용기가 설치된 곳임을 표시하는 표지를 할 것

(6) 용기 간의 간격은 점검에 지장이 없도록 3 [cm] 이상의 간격을 유지할 것

(7) 저장용기와 집합관을 연결하는 연결배관에는 * [　　] 를 설치할 것. 다만 저장용기가 하나의 방호구역만을 담당하는 경우에는 그렇지 않다.

방화문

체크밸브

2 저장용기의 설치기준

(1) 축압식 저장용기의 압력(온도 20 [℃]에서)

할론 1301	2.5 [MPa] 또는 4.2 [MPa]이 되도록 질소가스로 축압할 것

(2) 저장용기의 충전비

소화약제	충전비
할론 1301	1) [　] 이상 2) [　] 이하 ★★★

1) 0.9
2) 1.6

(3) 저장용기의 동일 집합관에 접속되는 저장용기의 소화약제 충전량은 동일 충전비의 것으로 할 것

3 가압용 가스용기 설치기준

가압용 가스용기는 질소가스가 충전된 것으로 하고, 그 압력은 21 [℃]에서 2.5 [MPa] 또는 4.2 [MPa]이 되도록 해야 한다.

03 소화약제(할론 1301) ★★★

1 전역방출방식의 소화약제량

$$W = (V \times \alpha) + (A \times \beta)$$

W : 약제량 [kg]
V : 방호구역의 체적 [m^3]
α : 방호구역 1 [m^3]에 대한 소화약제의 양 [kg/m^3]
A : 개구부 면적 [m^2]
β : 개구부 가산량 [kg/m^2] (개구부에 자동폐쇄장치 미설치 시 적용)

※ 방호구역의 체적 1 [m^3]에 대한 소화약제량[kg/m^3] 및 개구부 가산량 [kg/m^2]

소방대상물 또는 그 부분	방호구역의 체적 1 [m^3]당 소화약제의 양 [kg/m^3] α	개구부 가산량 [kg/m^2] β
• 차고·주차장·전기실·통신기기실·전산실 등 이와 유사한 전기설비가 설치되어 있는 부분 • 특수가연물(가연성 고체류, 가연성 액체류, 합성수지류)을 저장·취급하는 소방대상물 또는 그 부분	1) ☐ 이상 0.64 이하	2) ☐
특수가연물(면화류, 나무껍질 및 대팻밥, 넝마 및 종이부스러기, 사류, 볏짚류, 목재가공품 등)을 저장·취급하는 소방대상물 또는 그 부분	0.52 이상 0.64 이하	3.9

1) 0.32
2) 2.4

2 국소방출방식의 소화약제량

(1) 윗면이 개방된 용기에 저장하는 경우와 화재 시 연소면이 한정되고 가연물이 비산할 우려가 없는 경우에는 방호대상물의 표면적 1 [m^2]에 대하여 6.8 [kg](할론 1301)을 저장한다.

$$W[kg] = A[m^2] \times 6.8[kg/m^2] \times 1.25$$

W : 약제량 [kg]
A : 방호대상물의 표면적 [m^2]

(2) 그 외의 경우

$$W[kg] = V[m^3] \times \left(4 - 3\frac{a}{A}\right)[kg/m^3] \times 1.25$$

W : 약제량 [kg]
V : 방호공간의 체적 [m^3](방호대상물의 각 부분으로부터 0.6 [m]의 거리에 따라 둘러싸인 공간)
a : 방호대상물 주위에 설치된 벽면적의 합계 [m^2]
A : 방호공간의 벽면적의 합계 [m^2](벽이 없는 경우 : 벽이 있는 것으로 가정한 당해 부분의 면적)

04 할론소화설비 분사헤드

1 전역방출방식 분사헤드

(1) 방출된 소화약제가 방호구역의 전역에 균일하게 신속히 확산할 수 있도록 할 것

무상 (2) 할론 2402를 방출하는 분사헤드는 해당 소화약제가 * ☐ 으로 분무되는 것으로 할 것 ★

0.1 (3) 분사헤드의 방출압력은 할론 2402를 방출하는 것은 * ☐ [MPa] 이상, 할론 1211을 방출하는 것은 0.2 [MPa] 이상, 할론 1301을 방출하는 것은 0.9 [MPa] 이상으로 할 것

10 (4) 기준저장량의 소화약제를 * ☐ 초 이내에 방출할 수 있는 것으로 할 것 ★

2 국소방출방식 분사헤드

(1) 소화약제의 방출에 따라 가연물이 비산하지 아니하는 장소에 설치할 것

무상 (2) 할론 2402를 방출하는 분사헤드는 해당 소화약제가 * ☐ 으로 분무되는 것으로 할 것 ★

0.1 (3) 분사헤드의 방출압력은 할론 2402를 방출하는 것은 * ☐ [MPa] 이상, 할론 1211을 방출하는 것은 0.2 [MPa] 이상, 할론 1301을 방출하는 것은 0.9 [MPa] 이상으로 할 것

10 (4) 기준저장량의 소화약제를 * ☐ 초 이내에 방출할 수 있는 것으로 할 것 ★

CHAPTER 09

할로겐화합물 및 불활성기체소화설비

3회독	월	일
2회독	월	일
1회독	월	일

01 용어의 정의

1. "할로겐화합물 및 불활성기체소화약제"란 할로겐화합물(할론 1301, 할론 2402, 할론 1211 제외) 및 불활성기체로서 전기적으로 1) [ ] 이며 2) [ ] 이 있거나 증발 후 잔여물을 남기지 않는 소화약제를 말한다.
2. "할로겐화합물소화약제"란 불소, 염소, 브롬 또는 요오드 중 하나 이상의 원소를 포함하고 있는 유기화합물을 기본성분으로 하는 소화약제를 말한다.
3. "불활성기체소화약제"란 헬륨, 네온, 아르곤 또는 질소가스 중 하나 이상의 원소를 기본성분으로 하는 소화약제를 말한다.

1) 비전도성
2) 휘발성

02 할로겐화합물 및 불활성기체 소화약제

1 종류 ★

1) [ ] 소화약제	2) [ ] 소화약제
FC-3-1-10 HCFC BLEND A HCFC-124 HFC-125 HFC-227ea HFC-23 HFC-236fa FIC-13I1 FK-5-1-12	IG-01 IG-100 IG-541 IG-55

1) 할로겐화합물
2) 불활성기체

2 소화약제 최대허용 설계농도

소화약제	최대허용 설계농도(%)
IG-01, IG-100, IG-541, IG-55 ★	[ ]
FC-3-1-10 ★	40
HFC-23 ★	30

43

소화약제	최대허용 설계농도(%)
HFC-236fa	12.5
HFC-125 ★	11.5
HFC-227ea	10.5
FK-5-1-12, HCFC BLEND A	10
HCFC-124	1.0
FIC-13I1	0.3

3 설치 제외 ★

할로겐화합물 및 불활성기체소화설비는 다음의 장소에는 설치할 수 없음

1) 사람이 상주하는 곳으로서 최대허용 설계농도를 초과하는 장소
2) 제3류 위험물 및 제5류 위험물을 저장·보관·사용하는 장소, 다만 소화성능이 인정되는 위험물은 제외

03 저장용기

1 저장용기 설치장소의 기준 ★★★

(1) 방호구역 외의 장소에 설치할 것. 방호구역 내에 설치할 경우에는 피난 및 조작이 용이하도록 피난구 부근에 설치해야 한다.

55 (2) 온도가 *□ [℃] 이하이고, 온도의 변화가 작은 곳에 설치할 것

(3) 직사광선 및 빗물이 침투할 우려가 없는 곳에 설치할 것

(4) 저장용기를 방호구역 외에 설치한 경우에는 방화문으로 구획된 실에 설치할 것

(5) 용기의 설치장소에는 해당 용기가 설치된 곳임을 표시하는 표지를 할 것

(6) 용기 간의 간격은 점검에 지장이 없도록 3 [cm] 이상의 간격을 유지할 것

(7) 저장용기와 집합관을 연결하는 연결배관에는 체크밸브를 설치할 것. 다만 저장용기가 하나의 방호구역만을 담당하는 경우에는 그렇지 않다.

2 저장용기의 설치기준

(1) 저장용기의 충전밀도 및 충전압력은 별도의 기준에 따를 것

(2) 저장용기는 약제명, 저장용기의 자체중량과 총 중량, 충전일시, 충전압력 및 약제의 체적을 표시할 것

(3) 동일 집합관에 접속되는 저장용기는 동일한 내용적을 가진 것으로 충전량 및 충전압력이 같도록 할 것

(4) 저장용기에 충전량 및 충전압력을 확인할 수 있는 장치를 하는 경우에는 해당 소화약제에 적합한 구조로 할 것

(5) 저장용기 재충전 및 교체 기준 ★★★

저장용기의 약제량 손실이 1) □ [%]를 초과하거나 압력손실이 2) □ [%]를 초과할 경우에는 재충전하거나 저장용기를 교체할 것. 다만 불활성기체 소화약제 저장용기의 경우에는 압력손실이 3) □ [%]를 초과할 경우 재충전하거나 저장용기를 교체해야 한다.

1) 5
2) 10
3) 5

3 안전장치 설치기준

할로겐화합물 및 불활성기체소화약제 저장용기와 선택밸브 또는 개폐밸브 사이에는 배관의 최소사용설계압력과 최대허용압력 사이의 압력에서 작동하는 안전장치를 설치해야 하며, 안전장치를 통하여 나온 소화가스는 전용의 배관 등을 통하여 건축물 * □ 로 배출될 수 있도록 해야 한다. 이 경우 안전장치로 용전식을 사용해서는 안 된다.

외부

04 배관 및 분사헤드

1 배관의 구경 ★★★

배관의 구경은 해당 방호구역에 할로겐화합물소화약제는 1) □ 초 이내에, 불활성기체소화약제는 A·C급 화재 2) □ 분, B급 화재 3) □ 분 이내에 방호구역 각 부분에 최소 설계농도의 4) □ [%] 이상 해당하는 약제량이 방출되도록 해야 한다. ★★★

1) 10
2) 2
3) 1
4) 95

2 분사헤드 설치기준

(1) 분사헤드의 설치높이는 방호구역의 바닥으로부터 최소 0.2 [m] 이상 최대 3.7 [m] 이하로 해야 하며 천장높이가 3.7 [m]를 초과할 경우에는 추가로 다른 열의 분사헤드를 설치할 것

(2) 분사헤드에는 부식방지조치를 해야 하며 오리피스의 크기, 제조일자, 제조업체가 표시되도록 할 것

(3) 분사헤드의 오리피스의 면적은 분사헤드가 연결되는 배관구경 면적의 * □ [%] 이하가 되도록 할 것 ★

70

CHAPTER 10 분말소화설비

01 분말소화약제

1 분말소화약제의 종류 ★★★

종별	소화약제	약제색	적응화재
제1종	탄산수소나트륨 $NaHCO_3$	백색	BC급
제2종	탄산수소칼륨 $KHCO_3$	담자색(담회색)	
제3종	제1인산암모늄 $NH_4H_2PO_4$	담홍색	* □ 급
제4종	탄산수소칼륨 + 요소 $KHCO_3 + CO(NH_2)_2$	회(백)색	BC급

ABC

02 저장용기 등

1 분말소화약제 저장용기 설치장소의 기준 ★★★

(1) 방호구역 * □의 장소에 설치할 것. 다만 방호구역 내에 설치할 경우에는 피난 및 조작이 용이하도록 피난구 부근에 설치할 것

(2) 온도가 * □ [℃] 이하이고, 온도 변화가 적은 곳에 설치할 것

(3) 직사광선 및 빗물이 침투할 우려가 없는 곳에 설치할 것

(4) * □으로 구획된 실에 설치할 것

(5) 용기의 설치장소에는 해당 용기가 설치된 곳임을 표시하는 표지를 할 것

(6) 용기 간의 간격은 점검에 지장이 없도록 * □ [cm] 이상의 간격을 유지할 것

(7) 저장용기와 집합관을 연결하는 연결배관에는 체크밸브를 설치할 것. 다만 저장용기가 하나의 방호구역만을 담당하는 경우에는 그렇지 않다.

외

40

방화문

3

2 분말소화약제 저장용기의 기준

(1) 저장용기의 내용적 ★★★

소화약제의 종별	소화약제 1 [kg]당 저장용기 내용적
제1종 분말	1) ☐ [L]
제2종 분말, 제3종 분말	2) ☐ [L]
제4종 분말	1.25 [L]

(2) 저장용기에 설치하는 안전밸브 ★★★

가압식	최고사용압력의 1) ☐ 배 이하의 압력에서 작동
축압식	용기의 내압시험압력의 2) ☐ 배 이하의 압력에서 작동

(3) 저장용기에는 저장용기의 내부압력이 설정압력으로 되었을 때 주밸브를 개방하는 *☐ 를 설치할 것 ★★★

(4) 저장용기의 충전비는 0.8 이상으로 할 것 ★★★

(5) 저장용기 및 배관에는 잔류 소화약제를 처리할 수 있는 청소장치를 설치할 것

(6) 축압식의 분말소화설비는 사용압력의 범위를 표시한 지시압력계를 설치할 것

3 가압용 가스용기

(1) 분말소화약제의 가스용기는 분말소화약제의 저장용기에 접속하여 설치해야 한다.

(2) 가압용 가스용기를 3병 이상 설치한 경우에는 2개 이상의 용기에 전자개방밸브를 부착할 것

(3) 가압용 가스용기에는 2.5 [MPa] 이하의 압력에서 조정이 가능한 *☐ 를 설치해야 한다. ★

(4) 가압용 가스 또는 축압용 가스는 질소가스 또는 이산화탄소로 할 것(35 [℃]에서 1기압의 압력상태로 환산한 것) ★★★

구분	내용
가압용 가스	• 질소가스는 소화약제 1 [kg]마다 *☐ [L] 이상
	• 이산화탄소는 소화약제 1 [kg]에 대하여 20 [g] 에 배관의 청소에 필요한 양을 가산한 양 이상으로 할 것
축압용 가스	• 질소가스는 소화약제 1 [kg]에 대하여 *☐ [L] 이상
	• 이산화탄소는 소화약제 1 [kg]에 대하여 20 [g] 에 배관의 청소에 필요한 양을 가산한 양 이상으로 할 것

* 저장용기 및 배관의 청소에 필요한 양의 가스는 별도의 용기에 저장할 것

1) 0.60
2) 2.7

03 소화약제 ★★★

1 전역방출방식의 소화약제량

$$W = (V \times \alpha) + (A \times \beta)$$

W : 약제량 [kg]
V : 방호구역 체적 [m^3]
α : 방호구역 1 [m^3]에 대한 소화약제의 양 [kg/m^3]
A : 개구부 면적 [m^2]
β : 개구부 가산량 [kg/m^2](개구부에 자동 폐쇄장치 미설치 시 적용)

※ 방호구역의 체적 1 [m^3]에 대한 소화약제량 [kg/m^3] 및 개구부 가산량 [kg/m^2]

소화약제의 종류	방호구역의 체적 1 [m^3]에 대한 소화약제량 [kg] α	개구부의 면적 1 [m^2]에 대한 소화약제량 [kg] β
제1종 분말	1) ☐ [kg/m^3]	4.5 [kg/m^2]
제2종 또는 제3종 분말	0.36 [kg/m^3]	2) ☐ [kg/m^2]
제4종 분말	0.24 [kg/m^3]	1.8 [kg/m^2]

2 국소방출방식의 소화약제량

$$W[kg] = V[m^3] \times \left(X - Y\frac{a}{A}\right)[kg/m^3] \times 1.1$$

W : 약제량 [kg]
V : 방호공간의 체적 [m^3](방호대상물의 각 부분으로부터 0.6 [m]의 거리에 따라 둘러싸인 공간)
a : 방호대상물 주위에 설치된 벽면적의 합계 [m^2]
A : 방호공간의 벽면적의 합계 [m^2](벽이 없는 경우 : 벽이 있는 것으로 가정한 당해 부분의 면적)

[X 및 Y : 다음 표의 수치]

소화약제 종별	X	Y
제1종 분말	5.2	3.9
제2종 또는 제3종 분말	3.2	2.4
제4종 분말	2.0	1.5

3 차고 또는 주차장에 설치하는 분말소화설비

분말소화설비에 사용하는 소화약제는 제1종 분말·제2종 분말·제3종 분말 또는 제4종 분말로 해야 한다. 다만 차고 또는 주차장에 설치하는 분말소화설비의 소화약제는 제 ☐ 종 분말로 해야 한다.

3

04 배관

(1) 배관은 전용으로 할 것

(2) 강관을 사용하는 경우의 배관은 ☐ 에 따른 배관용탄소강관(KS D 3507)이나 이와 동등 이상의 강도·내식성 및 내열성을 가진 것으로 할 것. 다만 축압식분말소화설비에 사용하는 것 중 20 [℃]에서 압력이 2.5 [MPa] 이상 4.2 [MPa] 이하인 것은 압력배관용탄소강관(KS D 3562) 중 이음이 없는 스케줄 40 이상의 것 또는 이와 동등 이상의 강도를 가진 것으로서 아연도금으로 방식 처리된 것을 사용해야 한다.

아연도금

(3) 동관을 사용하는 경우의 배관은 고정압력 또는 최고사용압력의 ☐ 배 이상의 압력에 견딜 수 있는 것을 사용할 것 ★

1.5

(4) 밸브류는 개폐위치 또는 개폐방향을 표시한 것으로 할 것

(5) 배관의 관 부속 및 밸브류는 배관과 동등 이상의 강도 및 내식성이 있는 것으로 할 것

05 분사헤드

1 전역방출방식의 분말소화설비의 분사헤드

(1) 방출된 소화약제가 방호구역의 전역에 균일하고 신속하게 확산할 수 있도록 할 것

(2) 소화약제 저장량을 ☐ 초 이내에 방출할 수 있는 것으로 할 것 ★

30

2 국소방출방식의 분말소화설비의 분사헤드

(1) 소화약제의 방출에 따라 가연물이 비산하지 아니하는 장소에 설치할 것

(2) 소화약제 저장량을 ☐ 초 이내에 방출할 수 있는 것으로 할 것 ★

30

CHAPTER 11

피난기구 및 인명구조기구

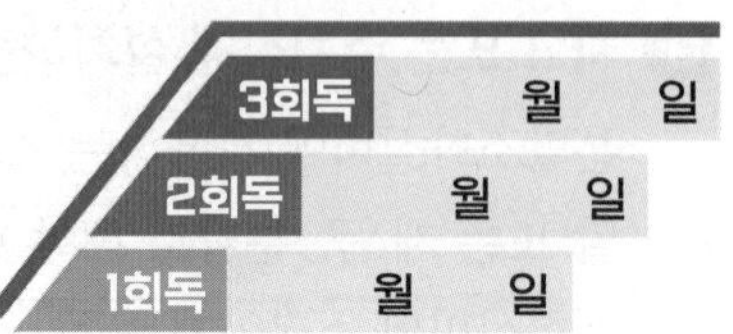

01 적응성 및 설치개수 등

1 피난기구의 적응성 및 설치개수 등 ★★★

1) 설치장소별 피난기구의 적응성 ★★★

설치장소별 \ 층별	1층	2층	3층	4층 이상 10층 이하
1. 노유자 시설	• 미끄럼대 • 구조대 • 다수인 피난장비 • 승강식피난기 • 피난교	• 미끄럼대 • 구조대 • 다수인 피난장비 • 승강식피난기 • 피난교	• 미끄럼대 • 구조대 • 다수인 피난장비 • 승강식피난기 • 피난교	• 구조대[1)] • 다수인 피난장비 • 승강식피난기 • 피난교
2. 의료시설·근린생활시설 중 입원실이 있는 의원·접골원·조산원	-	-	• 미끄럼대 • 구조대 • 다수인 피난장비 • 승강식피난기 • 피난교 • 피난용 트랩	• 1) ____ • 2) ____ • 3) ____ • 피난교 • 피난용 트랩
3. 다중이용업소로서 영업장의 위치가 4층 이하인 다중이용업소	-	• 미끄럼대 • 구조대 • 다수인 피난장비 • 승강식피난기 • 완강기 • 피난사다리	• 미끄럼대 • 구조대 • 다수인 피난장비 • 승강식피난기 • 완강기 • 피난사다리	• 미끄럼대 • 구조대 • 다수인 피난장비 • 승강식피난기 • 완강기 • 피난사다리

1) 구조대
2) 다수인피난장비
3) 승강식피난기

설치 장소별 \ 층별	1층	2층	3층	4층 이상 10층 이하
4. 그 밖의 것			• 미끄럼대 • 구조대 • 다수인피난장비 • 승강식피난기 • 완강기 • 간이완강기[2)] • 공기안전매트 • 피난교 • 피난사다리 • 피난용 트랩	• 구조대 • 다수인피난장비 • 승강식피난기 • 완강기 • 간이완강기[2)] • 공기안전매트 • 피난교 • 피난사다리

※ 비고
1) 구조대의 적응성은 장애인 관련 시설로서 주된 사용자 중 스스로 피난이 불가한 자가 있는 경우 추가로 설치하는 경우에 한한다.
2) 간이완강기의 적응성은 숙박시설의 3층 이상에 있는 객실에 추가로 설치하는 경우에 한한다.

2 피난기구의 설치개수

(1) 층마다 설치할 것

(2) 층별 용도에 따른 피난기구의 설치개수 ★★★

용도	피난기구 설치개수
숙박시설 · 노유자시설 · 의료시설	바닥면적 1) [ ] [m^2]마다 1개 이상
위락시설 · 문화 및 집회시설 · 운동시설 · 판매시설 또는 복합용도의 층	바닥면적 2) [ ] [m^2]마다 1개 이상
그 밖의 용도의 층	바닥면적 3) [ ] [m^2]마다 1개 이상
계단실형 아파트	각 세대마다

1) 500
2) 800
3) 1000

답 1) 2
2) 공기호흡기
3) 2
4) 이산화탄소소화설비
5) 공기호흡기

02 특정소방대상물의 용도 및 장소별로 설치해야 할 인명구조기구 ★

특정소방대상물	인명구조기구	설치 수량
지하층을 포함하는 층수가 7층 이상인 관광호텔 및 5층 이상인 병원	• 방열복 또는 방화복(안전모, 보호장갑 및 안전화 포함) • 공기호흡기 • 인공소생기	각 1) □개 이상 비치할 것(단, 병원은 인공소생기 설치하지 않을 수 있다)
• 문화 및 집회시설 중 수용인원 100명 이상의 영화상영관 • 판매시설 중 대규모 점포 • 운수시설 중 지하역사 • 지하가 중 지하상가	• 2) ____	층마다 3) □개 이상 비치할 것(단, 각 층마다 갖추어 두어야 할 공기호흡기 중 일부를 직원이 상주하는 인근 사무실에 갖추어 둘 수 있다)
• 물분무등소화설비 중 4) ____ 를 설치해야 하는 특정소방대상물	• 5) ____	이산화탄소소화설비가 설치된 장소의 출입구 외부 인근에 1개 이상 비치할 것

CHAPTER 12 소화용수설비

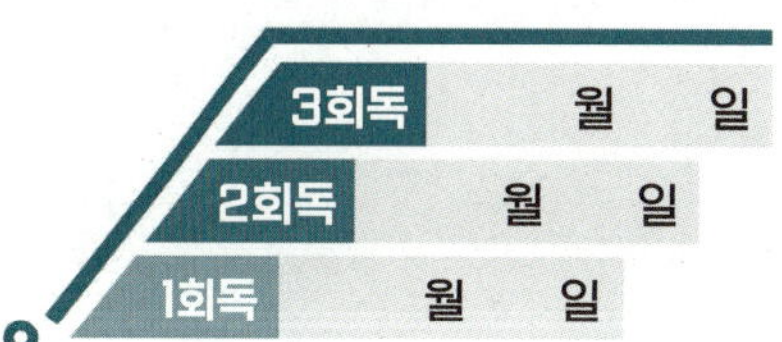

01 상수도소화용수설비

1. 호칭지름 1) ☐ [mm] 이상의 수도배관에 호칭지름 2) ☐ [mm] 이상의 소화전을 접속할 것
2. 소화전은 특정소방대상물의 수평투영면의 각 부분으로부터 3) ☐ [m] 이하가 되도록 설치할 것

1) 75
2) 100
3) 140

02 소화수조 및 저수조

1 소화수조 등

1) 채수구 또는 흡수관투입구는 소방차가 2 [m] 이내의 지점까지 접근할 수 있는 위치에 설치
2) 저수량은 소방대상물의 연면적을 다음에 따른 기준면적으로 나누어 얻은 수(소수점 이하의 수는 1로 본다)에 20 [m³]를 곱한 양 이상이 되도록 할 것

소방대상물의 구분	기준 면적
1층 2층 바닥면적 합계가 4) ☐ [m²] 이상인 소방대상물	5) ☐ [m²]
그 외	12500 [m²]

4) 15000
5) 7500

$$저수량\ [m^3] = \frac{연면적}{기준면적}(소수점\ 이하\ 절상) \times 20[m^3]$$ ★

3) 흡수관투입구 설치기준
   (1) 지하에 설치하는 흡수관투입구 : 한 변이 0.6 [m] 이상이거나 직경이 0.6 [m] 이상인 것
   (2) 설치개수 ★

소요수량	80 [m³] 미만	80 [m³] 이상
흡수관투입구 수	1개 이상	2개 이상

(3) "흡수관투입구"라고 표시한 표지를 할 것

4) 채수구 설치기준

(1) 소방용 호스 또는 소방용 흡수관에 사용하는 구경 65 [mm] 이상의 나사식 결합금속구를 설치할 것

(2) 설치개수 ★★

소요수량	20 [m^3] 이상 40 [m^3] 미만	40 [m^3] 이상 100 [m^3] 미만	100 [m^3] 이상
채수구 수	1개	2개	3개

(3) 설치높이 : 지면으로부터 0.5 [m] 이상 1 [m] 이하의 위치에 설치

(4) "채수구"라고 표시한 표지를 할 것

5) 소화용수설비를 설치해야 할 특정소방대상물에 있어서 유수의 양이 *☐ [m^3/min] 이상인 유수를 사용할 수 있는 경우에는 소화수조를 설치하지 않을 수

0.8

2 가압송수장치 ★

1) 소화수조 또는 저수조가 지표면으로부터의 깊이(수조 내부바닥까지의 길이를 말한다)가 *☐ [m] 이상인 지하에 있는 경우 가압송수장치를 설치해야 한다.

4.5

[소요수량에 따른 가압송수장치의 1분당 양수량]

소요수량	20 [m^3] 이상 40 [m^3] 미만	40 [m^3] 이상 100 [m^3] 미만	100 [m^3] 이상
양수량	1100 [L/min] 이상	2200 [L/min] 이상	3300 [L/min] 이상

2) 소화수조가 옥상 또는 옥탑의 부분에 설치된 경우에는 지상에 설치된 채수구에서의 압력이 *☐ [MPa] 이상이 되도록 할 것 ★

3) 0.15

CHAPTER 13 제연설비

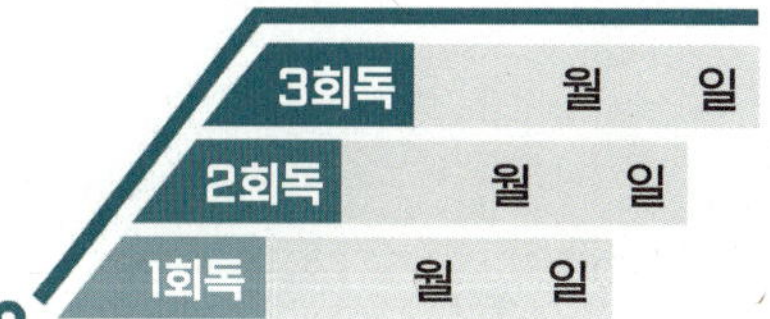

01 거실 제연설비

1 제연설비의 설치장소에 대한 제연구역의 구획 기준 ★★★

(1) 하나의 제연구역의 면적은 1) ☐ [m^2] 이내로 할 것

(2) 거실과 통로(복도를 포함한다. 이하 같다)는 각각 제연구획할 것

(3) 통로상의 제연구역은 보행중심선의 길이가 2) ☐ [m]를 초과하지 않을 것

(4) 하나의 제연구역은 직경 3) ☐ [m] 원 내에 들어갈 수 있을 것

(5) 하나의 제연구역은 2 이상 층에 미치지 않도록 할 것. 다만 층의 구분이 불분명한 부분은 그 부분을 다른 부분과 별도로 제연구획해야 한다.

1) 1000
2) 60
3) 60

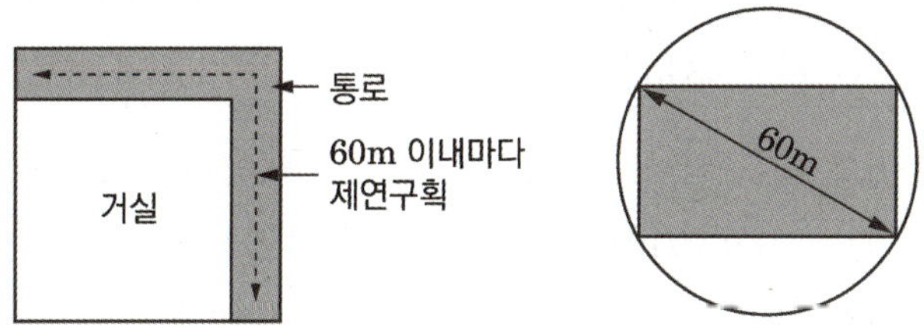

2 제연구역의 구획 시 설치기준

제연구역의 구획은 보·제연경계벽(이하 "제연경계"라 한다) 및 벽(화재 시 자동으로 구획되는 가동벽·방화셔터·방화문을 포함한다. 이하 같다)으로 하되, 다음의 기준에 적합해야 한다.

(1) 재질은 내화재료, 불연재료 또는 제연경계벽으로 성능을 인정받은 것으로서 화재 시 쉽게 변형·파괴되지 아니하고 연기가 누설되지 않는 기밀성 있는 재료로 할 것

(2) 제연경계는 제연경계의 폭이 * ☐ [m] 이상이고, 수직거리는 2 [m] 이내이어야 한다. 다만 구조상 불가피한 경우는 2 [m]를 초과할 수 있다. ★★★

(3) 제연경계벽은 배연 시 기류에 따라 그 하단이 쉽게 흔들리지 않고 가동식의 경우에는 급속히 하강하여 인명에 위해를 주지 않는 구조일 것

0.6

3 배출량 및 배출방식

(1) 예상제연구역의 거실 바닥면적이 400 [m²] 미만인 경우 ★★★

5000

① 배출량 : 바닥면적 1 [m²]당 1 [m³/min] 이상 (최소배출량은 * ☐ [m³/hr] 이상)

$$Q[m^3/h] = \text{바닥면적 } A[m^2] \times 1[m^3/\text{min} \cdot m^2] \times \frac{60\,[\text{min}]}{1\,[hr]}$$

여기서, Q : 배출량 [m³/hr]

(2) 예상제연구역의 거실 바닥면적이 400 [m²] 이상인 경우 ★★★

1) 40
2) 40000

① 예상제연구역이 직경 1) ☐ [m]인 원의 범위 안에 있을 경우 : 배출량 2) ☐ [m³/hr] 이상(다만 예상제연구역이 제연경계로 구획된 경우에는 그 수직거리에 따라 배출량은 아래 표에 따른다)

수직거리	배출량
2 [m] 이하	40000 [m³/hr] 이상
2 [m] 초과 2.5 [m] 이하	45000 [m³/hr] 이상
2.5 [m] 초과 3 [m] 이하	50000 [m³/hr] 이상
3 [m] 초과	60000 [m³/hr] 이상

1) 40
2) 45000

② 예상제연구역이 직경 1) ☐ [m]인 원의 범위를 초과할 경우 : 배출량 2) ☐ [m³/hr] 이상(다만 예상제연구역이 제연경계로 구획된 경우에는 그 수직거리에 따라 배출량은 아래 표에 따른다)

수직거리	배출량
2 [m] 이하	45000 [m³/hr] 이상
2 [m] 초과 2.5 [m] 이하	50000 [m³/hr] 이상
2.5 [m] 초과 3 [m] 이하	55000 [m³/hr] 이상
3 [m] 초과	65000 [m³/hr] 이상

4 배출구

1) 바닥면적이 400 [m²] 미만인 예상제연구역

(1) 벽으로 구획된 경우 : 배출구는 천장 또는 반자와 바닥 사이 중간 윗부분에 설치

(2) 어느 한부분이 제연경계로 구획된 경우 : 천장·반자 또는 이에 가까운 벽의 부분에 설치

2) 바닥면적 400 [m²] 이상인 통로 외의 예상제연구역과 통로인 예상제연구역

(1) 벽으로 구획된 경우 : 천장·반자 또는 이에 가까운 벽의 부분에 설치

(2) 어느 한부분이 제연경계로 구획된 경우 : 천장·반자 또는 이에 가까운 벽의 부분에 설치

3) 예상제연구역의 각 부분으로부터 하나의 배출구까지의 수평거리는 *☐ [m] 이내가 되도록 해야 한다. ★

10

5 공기유입방식 및 유입구

1) 공기유입구의 설치기준★

(1) 바닥면적 400 [m^2] 미만의 거실인 예상제연구역(제연경계에 따른 구획을 제외한다. 다만 거실과 통로와의 구획은 그렇지 않다)에 대해서는 공기유입구와 배출구간의 직선거리는 1) ☐ [m] 이상 또는 구획된 실의 장변의 2) ☐ 이상으로 할 것

1) 5
2) 2분의 1

(2) 바닥면적이 400 [m^2] 이상의 거실인 예상제연구역(제연경계에 따른 구획을 제외한다. 다만 거실과 통로와의 구획은 그렇지 않다)에 대하여는 바닥으로부터 *☐ [m] 이하의 높이에 설치하고 그 주변은 공기의 유입에 장애가 없도록 할 것

1.5

2) 공기유입방식 및 유입구의 구조

(1) 예상제연구역에 공기 유입 순간의 풍속 : 5 [m/s] 이하

(2) 유입구의 구조는 유입공기를 상향으로 분출하지 않도록 설치, 다만 유입구가 바닥에 설치되는 경우 상향으로 분출 가능, 이때의 풍속은 1 [m/s] 이하가 되도록 할 것

(3) 예상제연구역에 대한 공기유입구의 크기는 해당 예상제연구역 배출량 1 [m^3/min]에 대하여 *☐ [cm^2] 이상으로 해야 한다. ★

35

(4) 예상제연구역에 대한 공기유입량은 배출량의 배출에 지장이 없는 양으로 해야 한다.

6 배출기 및 배출풍도

(1) 배출기

① 배출기의 배출능력은 규정에 따른 배출량 이상이 되도록 할 것

② 배출기와 배출풍도의 접속부분에 사용하는 캔버스는 *☐ (석면재료는 제외)이 있는 것으로 할 것

내열성

③ 배출기의 전동기 부분과 배풍기 부분은 분리하여 설치, 배풍기 부분은 유효한 내열처리를 할 것

(2) 배출풍도

① 배출풍도는 아연도금강판 또는 이와 동등 이상의 내식성·내열성이 있는 것으로 하며, 불연재료(석면재료를 제외한다)인 단열재로 풍도 외부에 유효한 단열 처리를 할 것

1) 15
2) 20

② 배출기의 흡입 측 풍도 안의 풍속은 1) □ [m/s] 이하, 배출 측 풍속은 2) □ [m/s] 이하로 할 것 ★★★

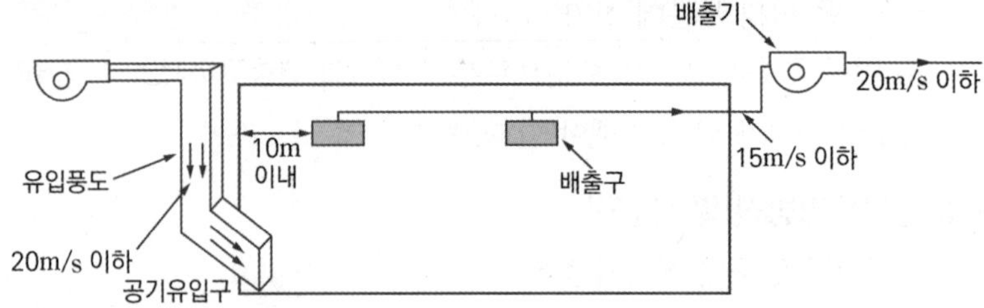

③ 강판의 두께 : 배출풍도의 크기에 따라 다음 기준 이상으로 할 것

[배출풍도 강판의 두께]

풍도 단면의 긴 변 또는 직경의 크기 [mm]	450 이하	450 초과 750 이하	750 초과 1500 이하	1500 초과 2250 이하	2250 초과
강판 두께	0.5 [mm]	0.6 [mm]	0.8 [mm]	1.0 [mm]	1.2 [mm]

02 특별피난계단의 계단실 및 부속실 제연설비

1 제연구역의 선정 ★★★

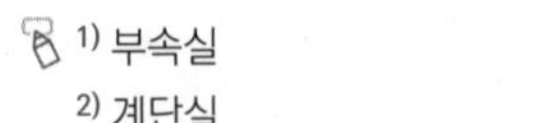

제연구역은 다음의 어느 하나에 따라야 한다.

(1) 계단실 및 그 부속실을 동시에 제연하는 것

(2) 1) □ 을 단독으로 제연하는 것

(3) 2) □ 을 단독 제연하는 것

보충 ▶ 부속실 : 비상용승강기의 승강장과 겸용하는 것 또는 비상용승강기·피난용승강기의 승강장을 포함

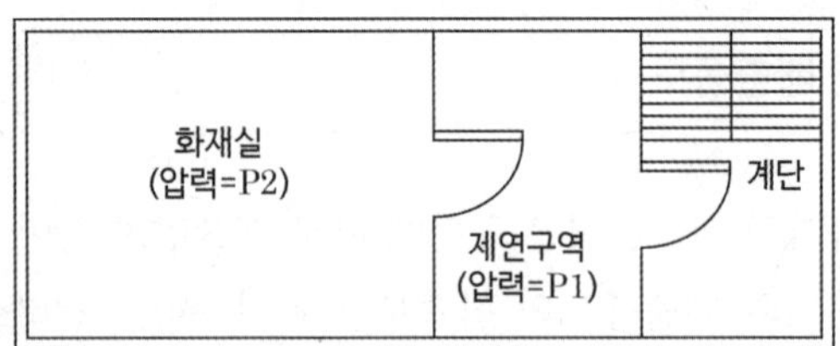

2 차압 등 ★★★

(1) 제연구역과 옥내와의 사이에 유지해야 하는 최소차압은 * □ [Pa](옥내에 스프링클러설비가 설치된 경우에는 12.5 [Pa]) 이상으로 해야 한다.

(2) 제연설비가 가동되었을 경우 출입문의 개방에 필요한 힘은 * □ [N] 이하로 해야 한다.

(3) 출입문이 일시적으로 개방되는 경우 개방되지 아니하는 제연구역과 옥내와의 차압은 (1)의 기준에 따른 차압의 *☐ [%] 이상이어야 한다.

(4) 계단실과 부속실을 동시에 제연하는 경우 부속실의 기압은 계단실과 같게 하거나 계단실의 기압보다 낮게 할 경우에는 부속실과 계단실의 압력 차이는 *☐ [Pa] 이하가 되도록 해야 한다.

70

5

3 제연구역의 선정방식에 따른 방연풍속 ★

제연구역		방연풍속
계단실 및 그 부속실을 동시에 제연하는 것 또는 계단실만 단독으로 제연하는 것		0.5 [m/s] 이상
부속실만 단독으로 제연하는 것	부속실이 면하는 옥내가 거실인 경우	*☐ [m/s] 이상
	부속실이 면하는 옥내가 복도로서 그 구조가 방화구조(내화시간이 30분 이상인 구조를 포함)인 것	0.5 [m/s] 이상

0.7

4 유입공기의 배출 ★★

유입공기는 화재 층의 제연구역과 면하는 옥내로부터 옥외로 배출되도록 해야 한다.

(1) 1) ☐ 에 따른 배출

(2) 2) ☐ 에 따른 배출

(3) 3) ☐ 에 따른 배출

1) 수직풍도
2) 배출구
3) 세언설비

5 부속실 제연 시험 · 측정 · 조정 등(Testing, Adjusting, Balancing)

1) 제연설비는 설계목적에 적합한지 검토하고 제연설비의 성능과 관련된 건물의 모든 부분(건축설비를 포함한다)이 완성되는 시점에 맞추어 시험 · 측정 및 조정(이하 "시험 등"이라 한다)을 해야 한다.

2) 제연설비의 시험 등은 다음의 기준에 따라 실시해야 한다.

(1) 제연구역의 모든 출입문 등의 크기와 열리는 방향이 설계 시와 동일한지 여부를 확인하고, 동일하지 아니한 경우 급기량과 보충량 등을 다시 산출하여 조정가능 여부 또는 재설계 · 개수의 여부를 결정할 것

(2) 제연구역의 출입문 및 복도와 거실(옥내가 복도와 거실로 되어 있는 경우에 한한다) 사이의 출입문마다 제연설비가 작동하고 있지 아니한 상태에서 그 *☐ 을 측정할 것

폐쇄력

(3) 층별로 화재감지기(수동기동장치를 포함한다)를 동작시켜 제연설비가 작동하는지 여부를 확인할 것

방연풍속

개방력

(4) 기준에 따라 제연설비가 작동하는 경우 다음의 기준에 따른 시험 등을 실시할 것
   ① 부속실과 면하는 옥내 및 계단실의 출입문을 동시에 개방할 경우, 유입공기의 풍속이 규정에 따른 *[ ]에 적합한지 여부를 확인
   ② ①에 따른 시험 등의 과정에서 출입문을 개방하지 않은 제연구역의 실제 차압이 기준에 적합한지 여부를 출입문 등에 차압측정공을 설치하고 이를 통하여 차압측정기구로 실측하여 확인·조정할 것
   ③ 제연구역의 출입문이 모두 닫혀 있는 상태에서 제연설비를 가동시킨 후 출입문의 개방에 필요한 힘을 측정하여 규정에 따른 *[ ]에 적합한지 여부를 확인
   ④ ①에 따른 시험 등의 과정에서 부속실의 개방된 출입문이 자동으로 완전히 닫히는지 여부를 확인하고, 닫힌 상태를 유지할 수 있도록 조정할 것

03 제연방식의 분류

1 자연제연방식

개구부를 통해 자연적으로 연기를 배출하는 방식

2 스모크타워제연방식

고층 건축물에 주로 사용하는 제연방식으로서 굴뚝효과를 이용하여 루프모니터(창살 또는 유리창이 달린 지붕 위의 원형구조물)를 설치하여 제연하는 방식

1) 고층 건축물에 적합함
2) 배연 샤프트의 굴뚝효과(연돌효과)를 이용
3) 모든 층의 일반 거실화재에 이용할 수 있음

3 기계제연방식 ★★★

송풍기

배출기

1) 제1종 기계제연방식 : 송풍기와 배출기를 설치
2) 제2종 기계제연방식 : *[ ]만 설치
3) 제3종 기계제연방식 : *[ ]만 설치

CHAPTER 14 연결송수관설비

01 기술기준

1 송수구

(1) 소방차가 쉽게 접근할 수 있고 잘 보이는 장소에 설치할 것

(2) 지면으로부터 높이가 1) ☐ [m] 이상 2) ☐ [m] 이하의 위치에 설치할 것

(3) 송수구는 화재층으로부터 지면으로 떨어지는 유리창 등이 송수 및 그 밖의 소화작업에 지장을 주지 않는 장소에 설치할 것

(4) 송수구로부터 연결송수관설비의 주배관에 이르는 연결배관에 개폐밸브를 설치한 때에는 그 개폐상태를 쉽게 확인 및 조작할 수 있는 옥외 또는 기계실 등의 장소에 설치할 것

(5) 구경 65 [mm]의 쌍구형으로 할 것

(6) 송수구에는 그 가까운 곳의 보기 쉬운 곳에 송수압력범위를 표시한 표지를 할 것

(7) 송수구는 연결송수관의 수지배관마다 1개 이상을 설치할 것

(8) 송수구의 부근에는 자동배수밸브 및 체크밸브를 다음의 기준에 따라 설치할 것. 이 경우 자동배수밸브는 배관안의 물이 잘빠질 수 있는 위치에 설치하되, 배수로 인하여 다른 물건이나 장소에 피해를 주지 않아야 한다.

① * ☐ 의 경우 : 송수구 · 자동배수밸브 · 체크밸브의 순으로 설치할 것 ★★★

② * ☐ 의 경우 : 송수구 · 자동배수밸브 · 체크밸브 · 자동배수밸브의 순으로 설치할 것 ★★★

(9) 송수구에는 가까운 곳의 보기 쉬운 곳에 "연결송수관설비송수구"라고 표시한 표지를 설치할 것

(10) 송수구에는 이물질을 막기 위한 마개를 씌울 것

1) 0.5
2) 1

습식

건식

1) 100
2) 옥내소화전설비

2 배관 등 ★★★

(1) 주배관은 구경 1) [ ] [mm] 이상의 전용배관으로 할 것. 다만 주배관의 구경이 1) [ ] [mm] 이상인 2) [ ] 의 배관과는 겸용할 수 있다.

3) 31
4) 11

(2) 지면으로부터의 높이가 3) [ ] [m] 이상인 특정소방대상물 또는 지상 4) [ ] 층 이상인 특정소방대상물 : 습식 설비로 할 것

3 방수구

(1) 연결송수관 방수구는 층마다 설치. 다만 다음 해당하는 층에는 설치하지 않는다. ★
① 아파트 1층 및 2층
② 소방차의 접근이 가능하고 소방대원이 소방차로부터 각 부분에 쉽게 도달할 수 있는 피난층
③ 송수구가 부설된 옥내소화전을 설치한 특정소방대상물(집회장·관람장·백화점·도매시장·소매시장·판매시설·공장·창고시설 또는 지하가를 제외)로서 다음의 어느 하나에 해당하는 층

5) 4
6) 6000
7) 2

가) 지하층을 제외한 층수가 5) [ ] 층 이하이고 연면적 6) [ ] [m^2] 미만인 특정소방대상물의 지상층
나) 지하층의 층수가 7) [ ] 이하인 특정소방대상물의 지하층

(2) 특정소방대상물의 층마다 설치하는 방수구는 다음의 기준에 따를 것
① 아파트 또는 바닥면적이 1000 [m^2] 미만인 층 : 계단으로부터 5 [m] 이내에 설치할 것
② 바닥면적 1000 [m^2] 이상인 층(아파트 제외) : 각 계단으로부터 5 [m] 이내에 설치할 것

쌍구형

(3) 11층 이상의 층에는 방수구는 * [ ] 으로 할 것 ★
다만 다음의 어느 하나에 해당하는 층에는 단구형으로 설치할 수 있다.
① 아파트 용도로 사용되는 층
② 스프링클러설비가 유효하게 설치되어 있고 방수구가 2개소 이상 설치된 층

(4) 방수구의 호스접결구는 바닥으로부터 높이 0.5 [m] 이상 1 [m] 이하의 위치에 설치할 것

4 방수기구함

(1) 방수기구함은 피난층과 가장 가까운 층을 기준으로 3개 층마다 설치하되, 그 층의 방수구마다 보행거리 5 [m] 이내에 설치할 것

(2) 방수기구함에는 길이 15 [m]의 호스와 방사형 관창을 기준에 따라 비치할 것

5 가압송수장치

(1) 지표면에서 최상층 방수구의 높이가 *☐ [m] 이상의 특정소방대상물에는 연결송수관설비의 가압송수장치를 설치해야 한다. ★★ — 70

(2) 펌프의 토출량은 기본 *☐ [L/min](계단식 아파트 1200 [L/min]) 이상이 되는 것으로 할 것. 다만 해당 층에 설치된 방수구가 3개를 초과(방수구가 5개 이상인 경우에는 5개)하는 것에 있어서는 1개마다 800 [L/min](계단식 아파트 400 [L/min])를 가산한 양이 되는 것으로 할 것 ★★ — 2400

구분 \ 층당 방수구	1개 ~ 3개 이하	4개	5개 이상
일반건축물	2400 [L/min] 이상	3200 [L/min] 이상	4000 [L/min] 이상
계단식 아파트	1200 [L/min] 이상	1600 [L/min] 이상	2000 [L/min] 이상

(3) 펌프의 양정은 최상층에 설치된 노즐선단의 압력이 *☐ [MPa] 이상의 압력이 되도록 할 것 — 0.35

02 송수구의 겸용

연결송수관설비의 송수구를 옥내소화전설비와 겸용으로 설치하는 경우에는 연결송수관설비의 송수구 설치기준에 따르되 각각의 소화설비의 기능에 지장이 없도록 해야 한다.

CHAPTER 15 연결살수설비

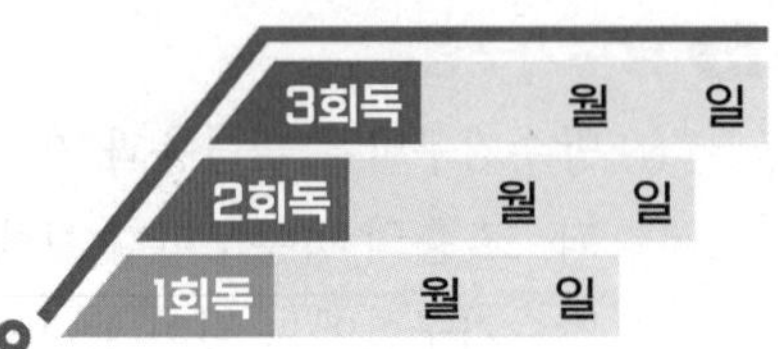

1 연결살수설비 전용 헤드를 사용하는 경우 배관구경 ★

하나의 배관에 부착하는 연결살수설비 전용 헤드의 개수	1개	2개	3개	4개 또는 5개	6개 이상 10개 이하
배관구경 [mm]	32	40	50	65	80

2 헤드

(1) 헤드는 연결살수설비 전용헤드 또는 스프링클러헤드로 설치해야 한다,

(2) 건축물에 설치하는 연결살수설비의 헤드 수평거리(천장 또는 반자의 각 부분으로부터 하나의 살수헤드까지의 수평거리)

- 연결살수설비 전용헤드의 경우 1) ☐ [m] 이하
- 스프링클러헤드의 경우 2) ☐ [m] 이하

(다만 살수헤드의 부착면과 바닥과의 높이가 2.1 [m] 이하인 부분은 살수헤드의 살수분포에 따른 거리로 할 수 있다)

(3) 가연성 가스의 저장·취급시설에 설치하는 연결살수설비의 헤드 설치 기준

- 연결살수설비 전용의 개방형 헤드를 설치할 것
- 헤드 상호 간의 거리는 3.7 [m] 이하로 할 것

1) 3.7
2) 2.3

CHAPTER

16 연소방지설비

1 배관의 설치기준

연소방지설비 전용헤드를 사용하는 경우에는 다음 표에 따른 구경 이상으로 할 것

하나의 배관에 부착하는 연소방지설비 전용헤드의 개수	1개	2개	3개	4개 또는 5개	6개 이상
배관구경[mm]	32	40	50	65	80

2 헤드 설치기준

(1) 천장 또는 벽면에 설치할 것 ★

(2) 헤드 간의 수평거리는 연소방지설비 전용헤드의 경우 1) □ [m] 이하, 개방형 스프링클러헤드의 경우 2) □ [m] 이하로 할 것 ★★★

(3) 소방대원의 출입이 가능한 환기구·작업구마다 지하구의 양쪽 방향으로 살수헤드를 설정하되, 한쪽 방향의 살수구역의 길이는 3) □ [m] 이상으로 할 것. 다만 환기구 사이의 간격이 4) □ [m]를 초과할 경우에는 4) □ [m] 이내마다 살수구역을 설정하되, 지하구의 구조를 고려하여 5) □ 을 설치한 경우에는 그렇지 않다. ★★★

1) 2
2) 1.5
3) 3
4) 700
5) 방화벽

CHAPTER 17 공동주택의 화재안전기준

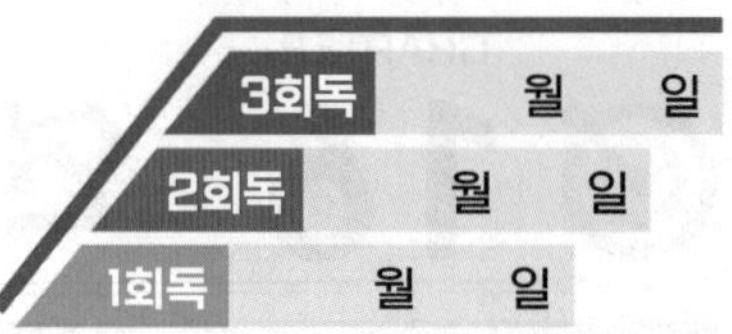

1 소화기구 및 자동소화장치

소화기는 바닥면적 100 [m^2]마다 1단위 이상의 능력단위를 기준으로 설치할 것

2 옥내소화전설비

호스릴

옥내소화전설비는 *☐ 방식으로 설치할 것

3 스프링클러설비

10

30

2.6

스프링클러설비는 다음의 기준에 따라 설치해야 한다.

(1) 폐쇄형 스프링클러헤드를 사용하는 아파트등은 기준개수 *☐ 개(스프링클러헤드의 설치개수가 가장 많은 세대에 설치된 스프링클러헤드의 개수가 기준개수보다 작은 경우에는 그 설치개수를 말한다)에 1.6 [m^3]를 곱한 양 이상의 수원이 확보되도록 할 것. 다만 아파트등의 각 동이 주차장으로 서로 연결된 구조인 경우 해당 주차장 부분의 기준개수는 *☐ 개로 할 것 ★★★

(2) 아파트등의 세대 내 스프링클러헤드를 설치하는 경우 천장·반자·천장과 반자 사이·덕트·선반등의 각 부분으로부터 하나의 스프링클러헤드까지의 수평거리는 *☐ [m] 이하로 할 것 ★★★

(3) 외벽에 설치된 창문에서 0.6 [m] 이내에 스프링클러헤드를 배치하고, 배치된 헤드의 수평거리 이내에 창문이 모두 포함되도록 할 것. 다만 다음의 기준에 어느 하나에 해당하는 경우에는 그렇지 않다.

① 창문에 드렌처설비가 설치된 경우

② 창문과 창문 사이의 수직부분이 내화구조로 90 [cm] 이상 이격되어 있거나, 방화판 또는 방화유리창을 설치한 경우

③ 발코니가 설치된 부분

(4) 거실에는 조기반응형 스프링클러헤드를 설치할 것

(5) 대피공간에는 헤드를 설치하지 않을 수 있다.

CHAPTER 18 창고시설의 화재안전기준

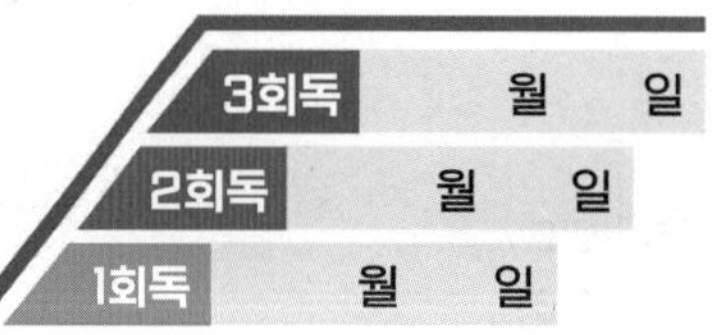

1 소화기구 및 자동소화장치

창고시설 내 배전반 및 분전반마다 가스자동소화장치 · 분말자동소화장치 · 고체에어로졸자동소화장치 또는 소공간용 소화용구를 설치해야 한다.

2 옥내소화전설비

수원의 저수량은 옥내소화전의 설치개수가 가장 많은 층의 설치개수(2개 이상 설치된 경우에는 2개)에 *☐ [m^3](호스릴옥내소화전설비를 포함한다)를 곱한 양 이상이 되도록 해야 한다.

5.2

수원의 저수량 ★★★

Q [m^3] = N × 5.2 [m^3]

(Q [L] = N × 130 [L/min] × 40 [min])

※ N : 옥내소화전의 설치개수가 가장 많은 층의 설치개수

3 스프링클러설비

(1) 스프링클러설비의 설치방식 ★★★

① 창고시설에 설치하는 스프링클러설비는 라지드롭형 스프링클러헤드를 *☐ 으로 설치할 것. 다만 다음 어느 하나에 해당하는 경우에는 건식 스프링클러설비로 설치할 수 있다.

습식

가) 냉동창고 또는 영하의 온도로 저장하는 냉장창고

나) 창고시설 내에 상시 근무자가 없어 난방을 하지 않는 창고시설

② 랙식 창고의 경우에는 (1) ①에 따라 설치하는 것 외에 라지드롭형 스프링클러헤드를 랙 높이 *☐ [m] 이하마다 설치할 것. 이 경우 수평거리 15 [cm] 이상의 송기공간이 있는 랙식 창고에는 랙 높이 3 [m] 이하마다 설치하는 스프링클러헤드를 송기공간에 설치할 수 있다.

3

③ 창고시설에 적층식 랙을 설치하는 경우 적층식 랙의 각 단 바닥면적을 방호구역 면적으로 포함할 것

④ 천장 높이가 13.7 [m] 이하인 랙식 창고에는 「화재조기진압용 스프링클러설비의 화재안전기술기준(NFTC 103B)」에 따른 화재조기진압용 스프링클러설비를 설치할 수 있다.

1) 3.2
2) 9.6

(2) 수원의 저수량은 다음의 기준에 적합해야 한다. ★★★

① 라지드롭형 스프링클러헤드의 설치개수가 가장 많은 방호구역의 설치개수(30개 이상 설치된 경우에는 30개)에 1) [ ] [m^3](랙식 창고의 경우에는 2) [ ] [m^3])를 곱한 양 이상이 되도록 할 것

② 화재조기진압용 스프링클러설비를 설치하는 경우 「화재조기진압용 스프링클러설비의 화재안전기술기준(NFTC 103B)」 2.2.1에 따를 것

수원의 저수량

㉠ 일반 창고 : Q[m^3] = N × 3.2 [m^3]
(Q [L] = N × 160 [L/min] × 20 [min])

㉡ 랙식 창고 : Q [m^3] = N × 9.6 [m^3]
(Q [L] = N × 160 [L/min] × 60 [min])

N : 헤드의 설치개수가 가장 많은 방호구역의 설치개수
(30개 이상 설치된 경우 30개)

160

(3) 가압송수장치의 송수량은 다음 각 호의 기준에 적합해야 한다.

① 가압송수장치의 송수량은 0.1 [MPa]의 방수압력 기준으로 분당 * [ ] [L] 이상의 방수성능을 가진 기준 개수의 모든 헤드로부터의 방수량을 충족시킬 수 있는 양 이상인 것으로 할 것. 이 경우 속도수두는 계산에 포함하지 않을 수 있다. ★★★

② 화재조기진압용 스프링클러설비를 설치하는 경우 「화재조기진압용 스프링클러설비의 화재안전기술기준(NFTC 103B)」 2.3.1.10에 따를 것

(4) 교차배관에서 분기되는 지점을 기점으로 한쪽 가지배관에 설치되는 헤드의 개수(반자 아래와 반자 속의 헤드를 하나의 가지배관 상에 병설하는 경우에는 반자 아래에 설치하는 헤드의 개수)는 4개 이하로 해야 한다. 다만 화재조기진압용 스프링클러설비를 설치하는 경우에는 그렇지 않다.

2.1

(5) 라지드롭형 스프링클러헤드를 설치하는 천장·반자·천장과 반자 사이·덕트·선반 등의 각 부분으로부터 하나의 스프링클러헤드까지의 수평거리는 특수가연물을 저장 또는 취급하는 창고는 1.7 [m] 이하, 그 외의 창고는 * [ ] [m](내화구조로 된 경우에는 2.3 [m]를 말한다) 이하로 할 것 ★★★

PART

03 중요빈출지문

PART 01 소방유체역학

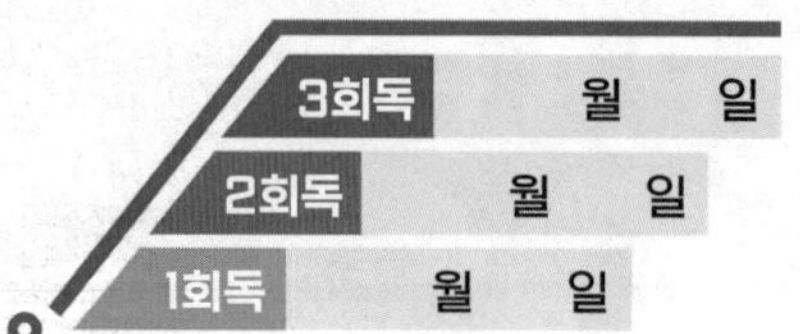

Chapter 01 유체이론

- ☑☐☐ 1 [kg_f] = 9.8 [N]이다.
- ☑☐☐ 레이놀즈수의 물리적 의미는 '관성력/점성력'이다
- ☑☐☐ 액체의 점성은 온도 상승 시 점도 감소한다.
- ☑☐☐ 유체 내에 발생하는 전단응력은 유체의 속도구배에 비례한다.
- ☑☐☐ 모세관 현상에 의한 수면 상승 높이는 모세관의 직경에 반비례한다.
- ☑☐☐ 점성계수를 유체의 밀도로 나눈 것이 동점성계수이다.
- ☑☐☐ 어떠한 유체의 비중이 0.7일 때, 밀도가 700 [kg/m^3]이다.
- ☑☐☐ 이상유체는 높은 압력에서 밀도가 변화하지 않는 유체이다.
- ☑☐☐ 체적탄성계수와 압축률은 반비례 관계이다.
- ☑☐☐ 표면장력은 액체와 공기의 경계면에서 액체분자의 응집력보다 공기분자와 액체분자 사이의 부착력이 작을 때 발생된다.

Chapter 02 · 정수역학

☑☐☐ 정지유체 내의 압력은 모든 면에 수직으로 작용한다.

☑☐☐ 정지된 유체 속 임의의 한 점에 작용하는 압력의 크기는 모든 방향에서 동일하다.

☑☐☐ 부력이란 정지한 유체 속에 잠겨있거나 떠 있는 물체가 유체로부터 받는 수직상방의 힘이다.

☑☐☐ 단위 면적당 작용하는 힘을 압력이라 한다.

☑☐☐ 정지유체 속에서는 위치의 고저에 따라 압력이 변한다.

☑☐☐ 1 [atm] = 10.332 [mAq]이다.

☑☐☐ 101.325 [kPa] = 760 [mmHg]이다.

☑☐☐ '절대압력 = 대기압 + 게이지압력'이다.

☑☐☐ '절대압력 = 대기압 − 진공압'이다.

☑☐☐ 밀폐된 용기 내 유체에 압력을 가하면 이 압력은 모든 방향에서 같은 크기로 전달된다.

Chapter 03 동수역학

☑☐☐ 유체특성이 유동장 내의 임의의 한 점에서 시간의 변화에 따라 변화하지 않는 흐름을 정상류라고 한다.

☑☐☐ “레이놀즈수 = (밀도 × 유속 × 관의직경)/점성계수”이다.

☑☐☐ 정상류 흐름에서 유선, 유적선, 유맥선이 일치한다.

☑☐☐ 비점성유동에서는 모든 점에서 에너지선이 일정하다.

☑☐☐ 층류 유동일 때, 평균 유속은 최대유속/2이다.

☑☐☐ 두 개의 가벼운 공을 그림과 같이 실로 매달아 놓았다. 두 개의 공 사이로 공기를 불어 넣으면 공은 베르누이 법칙에 따라 서로 가까워진다.

☑☐☐ 베르누이방정식 전제조건 중 하나는 비압축성 유체여야 한다.

☑☐☐ 수평원관에서 점성유체가 층류상태로 정상유동할 때, 전단응력의 분포는 관 중심에서 0, 관 벽에서 최댓값을 가진다.

☑☐☐ 질량유량은 ‘질량 × 단면적 × 유속’이다.

☑☐☐ 점성유동에서는 마찰손실수두만큼 에너지선이 하강 기울기를 갖게 된다.

Chapter 04 · 배관과 펌프

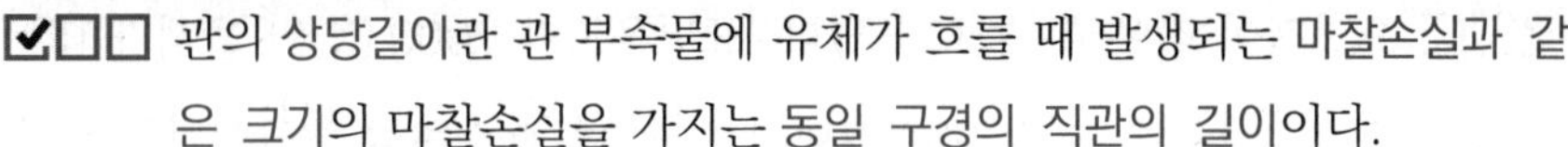

☑☐☐ 관의 상당길이란 관 부속물에 유체가 흐를 때 발생되는 마찰손실과 같은 크기의 마찰손실을 가지는 동일 구경의 직관의 길이이다.

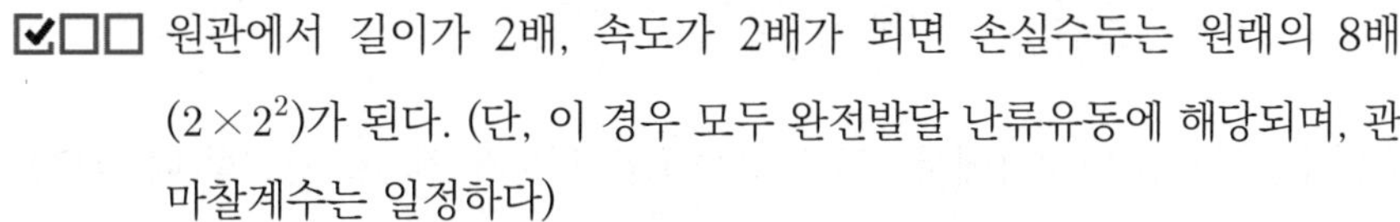

☑☐☐ 원관에서 길이가 2배, 속도가 2배가 되면 손실수두는 원래의 8배(2×2^2)가 된다. (단, 이 경우 모두 완전발달 난류유동에 해당되며, 관 마찰계수는 일정하다)

☑☐☐ 전양정은 "실양정(낙차) + 마찰손실(배관, 호스) + 법정 방사압"이다.

☑☐☐ 동일한 성능의 펌프를 2대 병렬 운전했을 때, 양정은 거의 변화 없고 유량만 2배 정도 증가한다.

☑☐☐ 수력반경의 4배는 수력직경이다.

☑☐☐ 공동현상의 문제점은 임펠러 침식에 따른 부식이 발생하고, 펌프의 토출량과 양정이 저하되는 것이다.

☑☐☐ 공동현상의 방지대책으로 흡입배관 관경을 크게 한다.

☑☐☐ 원심펌프 중 볼류트펌프는 안내날개가 없고 저양정에 적합하다.

☑☐☐ 수격현상의 방지대책으로 밸브를 급격하게 개폐 조작하지 않는다.

☑☐☐ 공동현상의 방지대책으로 흡입 측 유속을 느리게 한다.

Chapter 05 ∙ 열역학

☑☐☐ 표면적이 같은 두 물체가 있다. 표면온도가 2000 [K]인 물체가 내는 복사에너지는 표면온도가 1000 [K]인 물체가 내는 복사에너지의 16배($=\left(\frac{2000[K]}{1000[K]}\right)^4$)이다.

☑☐☐ 일정한 압력하에서 고체가 상변화를 일으켜 액체로 변화할 때 필요한 열을 융해열(융해 잠열)이라 한다.

☑☐☐ 이상기체의 폴리트로픽 변화 'PV의 n승 = 일정'에서 n = 1인 경우 등온과정에 속한다.

☑☐☐ 가역단열과정은 엔트로피가 일정한 과정이다.

☑☐☐ 이상적인 교축 과정(Throttling Process)은 엔탈피가 변하지 않는다.

☑☐☐ 비열비(k)는 항상 1보다 크다.

☑☐☐ 엔탈피란 내부에너지와 유동에너지의 합이다.

☑☐☐ 기체의 체적이 일정한 상태에서 1 [kg]의 가스의 온도를 1 [℃] 상승시키는 데 필요한 열량을 정적비열이라고 한다.

☑☐☐ 열역학 제0법칙에 대한 설명으로 열평형 상태에 있는 물체의 온도는 같다.

☑☐☐ 일은 열로 변환시킬 수 있고 열은 일로 변환시킬 수 있다는 것은 열역학 제1법칙에 대한 설명이다.

PART 02 소방기계시설의 구조 및 원리

Chapter 01 소화기구 및 자동소화장치

☑☐☐ 소형소화기는 능력단위가 1단위 이상이고, 대형소화기의 능력단위 미만인 소화기를 말한다.

☑☐☐ 대형소화기의 능력단위는 A급 10단위 이상, B급 20단위 이상이다.

☑☐☐ 자동확산소화기는 일반화재용 자동확산소화기, 주방화재용 자동확산소화기, 전기설비용 자동확산소화기를 말한다.

☑☐☐ 발전실에 부속용도별로 추가해야 할 적응성이 있는 소화기는 해당 용도의 바닥면적 50 [m^2]마다 1개 이상 설치한다.

☑☐☐ 가스용 주방자동소화장치를 사용 시, 공기보다 가벼운 가스를 사용하는 경우에는 천장 면으로부터 30 [cm] 이하의 위치에 설치할 것

☑☐☐ 주거용 주방자동소화장치의 차단장치(전기 또는 가스)는 상시 확인 및 점검이 가능하도록 설치할 것

☑☐☐ 특정소방대상물에 따른 소화기구의 능력단위 중 관람장은 해당 용도의 바닥면적 50 [m^2]마다 능력단위 1단위 이상으로 한다.

☑☐☐ 이산화탄소 또는 할로겐화합물을 방출하는 소화기구(자동확산소화기를 제외)는 지하층이나 무창층 또는 밀폐된 거실로서 그 바닥면적이 20 [m^2] 미만의 장소에는 설치할 수 없다.

☑☐☐ 마른모래는 전기화재에 적응성이 없다.

☑☐☐ 특정소방대상물에 따른 소화기구의 능력단위 중 노유자시설은 해당 용도의 바닥면적 100 [m^2]마다 능력단위 1단위 이상으로 한다.

Chapter 02 옥내소화전설비

☑☐☐ 옥내소화전설비의 화재안전성능기준상 연결송수관설비의 배관과 겸용할 경우 방수구로 연결되는 배관의 구경은 65 [mm] 이상의 것으로 한다.

☑☐☐ 옥내소화전설비의 화재안전성능기준상 펌프의 흡입 측 배관은 수조가 펌프보다 낮게 설치된 경우에는 각 펌프(충압펌프를 포함한다)마다 수조로부터 별도로 설치한다.

☑☐☐ 옥내소화전설비의 화재안전성능기준상 펌프 흡입 측 배관은 공기고임이 생기지 않는 구조로 하고 여과장치를 설치한다.

☑☐☐ 기동용 수압개폐장치(압력챔버)를 사용할 경우 그 용적은 100 [L] 이상의 것으로 할 것

☑☐☐ 펌프의 토출 측 주배관의 구경은 유속이 4 [m/s] 이하가 될 수 있는 크기 이상으로 하여야 한다.

Chapter 03 옥외소화전설비

☑☐☐ 옥외소화전설비의 화재안전기술기준에 따라 옥외소화전 배관은 특정소방대상물의 각 부분으로부터 하나의 호스접결구까지의 수평거리가 40 [m] 이하가 되도록 설치해야 한다.

☑☐☐ 옥외소화전설비에는 옥외소화전마다 그로부터 5 [m] 이내의 장소에 소화전함을 설치해야 한다.

☑☐☐ 옥외소화전설비의 화재안전기술기준에 따라 호스접결구는 지면으로부터의 높이가 0.5 [m] 이상 1 [m] 이하의 위치에 설치한다.

☑☐☐ 옥외소화전이 11개 이상 30개 이하 설치된 때에는 11개 이상의 소화전함을 각각 분산하여 설치해야 한다.

☑☐☐ 옥외소화전이 31개 이상 설치된 때에는 옥외소화전 3개마다 1개 이상의 소화전함을 설치해야 한다.

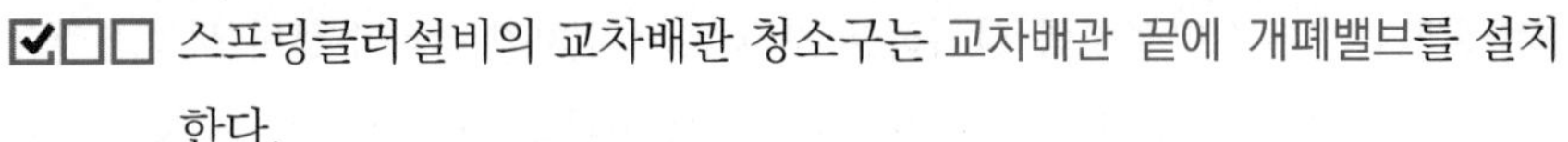

☑☐☐ 스프링클러설비의 교차배관 청소구는 교차배관 끝에 개폐밸브를 설치한다.

☑☐☐ 스프링클러설비의 교차배관에서 분기되는 지점을 기점으로 한쪽 가지배관에 설치하는 헤드의 개수는 8개 이하로 한다.

☑☐☐ 스프링클러설비의 화재안전기술기준상 급수배관의 구경은 수리계산에 따르는 경우 가지배관의 유속은 6 [m/s], 그 밖의 배관의 유속은 10 [m/s]를 초과할 수 없다.

☑☐☐ 습식 스프링클러설비의 누수로 인한 유수검지장치의 오작동을 방지하기 위한 목적으로 리타딩챔버를 설치한다.

☑☐☐ 스프링클러헤드에 공급되는 물은 유수검지장치를 지나도록 할 것. 다만 송수구를 통하여 공급되는 물은 그렇지 않음

☑☐☐ 스프링클러헤드 설치 시 살수가 방해되지 않도록 벽과 스프링클러헤드 간의 공간은 최소 10 [cm] 이상으로 해야 한다.

☑☐☐ 천장·반자 중 한쪽이 불연재료로 되어 있고, 천장과 반자 사이의 거리가 1 [m] 미만인 부분은 스프링클러헤드를 설치하지 않을 수 있다.

☑☐☐ 개방형 스프링클러설비에서 하나의 방수구역을 담당하는 헤드의 개수는 50개 이하로 한다.

☑☐☐ 화재조기진압용 스프링클러설비 설치장소의 구조기준으로 해당 층의 높이가 13.7 [m] 이하일 것

☑☐☐ 습식 스프링클러설비 및 부압식 스프링클러설비에 있어서는 유수검지장치 2차 측 배관에 연결하여 설치해야 한다.

Chapter 05 물분무소화설비

☑□□ 물분무소화설비를 설치하는 차고 또는 주차장의 배수설비 설치기준으로 차량이 주차하는 바닥은 배수구를 향해 2/100 이상의 기울기를 유지해야 한다.

☑□□ 수류를 살수판에 충돌하여 미세한 물방울을 만드는 물분무헤드 형식은 디플렉터형이다.

☑□□ 물분무소화설비의 화재안전기술기준상 110 [kV] 초과 154 [kV] 이하의 고압 전기기기와 물분무헤드 사이의 이격거리는 최소 150 [cm] 이상이어야 한다.

☑□□ 운전 시에 표면의 온도가 260 [℃] 이상으로 되는 등 직접 분무를 하는 경우 그 부분에 손상을 입힐 우려가 있는 기계장치 등이 있는 장소에는 물분무헤드를 설치하지 않을 수 있다.

☑□□ 물분무소화설비 가압송수장치는 차고 또는 주차장의 바닥면적 1 [m^2]에 대해 20 [L/min]로 20분간 방수할 수 있는 양 이상을 토출할 수 있어야 한다. (단, 차고 주차장의 바닥면적은 50 [m^2] 이하인 경우는 50 [m^2]를 기준으로 한다)

Chapter 06 미분무소화설비

☑□□ "미분무"란 물만을 사용하여 소화하는 방식으로 최소설계압력에서 헤드로부터 방출되는 물입자 중 99 [%]의 누적체적분포가 400 [μm] 이하로 분무되고 A, B, C급 화재에 적응성을 갖는 것을 말한다.

☑□□ 중압 미분무소화설비란 사용압력이 1.2 [MPa]을 초과하고 3.5 [MPa] 이하인 미분무소화설비를 말한다.

☑□□ 미분무소화설비의 배관의 배수를 위한 기울기 기준으로 개방형 미분무소화설비에는 헤드를 향하여 상향으로 수평주행배관의 기울기를 1/500 이상, 가지배관의 기울기를 1/250 이상으로 할 것

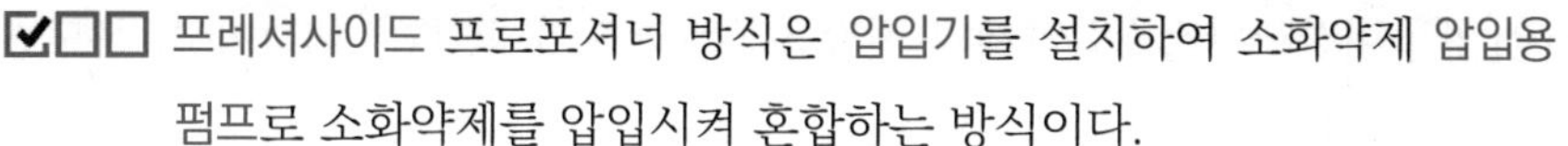

Chapter 07 • 포소화설비

☑☐☐ 프레셔사이드 프로포셔너 방식은 압입기를 설치하여 소화약제 압입용 펌프로 소화약제를 압입시켜 혼합하는 방식이다.

☑☐☐ 압축공기포소화설비는 특수가연물을 저장·취급하는 공장 또는 창고에 적응성을 갖는 포소화설비이다.

☑☐☐ 프레셔 프로포셔너 방식은 벤추리관의 벤추리작용과 포소화약제 저장탱크압력에 따라 소화약제를 흡입·혼합하는 방식이다.

☑☐☐ 포소화설비 송수구의 설치기준으로 송수구의 가까운 부분에 자동배수밸브(또는 직경 5 [mm]의 배수공) 및 체크밸브를 설치할 것

☑☐☐ 포소화설비의 배관을 지하에 매설하는 경우 소방용 합성수지배관을 설치할 수 있다.

☑☐☐ 전역방출방식 고발포용고정포방출구는 바닥면적 500 [m^2]마다 1개 이상으로 할 것

☑☐☐ 포소화설비의 포헤드는 특수가연물을 저장·취급하는 소방대상물에 단백포 소화약제가 사용되는 경우 1분당 방사량은 바닥면적 1[m^2]당 6.5[L] 이상 방사되도록 할 것

☑☐☐ 포소화설비의 자동식 기동장치를 폐쇄형 스프링클러헤드의 개방과 연동하여 가압송수장치·일제개방밸브 및 포소화약제 혼합 장치를 기동하는 경우, 표시온도가 79 [℃] 미만인 것을 사용하고, 1개의 스프링클러헤드의 경계면적은 20 [m^2] 이하로 할 것

Chapter 08 • 이산화탄소소화설비

☑☐☐ 이산화탄소소화약제의 저장용기는 온도가 40 [℃] 이하이고, 온도변화가 작은 곳에 설치할 것

☑☐☐ 이산화탄소소화약제의 저장용기는 용기 간의 간격은 점검에 지장이 없도록 3 [cm] 이상의 간격을 유지할 것

☑☐☐ 저장용기의 충전비는 고압식은 1.5 이상 1.9 이하, 저압식은 1.1 이상 1.4 이하로 할 것

☑☐☐ 저압식 저장용기에는 내압시험압력의 0.64배부터 0.8배의 압력에서 작동하는 안전밸브와 내압시험압력의 0.8배부터 내압시험압력에서 작동하는 봉판을 설치할 것

☑☐☐ 저압식 저장용기에는 액면계 및 압력계와 2.3 [MPa] 이상 1.9 [MPa] 이하의 압력에서 작동하는 압력경보장치를 설치할 것

☑☐☐ 호스릴이산화탄소소화설비는 하나의 노즐에 대하여 90 [kg] 이상으로 할 것

☑☐☐ 이산화탄소소화설비의 수동식 기동장치는 전역방출방식은 방호구역마다, 국소방출방식은 방호대상물마다 설치할 것

☑☐☐ 기동장치의 방출용스위치는 음향경보장치와 연동하여 조작될 수 있는 것으로 할 것

☑☐☐ 이산화탄소소화설비의 분사헤드 방출압력이 2.1 [MPa](저압식은 1.05 [MPa]) 이상의 것으로 할 것

☑☐☐ 국소방출방식의 이산화탄소소화설비의 분사헤드는 소화약제의 저장량을 30초 이내에 방출할 수 있는 것으로 할 것

Chapter 09 · 할론소화설비

☑☐☐ 할론소화약제의 저장용기는 직사광선 및 빗물이 침투할 우려가 없는 곳에 설치할 것

☑☐☐ 할론소화설비의 가압용 가스용기는 질소가스가 충전된 것으로 하고, 그 압력은 21 [℃]에서 2.5 [MPa] 또는 4.2 [MPa]이 되도록 해야 한다.

☑☐☐ 할론 2402를 방출하는 분사헤드는 해당 소화약제가 무상으로 분무되는 것으로 할 것

☑☐☐ 할론소화설비에서 강관을 사용하는 경우의 배관은 압력배관용 탄소강관(KS D 3562) 중 스케줄 40 이상의 것 또는 이와 동등 이상의 강도를 가진 것으로서 아연도금 등에 따라 방식 처리된 것을 사용할 것

☑☐☐ 분사헤드의 방출압력은 할론 2402를 방출하는 것은 0.1 [MPa] 이상, 할론 1211을 방출하는 것은 0.2 [MPa] 이상, 할론 1301을 방출하는 것은 0.9 [MPa] 이상으로 할 것

☑☐☐ 전역방출방식의 할론소화설비의 분사헤드는 준저장량의 소화약제를 10초 이내에 방출할 수 있는 것으로 할 것

☑☐☐ 호스릴방식의 할론소화설비는 방호대상물의 각 부분으로부터 하나의 호스접결구까지의 수평거리가 20 [m] 이하가 되도록 할 것

Chapter 10 · 할로겐화합물 및 불활성기체소화설비

☑□□ "할로겐화합물 및 불활성기체소화약제"란 할로겐화합물(할론 1301, 할론 2402, 할론 1211 제외) 및 불활성기체로서 전기적으로 비전도성이며 휘발성이 있거나 증발 후 잔여물을 남기지 않는 소화약제를 말한다.

☑□□ "최대허용 설계농도"란 사람이 상주하는 곳에 적용하는 소화약제의 설계농도로서, 인체의 안전에 영향을 미치지 않는 농도를 말한다.

☑□□ 제3류 위험물 및 제5류 위험물을 저장·보관·사용하는 장소에는 할로겐화합물 및 불활성기체소화설비를 설치할 수 없다.

☑□□ 할로겐화합물 및 불활성기체소화약제의 저장용기는 온도가 55 [℃] 이하이고, 온도 변화가 작은 곳에 설치할 것

☑□□ 저장용기의 약제량 손실이 5 [%]를 초과하거나 압력손실이 10 [%]를 초과할 경우에는 재충전하거나 저장용기를 교체할 것. 다만 불활성기체 소화약제 저장용기의 경우에는 압력손실이 5 [%]를 초과할 경우 재충전하거나 저장용기를 교체해야 한다.

☑□□ 음향경보장치는 소화약제의 방출 개시 후 1분 이상 경보를 계속할 수 있는 것으로 할 것

☑□□ 배관의 구경은 해당 방호구역에 할로겐화합물소화약제는 10초 이내에, 불활성기체소화약제는 A·C급 화재 2분, B급 화재 1분 이내에 방호구역 각 부분에 최소설계농도의 95 [%] 이상에 해당하는 약제량이 방출되도록 해야 한다.

Chapter 11 • 분말소화설비

☑☐☐ "제1종 분말"이란 탄산수소나트륨을 주성분으로 한 분말소화약제를 말한다.

☑☐☐ 분말소화약제 저장용기에는 가압식은 최고사용압력의 1.8배 이하, 축압식은 용기의 내압시험압력의 0.8배 이하의 압력에서 작동하는 안전밸브를 설치할 것

☑☐☐ 분말소화약제 저장용기에는 저장용기의 내부압력이 설정압력으로 되었을 때 주밸브를 개방하는 정압작동장치를 설치할 것

☑☐☐ 분말소화약제 저장용기의 충전비는 0.8 이상으로 할 것

☑☐☐ 분말소화약제의 가압용가스 용기에는 2.5 [MPa] 이하의 압력에서 조정이 가능한 압력조정기를 설치해야 한다.

☑☐☐ 분말소화약제의 가압용가스 용기를 3병 이상 설치한 경우에는 2개 이상의 용기에 전자개방밸브를 부착해야 한다.

☑☐☐ 가압용가스에 질소가스를 사용하는 것의 질소가스는 소화약제 1 [kg]마다 40 [L](35 [℃]에서 1기압의 압력상태로 환산한 것) 이상, 이산화탄소를 사용하는 것의 이산화탄소는 소화약제 1 [kg]에 대하여 20 [g]에 배관의 청소에 필요한 양을 가산한 양 이상으로 할 것

☑☐☐ 분말소화설비에 사용하는 소화약제는 제1종 분말 · 제2종 분말 · 제3종 분말 또는 제4종 분말로 해야 한다. 다만 차고 또는 주차장에 설치하는 분말소화설비의 소화약제는 제3종 분말로 해야 한다.

Chapter 12 • 피난기구 및 인명구조기구

☑☐☐ 피난기구 설치 개구부는 서로 동일직선상이 아닌 위치에 있을 것

☑☐☐ 다수인피난장비는 사용 시에 보관실 외측 문이 먼저 열리고 탑승기가 외측으로 자동으로 전개될 것

☑☐☐ 다수인피난장비는 보관실의 문에는 오작동 방지조치를 하고, 문 개방 시에는 해당 특정소방대상물에 설치된 경보설비와 연동하여 유효한 경보음을 발하도록 할 것

☑☐☐ 하향식 피난구용 내림식사다리의 하강구(개구부) 규격은 직경 60 [cm] 이상일 것

☑☐☐ 하향식 피난구용 내림식사다리의 착지점과 하강구는 상호 수평거리 15 [cm] 이상의 간격을 둘 것

☑☐☐ 완강기의 최대사용하중은 1500 [N] 이상의 하중이어야 한다.

☑☐☐ 경사강하식구조대의 입구틀 및 고정틀의 입구는 지름 60 [cm] 이상의 구체가 통과할 수 있어야 한다.

☑☐☐ 구조대 본체는 강하방향으로 봉합부가 설치되지 않아야 한다.

☑☐☐ 고정식사다리의 종류는 수납식, 접는식, 신축식이 있다.

☑☐☐ 올림식사다리의 하부지지점에는 미끄러짐 방지장치를 설치해야 한다.

Chapter 13 소화용수설비

☑☐☐ 상수도소화용수설비의 소화전은 특정소방대상물의 수평투영면의 각 부분으로부터 140 [m] 이하가 되도록 설치할 것

☑☐☐ 상수도소화용수설비는 호칭지름 75 [mm] 이상의 수도배관에 호칭지름 100 [mm] 이상의 소화전을 접속할 것

☑☐☐ 소화수조 및 저수조의 채수구 또는 흡수관투입구는 소방차가 2 [m] 이내의 지점까지 접근할 수 있는 위치에 설치해야 한다.

☑☐☐ 채수구는 지면으로부터의 높이가 0.5 [m] 이상 1 [m] 이하의 위치에 설치하고 "채수구"라고 표시한 표지를 할 것

☑☐☐ 소화용수설비를 설치해야 할 특정소방대상물에 있어서 유수의 양이 0.8 [m^3/min] 이상인 유수를 사용할 수 있는 경우에는 소화수조를 설치하지 않을 수 있다.

☑☐☐ 소화수조 또는 저수조가 지표면으로부터의 깊이(수조 내부바닥까지의 길이를 말한다)가 4.5 [m] 이상인 지하에 있는 경우에는 가압송수장치를 설치해야 한다.

☑☐☐ 소화수조가 옥상 또는 옥탑의 부분에 설치된 경우에는 지상에 설치된 채수구에서의 압력이 0.15 [MPa] 이상이 되도록 해야 한다.

☑☐☐ 소화용수설비에 설치하는 채수구의 수는 소요수량이 40 [m^3] 이상 100 [m^3] 미만인 경우 최소 2개 설치해야 한다.

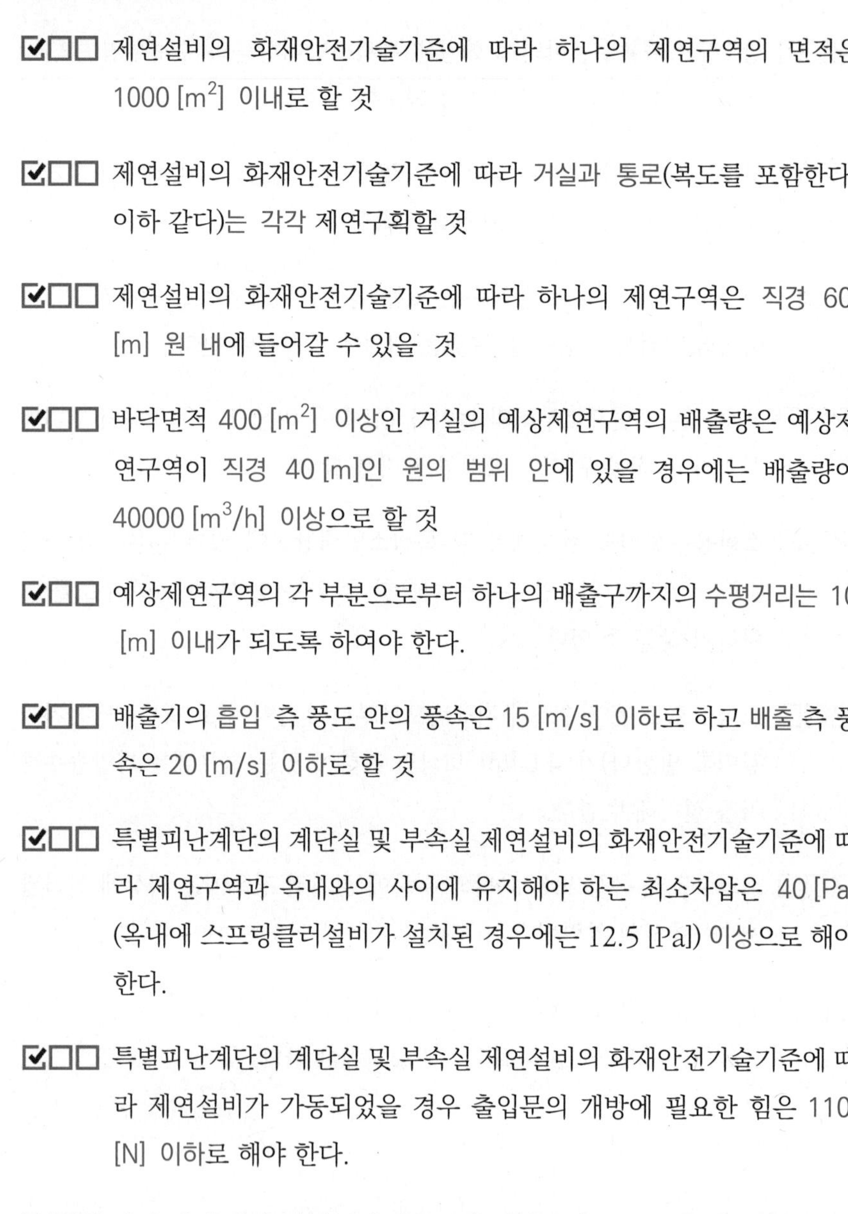

Chapter 14 · 제연설비

☑□□ 제연설비의 화재안전기술기준에 따라 하나의 제연구역의 면적은 1000 [m^2] 이내로 할 것

☑□□ 제연설비의 화재안전기술기준에 따라 거실과 통로(복도를 포함한다. 이하 같다)는 각각 제연구획할 것

☑□□ 제연설비의 화재안전기술기준에 따라 하나의 제연구역은 직경 60 [m] 원 내에 들어갈 수 있을 것

☑□□ 바닥면적 400 [m^2] 이상인 거실의 예상제연구역의 배출량은 예상제연구역이 직경 40 [m]인 원의 범위 안에 있을 경우에는 배출량이 40000 [m^3/h] 이상으로 할 것

☑□□ 예상제연구역의 각 부분으로부터 하나의 배출구까지의 수평거리는 10 [m] 이내가 되도록 하여야 한다.

☑□□ 배출기의 흡입 측 풍도 안의 풍속은 15 [m/s] 이하로 하고 배출 측 풍속은 20 [m/s] 이하로 할 것

☑□□ 특별피난계단의 계단실 및 부속실 제연설비의 화재안전기술기준에 따라 제연구역과 옥내와의 사이에 유지해야 하는 최소차압은 40 [Pa] (옥내에 스프링클러설비가 설치된 경우에는 12.5 [Pa]) 이상으로 해야 한다.

☑□□ 특별피난계단의 계단실 및 부속실 제연설비의 화재안전기술기준에 따라 제연설비가 가동되었을 경우 출입문의 개방에 필요한 힘은 110 [N] 이하로 해야 한다.

☑□□ 각 층의 옥내와 면하는 수직풍도의 관통부에는 풍도의 내부마감 상태에 대한 점검 및 댐퍼의 정비가 가능한 이 · 탈착식 구조로 할 것

Chapter 15 · 연결송수관설비

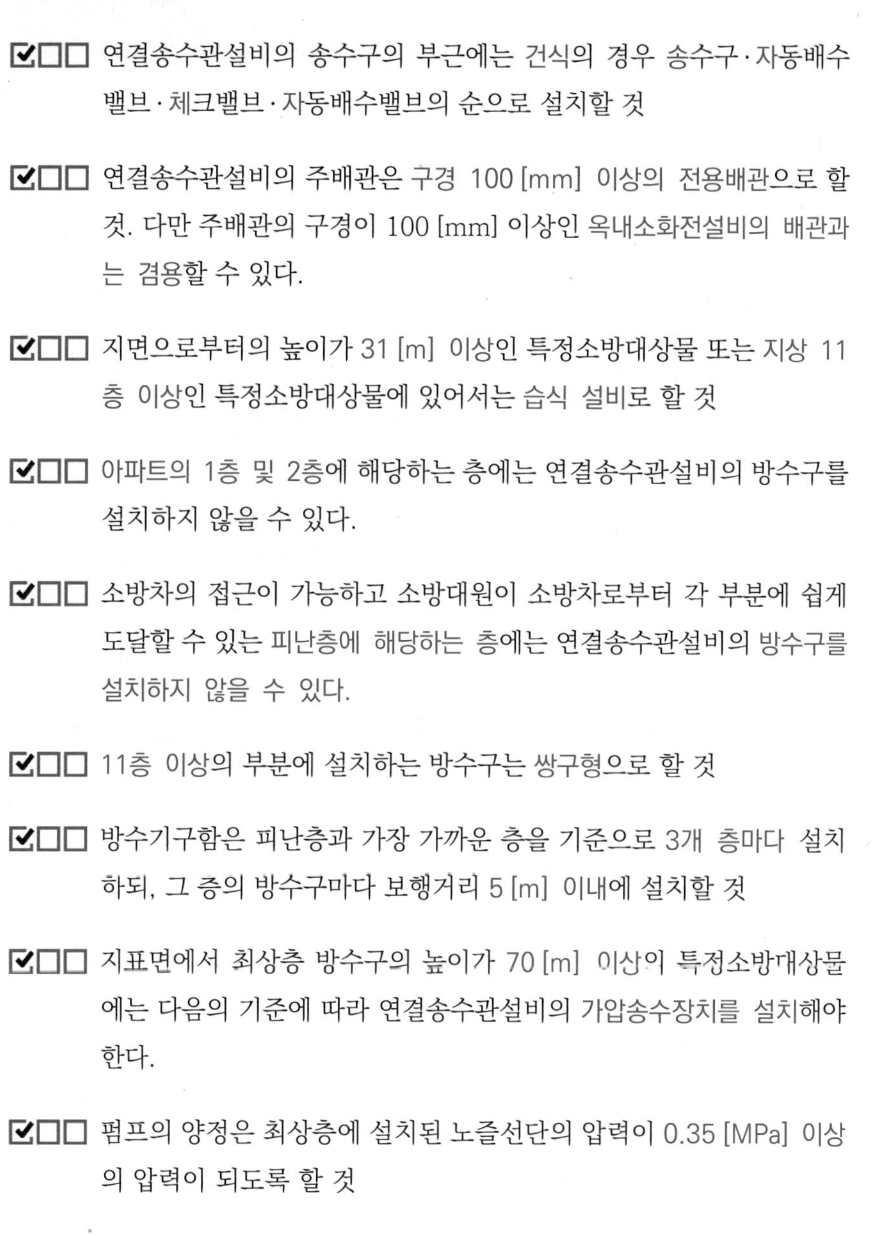

☑☐☐ 연결송수관설비의 송수구의 부근에는 건식의 경우 송수구·자동배수밸브·체크밸브·자동배수밸브의 순으로 설치할 것

☑☐☐ 연결송수관설비의 주배관은 구경 100 [mm] 이상의 전용배관으로 할 것. 다만 주배관의 구경이 100 [mm] 이상인 옥내소화전설비의 배관과는 겸용할 수 있다.

☑☐☐ 지면으로부터의 높이가 31 [m] 이상인 특정소방대상물 또는 지상 11층 이상인 특정소방대상물에 있어서는 습식 설비로 할 것

☑☐☐ 아파트의 1층 및 2층에 해당하는 층에는 연결송수관설비의 방수구를 설치하지 않을 수 있다.

☑☐☐ 소방차의 접근이 가능하고 소방대원이 소방차로부터 각 부분에 쉽게 도달할 수 있는 피난층에 해당하는 층에는 연결송수관설비의 방수구를 설치하지 않을 수 있다.

☑☐☐ 11층 이상의 부분에 설치하는 방수구는 쌍구형으로 할 것

☑☐☐ 방수기구함은 피난층과 가장 가까운 층을 기준으로 3개 층마다 설치하되, 그 층의 방수구마다 보행거리 5 [m] 이내에 설치할 것

☑☐☐ 지표면에서 최상층 방수구의 높이가 70 [m] 이상의 특정소방대상물에는 다음의 기준에 따라 연결송수관설비의 가압송수장치를 설치해야 한다.

☑☐☐ 펌프의 양정은 최상층에 설치된 노즐선단의 압력이 0.35 [MPa] 이상의 압력이 되도록 할 것

☑☐☐ 펌프의 성능시험을 위한 전용의 수조를 설치할 것

Chapter 16 • 연결살수설비

☑□□ 송수구는 소방관의 호스연결 등 소화작업에 용이하도록 지면으로부터 높이가 0.5 [m] 이상 1 [m] 이하의 위치에 설치할 것

☑□□ 개방형 헤드를 사용하는 연결살수설비의 수평주행배관은 헤드를 향하여 상향으로 100분의 1 이상의 기울기로 설치할 것

☑□□ 연결살수설비의 헤드는 천장 또는 반자의 실내에 면하는 부분에 설치할 것

☑□□ 연결살수설비의 헤드는 천장 또는 반자의 각 부분으로부터 하나의 살수헤드까지의 수평거리가 연결살수설비 전용헤드의 경우에는 3.7 [m] 이하, 스프링클러헤드의 경우는 2.3 [m] 이하로 할 것. 다만 살수헤드의 부착면과 바닥과의 높이가 2.1 [m] 이하인 부분은 살수헤드의 살수분포에 따른 거리로 할 수 있다.

☑□□ 가연성 가스의 저장·취급시설에 설치하는 연결살수설비의 헤드는 가스저장탱크·가스홀더 및 가스발생기의 주위에 설치하되, 헤드 상호간의 거리는 3.7 [m] 이하로 할 것

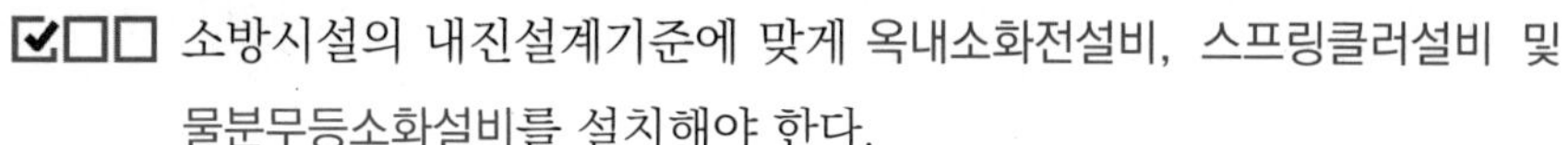

Chapter 17 • 기타

☑☐☐ 소방시설의 내진설계기준에 맞게 옥내소화전설비, 스프링클러설비 및 물분무등소화설비를 설치해야 한다.

☑☐☐ 연소방지설비의 헤드 간 수평거리는 연소방지설비 전용헤드의 경우에는 2 [m] 이하, 개방형 스프링클러헤드의 경우에는 1.5 [m] 이하로 할 것

☑☐☐ 소방대원의 출입이 가능한 환기구·작업구마다 지하구의 양쪽 방향으로 살수헤드를 설정하되, 한쪽 방향의 살수구역의 길이는 3 [m] 이상으로 할 것. 다만 환기구 사이의 간격이 700 [m]를 초과할 경우에는 700 [m] 이내마다 살수구역을 설정하되, 지하구의 구조를 고려하여 방화벽을 설치한 경우에는 그렇지 않다.

☑☐☐ 지하구의 화재안전기술기준에 따라 연소방지설비전용 헤드를 사용할 때 배관의 구경이 50 [mm]인 경우 하나의 배관에 부착하는 살수헤드의 최대 개수는 3개이다.

☑☐☐ 도로터널에 설치하는 옥내소화전설비의 가압송수장치는 옥내소화전 2개(4차로 이상의 터널인 경우 3개)를 동시에 사용할 경우 각 옥내소화전의 노즐선단에서의 방수압력은 0.35 [MPa] 이상이고 방수량은 19 [L/min] 이상이 되는 성능의 것으로 할 것. 다만 하나의 옥내소화전을 사용하는 노즐선단에서의 방수압력이 0.7 [MPa]을 초과할 경우에는 호스접결구의 인입 측에 감압장치를 설치해야 한다.

☑☐☐ 공동주택에 설치하는 옥내소화전설비는 호스릴(Hose Reel) 방식으로 설치할 것

☑☐☐ 창고시설에 설치하는 스프링클러설비는 라지드롭형 스프링클러헤드를 습식으로 설치할 것

초격차 Self Study-Plan

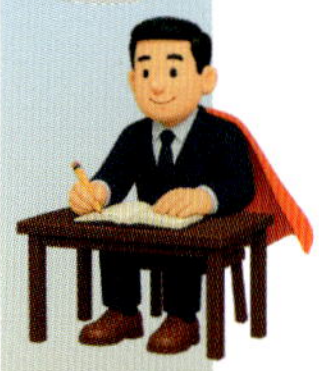

1 회독 익힘학습

☐☐ 일 완성

	날짜	학습목표	학습내용
☑	~		
☐	~		
☐	~		
☐	~		
☐	~		

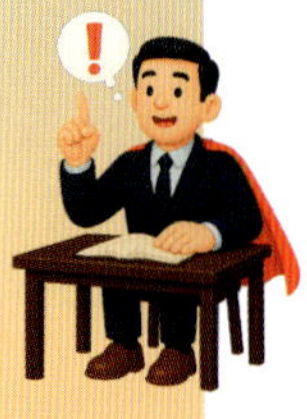

2 회독 점검학습

☐☐ 일 완성

	날짜	학습목표	학습내용
☑	~		
☐	~		
☐	~		
☐	~		
☐	~		

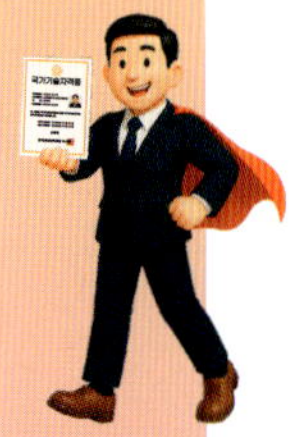

3 회독 마무리학습

☐☐ 일 완성

	날짜	학습목표	학습내용
☑	~		
☐	~		
☐	~		
☐	~		
☐	~		

여러분의 합격은

모아의 보람입니다.